清华社"视频大讲堂"大系
高效办公视频大讲堂

PowerPoint 2010高效办公从入门到精通（高清视频版）

66集视频演示+24个职场案例+163个应用技巧+840个模板+7大类实用资源

九州书源　编著

清华大学出版社
北　京

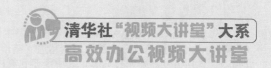

内容简介

PowerPoint 2010是Microsoft公司推出的主流办公软件Office 2010的一个重要组件，主要用作多媒体演示。《PowerPoint 2010高效办公从入门到精通（高清视频版）》一书深入浅出地介绍了PowerPoint 2010必须掌握的基础知识、使用方法和操作技巧等，其中主要包括PowerPoint 2010的启动和退出、自定义工作界面、演示文稿与幻灯片的基本操作，各类图片与图形的设置与应用、母版与主题的应用、动画效果的设置、放映演示文稿、其他软件与PowerPoint 2010协同使用，最后通过实例介绍PowerPoint在各个领域的使用。

本书以入门、提高、实战、精通的方式，循序渐进地讲解PowerPoint 2010软件的使用方法，知识实用精巧，案例丰富多样，每章中安排有知识提示、技巧点拨、疑难问题解答等板块，以满足不同学习阶段的读者对学习内容的不同要求。

本书适用于PowerPoint 2010初学者，同时对具有一定PowerPoint软件经验的使用者也有很高的参考价值，还可作为学校、培训机构的教学用书，及各类读者自学PowerPoint 2010软件的参考用书。

本书和光盘有以下显著特点：

视频演示：66集（段）高清多媒体教学视频，让学习效率更高！

职场案例：24个典型实用职场案例+35个巩固拓展练习，用案例学习更专业！

应用技巧：163个应用技巧、疑难解答，有问有答让您少走弯路。

模板库：　840个Office常用办公模板，读者稍加修改即可直接应用到实际工作中去。

实用资源：7大类实用资源：常用图表介绍、演示文稿的经典结构、PowerPoint学习网站推荐、PowerPoint 2003和PowerPoint 2010命令对应、PowerPoint常用快捷键等；光盘中的Office应用技巧和常用快捷键，让您快速成为办公高手！

DVD超值大礼包：5部大型互动多媒体演示+5部全彩互动电子书。

图书在版编目（CIP）数据

PowerPoint 2010高效办公从入门到精通（高清视频版）/九州书源编著．—北京：清华大学出版社，2012.12

（清华社“视频大讲堂”大系高效办公视频大讲堂）

ISBN 978-7-302-29203-6

I．①P…　II．①九…　III．①图形软件-基本知识　IV．①TP391.41

中国版本图书馆CIP数据核字（2012）第143113号

责任编辑：赵洛育
封面设计：李志伟
版式设计：文森时代
责任校对：柴　燕
责任印制：王静怡
出版发行：清华大学出版社
网　　址：http://www.tup.com.cn，http://www.wqbook.com
地　　址：北京清华大学学研大厦A座　　邮　　编：100084
社 总 机：010-62770175　　邮　　购：010-62786544
投稿与读者服务：010-62776969，c-service@tup.tsinghua.edu.cn
质 量 反 馈：010-62772015，zhiliang@tup.tsinghua.edu.cn
印 刷 者：清华大学印刷厂
装 订 者：北京市密云县京文制本装订厂
经　　销：全国新华书店
开　　本：203mm×260mm　　**印　张**：29　　**字　　数**：773千字
（附DVD视频光盘1张）
版　　次：2012年12月第1版　　**印　　次**：2012年12月第1次印刷
印　　数：1～6000
定　　价：59.80元

产品编号：046831-01

前言

QIANYAN

如果您

没有一技之长，却想开始工作了

有一份不错的工作，经常需要为开会做各种工作

会操作POWERPOINT软件，却认为它不够智能，总不能随心所欲

希望得到POWERPOINT 2010的系统培训，希望职位晋升

请翻开本书，它定会给您带来意想不到的惊喜！

在实际的调研中我们发现，在 PowerPoint 图书泛滥的今天，很多读者面对林林总总的 PowerPoint 图书，却总找不到适合自己的那一本，市场上的图书要么全是 PowerPoint 的软件操作，要么全是演示文稿的设计应用。在竞争如此激烈的今天，难道没有一本图书既融合演示文稿的设计方法，又以 PowerPoint 为例进行详细讲解的吗？答案是：No！九州书源作为最早一批进入计算机图书创作、策划行业的工作机构，对于 PowerPoint 的操作技巧可谓娴熟，对于版式设计、美术修养也算小有心得。为此我们集合所有的优势，创作了这本《PowerPoint 2010 高效办公从入门到精通（高清视频版）》，以打造一本完全适合您需要的 PowerPoint 办公图书，一次解决您所有的问题。

选择本书的理由

“什么样的书才可称为一本好书？”我们一直希望找到这个问题的答案，也做过很多努力和尝试。最终在读者这里我们得到了答案——“为读者着想的书就是好书！”。本书以“为读者着想”作为创作初衷，尽力完善每一个细节，如果您认为要选择这本书还需要一点理由和信心，不妨看看本书的特点。

知识安排以需要为主线

PowerPoint 具有很多功能，但在知识结构的安排上，我们没有过多的理论，也没有大篇幅讲解软件的基础操作，而是主要讲解职场人士所需要的实际操作技能，如 PowerPoint 演示文稿的制作和放映。同时，书中还增加了“知识提示”、“技巧点拨”、“职场充电”等小栏目，以告诉读者文中讲解知识的意义、其他操作技巧以及相关的职场知识，让读者在学习必须掌握的知识的基础上，进一步加深印象，且做到主次分明、条理清晰。

结构安排以科学为导向

本书采用入门、提高、实战和精通的写法，根据读者学习的难易程度，以及在实际工作中应用的轻重顺序来安排知识点。为保证每位读者最大限度地学到所需要的知识，每一章的结构都有所不同，入门篇和提高篇以讲解知识为目的，通过“职场案例”让读者了解软件在实际工作中的应用；实战篇以实例应用为目的，综合入门篇和提高篇的软件知识，讲解 PowerPoint 软件在各个办公领域中的应用方法；精通篇以灵活运用、学习技巧为目的，讲解了各组件在办公中常用的技巧及各组件的协同运用等。

例子设计以实用为目的

本书虽不是以案例为主导的图书，但各主要操作均以实例形式进行讲解，文中引用的实例均是实际工作中需要的演示文稿类型，如员工培训、教学课件、产品推广宣传、策划提案和会议报告等。这些实例的效果均保存在配套光盘中，读者只需稍加修改即可使用。

版面设计以“养眼”为前提

本书除了考虑读者学以致用外，还尽可能让读者学得轻松而开心。全书采用双色印刷，内容版式设计清新、典雅，个别地方辅以卡通形式出现，形象地透露出所表述的内容，在讲解知识的同时活跃学习氛围。

光盘制作以贴心为需要

本书配有多媒体教学光盘，不仅以视频的形式讲解了本书的知识点，还采用互动式多媒体教学，让读者在观看视频的同时跟着讲解一同操作，以加深学习的印象。同时光盘中配备的大量办公资源，可帮助读者解决实际工作中的各种问题。

选择最适合您的阅读方法

- **如果您对 PowerPoint 还一窍不通：**可从入门篇开始，系统地学习 PowerPoint 的基本操作方法和在实际工作领域中的应用。
- **如果您是一位职场新人，了解软件的基础操作：**可省去入门篇的部分知识，直接从提高篇开始，学习您不懂或不熟悉的内容，同时可随实战篇一起完成各个实例的制作，在掌握软件操作的基础上，加深办公、职场方面的基础知识。
- **如果您是一位有一定工作经验，希望提升能力的职场达人：**可将本书作为一本工具书，遇到困难随时查阅，其中入门篇的“新手解惑”、提高篇的“技高一筹”、实战篇的“达人私房菜”，以及整个精通篇和附录都有您值得珍藏的技巧。

选择本书后的增值服务

本书由九州书源组织编写，参与本书编写和校排的人员在电脑办公和 Office 软件操作上都有较高的造诣，以保证为您提供最有用的内容。他们是向萍、张良军、廖宵、陈晓颖、付琦、曾福全、简超、张娟、贺丽娟、羊清忠、宋晓均、常开忠、丛威、李显进、王永生、杨明宇、刘凡馨、宋玉霞、陆小平、徐云江、杨颖、李伟、赵云、赵华君、张永雄、余洪、唐青、范晶晶、牟俊、陈良、张笑、杨学林、王君、朱非、何周、穆仁龙、刘斌、黄沄。在创作本书的过程中，他们花费了大量心血，在此表示感谢。

如果您在学习的过程中遇到什么困难或疑惑，可以联系我们，我们会尽快为您解答。联系方式是：

E-mail：book@jzbooks.com

网址：http://www.jzbooks.com

QQ 群：122144955、120241301

九州书源

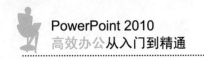

目录
MULU

入门篇

提高篇

实战篇

第 14 章 用逻辑打动你——制作主题会议类演示文稿 336

精通篇

第 15 章 幻灯片玩的就是设计 372

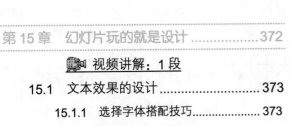

RUMEN PIAN

入门篇

视频讲解

1段

第1章

初识 PowerPoint 2010

★本章要点★

- 使用 PowerPoint 2010 前的必备知识
- 认识 PowerPoint 2010
- 演示文稿与幻灯片的基础操作
- 模板与主题的应用

幻灯片放映视图

根据模板创建演示文稿

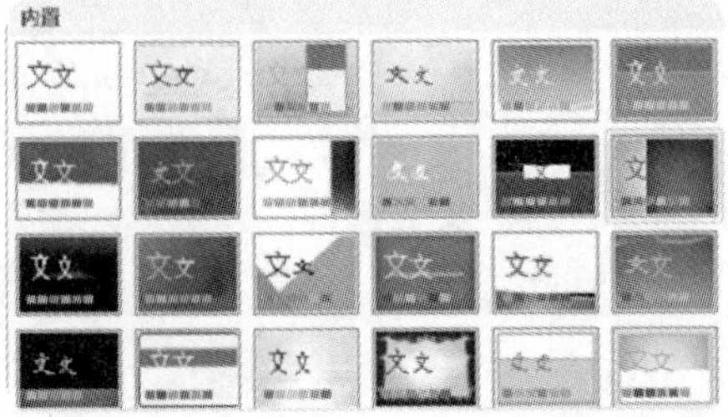

主题样式

1.1 使用 PowerPoint 2010 前的必备知识

PowerPoint 2010 对大多数办公人员来说并不陌生，但或许也并不是非常熟悉，特别是对那些初入职场的办公人员来说。下面就来讲解使用 PowerPoint 2010 前应具备的一些知识。

1.1.1 为什么要用 PowerPoint

PowerPoint 是行业办公方面应用最为广泛的软件，但很多人会问：使用 PowerPoint 软件制作出来的效果并不比专业软件制作的效果强，那为什么越来越多的人都选择使用 PowerPoint 软件呢？原因主要有以下几个方面。

- 效率最高的软件：PowerPoint 是现在动画制作效率最高的多媒体，因为使用 PowerPoint 为不同内容设置相同文本格式和动画时，可直接通过幻灯片母版或使用格式刷快速设置相同的效果，提高制作的效率。
- 成本最低的软件：现在使用 PowerPoint 软件制作演示文稿、动画等已被越来越多的客户接受与认可。因为使用 PowerPoint 软件制作速度快，花费时间少，制作成本比其他软件低。
- 应用最广的软件：PowerPoint 的应用领域正呈爆炸式增长，政府、企业、团体、个人等都在使用。PowerPoint 在工作总结、项目介绍、会议会展、项目投标、项目研讨、工作汇报、企业宣传、产品介绍、咨询报告、培训课件以及竞聘演说等方面发挥着重要作用。
- 修改最容易的软件：使用 PowerPoint，还有一个好处就是容易修改，用户可根据需要随时对制作的演示文稿进行修改。
- 演示最方便的软件：使用 PowerPoint 制作的演示文稿演示非常方便，根据不同的需要选择不同的演示方式，可自动、手动播放，可用鼠标、键盘操作，可在电脑里对着客户面对面沟通，可投到幕布上向众多观众介绍，还可以发到邮箱里让客户自由浏览。
- 互动性最强的软件：使用 PowerPoint 制作的演示文稿，最大的一个特点就是互动性强。它强调与观众间的互动，使观众融入其中，营造一个良好的氛围。

1.1.2 PowerPoint 在办公方面有什么作用

随着电脑的不断普及，PowerPoint 在行业办公方面应用越来越广。它是制作公司简介、会议报告、产品说明、培训计划和教学课件等演示文稿的首选软件，深受广大用户的青睐。

PowerPoint 在行业中各部门的应用介绍如下。

- 人力资源部：招聘、培训和员工考核标准等都可以通过 PowerPoint 制作的演示文稿来完成。它既能清楚地展示出要培训的内容，又能吸引员工的注意力提高讲解效果，如图 1-1 所示。

- 行政部：使用 PowerPoint 来记录会议要点，不仅可用动态的幻灯片来辅助开会，而且还能打破沉闷的会议气氛，如图 1-2 所示。

图 1-1 “礼仪培训”演示文稿

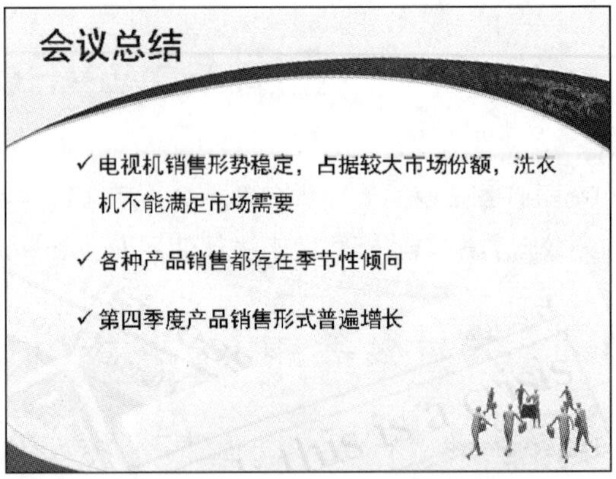

图 1-2 “年终会议”演示文稿

- 销售部：销售计划、销售报告等都可用 PowerPoint 制作成演示文稿，这样不仅能使传递的内容形象化、直观化，还能让演示文稿中的内容以动态的方式展现，吸引大家的注意力，如图 1-3 所示。
- 策划部：策划方案的内容都很多，如果将其制作成 Word 文档，查阅起来比较麻烦，而且阅读性不强。但将其制作成演示文稿就会达到截然相反的效果，不仅浏览起来非常方便，而且还能以动态的形式展示想法，让你的策划方案脱颖而出，如图 1-4 所示。

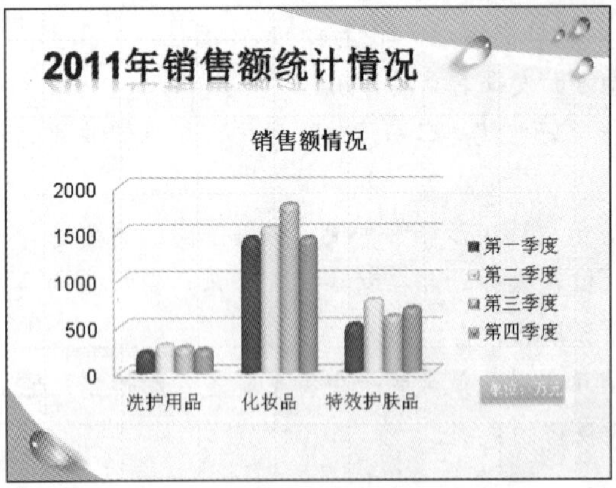

图 1-3 “销售统计”演示文稿

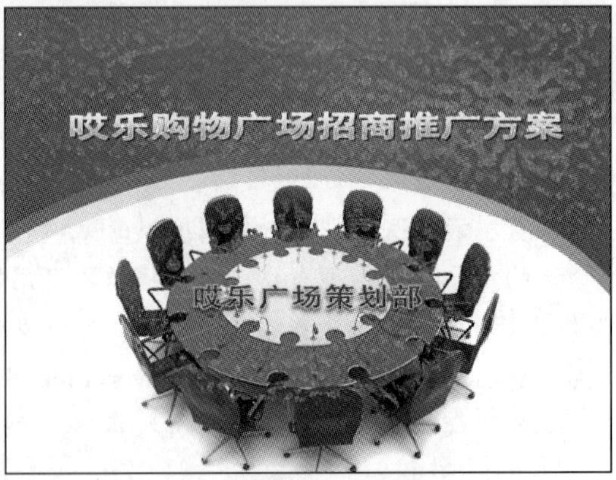

图 1-4 “推广方案”演示文稿

- 宣传部：产品、公司形象宣传以及企业文化建设等都离不开生动活泼的宣传手段，使用 PowerPoint 制作的演示文稿集文字、图形、动画、声音于一体，可以使宣传画面生动活泼，是理想的宣传手段，如图 1-5 所示。
- 国家机关：PowerPoint 在国家机关部门也发挥着重要作用，使用 PowerPoint 制作的演示文稿可进行各种活动、知识、法规的宣传，如制作交通安全宣传等演示文稿，如图 1-6 所示。

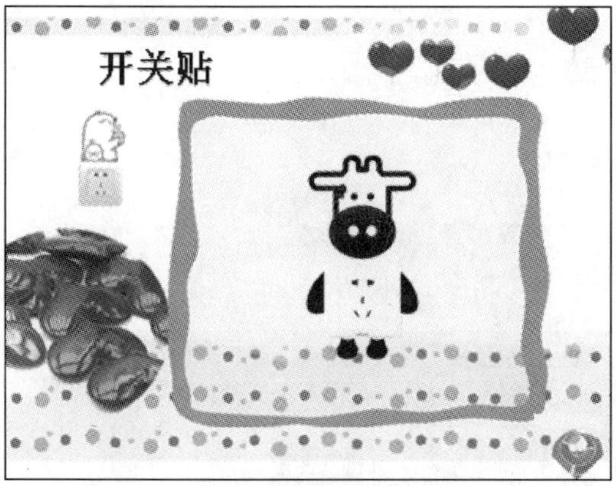

图 1-5 “新品上市宣传”演示文稿

图 1-6 “交通安全宣传”演示文稿

1.1.3 演示文稿与幻灯片之间是什么关系

演示文稿由“演示”和“文稿”两个词语组成，这说明它是用于演示某种效果而制作的文档，其主要用于会议、产品展示和教学课件等领域。演示文稿是由多张幻灯片组成的，而演示文稿中的每一页就叫幻灯片，每张幻灯片都是演示文稿中既相互独立又相互联系的内容。演示文稿和幻灯片之间是说明与被说明的关系。如图 1-7 所示为演示文稿。如图 1-8 所示为幻灯片。

图 1-7 演示文稿

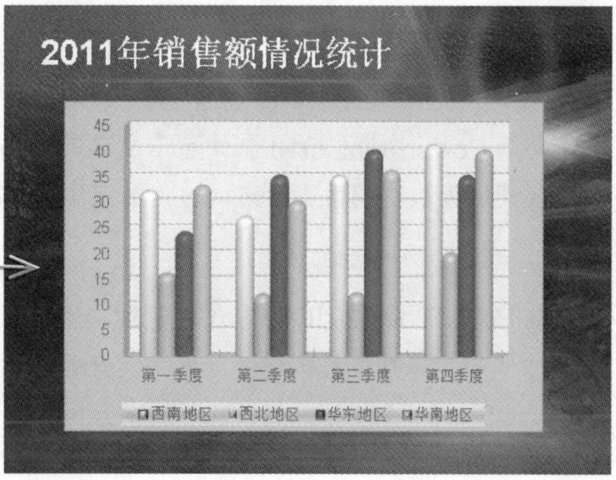

图 1-8 幻灯片

1.1.4 “好”的演示文稿应该是怎样的

很多人都会制作演示文稿，但什么样的演示文稿才算“好”呢？“好”的演示文稿并不是想象出来的，需要制作者长时间地积累经验和不断摸索、学习。“好”演示文稿不仅从字体的搭配、配色等方面都能清晰易读，而且整个演示文稿的主题要明确、设计风格要符合主题、动画要适宜，不能喧宾夺主，且能给人一种视觉冲击力。如图 1-9 所示为“好”演示文稿所具备的条件。

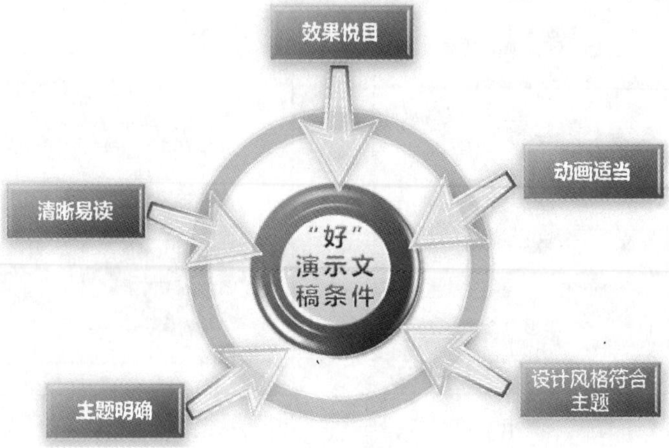

图 1-9 "好"演示文稿具备的条件

1.2 认识 PowerPoint 2010

PowerPoint 2010 是 Office 2010 办公软件的组件之一，要想使用 PowerPoint 制作出漂亮的演示文稿，就必须先对 PowerPoint 2010 有所了解。

1.2.1 启动与退出 PowerPoint 2010

在使用 PowerPoint 2010 制作演示文稿前，必须先启动 PowerPoint 2010。当完成演示文稿制作后，不再需要使用该软件编辑演示文稿时就应退出 PowerPoint 2010。

1. 启动 PowerPoint 2010

启动 PowerPoint 2010 的方式有多种，用户可根据需要进行选择。常用的启动方式有如下几种。

- 通过"开始"菜单启动：单击"开始"按钮，在弹出的菜单中选择【所有程序】/【Microsoft Office】/【Microsoft Office PowerPoint 2010】命令即可启动。
- 通过桌面快捷图标启动：若在桌面上创建了 PowerPoint 2010 快捷图标，双击图标即可快速启动。

技巧点拨

为 PowerPoint 2010 创建桌面快捷图标

在"开始"菜单的 PowerPoint 2010 启动选项上单击鼠标右键，在弹出的快捷菜单中选择【发送到】/【桌面快捷方式】命令，即可在桌面上创建快捷图标。

2. 退出 PowerPoint 2010

当制作完成或不需要使用该软件编辑演示文稿时，可对软件执行退出操作，将其关闭。退出的方法是：在 PowerPoint 2010 工作界面标题栏右侧单击“关闭”按钮 或选择【文件】/【退出】命令退出 PowerPoint 2010。

1.2.2 PowerPoint 2010 工作界面

启动 PowerPoint 2010 后将进入其工作界面，熟悉其工作界面各组成部分是制作演示文稿的基础。PowerPoint 2010 工作界面是由标题栏、“文件”菜单、功能选项卡、快速访问工具栏、功能区、“幻灯片/大纲”窗格、幻灯片编辑区、备注窗格和状态栏等部分组成，如图 1-10 所示。

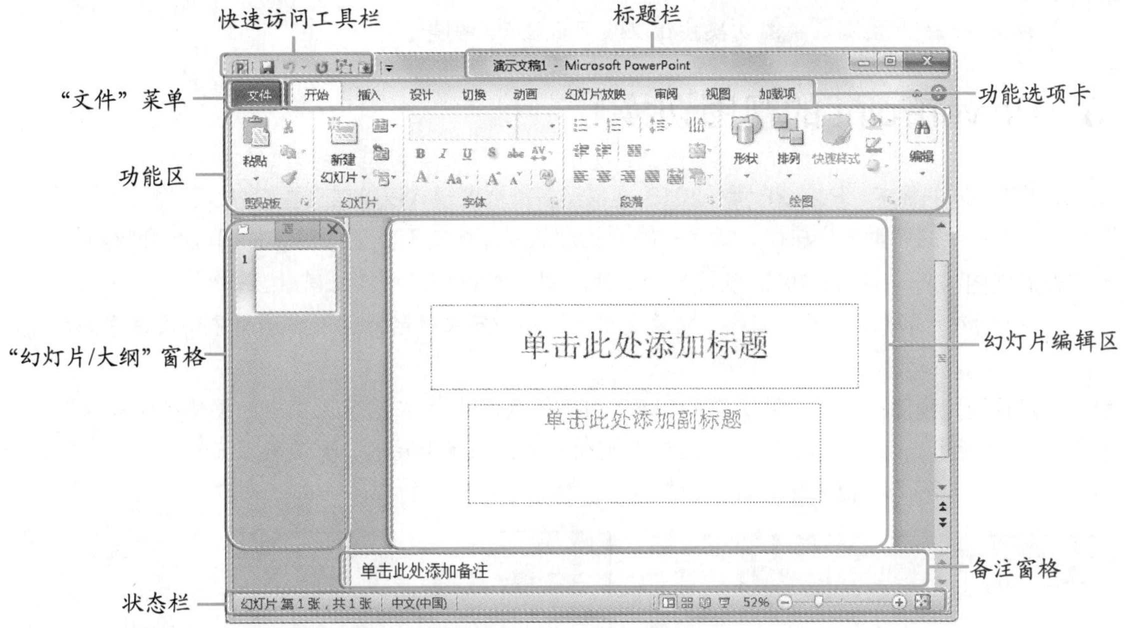

图 1-10　PowerPoint 2010 工作界面

PowerPoint 2010 工作界面各部分的组成及作用介绍如下。

- 标题栏：位于 PowerPoint 工作界面的右上角，它用于显示演示文稿名称和程序名称，最右侧的 3 个按钮分别用于对窗口执行最小化、最大化和关闭等操作。
- 快速访问工具栏：该工具栏上提供了最常用的“保存”按钮、“撤销”按钮和“恢复”按钮，单击对应的按钮可执行相应的操作。如需在快速访问工具栏中添加其他按钮，可单击其后的按钮，在弹出的菜单中选择所需的命令即可。
- “文件”菜单：用于执行 PowerPoint 演示文稿的新建、打开、保存和退出等基本操作；该菜单右侧列出了用户经常使用的演示文档名称。
- 功能选项卡：相当于菜单命令，它将 PowerPoint 2010 的所有命令集成在几个功能选项卡中，选择某个功能选项卡可切换到相应的功能区。

- **功能区**：在功能区中有许多自动适应窗口大小的工具栏，不同的工具栏中又放置了与此相关的命令按钮或列表框。
- **“幻灯片/大纲”窗格**：用于显示演示文稿的幻灯片数量及位置，通过它可更加方便地掌握整个演示文稿的结构。在“幻灯片”窗格下，将显示整个演示文稿中幻灯片的编号及缩略图；在“大纲”窗格下列出了当前演示文稿中各张幻灯片中的文本内容。
- **幻灯片编辑区**：是整个工作界面的核心区域，用于显示和编辑幻灯片，在其中可输入文字内容、插入图片和设置动画效果等，是使用 PowerPoint 制作演示文稿的操作平台。
- **备注窗格**：位于幻灯片编辑区下方，可供幻灯片制作者或幻灯片演讲者查阅该幻灯片信息或在播放演示文稿时对需要的幻灯片添加说明和注释。
- **状态栏**：位于工作界面最下方，用于显示演示文稿中所选的当前幻灯片以及幻灯片总张数、幻灯片采用的模板类型、视图切换按钮以及页面显示比例等。

1.2.3 PowerPoint 的视图切换

为满足用户不同的需求，PowerPoint 2010 提供了多种视图模式以编辑查看幻灯片，在工作界面下方单击视图切换按钮中的任意一个按钮，即可切换到相应的视图模式下。下面对各视图进行介绍。

- **普通视图**：PowerPoint 2010 默认显示普通视图，在该视图中可以同时显示幻灯片编辑区、“幻灯片/大纲”窗格以及备注窗格。它主要用于调整演示文稿的结构及编辑单张幻灯片中的内容，如图 1-11 所示。
- **幻灯片浏览视图**：在幻灯片浏览视图模式下可浏览幻灯片在演示文稿中的整体结构和效果，如图 1-12 所示。此时在该模式下也可以改变幻灯片的版式和结构，如更换演示文稿的背景、移动或复制幻灯片等，但不能对单张幻灯片的具体内容进行编辑。

图 1-11 普通视图

图 1-12 幻灯片浏览视图

- **阅读视图**：该视图仅显示标题栏、阅读区和状态栏，主要用于浏览幻灯片的内容。在该模式下，演示文稿中的幻灯片将以窗口大小进行放映，如图 1-13 所示。
- **幻灯片放映视图**：在该视图模式下，演示文稿中的幻灯片将以全屏动态放映，如图 1-14 所示。

该模式主要用于预览幻灯片在制作完成后的放映效果，以便及时对在放映过程中不满意的地方进行修改，测试插入的动画、更改声音等效果，还可以在放映过程中标注出重点，观察每张幻灯片的切换效果等。

图 1-13　阅读视图

图 1-14　幻灯片放映视图

- 备注视图：备注视图与普通视图相似，只是没有“幻灯片/大纲”窗格，在此视图下幻灯片编辑区中完全显示当前幻灯片的备注信息。

技巧点拨

通过命令进行视图切换

选择【视图】/【演示文稿视图】组，在其中单击相应的按钮也可切换到对应的视图模式下。

1.2.4　设计个性化的工作界面

在 PowerPoint 2010 中可根据个人的工作、生活习惯将工作界面设置成方便操作的界面模式，这样不仅使 PowerPoint 工作界面与众不同，还能大大提高工作效率。定制个性化的 PowerPoint 工作界面包括自定义快速访问工具栏、最小化功能区、调整工具栏位置以及显示或隐藏标尺、网格和参考线等。

下面将在打开的空白演示文稿中自定义快速访问工具栏，然后将隐藏的标尺和网格线显示在工作界面中。其具体操作如下：

Step 01　启动 PowerPoint 2010 的同时打开一个空白演示文稿，单击快速访问工具栏右侧的▾按钮，在弹出的菜单中选择“其他命令”命令，如图 1-15 所示。

Step 02　打开“PowerPoint 选项”对话框，在其中选择“自定义”选项卡，在“从下列位置选择命令”下拉列表框下的列表框中选择“打开最近使用过的文件”选项，单击 添加(A) >> 按钮，该选项将被添加到右侧列表中，单击 确定 按钮，如图 1-16 所示。

Step 03　单击快速访问工具栏右侧的▾按钮，在弹出的菜单中选择“在功能区下方显示”命令，返回幻灯片工作界面，此时可看到快速访问工具栏已经位于功能区下方。

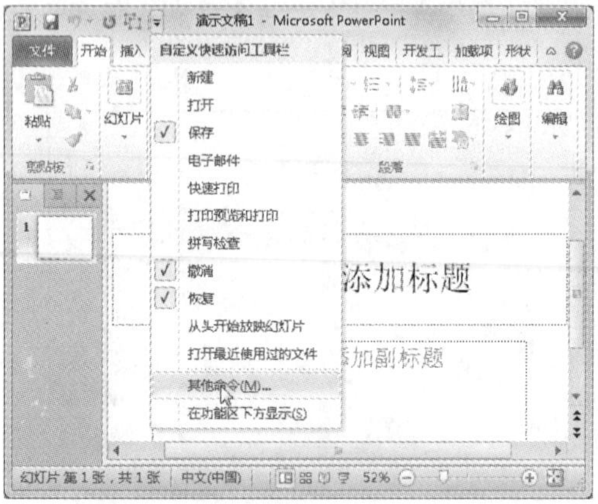

图 1-15　选择命令

图 1-16　添加选项

Step 04　选择【视图】/【显示】组，选中☑ 标尺和☑ 网格线复选框，在幻灯片编辑区中可显示标尺和网格，如图 1-17 所示。

Step 05　在幻灯片中单击鼠标右键，在弹出的快捷菜单中选择“网格线和参考线”命令。

Step 06　打开“网格线和参考线”对话框，取消选中☐ 屏幕上显示网格(I) 复选框，并选中☑ 屏幕上显示绘图参考线(I) 复选框，单击 确定 按钮，如图 1-18 所示。

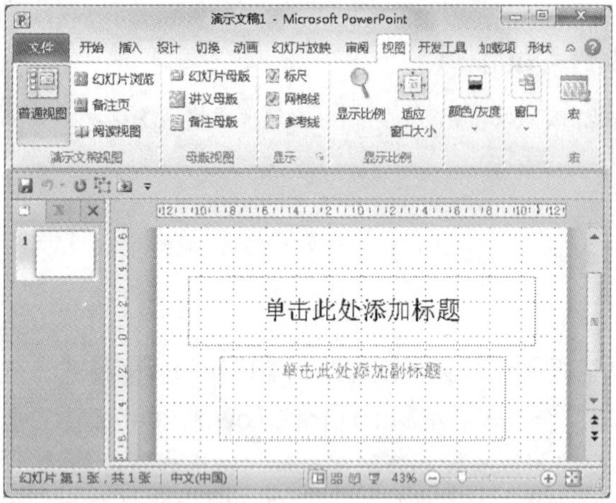

图 1-17　显示标尺和网格线

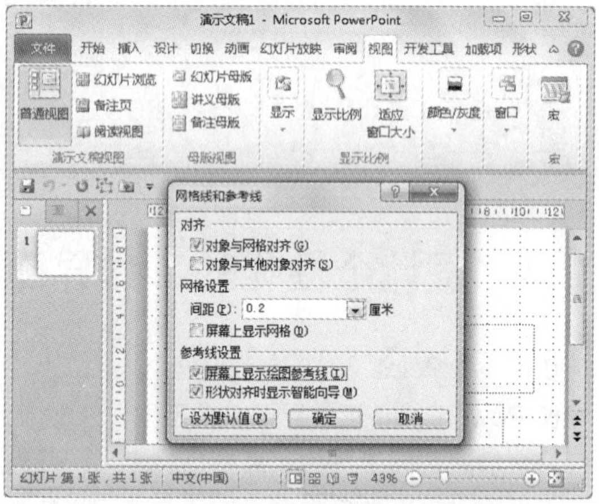

图 1-18　“网格线和参考线”对话框

技巧点拨

最小化功能区

编辑演示文稿时，为了使幻灯片的显示区域更大些，可将选项卡功能区最小化，只显示选项卡的名称。其方法是：双击标题栏下方的选项卡标签，即可将功能区隐藏，再次双击选项卡标签即可将其显示出来。也可按 Ctrl+F1 组合键，将其显示或隐藏。

1.3 演示文稿与幻灯片的基本操作

认识了 PowerPoint 2010 的工作界面后，还需要掌握演示文稿和幻灯片的基本操作，才能更好地制作演示文稿。下面就对演示文稿和幻灯片的基本操作进行讲解。

1.3.1 创建新演示文稿

为了满足各种办公需要，PowerPoint 2010 提供了多种创建演示文稿的方法，如创建空白演示文稿、利用模板创建演示文稿、使用主题创建演示文稿以及使用 Office.com 上的模板创建演示文稿等，下面就对这些创建方法进行讲解。

1. 创建空白演示文稿

启动 PowerPoint 2010 后，系统会自动新建一个空白演示文稿。除此之外，用户还可通过命令或快捷菜单创建空白演示文稿，其操作方法分别如下。

- 通过快捷菜单创建：在桌面空白处单击鼠标右键，在弹出的快捷菜单中选择【新建】/【Microsoft PowerPoint 演示文稿】命令，在桌面上将新建一个空白演示文稿，如图 1-19 所示。
- 通过命令创建：启动 PowerPoint 2010 后，选择【文件】/【新建】命令，在“可用的模板和主题”栏中单击“空白演示文稿”图标，再单击“创建”按钮，即可创建一个空白演示文稿，如图 1-20 所示。

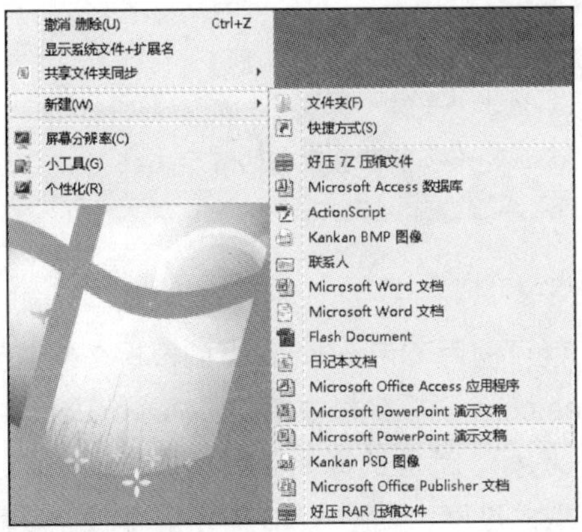

图 1-19　选择命令

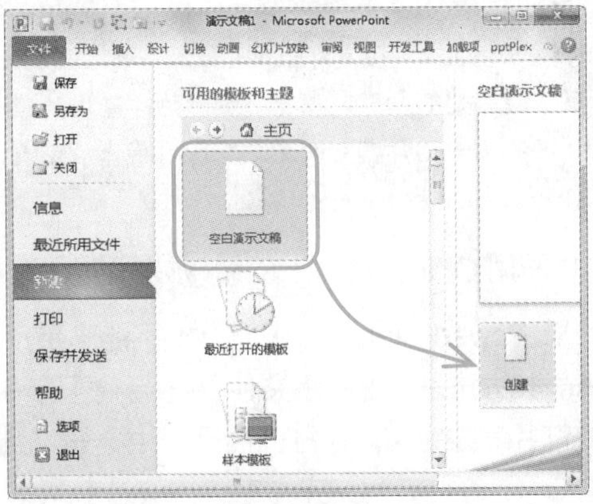

图 1-20　单击按钮

技巧点拨

通过快捷键新建空白演示文稿

启动 PowerPoint 2010 后，按 Ctrl+N 组合键可快速新建一个空白演示文稿。

2. 利用模板创建演示文稿

对于时间不宽裕或是不知如何制作演示文稿的用户来说，可利用 PowerPoint 2010 提供的模板来进行创建，其方法与通过命令创建空白演示文稿的方法类似。启动 PowerPoint 2010，选择【文件】/【新建】命令，在“可用的模板和主题”栏中单击“样本模板”按钮，在打开的页面中选择所需的模板选项，单击“创建”按钮，如图 1-21 所示。返回 PowerPoint 2010 工作界面，即可看到新建的演示文稿效果，如图 1-22 所示。

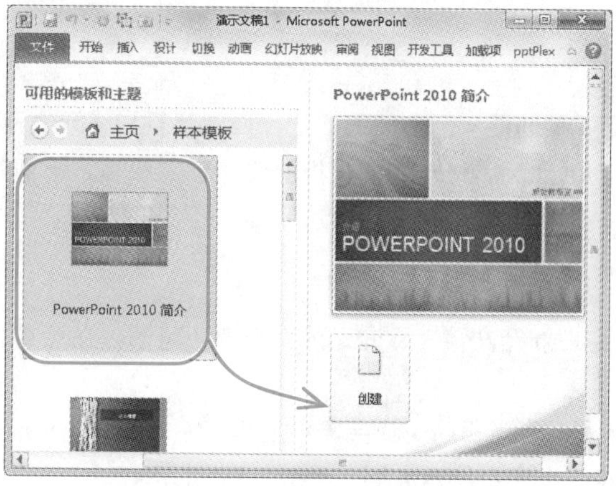

图 1-21　选择样本模板

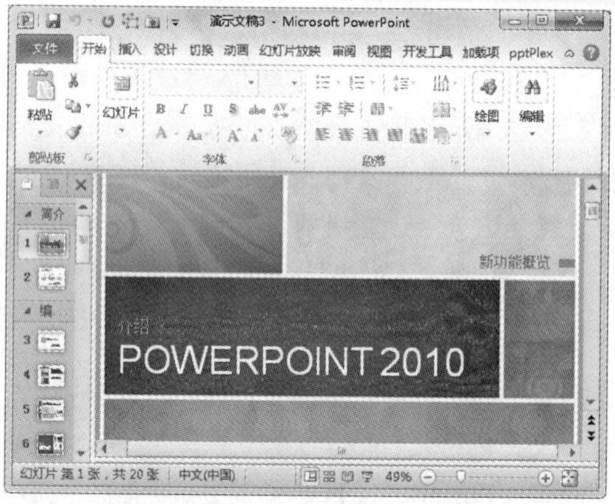

图 1-22　创建的演示文稿效果

技巧点拨

利用主题创建演示文稿

使用主题可使没有专业设计水平的用户设计出专业的演示文稿效果。其方法是：选择【文件】/【新建】命令，在打开页面的“可用的模板和主题”栏中单击“主题”按钮，再在打开的页面中选择需要的主题，最后单击“创建”按钮，即可创建一个有背景颜色的演示文稿。

3. 使用 Office.com 上的模板创建演示文稿

如果 PowerPoint 中自带的模板不能满足用户的需要，就可使用 Office.com 上的模板来快速创建演示文稿。其方法是：选择【文件】/【新建】命令，在“Office.com 模板”栏中单击“PowerPoint 演示文稿和幻灯片”按钮。在打开的页面中单击“商务”文件夹图标，然后选择需要的模板样式，单击“下载”按钮，在打开的“正在下载模板”对话框中将显示下载的进度，如图 1-23 所示。下载完成后，将自动根据下载的模板创建演示文稿，如图 1-24 所示。

知识提示

使用 Office.com 上的模板创建演示文稿

使用 Office.com 上的模板来创建演示文稿的前提是必须联网，因为需要从 Office.com 上下载模板后才能创建。

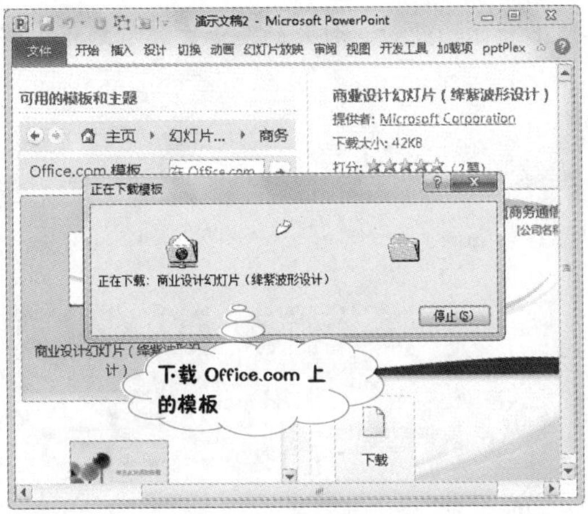

图 1-23　下载模板

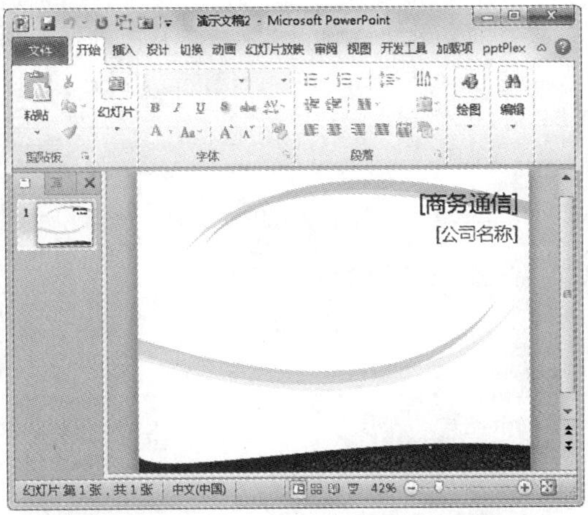

图 1-24　创建的演示文稿效果

1.3.2　打开演示文稿

当需要对现有的演示文稿进行编辑和查看时，需要将其打开。打开演示文稿的方式有多种，如果未启动 PowerPoint 2010，可直接双击需打开的演示文稿图标。启动 PowerPoint 2010 后，可分为以下几种情况来打开演示文稿。

- 打开一般演示文稿：启动 PowerPoint 2010 后，选择【文件】/【打开】命令，打开“打开”对话框，在其中选择需要打开的演示文稿，单击打开(O)按钮，即可打开选择的演示文稿。
- 打开最近使用的演示文稿：PowerPoint 2010 提供了记录最近打开演示文稿保存路径的功能。如果想打开刚关闭的演示文稿，可选择【文件】/【最近所用文件】命令，在打开的页面中将显示最近使用的演示文稿名称和保存路径，如图 1-25 所示。然后选择需打开的演示文稿完成操作。

图 1-25　最近使用的演示文稿

- 以只读方式打开演示文稿：以只读方式打开演示文稿只能进行浏览，不能更改演示文稿中的内容。其打开方法是：选择【文件】/【打开】命令，单击打开(O)按钮右侧的按钮，在弹出的下拉列表中选择“以只读方式打开”选项，如图 1-26 所示。此时，打开的演示文稿标题栏中将显示“只读”字样，如图 1-27 所示。

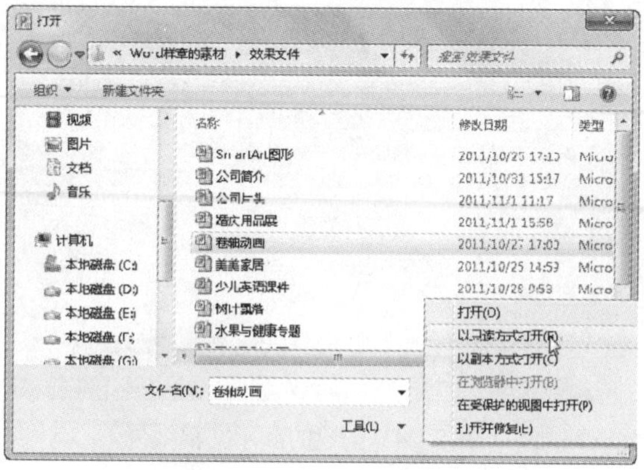

图 1-26　选择打开方式

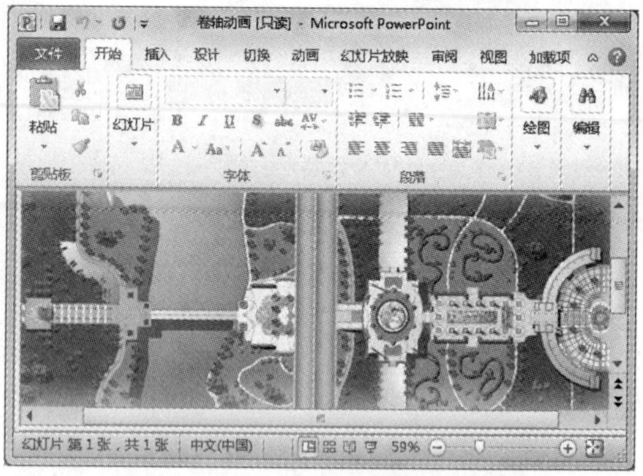

图 1-27　打开的演示文稿效果

- 以副本方式打开演示文稿：以副本方式打开演示文稿是将演示文稿作为副本打开，对演示文稿进行编辑时不会影响源文件的效果。其打开方法和以只读方式打开演示文稿方法类似，在打开的“打开”对话框中选择需打开的演示文稿后，单击 打开(O) 按钮右侧的 按钮，在弹出的下拉列表中选择“以副本方式打开”选项，在打开的演示文稿标题栏中将显示“副本”字样。

技巧点拨

打开并修复演示文稿

在编辑演示文稿的过程中，如果遇到断电或因某种故障重启电脑，而导致演示文稿未及时保存，这时可使用“打开并修复”的功能恢复演示文稿。其方法是：在“打开”对话框中选择要打开的演示文稿，单击 打开(O) 按钮右侧的 按钮，在弹出的下拉列表中选择“打开并修复”选项。

1.3.3　保存演示文稿

对制作好的演示文稿需要及时保存在电脑中，以免发生遗失或误操作。保存演示文稿的方法有很多，下面将分别进行介绍。

- 直接保存演示文稿：直接保存演示文稿是最常用的保存方法。其方法是：选择【文件】/【保存】命令或单击快速访问工具栏中的“保存”按钮，打开“另存为”对话框，选择保存位置和输入文件名，单击 保存(S) 按钮。
- 另存为演示文稿：若不想改变原有演示文稿中的内容，可通过“另存为”命令将演示文稿保存在其他位置。其方法是：选择【文件】/【另存为】命令，打开“另存为”对话框，设置保存的位置和文件名，单击 保存(S) 按钮，如图 1-28 所示。

- **将演示文稿保存为模板：** 为了提高工作效率，可根据需要将制作好的演示文稿保存为模板，以备以后制作同类演示文稿时使用。其方法是：选择【文件】/【保存】命令，打开“另存为”对话框，在“保存类型”下拉列表框中选择“PowerPoint 模板”选项，单击 保存(S) 按钮。
- **自动保存演示文稿：** 在制作演示文稿的过程中，为了减少不必要的损失，可为正在编辑的演示文稿设置定时保存。其方法是：选择【文件】/【选项】命令，打开“PowerPoint 选项”对话框，选择“保存”选项卡，在“保存演示文稿”栏中进行如图 1-29 所示的设置，并单击 确定 按钮。

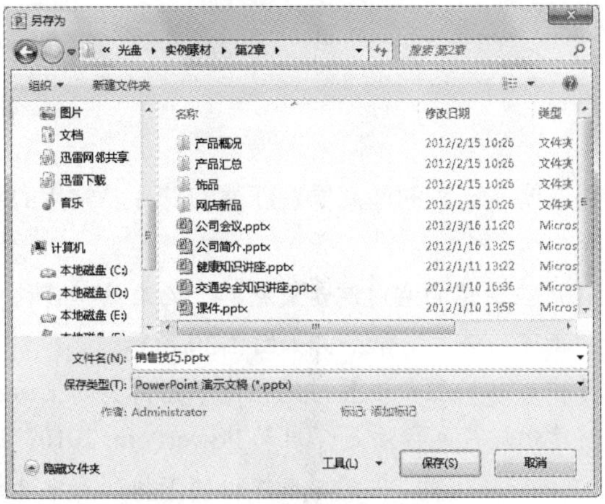

图 1-28 “另存为”对话框

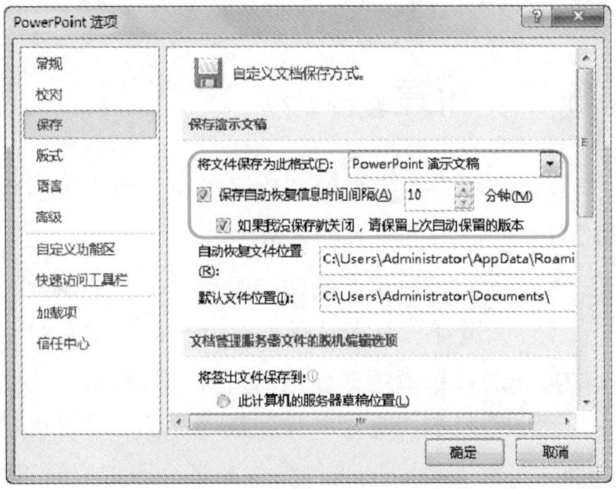

图 1-29 设置自动保存演示文稿

技巧点拨

更改自动恢复文件位置和默认文件位置

在“PowerPoint 选项”对话框的“保存”选项卡中还可对“自动恢复文件位置”和“默认文件位置”进行更改。其方法是：在“保存演示文稿”栏的“自动恢复文件位置”和“默认文件位置”文本框中输入文件路径。

1.3.4 关闭演示文稿

对打开的演示文稿编辑完成后，若不再需要对演示文稿进行其他的操作，可将其关闭。关闭演示文稿的常用方法有以下几种。

- **通过快捷菜单关闭：** 在 PowerPoint 2010 工作界面标题栏上单击鼠标右键，在弹出的快捷菜单中选择“关闭”命令。
- **单击按钮关闭：** 单击 PowerPoint 2010 工作界面标题栏右上角的 x 按钮，关闭演示文稿并退出 PowerPoint 程序。
- **通过命令关闭：** 在打开的演示文稿中选择【文件】/【关闭】命令，关闭当前演示文稿。

知识提示

保存修改的演示文稿

关闭 PowerPoint 软件时，如果编辑的某个演示文稿的内容还没有进行保存，将打开提示对话框，在其中单击 保存(S) 按钮，保存对文档的修改并退出 PowerPoint 2010；单击 不保存(N) 按钮将不保存对文档的修改并退出 PowerPoint 2010；单击 取消 按钮，可返回 PowerPoint 继续编辑。

1.3.5 新建幻灯片

演示文稿是由多张幻灯片组成的，用户可以根据需要在演示文稿的任意位置新建幻灯片。常用的新建幻灯片的方法主要有如下两种。

- **通过快捷菜单新建幻灯片：** 启动 PowerPoint 2010，在新建的空白演示文稿的“幻灯片”窗格空白处单击鼠标右键，在弹出的快捷菜单中选择“新建幻灯片”命令，如图 1-30 所示。
- **通过选择版式新建幻灯片：** 版式用于定义幻灯片中内容的显示位置，用户可根据需要向里面放置文本、图片以及表格等内容。通过选择版式新建幻灯片的方法是：启动 PowerPoint 2010，选择【开始】/【幻灯片】组，单击“新建幻灯片”按钮下的按钮，在弹出的下拉列表中选择新建幻灯片的版式，如图 1-31 所示，新建一张带有版式的幻灯片。

图 1-30　新建幻灯片

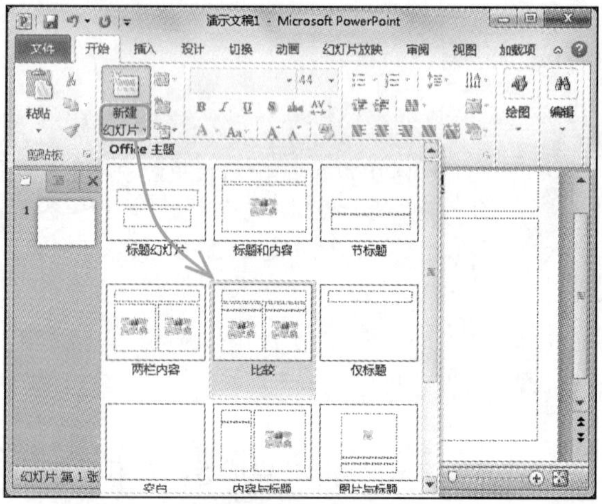

图 1-31　选择幻灯片版式

技巧点拨

快速新建幻灯片

在“幻灯片”窗格中，选择任意一张幻灯片的缩略图，按 Enter 键即可新建一张与所选幻灯片版式相同的幻灯片。

1.3.6 选择幻灯片

在幻灯片中输入内容之前，首先要掌握选择幻灯片的方法。根据实际情况不同，选择幻灯片的方法也有所区别，主要有以下几种。

- **选择单张幻灯片：** 在“幻灯片/大纲”窗格或幻灯片浏览视图中，单击幻灯片缩略图，可选择单张幻灯片，如图 1-32 所示。
- **选择多张连续的幻灯片：** 在“幻灯片/大纲”窗格或幻灯片浏览视图中，单击要连续选择的第 1 张幻灯片，按住 Shift 键不放，再单击需选择的最后一张幻灯片，释放 Shift 键后两张幻灯片之间的所有幻灯片均被选择，如图 1-33 所示。

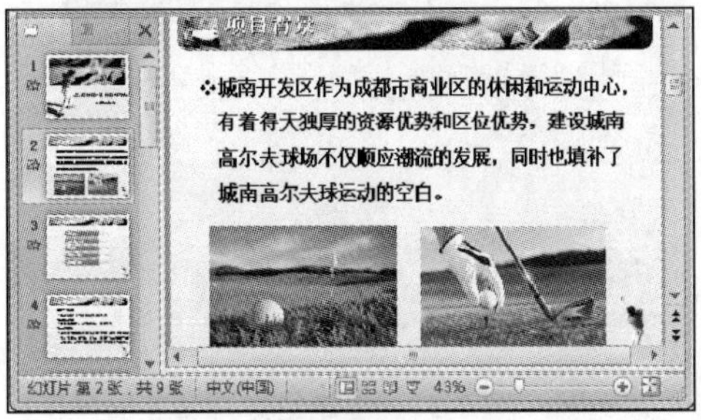
项目背景
城南开发区作为成都市商业区的休闲和运动中心，有着得天独厚的资源优势和区位优势，建设城南高尔夫球场不仅顺应潮流的发展，同时也填补了城南高尔夫球运动的空白。
幻灯片 第2张，共9张
中文(中国)
43%

图 1-32　选择单张幻灯片

高尔夫项目商业计划书
安源投资有限公司
幻灯片 第1张，共9张
中文(中国)
43%

图 1-33　选择多张连续的幻灯片

- **选择多张不连续的幻灯片：** 在“幻灯片/大纲”窗格或幻灯片浏览视图中，单击要选择的第 1 张幻灯片，按住 Ctrl 键不放，再依次单击需选择的幻灯片，可选择多张不连续的幻灯片，如图 1-34 所示。
- **选择全部幻灯片：** 在“幻灯片/大纲”窗格或幻灯片浏览视图中，按 Ctrl+A 组合键，可选择当前演示文稿中所有的幻灯片，如图 1-35 所示。

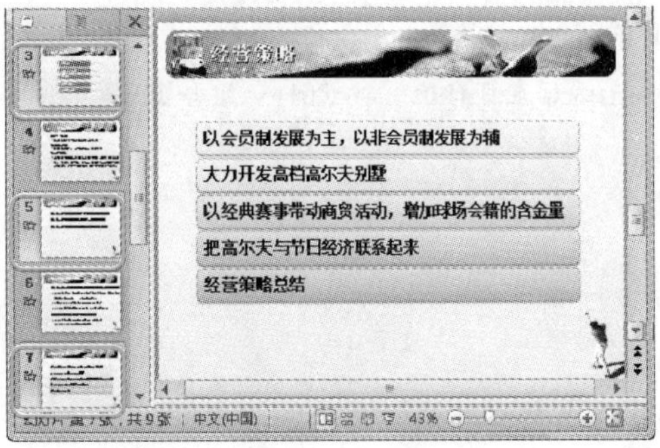
经营策略
以会员制发展为主，以非会员制发展为辅
大力开发高档高尔夫别墅
以经典赛事带动商贸活动，增加球场会籍的含金量
把高尔夫与节日经济联系起来
经营策略总结
中文(中国)
43%

图 1-34　选择多张不连续的幻灯片

高尔夫项目商业计划书
安源投资有限公司
幻灯片 第1张，共9张
中文(中国)
43%

图 1-35　选择全部幻灯片

知识提示

取消选择幻灯片

若是在选择的多张幻灯片中选择了不需要的幻灯片，可在不取消其他幻灯片的情况下，取消选择不需要的幻灯片。其方法是：选择多张幻灯片后，按住 Ctrl 键不放，单击需要取消选择的幻灯片。

1.3.7 移动和复制幻灯片

制作的演示文稿可根据需要对各幻灯片的顺序进行调整。在制作演示文稿的过程中，若制作的幻灯片与某张幻灯片非常相似，可复制该幻灯片后再对其进行编辑，这样既能节省时间又能提高工作效率。下面就对移动和复制幻灯片的方法进行介绍。

- 通过鼠标拖动移动和复制幻灯片：选择需移动的幻灯片，按住鼠标左键不放拖动到目标位置后释放鼠标完成移动操作，如图 1-36 所示。选择幻灯片后，按住 Ctrl 键的同时拖动到目标位置可实现幻灯片的复制，如图 1-37 所示。

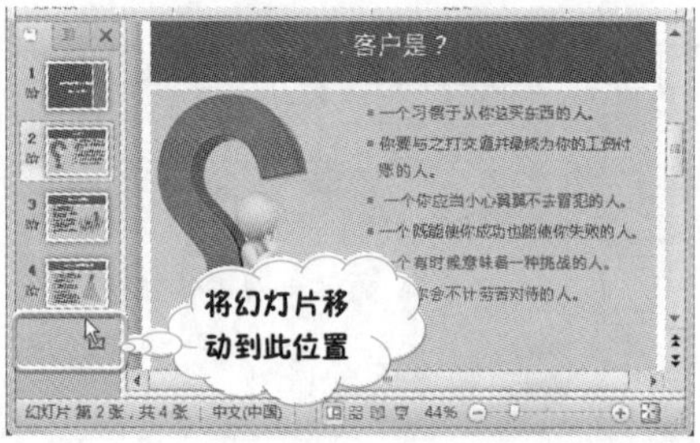

图 1-36 移动幻灯片

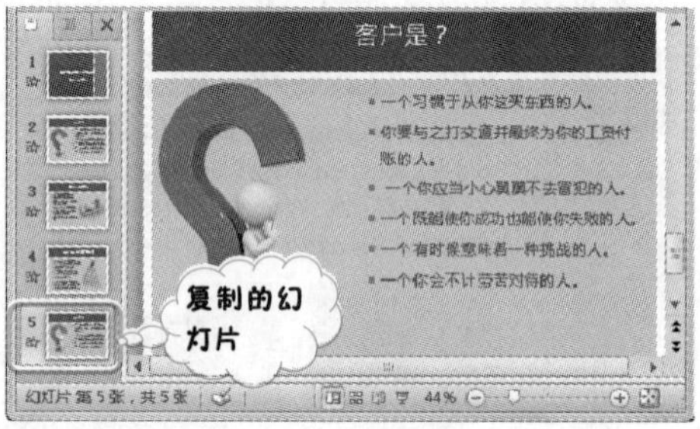

图 1-37 复制幻灯片

- 通过菜单命令移动和复制幻灯片：选择需移动或复制的幻灯片，在其上单击鼠标右键，在弹出的快捷菜单中选择“剪切”或“复制”命令，然后将鼠标定位到目标位置，单击鼠标右键，在弹出的快捷菜单中选择“粘贴”命令，完成移动或复制幻灯片。

技巧点拨

快速移动或复制幻灯片

选择需移动或复制的幻灯片，按 Ctrl+X 或 Ctrl+C 组合键，然后在目标位置按 Ctrl+V 组合键，也可移动或复制幻灯片。

1.3.8 删除幻灯片

在“幻灯片/大纲”窗格和幻灯片浏览视图中可对演示文稿中多余的幻灯片进行删除。其方法是：选择需删除的幻灯片后，按 Delete 键或单击鼠标右键，在弹出的快捷菜单中选择“删除幻灯片”命令。

技巧点拨

撤销和恢复操作

在操作幻灯片的过程中如发现当前操作有误，可单击快速访问工具栏中的按钮返回到上一步操作；单击按钮可返回到单击按钮前的操作状态。

1.4 模板与主题的应用

在制作演示文稿的过程中，使用模板或应用主题，不仅可提高制作演示文稿的速度，还能为演示文稿设置统一的背景、外观，使整个演示文稿风格统一。下面就对模板和主题的应用进行讲解。

1.4.1 PowerPoint 模板与主题的区别

模板是一张幻灯片或一组幻灯片的图案或蓝图，其后缀名为.potx。模板可以包含版式、主题颜色、主题字体、主题效果和背景样式，甚至还可以包含内容。而主题是将设置好的颜色、字体和背景效果整合到一起，一个主题中只包含这 3 个部分。

PowerPoint 模板和主题的最大区别是：PowerPoint 模板中可包含多种元素，如图片、文字、图表、表格、动画等，而主题中则不包含这些元素。如图 1-38 所示为 PowerPoint 模板。如图 1-39 所示为主题。

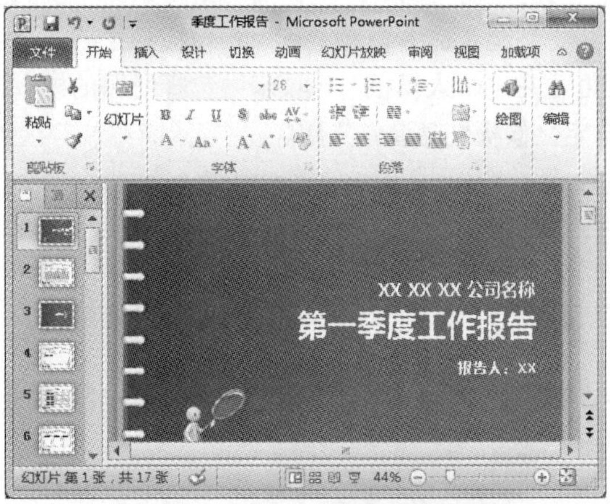

图 1-38 PowerPoint 模板

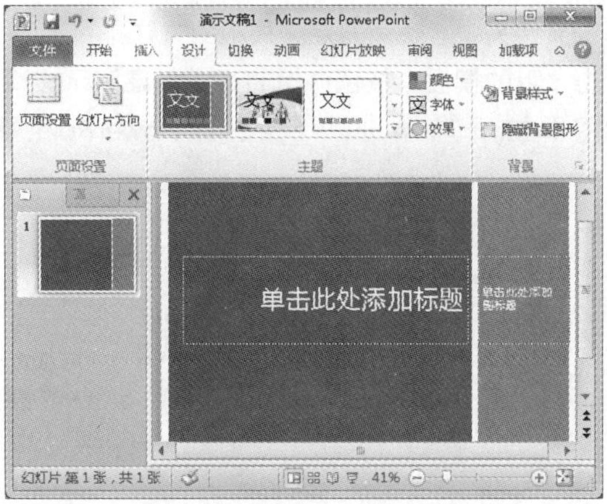

图 1-39 主题

1.4.2 创建与使用模板

为演示文稿设置好统一的风格和版式后，可将其保存为模板文件，这样方便以后制作演示文稿。下面将对模板的创建和使用进行讲解。

1. 创建模板

创建模板就是将设置好的演示文稿另存为模板文件。其方法是：打开设置好的演示文稿，选择【文件】/【保存并发送】命令，在打开页面的“文件类型”栏中选择“更改文件类型”选项，在“更改文件类型”栏中双击“模板”选项，如图 1-40 所示，打开“另存为”对话框，选择模板的保存位置，单击 保存(S) 按钮，如图 1-41 所示。

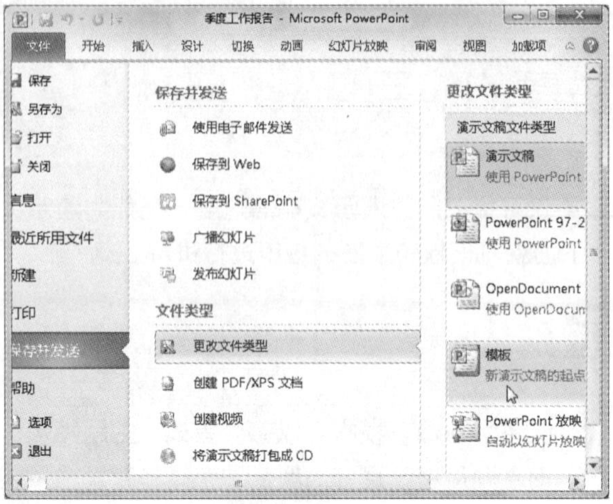

图 1-40　更改文件类型

图 1-41　保存模板

2. 使用自定义模板

在新建演示文稿时就可直接使用创建的模板，但在使用前，需将创建的模板复制到默认的“我的模板”文件夹中。使用自定义模板的方法是：选择【文件】/【新建】命令，在“可用的模板和主题”栏中单击“我的模板”按钮，打开“新建演示文稿”对话框，在“个人模板”选项卡中选择所需的模板，如图 1-42 所示，单击确定按钮，PowerPoint 将根据自定义模板创建演示文稿。

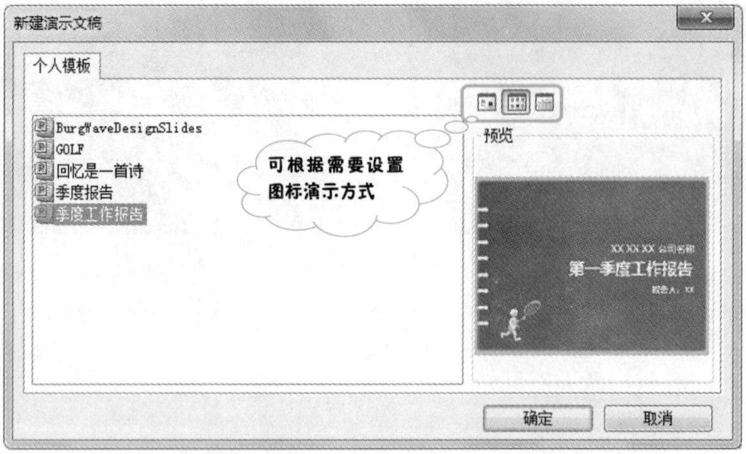

图 1-42　使用自定义模板

1.4.3　为演示文稿应用主题

在 PowerPoint 2010 中预设了多种主题样式，用户可根据需要选择所需的主题样式，这样可快速为演示文稿设置统一的外观。其方法是：打开演示文稿，选择【设计】/【主题】组，在“主题选项”栏中选择所需的主题样式，如图 1-43 所示。

图 1-43　预设的主题样式

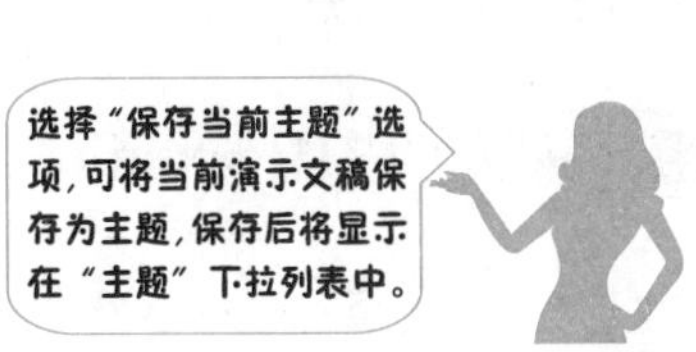

选择"保存当前主题"选项，可将当前演示文稿保存为主题，保存后将显示在"主题"下拉列表中。

技巧点拨

将主题样式应用于选定的幻灯片

若想将主题样式只应用于选定的幻灯片，首先选择需应用主题样式的幻灯片，再在选择的主题样式上单击鼠标右键，在弹出的快捷菜单中选择"应用于选定幻灯片"命令即可。

1.5 新手解惑

问题 1：如何设置快速访问最近演示文稿的数量

问：通过在最近使用演示文稿的页面中选择需打开的演示文稿，可提高速度和节约时间，但默认显示的演示文稿数量有限，那么如何设置最近使用过的演示文稿数量呢？

答：在 PowerPoint 2010 中可对最近使用的演示文稿显示数量进行设置。其方法是：选择【文件】/【最近所用文件】命令，在打开的页面中选中☑快速访问此数量的最近的演示文稿:复选框，在其后的数值框中输入相应的数量，即可将相应数量的演示文稿显示在该页面中。

问题 2：如何更改现有幻灯片的版式

问：在制作演示文稿的过程中，会根据每张幻灯片中所需放置的内容来选择幻灯片的版式，那么如何对现有幻灯片的版式进行更改呢？

答：对现有幻灯片版式进行更改的方法有以下两种。

方法一：选择要更改版式的幻灯片，选择【开始】/【幻灯片】组，单击"版式"按钮，在弹出的下拉列表中选择所需的版式。

方法二：选择要更改版式的幻灯片并单击鼠标右键，在弹出的快捷菜单中选择"版式"命令，在其子菜单中选择所需的幻灯片版式。

问题 3：如何一次打开多个演示文稿

：在制作演示文稿的过程中，有时会根据需要打开多个演示文稿，有什么方法能一次打开多个需要的演示文稿呢？

：在 PowerPoint 2010 中可以一次性打开多个演示文稿。其方法是：在“打开”对话框中按住 Ctrl 键或 Shift 键选择需打开的多个演示文稿，如图 1-44 所示。单击打开(O)按钮，即可同时打开选择的多个演示文稿，如图 1-45 所示。

图 1-44 选择多个演示文稿

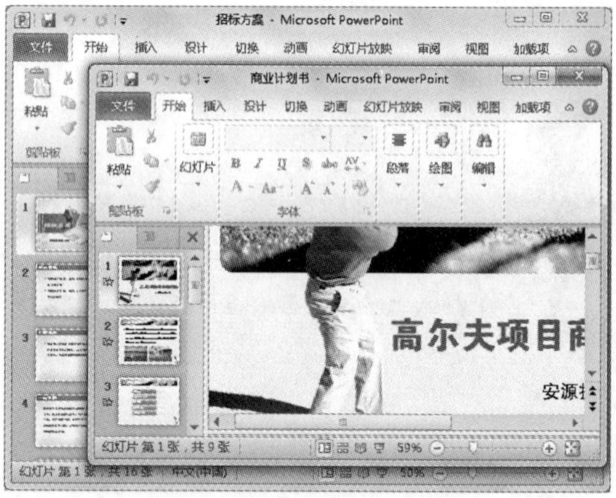

图 1-45 打开多个演示文稿

问题 4：如何对撤销次数进行设置

：在制作演示文稿的过程中，往往会进行多次撤销和恢复操作。但因 PowerPoint 提供的撤销操作的次数有限，有可能会导致不能恢复到所需的效果。若有需要，能否对撤销操作的次数进行设置呢？

：在 PowerPoint 2010 中可以根据需要对撤销操作的次数进行设置。其方法是：选择【文件】/【选项】命令，打开“PowerPoint 选项”对话框，选择“高级”选项卡，在“编辑选项”栏的“最多可取消操作数”数值框中输入所需撤销操作的次数，单击确定按钮即可。

问题 5：如何获取帮助

：在使用 PowerPoint 2010 制作演示文稿的过程中，会遇到很多问题，若不清楚某个功能在什么位置或对某些新增的功能不了解，那么如何来获取帮助呢？

：使用 PowerPoint 2010 提供的帮助功能就能快速解决很多问题。其方法是：启动 PowerPoint 2010 后，在其工作界面功能选项卡右侧单击“帮助”按钮或按 F1 键，打开“PowerPoint 帮助”窗口，在“输入要搜索的字词”文本框中输入关键字，单击搜索按钮即可。

1.6 巩固练习

练习 1：根据模板新建演示文稿

启动 PowerPoint 2010，根据样本模板创建演示文稿，并将其命名为“宣传手册”，然后保存在电脑中。如图 1-46 所示为保存后的效果。

练习 2：为演示文稿应用主题

新建一个空白演示文稿，为其应用“气流”主题样式，然后新建 4 张幻灯片，并对其进行保存。最终效果如图 1-47 所示。

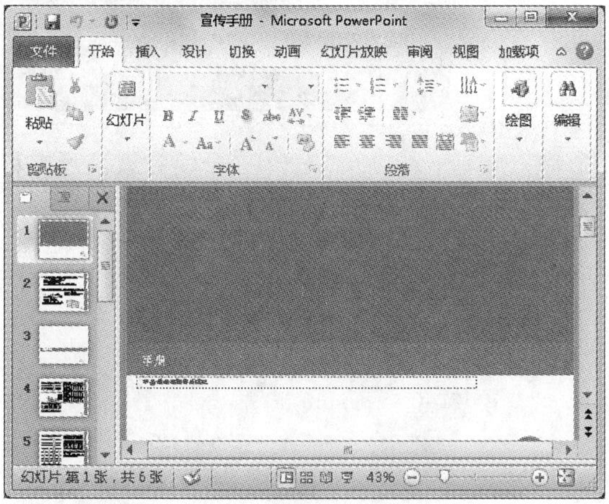

图 1-46　创建的演示文稿

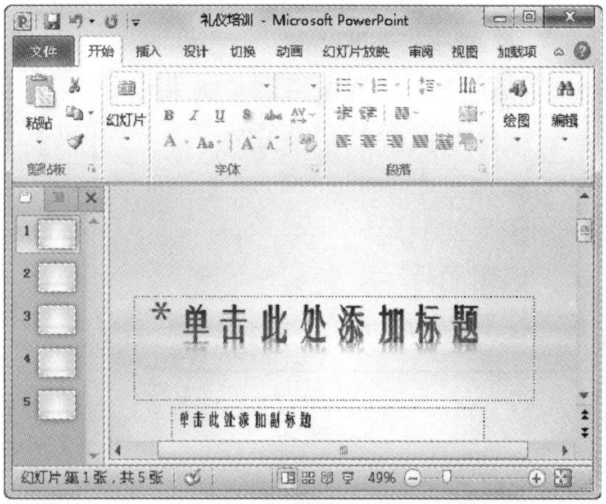

图 1-47　新建的演示文稿效果

轻松一刻

一位软件工程师、一位硬件工程师和一位项目经理同坐车参加研讨会。不幸的是，车在从盘山公路下山时坏在半路上了。于是，两位工程师和一位经理就如何修车的问题展开了讨论。硬件工程师说：“我可以用随身携带的瑞士军刀把车坏的部分拆下来，找出原因，排除故障。”项目经理说：“根据经营管理学，应该召开会议，根据问题现状写出需求报告，制订计划，编写日程安排，逐步逼近，alpha 测试，beta1 测试和 beta2 测试解决问题。”软件工程师说：“咱们还是应该把车推回山顶再开下来，看看问题是否重复发生。”

视频讲解

8段

第2章

图片与文字的结合

★本章要点★

- 设置及使用占位符和文本框
- 编辑和设置幻灯片文本
- 添加艺术字
- 图片的使用
- 编辑图片
- 在 PowerPoint 中制作相册

公司会议演示文稿

交通安全知识讲座

产品概况

2.1 设置及使用占位符和文本框

在幻灯片中输入文本，需要使用占位符和文本框，占位符和文本框并不是固定不变的。在幻灯片中不仅可以对占位符和文本框的大小、位置等进行设置，还可以对占位符和文本框进行美化，使整个演示文稿更加美观。

2.1.1 认识占位符和文本框

占位符和文本框是在幻灯片中输入文字的重要场所，在使用占位符和文本框输入文字之前，必须要先认识占位符和文本框。

1. 认识占位符

在幻灯片中经常可以看到“单击此处添加标题”、“单击此处添加文本”等有虚线边框的文本框，这些文本框就被称为占位符。占位符是 PowerPoint 中特有的对象，通过它可以输入文本、插入对象等。

PowerPoint 2010 中包含 3 种占位符，即标题占位符、副标题占位符和对象占位符。其中标题占位符和副标题占位符用于输入演示文稿的标题和单张幻灯片的标题；对象占位符用于输入正文文本或插入图片、图形、图表等对象，如图 2-1 所示。

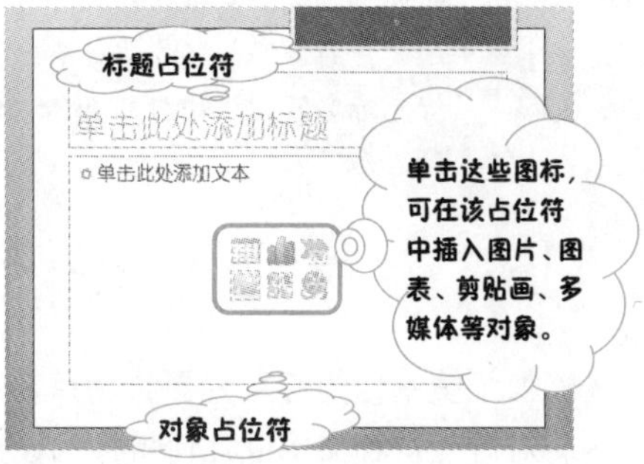
标题占位符
单击此处添加标题
单击此处添加文本
单击这些图标，可在该占位符中插入图片、图表、剪贴画、多媒体等对象。
对象占位符

图 2-1　认识占位符

2. 认识文本框

每张幻灯片中预设的占位符是有限的，如果需要在幻灯片的其他位置输入文本，就需要插入文本框。但是在文本框中输入文本之前，必须先绘制文本框，文本框包括横排文本框和垂直文本框，其中在横排文本框中输入的文本以横排显示，在垂直文本框中输入的文本将以垂直显示。如图 2-2 所示左边文本框中的文字以垂直显示，右边文本框中的文字以横排显示。

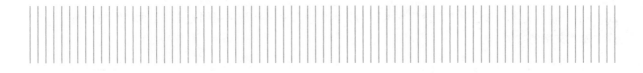

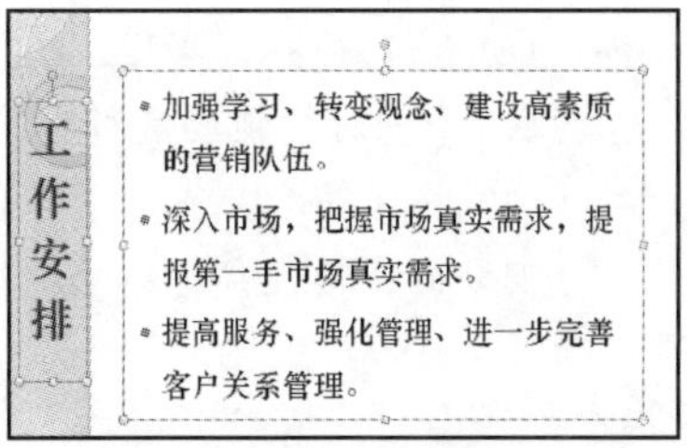
工作安排
加强学习、转变观念、建设高素质的营销队伍。
深入市场，把握市场真实需求，提报第一手市场真实需求。
提高服务、强化管理、进一步完善客户关系管理。

图 2-2　文本框中文本的显示方向

2.1.2 使用占位符和文本框输入文字

在幻灯片中，输入文字是最基本的操作，文字能将演示文稿所要传递的信息表现出来。在 PowerPoint

2010 中，输入文字的方法很多，使用占位符和文本框输入文字是最常用的方法。下面就具体讲解在幻灯片中输入文字的方法。

1. 在占位符中输入文字

在占位符中输入文字是最常用的输入文字的方法，在幻灯片占位符中已经预设了文字的属性和样式，用户可以根据需要在相应的占位符中添加内容。不管是标题幻灯片还是内容幻灯片，在占位符中输入文本的方法都是相同的。其方法是：选择占位符后，将鼠标光标定位到占位符中，切换到熟悉的输入法后，输入所需的文本，如图 2-3 所示。

图 2-3 在占位符中输入文字

2. 在文本框中输入文字

在文本框中输入文字和在占位符中输入文字的方法类似。绘制完文本框后，将鼠标光标定位到文本框中，可输入所需的文字。

技巧点拨

在“大纲”窗格中输入文字

通过“大纲”窗格输入文字可快速地观察到演示文稿中文本前后内容是否连贯，而且还可输入大量的文字。其方法是：选择“大纲”窗格，双击需输入文字的幻灯片图标，然后将鼠标光标定位到该图标后面输入所需的文字。

2.1.3 设置占位符和文本框的几何特性

为了使制作的幻灯片更具特点，用户可以根据需要对占位符的大小、位置、旋转角度等进行设置。下面对占位符和文本框几何特性的设置方法进行详细介绍。

- 设置占位符和文本框大小：单击占位符或文本框后，将鼠标移到占位符或文本框各控制点上，当鼠标光标变成 、 、 、 形状时，按住鼠标拖动即可改变占位符或文本框的大小。
- 设置占位符和文本框位置：单击占位符后，将鼠标移动到占位符四周的边线上，当鼠标光标变成 形状时，拖动鼠标移动占位符到目标位置后释放鼠标。
- 设置占位符和文本框旋转角度：单击占位符后，将鼠标光标移动到 按钮上，当鼠标光标变成 形状时，按住鼠标拖动旋转占位符到所需角度后释放鼠标。

2.1.4 美化占位符和文本框

插入的占位符和绘制的文本框总是保持默认设置，形式单调且不美观，不能满足用户的需要。这时可对占位符和文本框进行美化，包括设置占位符和文本框的主题样式、填充效果、边框以及形状效果等。占位符和文本框的美化方法都相同，下面就以美化文本框为例进行讲解。

1. 设置文本框主题样式

为方便用户快速设置文本框等对象的外形，PowerPoint 2010 预设了多种主题填充效果，任意选择一种即可制作出专业的效果。其设置方法是：选择文本框后，再选择【格式】/【形状样式】组，在“快速样式”选项栏中选择任意一种填充效果，即可将该样式应用到选择的文本框中，如图 2-4 所示。

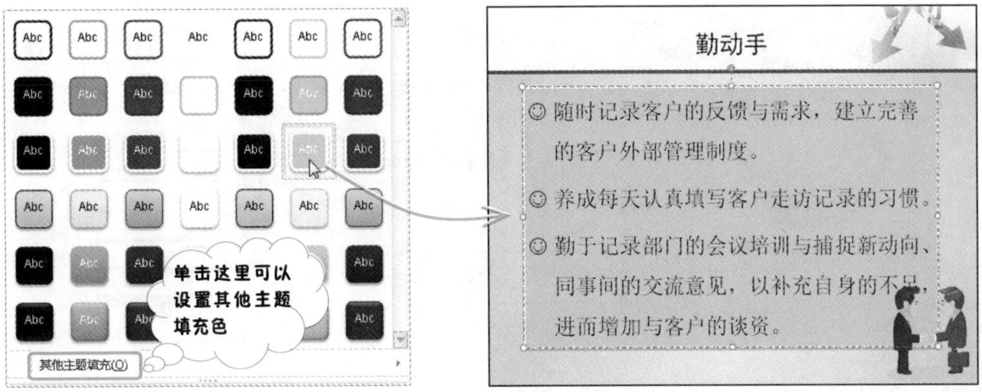
单击这里可以设置其他主题填充色
其他主题填充(O)
勤动手
☺ 随时记录客户的反馈与需求，建立完善的客户外部管理制度。
☺ 养成每天认真填写客户走访记录的习惯。
☺ 勤于记录部门的会议培训与捕捉新动向、同事间的交流意见，以补充自身的不足，进而增加与客户的谈资。

图 2-4 设置文本框主题样式

知识提示

主题样式的差异

PowerPoint 将根据现有幻灯片各对象的配色情况，自行调整适应的填充颜色和边框颜色，即不同的幻灯片弹出的下拉列表框中的选项也会有所差异。

2. 设置文本框填充效果

除了可设置文本框的主题样式外，还可根据需要为文本框填充内容，如纯色、渐变颜色和纹理填充等。其设置方法是：选择文本框后，选择【格式】/【形状样式】组，单击“形状填充”按钮，在弹出的下拉列表中选择填充的主题颜色、其他颜色、图片、渐变效果和预设的纹理效果等即可，如图 2-5 所示。

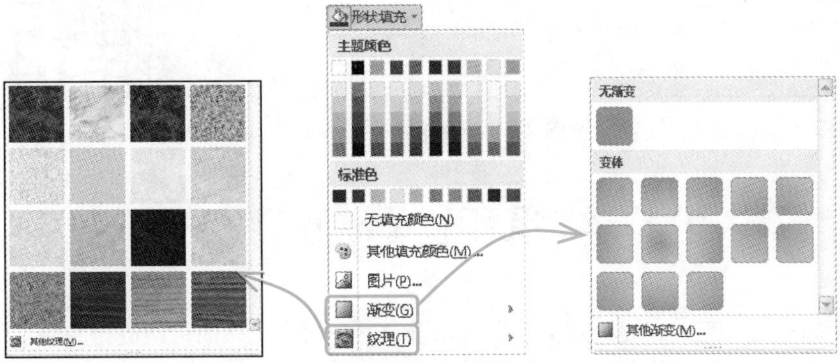
形状填充
主题颜色
标准色
无填充颜色(N)
其他填充颜色(M)...
图片(P)...
渐变(G)
纹理(T)
其他纹理(M)...
无渐变
变体
其他渐变(M)...

图 2-5 设置文本框填充效果

3. 设置文本框边框

文本框的边框也可根据用户的需要进行设置，如轮廓线颜色、线型以及粗细等。其设置方法是：选择文本框后，选择【格式】/【形状样式】组，单击“形状轮廓”按钮，在弹出的下拉列表中选择相应的选项进行设置即可，如图 2-6 所示。

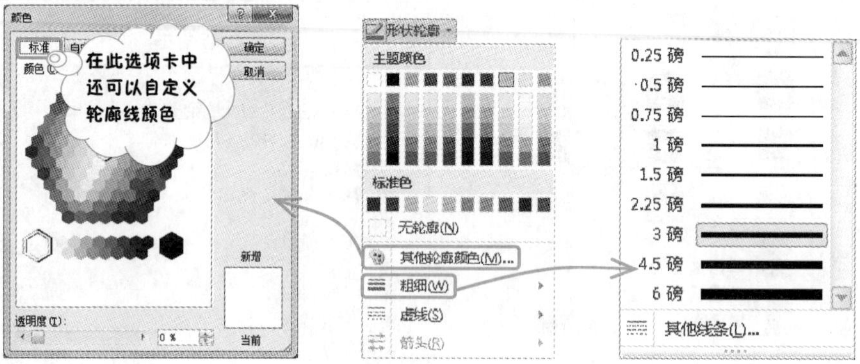

图 2-6　设置文本框边框效果

4. 设置文本框形状效果

除了以上设置外，还可为文本框设置阴影、倒影、发光及三维立体等形状效果，通过设置用户可快速制作出专业的幻灯片效果。

其设置方法是：选择文本框后，选择【格式】/【形状样式】组，单击“形状效果”按钮，在弹出的下拉列表中列出了多种特殊效果选项，选择任意一种选项，在弹出的子列表中即可选择具体的效果，如图 2-7 所示。

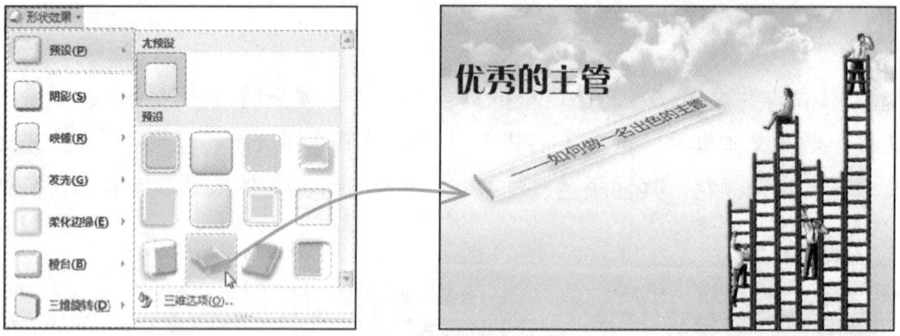

图 2-7　设置文本框形状效果

2.2　编辑和设置幻灯片文本

在幻灯片中输入文本后，需要检查文本中的错误，并对检查出来的错误进行编辑。不仅如此，还要对幻灯片中的文本进行修饰。增加幻灯片美观性的方法主要包括修改文本级别、设置文本格式和段落格式等。

2.2.1 编辑文本

输入文本内容后，如发现输入的内容有误或遗漏，此时都需要对文本内容再次进行编辑。编辑文本主要包括选择、修改、移动、复制、查找和替换等。

下面在“公司简介.pptx”演示文稿中修改错误文本，复制、查找和替换所需的文本，其具体操作如下：

Step 01 打开“公司简介.pptx”演示文稿（\实例素材\第 2 章\公司简介.pptx），选择第 2 张幻灯片中的“与玻璃有关的制品”文本，按 Backspace 键删除选择的文本，然后输入“玻璃制品”文本。

Step 02 选择第 3 张幻灯片中的“科盛有限公司生产的”文本，按住 Ctrl 键不放，将文本拖动到第 2 段文字段前释放鼠标复制该文本，如图 2-8 所示。

Step 03 将鼠标光标定位到文本占位符中，选择【开始】/【编辑】组，单击“替换”按钮，打开“替换”对话框，在“查找内容”下拉列表框中输入“科盛有限公司”，在“替换为”下拉列表框中输入“本公司”，如图 2-9 所示。

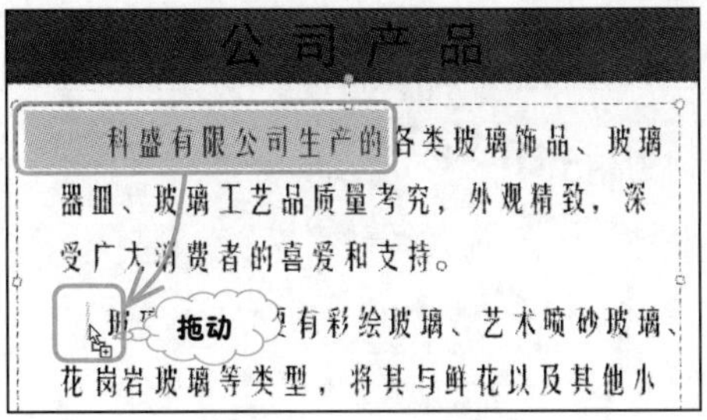

图 2-8 复制文本

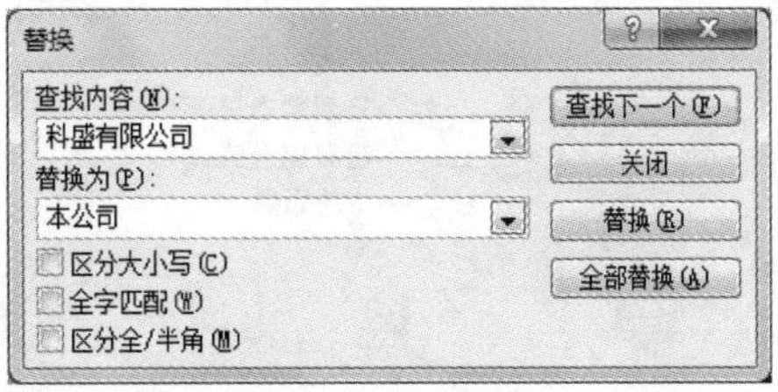

图 2-9 替换文本

Step 04 单击 查找下一个(F) 按钮查找所需的内容，单击 替换(R)... 按钮进行替换，返回进行相同操作，直到完成所有文本的替换，最后单击 关闭 按钮关闭该对话框，完成文本的编辑（\最终效果\第 2 章\公司简介.pptx）。

2.2.2 修改文本级别

在幻灯片中，每一段文本都有一定的级别，在输入文本时按 Enter 键分段后输入的文本将自动应用上一级的项目符号，但这些文本属于同一级别，如果需要对文本的级别进行修改，可通过以下几种方法进行。

1. 在“大纲”窗格中修改文本级别

在“大纲”窗格中选择相应文本后单击鼠标右键，在弹出的快捷菜单中选择“升级”命令可升级当前选择的文本；选择“降级”命令则降级当前文本；选择“上移”命令，可将当前文本移动到上段文本前；选择“下移”文本，可将当前文本移动到下段文本后。如图 2-10 所示为在“大纲”窗格中修改文本级别。

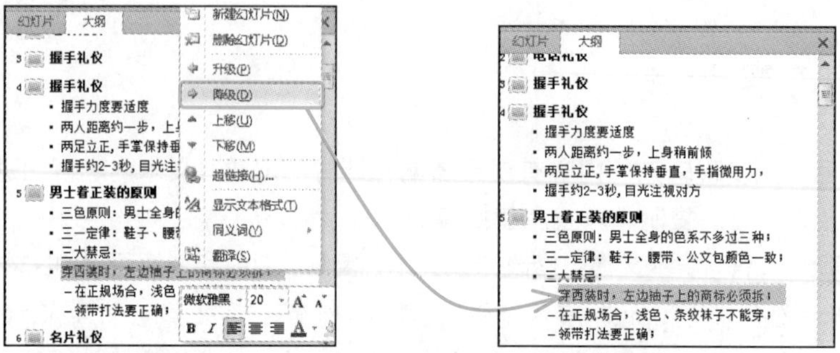
幻灯片
大纲
握手礼仪
握手礼仪
握手力度要适度
男士着正装的原则
名片礼仪
新建幻灯片(N)
删除幻灯片(D)
升级(P)
降级(D)
上移(U)
下移(M)
超链接(H)...
显示文本格式(T)
同义词(Y)
翻译(S)
握手礼仪
握手礼仪
握手力度要适度
两人距离约一步，上身稍前倾
两足立正，手掌保持垂直，手指微用力，
握手约2-3秒，目光注视对方
男士着正装的原则
三色原则：男士全身的色系不多过三种；
三一定律：鞋子、腰带、公文包颜色一致；
三大禁忌：
穿西装时，左边袖子上的商标必须拆；
在正规场合，浅色、条纹袜子不能穿；
领带打法要正确；

图 2-10　在“大纲”窗格中修改文本级别

2. 在幻灯片编辑区中修改文本级别

在幻灯片编辑区中选择需更改级别的文本，选择【开始】/【段落】组，单击“升级”按钮或“降级”按钮，即可提升或降低该文本的级别。此外选择需更改的文本，在出现的浮动工具栏中单击相应的按钮也可提升或降低文本级别。如图 2-11 所示为在幻灯片编辑区中修改文本级别。

分别单击这两个按钮可提升或降低文本的级别
男士着正装的原则
三色原则：男士全身的色系不多过三种；
三一定律：鞋子、腰带、公文包颜色一致
三大禁忌：
穿西装时，左边袖子上的商标必须拆；
在正规场合，浅色、条纹袜子不能穿；

图 2-11　在幻灯片编辑区中修改文本级别

技巧点拨

快速修改文本级别

在“大纲”窗格或幻灯片编辑区中，选择需修改级别的文本，按 Tab 键可直接降低文本的级别，按 Shift+Tab 组合键可快速提升文本级别。

2.2.3 设置字体格式

在 PowerPoint 2010 中，输入的文本都是保持默认的字体格式，这样制作出来的演示文稿不一定能满足讲解主题，因此需对幻灯片的字体格式进行合理设置。演示文稿的字体格式设置包括设置文本的字体、字号、颜色及特殊效果等。

下面将在“公司会议.pptx”演示文稿中设置文本的字体、字号、字体颜色以及特殊效果，其具体操作如下：

Step 01 打开“公司会议.pptx”演示文稿（\实例素材\第 2 章\公司会议.pptx），选择第 1 张幻灯片中的标题文本，然后选择【开始】/【字体】组，在“字体”下拉列表框中选择“方正大标宋简体”选项。

Step 02 “字号”下拉列表框中选择 40 选项，单击“字体颜色”按钮旁的按钮，在弹出下拉列表的“标准色”栏中选择“蓝色”选项，如图 2-12 所示。

Step 03 使用相同的方法将第 1 张幻灯片的副标题字体设置为“黑体”，字号设置为 28，然后单击“加粗”按钮加粗文本，其效果如图 2-13 所示。

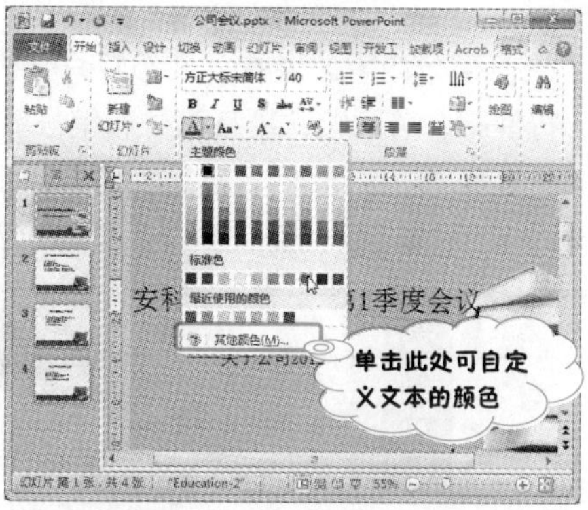

图 2-12　设置字号和颜色

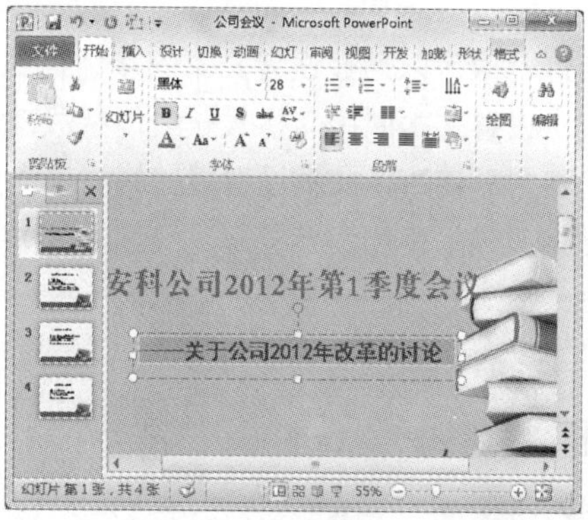

图 2-13　设置副标题字体格式

Step 04 选择第 2 张幻灯片的标题文本，设置字体为“黑体”，字号为 40，字体颜色为“红色，强调颜色 2，深色 25%”，单击“倾斜”按钮倾斜文本。

Step 05 选择第 2 张幻灯片的正文文本，将其字体设置为“华文中宋”，字号设置为 28，效果如图 2-14 所示。

Step 06 使用相同的方法将第 3、第 4 张幻灯片的标题字体设置为“黑体”，字号设置为 40，字体颜色设置为“红色，强调颜色 2，深色 25%”，并倾斜文本。将其正文文本的字体设置为“华文中宋”，字号设置为 28，效果如图 2-15 所示（\最终效果\第 2 章\公司会议.pptx）。

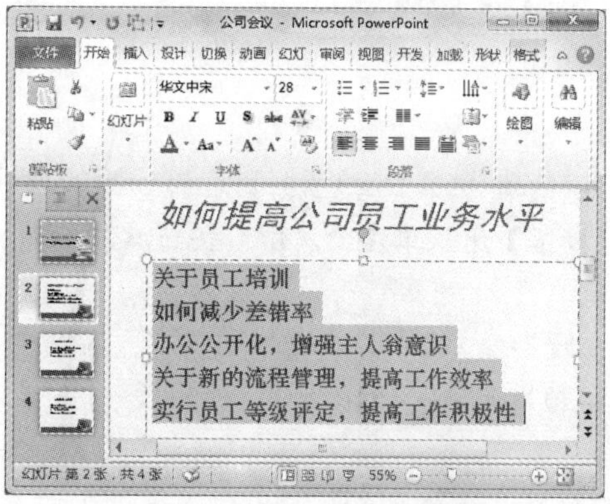

图 2-14　设置正文文本格式

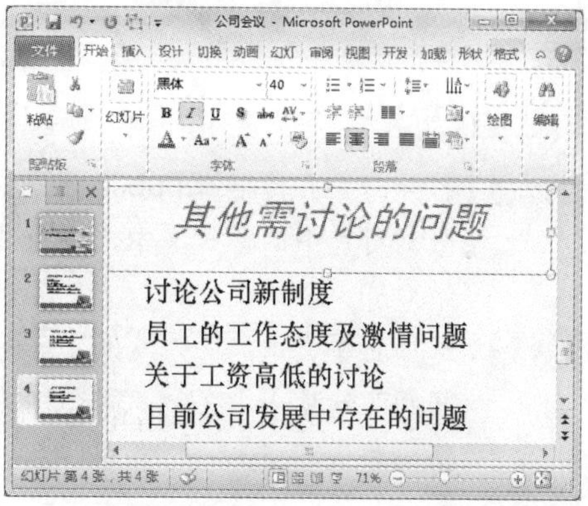

图 2-15　第 3 张幻灯片效果

技巧点拨

通过“字体”对话框设置字体格式

要想更详细地设置字体格式，可以通过“字体”对话框来进行设置。其方法是：选择【开始】/【字体】组，单击右下角的按钮，打开“字体”对话框，在“字体”选项卡中可设置字体格式，在“字符间距”选项卡中可设置字与字之间的距离。

2.2.4 设置段落格式

在幻灯片中可以通过设置文本的字体格式和段落格式体现各部分内容的层次，使幻灯片结构更加清晰、美观。设置文本的段落格式一般包括段落的对齐方式、行间距、段间距、项目符号和编号等。

下面将为一篇演示文稿设置段落格式，先为幻灯片的标题设置“居中对齐”，然后为幻灯片正文文本设置行间距、段间距和项目符号，最终效果如图 2-16 所示（\最终效果\第 2 章\业务员培训.pptx）。

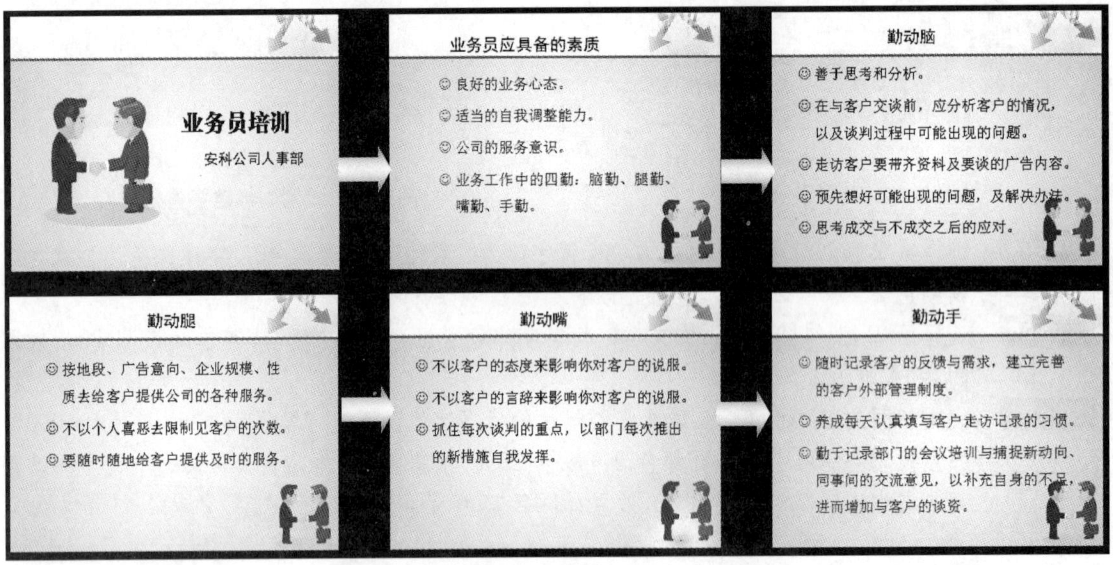
业务员培训
安科公司人事部
业务员应具备的素质
良好的业务心态。
适当的自我调整能力。
公司的服务意识。
业务工作中的四勤：脑勤、腿勤、嘴勤、手勤。
勤动脑
善于思考和分析。
在与客户交谈前，应分析客户的情况，以及谈判过程中可能出现的问题。
走访客户要带齐资料及要谈的广告内容。
预先想好可能出现的问题，及解决办法。
思考成交与不成交之后的应对。
勤动腿
按地段、广告意向、企业规模、性质去给客户提供公司的各种服务。
不以个人喜恶去限制见客户的次数。
要随时随地给客户提供及时的服务。
勤动嘴
不以客户的态度来影响你对客户的说服。
不以客户的言辞来影响你对客户的说服。
抓住每次谈判的重点，以部门每次推出的新措施自我发挥。
勤动手
随时记录客户的反馈与需求，建立完善的客户外部管理制度。
养成每天认真填写客户走访记录的习惯。
勤于记录部门的会议培训与捕捉新动向、同事间的交流意见，以补充自身的不足，进而增加与客户的谈资。

图 2-16 最终效果

其具体操作如下：

Step 01 打开“业务员培训.pptx”演示文稿（\实例素材\第 2 章\业务员培训.pptx），选择第 2 张幻灯片中的标题文本，选择【开始】/【段落】组，单击“居中”按钮将标题文本居中对齐。

Step 02 选择正文文本，在“段落”面板右下角单击按钮。打开“段落”对话框，选择“缩进和间距”选项卡，在“间距”栏的“段前”数值框中输入“10 磅”，“段后”数值框中的值保持默认不变。

Step 03 在“行距”下拉列表框中选择“1.5 倍行距”选项，单击 确定 按钮，如图 2-17 所示。

Step 04 返回幻灯片编辑区，保持正文文本的选中状态，在“段落”面板中单击“项目符号”按钮右侧的按钮，在弹出的下拉列表中选择“项目符号和编号”选项，如图 2-18 所示。

图 2-17 设置段落行距

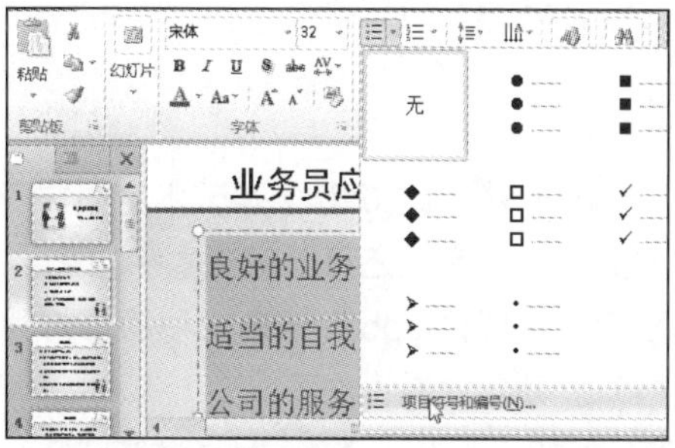

图 2-18 选择“项目符号和编号”选项

Step 05 在打开的对话框中选择“项目符号”选项卡，单击自定义(U)...按钮。

Step 06 打开“符号”对话框，在“字体”下拉列表框中选择 Wingdings 选项，在中间的列表框中选择所需的符号样式，单击确定按钮，如图 2-19 所示。

Step 07 返回“项目符号和编号”对话框，单击按钮，在弹出的下拉列表中选择“标准色”栏中的“红色”选项，单击确定按钮，如图 2-20 所示。

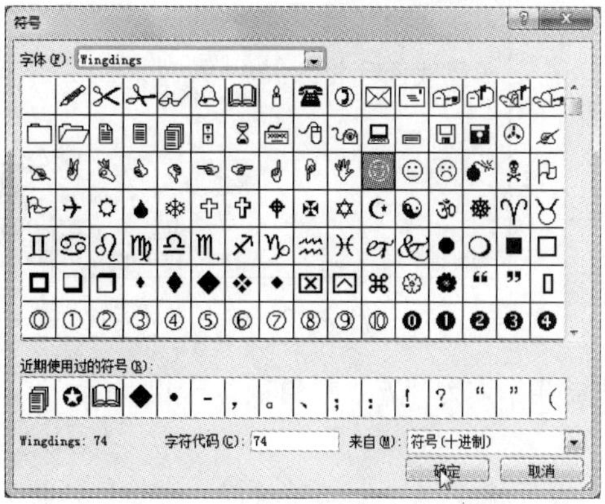

图 2-19 选择项目符号样式

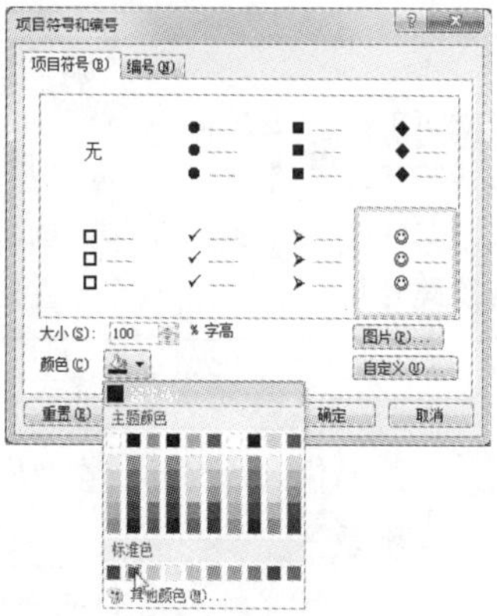

图 2-20 设置项目符号颜色

Step 08 返回幻灯片编辑区查看效果。然后按照相同的方法为其他幻灯片文本设置相同的段落格式。

知识提示

添加图片项目符号

添加图片项目符号可以使幻灯片画面更加美观、更具吸引力。其方法是：打开“项目符号和编号”对话框，单击图片(P)...按钮，在打开的“图片项目符号”对话框中选择所需的图片项目符号样式即可。如果该对话框中没有满意的图片项目符号样式，可在“搜索文字”文本框中输入所需图片项目符号的关键字，单击搜索(G)按钮，在搜索出的图片中进行选择。此外，还可通过单击该对话框中的导入(I)...按钮，导入电脑中保存和下载的图片。

2.3 添加艺术字

在 PowerPoint 2010 中，艺术字被广泛应用于幻灯片标题和重点内容的讲解部分，用户不仅可以根据需要添加艺术字，还可以对艺术字的文本效果进行设置。

下面在“课件.pptx”演示文稿的幻灯片中插入艺术字样式，然后输入所需的艺术字并设置艺术字的字体格式。其具体操作如下：

Step 01 打开“课件.pptx”演示文稿（\实例素材\第 2 章\课件.pptx），选择第 2 张幻灯片，选择【插入】/【文本】组，单击“艺术字”按钮，在弹出的下拉列表中选择所需的艺术字样式，如图 2-21 所示。

Step 02 在幻灯片中将出现一个占位符，并显示“请在此放置您的文字”，选择该文字，然后输入所需的文字“江南”，如图 2-22 所示。

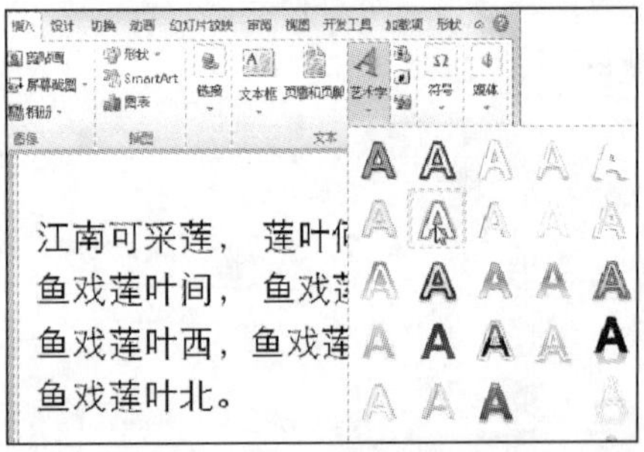

图 2-21 选择艺术字样式

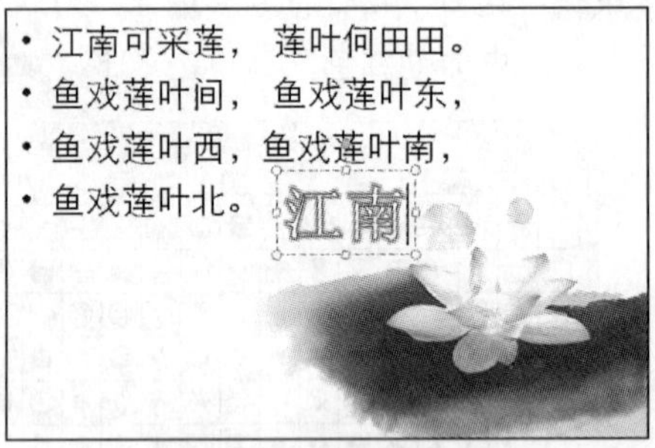
江南可采莲， 莲叶何田田。
鱼戏莲叶间， 鱼戏莲叶东，
鱼戏莲叶西，鱼戏莲叶南，
鱼戏莲叶北。
江南

图 2-22 输入艺术字

Step 03 选择输入的文字，在“字体”面板中设置其字体为“方正粗倩简体”，字号为 66，如图 2-23 所示。

Step 04 将鼠标光标移动到艺术字所在的位置，当鼠标光标变成形状时，拖动鼠标将其移动到幻灯片正文文本上方，如图 2-24 所示。

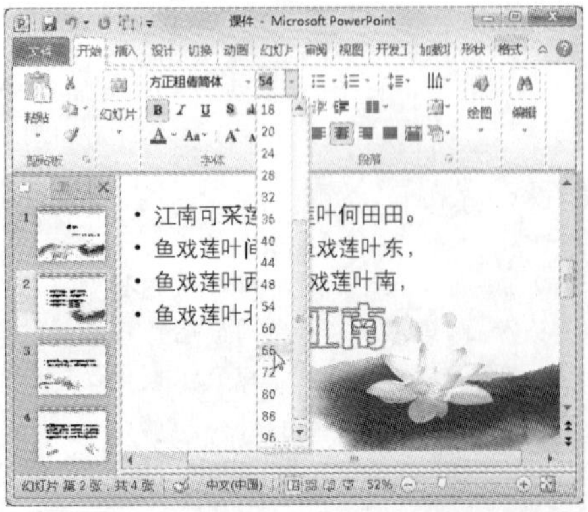

图 2-23 设置艺术字字体和字号

江南
江南可采莲， 莲叶何田田。
鱼戏莲叶间， 鱼戏莲叶东，
鱼戏莲叶西，鱼戏莲叶南，
鱼戏莲叶北。

图 2-24 调整艺术字位置

Step 05 使用相同的方法为第 3 张和第 4 张幻灯片分别添加艺术字“采莲曲”和“一剪梅”，并设置艺术字的文本格式和调整艺术字的位置，设置完成后，再查看演示文稿的整体效果（\最终效果\第 2 章\课件.pptx）。

技巧点拨

设置艺术字效果

PowerPoint 2010 可设置艺术字样式，也可设置艺术字的效果。如设置艺术字的填充效果、轮廓线以及特殊效果等，其设置方法和文本框类似，选择插入的艺术字后，选择【格式】/【艺术字样式】组，单击相应的按钮，在弹出的下拉列表中设置即可。

2.4 图片的使用

图片是演示文稿不可或缺的重要元素，合理添加图片不仅可以为演示文稿增色，还可以起辅助文字说明的作用，如使用不当则适得其反，下面将介绍图片使用的基础知识。

2.4.1 演示文稿中可插入的图片类型

PowerPoint 支持几乎所有的图片格式，不管是位图、矢量图还是带动画效果的 GIF 图片都可以插入演示文稿中。常用图片类型的特点和使用场合如下。

- 位图：位图随着放大、缩小操作其清晰度会发生变化，常见的位图有 JPG、BMP、PNG、TIF 等格式。在插入这类图片时，应注意不要选择分辨率过小的图片，否则放大图片后，有可能出现图片不清晰，从而降低演示文稿的质量。
- 动态图片：动态图片本身会产生动画效果，增加演示文稿的吸引度。动态图片的格式一般为 GIF，合理应用动态图片，可使演示文稿的互动性和创意性更强。
- 矢量图：矢量图的清晰度不随图片的放大或缩小而发生变化，如 WMF 格式。但这类图片的来源有限，并且效果不逼真，因此在制作较严谨的演示文稿时应慎重使用。

知识提示

图片的来源

获取图片的方法有多种，不同类型的图片，其获取方法不一样，主要有如下几种。

- 网络搜索或购买：在 Internet 中搜索并保存各种类型图片，或购买图库，查找需要的图片素材。
- 软件制作：用 CorelDRAW、Illustrator 等软件可绘制矢量图；用 Flash、Fireworks、Gif Tools、Ulead GIF Animator 等软件可制作 GIF 动态图片。
- 相机拍摄：使用数码相机拍摄位图图片。

2.4.2 插入图片

在 PowerPoint 2010 中插入图片的方法有多种，包括插入剪贴画、插入收集的图片素材、插入屏幕中显示的图片等。下面将使用插入图片的方法制作“交通安全知识讲座.pptx”演示文稿。

如图 2-25 所示是一个关于“交通安全知识讲座”的演示文稿（\最终效果\第 2 章\交通安全知识讲座.pptx），通过制作该演示文稿可以学习在幻灯片中插入自带的剪贴画、电脑中保存的图片以及屏幕中显示的图片的方法。

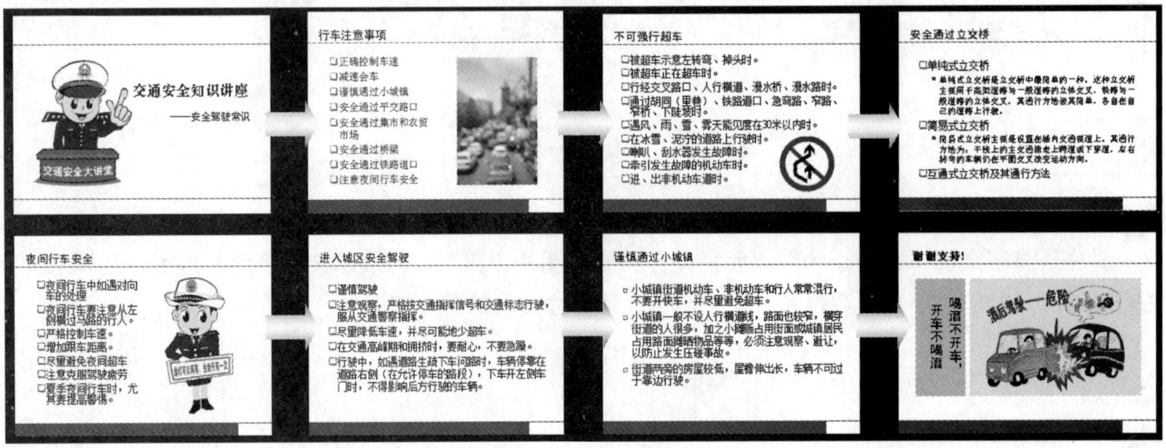

图 2-25　最终效果

1. 插入自带的剪贴画图片

剪贴画是 PowerPoint 2010 本身提供的图片，其中包括多种类别，如人物、动植物、科技和商业等，基本能满足一般幻灯片的需要。用户可以根据需要选择合适的剪贴画插入。

下面通过占位符在“交通安全知识讲座”演示文稿的第 2 张幻灯片中插入剪贴画，其具体操作如下：

Step 01 打开“交通安全知识讲座.pptx”演示文稿（\实例素材\第 2 章\交通安全知识讲座.pptx），在“幻灯片”窗格中选择第 2 张幻灯片，在右侧占位符中单击“剪贴画”图标，如图 2-26 所示。

Step 02 打开“剪贴画”窗格，在“搜索文字”文本框中输入文本“汽车”，选中☑包括 Office.com 内容复选框，单击搜索按钮，在下方的列表框中将显示搜索的结果，单击需插入的剪贴画，该剪贴画将插入幻灯片的占位符中，如图 2-27 所示。

图 2-26　单击“剪贴画”图标

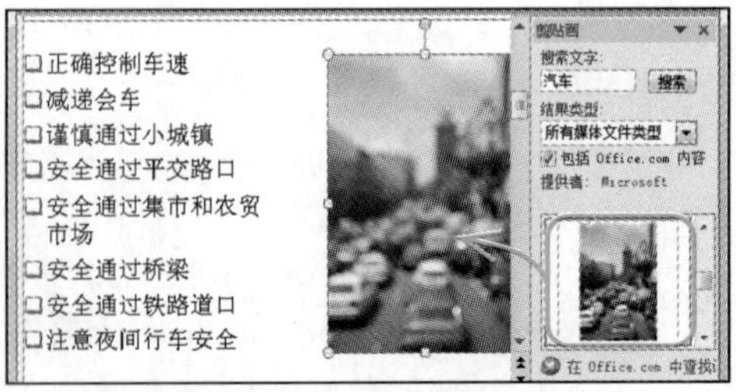

图 2-27　插入剪贴画

2. 插入电脑中保存的图片素材

为了满足实际办公的需要，用户在幻灯片中除可插入剪贴画外，还可插入满足制作需要的图片素材。

下面继续在“交通安全知识讲座”演示文稿的第 5 张和第 8 张幻灯片中分别插入电脑中保存的图片，其具体操作如下：

Step 01 在“幻灯片”窗格中选择第 5 张幻灯片，在右侧占位符中单击“插入来自文件的图片”按钮，如图 2-28 所示。

Step 02 打开“插入图片”对话框，在其中选择“行车安全.jpg”图片（\实例素材\第 2 章\行车安全.jpg），单击插入(S)按钮。

Step 03 返回 PowerPoint 工作界面即可看到插入图片后的效果。在“幻灯片”窗格中选择第 8 张幻灯片，选择【插入】/【图像】组，单击“图片”按钮。

Step 04 打开“插入图片”对话框，在其中选择“酒后驾车.jpg”图片（\实例素材\第 2 章\酒后驾车.jpg），如图 2-29 所示。

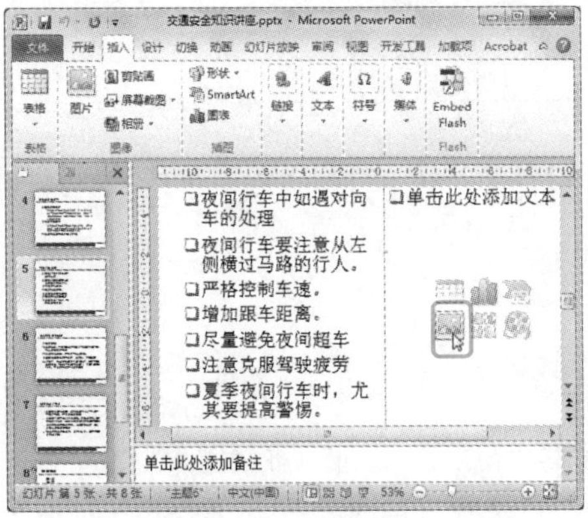
交通安全知识讲座.pptx - Microsoft PowerPoint
夜间行车中如遇对向车的处理
夜间行车要注意从左侧横过马路的行人。
严格控制车速。
增加跟车距离。
尽量避免夜间超车
注意克服驾驶疲劳
夏季夜间行车时，尤其要提高警惕。
单击此处添加文本
单击此处添加备注

图 2-28 单击图标

谢谢支持!
喝酒不开车，开车不喝酒
酒后驾驶—危险

图 2-29 插入图片后的效果

技巧点拨

图片插入技巧

（1）打开“插入图片”对话框后，在中间的列表框中按住 Ctrl 键的同时可选择多张不连续的图片，同时将多张图片插入幻灯片中。

（2）打开图片所在的文件夹窗口，选择所需的图片文件，将其拖动到 PowerPoint 演示文稿窗口中。

3. 插入屏幕中显示的图片

如果当前打开的窗口中有些图片希望应用到幻灯片中，可使用 PowerPoint 2010 的屏幕截图功能，通过该功能可将屏幕中显示的任意内容以图片的形式插入到幻灯片中。

下面将在“交通安全知识讲座”演示文稿的第 3 张幻灯片中插入在 IE 浏览器中截取的图片，其具体操作如下：

Step 01 打开 IE 浏览器，在 Internet 中搜索一张禁止超车的图片。

Step 02 在“幻灯片”窗格中选择第 3 张幻灯片，选择【插入】/【图像】组，单击“屏幕截图”按钮，在弹出的下拉列表中选择“屏幕剪辑”选项，如图 2-30 所示。

Step 03 当窗口以灰色显示时，将鼠标光标移动到需要的图片左上角按住鼠标不放，拖动到右下角，选择的图片区域呈正常显示，如图 2-31 所示。

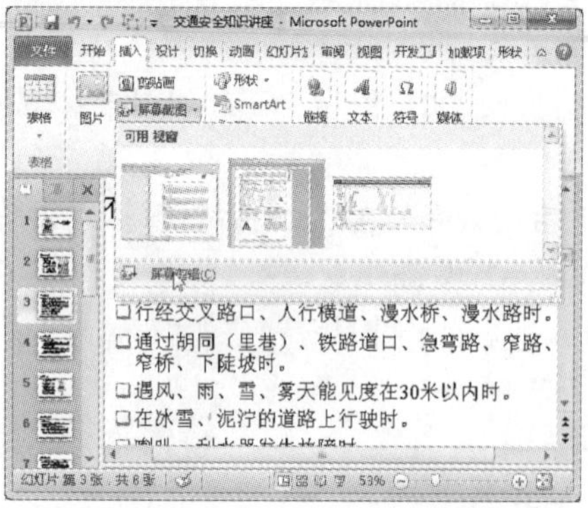

图 2-30　选择“屏幕剪辑”选项

图 2-31　截取图片

Step 04 释放鼠标，选择的区域将以图片形式插入到幻灯片中，最后将插入的图片移动到幻灯片右下角。

知识提示

插入整个窗口图片

选择【插入】/【插图】组，单击“屏幕截图”按钮，在弹出的下拉列表的“可视窗口”栏中选择任意一个窗口选项，可将整个窗口以图片的形式插入到幻灯片中。

2.5 编辑图片

在插入幻灯片后，为了满足需要可对插入的图片进行大小、位置、亮度、颜色和样式等方面的编辑。下面将对它们的操作方法进行讲解。

2.5.1 图片的基本编辑操作

插入图片后，可根据实际情况调整图片的大小、角度、位置，且可对图片进行复制，其基本编辑方法介绍如下。

- 调整图片大小：插入图片后将鼠标光标移动到图片四角的圆形控制点上，拖动鼠标可同时调整图片的长度和宽度；拖动图片中间的方形控制点，将只调整图片的长度或者宽度。

- **旋转图片**：选择图片后，将鼠标光标移动到图片上方的绿色控制点上，当鼠标光标变为形状时，拖动鼠标可旋转图片，如图 2-32 所示。
- **移动和复制图片**：选择图片后，将鼠标光标移到图片任意位置，当鼠标光标变为形状时，拖动鼠标到所需位置后释放鼠标即可将图片移到该位置。如果在移动图片的过程中按住 Ctrl 键不放，可移动并复制图片，如图 2-33 所示。

图 2-32 旋转图片

图 2-33 移动并复制图片

- **裁剪图片**：选择图片后，选择【格式】/【大小】组，单击“裁剪”按钮，此时图片控制点将变为粗实线。将鼠标光标移动到一个控制点上，按住鼠标不放向需保留的区域拖动，按 Enter 键可减去拖动区域的图像对象，如图 2-34 所示。

图 2-34 裁剪图片

- **翻转图片**：选择图片后，选择【格式】/【排列】组，单击“旋转”按钮，在弹出的下拉列表中选择“水平翻转”或“垂直翻转”选项，将图片向该方向进行对称翻转。如图 2-35 和图 2-36 所示分别为水平翻转以及垂直翻转后的效果。

图 2-35 水平翻转图片效果

图 2-36 垂直翻转图片效果

2.5.2 调整图片的颜色和效果

PowerPoint 2010 有强大的图片调整功能，通过它可快速实现图片的颜色调整、设置亮度等，使图片的效果更加美观。

如图 2-37 所示为调整“健康知识讲座.pptx”演示文稿中的图片后的效果（\最终效果\第 2 章\健康知识讲座.pptx）。下面将在“健康知识讲座.pptx”演示文稿中调整图片的亮度和对比度、颜色以及设置艺术效果等，使图片更加美观。

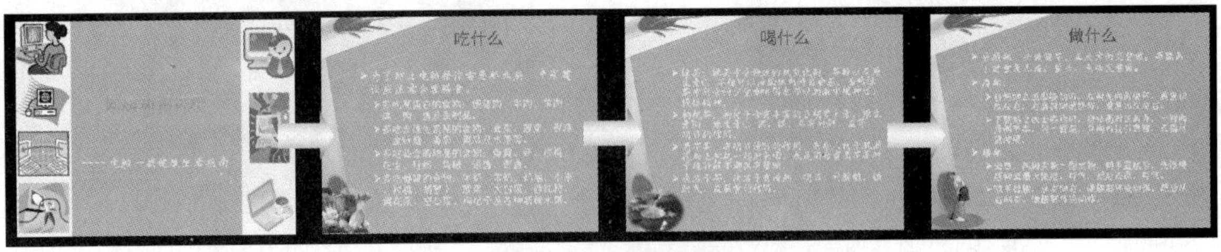

图 2-37 最终效果

其具体操作如下：

Step 01 打开“健康知识讲座.pptx”演示文稿（\实例素材\第 2 章\健康知识讲座.pptx），选择第 4 张幻灯片中的图片。

Step 02 选择【格式】/【调整】组，单击“更正”按钮，在弹出的下拉列表中选择“亮度:0%（正常）对比度:0%（正常）”选项，如图 2-38 所示。

Step 03 选择第 1 张幻灯片右侧的第 3 张图片，选择【格式】/【调整】组，单击“颜色”按钮，在弹出的下拉列表中选择“设置透明色”选项，如图 2-39 所示。

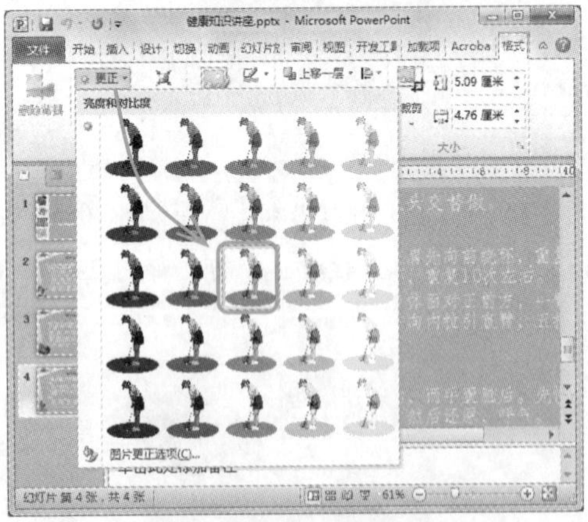

图 2-38 设置图片亮度和对比度

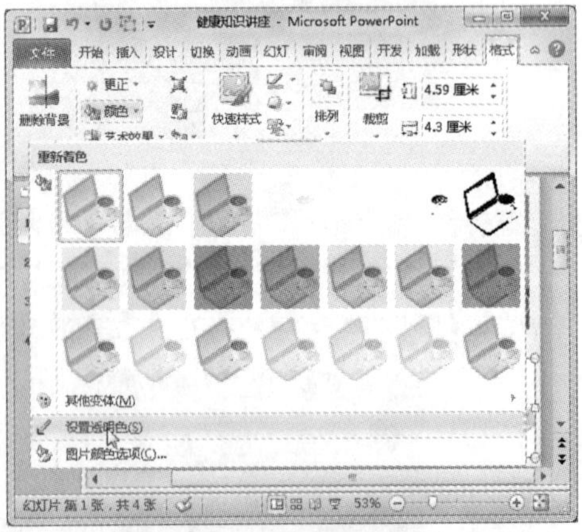

图 2-39 选择“设置透明色”选项

Step 04 当鼠标光标变为形状时，在图片的背景处单击，将图片原有的背景色变为无色。

Step 05 选择右侧的第 1 张图片，使用相同的方法将图片原有的背景变为无色，其效果如图 2-40 所示。

Step 06 选择第 3 张幻灯片的图片，选择【格式】/【调整】组，单击“艺术效果”按钮，在弹出的下拉列表中选择“发光散射”选项，如图 2-41 所示，设置完成后的最终效果可查看该例源文件。

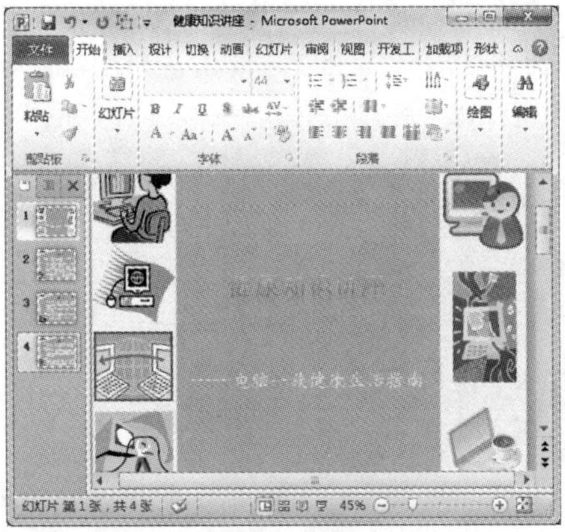

图 2-40　设置图片透明后的效果

图 2-41　设置图片艺术效果

2.5.3　设置图片样式

PowerPoint 2010 提供了丰富的图片样式，通过它们可快速使图片效果更加丰富、生动。选择插入的图片，再选择【格式】/【图片样式】组中相应选项或单击相应按钮可快速为图片设置样式。设置图片样式的常用操作方法介绍如下。

- 应用图片样式：选中图片后，选择【格式】/【图片样式】组，在“快速样式”选项栏中选择任意图片效果，将其应用于相应图片，如图 2-42 所示。

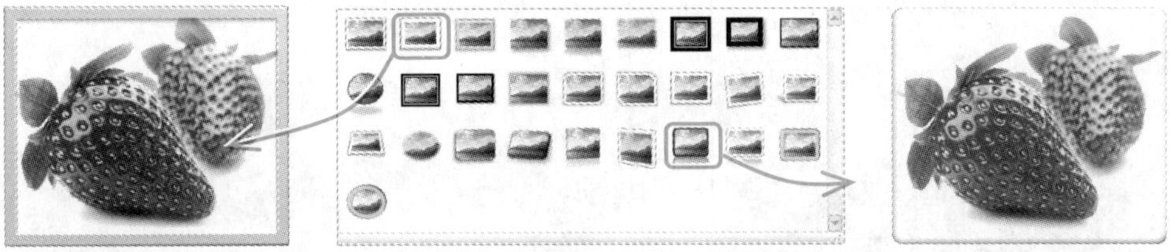

图 2-42　应用不同的图片样式

- 设置图片特殊格式：选中图片后，选择【格式】/【图片样式】组，单击“图片效果”按钮，在弹出的下拉列表中选择不同的选项可为图片设置不同的特殊效果，如图 2-43 所示。

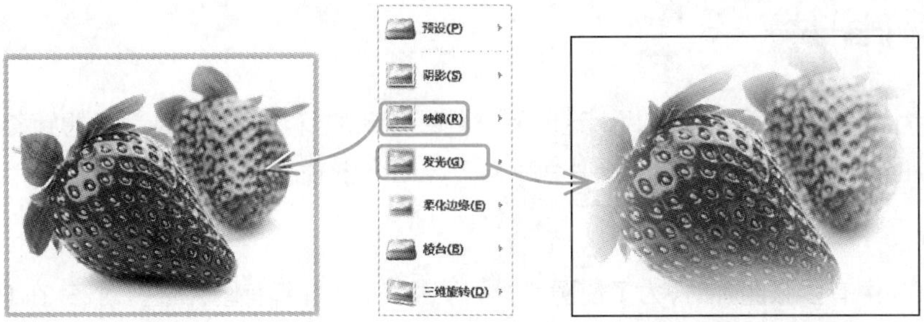

图 2-43　设置不同的特殊效果

- 设置图片版式：如果有多张图片，并希望对每张图片进行介绍，可设置图片版式。其方法为：选择需设置的多张图片后，选择【格式】/【图片样式】组，单击“图片版式”按钮，在弹出的下拉列表中有多种版式可供选择。如图 2-44 所示为将图片设置为“连续图片列表”的示意图。

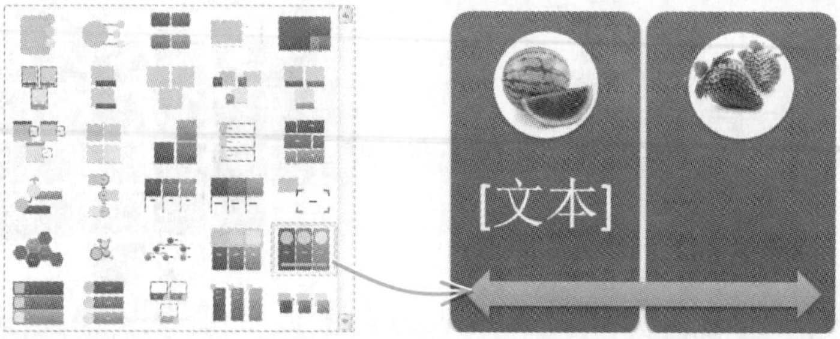

图 2-44　设置图片版式

2.5.4　更改图片的叠放次序

叠放次序是指将几个图形重合时，它们之间的叠放层次关系。默认情况下，多个图形将根据插入幻灯片的先后顺序从上到下叠放，顶层的图形会遮住与下层图形重合的部分。

用户可根据需要改变默认的叠放次序。其方法是：选择需改变叠放次序的图片后，选择【格式】/【排列】组，单击“上移一层”按钮或“下移一层”按钮右侧的按钮，在弹出的下拉列表中选择所需的选项即可改变图片的叠放次序，如图 2-45 所示。

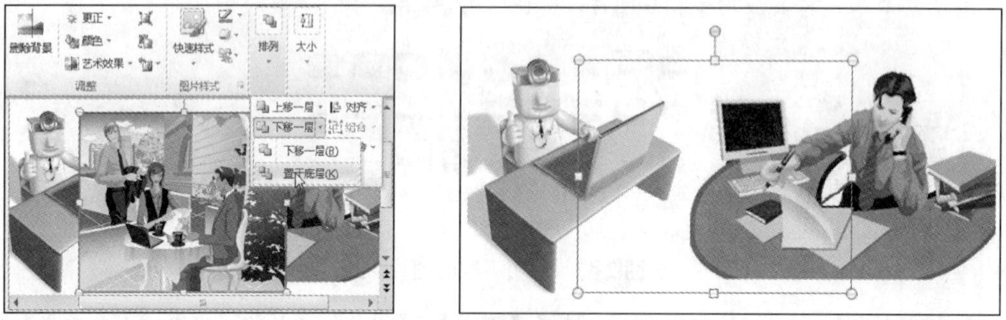

图 2-45　更改图片的叠放次序

2.5.5　排列图片

一张幻灯片中可能会插入多张图片，这时有可能会导致幻灯片画面凌乱，若想让幻灯片画面更加美观，就需对插入的图片进行排列。排列图片包括对齐与组合图片。

1. 对齐图片

当一张幻灯片中有多张图片时，为了使图片排列更整齐，可将所有图片进行对齐。在 PowerPoint 2010 中对齐图片的方法有两种，分别介绍如下。

- 使用“对齐”命令对齐：选择需对齐的多张图片后，选择【格式】/【排列】组，单击“对齐”按钮，在弹出的下拉列表中选择需要的对齐选项，如图 2-46 所示为选择“右对齐”的效果。
- 通过参考线对齐：选择一张图片并拖动到一定位置时，在工作界面中将自动出现一条虚线，该虚线为当前幻灯片中其他图片的参考线。如图 2-47 所示为移动香蕉到西瓜附近时，其右侧将显示西瓜的右侧线，此时释放鼠标，可将香蕉与西瓜进行右对齐。

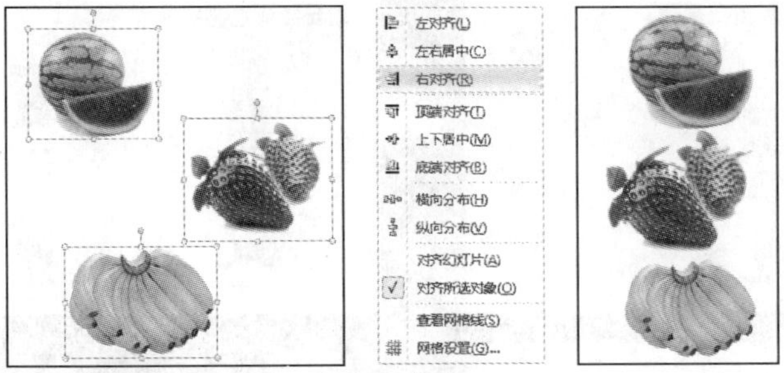

图 2-46　图片右对齐效果

图 2-47　通过参考线对齐图片

2. 组合图片

插入多张图片后，如经常需要对这些图片同时进行操作，一张张选择图片非常麻烦，这时可将这些图片组合起来作为一张图片，再进行操作。

其方法是：选择需组合的多张图片后，再选择【图片工具】/【格式】/【排列】组，单击“组合”按钮，在弹出的下拉列表中选择“组合”选项，即可看到组合后的图片已经成为一个整体，如图 2-48 所示。

图 2-48　组合多张图片

技巧点拨

取消图片组合

选择组合的图片后，选择【格式】/【排列】组，单击“组合”按钮，在弹出的下拉列表中选择“取消组合”选项，图片又将分散为一个个可单独操作的对象。

2.6　在 PowerPoint 中制作相册

随着数码科技的快速发展，越来越多的用户喜欢动手制作颇具个性的电子相册。因此为了适应时代的发展和用户的需求，PowerPoint 2010 提供了相册功能，使用它能快速将电脑中保存的各种图片制作成相册。

本例制作的产品相册效果如图 2-49 所示（\最终效果\第 2 章\产品相册.pptx）。首先是插入图片，对相册版式进行设计，选择演示文稿应用的主题，然后对相册进行编辑，最后对图片进行调整、预览等。

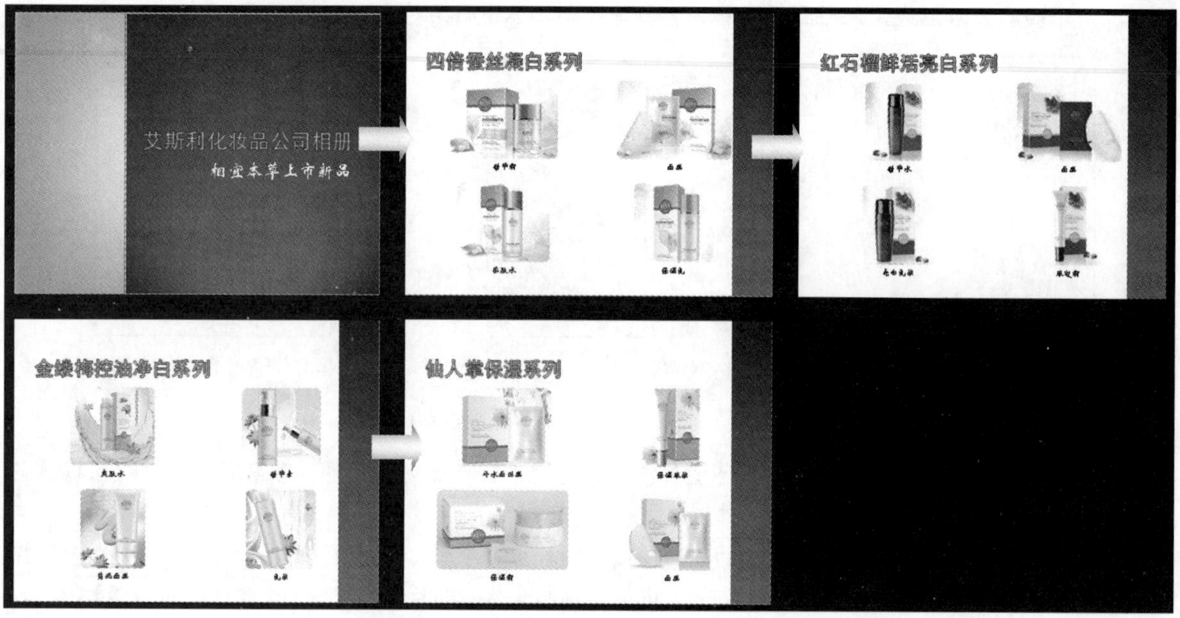

图 2-49　制作的产品相册效果

2.6.1　插入相册

相册是以图片展示为主的演示文稿，因此在创建相册之前要准备好所有素材图片，然后再通过“相册”对话框制作出特有的版式，从而形成相册的效果。其具体操作如下：

Step 01 新建一个演示文稿，选择【插入】/【图像】组，单击“相册”按钮下方的按钮，在弹出的下拉列表中选择“新建相册”选项，打开“相册”对话框，单击文件/磁盘(F)...按钮。

Step 02 打开“插入图片”对话框，在“查找范围”下拉列表框中选择打开“产品汇总”文件夹（\实例素材\第 2 章\产品汇总），在下面的列表框中按 Ctrl+A 组合键选择全部图片，然后单击插入(S)按钮。

Step 03 返回“相册”对话框，在“图片版式”下拉列表框中选择“4 张图片（带标题）”选项。在“相框形状”下拉列表框中选择“柔化边　矩形”选项，单击“主题”文本框后的浏览(B)...按钮，如图 2-50 所示。

Step 04 打开“选择主题”对话框，在中间的列表框中选择 Opulent 主题，单击选择按钮，如图 2-51 所示。

Step 05 返回“相册”对话框。单击创建(C)按钮，返回幻灯片编辑区，即可查看创建的相册效果。

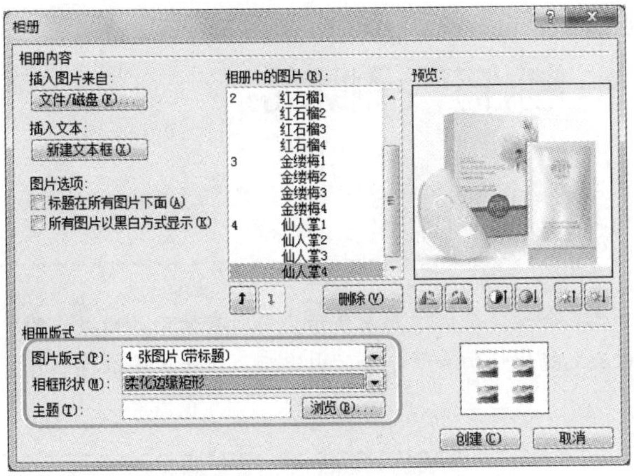

图 2-50　设置相册版式

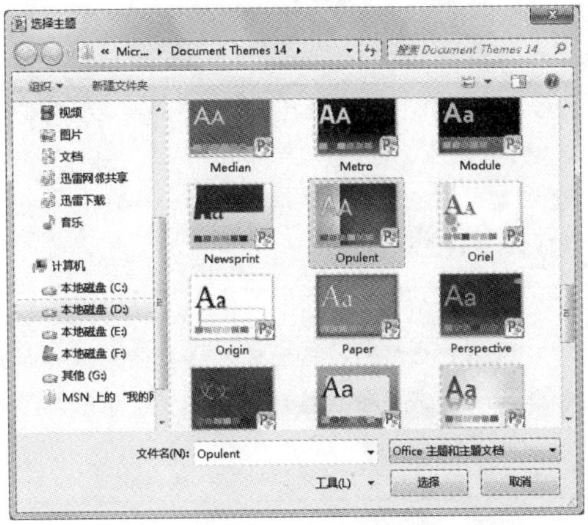

图 2-51　选择主题

2.6.2　编辑相册

创建完相册后，相册中的每页内容采用的都是默认的格式。根据需要，可改变相框形状或对其中的某张图片进行编辑，下面继续编辑上一个相册中的内容，其具体操作如下：

Step 01　打开需编辑的相册，选择【插入】/【图像】组，单击“相册”按钮下方的按钮，在弹出的下拉列表中选择“编辑相册”选项。

Step 02　打开“编辑相册”对话框，在“图片选项”栏中选中☑标题在所有图片下面(A)复选框，在“相册版式”栏的“相框形状”下拉列表中选择“圆角矩形”选项。

Step 03　在“相册中的图片”列表框中选择“蚕丝凝白 1”选项，其右侧的“预览”栏中将显示该图片的效果，单击“预览”栏下方的按钮，可对图片的亮度、对比度和是否翻转等进行设置，单击 更新(U) 按钮。如图 2-52 所示。

Step 04　返回幻灯片编辑区，依次添加各幻灯片的标题，并在添加的图片标题中删除图片的序号，其效果如图 2-53 所示。

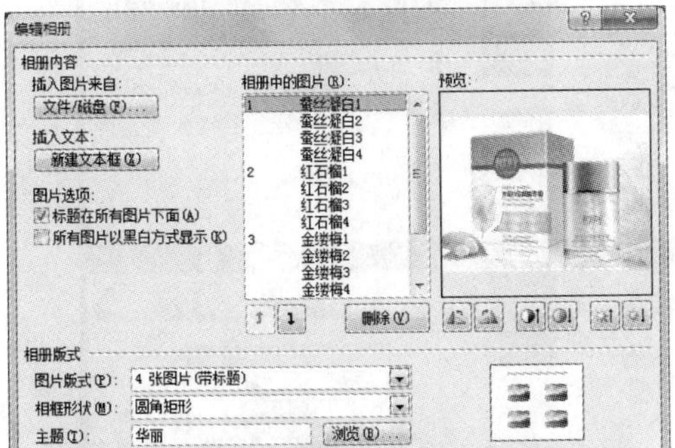

图 2-52　修改图片效果

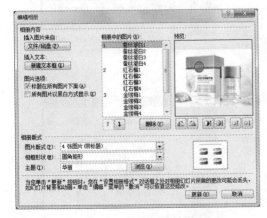

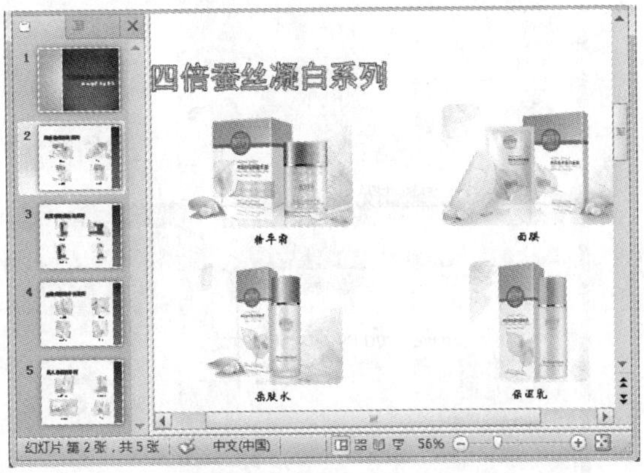

图 2-53　编辑演示文稿后的效果

2.7 职场案例——制作产品概况

案例背景

李治是公司的行政助理，公司最近准备召开内部的产品会议，会议中要求展示公司所有的产品情况，为销售人员的下半年销售计划作铺垫。李治在了解了该演示文稿的结构和所包含的内容后，开始着手准备制作产品概况演示文稿。

2.7.1 案例目标

本例将制作一份介绍公司新产品的演示文稿即“产品概况”。虽然不同公司的产品不同，但产品概况包含的内容大致一样，主要包括产品简介、生产状况、质量等情况以及销售分析、消费者分析等。

如图 2-54 所示为制作的演示文稿效果（\最终效果\第 2 章\产品概况.pptx）。首先展示公司名称，接着是对公司生产的各类户外产品进行介绍，再对公司生产的各类产品数量和质量进行介绍，最后是对消费群体和预计销售情况进行分析。

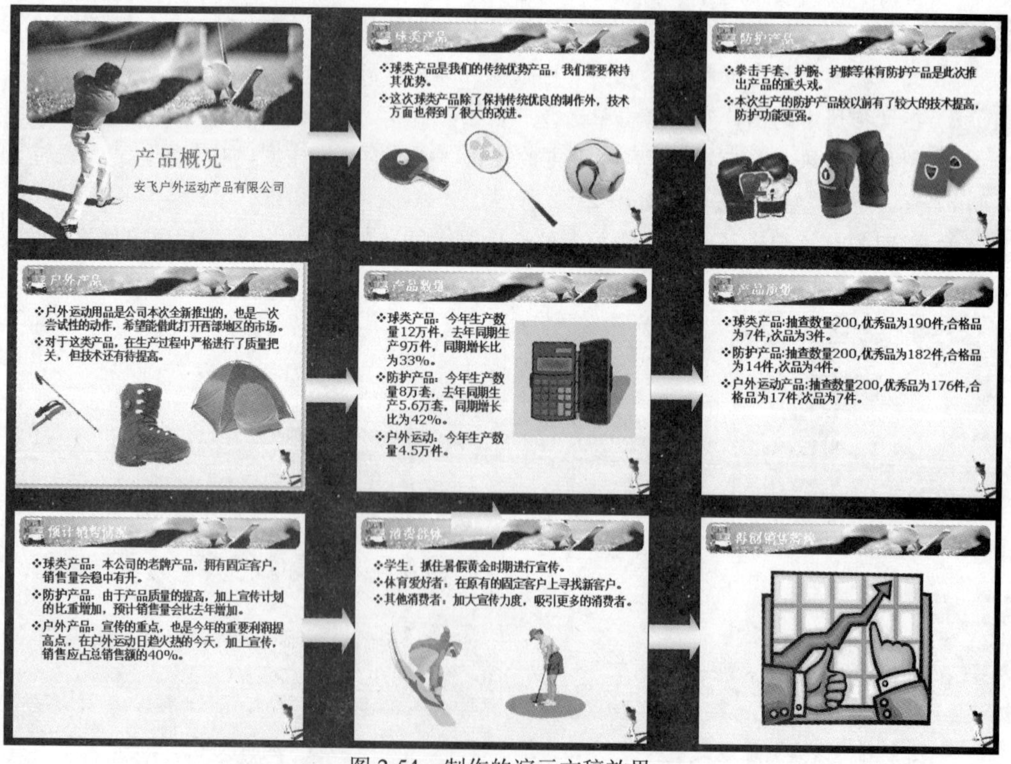
产品概况
安飞户外运动产品有限公司
球类产品
❖球类产品是我们的传统优势产品，我们需要保持其优势。
❖这次球类产品除了保持传统优良的制作外，技术方面也得到了很大的改进。
防护产品
❖拳击手套、护腕、护膝等体育防护产品是此次推出产品的重头戏。
❖本次生产的防护产品较以前有了较大的技术提高，防护功能更强。
户外产品
❖户外运动用品是公司本次全新推出的，也是一次尝试性的动作，希望能借此打开西部地区的市场。
❖对于这类产品，在生产过程中严格进行了质量把关，但技术还有待提高。
产品数量
❖球类产品：今年生产数量12万件，去年同期生产9万件，同期增长比为33%。
❖防护产品：今年生产数量8万套，去年同期生产5.6万套，同期增长比为42%。
❖户外运动：今年生产数量4.5万件。
产品质量
❖球类产品:抽查数量200,优秀品为190件,合格品为7件,次品为3件。
❖防护产品:抽查数量200,优秀品为182件,合格品为14件,次品为4件。
❖户外运动产品:抽查数量200,优秀品为176件,合格品为17件,次品为7件。
预计销售情况
❖球类产品：本公司的老牌产品，拥有固定客户，销售量会稳中有升。
❖防护产品：由于产品质量的提高，加上宣传计划的比重增加，预计销售量会比去年增加。
❖户外产品：宣传的重点，也是今年的重要利润提高点，在户外运动日趋火热的今天，加上宣传，销售应占总销售额的40%。
消费群体
❖学生：抓住暑假黄金时期进行宣传。
❖体育爱好者：在原有的固定客户上寻找新客户。
❖其他消费者：加大宣传力度，吸引更多的消费者。

图 2-54　制作的演示文稿效果

2.7.2 制作思路

通过效果图可以发现，“产品概况”演示文稿中的图片较多。要完成本例，必须结合前面讲解的知识，包括应用主题、调整幻灯片结构和文本占位符的使用等。本例的制作思路如图 2-55 所示。

图 2-55 制作思路

职场充电

制作“产品概况”演示文稿的侧重点

如果制作的产品概况用于向客户展示，应侧重于产品的介绍并对销售情况和市场前景配合详细的数据进行分析；如果侧重于公司内部交流，则应侧重于对产品的生产状况、具体参数、质量合格率等进行介绍。

2.7.3 制作过程

下面将新建演示文稿、保存演示文稿并新建多张幻灯片，分别在幻灯片中输入文本，插入图片、剪贴画并对其进行编辑。其具体操作如下：

Step 01 启动 PowerPoint 2010，新建空白演示文稿并将其保存为“产品概况.pptx”，选择【设计】/【主题】组，在弹出的下拉列表中选择“自定义”栏下的“主题 3”选项，如图 2-56 所示。

Step 02 在“幻灯片”窗格中将鼠标光标定位到第 1 张幻灯片后，依次按 Enter 键添加 8 张幻灯片，如图 2-57 所示。

图 2-56 应用主题

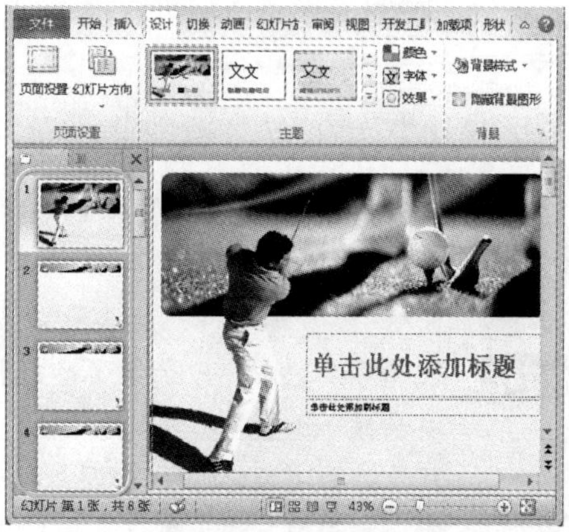

图 2-57 新建幻灯片

Step 03　选择第 1 张幻灯片，分别在标题占位符和副标题占位符中输入相应的文本，并将其字体大小分别设置为 54 和 32，如图 2-58 所示。

Step 04　选择第 2 张幻灯片，在标题占位符和文本占位符中分别输入相应的文本，如图 2-59 所示。

产品概况
安飞户外运动产品有限公司

图 2-58　制作第 1 张幻灯片

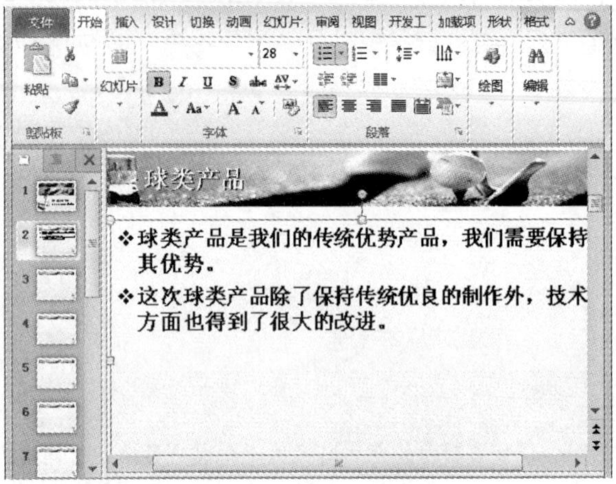
球类产品
❖球类产品是我们的传统优势产品，我们需要保持其优势。
❖这次球类产品除了保持传统优良的制作外，技术方面也得到了很大的改进。

图 2-59　制作第 2 张幻灯片文本

Step 05　选择【插入】/【图像】组，单击"图片"按钮，打开"插入图片"对话框，按住 Ctrl 键的同时选择"乒乓球.jpg"、"羽毛球拍.jpg"和"足球.jpg"图片（\实例素材\第 2 章\产品概括\乒乓球.jpg、羽毛球拍.jpg、足球.jpg），单击插入(S)按钮，如图 2-60 所示。

Step 06　拖动插入图片四周的任意控制点，将图片缩小，并移动图片到相应位置，如图 2-61 所示。

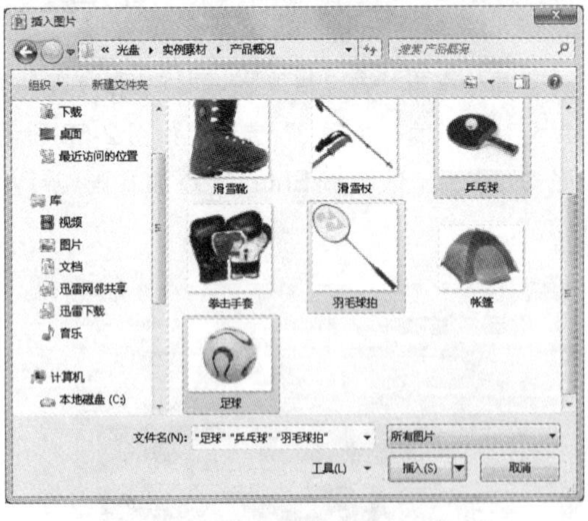
插入图片
滑雪靴
滑雪杖
乒乓球
拳击手套
羽毛球拍
帐篷
足球
文件名(N): "足球" "乒乓球" "羽毛球拍"
所有图片
插入(S)
取消

图 2-60　插入图片

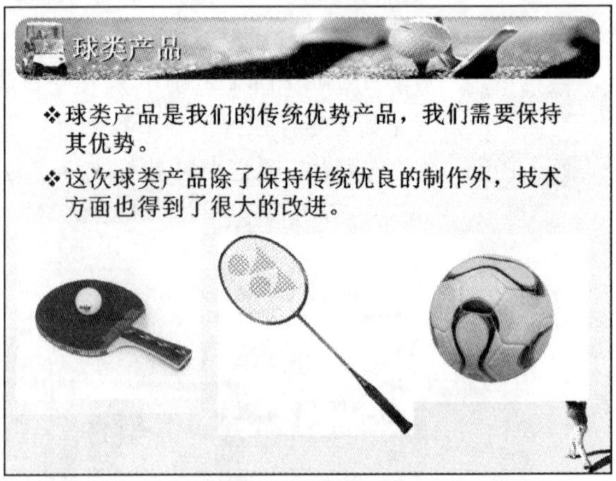
球类产品
❖球类产品是我们的传统优势产品，我们需要保持其优势。
❖这次球类产品除了保持传统优良的制作外，技术方面也得到了很大的改进。

图 2-61　调整图片大小和位置

Step 07　选择乒乓球图片，选择【格式】/【调整】组，单击"颜色"按钮，在弹出的下拉列表中选择"设置透明色"选项，当鼠标变成形状时，在图片空白区域单击鼠标设置图片的背景为透明色，如图 2-62 所示。

Step 08　使用相同的方法为第 2 张幻灯片中的其他图片设置背景为透明色。

Step 09 使用与制作第 2 张幻灯片相同的方法，制作第 3 张和第 4 张幻灯片，插入图片后注意调整图片的位置和大小，并将图片的背景设置为透明色。如图 2-63 所示为第 4 张幻灯片效果。

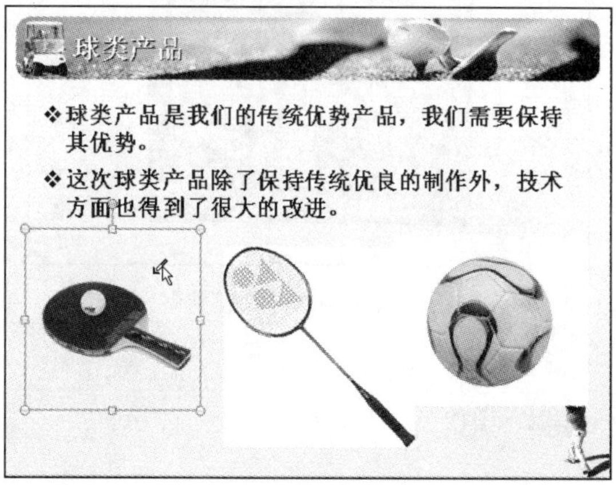
球类产品
❖球类产品是我们的传统优势产品，我们需要保持其优势。
❖这次球类产品除了保持传统优良的制作外，技术方面也得到了很大的改进。

图 2-62　设置透明色

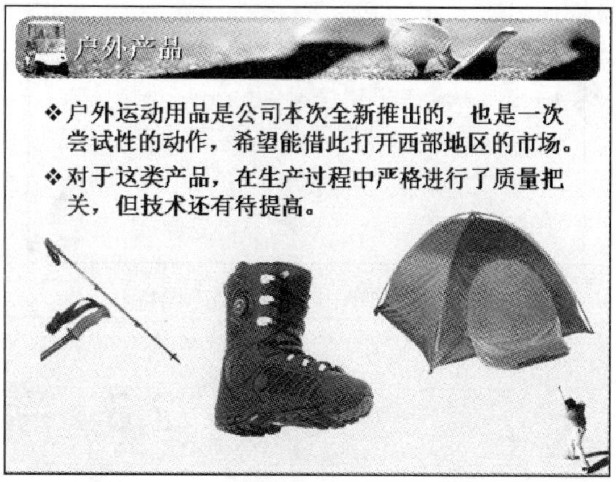
户外产品
❖户外运动用品是公司本次全新推出的，也是一次尝试性的动作，希望能借此打开西部地区的市场。
❖对于这类产品，在生产过程中严格进行了质量把关，但技术还有待提高。

图 2-63　第 4 张幻灯片效果

Step 10 选择第 5 张幻灯片，输入相应的标题和正文文本，选择【插入】/【图像】组，单击"剪贴画"按钮，如图 2-64 所示。

Step 11 打开"剪贴画"窗格，在"搜索文字"文本框中输入文本"计算器"。选中☑包括 Office.com 内容复选框，单击搜索按钮。在下方的列表框中将显示搜索的结果，选择所需的剪贴画将其插入幻灯片中，然后调整剪贴画的大小和位置，其效果如图 2-65 所示。

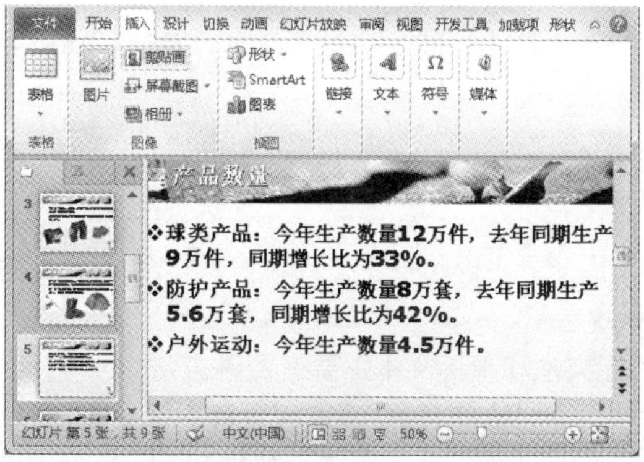
文件 开始 插入 设计 切换 动画 幻灯片放映 审阅 视图 开发工具 加载项 形状
剪贴画
屏幕截图
相册
形状
SmartArt
图表
表格 图片 超链接 文本 符号 媒体
表格 图像 插图
产品数量
❖球类产品：今年生产数量12万件，去年同期生产9万件，同期增长比为33%。
❖防护产品：今年生产数量8万套，去年同期生产5.6万套，同期增长比为42%。
❖户外运动：今年生产数量4.5万件。
幻灯片 第5张，共9张 中文(中国) 50%

图 2-64　输入第 5 张幻灯片文本

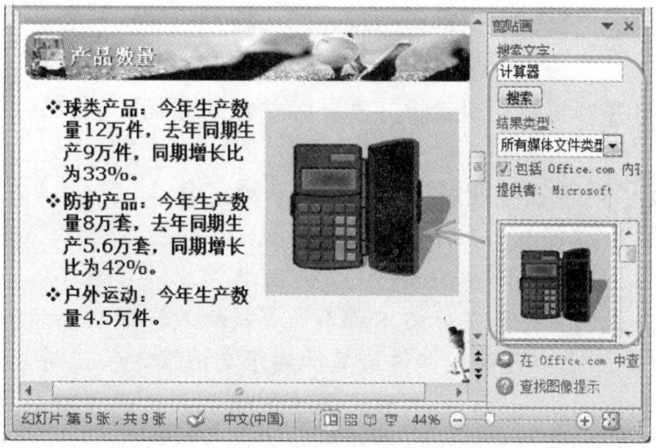
剪贴画
搜索文字:
计算器
搜索
结果类型:
所有媒体文件类型
包括 Office.com 内容
提供者: Microsoft
产品数量
❖球类产品：今年生产数量12万件，去年同期生产9万件，同期增长比为33%。
❖防护产品：今年生产数量8万套，去年同期生产5.6万套，同期增长比为42%。
❖户外运动：今年生产数量4.5万件。
查找图像提示
幻灯片 第5张，共9张 中文(中国) 44%

图 2-65　插入并调整剪贴画

Step 12 使用相同的方法制作第 6、7、8 张幻灯片，在制作第 9 张幻灯片时，单击文本占位符中的"剪贴画"图标，如图 2-66 所示。

Step 13 打开"剪贴画"窗格，在"搜索文字"文本框中输入文本"销售"，单击搜索按钮，插入并调整剪贴画，如图 2-67 所示。

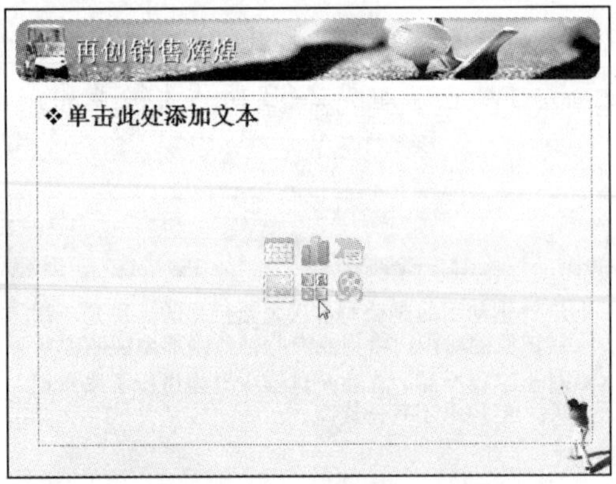

图 2-66　单击“剪贴画”图标

图 2-67　插入并调整剪贴画

2.8 新手解惑

问题 1：怎样输入符号

：在幻灯片中输入文字时，可能会输入一些符号，如%、￥ 等，这些符号是如何输入幻灯片中的呢？

：在幻灯片中输入这些符号的方法有两种。

方法一：如果需输入的符号是键盘中有的，可将鼠标光标定位到需输入符号的位置，按住 Shift 键不放，再按键盘上的符号键，即可输入所需的符号。

方法二：将鼠标光标定位到需输入符号的位置，选择【插入】/【符号】组，单击“符号”按钮Ω，打开“符号”对话框，在其中选择所需插入的符号。

问题 2：如何设置上标和下标文本

：在制作数学、物理、生物等课件演示文稿时，往往会需要输入一些公式，如 $X^2+Y^2=Z^2$，这些公式的上标和下标文本都不能直接输入，那么应该如何输入呢？

：在制作课件或其他演示文稿输入公式时，设置上标文本和下标文本主要有两种方法。

方法一：先输入要设置下标的文本，选择该文本，按 Ctrl 键加键盘上的+键即可设置下标文本。

方法二：输入上标或下标文本并选择，选择【开始】/【字体】组，单击右下角的按钮，打开“字体”对话框。选择“字体”选项卡，在“效果”栏中选中☑ 上标(P)复选框或☑ 下标(B)复选框后，即可设置上标或下标文本。

问题 3：排版文字应注意哪些问题

：在制作演示文稿的过程中，一定会涉及文字的排版，很多人在排版文字时，都没有仔细地想过这样排版合不合适，而是随意地排列。那么在排版文字时应注意哪些问题呢？

：在排版文字时要注意整个演示文稿的字体大小，可通过改变字体的大小来提炼主题，但要注意，并不是标题的字越大越好，标题和正文的大小应循序渐进。在排版文字时还要注意控制每张幻灯片的字数，每张幻灯片不宜输入太多的文字，在设置项目符号时，同级别的文字最好使用相同的项目符号，还有一点要非常注意的是段落间距的设置，设置合理的间距对于排版文字非常重要。

问题4：如何寻找好的图片素材

：制作幻灯片时经常苦于没有好的图片素材，那么怎样才能搜索到需要且高质量的图片素材呢？

：如果不便于拍照或自行创建图片素材，最好的方法是通过网络获得，主要有两种获取方法。

方法一：通过专业图片素材网站，如站酷素材网（http://www.zcool.com.cn）、图酷网（http://www.tucoo.com）和素材中国网（http://www.sccnn.com）等。

方法二：使用百度和Google搜索引擎进行高级搜索。其方法是，在打开百度或Google网站后选择"图片"分类搜索，在打开的页面中单击"高级"超链接，在打开的参数设置页面中可以精确选择图片的格式、大小、类型等。设置后再进行搜索，并可根据搜索结果来修改图片的搜索参数，以得到更为精确的搜索结果。

问题5：怎样批量添加图片

：制作图片型幻灯片时经常需要添加大量的图片素材，使用"插入图片"对话框选择一张图片后进行插入，如果选择多张图片后插入会重叠在一起，那么怎样才能有效地批量添加图片呢？

：批量添加图片的方法有多种，而且在不同的情况下需采用不同的方法，通过批量添加可以提高制作图片型幻灯片的工作效率，具体方法如下。

方法一：如果要插入多张图片（图片位于同一个文件夹中），并且每页所插入的图片按一定顺序分布（一般是每张幻灯片放一张图片），此时采用前面介绍的制作相册的方法便可实现。

方法二：如果幻灯片已制作好，但需要在每张幻灯片上添加一些图片，这些图片格式也各不相同，此时可以打开需要插入的图片文件夹，以缩略图方式显示图片，然后选择要插入的图片并按Ctrl+C组合键复制，再切换至幻灯片中，按Ctrl+V组合键，便可将图片粘贴到幻灯片中，粘贴后可保持原图片尺寸并居中。该方法适用于需一张一张地添加大量图片时使用。还可从其他图像软件中复制制作好的图形（先打开和选择图像，再进行粘贴）。

方法三：如果是修改别人制作的幻灯片中的图片，而自己再重新插入图片不仅速度慢，而且样式也不美观，此时可以采用替换图片的方式快速更换图片，方法是在图片上单击鼠标右键，在弹出的快捷菜单中选择"更改图片"命令，在打开的对话框中选择新的图片即可，替换后的图片将保持之前的位置和样式不变。

问题6：怎样恢复图片的原始默认效果

：为图片设置各种效果后，却发现设置效果不尽如人意，而演示文稿已经保存，无法再撤销操作，这时还可以将图片恢复为原始状态重新设置吗？

：可以进行恢复。PowerPoint 2010 提供了图片的恢复工具，选择需恢复的图片文件，选择【格式】/【调整】组，单击“重设图片”按钮，在弹出的下拉列表中选择相应的选项，可恢复图片的原始效果或大小。

问题 7：如何使演示文稿结构更清晰

：由于演示文稿是由多张幻灯片组成的，往往会造成演示文稿的结构不清晰，如何才能使演示文稿的结构清晰、明朗呢？

：要想让演示文稿的结构更加清晰，可在标题幻灯片和内容幻灯片之间添加目录幻灯片，但其名称可以不是“目录”，可以是相对有创意的名称，如“下面有什么”，再配一张既生动又符合主题的图片，这样可达到意想不到的效果。

问题 8：插入后的 GIF 图片为什么没有动画

：为了使幻灯片比较“炫”，在网上下载一些 GIF 格式的动态图片，在幻灯片中插入 GIF 图片后，并没有显示动画效果，这是为什么呢？

：可能这种 GIF 图片本身就没有动画效果，如果使用图片查看器查看有动画效果，这就是由于演示文稿未处于放映视图，在普通视图下，插入的 GIF 图片不显示动画效果。

2.9 巩固练习

练习 1：制作网店新品发布演示文稿

新建演示文稿并输入相应的文字和插入图片，制作“网店新品发布.pptx”演示文稿，并调整演示文稿中图片的位置和旋转角度，设置图片背景为透明色等，使其在展示时更加生动、形象。最终效果如图 2-68 所示（\最终效果\第 2 章\网店新品发布.pptx）。

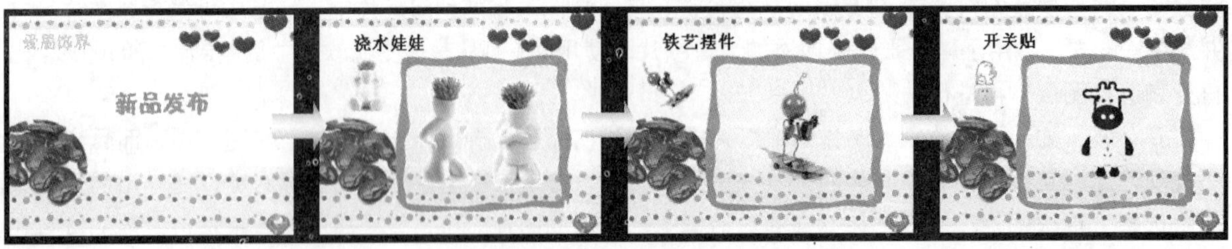

图 2-68　最终效果

提示：打开素材文件（\实例素材\第 2 章\网店新品），在幻灯片相应位置插入素材文件夹中的图片。

练习 2：制作饰品演示文稿

新建一个空白演示文稿，制作“饰品.pptx”演示文稿，将所有饰品以图片的形式展示出来。最终效果如图 2-69 所示（\最终效果\第 2 章\饰品.pptx）。

图 2-69　最终效果

提示：打开“相册”对话框，插入素材文件夹中提供的图片（\实例素材\第 2 章\饰品），设置相册的版式为“4 张图片（带标题）”，相框形状为“柔化边缘矩形”，选择合适的主题，然后修改幻灯片标题并调整图片和设置图片的效果。

轻松一刻

一个刚刚到公司工作的小伙子抱着一摞文件站在碎纸机前发愣，这时老板的秘书经过，看到后就说：“真是菜鸟，连这个都不会用。”说罢抢过文件，放到机器里按动了电源，很快文件就被切碎了。这时小伙子说：“真是谢谢您了，可是复印件从哪里出来呢？”

视频讲解
5段

第3章 将文本信息图示化

★本章要点★

- 绘制与编辑形状
- 添加和编辑 SmartArt 图形
- 设置 SmartArt 图形
- 创建和美化表格
- 创建和美化图表

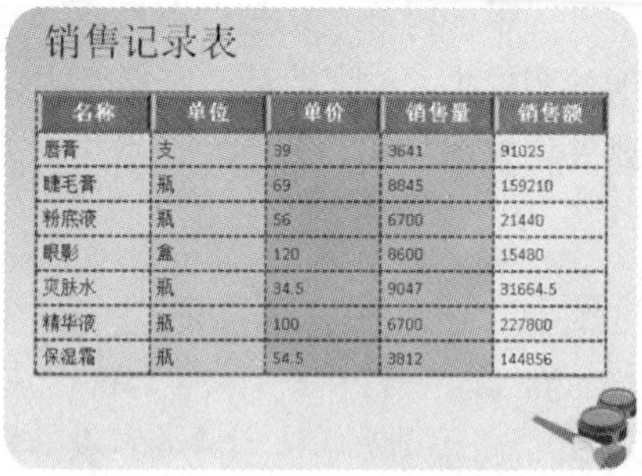
销售记录表

名称	单位	单价	销售量	销售额
唇膏	支	39	3641	91025
睫毛膏	瓶	69	8845	159210
粉底液	瓶	56	6700	21440
眼影	盒	120	8600	15480
爽肤水	瓶	34.5	9047	31664.5
精华液	瓶	100	6700	227800
保湿霜	瓶	54.5	3812	144856

制作产品销售总结

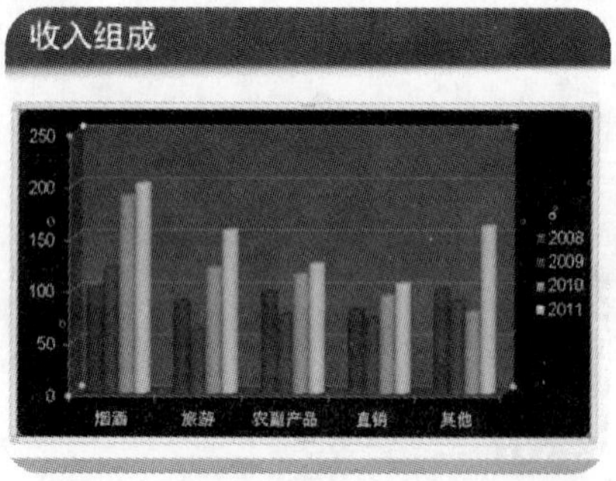

制作总结报告

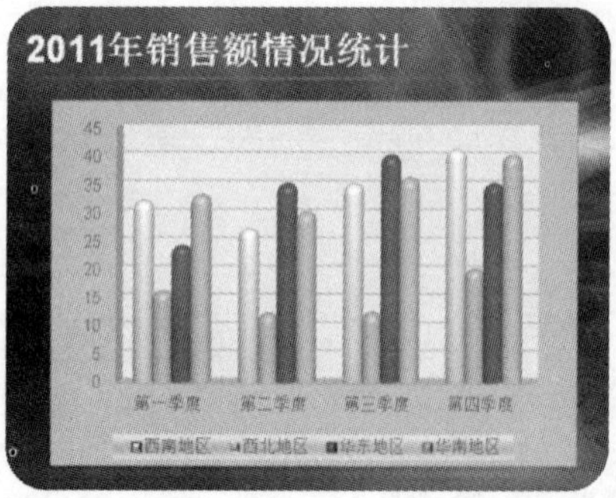

制作销售统计报告

3.1 绘制与编辑形状

在日常的办公中，制作的各种示意图都可通过形状来绘制完成，如流程图、组织结构图等。形状在演示文稿中还能起到解释说明的作用。

3.1.1 绘制形状

形状包括一些基本的线条、矩形、圆形、箭头、流程图、旗帜和星形等。PowerPoint 2010 按图形特点划分了多种基本图形的类别，每种类别下都列出与此相关的图形，但不管是哪种类别的基本图形，其绘制和编辑方法都相同。

其方法是：选择【插入】/【插图】组，单击“形状”按钮，在弹出的下拉列表中选择需绘制的形状。当鼠标光标变为十形状时，在幻灯片上单击并拖动鼠标进行绘制，如图 3-1 所示为绘制的圆角矩形形状。

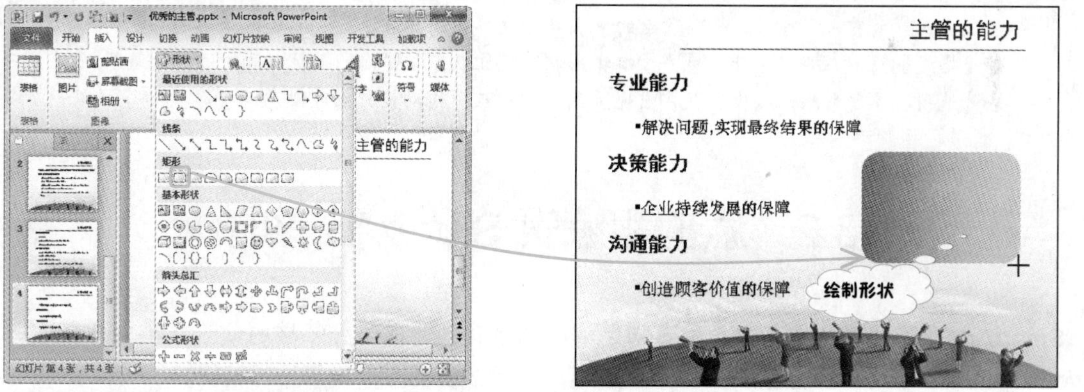

图 3-1　绘制形状

3.1.2 编辑形状

绘制形状后，不仅可以对形状的大小、颜色、样式等进行设置，还可以通过一个控制点改变形状的外形，使形状更符合需求。编辑形状的基本方法如下。

- **调整大小：** 选择形状后，形状上将出现 8 个控制点，将鼠标移动到形状控制点上。当鼠标指针变成⇔时，拖动鼠标即可调整形状的大小。
- **填充颜色：** 选择绘制的形状，选择【格式】/【形状样式】组，单击“形状填充”按钮旁的▾

按钮，在弹出的下拉列表中选择所需的填充色。

- 应用样式：选择绘制的形状，选择【格式】/【形状样式】组，在“快速样式”选项栏中选择所需的形状样式。
- 改变形状外形：选择绘制的形状，将鼠标移动到形状的黄色控制点上，单击并拖动鼠标可改变形状的外形。如图 3-2 所示为改变形状外形前后的效果。

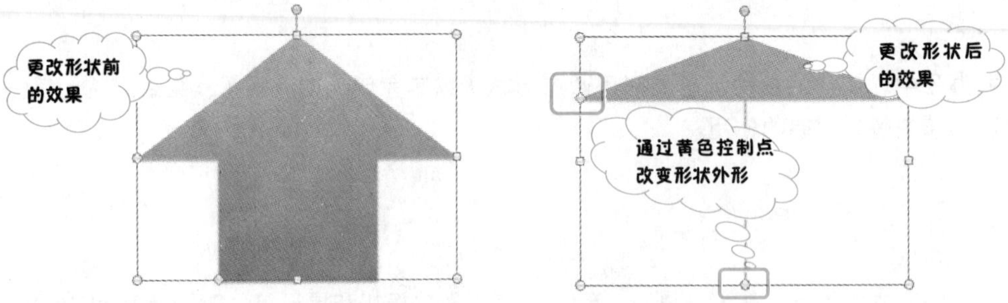

图 3-2　改变形状外形前后的效果

知识提示

改变形状外形

并不是所有绘制的形状都能通过上面的方法来改变形状的外形，选择绘制的形状后，只有在形状上出现黄色控制点才能通过该方法来改变形状外形。如果通过此方法改变形状后，还不能满足用户的需求，可通过编辑顶点的方法来修改形状。其方法是：选择需编辑的形状，选择【格式】/【插入形状】组，单击“编辑形状”按钮，在弹出的下拉列表中选择“编辑顶点”选项，此时形状的相应位置将出现黑色的控制点，拖动控制点可任意调整形状。

3.2　添加和编辑 SmartArt 图形

SmartArt 图形能清楚地表明各种事物之间的关系，因此在办公领域的演示文稿中应用较多。在 PowerPoint 2010 中用户既能添加 SmartArt 图形，又能对 SmartArt 图形进行编辑。

3.2.1　添加 SmartArt 图形

在幻灯片中用户可根据需要插入各种类型的 SmartArt 图形。其方法是：选择所需插入 SmartArt 图形的幻灯片，选择【插入】/【插图】组，单击 SmartArt 按钮，打开“选择 SmartArt 图形”对话框，在其中选择所需的 SmartArt 图形，单击 确定 按钮，将选择的 SmartArt 图形插入到幻灯片中，如图 3-3 所示。

图 3-3　选择 SmartArt 图形

3.2.2 编辑 SmartArt 图形

在幻灯片中创建了 SmartArt 图形后，还可根据需要在每个形状中输入相应的文本，对 SmartArt 图形进行编辑，包括调整 SmartArt 图形位置和大小、添加和删除形状、调整形状级别以及更改布局等。

1. 在 SmartArt 图形中输入文本

插入各种类型的 SmartArt 图形后，每个形状中都不包含文本，这时用户可根据需要在文本框中手动输入相应的文本内容。在 SmartArt 图形中输入文本的方法有如下几种。

- 直接输入：选择需输入文字的形状，将鼠标光标定位到其中输入文字。
- 通过“文本窗格”输入：选择 SmartArt 图形后，再选择【设计】/【创建图形】组，单击“文本窗格”按钮，在打开的窗格中输入所需的文字，如图 3-4 所示。输入完成后，单击“文本窗格”右上角的按钮关闭该窗格。

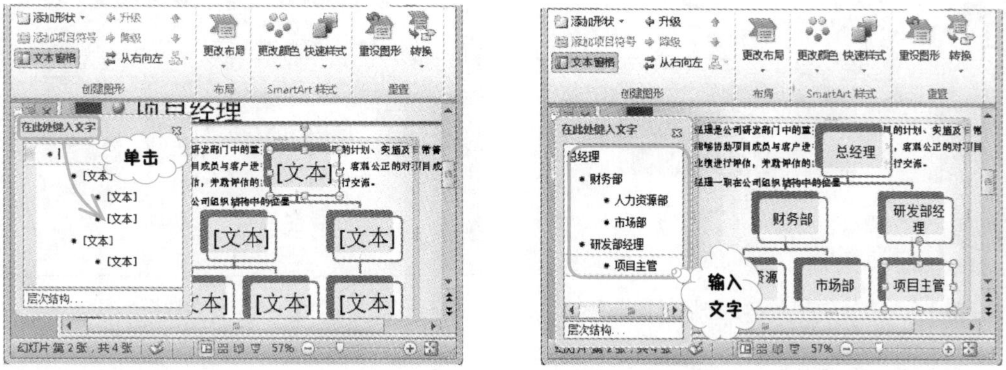

图 3-4 通过“文本窗格”输入文字

知识提示

形状中文字的设置

用户可以对 SmartArt 图形中各形状文本格式进行独立地设置，其设置方法与设置普通文本相同。

2. 调整 SmartArt 图形位置和大小

插入的 SmartArt 图形可能并不符合要求，如大小和位置等；这时用户可根据需要自行调整 SmartArt 图形的大小和位置。其方法是：选择 SmartArt 图形后，在其周围出现一个边框，将鼠标光标移到边框四角或四边中间控制点上，拖动鼠标可调整 SmartArt 图形的大小；当鼠标光标变成形状时，拖动鼠标可改变 SmartArt 图形的位置。

3. 添加和删除形状

默认插入的 SmartArt 图形的形状较少，用户可根据需要在相应位置添加形状，如果形状较多，还可将其删除。

下面在“职位说明书.pptx”演示文稿中为 SmartArt 图形添加形状并输入相应的文本，再将多余的形状删除。其具体操作如下：

Step 01 打开“职位说明书.pptx”演示文稿（\实例素材\第 3 章\职位说明书.pptx），选择第 2 张幻灯片 SmartArt 图形中的“总经理”形状。

Step 02 选择【设计】/【创建】组，单击“添加形状”按钮旁的按钮，在弹出的下拉列表中选择“在上方添加形状”选项，如图 3-5 所示。

Step 03 使用相同的方法为 SmartArt 图形添加所需的形状，并分别在添加的形状中输入相应的文本。

Step 04 选择“副总经理”形状，按 Delete 键将其删除，其最终效果如图 3-6 所示（\最终效果\第 3 章\职位说明书.pptx）。

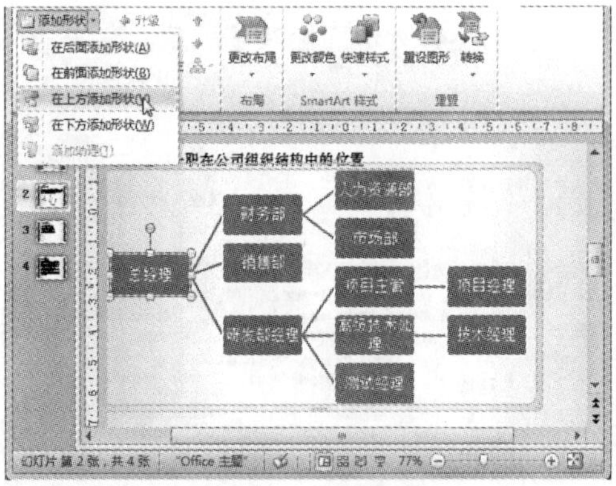

图 3-5　选择“在上方添加形状”选项

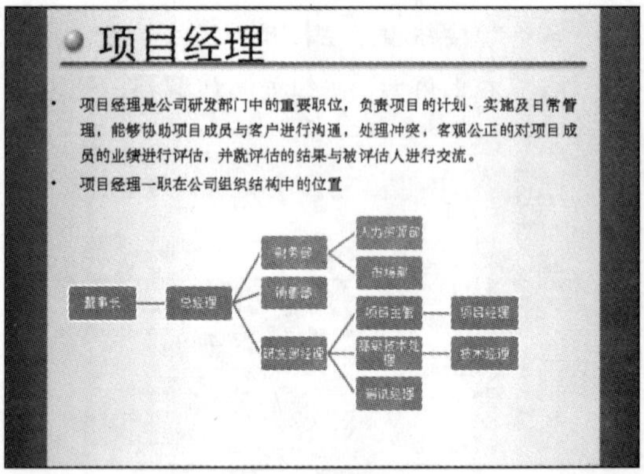

图 3-6　最终效果

技巧点拨

通过快捷菜单添加形状

选择某个形状，在其上单击鼠标右键，在弹出的快捷菜单中选择“添加形状”命令，在弹出的子菜单中选择所需的命令也可添加形状。

4. 调整形状级别

在编辑 SmartArt 图形的过程中，还可以根据需要对图形间各形状的级别进行调整，如将下一级的形状提升一级，将上一级的形状下降一级。其方法是：选择需升级或降级的形状，选择【设计】/【创建图形】组，单击升级按钮或升级按钮将提升或降低形状的级别。

5. 更改布局

插入并编辑 SmartArt 图形后，如发现该 SmartArt 图形并不能很好地表现各数据、各内容间的关系，这时可在保持关系图中内容不变的情况下，更改关系图的布局。更改 SmartArt 图形布局的方法有以下几种。

- 通过选项栏更改：选择 SmartArt 图形后，再选择【设计】/【布局】组，在“快速样式”选项栏中选择其他布局或选择“其他布局”选项，如图 3-7 所示。在打开的“选择 SmartArt 图形”对话框中重新选择布局。

- 通过快捷菜单更改：选择 SmartArt 图形后，单击鼠标右键，在弹出的快捷菜单中选择“更改布局”命令，如图 3-8 所示。在打开的“选择 SmartArt 图形”对话框中重新选择布局。

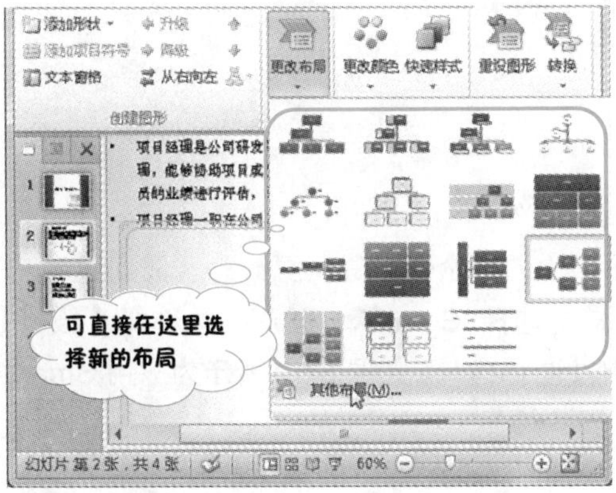

图 3-7　选择“其他布局”选项

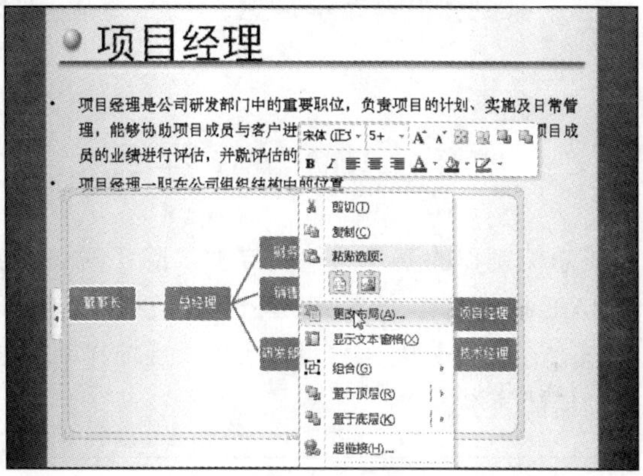

图 3-8　选择“更改布局”命令

3.3　设置 SmartArt 图形

要想使插入的 SmartArt 图形更加美观和专业，还需对其进行设置。其中包括更改 SmartArt 图形中的形状、为 SmartArt 图形应用样式以及更改 SmartArt 图形颜色等。

3.3.1　更改 SmartArt 形状

插入并编辑 SmartArt 图形后，如果对 SmartArt 图形中的形状不满意，可在保持 SmartArt 图形布局不变的情况下，对形状进行更改。其方法是：选择需更改的形状后，选择【格式】/【形状】组，单击“更改形状”按钮，在弹出的下拉列表中选择所需的形状。如图 3-9 所示为更改形状前后的效果。

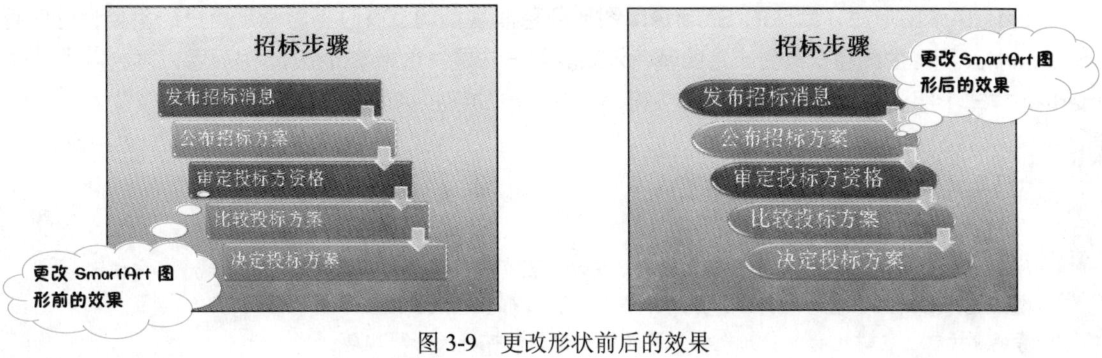

图 3-9　更改形状前后的效果

技巧点拨

增大或减少形状

选择形状后，再选择【格式】/【形状】组，单击增大按钮或减小按钮可调整形状的大小，如果仍没达到需要的效果，可通过拖动控制点来调整形状的大小。

3.3.2 应用 SmartArt 样式

要想使制作的演示文稿更专业，除了对 SmartArt 图形中的单个形状进行更改外，还可通过应用 SmartArt 样式对整个 SmartArt 图形进行更改。其方法是：选择 SmartArt 图形，再选择【设计】/【SmartArt 样式】组，在"快速样式"选项栏中选择 SmartArt 图形样式。如图 3-10 所示为应用 SmartArt 样式前后的效果。

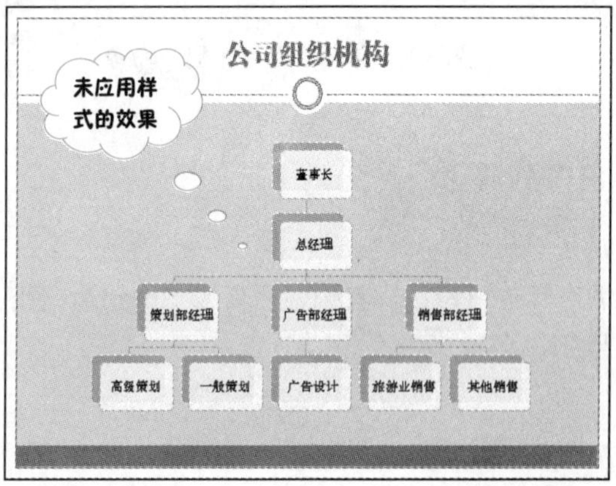

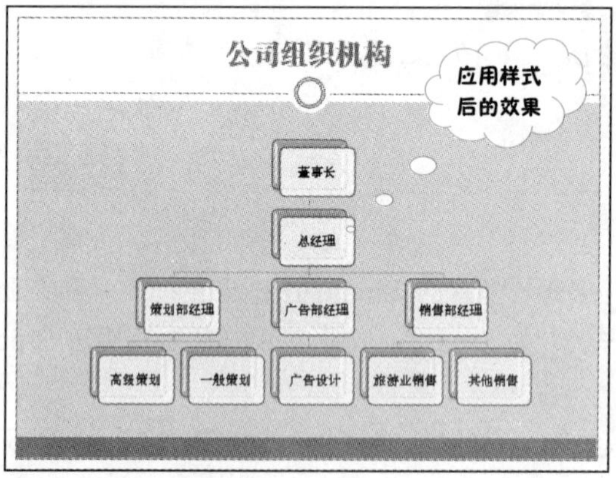

图 3-10 应用 SmartArt 样式前后的效果

3.3.3 更改 SmartArt 图形颜色

插入 SmartArt 图形后，默认的 SmartArt 图形颜色非常单调，有时不能满足用户的需要，这时可通过更改 SmartArt 图形的颜色获得更丰富的颜色效果。其方法是：选择 SmartArt 图形后，再选择【设计】/【SmartArt 样式】组，单击"更改颜色"按钮，在弹出的下拉列表中选择所需的颜色样式。

技巧点拨

更改形状颜色

除了可以对整个 SmartArt 图形颜色进行修改外，还可以对单个形状的颜色进行修改。其方法是：选择需修改颜色的形状后，再选择【格式】/【形状样式】组，单击"形状填充"按钮旁的按钮，在弹出的下拉列表中任意选择一种颜色可更改形状颜色。

3.4 创建和美化表格

在制作幻灯片时，经常需要向观众传递一些直接的数据信息。为了满足这种制作需要，PowerPoint 2010 为用户提供了较为强大的表格处理功能，使用它既可在幻灯片中插入表格，还能对插入的表格进行编辑和美化，使演示文稿更直观、形象。

3.4.1 创建表格

在幻灯片中要想通过表格的形式来传递某些数据或观点，必须要先创建表格。在 PowerPoint 2010 中自动插入表格的方法有两种，具体介绍如下。

- 通过占位符插入：当幻灯片版式为内容版式或文字和内容版式时，单击占位符中的“插入表格”按钮，打开“插入表格”对话框，在“列数”和“行数”数值框中输入插入表格的行数和列数，单击 确定 按钮，如图 3-11 所示。
- 通过下拉列表插入：选择所需插入表格的幻灯片，选择【插入】/【表格】组，单击“表格”按钮，在弹出下拉列表的“插入表格”栏中选择插入的行数和列数，如图 3-12 所示。

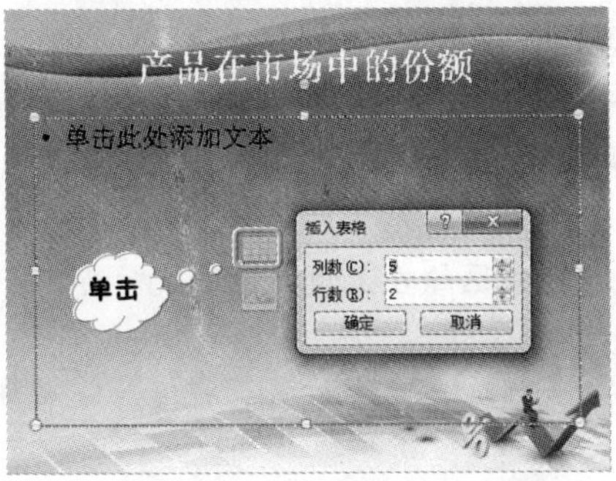

图 3-11 通过占位符插入表格

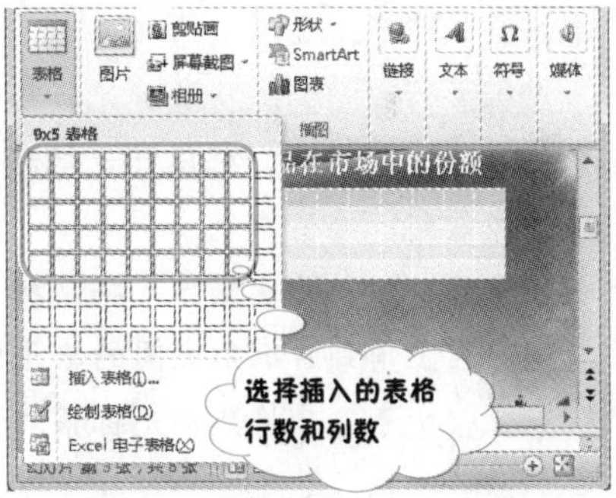

图 3-12 通过下拉列表插入

技巧点拨

手动绘制表格

在 PowerPoint 2010 中还可根据需要手动绘制表格，其方法是：选择【插入】/【表格】组，单击“表格”按钮，在弹出的下拉列表中选择“绘制表格”选项，当鼠标光标变成形状时，在幻灯片编辑区按住鼠标不放进行拖动绘制表格。

3.4.2 编辑表格

创建表格后，用户还需要在其中输入所需的文本，而且默认情况下表格中的单元格大小相同、分布均匀。但在实际的制作过程中为了放入长度不等的数据，通常需对表格进行编辑。

1. 在表格中输入文本

在表格中输入文本的方法非常简单，创建表格后，将鼠标光标定位到需输入文本的单元格中输入所需的文本。需要注意的是，一个单元格中的文本输入完成后，需重新定位鼠标光标到另一个单元格中继续输入。

知识提示

设置文本格式

表格中文本格式的设置与普通文本的设置方法相同，选择文本后，在“开始”功能区进行相应的设置。需要注意的是，在演示文稿中，包括形状以及SmartArt图形、图表等文本格式的设置都与普通文本的设置方法一样。

2. 选择单元格

在对表格进行编辑操作前，必须先选择单元格，选择的单元格呈蓝色底纹显示。在PowerPoint 2010表格中选择单元格的方法与选择文本类似，常用的选择单元格的方法介绍如下。

- 选择单个单元格：将鼠标光标移动到表格中单元格的左端线上，当鼠标光标变为↗形状时，单击鼠标即可。
- 选择整行或整列：将鼠标光标移动到表格边框的左边线的左侧，当鼠标光标变为→形状时，单击鼠标选中该行；将鼠标光标移到表格边框的上边线上，当鼠标光标变为↓形状时，单击鼠标选中该列。
- 选择连续的单元格区域：将鼠标光标移到需选择的单元格区域左上角，拖动鼠标到右下角，可选择左上角到右下角之间的单元格区域。
- 选择整个表格：将鼠标光标移动到任意单元格中单击，再按Ctrl+A组合键可选择整个表格。

3. 调整行高和列宽

一般情况下插入的表格行高和列宽都是固定的，但在每个单元格中输入内容的多少并不相等，因此大多数时候都需要对表格的行高和列宽进行适当调整。调整行高与列宽的常用方法有以下几种。

- 使用鼠标拖动进行调整：将鼠标光标指向表格中连续两列或两行之间的间隔线上，当鼠标光标变为+||+或÷形状时，按住鼠标左键不放，向左、右或向上、下拖动即可调整表格的列宽和行高。
- 通过菜单命令自动调整：将鼠标光标定位到需要调整的行或列中的任意一个单元格中后，选择【布局】/【单元格大小】组，在“表格列宽度”和“表格行高度”数值框中输入数值，可快速地调整表格的行高与列宽。

4. 插入与删除行与列

在实际编辑过程中若发现表格中的行、列数不够，可以在表格中插入行或列；如果表格中的行、列数超过了需求，还可以将多余的行或列删除。其方法是：将鼠标光标定位到某个单元格中，选择【布局】/

【行和列】组，在其面板中单击相应的按钮即可插入所需的行和列或删除多余的行和列。

5. 合并与拆分单元格

在编辑表格的过程中，如果发现某个单元格过大或过小，可通过合并或拆分单元格的方法来对单元格的大小进行调整，具体操作方法如下。

- 合并单元格：拖动鼠标选择需合并的单元格，在其上单击鼠标右键，在弹出的快捷菜单中选择“合并单元格”命令。
- 拆分单元格：拖动鼠标选择需拆分的单元格，在其上单击鼠标右键，在弹出的快捷菜单中选择“拆分单元格”命令。打开“拆分单元格”对话框，在其中设置需拆分的行数和列数，单击 确定 按钮。

3.4.3 美化表格

编辑完表格后，若表格的视觉效果不能满足需要，此时就可通过表格边框、填充色等方面对表格整体进行美化。

下面在“产品销售总结.pptx”演示文稿中美化表格，包括应用表格样式、为单元格填充颜色、设置表格边框线和单元格填充效果。其具体操作如下：

Step 01 打开“产品销售总结.pptx”演示文稿（\实例素材\第3章\产品销售总结.pptx），选择第2张幻灯片中的表格。

Step 02 选择【设计】/【表格样式】组，在“表样式”选项栏中选择“文档的最佳匹配对象”栏中的“主题样式1-强调2”选项，如图3-13所示。

Step 03 选择第1行单元格，再选择【设计】/【表格样式】组，单击“底纹”按钮旁的按钮，在弹出的下拉列表中选择“标准色”栏中的“绿色”选项，如图3-14所示。

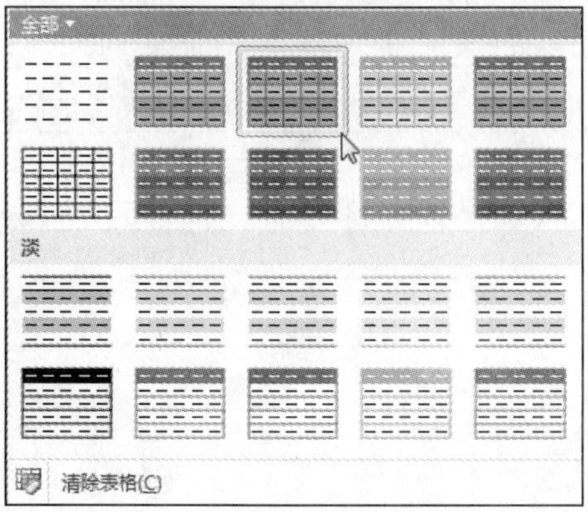

图3-13 选择表格主题样式

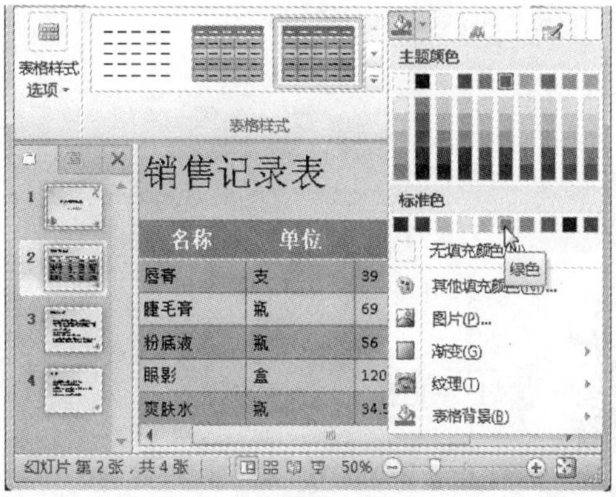

图3-14 填充单元格颜色

Step 04 使用相同的方法设置表格第1行外的第1~5列的颜色分别为“橄榄色，强调颜色3，淡色60%”、“橄榄色，强调颜色3，淡色40%”、“橄榄色，强调颜色3”、“浅绿色”和“橄榄色，强调颜色 3，淡色 80%”。

Step 05　选择整个表格后，选择【设计】/【绘图边框】组，在“笔画粗细”下拉列表中选择“2.25磅”选项，单击“笔颜色”按钮旁的按钮，在弹出的下拉列表中选择“标准色”栏中的“深蓝”选项，如图 3-15 所示。

Step 06　选择【设计】/【表格样式】组，单击“边框”按钮旁的按钮，在弹出的下拉列表中选择“所有框线”选项，如图 3-16 所示。

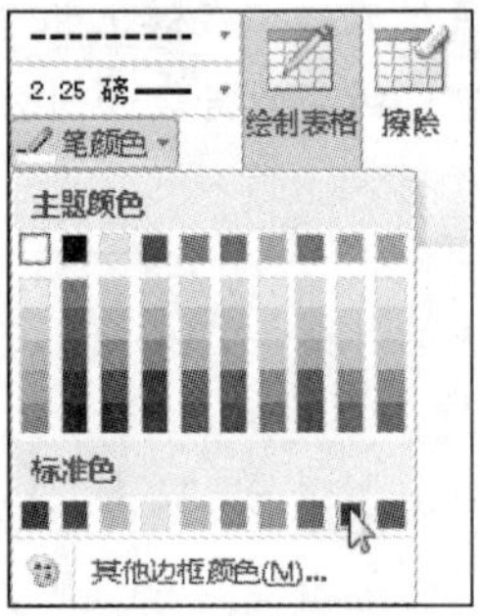

图 3-15　设置边框线

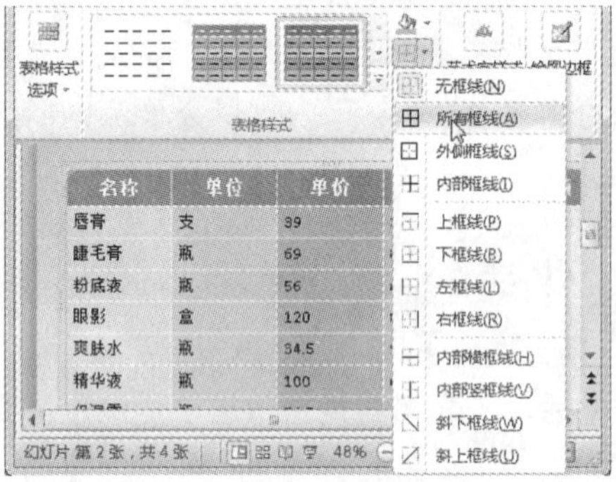

图 3-16　设置表格框线

Step 07　选择第 1 行单元格后，选择【设计】/【表格样式】组，单击“效果”按钮，在弹出的下拉列表中选择【单元格凹凸效果】/【凸起】选项，如图 3-17 所示。

Step 08　完成表格的美化操作，最终效果如图 3-18 所示。

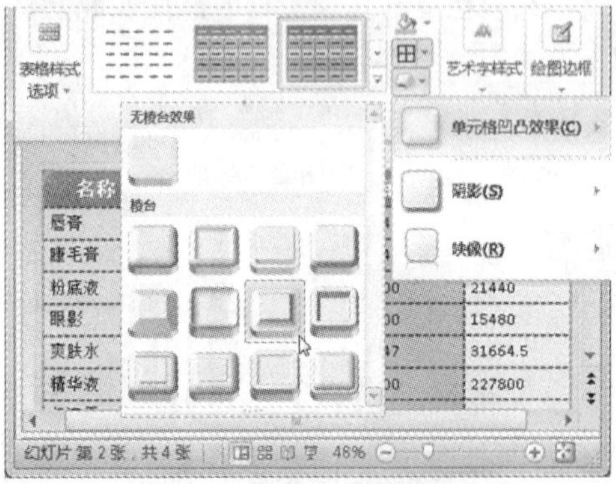

图 3-17　设置单元格效果

图 3-18　最终效果

知识提示

为表格添加边框线

用户可根据需要为表格添加相应的边框线。其方法是：选择单元格或整个表格后，再选择【设计】/【表格样式】组，单击“边框”按钮旁的按钮，在弹出的下拉列表中选择相应选项；若选择“外侧框线”选项可为表格添加外框线，而单元格之间无间隔线。

3.5 创建和美化图表

在演示文稿中，使用表格表现数据有时会显得比较抽象，为了更直观、形象地表现数据可使用图表。图表的操作和表格类似，下面将对图表的操作进行讲解。

3.5.1 创建图表

面对复杂的数据，要想将其清晰地分类，在 PowerPoint 2010 中使用图表表示是最佳的方法。图表可根据数据的比例来显示数据的对应关系，应该也可很清晰、明了地反映数据间的对应关系。

下面使用占位符在“总结报告.pptx”演示文稿的第 4 张幻灯片中创建图表，其具体操作如下：

Step 01 打开“总结报告.pptx”演示文稿（\实例素材\第 3 章\总结报告.pptx），选择第 4 张幻灯片，单击占位符中的“插入图表”按钮，如图 3-19 所示。

Step 02 打开“插入图表”对话框，选择“柱形图”选项卡，在对话框右侧的“柱形图”栏中选择“簇状圆柱图”选项，单击 确定 按钮，如图 3-20 所示。

图 3-19 单击“插入图表”图标

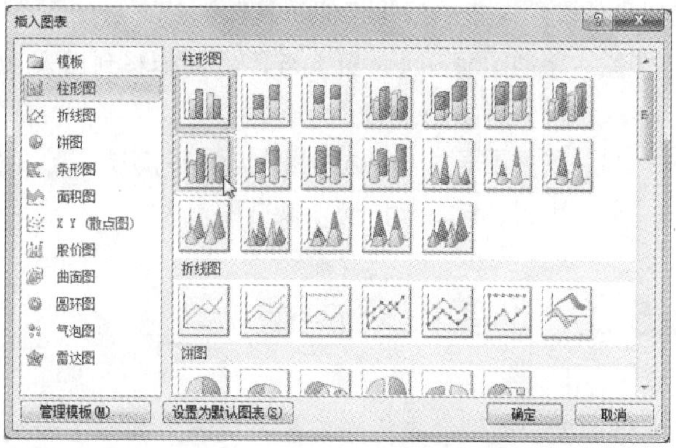

图 3-20 选择图表类型

Step 03 系统将自动启动 Excel 2010，在蓝色框线内的相应单元格中输入需在图表中表现的数据。单击 x 按钮退出 Excel 2010，如图 3-21 所示。

Step 04 返回到幻灯片编辑窗口，可以看到插入的图表，如图 3-22 所示。

知识提示

编辑图表中的数据

在 PowerPoint 2010 中选择的图表类型不同，使用 Excel 2010 编辑的数据多少也不相同，其中蓝色的框线内的数据为显示在图表中的数据，当在蓝色框线外的单元格中输入数据后，蓝色框线会自动改变其范围。

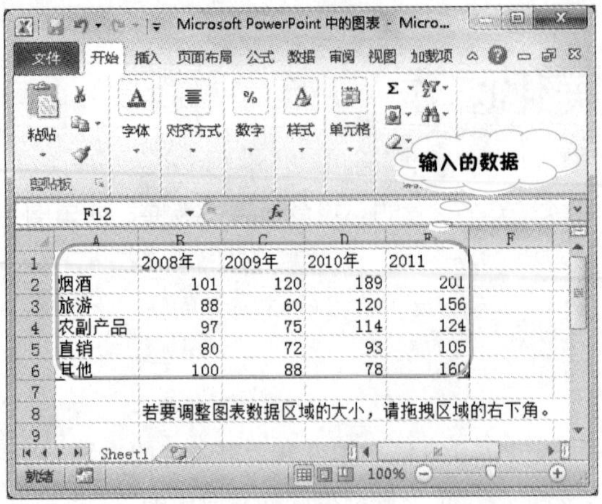

图 3-21 输入数据

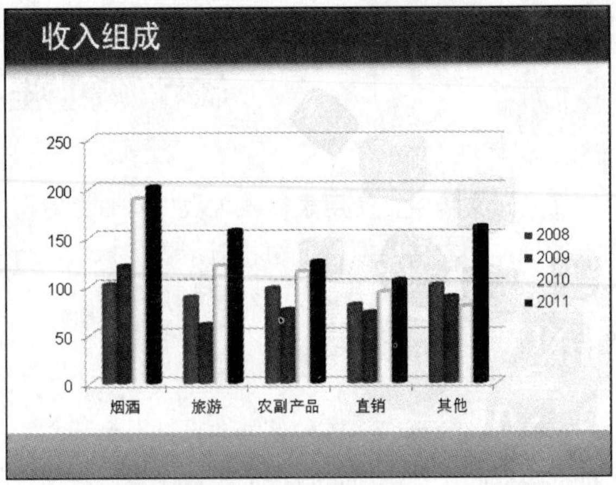

图 3-22 查看效果

3.5.2 改变图表位置和大小

插入的图表位置和大小并不是固定不变的，用户可根据需要进行调整。其调整方法非常简单，与幻灯片中的其他对象的操作相似，具体调整方法如下。

- 移动图表：选择图表后，将鼠标移到图表上，当其变为✥形状时按住鼠标左键拖动可将其移动到其他位置。
- 改变图表大小：选择图表后，将鼠标移到图表的控制点上，当鼠标变为⤢、⤡、⟺或⇕形状时，按住鼠标进行拖动可改变图表大小。

3.5.3 改变图表类型

修改图表类型是指将当前图表更改为其他图表类型，如柱状图等不同的图表类型应用的领域有一定差异，如果创建图表后发现选择的图表并不能很直观地反映数据，也可以将其改为另一种更合适的图表类型。其方法是：选择需修改图表类型的图表后，再选择【设计】/【类型】组，单击“更改图表类型”按钮，在打开的“更改图表类型”对话框中重新选择图表的类型，单击 确定 按钮。

3.5.4 编辑图表数据

图表中每项数据的图形称为数据点，由于数据点是依据表格中的数据而形成的，在实际制作图表的过程中，这些数据又来源于实际调查，如果调查后的数据发生了变化，可根据需要再对图表进行编辑和修改。其方法是：选择图表后，选择【设计】/【数据】组，单击“编辑数据”按钮，按照创建图表的方法对图表中的数据进行相应修改。如图 3-23 所示为修改数据前后的图表效果。

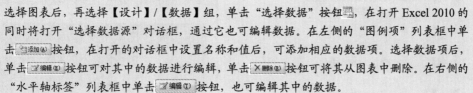

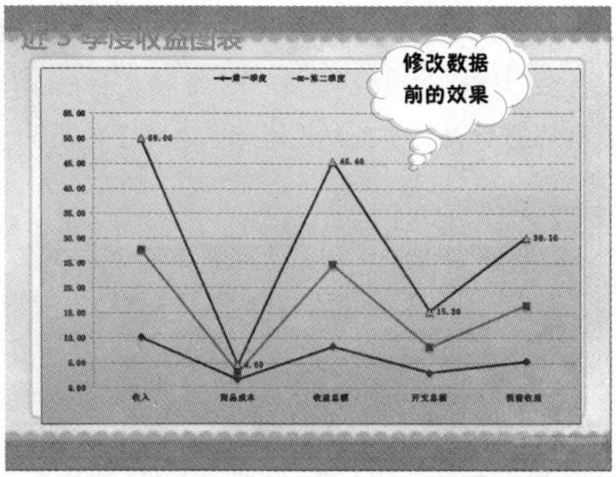

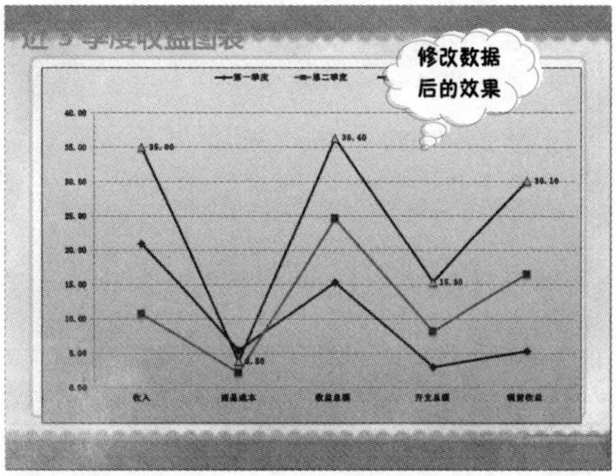

图 3-23 修改数据前后的图表效果

技巧点拨

通过“选择数据源”对话框编辑数据

选择图表后，再选择【设计】/【数据】组，单击“选择数据”按钮，在打开 Excel 2010 的同时将打开“选择数据源”对话框，通过它也可编辑数据。在左侧的“图例项”列表框中单击“添加(A)”按钮，在打开的对话框中设置名称和值后，可添加相应的数据项。选择数据项后，单击“编辑(E)”按钮可对其中的数据进行编辑，单击“删除(R)”按钮可将其从图表中删除。在右侧的“水平轴标签”列表框中单击“编辑(T)”按钮，也可编辑其中的数据。

3.5.5 更改图表布局方式

布局方式即表格中标题、图例项和图表内容等项目的排列方式，默认创建的图表采用“布局 1”，不同的布局显示的位置及内容将有所差异。用户可以根据演示文稿的具体情况决定图表的布局。其方法是：选择图表后，再选择【设计】/【图表布局】组，在“快速布局”选项栏中选择图表的布局方式即可。

3.5.6 自定义图表布局

除了修改默认的图表布局方式来更改显示的位置和内容外，还可以自定义图表布局来决定图表中显示的内容。自定义图表的方法如下。

- 自定义图表标题：选择图表后，选择【布局】/【标签】组，单击“图表标题”按钮，在弹出的下拉列表中可根据需要设置图表标题的显示和在图表中的位置。
- 自定义图表图例：选择图表后，选择【布局】/【标签】组，单击“图例”按钮，在弹出的下拉列表中可根据需要关闭图例，也可设置图例的显示位置。
- 自定义数据标签：选择图表后，再选择【布局】/【标签】组，单击“数据标签”按钮，在弹出的下拉列表中可打开或取消所选内容的数据标签。如果选择“其他数据标签”选项，在打开的“设置数据标签格式”对话框中可对标签选项、数字、填充色等进行设置。

- **自定义坐标轴：**在图表中，坐标轴分为主要横坐标轴和主要纵坐标轴两种，主要横坐标轴是设置标签或刻度线的显示；主要纵坐标轴是设置单位或对数刻度值的显示。主要横坐标轴和主要纵坐标轴的显示可以根据用户的需要自行设置。其设置方法是：选择图表后，选择【布局】/【标签】组，单击“坐标轴”按钮，在弹出的下拉列表中可根据需要设置所需显示的坐标轴。
- **自定义网格线：**选择图表后，选择【布局】/【标签】组，单击“网格线”按钮，在弹出的下拉列表中可根据需要设置所需显示的网格线。

3.5.7 应用图表样式

与美化图片等类似，在 PowerPoint 2010 中也可对图表进行快速美化，PowerPoint 2010 提供了 40 余种样式供不同的用户选择。其方法是：选择图表后，选择【设计】/【图表样式】组，在“快速样式”选项栏中选择所需的图表样式。如图 3-24 所示为应用图表样式后的效果。

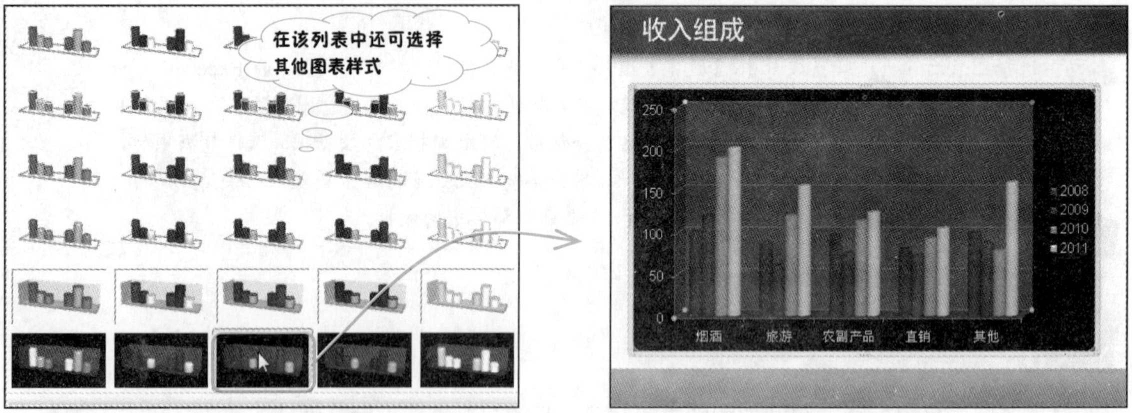

图 3-24　应用图表样式后的效果

3.5.8 自定义图表样式

快速设置图表样式后即可对图表区格式、数据系列格式和图例格式进行修改，但提供的图表样式的颜色单一，并且图表区的颜色和数据系列的颜色很相近，要想使图表更加美观，可对图表样式中的各个部分进行设置。

下面在“销售统计报告.pptx”演示文稿中自定义第 3 张幻灯片中的图表样式，包括设置图表区样式、数据点样式、图例样式等。其具体操作如下：

Step 01 打开“销售统计报告.pptx”演示文稿（\实例素材\第 3 章\销售统计报告.pptx），选择第 3 张幻灯片中的图表，在图表区上单击鼠标右键，在弹出的快捷菜单中选择“设置图表区格式”命令，如图 3-25 所示。

Step 02 打开“设置图表区格式”对话框，选择“填充”选项卡，选中 纯色填充(S) 单选按钮。在“填充颜色”栏中单击“颜色”按钮旁的按钮，在弹出的下拉列表中选择“橙色，强调文字 3，淡色 40%”选项，如图 3-26 所示。

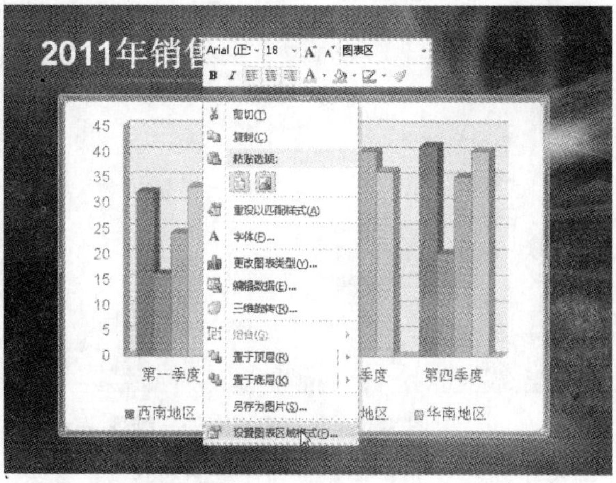

图 3-25　选择命令

图 3-26　设置图表区填充色

Step 03　单击 关闭 按钮，返回幻灯片编辑区，在图表上选择表示西南地区的数据点后，选择【格式】/【形状样式】组，在“快速样式”选项栏中选择“细微效果-蓝色，强调颜色 1”选项，如图 3-27 所示。

Step 04　选择代表西北地区的数据点后，选择【格式】/【形状样式】组，单击“形状填充”按钮旁的按钮，在弹出的下拉列表中选择“标准色”栏中的“浅绿”选项，如图 3-28 所示。

图 3-27　设置数据点样式

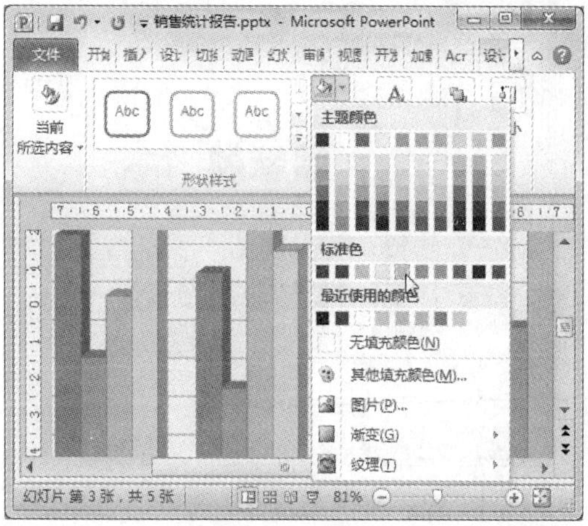

图 3-28　填充数据点颜色

Step 05　保持代表西北地区数据点的选中状态，单击“形状轮廓”按钮旁的按钮，在弹出的下拉列表中选择“标准色”栏中的“黄色”选项，为数据点添加黄色边框，如图 3-29 所示。

Step 06　保持数据点的选中状态，单击“形状效果”按钮，在弹出的下拉列表中选择【棱台】/【草皮】选项，如图 3-30 所示。

Step 07　使用相同的方法为其他数据点添加效果，使其呈现出不同的状态。

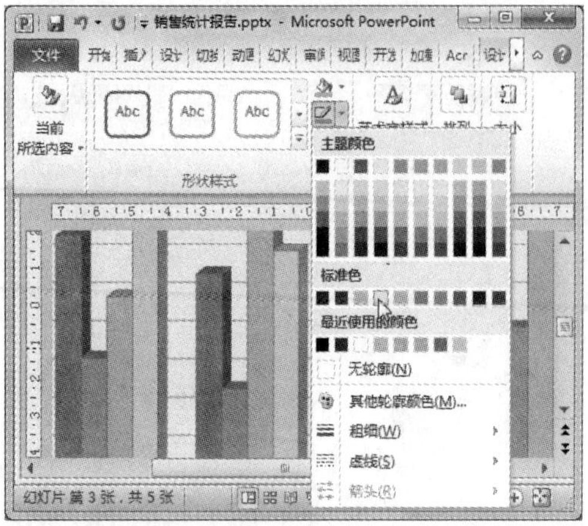

图 3-29　添加数据点边框

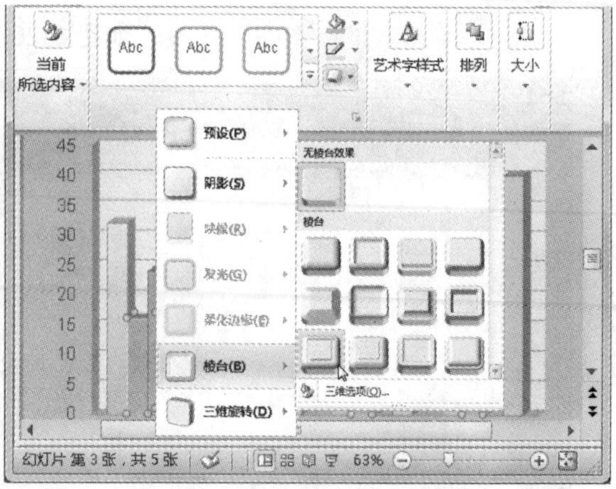

图 3-30　设置数据点的三维效果

Step 08　选择图例，在其上单击鼠标右键，在弹出的快捷菜单中选择“设置图例格式”命令，在打开的“设置图例格式”对话框中选择“填充”选项卡，选中◉ 渐变填充(G)单选按钮，单击“预设颜色”按钮，在弹出的下拉列表中选择“麦浪滚滚”选项，单击 关闭 按钮，如图 3-31 所示。

Step 09　返回幻灯片编辑区，完成图表样式的自定义，最终效果如图 3-32 所示。

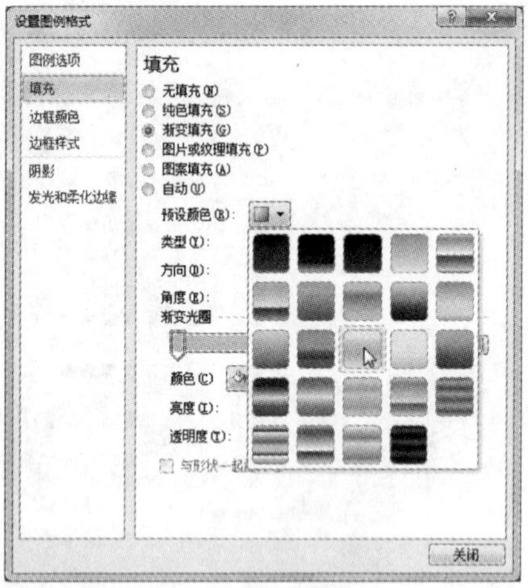

图 3-31　设置图例填充效果

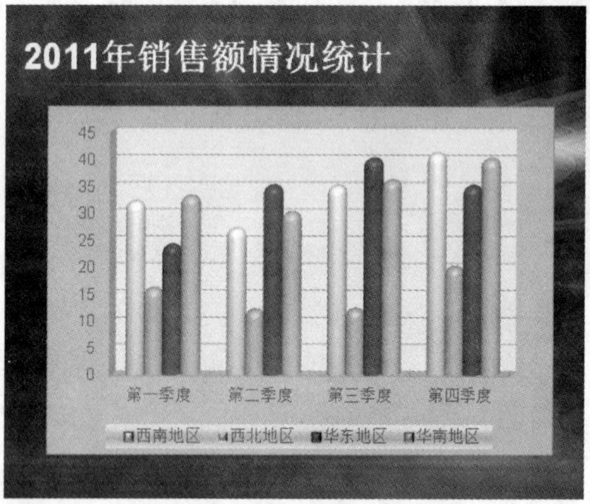

图 3-32　最终效果

知识提示

设置图例格式

在设置“图例格式”对话框中还可根据需要对图例的位置、图例的颜色、边框样式以及效果等进行设置。

3.6 职场案例——制作公司年终会议

案例背景

每到年末，公司都需要召开年终会议，今年，总经理让李丽制作一份年终公司会议的演示文稿，要求将年终会议涉及的相关内容都要包含进去，以便于到会者能够了解详细的情况。

3.6.1 案例目标

本例制作了一个关于安丰电机有限公司 2011 年年终会议的演示文稿，其中包括会议流程、总经理致辞，以及对生产状况、产品质量、销售情况进行介绍，并对总体情况进行概述，然后对新客户进行分析，以及对明年的工作计划进行评估。

本例制作的公司年终会议效果如图 3-33 所示（\最终效果\第 3 章\公司年终会议.pptx）。该例采用了统一的背景色，整体效果协调。

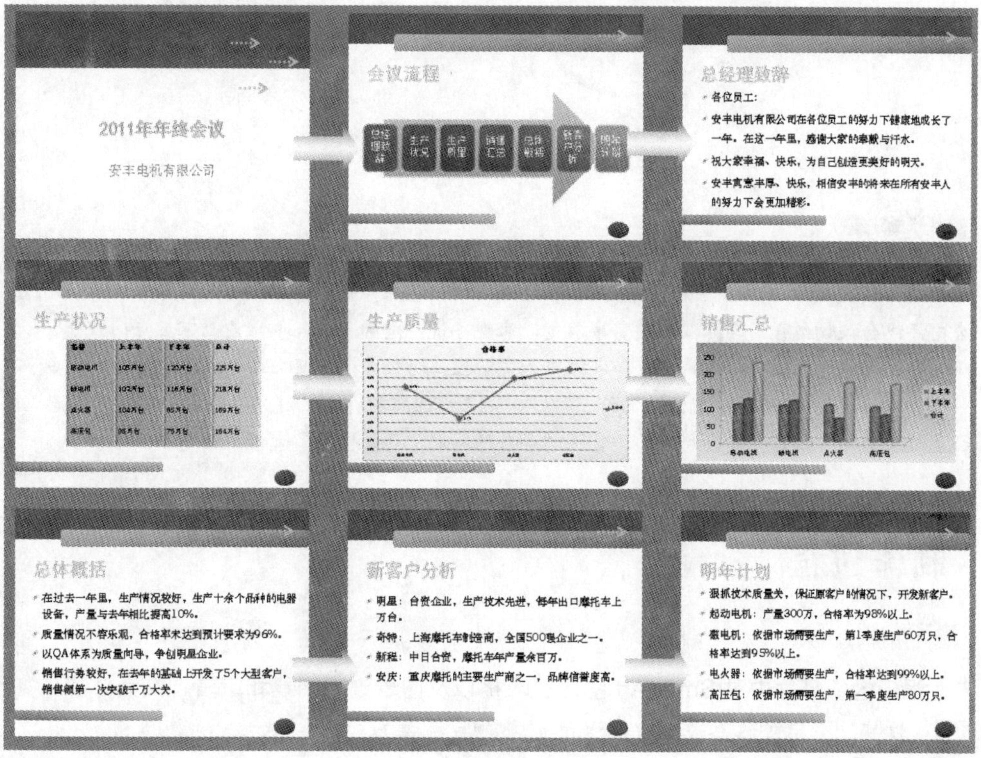
2011年年终会议
安丰电机有限公司
会议流程
总经理致辞
生产状况
生产质量
销售汇总
总体概括
明年计划
总经理致辞
各位员工：
安丰电机有限公司在各位员工的努力下健康地成长了一年。在这一年里，感谢大家的奉献与汗水。
祝大家幸福、快乐，为自己创造更美好的明天。
安丰真意丰厚、快乐，相信安丰的将来在所有安丰人的努力下会更加精彩。
生产状况
生产质量
销售汇总
总体概括
在过去一年里，生产情况较好，生产十余个品种的电器设备，产量与去年相比提高10%。
质量情况不容乐观，合格率未达到预计要求为96%。
以QA体系为质量向导，争创明星企业。
销售行务较好，在去年的基础上开发了5个大型客户，销售额第一次突破千万大关。
新客户分析
明星：台资企业，生产技术先进，每年出口摩托车上万台。
奇特：上海摩托车制造商，全国500强企业之一。
新程：中日合资，摩托车年产量余百万。
安庆：重庆摩托的主要生产商之一，品牌信誉度高。
明年计划
狠抓技术质量关，保证原客户的情况下，开发新客户。
起动电机：产量300万，合格率为98%以上。
整电机：依据市场需要生产，第1季度生产60万只，合格率达到95%以上。
电火器：依据市场需要生产，合格率达到99%以上。
高压包：依据市场需要生产，第一季度生产80万只。

图 3-33　最终效果

3.6.2 制作思路

公司年终会议是公司在年终召开会议时使用的演示文稿，它用于对全年的情况进行总结，对下一年的计划进行评估，对于企业的运作有很好的规划和指导作用。不同的公司在制作公司年终会议时所涉及的具体内容不同，但大致会包含以下 4 个方面的内容：情况概述、成绩和缺点、经验和教训以及今后的打算。

通过效果图可以发现，“公司年终会议.pptx”演示文稿中应用了演示文稿的多个对象，包括 SmartArt 图形、表格以及图表等，这也是练习的重点。要完成本例，不仅要掌握各对象的创建与编辑操作，还要对各对象进行美化。本例的制作思路如图 3-34 所示。

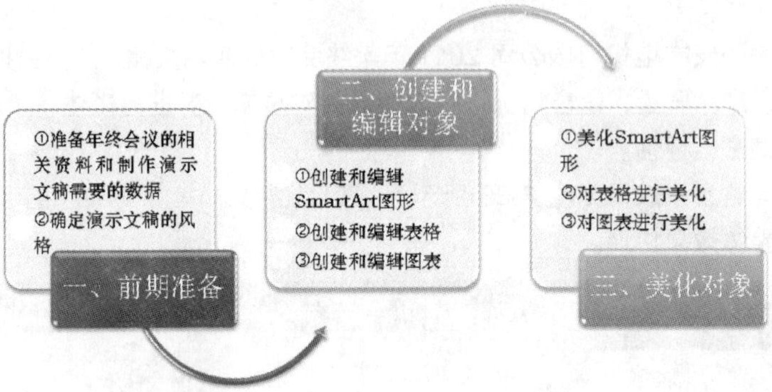
①准备年终会议的相关资料和制作演示文稿需要的数据
②确定演示文稿的风格
一、前期准备
二、创建和编辑对象
①创建和编辑SmartArt图形
②创建和编辑表格
③创建和编辑图表
①美化SmartArt图形
②对表格进行美化
③对图表进行美化
三、美化对象

图 3-34 制作思路

职场充电

制作公司年终会议有哪些注意事项

公司年终会议切勿脱离实际，必须实事求是，客观评说。总的来说，要注意以下三点：一是，不能夸大其词，工作中取得的进展和成绩要如实汇报，切勿弄虚作假。二是，避重就轻，应多讲工作中存在的实际问题，切忌“好大喜功”，不正视问题的存在，过分地强调客观原因而忽视主观原因等。三是，用最简短的语言说明存在的问题，少说空话、大话，避免华而不实。

3.6.3 制作过程

1. 创建和编辑对象

下面先在相应的幻灯片中对 SmartArt 图形、表格以及图表进行创建和编辑，其具体操作如下：

Step 01 打开“公司年终会议”演示文稿（\实例素材\第 3 章\公司年终会议.pptx），选择第 2 张幻灯片，单击占位符中的“插入 SmartArt 图形”按钮。

Step 02 打开“选择 SmartArt 图形”对话框，选择“流程”选项卡，在中间列表框中选择“连续块状流程”选项，单击 确定 按钮，如图 3-35 所示。

Step 03 在创建的 SmartArt 图形的形状中输入相应的文本，然后选择“生产质量”形状，再选择【设计】/【创建形状】组，单击“添加形状”按钮，在弹出的下拉列表中选择“在后面添加形状”选项，如图 3-36 所示。

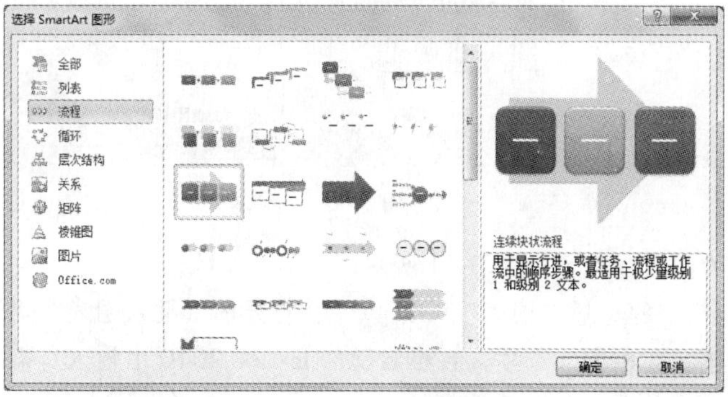

图 3-35　选择 SmartArt 图形

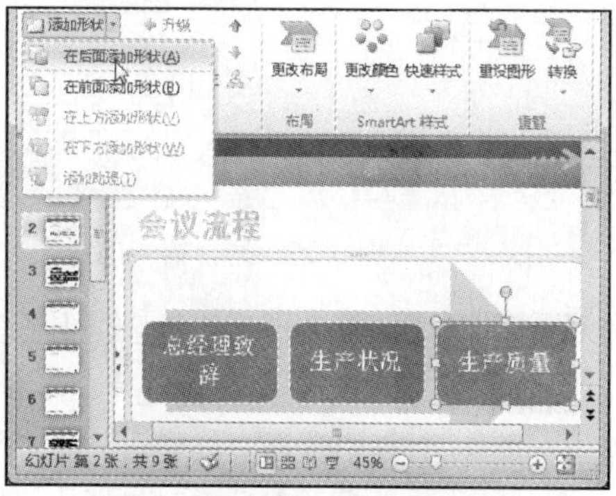

图 3-36　选择添加形状位置

Step 04 使用相同的方法继续添加 3 个形状，并为添加的形状输入相应的文本。

Step 05 选择第 4 张幻灯片，单击占位符中的“插入表格”按钮，打开“插入表格”对话框，在“列数”和“行数”数值框中分别输入“4”和“5”，单击 确定 按钮，如图 3-37 所示。

Step 06 在插入的表格中输入相应的文本，然后将鼠标移动到表格控制点上，拖动鼠标调整表格的大小和位置，效果如图 3-38 所示。

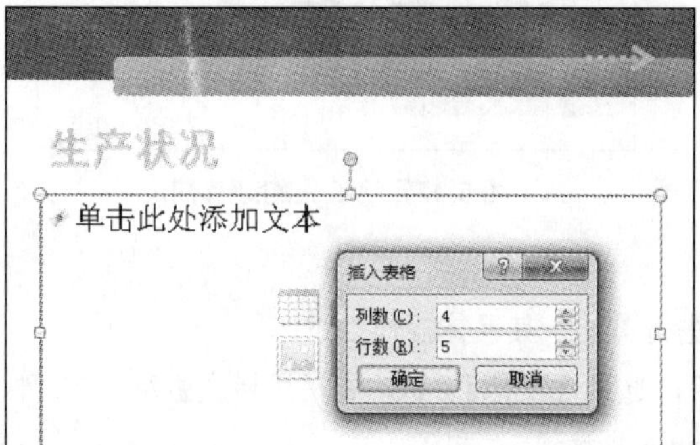

图 3-37　插入表格

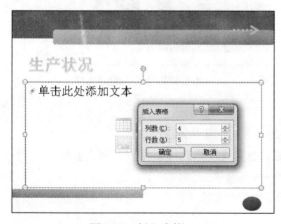

图 3-38　编辑表格

Step 07 选择第 5 张幻灯片后，选择【插入】/【插图】组，单击“图表”按钮。

Step 08 打开“插入图表”对话框，选择“柱形图”选项卡，在中间列表框中选择“折线图”栏中的“带数据标记的折线图”选项，单击 确定 按钮，如图 3-39 所示。

Step 09 系统自动启动 Excel 2010，在蓝色框线内的相应单元格中输入需在图表中表现的数据，单击 按钮，退出 Excel 2010，如图 3-40 所示。

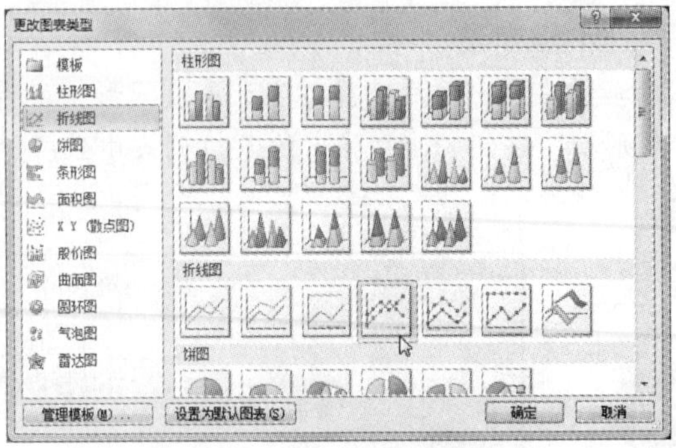

图 3-39　选择插入的图表

图 3-40　输入数据

Step 10　返回幻灯片编辑区，查看创建的图表效果，如图 3-41 所示。

Step 11　选择第 6 张幻灯片，单击占位符中的“插入图表”按钮，在打开的“插入图表”对话框中选择“柱形图”栏中的“簇状圆柱图”选项，再在启动的 Excel 2010 中输入所需的数据，然后返回幻灯片编辑区查看效果，如图 3-42 所示。

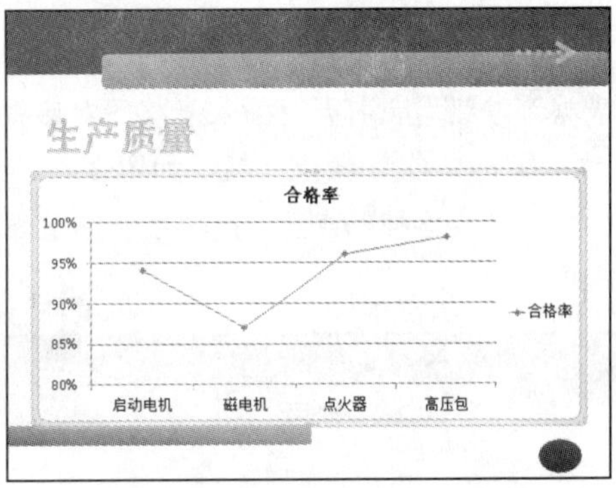

图 3-41　第 5 张幻灯片图表

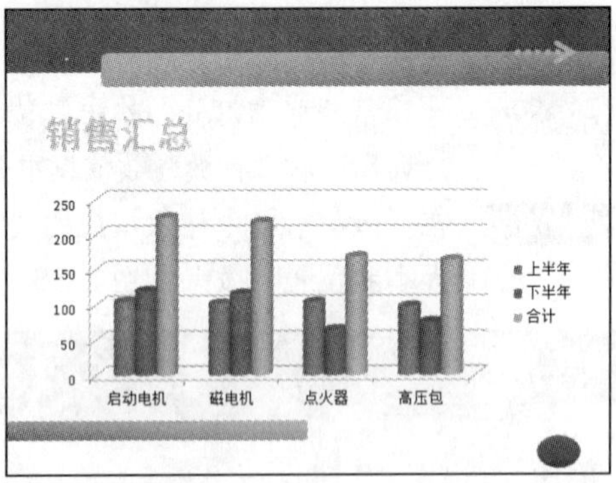

图 3-42　第 6 张幻灯片图表

2. 美化对象

下面就对创建的 SmartArt 图形、表格以及图表等进行美化，其具体操作如下：

Step 01　选择第 2 张幻灯片中的 SmartArt 图形后，选择【设计】/【SmartArt 样式】组，在“快速样式”选项栏中选择“三维”栏中的“嵌入”选项。

Step 02　单击“更改颜色”按钮，在弹出的下拉列表中选择“彩色”栏中的“彩色范围，强调文字颜色 4-5”选项。

Step 03　保持 SmartArt 图形的选中状态，选择【格式】/【形状样式】组，单击“形状效果”按钮，在弹出的下拉列表中选择【预设】/【预设 6】选项，如图 3-43 所示。

Step 04　选择第 4 张幻灯片中的表格后，选择【设计】/【表格样式】组，在“表样式”选项栏中选择“浅色样式 3，强调色 6”选项。

Step 05　选择第 1 列，单击“底纹”按钮旁的按钮，在弹出的下拉列表中选择“红色，强调颜色 2，淡色 60%”选项，使用相同的方法为 2、3、4 列设置不同的底纹填充色，如图 3-44

所示。

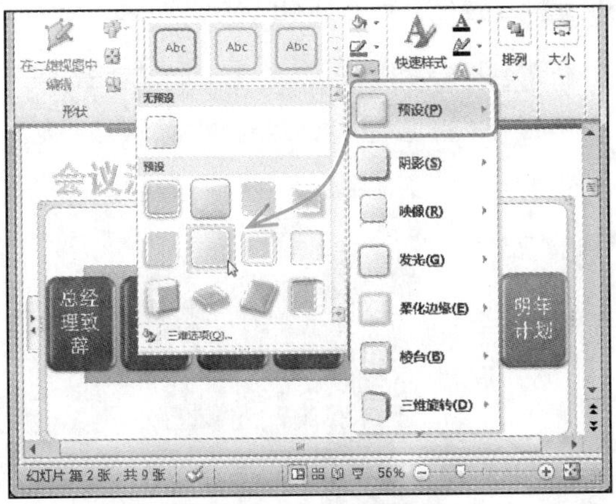

图 3-43　设置效果

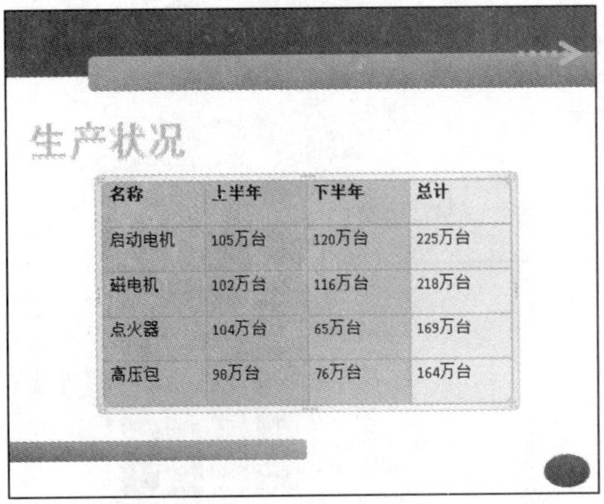

图 3-44　设置表格底纹填充

Step 06　选择表格后，再选择【设计】/【表格样式】组，单击“效果”按钮，在弹出的下拉列表中选择【单元格凹凸效果】/【柔圆】选项。

Step 07　选择第 5 张幻灯片的图表后，选择【设计】/【图表布局】组，在“快速布局”选项栏中选择“布局 9”选项，如图 3-45 所示。

Step 08　选择【设计】/【图表样式】组，在“快速布局”选项栏中选择“样式 28”选项。

Step 09　保持图表的选中状态，选择【格式】/【形状样式】组，在“快速布局”选项栏中选择“细微效果-橄榄色，强调颜色 3”选项，如图 3-46 所示。

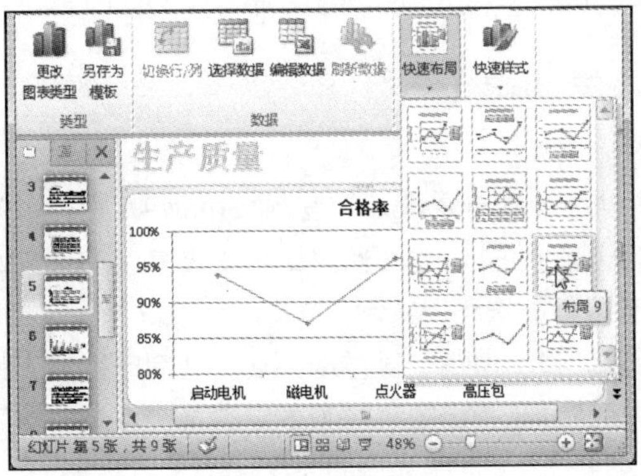

图 3-45　对图表进行布局

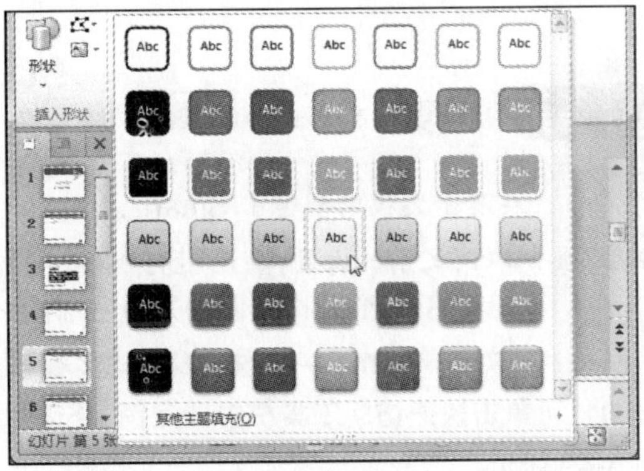

图 3-46　设置绘图区样式

Step 10　选择第 6 张幻灯片中的图表，单击鼠标右键，在弹出的快捷菜单中选择“设置图表区格式”命令，打开“设置图表区格式”对话框。

Step 11　选择“填充”选项卡，选中 渐变填充(G)单选按钮，单击“预设颜色”按钮，在弹出的下拉列表中选择“雨后初晴”选项，单击 关闭 按钮，如图 3-47 所示。

Step 12　选择图例，单击鼠标右键，在弹出的快捷菜单中选择“设置图例格式”命令，打开“设置图例格式”对话框。

Step 13 选择“填充”选项卡，选中◉图片或纹理填充(P)单选按钮，单击“纹理”按钮，在弹出的下拉列表中选择“纸莎草纸”选项，单击关闭按钮，如图 3-48 所示。

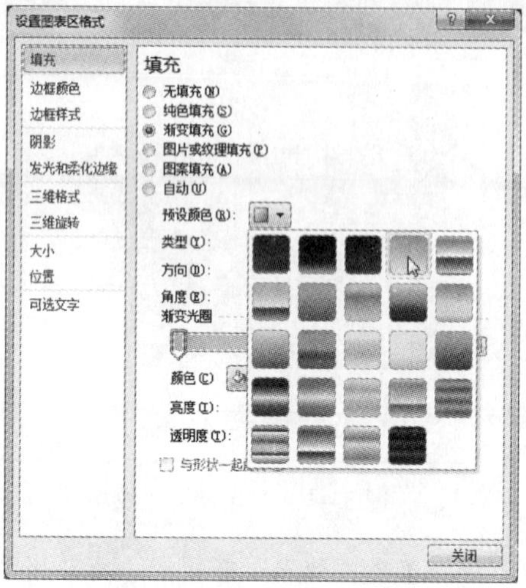

图 3-47　设置图表区填充效果

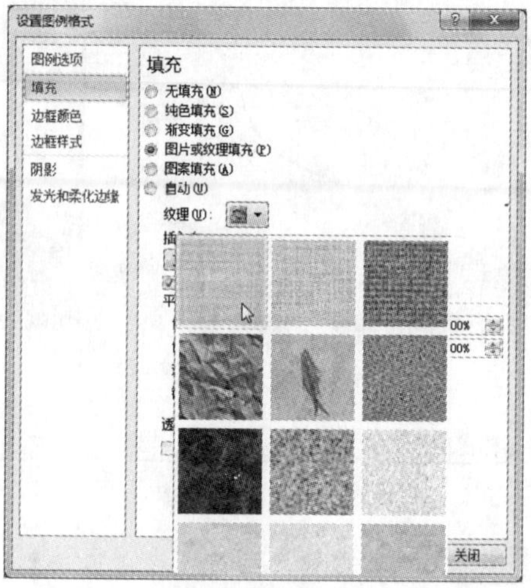

图 3-48　设置图例填充效果

Step 14 选择图表后，选择【布局】/【坐标轴】组，单击“网格线”按钮，在弹出的下拉列表中选择【主要横网格线】/【无】选项。在幻灯片编辑区即可看到图表美化后的效果。

3.7 新手解惑

问题 1：如何重设 SmartArt 图形

：在演示文稿中创建了 SmartArt 图形，并对其进行编辑和美化后，发现 SmartArt 图形效果并不理性。要想取消之前的设置，重新进行编辑和美化，如何才能让 SmartArt 图形回到未设置前的效果呢？

：要想让 SmartArt 图形回到未设置前的效果，有两种方法可以实现。

方法一：如果对 SmartArt 图形设置的步骤较少，可以通过“撤销”操作来实现，若想一次性去掉所设置的，可单击快速访问工具栏中“撤销”按钮旁的按钮，在弹出的下拉列表中选择“取消”选项，如图 3-49 所示。

方法二：要想快速取消所有的操作，可通过“重置”面板来实现。其方法是：选择需重设的 SmartArt 图形后，选择【设计】/【重置】组，单击“重设图形”按钮，可使 SmartArt 图形回到未进行设置操作前的效果，如图 3-50 所示。

问题 2：如何快速选择图表中某一区域

：在一张图表中，通常由很多区域组成，而且这些对象之间的距离又比较近，有时在选择某一区域时，会经常选错或选择了其他区域，如何才能快速、准确地选择图表中的区域呢？

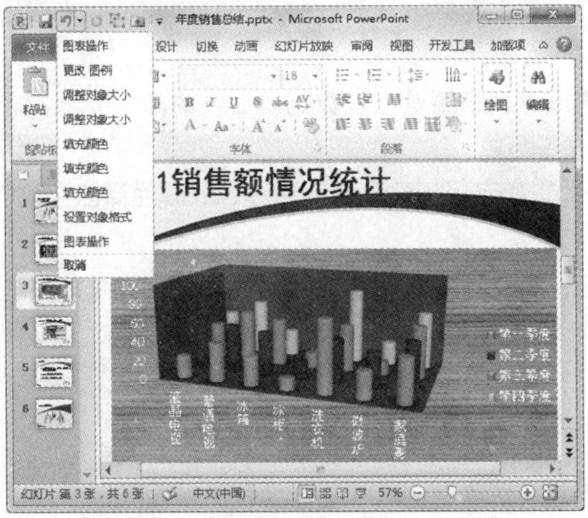

图 3-49　通过“撤销”操作重设图形

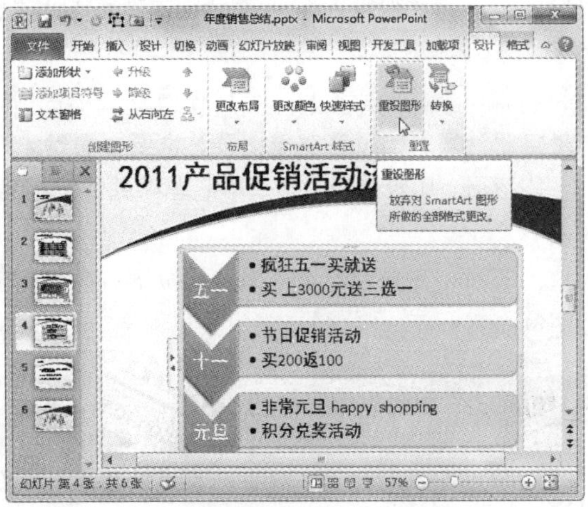

图 3-50　重设 SmartArt

：图表比较复杂，选择图表中的某一区域时，使用鼠标单击图表是比较麻烦的，也容易出错，这时可通过“当前所选内容”面板来实现。其方法是：选择【布局】/【当前所选内容】组，在“图表元素”下拉列表中显示了当前图表的所有区域，在其中选择图表中所需选择的区域即可。

问题 3：如何做好数据分析类演示文稿

：数据分析是办公人员在制作演示文稿时常遇到的情况，如何才能做好数据分析类的演示文稿呢？

：要做好数据分析类演示文稿需要做到数据正确、图表正确、观点正确，数据一定要支持论点，图表要与想要说明和表达的问题匹配，图表的标题也要与表达的观点相符。在美化这类图表时，可将不需要的网格线、背景、图标说明等去掉，留下能说明问题的信息即可。对图表数据进行分析最重要的是要找到数据背后隐藏的信息，而不是单纯地罗列收集的数据。在制作这类演示文稿时不容忽视的一点就是创意性，有时候在表达数据时，不一定只能是图表，也可以是一个大大的数字，只要运用的场合适当即可。

问题 4：完整的图表应该是怎样的

：在演示文稿中制作同种类型的图表，每个人制作出来的图表或多或少都会有一定的差别，图表中包含的内容也会有所不同，那什么样的图表才算是完整的呢？

：在演示文稿中，一份完整的图表应包含以下内容。

内容一：标题。标题又可分成图表标题和说明标题，图表标题表明图表的观点，而说明标题是指出图表想要说出的核心，这样有助于受众理解图表传递的信息。但一般图表中都只有一个说明性标题。

内容二：单位。图表中有具体数据时，一定要有单位，若单位带有格式符，如百分号等，一定要将其显示出来。

内容三：背景色和网格线。背景色和网格线的作用是帮助受众浏览图表，但很多时候都会干扰受众浏览图表。因此很多人在制作图表时都会将背景色与图表用颜色区分开来，并且不会将部分网格线显示出来。

内容四：数据或资料来源。在商业性场合中，数据或资料来源是体现数据严谨性的基本要求，若数据是自己计算得出，在制作图表时也要写清楚。

内容五：比较严谨、受众不能理解的或需特别说明的东西可以用注释解释清楚，一般注释都会以“*”开头。

内容六：在受众都看得懂的情况下，图例可有可无，若受众难以理解或看不懂的图表，最好还是标上图例。

问题 5：如何使用保存的图表

：如果幻灯片中有自己喜欢的图表，想保存起来以后使用，应该怎样进行保存呢？

：如果用户自定义了一种喜爱的图表并且该图表经常使用，可以将该图表另存为模板文件。其方法是：选择图表后，再选择【设计】/【类型】组，单击“另存为模板”按钮，在打开的对话框中设置模板名称即可。

在制作演示文稿的过程中，如需使用该图表模板，可在“插入图表”对话框或“更改图表类型”对话框中选择左侧列表中的“模板”选项，然后在右侧的列表框中选择所需的模板，最后单击确定按钮将其插入到幻灯片中。图表模板的设置与应用与演示文稿的模板类似。

3.8 巩固练习

练习 1：制作“月度销售情况报告”演示文稿

打开模板（\实例素材\第 3 章\模板.pptx），在该模板的每张幻灯片中输入相应的文本内容并设置字体格式和段落格式。然后在第 2 和第 3 张幻灯片中插入表格，在单元格中输入相应的文本，并对表格进行编辑和美化，最终效果如图 3-51 所示（\最终效果\第 3 章\月度销售情况报告.pptx）。

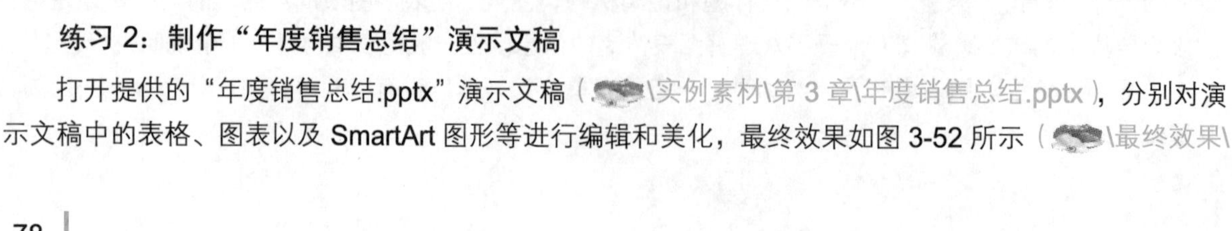

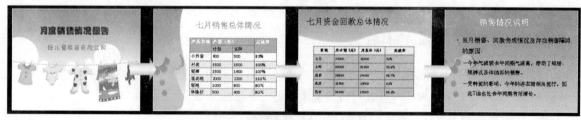

图 3-51　最终效果

练习 2：制作“年度销售总结”演示文稿

打开提供的“年度销售总结.pptx”演示文稿（\实例素材\第 3 章\年度销售总结.pptx），分别对演示文稿中的表格、图表以及 SmartArt 图形等进行编辑和美化，最终效果如图 3-52 所示（\最终效果\

第 3 章\年度销售总结.pptx ）。

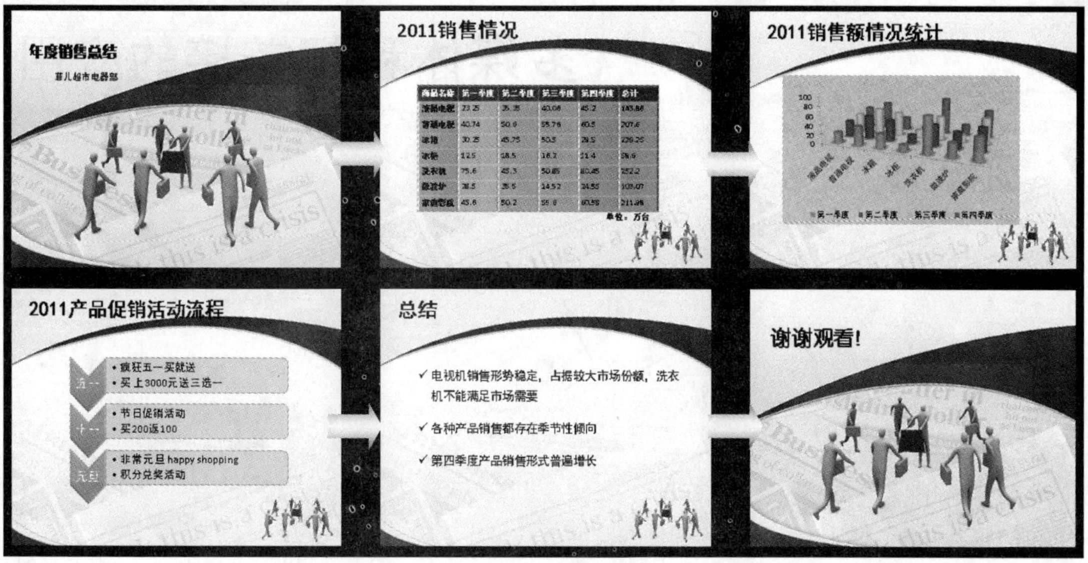
年度销售总结
菲儿超市电器部
2011销售情况
商品名称 第一季度 第二季度 第三季度 第四季度 总计
单位：万台
2011销售额情况统计
第一季度 第二季度 第三季度 第四季度
2011产品促销活动流程
• 疯狂五一买就送
• 买上3000元送三选一
• 节日促销活动
• 买200返100
• 非常元旦 happy shopping
• 积分兑奖活动
总结
✓ 电视机销售形势稳定，占据较大市场份额，洗衣机不能满足市场需要
✓ 各种产品销售都存在季节性倾向
✓ 第四季度产品销售形式普遍增长
谢谢观看!

图 3-52　最终效果

提示：表格中单元格体现出来的凹凸感是因为在对表格进行美化时，设置了单元格的凹凸效果。

轻松一刻

小弟是一个典型的电脑痴，又颇具幽默，现在便来侃侃小弟的电脑幽默。小弟在一家电脑公司打工，一天，一个客户需要一个硬盘，并要求安装一些软件，问小弟：“硬盘重吗？”小弟想偷懒，便说：“硬盘数据愈多，则愈重。”客户信以为真，便要小弟量力而行。

视频讲解

6段

第4章

多媒体和超链接的应用

★本章要点★

- 在幻灯片中插入声音
- 在幻灯片中插入视频
- 添加超链接
- 链接到其他对象
- 编辑超链接

制作公司介绍

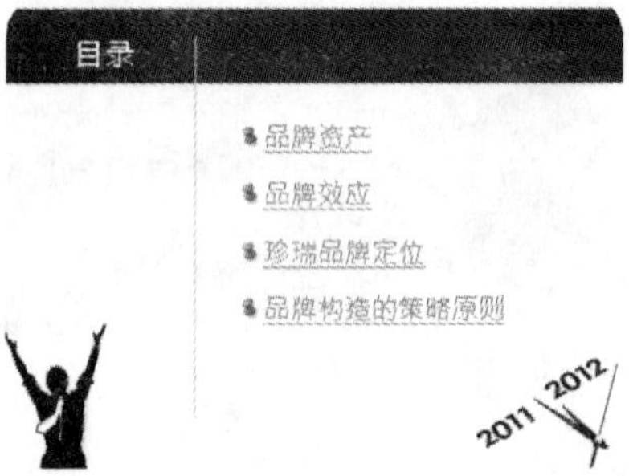

产品结构方案

制作礼仪培训

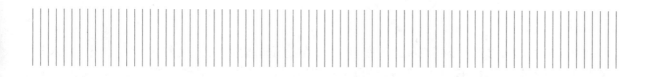

4.1 在幻灯片中插入声音

声音的加入使演示文稿的内容更加丰富、多彩，在 PowerPoint 中可以插入不同扩展名以及不同途径的声音文件，如剪辑管理器中自带的声音、计算机中保存的声音文件以及录制的声音等。

4.1.1 插入剪辑管理器和文件中的声音

在制作幻灯片时载入声音一般分为插入剪辑管理器和文件中的声音两种。其中，剪辑管理器中的声音是系统自带的几种声音文件，而文件中的声音是保存在电脑中的声音文件，下面将对插入声音的这两种方法进行介绍。

1. 插入剪辑管理器中的声音

在演示文稿中插入剪辑管理器中的声音和插入剪贴画的方法类似。选择需插入声音的幻灯片后，选择【插入】/【媒体】组，单击“音频”按钮，在弹出的下拉列表中选择“剪贴画音频”选项，打开“剪贴画”窗格，单击其中的音频图标或在其上单击鼠标右键，在弹出的快捷菜单中选择“插入”命令将插入到当前幻灯片中，如图 4-1 所示。

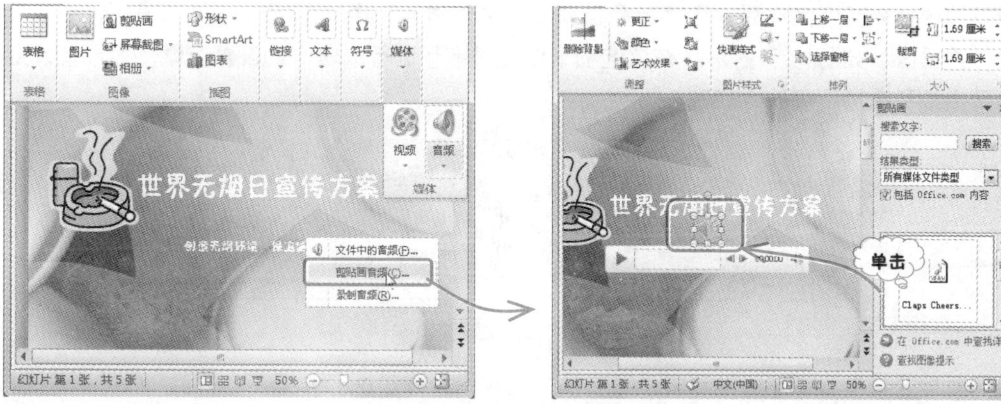

图 4-1　插入剪辑管理器中的声音

知识提示

在剪辑管理器中查找音频

在选择声音剪辑时，如果“剪贴画”窗格中没有提供需要的声音剪辑，用户可以通过单击窗格下方的“Office 网上剪辑”超链接，查找更多的声音剪辑。

2. 插入文件中的声音

在演示文稿中插入文件中的声音和插入图片的方法类似。选择需插入声音的幻灯片后，选择【插入】/【媒体】组，单击“音频”按钮，在弹出的下拉列表中选择“文件中的音频”选项，打开“插入音频”对话框，在“保存范围”下拉列表框中选择声音的位置，在中间列表框中选择需插入的声音，单击插入(S)按钮。

4.1.2 插入录制的声音

在演示文稿中不仅可以插入已有的各种声音文件，还可以现场录制声音，如幻灯片的解说词等。这样在放映演示文稿时，制作者不必亲临现场也可很好地将自己的观点表达出来。其方法是：选择需插入声音的幻灯片后，选择【插入】/【媒体】组，单击“音频”按钮，在弹出的下拉列表中选择“录制音频”选项，打开“录音”对话框，如图 4-2 所示。在“名称”文本框中输入录制的声音名称，单击●按钮开始“录音”。录制完成后单击■按钮，最后单击确定按钮完成录制，返回幻灯片编辑窗口，即可发现录音图标已添加到幻灯片中，表示声音已添加成功。

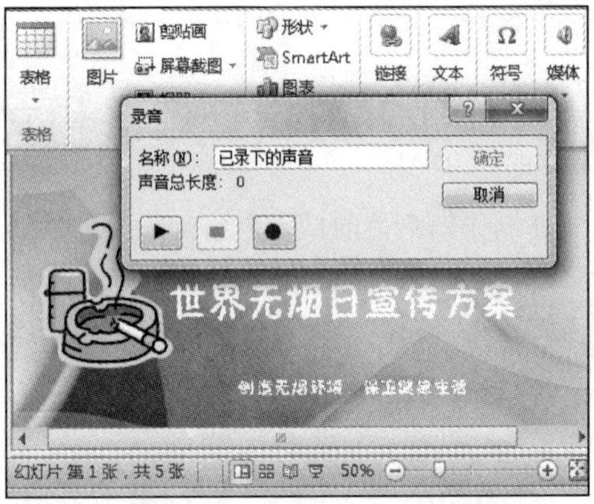

图 4-2 “录音”对话框

4.1.3 设置声音的属性

在幻灯片中插入声音文件后，程序就会自动在其中创建一个声音图标，单击该声音图标后，将出现“播放”选项卡，如图 4-3 所示。在该选项卡中可对声音进行编辑，如设置音量、为声音设置放映时隐藏、循环播放和播放声音的方式等。

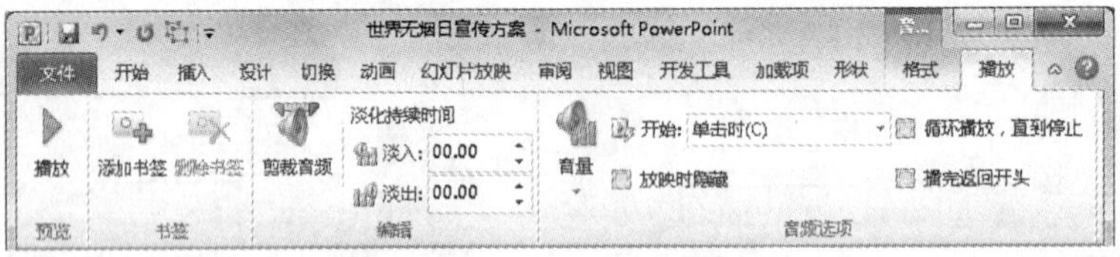

图 4-3 “播放”选项卡

下面将对声音音量、循环播放和播放声音的方式等设置方法进行介绍。

- 试听声音播放效果：单击声音图标后，选择【播放】/【预览】组，单击“播放”按钮，可试听声音效果。单击“暂停”按钮可停止试听。
- 设置声音音量：单击声音图标后，选择【播放】/【音频选项】组，单击“音量”按钮，在弹出的下拉列表中选择音量的大小。
- 设置声音图标和循环播放：在“音频选项”面板中选中☑放映时隐藏复选框，在放映幻灯片的过程中将自动隐藏声音图标。选中☑循环播放，直到停止复选框，在放映幻灯片的过程中声音将自动循环播放。

- **设置播放声音的方式**：在“音频选项”面板的“开始”下拉列表中可设置声音的播放方式。包括“自动”、“在单击时”和“跨幻灯片播放”3 个选项，选择“跨幻灯片播放”选项，即使切换幻灯片也能播放声音。

技巧点拨

美化声音图标

在 PowerPoint 2010 中，还能对声音图标进行美化。其方法是：单击声音图标，在“格式”选项卡中不仅能设置声音图标样式，还能对声音图标的颜色、对比度和亮度、艺术效果以及大小等进行设置。其设置方法与图片的设置方法相同。

4.2 在幻灯片中插入视频

虽然视频和声音都同属于多媒体，但视频能增加演示文稿的生动性和感染力。在幻灯片中插入的视频包括 PowerPoint 2010 自带的视频和电脑中保存的视频以及插入网站中的视频。

4.2.1 插入剪辑管理器和文件中的视频

在演示文稿中插入剪辑管理器和文件中的视频方法与插入声音的方法类似。下面就对插入剪辑管理器中的视频方法和插入文件中的视频的方法进行讲解。

1. 插入剪辑管理器中的视频

剪辑管理器中提供的视频文件可以起到丰富演示文稿效果的作用，用户可根据实际情况进行选择。

在演示文稿中插入剪辑管理器中的视频的方法是：选择需插入视频的幻灯片后，选择【插入】/【媒体】组，单击“视频”按钮，在弹出的下拉列表中选择“剪贴画视频”选项，打开“剪贴画”窗格。单击其中的视频图标或在其上单击鼠标右键，在弹出的快捷菜单中选择“插入”命令将选中的视频插入到当前幻灯片中。

技巧点拨

通过关键字搜索剪贴画视频

打开“剪贴画”窗格，在“搜索文字”文本框中输入需插入的剪贴画视频关键字，单击 搜索 按钮，在“剪贴画”列表框中将显示搜索的剪贴画视频。

2. 插入文件中的视频

PowerPoint 2010 自带的视频文件很有限，往往不能满足实际制作时的需要，这时可插入电脑中保存的视频。插入电脑中保存的视频方法有两种，分别介绍如下。

- 通过菜单命令插入：选择【插入】/【媒体】组，单击“视频”按钮，在弹出的下拉菜单中选择“文件中的视频”选项，打开“插入视频文件”对话框，在该对话框中选择需插入的视频插入，如图 4-4 所示。
- 通过占位符插入：单击占位符中的“插入媒体剪辑”图标，如图 4-5 所示。打开“插入视频文件”对话框，在该对话框中选择需插入的视频。

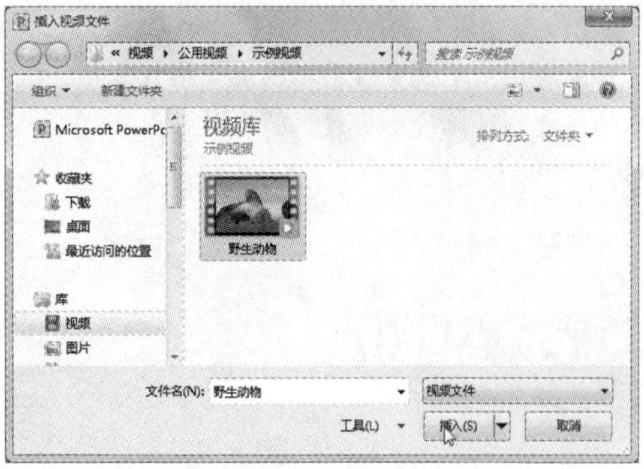

图 4-4　插入视频文件

图 4-5　单击“插入媒体剪辑”图标

4.2.2　插入网站中的视频

若剪辑管理器和文件中都没有需要的视频，这时可插入网站中的视频。其方法是：选择【插入】/【媒体】组，单击“视频”按钮，在弹出的菜单中选择“来自网站的视频”命令。在打开的“从网站插入视频”对话框中的文本框中输入需插入的视频代码，单击插入(S)按钮，如图 4-6 所示。

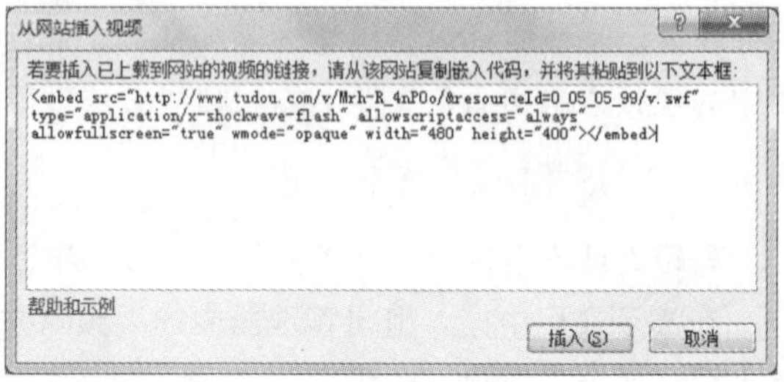

图 4-6　插入代码

4.2.3　插入 Flash 动画

Flash 动画的很多应用领域与演示文稿颇为相似，而且使用 Flash 制作的 MTV、广告宣传片、教学课件以及在线游戏等深受人们的喜爱。因此，在制作演示文稿时可使用相应的 Flash 动画，这样可以带给观众不一样的视听享受。

需要注意的是，在 PPT 中插入 Flash 动画需要在“开发工具”选项卡中进行。“开发工具”选项卡一般没有显示，需用户进行设置。其设置方法是：选择【开始】/【选项】命令，打开“PowerPoint 选项”对话框，在“主选项卡”列表框中选中☑开发工具复选框。

下面将在打开空白演示文稿中插入一个 Flash 动画，其具体操作如下：

Step 01　启动 PowerPoint 2010，新建一个空白演示文稿，将默认新建的幻灯片中的标题、文本框全部删除。选择【开发工具】/【控件】组，单击“其他控件”按钮，在打开的“其他控件”对话框列表中选择 Shockwave Flash Object 选项，单击 确定 按钮，如图 4-7 所示。

Step 02 将鼠标移到幻灯片中，当鼠标光标变为十形状时，在需插入 Falsh 的位置按住鼠标左键不放，拖动绘制一个播放 Flash 动画的区域。在绘制的区域上单击鼠标右键，在弹出的快捷菜单中选择“属性”命令，如图 4-8 所示。

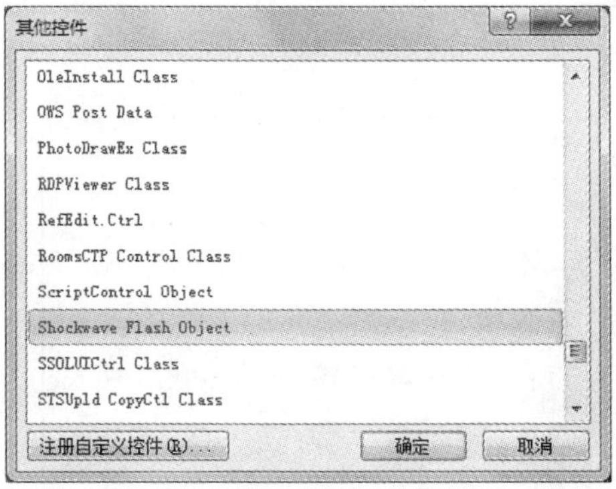

图 4-7 选择控件选项

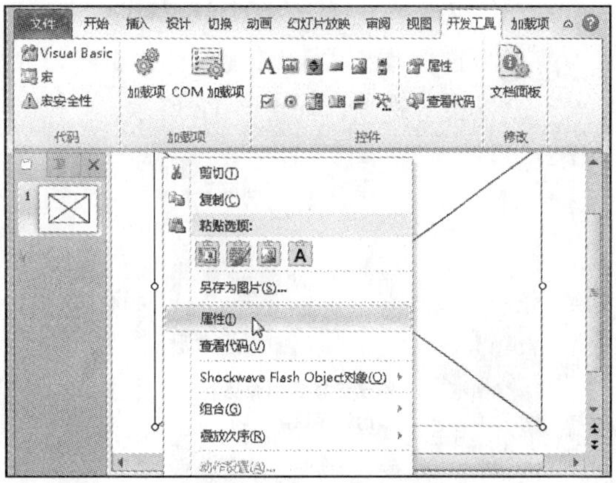

图 4-8 选择“属性”命令

Step 03 打开“属性”对话框，在 Movie 文本框中输入“网页滚动字幕”Flash 动画（\实例素材\第 4 章\网页滚动字幕.swf），单击 按钮关闭对话框，如图 4-9 所示。

Step 04 放映幻灯片时即可欣赏插入的 Flash 动画。这里插入的是一个自动播放的 Flash，如图 4-10 所示（\最终效果\第 4 章\网页滚动字幕.pptx）。

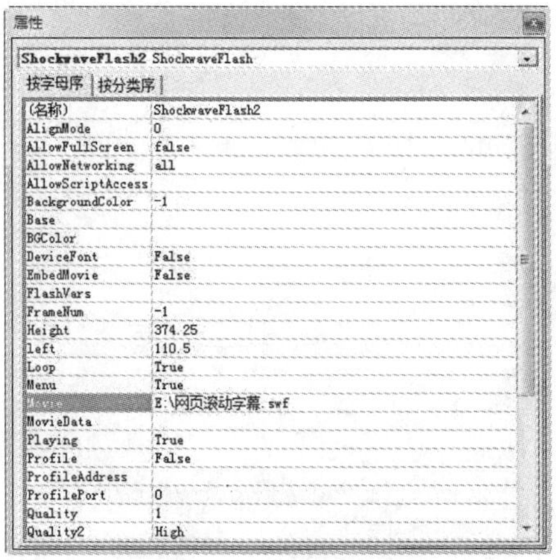

图 4-9 输入插入 Flash 动画的路径

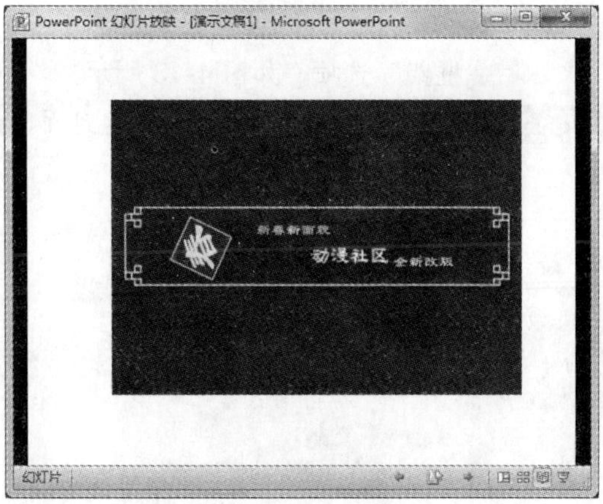

图 4-10 播放 Flash 动画

4.2.4 编辑视频

在演示文稿中不仅能插入视频，还能对插入的视频进行编辑，如剪辑视频、设置视频样式、设置视频封面等。

下面在“景点宣传.pptx”演示文稿中对第 4 张幻灯片中的视频设置样式，其具体操作如下：

Step 01 打开“景点宣传.pptx”演示文稿（\实例素材\第 4 章\景点宣传.pptx），选择第 4 张幻灯片中的视频。再选择【播放】/【编辑】组，单击“剪辑视频”按钮。

Step 02 打开“剪辑视频”对话框，在“开始时间”数值框中输入“00:05.298”，在“结束时间”数值框中输入“01:48.245”，单击 确定 按钮，如图 4-11 所示。

Step 03 选择【格式】/【视频样式】组，在“视频样式”选项栏中选择“强烈”栏中的“金属框架”选项，如图 4-12 所示。

图 4-11　剪辑视频

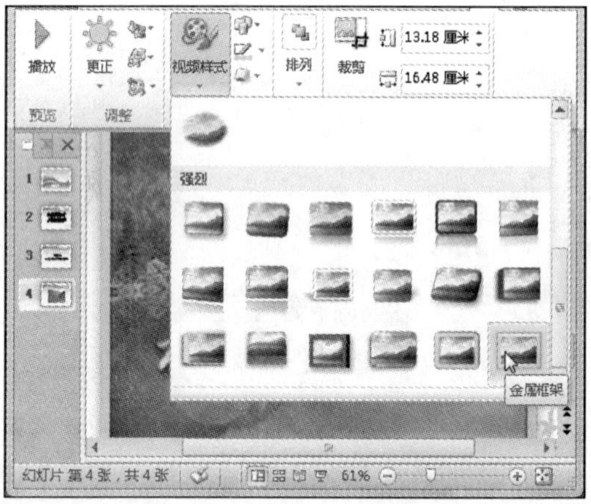

图 4-12　设置视频样式

Step 04 单击幻灯片视频中的“播放”按钮，播放到“00:30.22”时，单击“暂停”按钮。再选择【格式】/【调整】组，单击“标牌框架”按钮，在弹出的下拉列表中选择“当前框架”选项，如图 4-13 所示。

Step 05 将选择的这一帧作为视频的封面，最终效果如图 4-14 所示（\最终效果\第 4 章\景点宣传.pptx）。

图 4-13　选择“当前框架”选项

图 4-14　最终效果

技巧点拨

将图片设置为视频封面

在 PowerPoint 2010 中还能将电脑中保存的图片作为视频的封面。其方法是：选择视频后，选择【格式】/【调整】组，单击“标牌框架”按钮，在弹出的下拉列表中选择“文件中的图像”选项，在打开的对话框中选择需设置为视频封面的图片。

4.3 添加超链接

平时在浏览网页的过程中，单击某段文本或某张图片时，就会自动弹出另一个相关的网页，通常这些被单击的对象称为超链接，在 PowerPoint 2010 中也可为幻灯片中的图片和文本创建超链接。

4.3.1 为内容添加超链接

在演示文稿中，当遇到含有目录或提纲的幻灯片时，操作起来比较麻烦，这时可在幻灯片中添加相应的超链接，以实现快速跳转到相应的页面效果。

下面在“世界无烟日宣传方案.pptx”演示文稿中为第 2 张幻灯片中的文本内容添加超链接。其具体操作如下：

Step 01 打开“世界无烟日宣传方案.pptx”演示文稿（\实例素材\第 4 章\世界无烟日宣传方案.pptx），选择第 2 张幻灯片中的“无烟日来历”文本，再选择【插入】/【链接】组，单击“超链接”按钮。

Step 02 打开“插入超链接”对话框，单击“链接到”列表框中的“本文档中的位置”按钮，在“请选择文档中的位置”列表框中选择要链接到的第 3 张幻灯片，单击 确定 按钮，如图 4-15 所示。

Step 03 返回幻灯片编辑区即可看到设置超链接的文本颜色已发生变化，其效果如图 4-16 所示（\最终效果\第 4 章\世界无烟日宣传方案.pptx）。

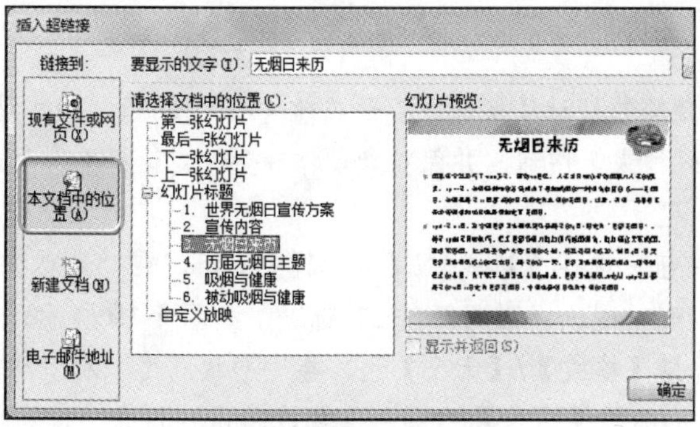

图 4-15 设置超链接

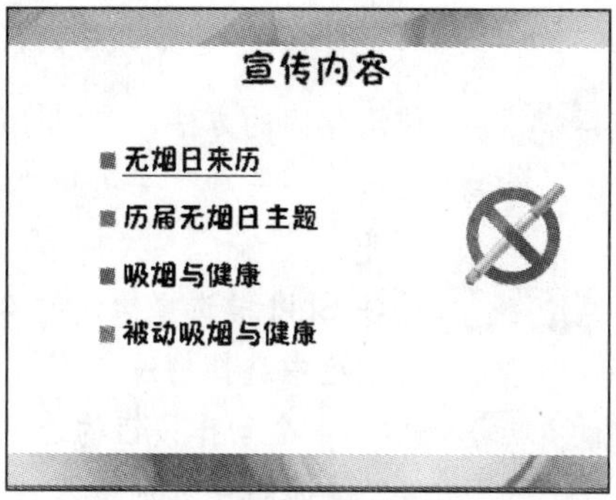

图 4-16 查看效果

知识提示

设置超链接

选择需添加超链接的对象后，单击鼠标右键，在弹出的快捷菜单中选择“超链接”命令，也可打开“插入超链接”对话框。

4.3.2　添加动作按钮

除了可为幻灯片中的对象添加超链接外，还可自行绘制动作按钮，并为其创建超链接。为幻灯片添加动作按钮可以使幻灯片更生动，使演示文稿的内容更协调。

下面在“婚庆公司.pptx”演示文稿中插入 4 个动作按钮，通过它们分别在每一张幻灯片中实现“回到首页”、“上一张”、“下一张”和“结束页”的功能。其具体操作如下：

Step 01　打开“婚庆公司.pptx”演示文稿（\实例素材\第 4 章\婚庆公司.pptx），选择第 1 张幻灯片后，选择【插入】/【插图】组，单击“形状”按钮，在弹出的下拉列表中选择“动作按钮”栏中的“动作按钮：第 1 张”选项，如图 4-17 所示。

Step 02　当鼠标光标变为十形状时，将其移到幻灯片右下角时按住鼠标不放进行拖动绘制动作按钮。绘制完成将自动打开“动作设置”对话框，默认其中的设置，单击 确定 按钮完成动作按钮的设置，如图 4-18 所示。

图 4-17　选择动作按钮

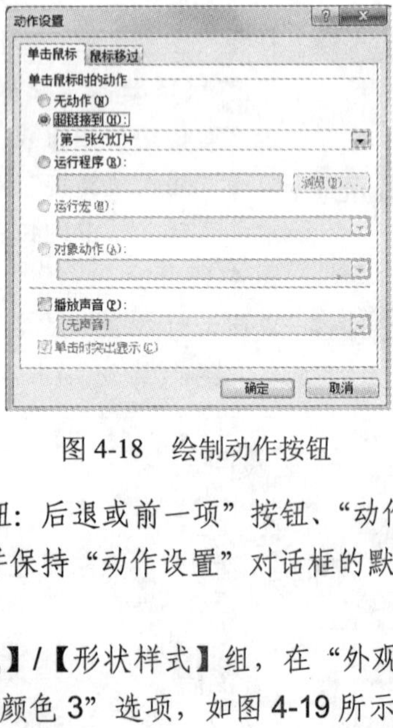

图 4-18　绘制动作按钮

Step 03　使用相同的方法，在幻灯片的右下角绘制“动作按钮：后退或前一项”按钮、“动作按钮：前进或下一项”按钮和“动作按钮：结束”按钮，并保持“动作设置”对话框的默认设置不变。

Step 04　按住 Shift 键选择绘制的 4 个动作按钮，选择【格式】/【形状样式】组，在“外观样式”选项栏中选择“浅色 1 轮廓，彩色填充-橙色，强调颜色 3”选项，如图 4-19 所示。

Step 05　保持 4 个动作按钮的选中状态，选择【格式】/【大小】组，在“形状高度”和“形状宽度”文本框中分别输入“1.5 厘米”。选择【格式】/【排列】组，单击“对齐”按钮，在弹出的下拉列表中选择“顶端对齐”选项，如图 4-20 所示。

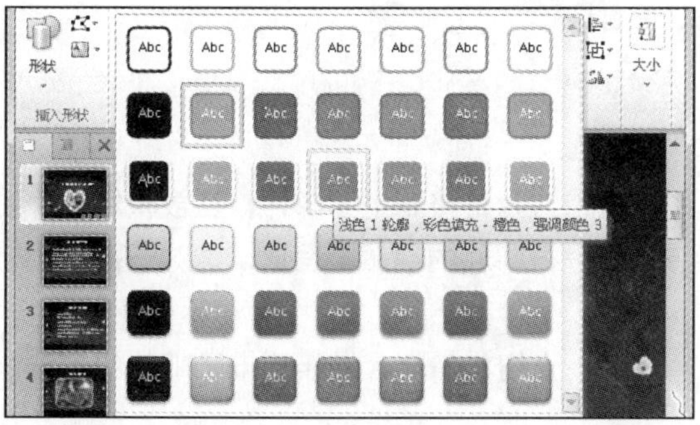

图 4-19 设置动作按钮样式

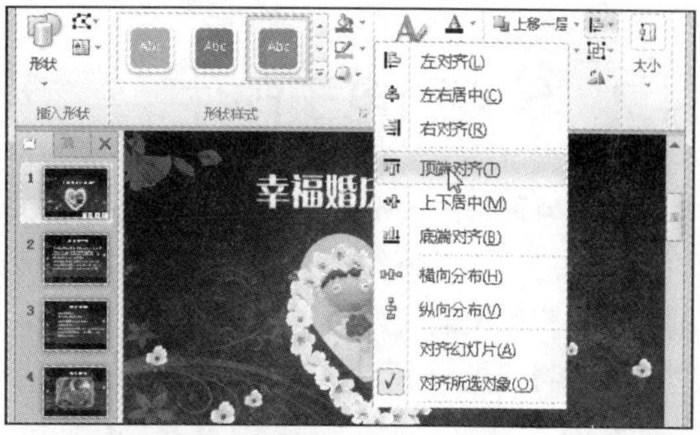

图 4-20 设置动作按钮的对齐方式

Step 06 保持 4 个动作按钮的选中状态，然后将其复制粘贴到其他幻灯片的右下角位置，完成动作按钮的添加（\最终效果\第 4 章\婚庆公司.pptx）。

4.4 链接到其他对象

在 PowerPoint 2010 中除了可以将对象链接到本演示文稿的其他幻灯片中外，还可以链接到其他对象中，如其他演示文稿、网络上的演示文稿、电子邮件以及网页等。

4.4.1 链接到其他演示文稿

将幻灯片中的文本、图形等元素链接到其他演示文稿，可以在放映当前幻灯片的同时直接切换到指定的演示文稿，并进行放映。

设置链接到其他演示文稿的方法是：选择链接对象后，在其上方单击鼠标右键，在弹出的快捷菜单中选择“超链接”命令。在打开的“插入超链接”对话框中单击“现有文件或网页”按钮，然后在“查找范围”下拉列表框中选择要链接的外部演示文稿的位置，在其下方的列表框中选择目标演示文稿，如图 4-21 所示。

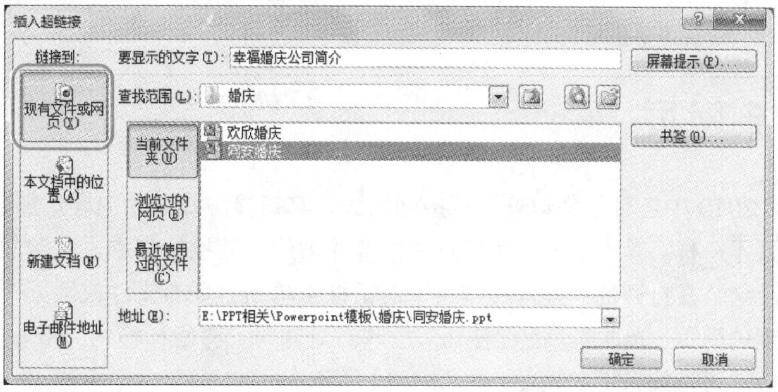

图 4-21 “插入超链接”对话框

4.4.2 链接到电子邮件

在连接互联网的情况下，在 PowerPoint 2010 中还可将幻灯片链接到电子邮件，在放映幻灯片的过程中便可以启动电子邮件软件，如 Outlook、Foxmail 等，并进行邮件的编辑与发送，这对于需要经常发送邮件的用户来说非常方便。

下面以将“投标书.pptx”演示文稿链接到电子邮件为例，介绍将幻灯片链接到电子邮件的方法。其具体操作如下：

Step 01 打开“投标书.pptx”演示文稿（\实例素材\第 4 章\投标书.pptx），选择第 1 张幻灯片中的“投标书”文本，在其上方单击鼠标右键，在弹出的快捷菜单中选择“超链接”命令。

Step 02 打开“插入超链接”对话框，单击“电子邮件地址”按钮，在“电子邮件地址”文本框中输入“113726xiao@163.com”，在“主题”文本框中输入“投标书”文本。

Step 03 单击 屏幕提示(P)... 按钮，打开“设置超链接屏幕提示”对话框，在“屏幕提示文字”文本框中输入“单击它发送到物业管理”，如图 4-22 所示。

Step 04 单击 确定 按钮，回到“插入超链接”对话框，单击 确定 按钮回到幻灯片编辑区，放映幻灯片，将鼠标光标移动到第 1 张幻灯片的标题文字上，显示“单击它发送到物业管理”文本。

Step 05 单击标题文字中的“投标书”文本，将启动 Outlook 2010，输入正文，单击“发送”按钮，如图 4-23 所示（\最终效果\第 4 章\投标书.pptx）。

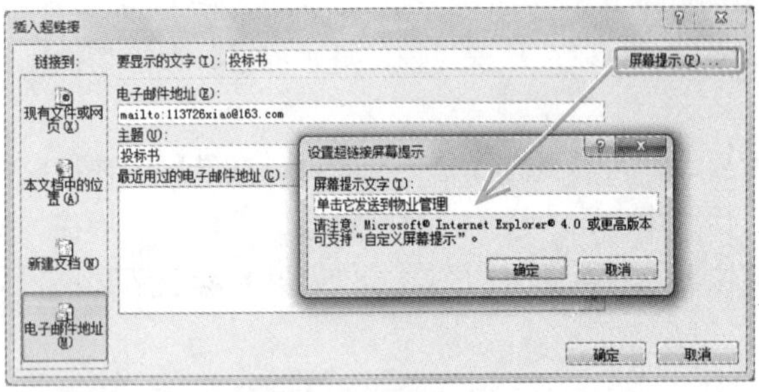

图 4-22 设置屏幕提示文字

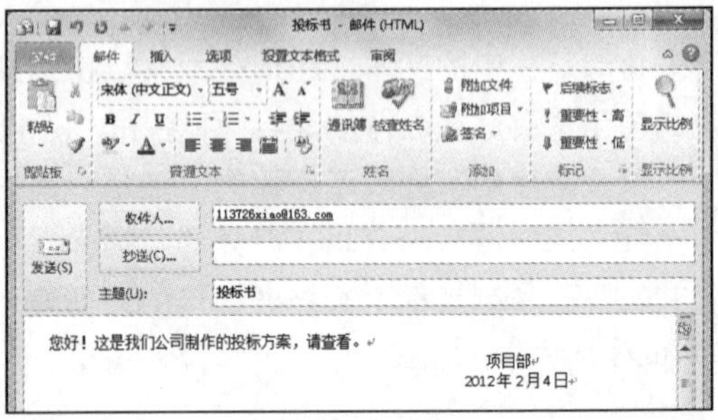

图 4-23 编辑邮件

4.4.3 链接到网页

在 PowerPoint 2010 中还可以将幻灯片链接到网页，其链接方法与为内容添加超链接的方法一样，只是链接的目标位置不一样。其方法是：在幻灯片中选择需建立链接的文本，选择【插入】/【链接】组，单击“超链接”按钮，在打开的“插入超链接”对话框中单击“现有文件或网页”按钮，在“地址”栏中输入所需链接到的网页，单击 确定 按钮。放映幻灯片时，将鼠标移到“和谐社区”文本将显示链接的网址。单击超链接可访问链接的网站，如图 4-24 所示。

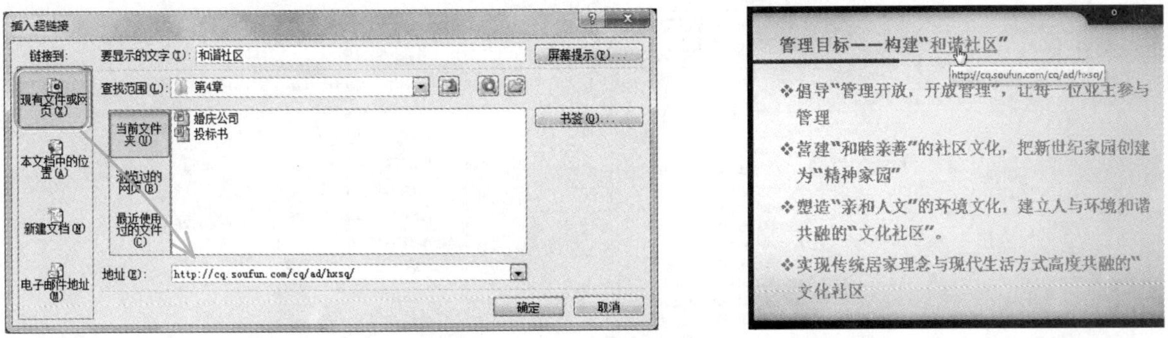

图 4-24　设置文本链接到网页

知识提示

设置对象链接到网页

若不知道网址用户，可单击“浏览 Web”按钮，找到并选择要链接到的页面或文件，复制网址并粘贴到“地址”文本框中，单击确定按钮。

4.5　编辑超链接

创建超链接后，如果对超链接的设置不满意，还可以对其进行编辑，如改变超链接的格式、重新设置超链接位置以及删除超链接等。

4.5.1　自由设置超链接颜色

设定超链接后，超链接的文字颜色会发生改变，这可能会影响幻灯片的整体美观性。要想使超链接的文字颜色与其他普通文本有所区分，又不影响幻灯片美观，可通过“新建主题颜色”对话框来修改超链接文字的颜色。

下面在“产品推广.pptx”演示文稿中改变超链接文字颜色的方法，其具体操作如下：

Step 01　打开“产品推广.pptx”演示文稿（\实例素材\第 4 章\产品推广.pptx），选择第 2 张幻灯片后，选择【设计】/【主题】组，单击“颜色”按钮，在弹出的下拉列表中选择“新建主题颜色”选项，如图 4-25 所示。

Step 02　打开“新建主题颜色”对话框，单击“超链接”右侧的按钮，在弹出的下拉列表中选择“标准色”栏中的“绿色”选项，如图 4-26 所示。

Step 03　单击“已访问的超链接”右侧的按钮，按照同样的方法将其设置为“红色”，单击保存(S)按钮。

Step 04　返回幻灯片编辑窗口，添加链接的文字的颜色变为绿色，当放映幻灯片时，单击添加链接的文字后，文字的颜色会变成红色（\最终效果\第 4 章\产品推广.pptx）。

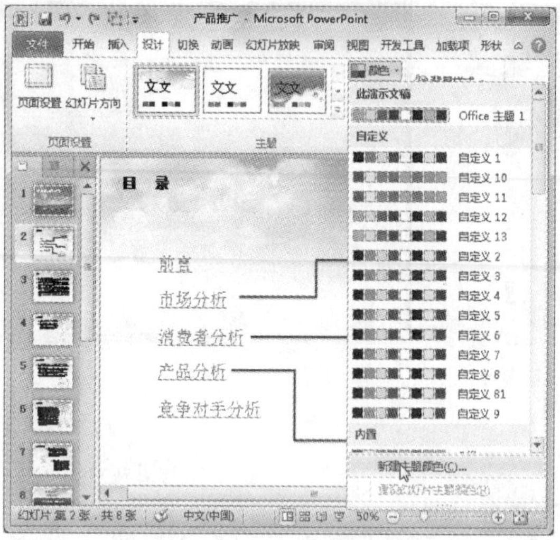

图 4-25 选择“新建主题颜色”选项

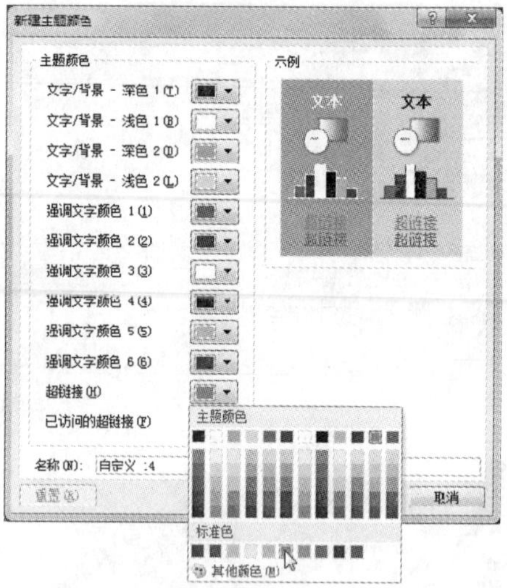

图 4-26 设置超链接颜色

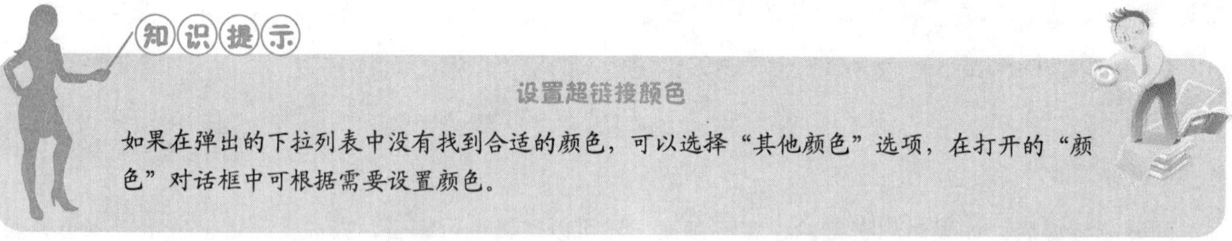

设置超链接颜色

如果在弹出的下拉列表中没有找到合适的颜色，可以选择“其他颜色”选项，在打开的“颜色”对话框中可根据需要设置颜色。

4.5.2 更改超链接

创建超链接后，如果发现超链接位置有误，可以重新设置其位置。其方法是：选择需更改超链接的对象，单击鼠标右键，在弹出的快捷菜单中选择“编辑超链接”命令，打开“编辑超链接”对话框，在该对话框中再重新选择正确的链接位置，单击 确定 按钮，如图 4-27 所示。

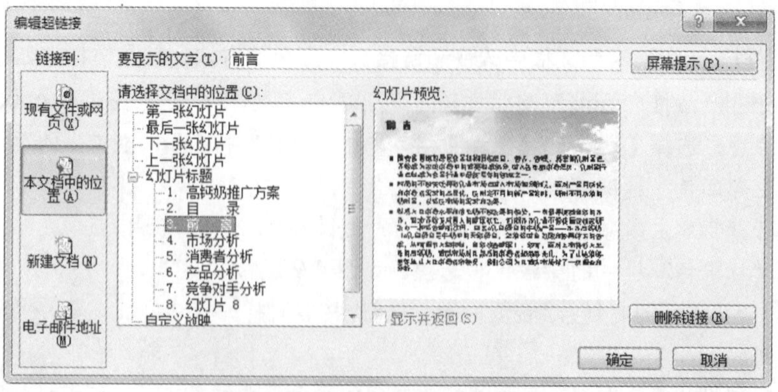

图 4-27 “编辑超链接”对话框

4.5.3 删除超链接

如果在设置超链接后，发现并无用处或因误操作导致超链接无用时，可以将其删除。删除超链接的方法有两种，分别介绍如下。

- 通过菜单命令删除：选择需删除的超链接对象后，单击鼠标右键，在弹出的快捷菜单中选择“取消超链接”命令，如图 4-28 所示。

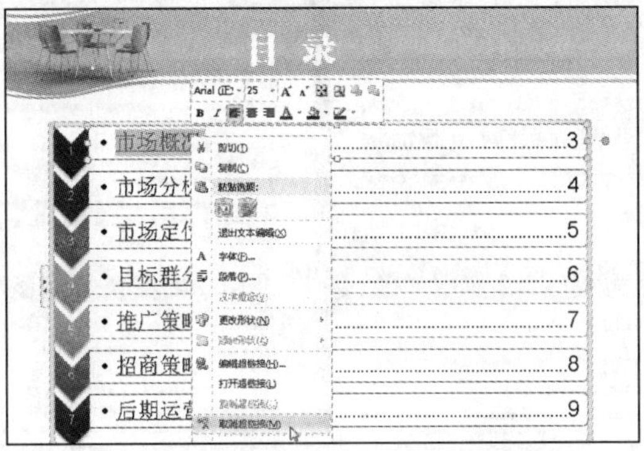

图 4-28 选择“取消超链接”命令

- 通过对话框删除：选择需删除的超链接对象后，单击鼠标右键，在弹出的快捷菜单中选择“编辑超链接”命令，在打开的“编辑超链接”对话框中单击 删除链接(R) 按钮。

技巧点拨

清除动作按钮

清除动作按钮的设置方法和清除文本或图片超链接的设置方法有所不同，其具体操作方法是：首先进入幻灯片母版编辑状态，选择左侧窗格中的第 1 个版式，并单击幻灯片中添加的动作按钮。然后选择【插入】/【链接】组，单击“动作”按钮，在打开的“动作设置”对话框中选中 无动作(N) 单选按钮。最后单击 确定 按钮。

4.6 职场案例——制作公司介绍

案例背景

丽丽是一家公司的部门主管，主要负责招聘、展会等宣传工作，最近公司需要在各高校召开宣讲会招聘人才，为了使听众能更详细地了解公司信息，并加深对公司的印象，她决定制作公司介绍的演示文稿来帮助她完成此次的高校招聘工作。

4.6.1 案例目标

本例将针对上述的案例背景，制作一个公司介绍演示文稿，制作主要包括“公司简介”、“关于我们”、“公司动态”、“服务范畴”、“加盟我们”以及“联系我们”等部分。

本例制作的公司介绍效果如图 4-29 所示（\最终效果\第 4 章\公司介绍.pptx）。通过本例的效果图可以发现，该演示文稿的部分幻灯片中添加了 4 个动作按钮，这样有助于演示文稿在演示时快速地翻页。

图 4-29　最终效果

4.6.2 制作思路

制作本例时，首先需对幻灯片中的文本添加超链接，然后为每张幻灯片添加 4 个动作按钮并设置其样式和大小，最后在标题幻灯片中插入剪辑管理器中的声音，并对其进行设置。本例的制作思路如图 4-30 所示。

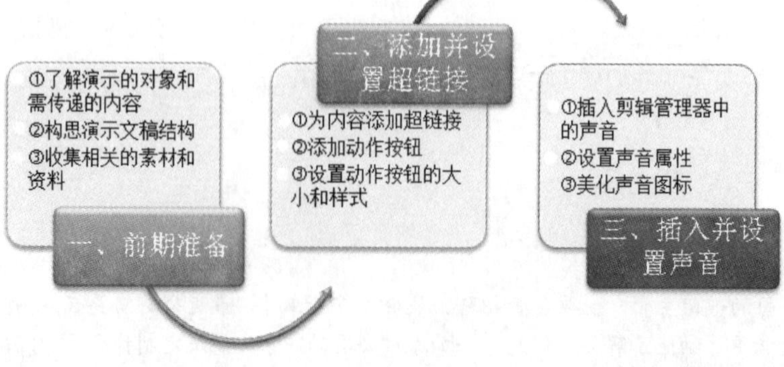

图 4-30　制作思路

职场充电

公司介绍应该怎么写

公司介绍的内容一般都是围绕这几个主题，如公司的名称，公司主要做什么，公司业绩和优势等内容或信息分门别类地组织起来。若想加深他人对公司的印象，可多加入一些公司的特点，以体现出与其他公司的不同之处。针对不同的对象，制作者可以根据需要对公司介绍的内容进行调整。

4.6.3 制作过程

1. 添加超链接

下面将在制作完成的演示文稿中添加超链接，然后在幻灯片中绘制动作按钮并将其链接到相应的幻灯片中。其具体操作如下：

Step 01 打开“公司介绍.pptx”演示文稿（\实例素材\第4章\公司介绍.pptx），选择第1张幻灯片中的“尽一切努力满足客户的需要”文本。再选择【插入】/【超链接】组，单击“超链接”按钮，如图4-31所示。

Step 02 在打开的“插入超链接”对话框中单击“本文档中的位置”按钮，在“请选择文档中的位置”列表框中选择要链接到的第4张幻灯片，单击 确定 按钮，如图4-32所示。

图4-31 单击“超链接”按钮

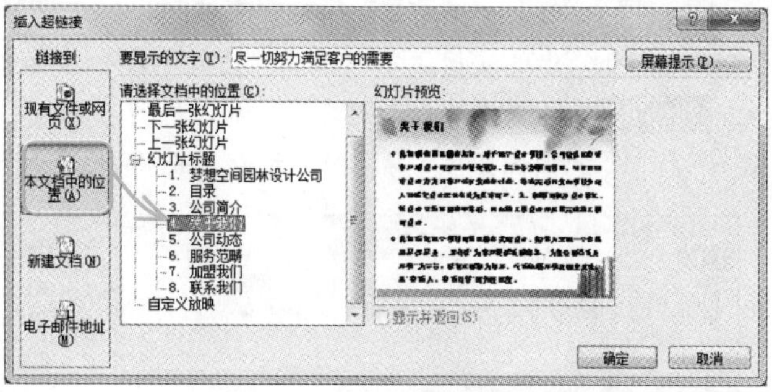

图4-32 设置超链接

Step 03 选择第2张幻灯片后，选择【插入】/【插图】组，单击“形状”按钮，在弹出的下拉列表中选择“动作按钮：第1张”选项。

Step 04 当鼠标光标变为+形状时，使用鼠标在幻灯片左下角绘制动作按钮。绘制完成自动打开“动作设置”对话框，保持默认设置，单击 确定 按钮，如图4-33所示。

Step 05 使用相同的方法，在幻灯片的左下角绘制“动作按钮：后退或前一项”按钮、“动作按钮：前进或下一项”按钮和“动作按钮：结束”按钮，并保持“动作设置”对话框的默认设置不变。

Step 06 按住Shift键选择绘制的4个动作按钮，选择【格式】/【形状样式】组，在“快速样式”

选项栏中选择“中等效果-蓝色，强调颜色 1”选项，如图 4-34 所示。

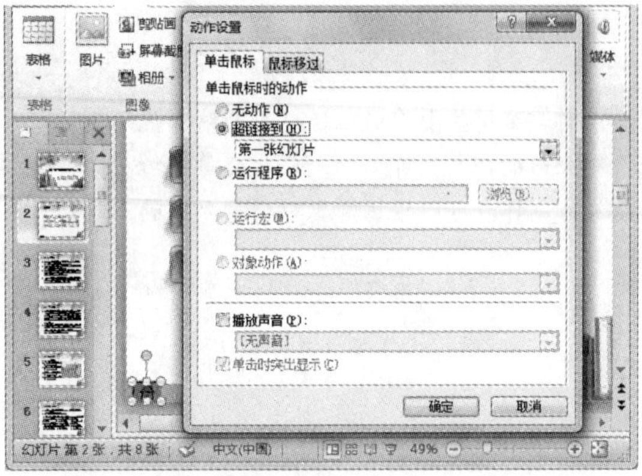

图 4-33　绘制动作按钮

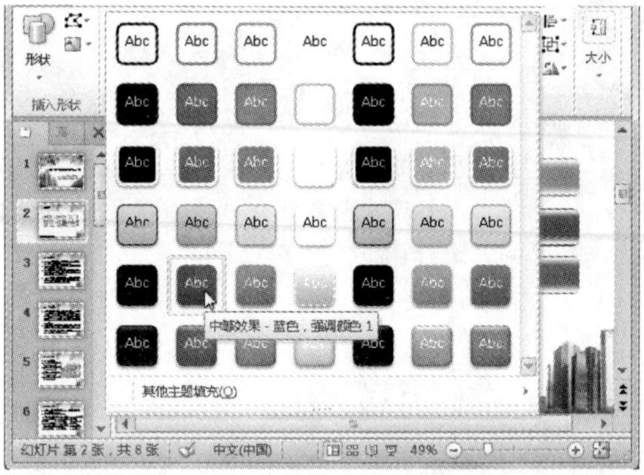

图 4-34　设置动作按钮样式

Step 07　保持 4 个动作按钮的选中状态，按 Ctrl+C 组合键进行复制，然后在其他幻灯片中按 Ctrl+V 组合键将动作按钮粘贴在其他幻灯片中的左下角位置。

2. 插入并设置声音

下面将在第 1 张幻灯片中插入剪辑管理器中的声音，并对插入的声音进行设置。其具体操作如下：

Step 01　选择第 1 张幻灯片后，选择【插入】/【媒体】组，单击“音频”按钮，在弹出的下拉列表中选择“剪贴画音频”选项。

Step 02　打开“剪贴画”窗格，在该列表框中选择需插入的声音文件，在其上单击鼠标右键，在弹出的快捷菜单中选择“插入”命令，如图 4-35 所示。

Step 03　插入声音后，幻灯片中显示的声音图标将呈选中状态，将鼠标移动到声音图表上，当鼠标光标变成形状时，拖动鼠标将声音图标向下移动，如图 4-36 所示。

图 4-35　插入声音

图 4-36　移动声音图标位置

Step 04　保持声音图标的选中状态，选择【播放】/【音频选项】组，选中 ☑ 放映时隐藏 复选框和 ☑ 循环播放，直到停止 复选框。

Step 05 在“开始”下拉列表框中选择“跨幻灯片播放”选项，如图 4-37 所示。

Step 06 选择【格式】/【调整】组，单击“颜色”按钮，在弹出的下拉列表中选择“重新着色”栏中的“蓝色，强调颜色 1 深色”选项，如图 4-38 所示。

图 4-37 设置声音播放方式

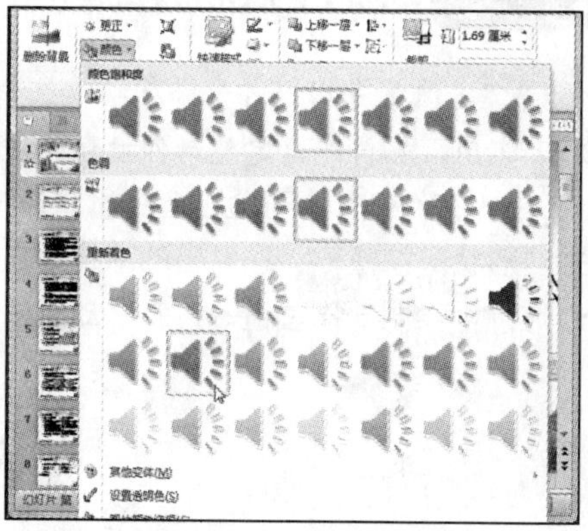

图 4-38 设置声音图标

4.7 新手解惑

问题 1：如何剪辑插入的声音

：电脑中保存的声音文件很多都是从网上下载的，网上下载的声音一般都比较长，插入到幻灯片中并不一定适用，如果通过其他软件进行剪辑比较麻烦，那么在 PowerPoint 2010 中能不能对插入的声音进行剪辑呢？又是如何进行剪辑的呢？

：在 PowerPoint 2010 中可对插入的声音进行剪辑，其剪辑方法和视频的剪辑方法相同。选择插入的声音图标后，选择【播放】/【编辑】组，单击“剪辑音频”按钮，打开“剪辑音频”对话框，在控制条上拖动绿色控制点可设置音频的开始播放时间，拖动红色控制点设置音频结束时间。也可直接在“开始时间”和“结束时间”数值框中输入所需的时间，快速进行设置。

问题 2：如何让设置的超链接文本颜色不变色、不带下划线

：在幻灯片中，为文本设置超链接后，文本的颜色会发生变化，而且设置超链接的文本会增加一条下划线，这样有时会影响幻灯片的美观和演示文稿的整体效果，如何才能使设置的超链接文本颜色不变，并且不带下划线呢？

：在为文本创建超链接后，就能看出幻灯片中哪些文字带有链接。超链接中下划线和文字颜色的改变的确带来了便利，但同时也使整个幻灯片的风格受到了一定影响。要想使文本既有超链接作用，但又不改变文字自身的颜色，也不带下划线，可借助形状来实现。其方法为：在幻灯片中绘制任意一个图形，并在其中输入需创建超链接的文本，然后将该图形的形状填充和形状轮廓分别设置为“无填充颜色”

和“无轮廓”。此时就只看到文字而看不到图形，然后再选择该图形并为其创建超链接，这样实际起链接作用的就是图形而不是文字，所以就能让其拥有超链接的文字不变色，又不带下划线。

问题 3：如何自定义动作按钮的链接位置

：通常在幻灯片中添加动作按钮后会自动链接到相应的位置，虽然用起来很方便，但有时可能会不太实用，如何能自定义动作按钮的链接位置呢？

：在幻灯片中可通过自定义动作按钮来改变其链接位置。其方法为：选择【插入】/【插图】组，单击“形状”按钮，在弹出的下拉列表中选择“动作按钮：自定义”选项，当鼠标光标变为+形状时，在幻灯片中绘制动作按钮，打开“动作设置”对话框，在其中设置链接到的位置和执行方式。

4.8 巩固练习

练习 1：制作“产品构造方案”演示文稿

打开提供的“产品构造方案.pptx”演示文稿（\实例素材\第 4 章\产品构造方案.pptx），在第 2 张幻灯片中为正文文本添加超链接并将其链接到相应的幻灯片中，最终效果如图 4-39 所示（\最终效果\第 4 章\产品构造方案.pptx）。

2012
产品构造方案
打造药业品牌公司——珍瑞药业
目录
品牌资产
品牌效应
珍瑞品牌定位
品牌构造的策略原则
品牌资产
品牌效应
在主要市场目标消费者中提示知名度70%，未提示知名度达到20%，第一提及率达到10%，同时医生及药店推荐频次提高。
除对产品信任外，同时建立品牌的专业形象及信任度。
亲近、自然、货真价实、体贴入微。
固定消费群达到本品牌消费群的20%。
珍瑞品牌定位
珍瑞品牌
品牌构造的策略原则
2011
2012

图 4-39　最终效果

练习 2：制作“礼仪培训”演示文稿

打开提供的“礼仪培训.pptx”演示文稿（\实例素材\第 4 章\礼仪培训.pptx），在第 3 张幻灯片中插入土豆网站中的一个关于着装礼仪的培训视频，并设置视频的样式。然后在幻灯片中插入 4 个动作按钮，并对其样式和大小进行设置，最终效果如图 4-40 所示（\最终效果\第 4 章\礼仪培训.pptx）。

礼仪培训
安信公司培训部
仪表
仪表端庄、整洁
发型：头发要经常清洗，保持清洁，男性不宜太长，女士不留披肩发。
脸部：皮肤要健康清洁。
手：指甲不能太长，应经常注意修剪。
口腔：保持清洁，上班前不应喝酒或吃有异味食品。
着装礼仪
站姿
两臂自然，不耸肩，身体重心在两脚中间。
会见客户或出席仪式站立场合，或在长辈、上级面前，不得把手交叉抱在胸前。
坐姿
坐姿端正，双腿平行，不得傲慢地向前伸或向后伸，或俯视前方。
要移动椅子的位置时，应先把椅子放到应放的位置，然后再坐。
电话礼仪
电话来时，听到铃响第二声后取下话筒。
先问候，并自报公司、部门。对方讲述时要留心听，并记下要点。接听电话时，要询问对方单位名称及所属部门。
通话时声音不宜太大，让对方听得清楚就可以。
当对方要找的人不在时，在不了解对方的动机、目的时，不要随便传话。
接待礼仪
具体而完善的准备，确保贵宾从入口进来后，能清楚知道接待处的位置。
主动招呼来访者。
迅速、准确地传达联络。
接待多个访客时应依访客的先后顺序进行处理。
握手礼仪
握手要迅速、在握手的瞬间应有力度并且充满热情。
手掌直伸，略微用力表平等、尊重；
在握手的同时要目光直视对方。
谢谢观赏！
社交礼仪
忌随便发怒
忌玩笑过度
飞短流长
忌衣冠不整
忌无信忘思
忌不尊重女士
名片礼仪
名片应先递给长辈或上级。
将名片文字向着对方，双手拿出，一边递交，一边清楚说出自己的姓名。
接对方的名片时，应双手去接，拿到手后，马上看，正确记住对方姓名后，将名片收起。如遇对方姓名有难认的文字，马上询问。
介绍礼仪
先把地位低者介绍给地位高者；也可把年轻的介绍给年长的。
把一个人介绍给很多人时，应先介绍其中地位最高的。
应先把男性介绍给女性，若女性年轻，可先把女性介绍给男性。

图 4-40　最终效果

提示：在一张幻灯片中绘制好 4 个动作按钮并对动作按钮的样式和大小进行设置后，按住 Shift 键选择 4 个按钮，然后进行复制，粘贴到其他幻灯片即可。不需要在每张幻灯片中进行绘制。

轻松一刻

一个公司编辑部经过 3 个多月的努力，终于出版了协会的刊物《2011 年商刊年鉴》，经过上层开会通过，年鉴对外销售时价格是每套人民币五百元，会员的售价按规矩半价。一天，一位员工接到一个购买年鉴的咨询电话，对方问：年鉴多少钱一本？员工反问到："请问您是不是会员？"对方答是，员工便答："非会员的售价是五百，会员都是二百五。"

第5章 添加动画并放映

★本章要点★

- 为幻灯片添加切换动画
- 设置幻灯片动画
- 放映演示文稿
- 演示文稿放映设置
- 打包演示文稿
- 打印演示文稿
- 输出演示文稿

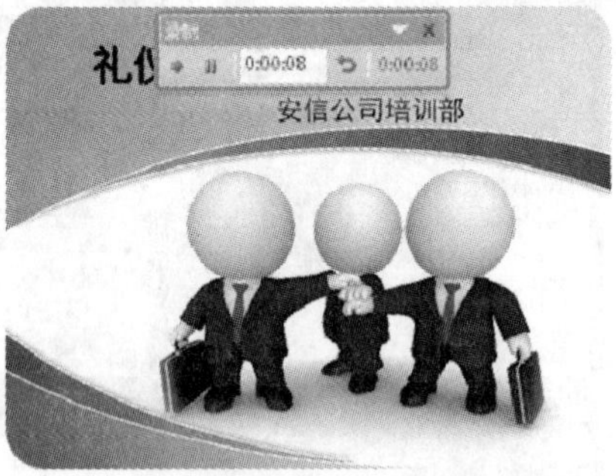

制作礼仪培训

制作商业计划书

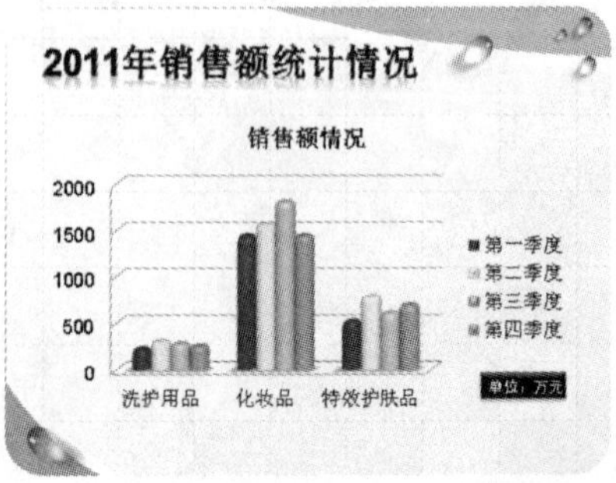

制作业绩报告

5.1 为幻灯片添加切换动画

幻灯片切换动画是指在幻灯片放映过程中，各幻灯片进入屏幕时显示的动画效果。在 PowerPoint 2010 中不仅可应用提供的各种切换动画效果，还可对切换动画进行设置。

5.1.1 添加切换动画效果

PowerPoint 2010 中提供了多种预设的幻灯片切换动画效果，在默认情况下，上一张幻灯片和下一张幻灯片之间没有设置切换动画效果，但在制作演示文稿的过程中，用户可根据需要在幻灯片之间添加切换动画，这样可提升演示文稿的吸引力。其方法是：选择需设置切换效果的幻灯片后，选择【切换】/【切换到此幻灯片】组，在"切换方案"选项栏中选择所需的切换效果选项即可。如图 5-1 所示为预设的切换动画效果。

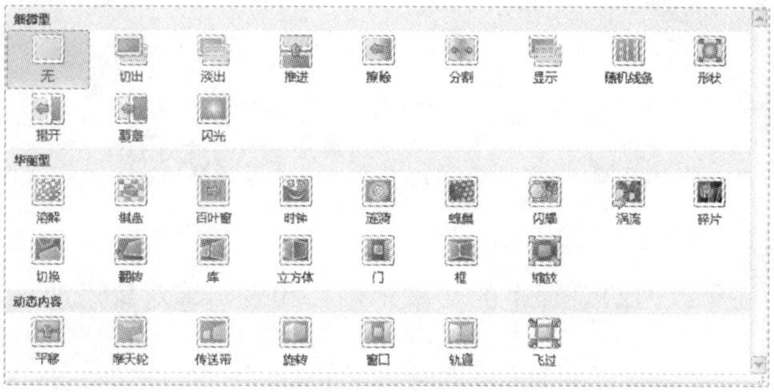

图 5-1 预设的切换动画效果

技巧点拨

删除切换动画效果

如果要删除应用的切换动画效果，可在选择应用了切换效果的幻灯片后，选择【切换】/【切换到此幻灯片】组，在幻灯片切换效果列表中选择"无"选项，即可删除应用的动画切换效果。

5.1.2 设置切换效果

为幻灯片添加切换效果后，还可对所选的切换效果进行设置，包括设置切换效果选项、声音、速度以及换片方式等，以增加幻灯片切换之间的灵活性。切换效果的设置方法分别介绍如下。

- 设置切换效果选项：选择添加切换动画效果的幻灯片，选择【切换】/【切换到此幻灯片】组，单击“效果选项”按钮，在弹出的下拉列表中选择所需的效果选项即可。
- 设置切换声音：添加的切换动画效果默认都没有声音，可根据需要为切换动画效果添加声音。其方法是：选择【切换】/【计时】组，在“声音”下拉列表框中选择相应的选项，为幻灯片之间的切换添加声音。
- 设置切换速度：选择需设置切换速度的幻灯片后，选择【切换】/【计时】组，在“持续时间”数值框中输入具体的切换时间，或直接单击数值框中的微调按钮，为幻灯片设置切换速度。
- 设置换片方式：系统默认的幻灯片的切换方式为单击鼠标，用户也可将其设置为自动切换。选择需进行设置的幻灯片后，选择【切换】/【计时】组，在“换片方式”栏中选中 ☑ 设置自动换片时间: 复选框，在其右侧的数值框中输入幻灯片切换的具体时间。

技巧点拨

添加电脑中保存的声音为幻灯片切换声音

若系统自带的声音不能满足需要，用户还可将电脑中保存的声音添加为幻灯片切换声音。其方法是：在“声音”下拉列表框中选择“其他声音”选项，打开“添加声音”对话框，通过该对话框将电脑中保存的声音文件添加到幻灯片切换声音列表框中，然后将其设置为幻灯片切换声音。

5.2 设置幻灯片动画

幻灯片制作完成后，还可以为幻灯片中的文本、图片和表格等对象添加一些动画效果，使幻灯片在放映时更加生动。

5.2.1 添加动画效果

PowerPoint 2010 中提供了多种预设的动画效果，用户可根据需要对幻灯片中的对象添加不同的动画效果。这样不仅能让演示文稿更加生动和形象，还能吸引观众的眼球。其方法是：在幻灯片中选择需添加动画的对象后，选择【动画】/【动画】组，在“动画样式”选项栏中选择所需的动画效果选项即可。如图 5-2 所示为预设的动画效果。

图 5-2　预设的动画效果

知识提示

添加动画效果

选择【动画】/【动画】组，在“动画样式”选项栏中选择“更多进入效果”、“更多强调效果”、“更多退出效果”、“其他动作路径”等选项，打开相应的对话框，在对话框中也可为选择的对象添加动画效果。

5.2.2 自定义动画路径

虽然 PowerPoint 中提供的动画效果比较多，但有时还是会出现不能满足需要的情况，这时用户可自定义动画的路径。

下面在“婚庆用品展.pptx”演示文稿的标题幻灯片中自定义对象的动画路径，其具体操作如下：

Step 01 打开“婚庆用品展.pptx”演示文稿（\实例素材\第 5 章\婚庆用品展.pptx），选择标题幻灯片右上角的“喜”图像后，选择【动画】/【动画】组，在“动画样式”选项栏中选择“自定义路径”选项，如图 5-3 所示。

Step 02 当鼠标光标变成+形状时，在选择的对象上单击并拖动鼠标自由绘制动画的路径，完成后双击鼠标，此时在幻灯片编辑区域将显示绘制的动画路径，如图 5-4 所示。

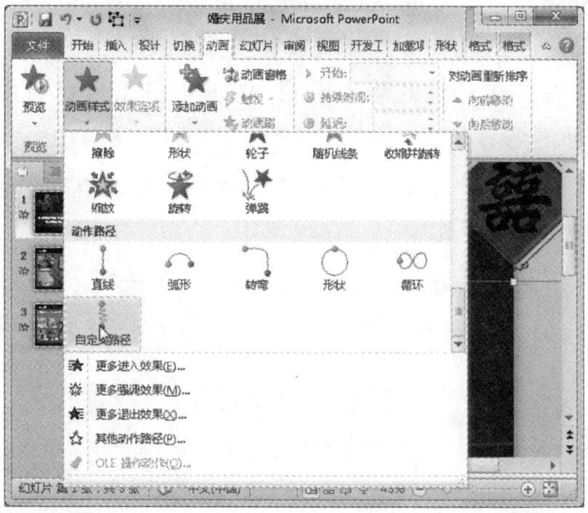

图 5-3　选择“自定义路径”选项

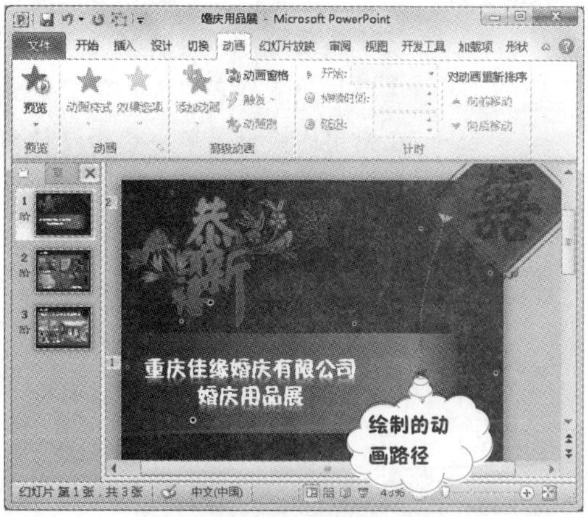

图 5-4　绘制路径

Step 03 绘制完动画路径后，系统将自动播放动画效果（\最终效果\第 5 章\婚庆用品展.pptx）。

知识提示

查看动画效果

如果播放效果时没看清楚动画效果，想重新预览动画效果，则选择【动画】/【预览】组，单击“预览”按钮，即可查看动画的效果。

5.2.3 更改动画效果

在幻灯片中为对象添加的动画效果并不是一成不变的，如果对添加的动画效果不满意，用户还可以根据需要对这些动画进行相应更改。其方法是：选择【动画】/【高级动画】组，单击“动画窗格”按钮，在打开的“动画窗格”动画效果列表框中选择需更改的选项，然后在“动画”面板的“动画样式”选项栏中选择所需的选项，如图 5-5 所示。

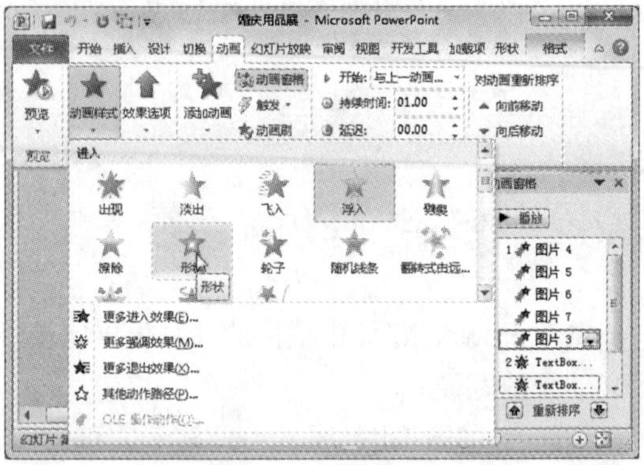

图 5-5　更改动画效果

5.2.4 设置动画计时

默认设置的动画效果播放时间和速度都是固定的，而且只有在单击鼠标后才会开始播放下一个动画，如果默认的动画效果不能满足实际需要，用户可根据需要为动画设置计时。

下面在“招商推广方案.pptx”演示文稿中为幻灯片中对象的动画效果设置排练计时，其具体操作如下：

Step 01　打开“招商推广方案.pptx”演示文稿（\实例素材\第 5 章\招商推广方案.pptx）。选择第 1 张幻灯片，再选择【动画】/【高级动画】组，单击“动画窗格”按钮。

Step 02　在动画效果列表中选择第 2 个选项，即副标题文本对应的动画选项。在其上单击鼠标右键，在弹出的快捷菜单中选择“计时”命令，如图 5-6 所示。

Step 03　打开“缩放”对话框，选择“计时”选项卡，单击“开始”列表右侧的按钮，在弹出的下拉列表中选择“与上一动画之后”选项。

Step 04　在“延迟”数值框中输入“5”，在“期间”下拉列表中选择“中速（2 秒）”选项，在“重复”下拉列表中选择“直到幻灯片末尾”选项，如图 5-7 所示。

图 5-6　选择“计时”命令

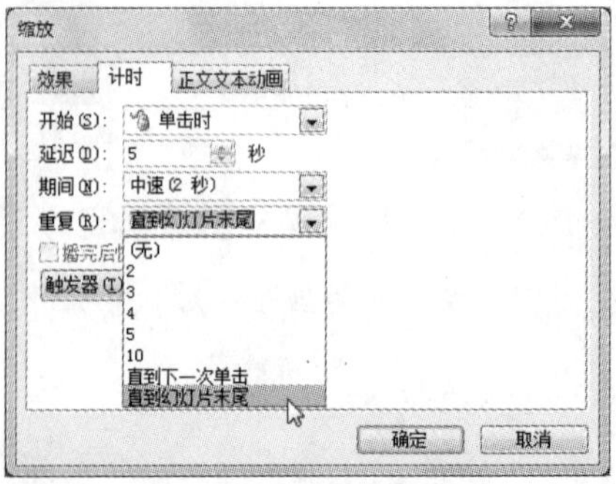

图 5-7　设置动画计时

Step 05　单击 确定 按钮，再单击“动画窗格”中的 ▶ 播放 按钮查看效果，然后使用相同的方法为其他幻灯片中各对象的动画效果设置计时（\最终效果\第 5 章\招商推广方案.pptx）。

技巧点拨

设置动画计时

在幻灯片编辑区选择需设置动画计时的对象，在“计时”面板中也可以设置动画效果的计时。

5.2.5 更改动画播放顺序

要制作出满意的动画效果，可能需要不断地查看动画之间的衔接效果是否合理，如果对设置的播放效果不满意，应及时对其进行调整。由于动画效果列表中各选项排列的先后顺序就是动画播放的先后顺序，因此要修改动画的播放顺序，应通过调整动画效果列表中各选项的位置来完成。调整动画播放顺序的两种方法介绍如下。

- **通过拖动鼠标调整：**在动画效果列表中选择要调整的动画选项，按住鼠标左键不放进行拖动，此时有一条黑色的横线随之移动，当横线移动到需要的目标位置时释放鼠标。
- **通过单击按钮调整：**在动画效果列表中选择要调整的动画选项，单击列表下方的按钮或按钮，该动画效果选项会向上或向下移动一个位置。

技巧点拨

调整动画播放顺序

在动画效果列表中选择要调整的动画选项，在“计时”面板的“对动画重新排序”栏中单击“向前移动”按钮，该动画效果选项向前移动一个位置；单击“向后移动”按钮，该动画选项效果向后移动一个位置。

5.2.6 设置动画方向

动画方向，即播放动画时的进入或退出方向。设置动画方向的方法是：设置动画效果后，在“动画窗格”中选择设置的动画效果选项，单击鼠标右键，在弹出的快捷菜单中选择“效果选项”命令，在打开对话框的“方向”下拉列表框中选择所需设置的选项。如图 5-8 所示为设置动画方向的对话框。

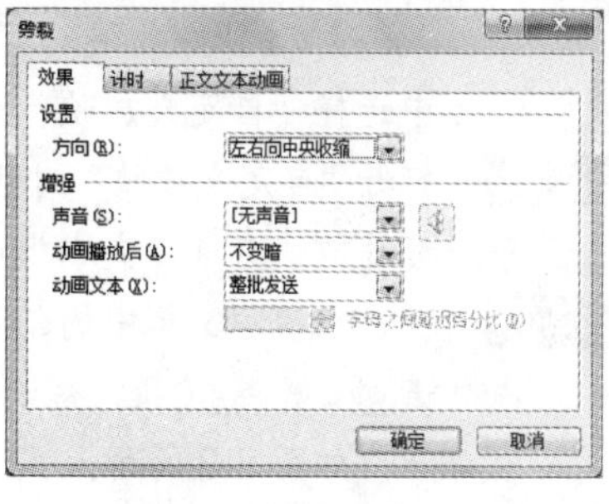

图 5-8 设置动画方向

5.3 放映演示文稿

制作演示文稿的最终目的就是要将制作的演示文稿展示给观众欣赏，即放映演示文稿。放映演示文稿分为直接放映和自定义放映两种，下面将分别进行讲解。

5.3.1 直接放映

直接放映是放映演示文稿最常用的放映方式，PowerPoint 2010 中提供了从头开始放映和从当前幻灯片开始放映两种，其操作方法如下。

- 从头开始放映：打开放映的演示文稿后，选择【幻灯片放映】/【开始放映幻灯片】组，单击“从头开始”按钮，不管当前幻灯片在何位置，都将从演示文稿的第 1 张幻灯片开始放映。
- 从当前幻灯片开始放映：打开需放映的演示文稿后，选择【幻灯片放映】/【开始放映幻灯片】组，单击“从当前幻灯片开始”按钮，将从当前选择的幻灯片开始依次往后放映。

技巧点拨

快速放映演示文稿

单击任务栏中的“幻灯片放映”按钮，可从当前显示的幻灯片开始放映；直接按 F5 键，则可从该演示文稿的第 1 张幻灯片开始放映。

5.3.2 自定义放映

在放映演示文稿时，用户还可以自定义放映根据需要只放映演示文稿中的部分幻灯片，自定义放映主要运用于大型的演示文稿中。

下面在“招标方案.pptx”演示文稿中自定义放映幻灯片，其具体操作如下：

Step 01 打开“招标方案.pptx”演示文稿（\实例素材\第 5 章\招标方案.pptx），选择【幻灯片放映】/【开始放映幻灯片】组，单击“自定义幻灯片放映”按钮，在弹出的下拉列表中选择“自定义放映”选项。

Step 02 打开“自定义放映”对话框，单击 新建(N)... 按钮，打开“定义自定义放映”对话框，在“幻灯片放映名称”文本框中输入文字“工程信息”。

Step 03 在“在演示文稿中的幻灯片”列表框中，按住 Ctrl 键选择第 3、5、6、13 张幻灯片。单击 添加(A) >> 按钮，将幻灯片添加到“在自定义放映中的幻灯片”列表中，单击 确定 按钮，如图 5-9 所示。

Step 04 回到“自定义放映”对话框中，在“自定义放映”列表中已显示出新创建的自定义放映名称，如图 5-10 所示，单击 关闭(C) 按钮关闭“自定义放映”对话框并返回演示文稿的普通视图中。

Step 05 选择【幻灯片放映】/【开始放映幻灯片】组，单击“自定义幻灯片放映”按钮，在弹出的下拉列表中选择“工程信息”选项进入自定义幻灯片“工程信息”的放映状态。

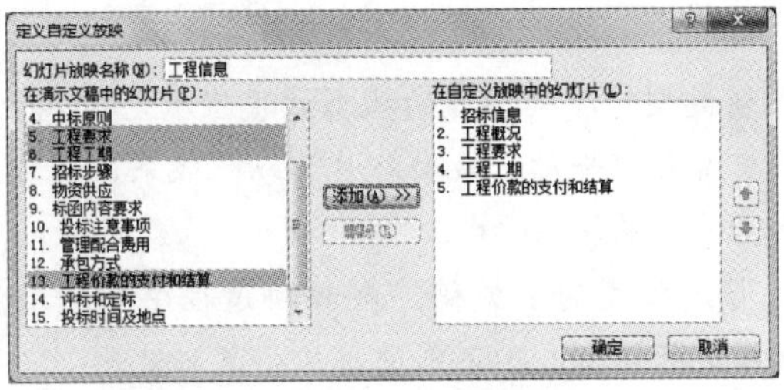

图 5-9　添加自定义放映的幻灯片

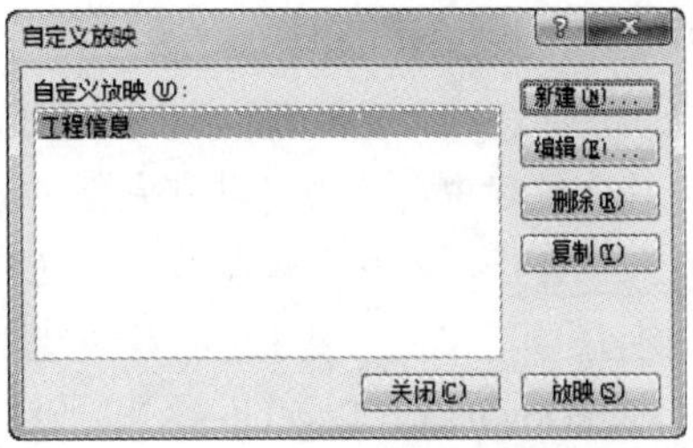

图 5-10　显示自定义放映名称

技巧点拨

修改自定义放映

若要对自定义放映的幻灯片进行修改，单击“自定义幻灯片放映”按钮，在弹出的下拉列表中选择“自定义放映”选项，打开“自定义放映”对话框，在其中单击编辑(E)...按钮，在打开的“定义自定义放映”对话框中进行编辑。

5.4　演示文稿放映设置

在实际放映演示文稿时演讲者可能会对放映方式和过程有不同的需求，如排练计时、隐藏/显示幻灯片以及录制旁白等，这时可以对幻灯片的放映情况进行具体的设置。

5.4.1　设置放映方式

设置幻灯片的放映方式包括设置幻灯片的放映类型、放映选项、放映幻灯片的范围以及换片方式和性能等。用户可根据当前的实际环境和需要进行相应的设置。其方法是：选择【幻灯片放映】/【设置】组，单击“设置幻灯片放映”按钮，打开“设置放映方式”对话框，如图 5-11 所示。在“放映类型”栏中根据需要选择不同的放映类型，在该对话框中还可设置放映幻灯片的范围、幻灯片的切换方式以及其他放映选项等。

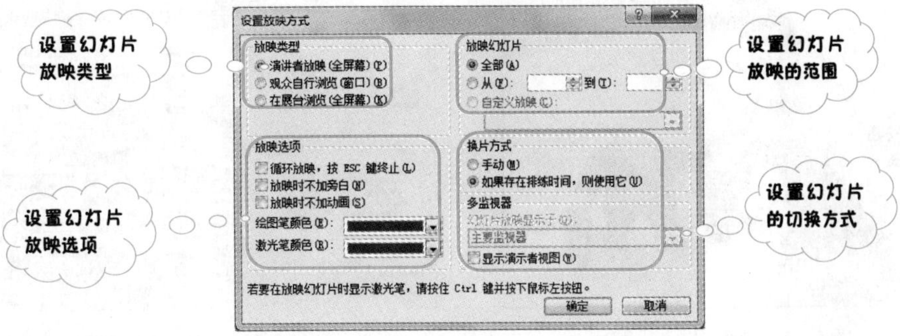

图 5-11　“设置放映方式”对话框

各种放映类型的作用和特点介绍如下。

- 演讲者放映（全屏幕）：默认的放映类型，该类型将以全屏幕的状态放映演示文稿，在演示文稿放映过程中，演讲者具有完全的控制权，演讲者可手动切换幻灯片和动画效果，也可以将演示文稿暂停，添加会议细节等；还可以在放映过程中录制旁白。
- 观众自行浏览（窗口）：该类型将以窗口形式放映演示文稿，在放映过程中可利用滚动条、PageDown 键、PageUp 键来对放映的幻灯片进行切换，但不能通过单击鼠标放映。
- 在展台放映（全屏幕）：这是放映类型中最简单的一种，不需要人控制，系统将自动全屏循环放映演示文稿。使用这种类型时，不能单击鼠标切换幻灯片，但可以通过单击幻灯片中的超链接和动作按钮来进行切换，按 Esc 键可结束放映。

5.4.2 排练计时

为了更好地掌握幻灯片的放映情况，用户可通过设置排练计时得到放映整个演示文稿和放映每张幻灯片所需的时间，以便在放映演示文稿时根据排练的时间和顺序进行放映，从而实现演示文稿的自动放映。

下面对“礼仪培训.pptx”演示文稿排练计时，其具体操作如下：

Step 01 打开“礼仪培训.pptx”演示文稿（\实例素材\第 5 章\礼仪培训.pptx），选择【幻灯片放映】/【设置】组，单击“排练计时”按钮。

Step 02 进入放映排练状态，同时打开“录制”工具栏并自动为该幻灯片计时，如图 5-12 所示。通过单击鼠标或按 Enter 键控制幻灯片中下一个动画或下一张幻灯片出现的时间。切换到下一张幻灯片时，“录制”工具栏中的时间将从头开始为该张幻灯片的放映进行计时。

Step 03 放映结束后，打开提示对话框，提示排练计时时间，并询问是否保留幻灯片的排练时间，单击 是(Y) 按钮进行保存。

Step 04 打开“幻灯片浏览”视图，在每张幻灯片的左下角显示幻灯片播放时需要的时间，如图 5-13 所示（\最终效果\第 5 章\礼仪培训.pptx）。

图 5-12　排练计时

图 5-13　显示幻灯片播放时间

知识提示

排练计时

如果不想使用排练好的时间自动放映该幻灯片，可在“设置”面板中取消选中 使用计时复选框，这样在放映幻灯片时就能手动进行切换。

5.4.3 隐藏/显示幻灯片

放映幻灯片时，系统将自动按设置的放映方式依次放映每张幻灯片，但在实际放映过程中，可以将暂时不需要的幻灯片隐藏起来，等到需要时再将它显示。其方法是：首先选择需要隐藏的幻灯片，然后选择【幻灯片放映】/【设置】组，单击“隐藏幻灯片”按钮，隐藏幻灯片，如图 5-14 所示。若要显示隐藏的幻灯片，在放映幻灯片时，单击鼠标右键，在弹出的快捷菜单中选择“定位至幻灯片”命令，再在弹出的子菜单中选择隐藏的幻灯片名称，如图 5-15 所示。

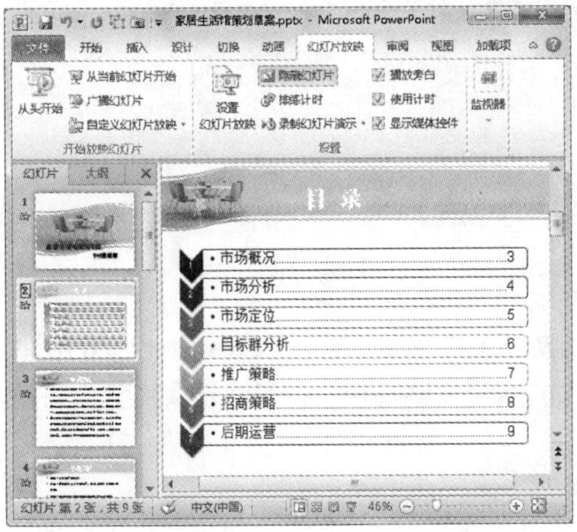

图 5-14　隐藏幻灯片

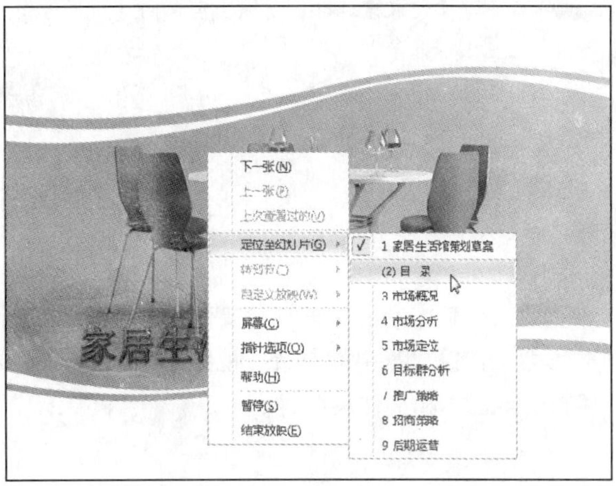

图 5-15　选择隐藏的幻灯片名称

5.4.4 录制旁白

在无人放映演示文稿时，可以通过录制旁白的方法事先录制好演讲者的演说词。不过在录制旁白之前，一定要确保电脑中已安装声卡和麦克风。

录制旁白的方法是：选择需录制旁白的幻灯片后，选择【幻灯片放映】/【设置】组，单击“录制幻灯片演示”按钮旁的下拉按钮，在弹出的下拉列表中选择“从当前幻灯片开始录制”选项，在打开的“录制幻灯片演示”对话框中取消选中 幻灯片和动画计时(T)复选框，如图 5-16 所示。单击开始录制(R)按钮，进入幻灯片放映状态，开始录制旁白。录制完成后按 Esc 键退出幻灯片放映状态，同时进入幻灯片浏览状态，第 1 张幻灯片中将会出现声音文件图标，如图 5-17 所示。

图 5-16 “录制幻灯片演示”对话框

图 5-17 声音文件图标

技巧点拨

快速清除幻灯片中的旁白

若不想要录制的旁白，可选择声音图标，按 Delete 键将其删除或选择【幻灯片放映】/【设置】组，单击“录制幻灯片演示”按钮旁的按钮，在弹出的下拉列表中选择“清除”选项，在其子列表中选择“清除当前幻灯片中的旁白”或“清除所有幻灯片中的旁白”选项可删除录制的旁白。

5.5 打包演示文稿

演示文稿制作好后，有时需要在其他电脑上进行放映，要想在其他没有安装 PowerPoint 2010 的电脑上也能正常播放其中的声音、视频等对象，就需要将制作的演示文稿打包。打包演示文稿分为将演示文稿打包成 CD 和文件夹两种。

1. 将演示文稿打包成 CD

将演示文稿打包成 CD 要求电脑中必须有刻录光驱。其方法是：在打开的演示文稿中选择“文件”命令，在弹出的下拉菜单中选择“保存并发送”命令，在“文件类型”栏中选择“将演示文稿打包成 CD”选项，然后单击“打包成 CD”按钮，打开“打包成 CD”对话框，在“将 CD 命名为”文本框中输入演示文稿名称，单击复制到 CD(C)按钮将演示文稿压缩到 CD。

2. 将演示文稿打包成文件夹

将演示文稿打包成文件夹的方法与打包成 CD 的方法类似，都是通过“打包成 CD”对话框来完成的。其方法是：打开“打包成 CD”对话框，单击复制到文件夹(F)...按钮，打开“复制到文件夹”对话框，在其中设置文件保存的位置和名称，如图 5-18 所示。单击确定按钮，稍作等待后即可将演示文稿打包成文件夹。

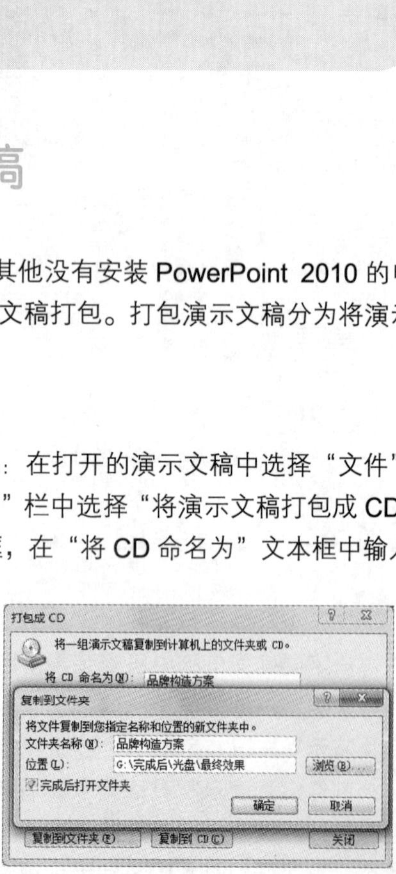

图 5-18 打包演示文稿

技巧点拨

为打包的演示文稿设置密码

如果想让打包的演示文稿只能自己播放，可在打包过程中设置密码。其方法是：在“打包成CD”对话框中单击 选项(O)... 按钮，在打开的“选项”对话框中设置密码。

5.6 打印演示文稿

演示文稿不仅可以进行现场演示，还可以将其打印在纸张上，或手执演讲或分发给观众作为演讲提示等。但在打印之前还需要先预览打印效果，并对打印参数进行设置。

5.6.1 预览打印效果

演示文稿制作完成后，在实际打印之前，可使用 PowerPoint 的打印预览功能预览幻灯片的打印效果，达到满意效果后再进行打印。其方法是：选择【文件】/【打印】命令，在打开的页面右侧可预览打印的效果。

5.6.2 打印参数的设置

通过打印预览查看并调整打印效果后，即可将所需打印的内容打印出来。但在打印演示文稿时可根据需要设置打印参数，如选择打印机、选择纸张、选择打印内容、设置打印范围和份数等，如图 5-19 所示。

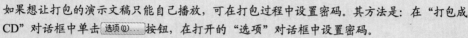

图 5-19　打印页面

打印演示文稿时常需设置的参数设置方法如下。

- 设置打印纸张质量：纸张质量的好坏会影响打印出来的效果。在“打印机”栏中单击“打印机属性”超链接，在打开的对话框中选择“纸张/质量”选项卡，在“打印机质量”下拉列表中选择所需设置的质量参数选项，单击 确定 按钮。
- 设置打印范围：在“设置”栏中单击“打印全部幻灯片”下拉按钮▼，在弹出的下拉列表框中选择所需打印的选项或在“幻灯片”文本框中输入所需打印的幻灯片。

技巧点拨

幻灯片页面设置

幻灯片页面设置是指设置幻灯片大小、页面方向和起始幻灯片编号。其方法是：在打开的演示文稿中选择【设计】/【页面设置】组，单击“页面设置”按钮，在打开的“页面设置”对话框中设置纸张大小，设置幻灯片、备注、讲义和大纲的文字方向，设置要在幻灯片第 1 页或讲义上打印的编号。

5.7 输出演示文稿

在 PowerPoint 2010 中可以将演示文稿输出为多种形式的文件，如网页文件、图形文件、RTF 大纲文件等，以满足不同需要。

5.7.1 输出为图形文件

PowerPoint 2010 可以将演示文稿中的幻灯片输出为 GIF、JPG、PNG 以及 TIFF 等格式的图片文件，用于更大限度地共享演示文稿内容。其方法是：打开需输出为图形文件的演示文稿，选择【文件】/【另存为】命令，打开“另存为”对话框。在“保存位置”下拉列表框中选择输出文件的保存位置，在“保存类型”下拉列表框中选择相应图片文件格式选项，单击 保存(S) 按钮。此时会弹出一个提示对话框，在其中单击 每张幻灯片(E) 按钮，再在弹出的提示对话框中单击 确定 按钮。如图 5-20 所示为输出的图形文件。

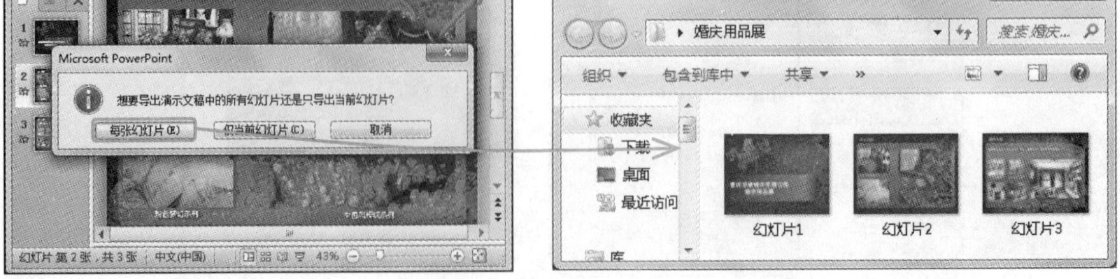

图 5-20　输出的图形文件

5.7.2 输出为大纲文件

在演示文稿中如果文本较多，可将演示文稿中的幻灯片输出为大纲文件，生成的大纲 RTF 文件中将不包含幻灯片中的图形、图片以及插入到幻灯片中文本框中的内容，这样便于阅读。其方法为：在打开的演示文稿中选择【文件】/【另存为】命令，在打开的“另存为”对话框的“保存位置”下拉列表框中选择输出文件的保存位置；在“保存类型”下拉列表框中选择“大纲/RTF 文件”选项，单击保存(S)按钮。如图 5-21 所示为输出的大纲文件效果。

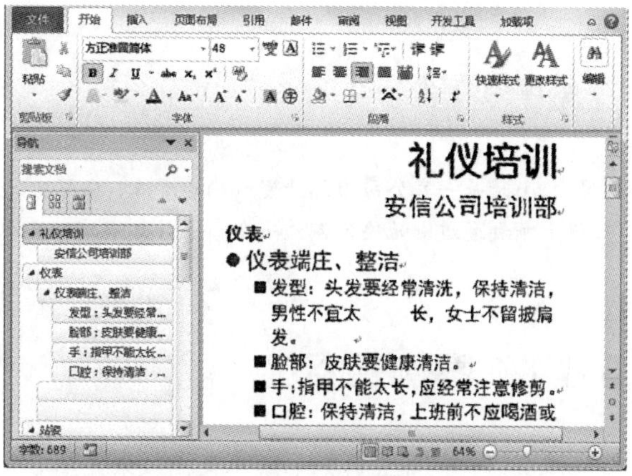

图 5-21 输出的大纲文件效果

5.7.3 将演示文稿保存到网页

通过 PowerPoint 2010 可以方便地将演示文稿保存到 Web，这样可将演示文稿发布到局域网或 Internet 上，与其他人共享此文稿。但在将演示文稿共享到网络之前，需要创建一个 Windows Live ID 和密码。

将演示文稿保存到 Web 的方法为：打开需保存到网页的演示文稿，选择【文件】/【保存并发送】命令，在“保存并发送”栏中选择“保存到 Web”选项，单击“登录”按钮，在弹出的对话框中输入账号和密码，登录到 Windows Live，如图 5-22 所示。此时在“保存到 Windows Live SkyDrive”栏中将会显示两个文件夹，选择其中一个文件夹后，单击“另存为”按钮，打开“另存为”对话框，在其中可以设置文件的保存位置、文件名称和文件类型，最后单击保存(S)按钮，稍作等待后演示文稿将保存到 Web。

图 5-22 输入账号

知识提示

登录 Windows Live

在输入账号和密码的对话框中输入账号和密码后，选中自动登录(S)复选框，将记住账号和密码，下次登录 Windows Live 时，不用输入账号和密码，单击确定按钮，可直接登录。

5.8 职场案例——放映与输出商业计划书

案例背景

小晴是一家公司市场开发部的负责人，公司拟定在城南投资一个高尔夫项目，为了使该项目能够在公司会议上顺利通过，她决定制作一个商业计划书演示文稿来对此项目的前景、风险、盈利点等进行分析。

5.8.1 案例目标

本例制作的商业计划书演示文稿效果如图 5-23 所示（\最终效果\第 5 章\商业计划书.pptx、商业计划图片文件），本例制作的演示文稿内容主要是对项目、行业、公司以及经营状况和项目风险等进行分析，构成了一份完成的商业计划书。

高尔夫项目商业计划书
安颐投资有限公司
项目背景
城南开发区作为成都市商业区的休闲和运动中心，有着得天独厚的资源优势和区位优势，建设城南高尔夫球场不仅顺应潮流的发展，同时也填补了城南高尔夫球运动的空白。
项目概况
项目内容
良好的地理位置
投资概算
项目显著特点
项目最新进展
行业概述
高尔夫运动是最有前景和发展潜力的项目
高尔夫运动存在巨大的产业发展空间
高尔夫运动是增加旅游创汇的重要途径
行业状况及市场分析
高尔夫从四个方面促进区域及地方社会经济发展
高尔夫能提高土地利用率、促进招商引资改善投资环境，增加就业机会和税收、带动周边经济。
我国高尔夫产业前景广阔，消费群体高速增长
GDP高速增长是中国高尔夫行业加速发展的原动力
我国高球行业目前存在的问题
高尔夫旅游市场分布不均，区域合作有待加强
行业中介及相关服务机构还不够成熟
公司基本情况
超群实力
强大的背景和雄厚的资本实力。
卓越业绩
发展范围广、业绩突出、经验丰富
专业团队
投资经理均具有硕士以上学历，拥有丰富的投资、金融、管理、审计、法律等专业知识与行业经验，其中许多人具有国外留学及工作背景。
经营策略
以会员制发展为主，以非会员制发展为辅
大力开发高档高尔夫别墅
以经典赛事带动商贸活动，增加球场会籍的含金量
把高尔夫与节日经济联系起来
经营策略总结
风险分析与规避
中国高球业经营存在的主要风险因素是税费问题
政策性限制
球场建设管理成本高
球场建设缺乏规划，盲目扩大面积，大搞重复建设
高尔夫文化不普及，打球人群有限
行业规范缺乏，政府引导不力
本项目对上述风险的规避
地方政府的税收政策十分优惠
不存在土地纠纷和环保问题
球场将具备一流的管理水准
国际一流的规划水平，占地少
当地政府引导措施得力，高球经营在浙江有法可依
项目财务分析
项目固定资产投资估算
项目收入预测（2010年-2012年）
成本费用支出（2010年-2012年）
利润估算（2010年-2012年）
主要经济技术指标

图 5-23　最终效果

5.8.2 制作思路

商业计划书是企业或项目单位为了达到招商融资和其他发展目标的目的文件。商业计划书包括项目筹融资、战略规划等经营活动的蓝图与指南，同时也是企业的行动纲领和执行方案，它是当今投融资领域必不可少的、最重要的融资文件之一。

制作本例涉及的知识比较多，首先为幻灯片之间添加相同的切换效果和为幻灯片中的对象添加动画效果，再对演示文稿进行放映设置，最后将演示文稿打包成文件夹并输出为图形文件。本例的制作思路如图 5-24 所示。

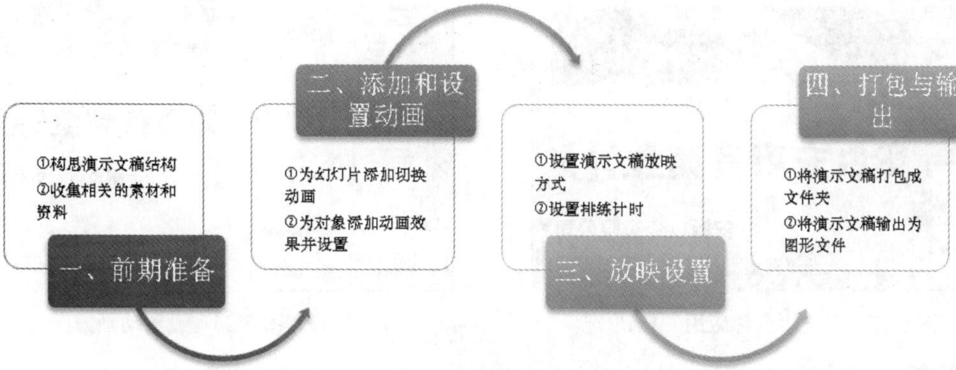

图 5-24 制作思路

职场充电

撰写商业计划书有哪些注意事项

撰写商务计划书的目的是获得投资商的认可。在撰写的过程中主要应注意以下两点：一是客观地分析企业目前所处的位置，通过特定目标设计所将要达到的位置，以及为实现该目标所制定的计划；二是让投资商、出借人或合资伙伴相信的确存在一个可行的商业机会，让他们知道企业已意识到这种机会并会加以利用。

5.8.3 制作过程

1. 添加和设置动画

下面在提供的“商业计划书.pptx”演示文稿中先为所有幻灯片添加相同的切换效果，并进行设置，然后再为幻灯片中的对象添加动画效果，并进行相应的设置。其具体操作如下：

Step 01 打开“商业计划书.pptx”演示文稿（\实例素材\第 5 章\商业计划书.pptx），选择第 1 张幻灯片后，选择【切换】/【切换到此幻灯片】组，在“切换方案”选项栏中选择“百叶窗”选项。

Step 02 选择【切换】/【计时】组，选中☑ 设置自动换片时间复选框，在其右方的数值框中输入“00:05.00”，单击“全部应用”按钮，如图 5-25 所示。使用相同的方法为其他幻灯片设置相同的切换效果。

Step 03 选择第 1 张幻灯片中的标题文本后，选择【动画】/【动画】组，在“动画样式”选项栏中选择“飞入”选项，单击“效果选项”按钮，在弹出的下拉列表中选择“自右侧”选项，如图 5-26 所示。

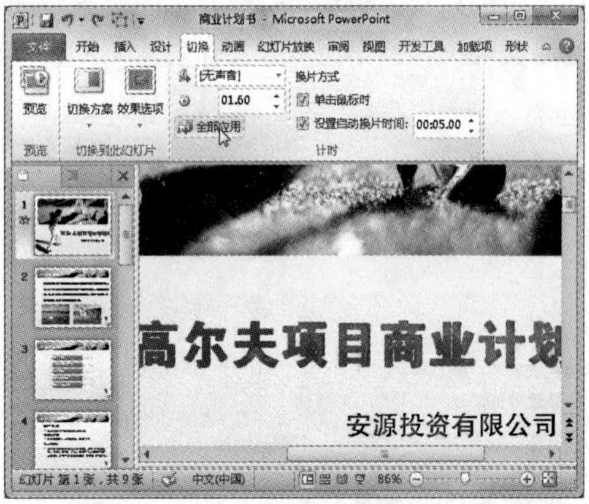
高尔夫项目商业计划
安源投资有限公司

图 5-25 单击“全部应用”按钮

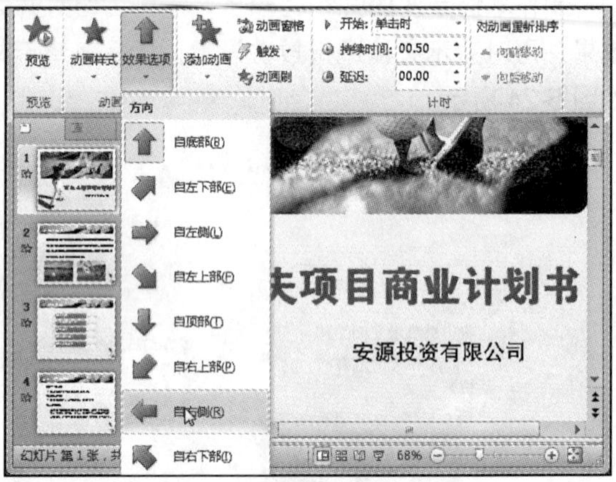
夫项目商业计划书
安源投资有限公司

图 5-26 设置动画方向

Step 04 选择副标题文本，并设置动画效果为“擦出”。选择【动画】/【计时】组，在“开始”下拉列表框中选择“上一动画之后”选项，在“延迟”数值框中输入“00.20”。

Step 05 选择第 5 张幻灯片右上角的高尔夫球图片，在“动画效果”选项栏中选择“动作路径”栏中的“自定义路径”选项，如图 5-27 所示。

Step 06 当鼠标光标变成十形状时，在直线的终点处单击并拖动鼠标绘制动作路径，完成后双击鼠标，然后在“计时”面板中将“开始”时间设置为“上一动画之后”，“持续”时间设置为 03.00，“延迟”时间设置为 00.30，如图 5-28 所示。

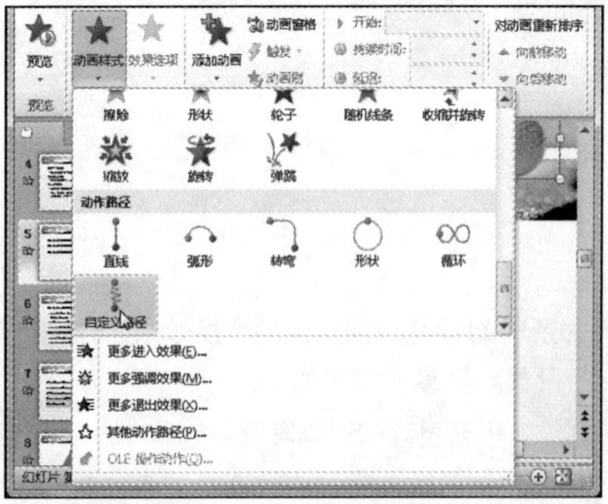

图 5-27 选择“自定义路径”选项

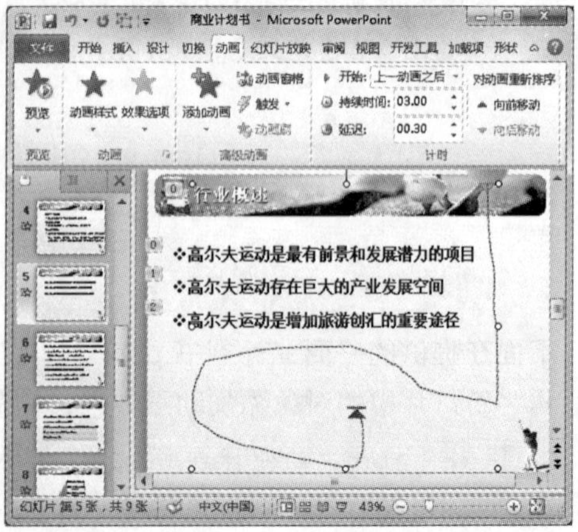
❖高尔夫运动是最有前景和发展潜力的项目
❖高尔夫运动存在巨大的产业发展空间
❖高尔夫运动是增加旅游创汇的重要途径

图 5-28 绘制路径

2. 演示文稿放映设置

下面将“商业计划书.pptx”演示文稿打包为文件夹，然后再将其输出为图片文件夹。其具体操作如下：

Step 01 选择【幻灯片放映】/【设置】组，单击“设置幻灯片放映”按钮，打开“设置放映方式”对话框，选中 观众自行浏览(窗口)(B) 单选按钮，单击 确定 按钮，如图5-29所示。

Step 02 选择【幻灯片放映】/【设置】组，单击“排练计时”按钮，进入放映状态，并开始计时，如图5-30所示。

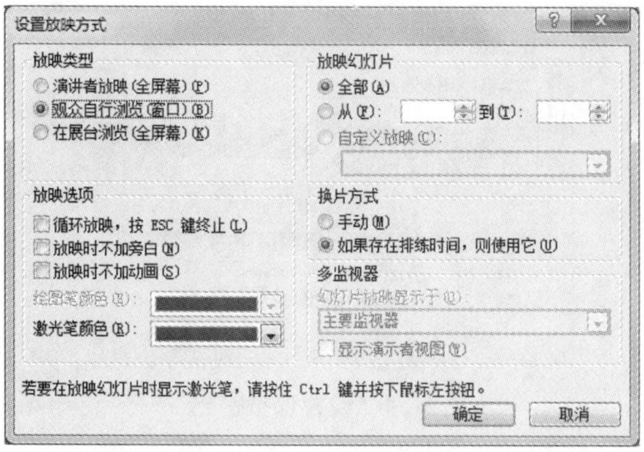

图5-29 设置放映方式

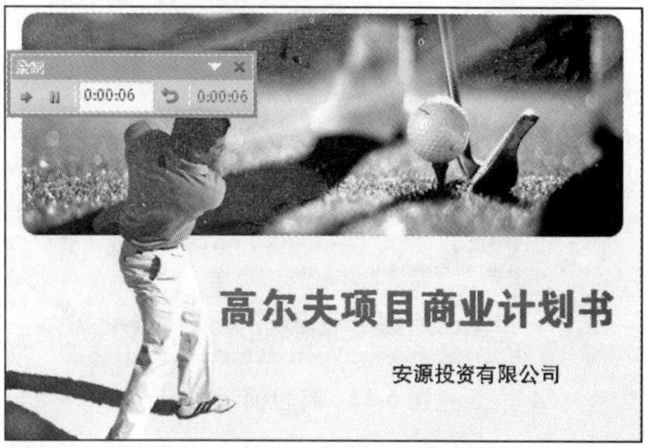

图5-30 排练计时

Step 03 放映结束后，在打开的提示对话框中单击 是(Y) 按钮，如图5-31所示。

Step 04 进入幻灯片浏览视图中，每张幻灯片的左下角显示幻灯片播放时需要的时间，如图5-32所示。

图5-31 提示对话框

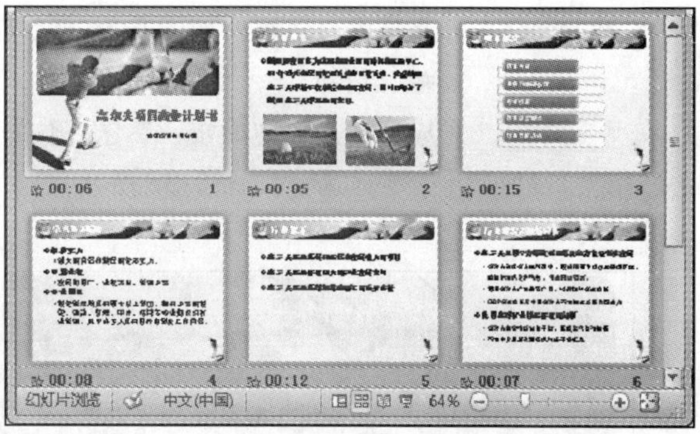

图5-32 显示排练计时时间

3. 打包与输出演示文稿

下面在设置动画效果后的演示文稿中为其进行放映设置，其具体操作如下：

Step 01 返回幻灯片普通试图，选择【文件】/【保存并发送】命令，在“文件类型”栏中选择“将演示文稿打包成CD”选项，单击“打包成CD”按钮。

Step 02 打开“打包成CD”对话框，在“将CD命名为”文本框中输入“商业计划书”，单击 复制到文件夹(F)... 按钮。

Step 03 打开“复制到文件夹”对话框，在“文件夹名称”文本框中输入“商业计划书”，单击 浏览(B)... 按钮，如图 5-33 所示，在打开的对话框中选择文件保存的位置。

Step 04 单击 确定 按钮。返回“打包成 CD”对话框，单击 选项(O)... 按钮，在打开对话框的“增强安全性和隐私保护”栏中，在“打开每个演示文稿时所用密码”和“修改每个演示文稿时所用密码”文本框中分别输入设置的密码“123456”。

Step 05 单击 确定 按钮，在打开的“确认密码”对话框的“重新输入打开权限密码”文本框中输入“123456”，如图 5-34 所示。

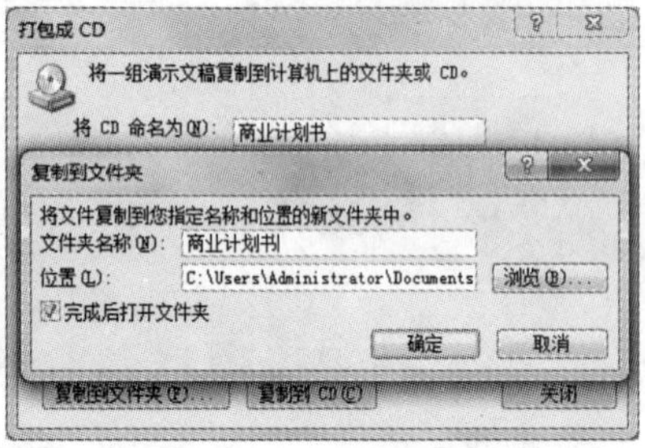

图 5-33 打包演示文稿

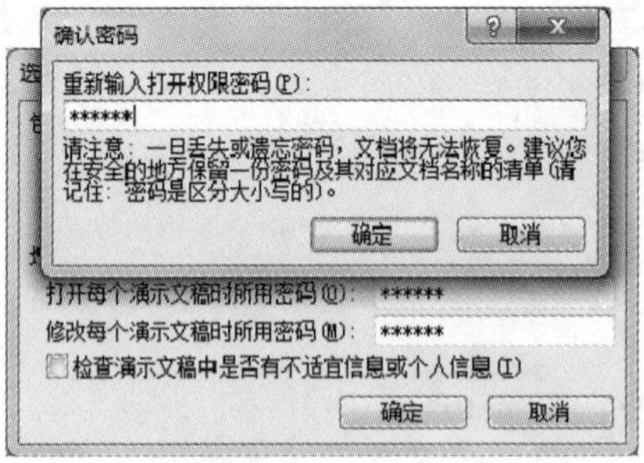

图 5-34 设置保护密码

Step 06 单击 确定 按钮，返回“打包成 CD”对话框，单击 关闭 按钮返回普通视图中。选择【文件】/【另存为】命令，打开“另存为”对话框。

Step 07 在“保存范围”下拉列表框中选择保存的位置，在“文件名”文本框中输入“商务计划书图片文件”，在“保存类型”下拉列表框中选择“JPEG 文件交换格式”选项，单击 保存(S) 按钮。

Step 08 打开提示对话框，如图 5-35 所示。单击 每张幻灯片(E) 按钮，再在打开的提示对话框中单击 确定 按钮。

Step 09 完成演示文稿的输出，在保存位置找到“商业计划书图片文件”文件夹，双击该文件夹打开查看效果，如图 5-36 所示。

图 5-35 提示对话框

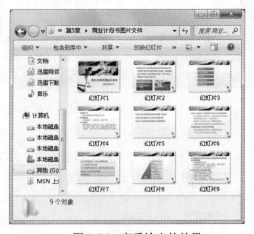

图 5-36 查看输出的效果

5.9 新手解惑

问题1：如何快速为每张幻灯片添加相同的切换动画效果

问：有时为了使整个演示文稿统一，在为幻灯片添加切换动画效果时，也会将每张幻灯片的切换效果设置为相同效果。如果在遇到演示文稿中包含的幻灯片较多时，一张张地为幻灯片添加切换动画效果比较麻烦，也耽误时间，如何才能快速地为每张幻灯片添加相同的切换效果呢？

答：要想节约时间，快速地为幻灯片添加相同的切换效果，其实方法很简单。先为一张幻灯片添加所需的切换效果，并为其设置效果选项、声音、速度以及换片方式等，将这些设置好之后，选择刚添加切换动画的幻灯片，再选择【切换】/【计时】组，单击“全部应用”按钮，即可将演示文稿中所有幻灯片间的切换设置为与当前幻灯片相同的切换效果。

问题2：如何为一个对象添加多个不同的动画效果

问：有时为了使添加的动画效果更自然、更生动，需要添加多个动画效果进行组合，在 PowerPoint 2010 中能不能为一个对象添加多个动画效果呢？

答：在幻灯片中可以为一个对象添加多个不同的动画效果。其方法是：选择需添加多个动画效果的对象，选择【动画】/【动画】组，在“动画样式”选项栏中选择需添加的动画效果，再次为对象添加动画效果时，必须选择【动画】/【高级动画】组，在“添加动画”选项栏中选择需添加的动画效果才能为对象添加第 2 个动画效果。在为一个对象添加多个动画效果时，要注意调整动画效果播放的顺序。

问题3：如何将制作好的演示文稿创建为视频

问：公司制作的演示文稿，有时需要做成视频发送给客户或传到网上，在 PowerPoint 2010 中能不能把演示文稿创建成视频呢？

答：在 PowerPoint 2010 中可以把演示文稿创建为视频。其方法是：打开要创建成视频的演示文稿，选择【文件】/【保存并发送】命令，在“文件类型”栏中选择“创建视频”选项，单击“创建视频”按钮，在打开的“另存为”对话框中设置视频保存的位置，然后开始创建，稍等一会儿即可创建完成。

问题4：在一张纸上如何打印多张幻灯片

问：有时为了方便演讲者会将制作好的演示文稿打印出来，但那种幻灯片比较多的演示文稿，一张张幻灯片打印出来比较麻烦，也不利于演讲者翻阅，能不能在一张纸上打印多张幻灯片呢？

答：可以在一张纸上打印多张幻灯片，只需要在打印演示文稿前进行一些参数设置。其方法是：打开需打印的演示文稿，选择【文件】/【打印】命令，在打开页面的“设置”栏中单击“整页幻灯片”下拉按钮▾，在弹出的下拉列表的“讲义”栏中选择所需的选项即可。

5.10 巩固练习

练习 1：制作“业务报告”演示文稿

打开提供的“业务报告.pptx”演示文稿（\实例素材\第 5 章\业务报告.pptx），为每张幻灯片添加相同的切换动画；然后再为幻灯片中的对象添加动画效果，并对添加的动画效果进行设置；最后对制作好的演示文稿进行放映。如图 5-37 所示为设置动画效果后的效果（\最终效果\第 5 章\业务报告.pptx）。

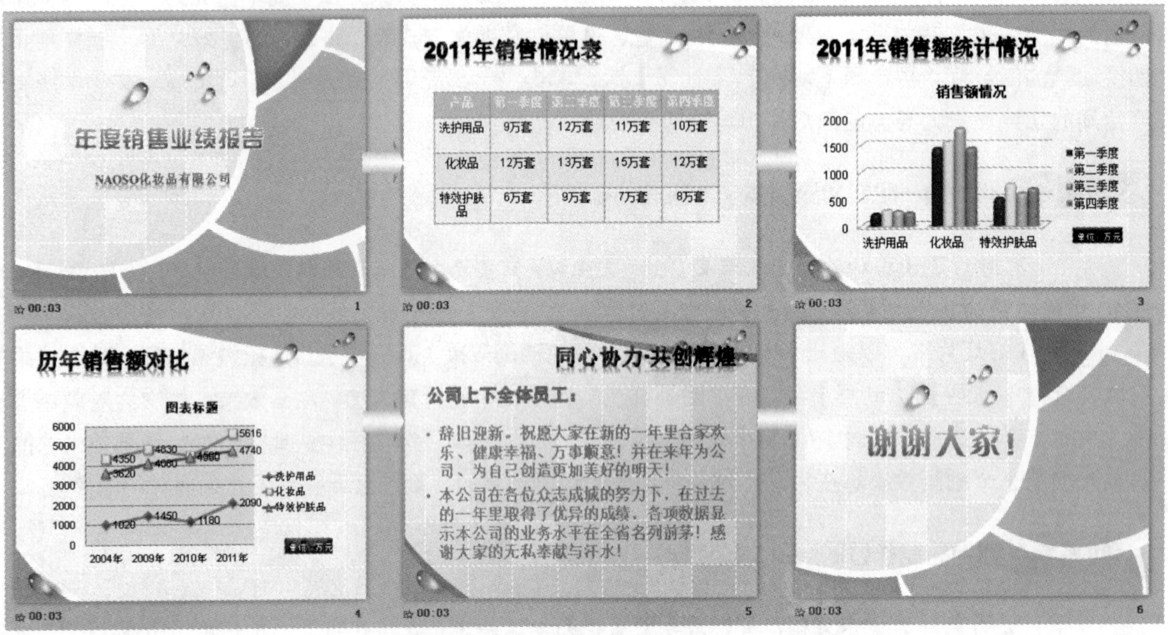

图 5-37　设置动画后的效果

提示：在为动画设置计时时，要注意持续时间、延迟时间等的设置，这样才能使添加的动画效果播放时更流畅、自然。

练习 2：制作“新品上市营销计划”演示文稿

打开提供的“新品上市营销计划.pptx”演示文稿（\实例素材\第 5 章\新品上市营销计划.pptx），为各张幻灯片添加适合的动画效果，使其在展示时更加生动、形象；然后再将演示文稿输出为图片文件。如图 5-38 所示为将演示文稿输出为图片文件后的效果（\最终效果\第 5 章\新品上市营销计划.pptx）。

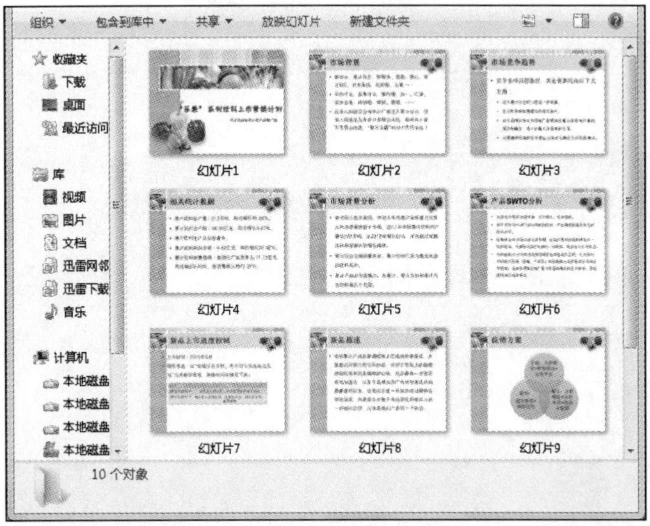

图 5-38　输出的图片文件效果

轻松一刻

上个月，单位有个同事因为车祸去世了，原先单位给他配的电脑就给了我用。昨天晚上，我在公司加班，电脑出了故障，给负责技术的同事打电话求助。同事说干脆用 QQ 给我远程控制一下。远程之后，我就起来去外面接水了。不知道领导也没走，他来到我办公室找我，看到我的电脑屏幕上，鼠标指针颤颤巍巍地自己不断打开一个又一个文件夹，立马产生了那个逝去的同事又“回来”的错觉，等我回到办公室，看到领导的手都是颤抖的，脸色煞白。今天领导病了，一天都没来，我还在纠结该不该告诉他真相……。

TIGAO PIAN

提高篇

视频讲解

2段

第6章

美化幻灯片外观

★本章要点★

- 设置幻灯片版式与布局
- 为幻灯片搭配颜色
- 制作幻灯片母版
- 制作其他母版

制作新品上市策划

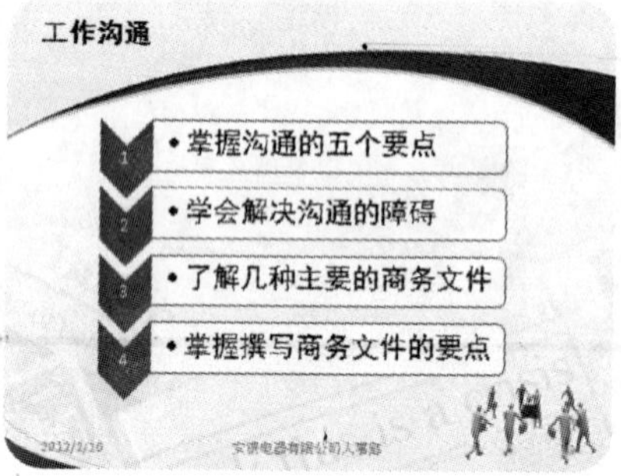

• 掌握沟通的五个要点
• 学会解决沟通的障碍
• 了解几种主要的商务文件
• 掌握撰写商务文件的要点

制作管理培训

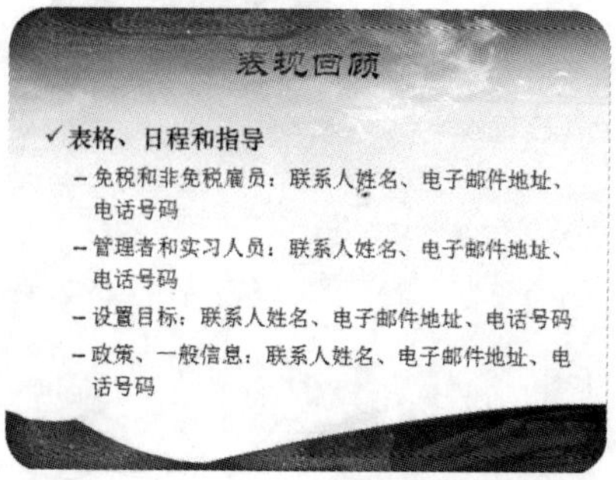

表现回顾
✓ 表格、日程和指导
– 免税和非免税雇员：联系人姓名、电子邮件地址、电话号码
– 管理者和实习人员：联系人姓名、电子邮件地址、电话号码
– 设置目标：联系人姓名、电子邮件地址、电话号码
– 政策、一般信息：联系人姓名、电子邮件地址、电话号码

制作人事政策总览

6.1 设置幻灯片版式与布局

幻灯片的版式与布局决定了幻灯片的结构和外观，要想使演示文稿内容更加丰富，好的结构和外观是必不可少的。

6.1.1 设置幻灯片版式

幻灯片版式是指一张幻灯片中包含的文本、图表、表格、多媒体等元素的布局方式，它以占位符的方式决定幻灯片上要显示内容的排列方式以及相关格式。PowerPoint 2010 提供了多种预设的版式，如“标题和内容”、“两栏内容”和“比较”等。

幻灯片的版式可在添加新幻灯片时进行选择，选择【开始】/【幻灯片】组，单击“新建幻灯片”按钮，在弹出的下拉列表中选择需要的版式，如图 6-1 所示。

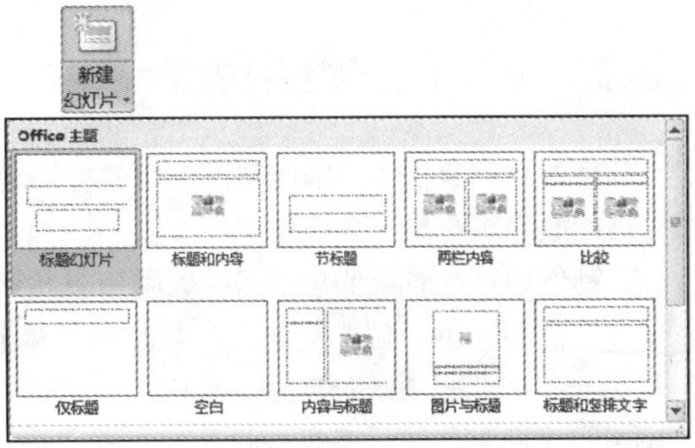

图 6-1　幻灯片版式

知识提示

改变幻灯片版式

在制作幻灯片的过程中应根据内容，选用适合的幻灯片版式。如果幻灯片的内容有所改变，需要修改版式时，可以在“幻灯片”面板中单击“版式”按钮，在弹出的下拉列表中选择新的版式。

6.1.2 幻灯片布局的原则

由于幻灯片中包含的文本、图片、表格等元素的表现形式各不相同，因此在幻灯片中应用这些元素时，布局合理才能使幻灯片结构清晰、界面美观。

在对幻灯片进行布局时需要把握以下几个原则。

- **画面平衡**：布局幻灯片时应尽量保持幻灯片页面的平衡，以避免左重右轻、右重左轻或头重脚轻的现象，使整个幻灯片画面更加协调。
- **布局简单**：虽然说一张幻灯片是由多种元素组合在一起的，但在一张幻灯片中各元素的数量不宜，否则幻灯片就会显得很复杂，不利于信息的传递。
- **统一和谐**：同一演示文稿中各张幻灯片的标题文本的位置、文字采用的字体、字号、颜色、页边距等应尽量统一，不能随意设置，以避免破坏幻灯片的整体效果。

- 强调主题：要想使观众快速、深刻地对幻灯片中表达的内容产生共鸣，可通过颜色、字体以及样式等手段对幻灯片中要表达的核心部分和内容进行强调，以引起观众的注意。
- 内容简练：幻灯片只是辅助演讲者传递信息，而且人在短时间内可接收并记忆的信息量并不多，因此，在一张幻灯片中只需列出要点或核心内容。

6.2 为幻灯片搭配颜色

背景和配色是影响幻灯片美观性的重要因素之一。在 PowerPoint 2010 中不仅可应用自带的配色方案和背景色，还可根据需求自定义配色方案和背景色。即使是根据主题创建的演示文稿，也可以随时更改幻灯片的主题或进行自定义设置，使整个演示文稿的配色更加协调。

6.2.1 如何搭配颜色

颜色的种类有很多，因此搭配颜色的方法也就更多，对于没有美术基础的人来说，要选择什么颜色，如何搭配颜色确实是一大难题。

在制作幻灯片时，要想使搭配的颜色更和谐，可参照以下几点进行配色。

- 总体协调，局部对比：幻灯片的整体色彩应该协调、统一，局部和小范围的地方可以用一些强烈的色彩来进行区分、对比。
- 明确主色调：每张幻灯片都应有主色调，如果同一个演示文稿中运用太多的颜色，没有主次之分，会让人感觉眼花缭乱。
- 主色调随内容而定：根据演示文稿的内容不同，主色调也应不同。如内容为科技类，商务和企业最好以蓝色为主色调，党政机关最好以红色为主色调，食品类以黄色为主色调，环保类以绿色为主色调等。
- 尽量使用邻近色：邻近色更易产生层次感，并使整体颜色更和谐，如深蓝、蓝色和浅蓝的搭配使用，黄色、橙色的搭配使用。用邻近色制作的演示文稿给人正式、严谨的感觉，使整个演示文稿看起来比较协调。
- 加强背景与内容的对比度：为了突显内容，应尽量使背景色和内容的颜色对比度较高，深色背景用浅色的文字，浅色背景用深色文字。不仅是文字，图表中各对象之间都需要用对比较大的颜色来进行区分。

6.2.2 更改主题颜色

PowerPoint 2010 提供的主题样式有固定的配色方案，但有时并不能满足演示文稿的制作需求，这时可通过选择系统自带的其他配色方案，快速解决颜色的搭配问题。其方法是：选择【设计】/【主题】组，单击“颜色”按钮，在弹出的下拉列表中列出了系统自带的其他配色方案，在其中选择所需的配色方案选项，如图 6-2 所示。

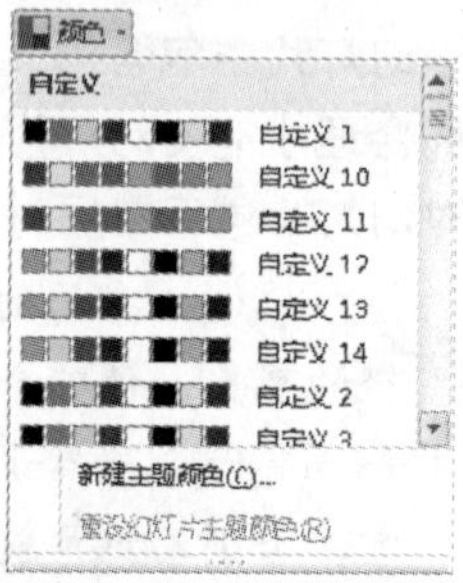

图 6-2 其他配色方案

知识提示

应用主题颜色

在“颜色”下拉列表中选择一种配色方案后，在其上单击鼠标右键，在弹出的快捷菜单中可选择不同的命令进行设置。选择“应用于所有幻灯片”命令，则将该配色方案应用于所有幻灯片；选择“应用于选定幻灯片”命令，则该配色方案只应用于当前幻灯片。

6.2.3 自定义颜色方案

PowerPoint 2010 自带的主题样式和配色方案都很有限，往往不能满足制作的需求，在掌握了配色技巧后，用户可根据需要自定义颜色方案。其方法是：选择【设计】/【主题】组，单击“颜色”按钮，在弹出的下拉列表中选择“新建主题颜色”选项，在打开的“新建主题颜色”对话框中根据需要对主题颜色进行设置，并在“名称”文本框中输入新建的配色方案的名称，完成后单击 保存(S) 按钮，如图 6-3 所示。

图 6-3 “新建主题颜色”对话框

6.2.4 设置背景填充效果

在幻灯片中如果只用纯色作为背景，有时会显得单调，这时用户可根据需求设置背景，既可选择纯色或渐变色，也可选择纹理或图案等作为背景，甚至还可以选择电脑中的任意图片作为背景，使整个画面更丰富。其方法是：选择【设计】/【背景】组，单击“背景样式”按钮，在弹出的下拉列表中选择“设置背景格式”选项，打开“设置背景格式”对话框，默认选择“填充”选项卡，在该选项卡中选择所需的填充效果进行设置，如图 6-4 所示。

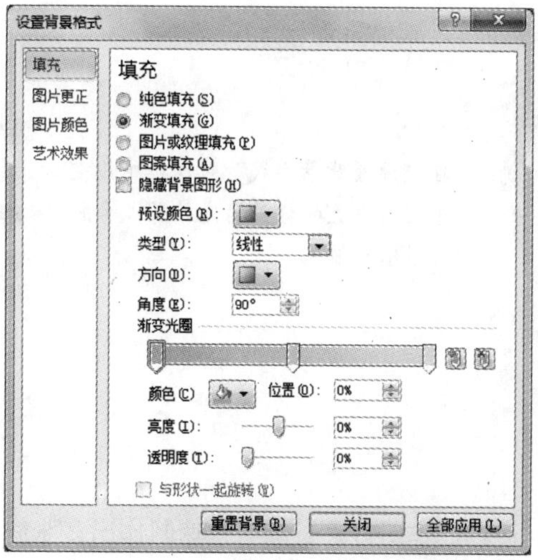

图 6-4 “设置背景格式”对话框

“设置背景格式”对话框中各填充效果的设置方法如下。

- **纯色填充**：该填充效果只能选择一种填充色，在“设置背景格式”对话框的“填充”选项卡中选中 纯色填充(S) 单选按钮，再单击“颜色”按钮，在弹出的下拉列表中选择填充色，拖动“透明度”滑块，还可设置填充色的透明度。
- **渐变填充**：渐变色是指由两种或两种以上的颜色分布在画面上，并均匀过渡。在“填充”选项卡中选中◉ 渐变填充(G)单选按钮，分别在“类型”、“方向”、“角度”、“颜色”等下拉列表中设置渐变的类型、方向、角度、颜色等。在“渐变光圈”栏中还可设置渐变的光圈数。

- 图片或纹理填充：在“填充”选项卡中选中◉ 图片或纹理填充(P)单选按钮，在“纹理”下拉列表中选择纹理或在“插入自”栏中选择插入文件中的图片或剪贴画进行填充。当选择纹理填充时，系统会自动选中☑ 将图片平铺为纹理(I)复选框，在“平铺选项”栏下可对偏移量、缩放比例、对齐方式、镜像类型、透明度等进行详细的设置，如图 6-5 所示。
- 图案填充：在“填充”选项卡中选中◉ 图案填充(A)单选按钮，在列表框中选择填充的图案选项，然后根据需要设置图案的前景色和背景色，如图 6-6 所示。

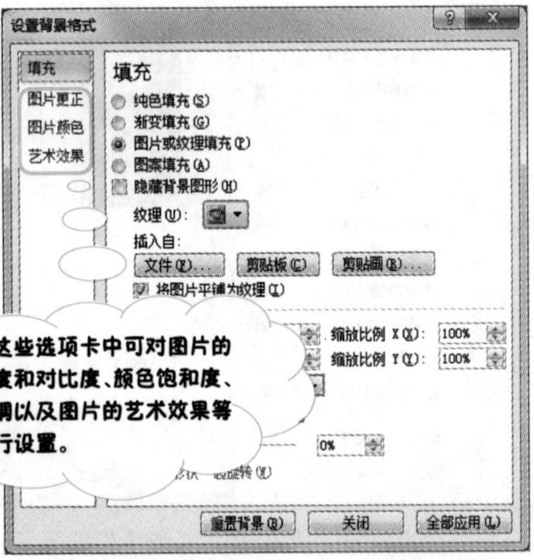

图 6-5　设置图片或纹理填充

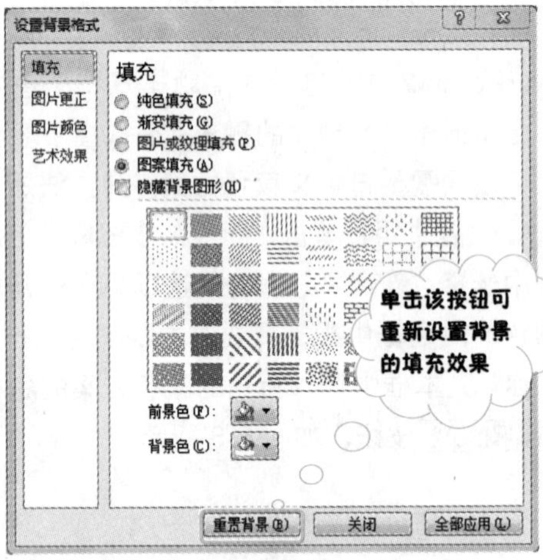

图 6-6　设置图案填充

知识提示

设置背景填充效果

在“设置背景格式”对话框中设置背景填充效果后，单击 关闭 按钮则只在当前幻灯片中应用设置的背景填充效果，单击 全部应用(L) 按钮则对演示文稿中的所有幻灯片都应用设置的背景填充效果。

6.3　制作幻灯片母版

通过制作幻灯片母版可快速制作出多张同样风格的幻灯片，使整个演示文稿的风格统一，更符合要求。制作幻灯片母版包括设置背景、占位符格式以及设置页眉/页脚等。

如图 6-7 所示为通过幻灯片母版制作的演示文稿（\最终效果\第 6 章\新品上市策划.pptx），首先进入幻灯片母版，然后在母版中对演示文稿的背景、占位符格式、项目符号以及页眉/页脚等进行设置。

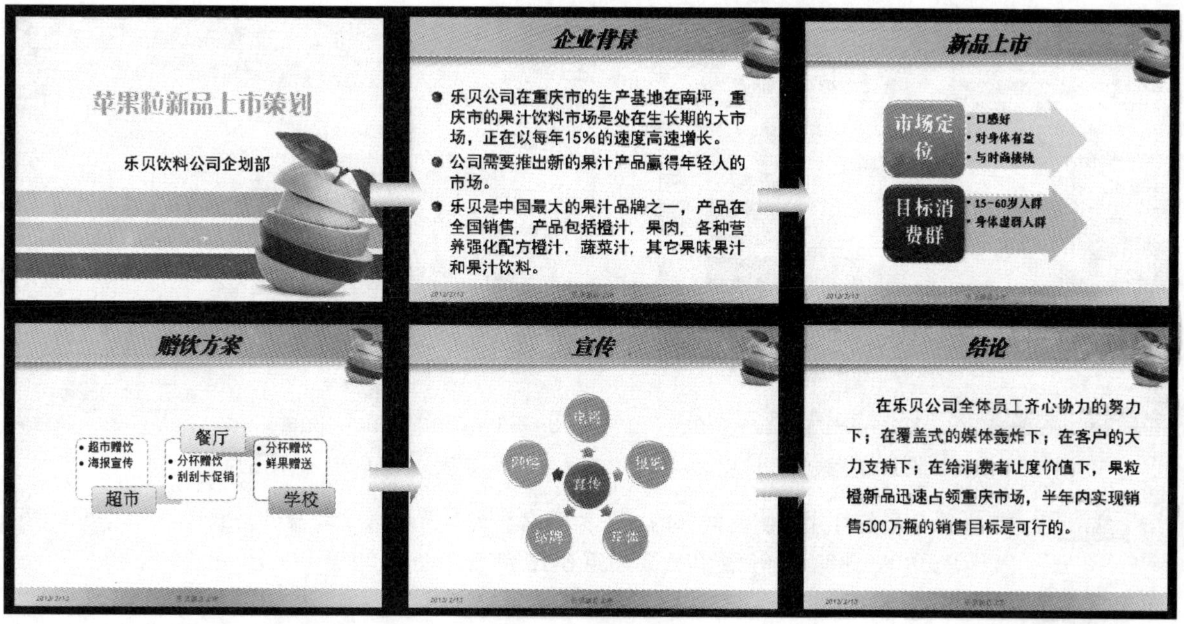
苹果粒新品上市策划
乐贝饮料公司企划部
企业背景
乐贝公司在重庆市的生产基地在南坪，重庆市的果汁饮料市场是处在生长期的大市场，正在以每年15%的速度高速增长。
公司需要推出新的果汁产品赢得年轻人的市场。
乐贝是中国最大的果汁品牌之一，产品在全国销售，产品包括橙汁，果肉，各种营养强化配方橙汁，蔬菜汁，其它果味果汁和果汁饮料。
新品上市
市场定位
口感好
对身体有益
与时尚接轨
目标消费群
15~60岁人群
身体虚弱人群
赠饮方案
餐厅
超市赠饮
海报宣传
分杯赠饮
刮刮卡促销
分杯赠饮
鲜果赠送
超市
学校
宣传
结论
在乐贝公司全体员工齐心协力的努力下；在覆盖式的媒体轰炸下；在客户的大力支持下；在给消费者让度价值下，果粒橙新品迅速占领重庆市场，半年内实现销售500万瓶的销售目标是可行的。

图 6-7　最终效果

知识提示

幻灯片母版的概念

幻灯片母版是用于存储关于模板信息的设计模板，这些模板信息包括字形、占位符大小和位置、背景设计和配色方案等，只要在母版中更改了样式，则对应的幻灯片中相应样式也会随之改变。

6.3.1 设置背景

要想快速统一整个演示文稿的背景风格，用户可通过制作幻灯片母版来设置所有幻灯片的背景。下面在“新品上市策划.pptx”演示文稿中通过幻灯片母版设置幻灯片的背景，其具体操作如下：

Step 01 打开“新品上市策划.pptx”演示文稿（\实例素材\第 6 章\新品上市策划.pptx），选择【视图】/【母版视图】组，单击“幻灯片母版”按钮，进入幻灯片母版编辑状态。

Step 02 选择第 1 张幻灯片后，选择【幻灯片母版】/【背景】组，单击“背景样式”按钮，在弹出的下拉列表中选择“设置背景格式”选项，如图 6-8 所示。

Step 03 打开“设置背景格式”对话框，选择“填充”选项卡，选中 图片或纹理填充(P) 单选按钮，在“插入自”栏中单击 文件(F)... 按钮，在打开的“插入图片”对话框中选择“背景 2.jpg”图片（\实例素材\第 6 章\背景 2.jpg），如图 6-9 所示。

Step 04 单击 插入(S) 按钮，返回“设置背景格式”对话框，单击 关闭 按钮。

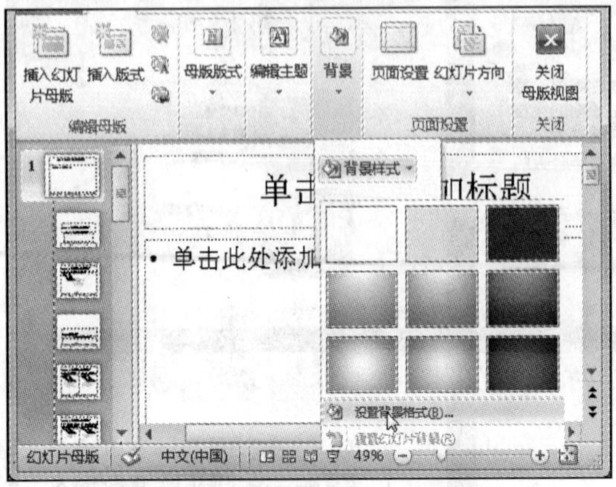

图 6-8　选择“设置背景格式”选项

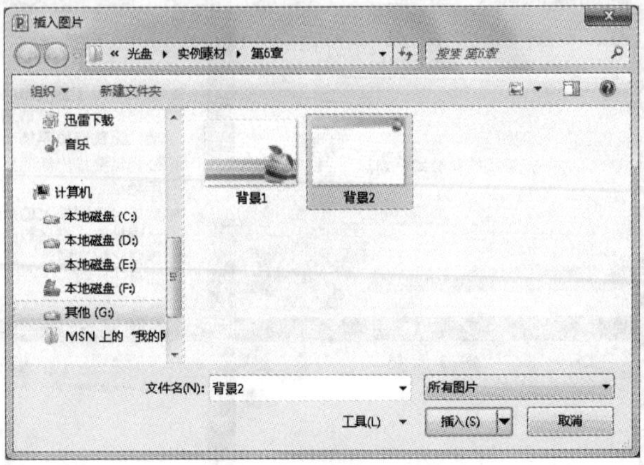

图 6-9　插入图片

Step 05 选择第 2 张幻灯片，使用同样的方法为第 2 张幻灯片插入“背景 1.jpg” 图片（\实例素材\第 6 章\背景 1.jpg），其效果如图 6-10 所示。

Step 06 选择第 3 张幻灯片后，选择【插入】/【插图】组，单击“形状”按钮，在弹出的下拉列表中选择“矩形”栏中的“矩形”选项，如图 6-11 所示。

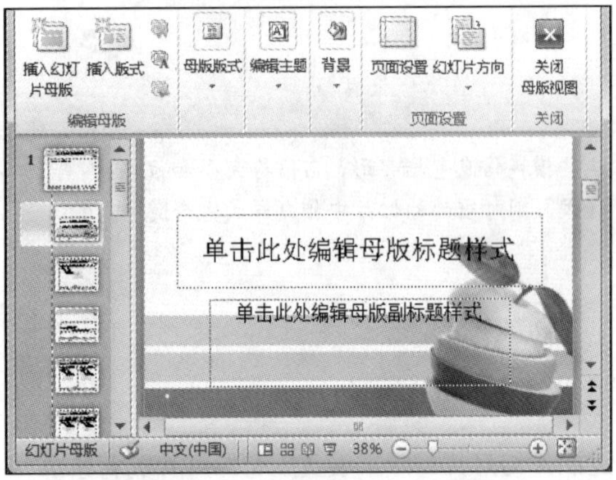

图 6-10　插入背景图片后的效果

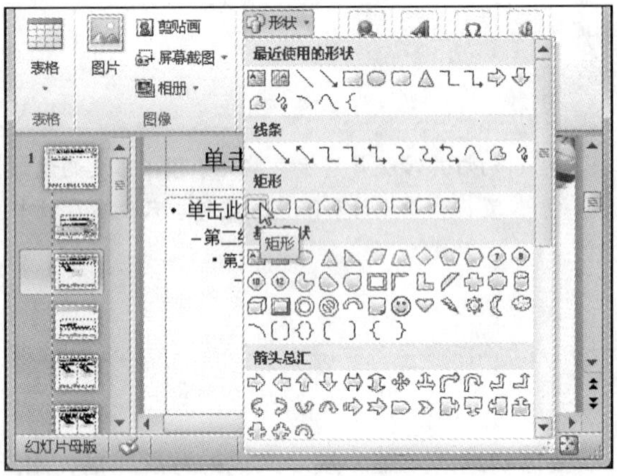

图 6-11　选择形状选项

Step 07 当鼠标光标变为十形状时，在幻灯片顶端绘制一个和幻灯片宽度相等的矩形，选择绘制的矩形，再选择【格式】/【形状样式】组，单击“形状填充”按钮，在弹出的下拉列表中选择“渐变/其他渐变”选项。

Step 08 打开“设置形状格式”对话框，在“填充”选项卡中选中 渐变填充(G) 单选按钮，然后对形状的渐变效果进行设置，单击 关闭 按钮，如图 6-12 所示。

Step 09 保持形状的选中状态，在“形状样式”面板中单击“形状轮廓”按钮旁的 ▾ 按钮，在弹出的下拉列表中选择“无轮廓”选项，如图 6-13 所示。

Step 10 保持形状的选中状态，单击鼠标右键，在弹出的快捷菜单中选择【置于底层】/【置于底层】命令。

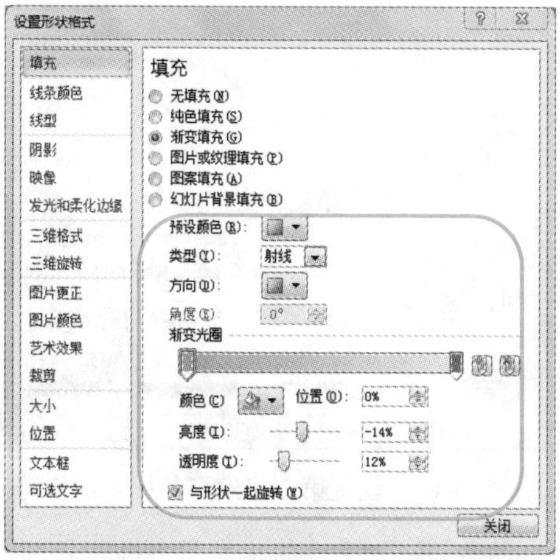

图 6-12　设置形状渐变填充效果

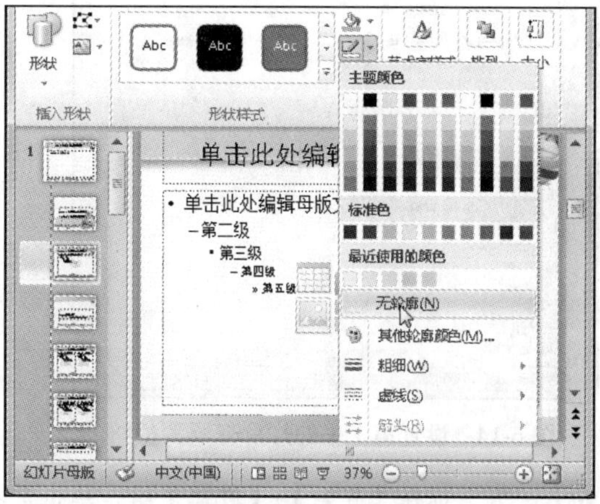

图 6-13　设置形状轮廓线

技巧点拨

设置幻灯片母版背景

设置幻灯片母版背景时，也可选择【插入】/【插图】组，单击“图片”按钮，在打开的对话框中选择所需插入的图片，在幻灯片中可根据需要对该图片的大小和叠放次序进行调整。

6.3.2　设置占位符格式

通过幻灯片母版设置各占位符的格式，这样既方便又快捷。设置占位符格式包括调整占位符的大小和位置，更改占位符中文本的字体、字号、字体颜色及文本效果等。

下面继续在“新品上市策划.pptx”演示文稿中通过幻灯片母版设置占位符的格式，其具体操作如下：

Step 01　选择第 1 张幻灯片中的标题占位符，将其占位符的位置向上移动，然后选择【开始】/【字体】组，将其字体设置为“方正粗宋简体”，字号设置为 40，单击“加粗”按钮加粗文本，如图 6-14 所示。

Step 02　选择正文文本，将其字体设置为“黑体”，其他保持默认不变。

Step 03　选择第 2 张幻灯片，先调整占位符的位置，然后使用相同的方法将标题文本字体设置为“方正粗倩简体”，字号设置为 48，字体颜色设置为“浅绿”，副标题文本保持默认不变，如图 6-15 所示。

知识提示

设置占位符的位置与大小

在幻灯片母版中设置占位符的位置与大小的方法与设置幻灯片占位符中的方法相同，只是在幻灯片母版中设置会应用到其他幻灯片中。

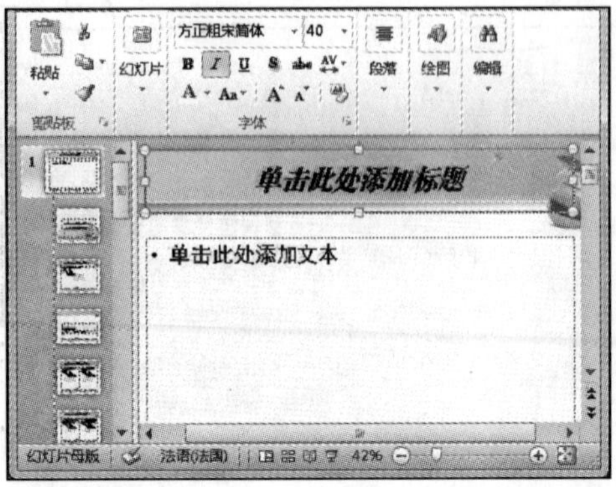

图 6-14　设置第 1 张幻灯片标题占位符

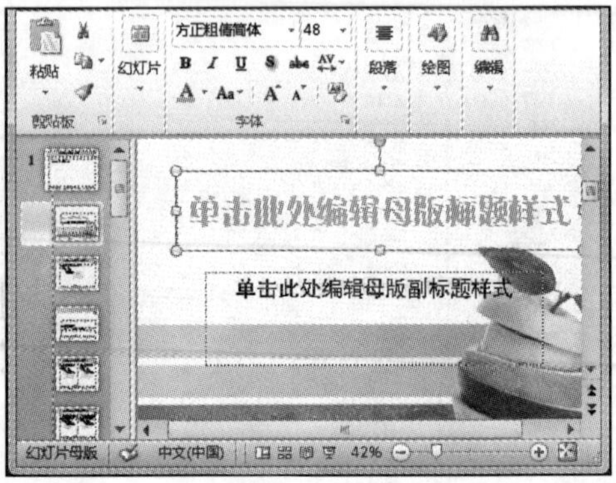

图 6-15　设置第 2 张幻灯片标题占位符

Step 04　选择【开始】/【段落】组，单击"项目符号"按钮旁的按钮，在弹出的下拉列表中选择"项目符号和编号"选项。

Step 05　打开"项目符号和编号"对话框，选择"项目符号"选项卡，单击图片(P)...按钮，在打开的"图片项目符号"对话框中选择如图 6-16 所示的项目符号，单击确定按钮。

Step 06　返回到幻灯片母版中，项目符号已修改为设置的图片样式，如图 6-17 所示。

图 6-16　选择图片项目符号

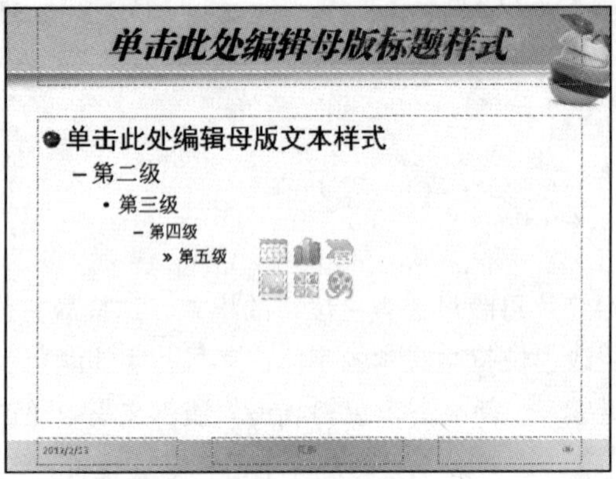

图 6-17　查看效果

技巧点拨

插入占位符

如果不小心删除了母版中的占位符，可选择【幻灯片母版】/【母版版式】组，单击"母版版式"按钮，在打开的"母版版式"对话框中选中相应的复选框进行恢复。

6.3.3　设置页眉/页脚

通过母版还可以设置幻灯片的页眉/页脚，包括日期、时间、编号和页码等内容，从而使幻灯片看起来更加专业。

下面继续在“新品上市策划.pptx”演示文稿中为每张幻灯片设置相同的页眉/页脚，其具体操作如下：

Step 01 选择【插入】/【文本】组，单击“页眉页”按钮。打开“页眉和页脚”对话框，选择“幻灯片”选项卡，选中日期和时间(D)和页脚(F)复选框，在下方的文本框中输入文本“乐贝新品上市”，最后选中标题幻灯片中不显示(S)复选框，如图 6-18 所示。

Step 02 单击全部应用(Y)按钮，返回母版编辑状态，选择【幻灯片母版】/【关闭】组，单击“关闭母版视图”按钮，如图 6-19 所示。返回普通视图状态，母版创建完成。

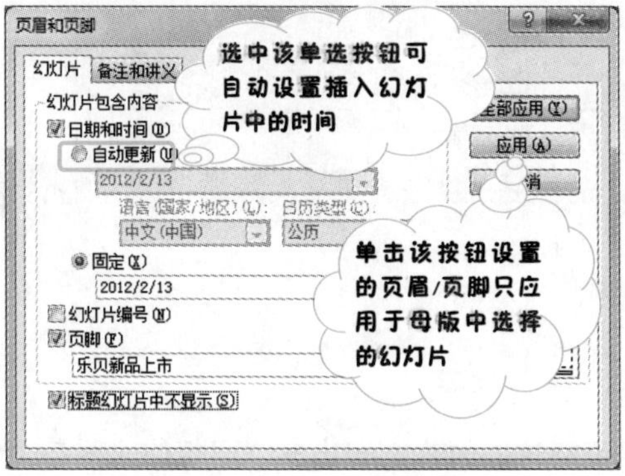

图 6-18　设置页眉/页脚

图 6-19　关闭幻灯片母版

知识提示

设置日期和时间

在“页眉和页脚”对话框中选中日期和时间(D)复选框后，系统将会选中固定(X)单选按钮，在其下方的文本框中用户可自行设置显示的日期和时间。

6.4　制作其他母版

母版除了幻灯片母版外，还包括讲义母版和备注母版，但讲义母版和备注母版在演示文稿中应用比较少，而且它们只有打印出来后才能查看，在放映演示文稿的过程中不会显示出来。一般来说，讲义母版是为方便人们在会议时使用；备注母版则是为方便演讲者在演示幻灯片时使用。

6.4.1　制作讲义母版

讲义是为方便演讲者在演示文稿时使用的纸稿，纸稿中显示了每张幻灯片的大致内容、要点等。讲义母版就是设置该内容在纸稿中的显示方式，制作讲义母版主要包括设置每页纸张上显示的幻灯片数量、排列方式以及页面和页脚的信息等。

制作讲义母版的方法是：选择【视图】/【母版视图】组，单击“讲义母版”按钮，进入讲义母版编辑状态，如图 6-20 所示。在“页面设置”面板中可设置讲义方向、幻灯片方向和每页幻灯片显示的数量，在“占位符”面板中可通过选中或取消选中复选框来显示或隐藏相应内容，在讲义母版中还可移动各占位符的位置、设置占位符中的文本样式等。在“关闭”面板中单击“关闭母版视图”按钮，退出讲义母版的编辑状态。

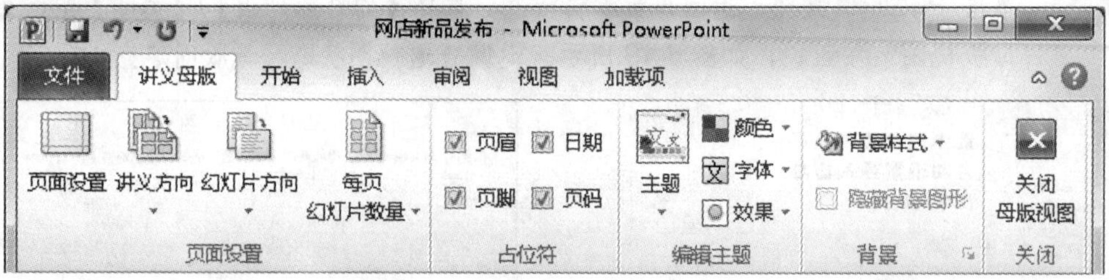

图 6-20　“讲义母版”功能区

6.4.2 制作备注母版

备注是指演讲者在幻灯片下方输入的内容，根据需要可将这些内容打印出来。要想使这些备注信息显示在打印的纸张上，就需要对备注母版进行设置。

制作备注母版的方法是：选择【视图】/【母版视图】组，单击“备注母版”按钮，进入备注母版编辑状态，如图 6-21 所示。其设置方法与讲义母版以及幻灯片母版相同。

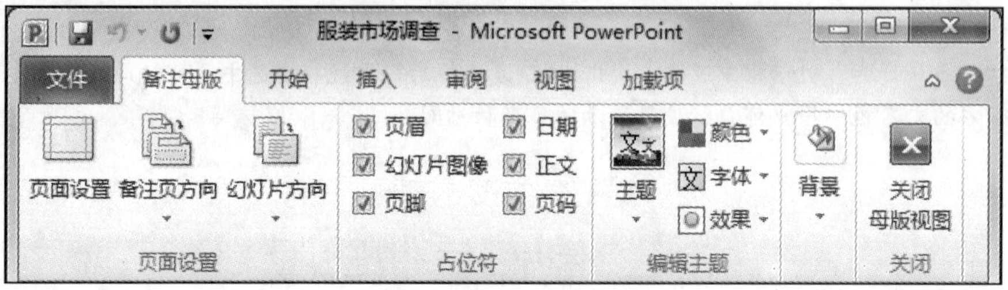

图 6-21　“备注母版”功能区

6.5 职场案例——制作“管理培训”演示文稿

案例背景

公司为了发展和培养人才，需要定期对管理人员进行培训，为了使培训能快速、有效地进行，公司要求人事部经理小李制作一个管理培训的演示文稿，以便使培训人员快速了解培训的内容。

6.5.1 案例目标

“管理培训”演示文稿一般主要包括个人与团队管理体系、自我规划、时间管理、工作沟通以及领导的品质等方面。

本例制作的管理培训演示文稿效果如图 6-22 所示（\最终效果\第 6 章\管理培训.pptx）。主题的应用使整个演示文稿画面统一，使制作的演示文稿看起来更专业。

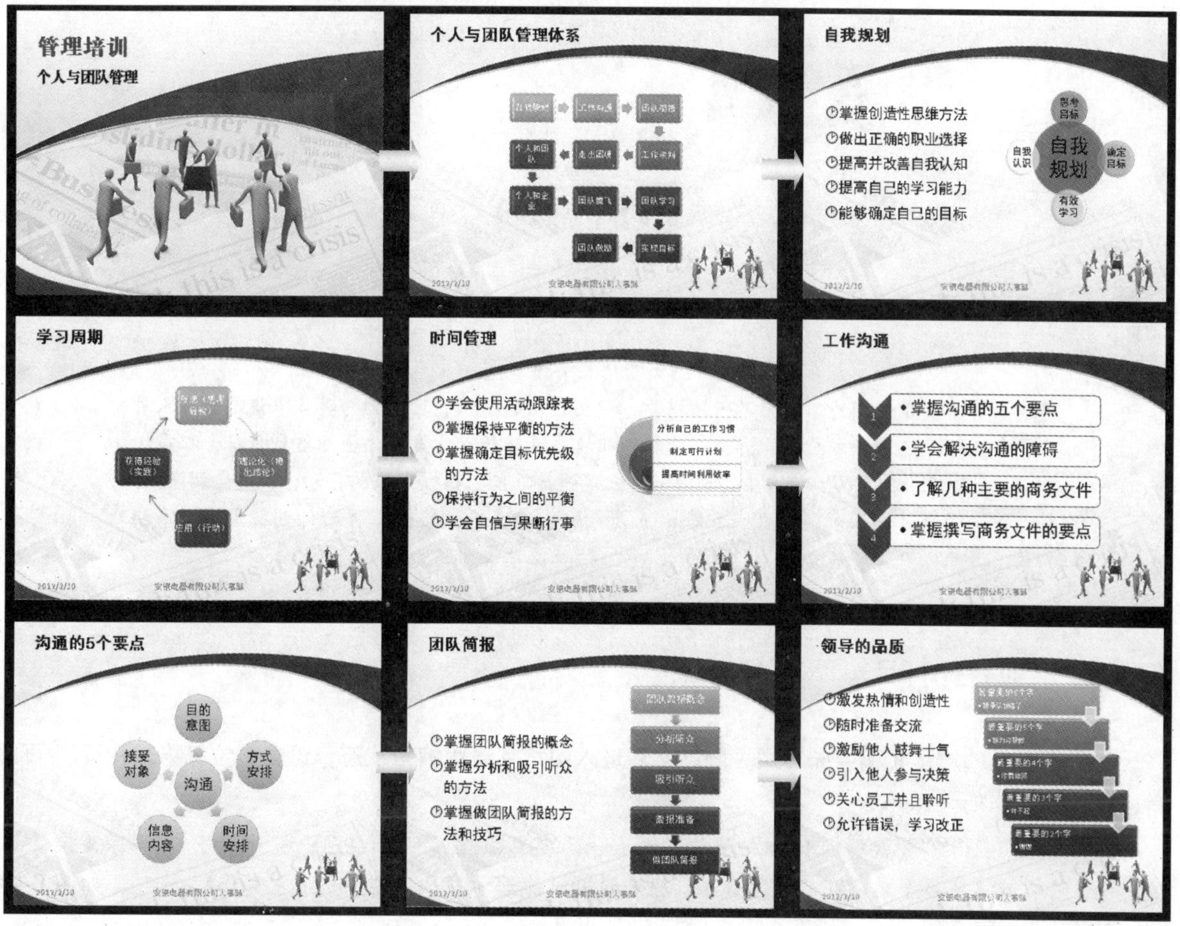

图 6-22　最终效果

6.5.2 制作思路

管理培训是针对公司各阶层的管理人员进行的培训。对于企业来说，通过培训可获取企业竞争优势，特别是针对管理人员进行培训后，能够更好地对团队的合作、下属工作的安排等起到指导性的作用，因此，在大型、中型和小型企业中都是经常用到的。

本例主要是在幻灯片母版视图状态下对幻灯片进行设置制作。先为幻灯片应用主题样式。然后进入幻灯片母版编辑状态，对母版进行制作，包括设置占位符中文本的字体格式和段落格式以及设置页眉/页脚等。本例的制作思路如图 6-23 所示。

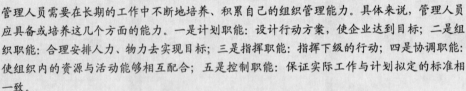

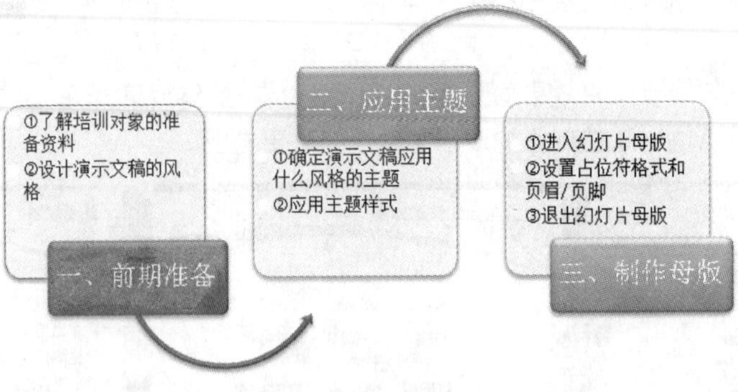

图 6-23　制作思路

职场充电

管理人员应具备或培养什么能力

管理人员需要在长期的工作中不断地培养、积累自己的组织管理能力。具体来说，管理人员应具备或培养这几个方面的能力。一是计划职能：设计行动方案，使企业达到目标；二是组织职能：合理安排人力、物力去实现目标；三是指挥职能：指挥下级的行动；四是协调职能：使组织内的资源与活动能够相互配合；五是控制职能：保证实际工作与计划拟定的标准相一致。

6.5.3　制作过程

下面在打开的演示文稿中先应用主题，然后进入幻灯片母版编辑状态，设置占位符格式和页眉/页脚等。其具体操作如下：

Step 01　打开“管理培训.pptx”演示文稿（\实例素材\第 6 章\管理培训.pptx），选择【设计】/【主题】组，在“主题选项”栏中选择“此演示文稿”栏下的“主题：1”选项，如图 6-24 所示。

Step 02　选择【视图】/【母版视图】组，单击“幻灯片母版”按钮，进入幻灯片母版编辑状态。

Step 03　选择第 2 张幻灯片中的标题文字后，选择【开始】/【字体】组，将其字体设置为“方正大标宋简体”，字号设置为 44，单击“字体颜色”按钮旁的按钮，在弹出的下拉列表中选择“标准色”栏中的“红色”选项，如图 6-25 所示。

Step 04　选择副标题文本，使用同样的方法将其字体设置为“方正粗宋简体”，字号设置为 28。

Step 05　选择第 1 张幻灯片，使用同样的方法将标题文本设置为“方正黑体简体”，字号设置为 32；将正文本字号设置为 24。

图 6-24 选择主题样式

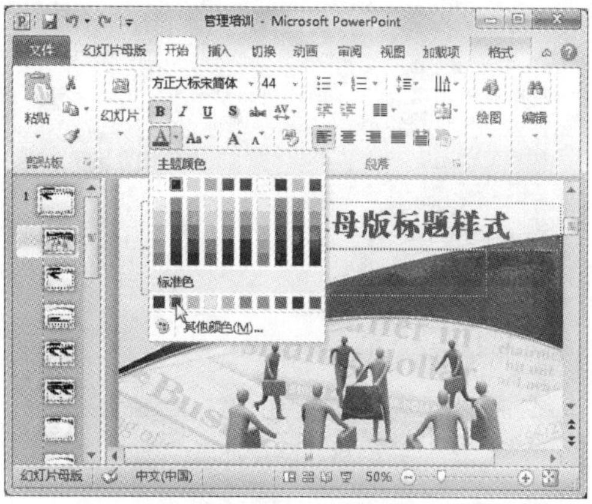

图 6-25 设置字体颜色

Step 06 选择第 1 张幻灯片的所有正文文本，单击鼠标右键，在弹出的快捷菜单中选择“段落”命令。

Step 07 打开“段落”对话框，在“间距”栏的“行距”下拉列表框中选择“多倍行距”选项，在“设置值”数值框中输入“1.2”，单击 确定 按钮，如图 6-26 所示。

Step 08 将鼠标光标定位到第一行正文文本的项目符号后面，选择【开始】/【段落】组，单击“项目符号”按钮☰旁的▾按钮，在弹出的下拉列表中选择“项目符号和编号”选项。

Step 09 打开“项目符号和编号”对话框，单击 自定义(U)... 按钮，在打开“符号”对话框的“字体”下拉列表框中选择 Wingdings 选项，选择如图 6-27 所示的符号后，依次单击 确定 按钮。

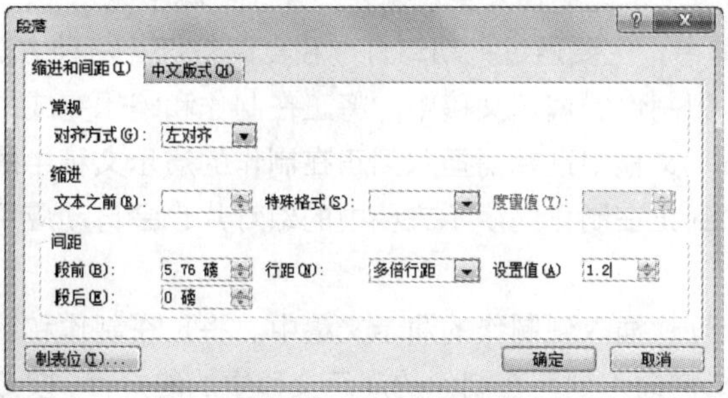

图 6-26 设置段落行距

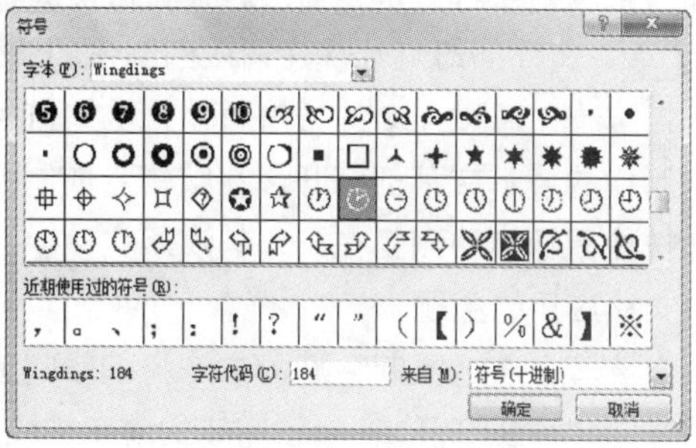

图 6-27 设置项目符号

Step 10 选择【插入】/【文本】组，单击“页眉和页脚”按钮。在打开的“页眉和页脚”对话框中选中☑日期和时间(D)复选框，选中◉自动更新(U)单选按钮。

Step 11 选中☑幻灯片编号(N)和☑页脚(F)复选框，在下方的文本框中输入“安银电器有限公司人事部”文本，选中☑标题幻灯片中不显示(S)复选框，单击 全部应用(Y) 按钮，返回母版编辑状态，如图 6-28 所示。

Step 12 选择页脚的 3 个文本框后，选择【开始】/【字体】组，将其字号设置为 16，单击“字体颜色”按钮A旁的▾按钮，在弹出的下拉列表中选择“橙色，文字 2，深色 25%”，如图 6-29 所示。

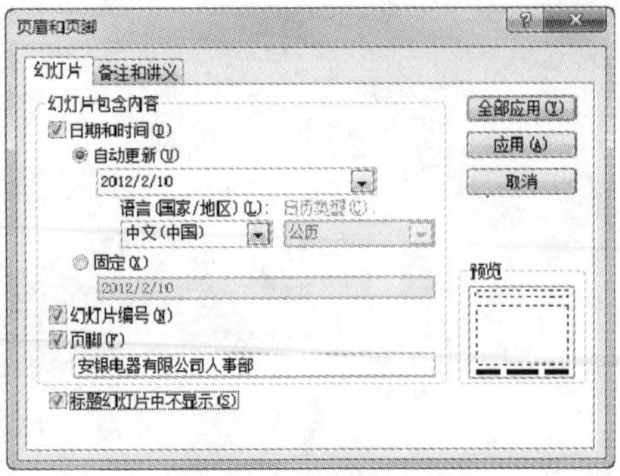

图 6-28　设置页眉/页脚

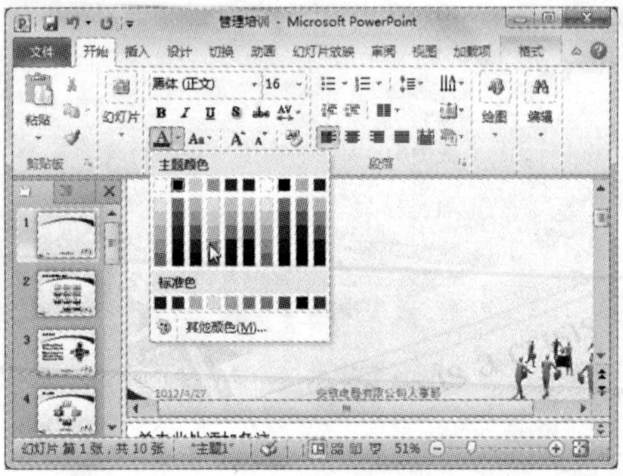

图 6-29　设置页眉/页脚颜色

Step 13　选择【幻灯片母版】/【关闭】组，单击“关闭母版视图”按钮，返回幻灯片普通视图状态。

6.6 技高一筹

技巧 1：将外部幻灯片插入演示文稿

：在制作演示文稿的过程中，很多时候需要借鉴他人制作的演示文稿，或是将之前制作的幻灯片插入正在制作的演示文稿，那么如何快速将外部的演示文稿插入正在制作的演示文稿中呢？

：将外部幻灯片快速插入到制作的演示文稿中，主要通过拖动幻灯片和复制幻灯片两种方法。

方法一：通过拖动的方法将他人的幻灯片插入到制作的演示文稿中。将正在制作和编辑完成的演示文稿制作的演示文稿都打开，在编辑完成制作的演示文稿中选择需插入到正在制作的演示文稿中的幻灯片，按住鼠标拖动到正在制作的演示文稿中，拖动到正在制作的演示文稿中的幻灯片也会自动应用当前演示文稿应用的主题。

方法二：通过复制粘贴的方法将编辑完成的幻灯片插入到制作的演示文稿中。将正在制作和编辑完成的演示文稿都打开，在编辑完成的演示文稿中选择需插入到正在制作的演示文稿中的幻灯片，按 Ctrl+C 组合键进行复制，然后切换到制作的演示文稿中，在“幻灯片”窗格中定位插入的幻灯片位置，按 Ctrl+V 组合键进行粘贴。

技巧 2：修改主题文本效果

：为演示文稿应用主题样式后，发现主题样式中自带的文本字体格式并不能满足需要，若想对字体格式进行修改，有什么方法呢？

：如果对主题样式中的文本字体不满意，还可以对文本格式进行修改，其方法主要有以下两种。

方法一：选择【设计】/【主题】组，单击“字体”按钮，在弹出的下拉列表中可直接选择系统提供的字体效果，如图 6-30 所示。

方法二：在“主题”面板中单击“字体”按钮文，在弹出的下拉列表中选择“新建主题字体”选项，打开“新建主题字体”对话框，在其中根据需要进行设置，如图 6-31 所示。

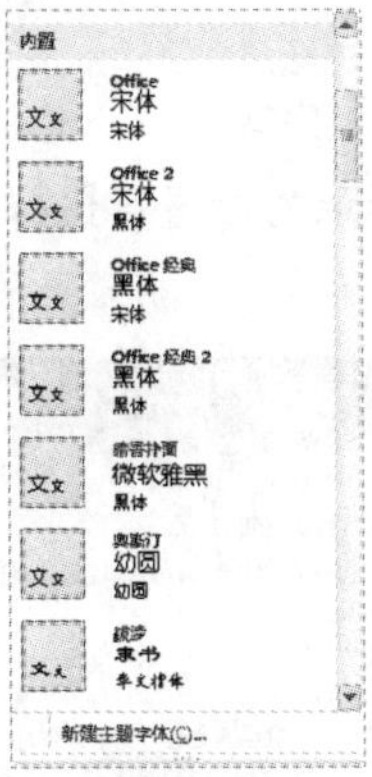

图 6-30　系统提供的字体效果

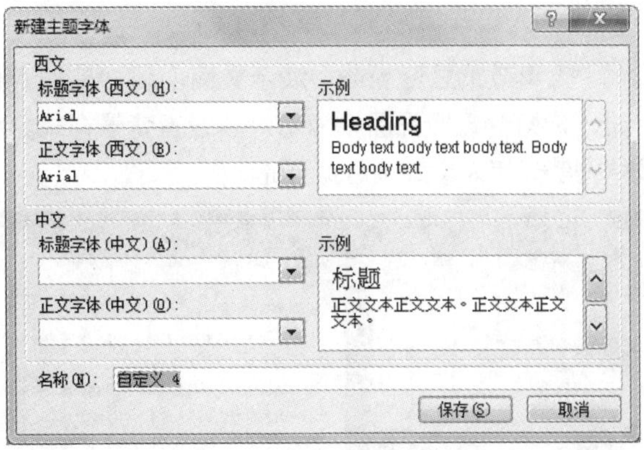

图 6-31　“新建主题字体”对话框

技巧 3：为 PowerPoint 模板添加水印

：从网上下载的模板或图片中都有水印，如网址、制作者等。其实通过幻灯片母版也可以为自己制作的 PowerPoint 模板添加水印、贴上标签。

：为制作的模板添加水印的方法都很简单，进入幻灯片母版后，选择第 1 张幻灯片，然后在需要添加水印的位置绘制文本框，最后输入添加的水印文本，退出幻灯片母版。若有需要也可以在幻灯片母版中的其他幻灯片中进行添加水印。

6.7 巩固练习

练习 1：制作“财务分析报告”演示文稿

打开提供的“财务分析报告.pptx”演示文稿（\实例素材\第 6 章\财务分析报告.pptx），为演示文稿应用内置的主题，然后更改主题的配色方案和字体。如图 6-32 所示为制作的最终效果（\最终效果\第 6 章\财务分析报告.pptx）。

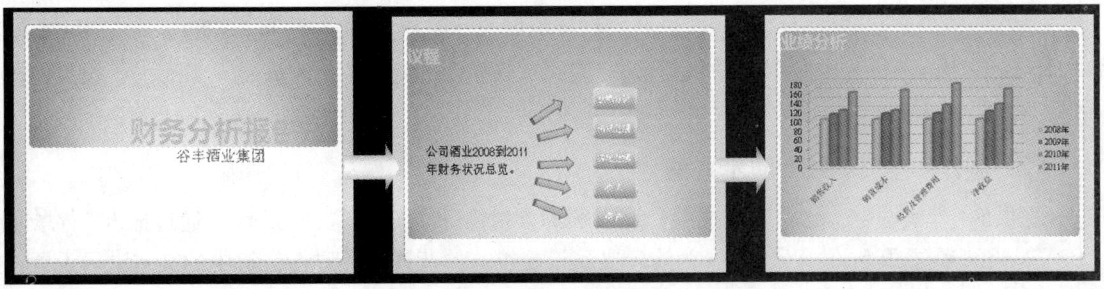

图 6-32　最终效果

提示：为演示文稿应用的主题为“视点”，更改的配色方案为“奥斯汀”，更改的字体为“新闻纸，微软雅黑，宋体”。

练习 2：制作“人事政策总览”演示文稿

打开提供的“人事政策总览.pptx”演示文稿（光盘\实例素材\第 6 章\人事政策总览.pptx），在打开的演示文稿中，进入幻灯片母版视图，为幻灯片设置背景样式。如图 6-33 所示为设置背景样式后的效果（光盘\最终效果\第 6 章\人事政策总览.pptx）。

人事政策总览
蓝天公司
培　训
课程、描述和计划
班级与课程安排：联系人姓名、电子邮件地址、电话号码
团队开发：联系人姓名、电子邮件地址、电话号码
管理培训：联系人姓名、电子邮件地址、电话号码
技能培训：联系人姓名、电子邮件地址、电话号码
表现回顾
表格、日程和指导
免税和非免税雇员：联系人姓名、电子邮件地址、电话号码
管理者和实习人员：联系人姓名、电子邮件地址、电话号码
设置目标：联系人姓名、电子邮件地址、电话号码
政策、一般信息：联系人姓名、电子邮件地址、电话号码
性能改进
政策和步骤：联系人姓名、电子邮件地址、电话号码
表格：联系人姓名、电子邮件地址、电话号码
安排新工作：联系人姓名、电子邮件地址、电话号码
补偿：联系人姓名、电子邮件地址、电话号码
招　聘
从学校招聘：联系人姓名、电子邮件地址、电话号码
雇员招聘：联系人姓名、电子邮件地址、电话号码
实习人员招聘：联系人姓名、电子邮件地址、电话号码
新增专业人员：联系人姓名、电子邮件地址、电话号码
工作描述、表格：联系人姓名、电子邮件地址、电话号码
调　动
雇员调动过程：联系人姓名、电子邮件地址、电话号码
调动请求表格：联系人姓名、电子邮件地址、电话号码
雇员调整：联系人姓名、电子邮件地址、电话号码
职位调整表格：联系人姓名、电子邮件地址、电话号码
辞　退
补偿计划：联系人姓名、电子邮件地址、电话号码
辞退政策和法规：联系人姓名、电子邮件地址、电话号码
辞退表：联系人姓名、电子邮件地址、电话号码
辞职批准表：联系人姓名、电子邮件地址、电话号码
内部工作列表
寻找内部工作：联系人姓名、电子邮件地址、电话号码
工作列表：联系人姓名、电子邮件地址、电话号码
工作公布表：联系人姓名、电子邮件地址、电话号码
休假和病假
产假：联系人姓名、电子邮件地址、电话号码
短期或长期病假：联系人姓名、电子邮件地址、电话号码
休假：联系人姓名、电子邮件地址、电话号码
休息日：联系人姓名、电子邮件地址、电话号码

图 6-33　最终效果

提示：在设置幻灯片背景样式时，在标题幻灯片中插入“图片 1.jpg”图片（光盘\实例素材\第 6 章\图片 1.jpg），在内容幻灯片中应用“图片 2.jpg”图片（光盘\实例素材\第 6 章\图片 2.jpg），设置的段落文本的段落间距为 1.3 行。

练习 3：制作“年终总结”演示文稿

打开提供的“年终总结.pptx”演示文稿（光盘\实例素材\第 6 章\年终总结.pptx），通过插入“背景.jpg”图片（光盘\实例素材\第 6 章\背景.jpg）为演示文稿设置统一的背景，并对占位符中的文本进行设置，如图 6-34 所示为最终效果（光盘\最终效果\第 6 章\年终总结.pptx）。

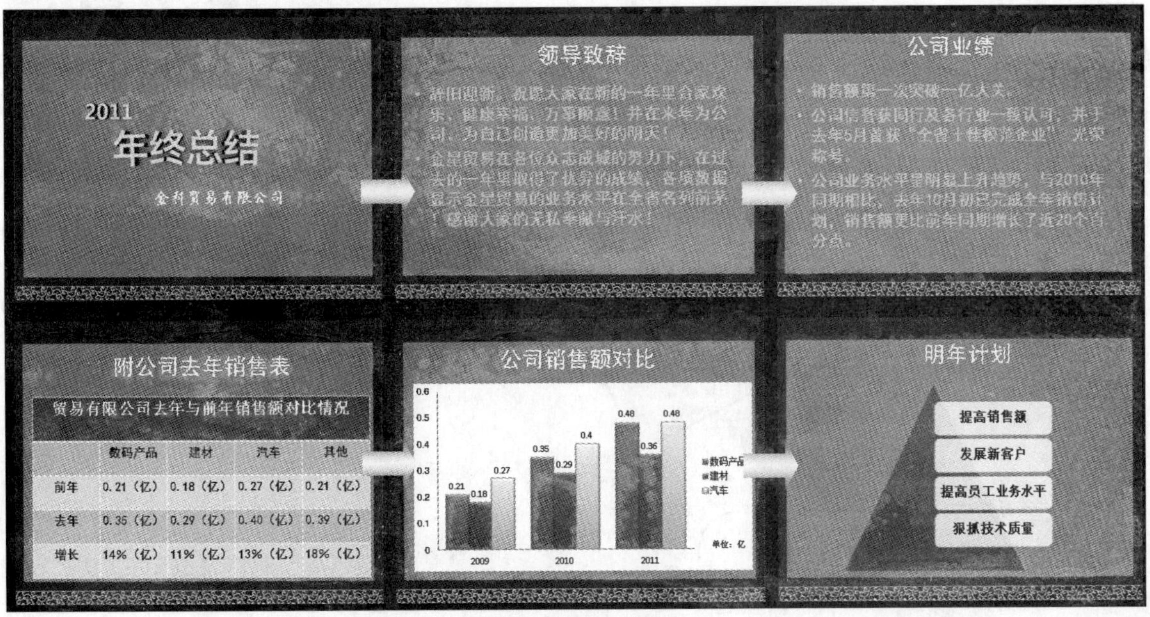
2011
年终总结
金利贸易有限公司
领导致辞
• 辞旧迎新。祝愿大家在新的一年里合家欢乐、健康幸福、万事顺意！并在来年为公司、为自己创造更加美好的明天！
• 金星贸易在各位众志成城的努力下，在过去的一年里取得了优异的成绩，各项数据显示金星贸易的业务水平在全省名列前茅！感谢大家的无私奉献与汗水！
公司业绩
• 销售额第一次突破一亿大关。
• 公司信誉获同行及各行业一致认可，并于去年5月首获“全省十佳模范企业”光荣称号。
• 公司业务水平呈明显上升趋势，与2010年同期相比，去年10月初已完成全年销售计划，销售额更比前年同期增长了近20个百分点。
附公司去年销售表
贸易有限公司去年与前年销售额对比情况
数码产品 建材 汽车 其他
前年 0.21（亿） 0.18（亿） 0.27（亿） 0.21（亿）
去年 0.35（亿） 0.29（亿） 0.40（亿） 0.39（亿）
增长 14%（亿） 11%（亿） 13%（亿） 18%（亿）
公司销售额对比
0.6
0.5
0.4
0.3
0.2
0.1
0
0.21 0.18 0.27
0.35 0.29 0.4
0.48 0.36 0.48
2009 2010 2011
数码产品
建材
汽车
单位：亿
明年计划
提高销售额
发展新客户
提高员工业务水平
狠抓技术质量

图 6-34 最终效果

轻松一刻

一家电脑公司最近下发了一个新通知，为规范公司形象，都必须戴工作牌上班。清洁工大姐找到经理说：“经理，你看我上班不戴工作牌行吗？你们的头衔不是经理就是工程师，而我只是一个打扫卫生的，我看就没有必要带了吧。”经理想了下说：“你需要美化一下自己，弄个好听点的职称！我看就叫优化大师吧。”

视频讲解

4段

第7章

给你的演示文稿加分

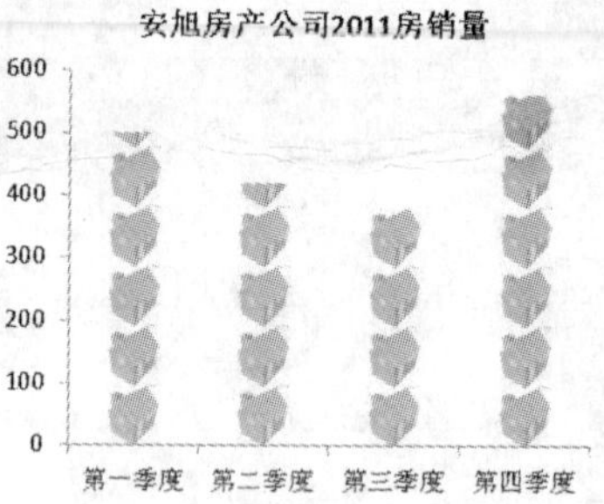

制作公司 2011 房产销量

★本章要点★

- 图片的应用技巧
- 节的应用
- 交互设计的应用

制作公司介绍

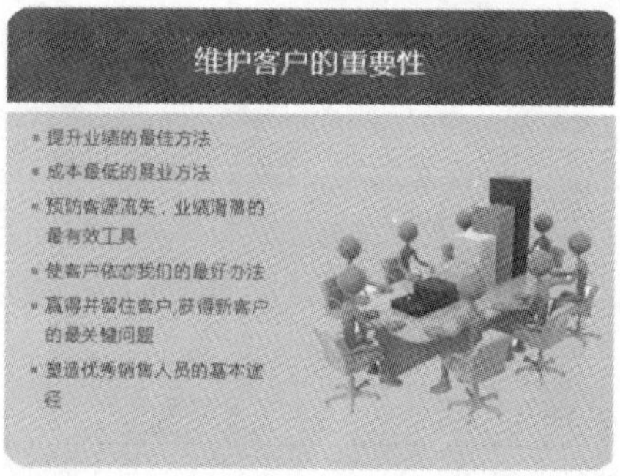

维护客户的重要性
提升业绩的最佳方法
成本最低的展业方法
预防客源流失，业绩滑落的最有效工具
使客户依恋我们的最好办法
赢得并留住客户,获得新客户的最关键问题
塑造优秀销售人员的基本途径

制作维护与管理客户资源

7.1 图片的应用技巧

图片在日常办公中应用非常广泛，如图片多用于产品宣传类演示文稿，表格和图表多用于总结报告。要想制作的演示文稿更具说服力、更专业，图片的应用是必不可少的。

7.1.1 删除图片的背景

在制作演示文稿的过程中，为了使演示文稿画面统一，图片与背景的搭配非常重要。如果插入的图片与背景不搭配，会影响演示文稿的整体效果，要想使图片与背景搭配合理，可去除图片的背景，使图片与背景融为一体。

删除背景的方法是：选择需去除背景的图片后，选择【格式】/【调整】组，单击“删除背景”按钮。当图片的背景将变为紫红色时，拖动鼠标调整文本框的大小。然后选择【背景消除】/【优化】组，单击“标记要保留的区域”按钮，在幻灯片空白区域单击鼠标，即可看到图片的背景已去除。如图 7-1 所示为删除背景前的图片效果。如图 7-2 所示为删除背景后的图片效果。

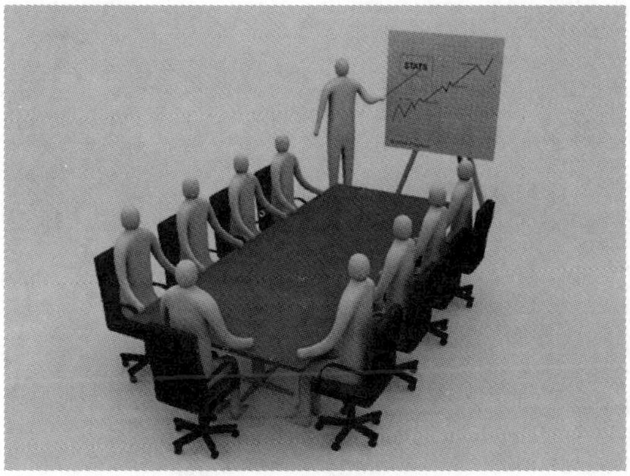

图 7-1 删除背景前的效果

图 7-2 删除背景后的效果

知识提示

新建工作簿的类型

在“优化”面板中单击“标记要删除的区域”按钮，表示文本框标记的部分是将从图片中删除的部分；直接单击“删除标记”按钮，将删除文本框标记以外的部分。在“关闭”面板中单击“放弃所有更改”按钮，表示关闭背景消除并放弃所有更改。

7.1.2 将图片裁剪为形状

为了能让插入在演示文稿中的图片更好地配合内容演示，有时需要让图片随形状的变化而变化。很多用户遇到这种情况，都会选用 Photoshop 等专业软件来对图片进行修改，其实在 PowerPoint 2010 中就能实现图片形状的修改。其方法是：选择幻灯片中的图片后，选择【格式】/【大小】组，单击“裁剪”按钮下的 按钮，在弹出的下拉列表中选择“裁剪为形状”选项，在其子列表中选择需裁剪的形状样式。再单击“裁剪”按钮，此时选择的图片将显示选择的形状样式，如图 7-3 所示。拖动鼠标调整图片显示，如图 7-4 所示为将图形裁剪为形状的效果。

图 7-3 裁剪图片

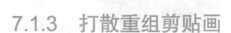

图 7-4 裁剪后的效果

技巧点拨

调整图片填充效果

裁剪为形状的图片可随着形状的大小而变化，若将图片裁剪为形状的部分并不是需要，这时可在“裁剪”下拉列表中选择“填充”或“调整”选项，此时形状中的图片可以随意进行调整，拖动图片将会调整图片的填充效果。

7.1.3 打散重组剪贴画

很多用户在制作演示文稿时，都知道如何插入剪贴画，但他们并不知道在 PowerPoint 2010 中还可对插入的 WMF 格式的剪贴画进行编辑，将剪贴画打散后将剪贴画上那些不需要的部分删除，将需要的部分进行保留，并且还可进行进一步的加工，如重新填充颜色或渐变色等。

其方法是：选择插入的剪贴画，单击鼠标右键，在弹出的快捷菜单中选择【组合】/【取消组合】命令，在弹出的提示对话框中单击 是(Y) 按钮，打散剪贴画，即可对剪贴画进行编辑。如图 7-5 所示为编辑前的剪贴画效果。如图 7-6 所示为删除剪贴画背景后的效果。如图 7-7 所示为重新填充颜色后的效果。

图 7-5　编辑前的效果

图 7-6　删除剪贴画背景后的效果

图 7-7　重新填充颜色后的效果

知识提示

编辑剪贴画

更改剪贴画各部分颜色的方法和更改形状颜色方法类似。对剪贴画进行编辑后还可将打散的剪贴画重新组合，其方法和组合图片、形状等方法类似。

7.1.4　组合形状的应用

在矢量软件 CorelDRAW 里根据焊接、裁剪、相交、简化等操作可将两个或两个以上的形状裁剪为任意图形。在 PowerPoint 2010 中也可以快速地将形状裁剪为任意图形。PowerPoint 2010 虽然引入了“组合形状”这个功能，但是在自定义工具栏中并没有“组合形状”选项，需要用户自行进行设置。下面就对“组合形状”的添加和形状的裁剪方法进行介绍。

1. 自定义添加“组合形状”选项

在 PowerPoint 2010 工作界面中自定义添加“组合形状”选项后，即可将形状裁剪为任意图形。下面将在 PowerPoint 2010 工作界面中自定义添加“组合形状”选项，其具体操作如下：

Step 01　启动 PowerPoint 2010，选择【文件】/【选项】命令，打开“PowerPoint 选项”对话框，选择“自定义功能区”选项卡。

Step 02　在“从下列位置选择命令”下拉列表框中选择“不再功能区中的命令”选项，在其下方的列表框中选择“组合形状”选项。

Step 03　在“自定义功能区”下拉列表框中选择“工具选项卡”选项，在其下方列表框的“绘图工具”栏中选中 格式 复选框，在展开的列表中选择“形状样式”选项。

Step 04　单击 新建组(N) 按钮，在 格式 复选框展开的列表中选择“新建组(自定义)”选项；单击 重命名(M)... 按钮，在打开的“重命名”对话框的“显示名称”文本框中输入“组合形状”文本，单击 确定 按钮，如图 7-8 所示。

Step 05 单击 添加(A) >> 按钮即可将选择的“组合形状”选项添加到“组合形状（自定义）”选项下，单击 确定 按钮完成添加，如图 7-9 所示。

图 7-8　设置新建组的名称

图 7-9　添加“组合形状”选项

2. 任意裁剪形状

添加“组合形状”选项后，即可对绘制的形状进行任意裁剪。其方法是：选择【插入】/【插图】组，单击“形状”按钮，在弹出的下拉列表中选择任意形状，在幻灯片编辑区中进行绘制，然后将绘制的形状多复制几个并调整形状的位置，使各形状之间有联系。选择绘制的形状后，再选择【格式】/【组合形状】组，单击“组合形状”按钮，在弹出的下拉列表中选择所需的选项，如图 7-10 所示。

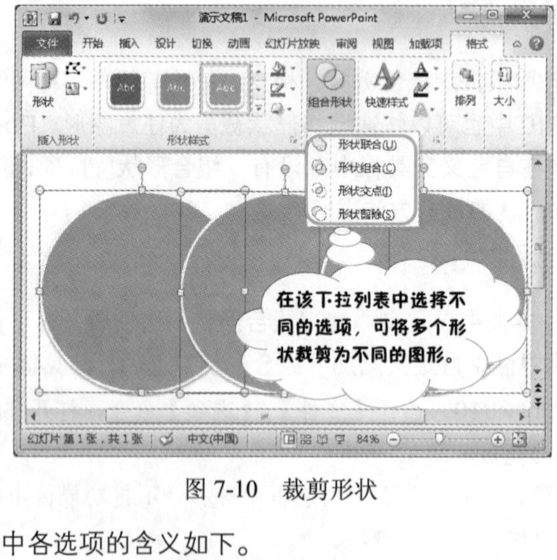

图 7-10　裁剪形状

“组合形状”下拉列表中各选项的含义如下。

- 形状联合：是指将多个相互重叠或分离的形状结合生成一个新的图形对象，如图 7-11 所示。
- 形状组合：是指将多个相互重叠或分离的形状结合生成一个新的图形对象，但形状的重合部分将被剪除，如图 7-12 所示。
- 形状交点：是指多个形状的未重叠的部分将被剪除，重叠的部分将被保留并生成一个新的图形对象，如图 7-13 所示。

- 形状剪除：是指将被剪除的形状覆盖或被其他对象覆盖的部分清除所产生新的对象，如图 7-14 所示。

图 7-11　形状联合

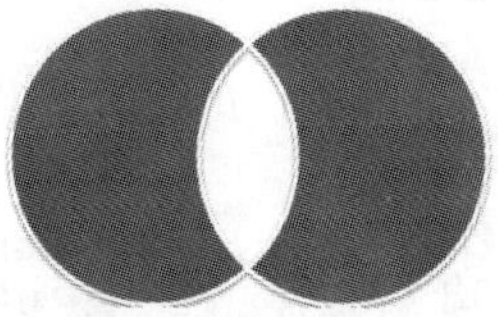
图 7-12　形状组合

图 7-13　形状交点

图 7-14　形状剪除

知识提示

组合形状的注意事项

组合形状只能针对两个或两个以上形状，单个形状不能进行操作。

7.1.5　将文本转换为 SmartArt 图形

在 PowerPoint 2010 中，还可将幻灯片中部分的观点性文字转化为 SmartArt 图形，这样既能达到传递信息的目的，又能增加幻灯片的美观性。其方法是：选择需转化为 SmartArt 图形的文本后，选择【开始】/【段落】组，单击“转换为 SmartArt”按钮，在弹出的下拉列表中选择合适的 SmartArt 图形，如图 7-15 所示。

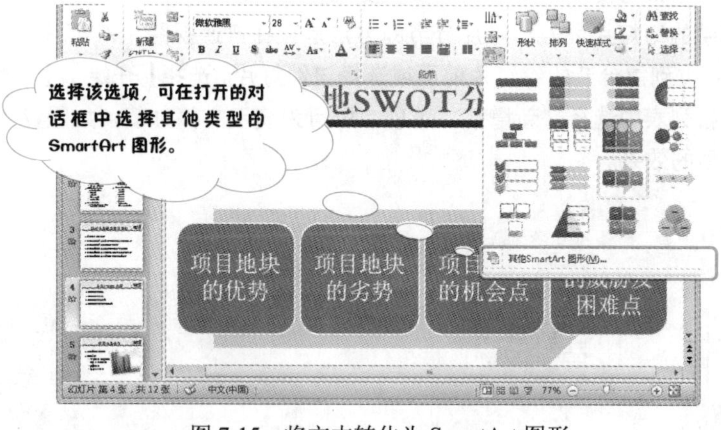

图 7-15　将文本转化为 SmartArt 图形

7.1.6　用图片来美化图表

在演示文稿中，可以使用一些图片来美化幻灯片中的图表，这样可以更形象化地表现数据。但是在选择图片来美化图表时一定要选择有比喻意义或联想意义的图片，也可以使用公司 LOGO 或一些常见的填充图片，如小汽车、小房子、银币等。选用的图片最好要透明色并且清晰度要高。如图 7-16 所示为使用图片美化的图表效果。

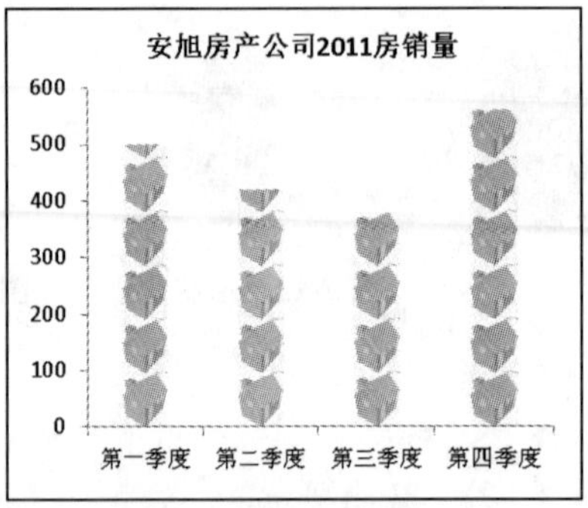

图 7-16　用图片美化图表

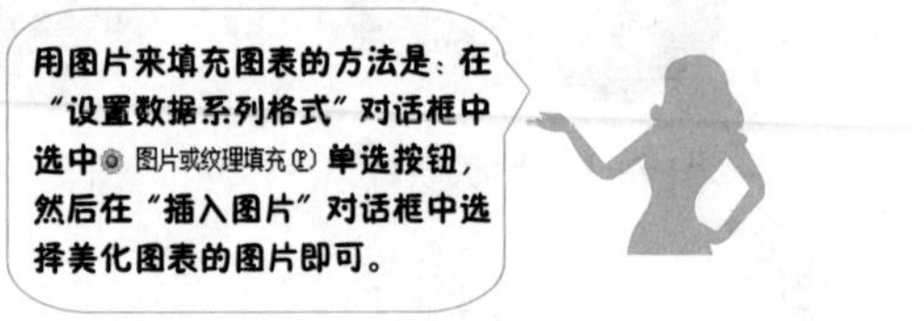
用图片来填充图表的方法是：在“设置数据系列格式”对话框中选中 图片或纹理填充(P) 单选按钮，然后在“插入图片”对话框中选择美化图表的图片即可。

7.2　节的应用

在 PowerPoint 2010 演示文稿中，节的应用没有图形的应用那么普遍，但是对于大型的演示文稿，可以利用节来简化管理和导航，这能使演示文稿的结构一目了然。

7.2.1　为幻灯片分节

为幻灯片分节后，不仅可使演示文稿的逻辑性更强，还可以与他人协作创建演示文稿，如每个人负责制作演示文稿一节中的幻灯片。为幻灯片分节的方法是：在普通视图“幻灯片”窗格中，或在幻灯片浏览视图中，将鼠标定位到需分节的幻灯片前面或选择该幻灯片。选择【开始】/【幻灯片】组，单击“节”按钮，在弹出的下拉列表中选择“新增节”选项，即可为演示文稿分节，如图 7-17 所示。如图 7-18 所示为演示文稿分节后的效果。

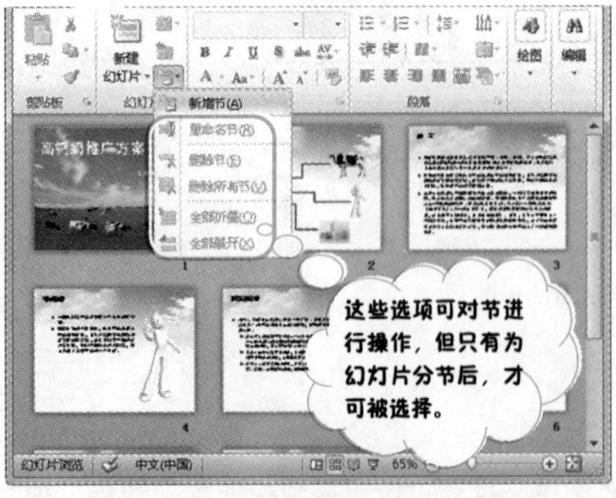
新增节(A)
这些选项可对节进行操作，但只有为幻灯片分节后，才可被选择。

图 7-17　选择“新增节”选项

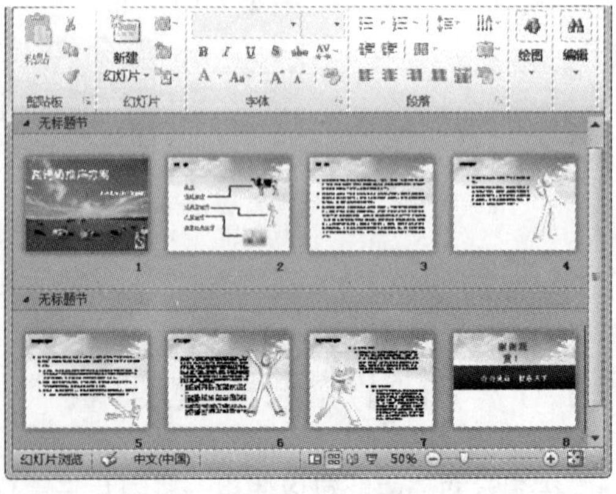

图 7-18　查看分节后的效果

7.2.2 操作节

在 PowerPoint 2010 中，不仅可以为幻灯片分节，还可以对节进行操作，包括重命名节、删除节、展开或折叠节等。节的常用操作方法如下。

- 重命名节：新增的节名称都是“无标题节”，需要自行进行重命名。单击“无标题节”文本，在弹出的下拉列表中选择“重命名”选项。在打开的“重命名节”对话框的“节名称”文本框中输入节的名称，单击 重命名(R) 按钮。
- 删除节：对多余的节或无用的节可删除，单击节名称，在弹出的下拉列表中选择“删除节”选项可删除选择的节；选择“删除所有节”选项可删除演示文稿中的所有节。
- 展开或折叠节：在演示文稿中，既可以将节展开，也可以将节折叠起来。使用鼠标双击节名称可将其折叠，再次双击可将其展开。还可以单击节名称，在弹出的下拉列表中选择“全部折叠”或“全部展开”选项，可将其折叠或展开。

7.3 交互设计的应用

在制作普通的演示文稿时，交互设计的应用很少，但对于制作专业、对动画要求比较严格的演示文稿来说，交互设计的应用就比较广泛。

7.3.1 触发器的应用

触发器通常应用于制作课件的演示文稿中，触发器可以是图片、图形或按钮，甚至可以是一个段落或文本框。单击触发器时它会触发一个操作，该操作可以是声音、电影或动画。只要在幻灯片中包含动画效果、电影或声音，就可为其设置触发器。

设置触发器的方法是：首先为单击对象和需触发对象添加相应的动画效果，然后选择触发对象。选择【动画】/【高级动画】组，单击“触发”按钮，在弹出的下拉列表中选择“单击”选项，在其子列表中显示了添加触发器的对象，如图 7-19 所示。

图 7-19 设置触发器

7.3.2 利用触发器制作控制按钮

在有些演示文稿的幻灯片中插入声音或视频后，有时为了能在演示过程中快速控制声音或视频的播放效果，需要利用触发器制作“播放”和“暂停”按钮来控制播放速度。

下面在“景点宣传.pptx”演示文稿中利用触发器为第 4 张幻灯片制作“播放”和“暂停”按钮，其具体操作如下：

Step 01 打开“景点宣传.pptx”演示文稿（\实例素材\第 7 章\景点宣传.pptx），选择第 4 张幻灯片中的视频后，选择【播放】/【视频选项】组，在“开始”下拉列表中选择“单击时”选项。

Step 02 在视频图标上绘制一个圆角矩形，在其中输入文字“PLAY”，并根据需要设置形状填充色和线条色及文字颜色，将此形状作为“播放”按钮。

Step 03 使用相同的方法绘制一个 STOP 按钮，选中两个按钮，移动其到如图 7-20 所示的位置。

Step 04 单击视频图标，选择【动画】/【动画】组，在“动画样式”选项栏中选择“播放”选项，如图 7-21 所示。

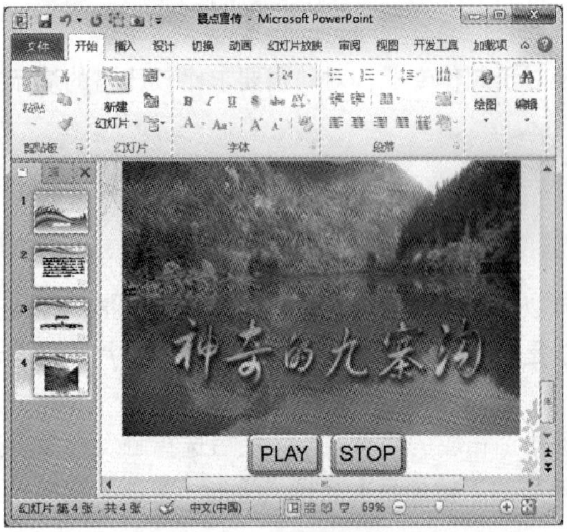

图 7-20 制作控制按钮

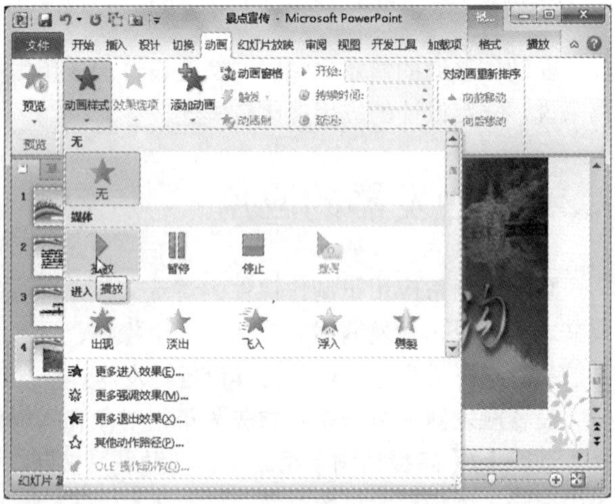

图 7-21 选择动画效果

Step 05 打开“动画窗格”窗格，在列表中选择刚设置的动画效果选项，单击鼠标右键，在弹出的快捷菜单中选择“计时”命令，打开“播放视频”对话框。

Step 06 选择“计时”选项卡，单击 触发器(T) 按钮，选中 ◉ 单击下列对象时启动效果(C) 单选按钮，并在其后的下拉列表框中选择“圆角矩形 1: PLAY”选项，如图 7-22 所示。

Step 07 在“高级动画”面板中单击“添加动画”按钮，在弹出的下拉列表中选择“暂停”选项。

Step 08 在“计时”选项卡的“单击下列对象时启动效果”下拉列表框中选择“圆角矩形 5: STOP”选项。

Step 09 设置完成后，按 Shift+F5 组合键放映当前幻灯片，预览播放效果（\最终效果\第 7 章\

景点宣传.pptx），如图 7-23 所示。

图 7-22　设置触发器

图 7-23　预览播放效果

知识提示

控制按钮

放映过程中，单击 PLAY 按钮表示从头开始放映视频，单击 STOP 按钮表示暂停播放，再次单击 STOP 按钮将会继续播放。

7.3.3　利用触发器制作弹出菜单

在浏览网页时，在单击某个超链接后会弹出一个菜单列表，很多人认为这种效果只能通过专业的制作软件才能制作出来，但是，通过 PowerPoint 2010 也可以制作弹出式菜单的效果。

下面在“公司介绍.pptx”演示文稿的第 1 张幻灯片中通过绘制形状和利用触发器来制作弹出式菜单，其具体操作如下：

Step 01　打开“公司介绍.pptx”演示文稿（\实例素材\第 7 章\公司介绍.pptx），选择第 1 张幻灯片中除“进入”外的矩形菜单后，选择【动画】/【动画】组，在“动画样式”选项栏中选择“更多进入效果”选项。

Step 02　在打开的“更改进入效果”对话框中选择“基本型”栏中的“切入”选项，单击 确定 按钮，如图 7-24 所示。

Step 03　在“动画”面板中将动画效果的方向设置为“自顶部”，在动画窗格效果选项上单击鼠标右键，在弹出的快捷菜单中选择“计时”命令。

Step 04　打开“切入”对话框，单击 触发器(T) 按钮，选中 单击下列对象时启动效果(C) 单选按钮，并在其后的下拉列表框中选择“圆角矩形 5：进入”选项，单击 确定 按钮，如图 7-25 所示。

Step 05　再次选择矩形，选择【动画】/【高级动画】组，单击“添加动画”按钮，在弹出的下拉列表中选择“更多退出效果”选项，在打开的对话框中选择“切出”选项。

图 7-24　设置动画效果

图 7-25　设置触发器

Step 06　在"切出"对话框的"计时"选项卡的"开始"下拉列表框中选择"上一动画之后"选项，在"延迟"数值框中输入"10"，单击 确定 按钮。

Step 07　在动画窗格中调整动画的播放顺序，然后按 Shift+F5 组合键放映当前幻灯片，如图 7-26 所示。单击"进入"矩形按钮即可弹出菜单，如图 7-27 所示。

图 7-26　进入放映状态

图 7-27　弹出菜单

知识提示

动画效果的设置

在"切入"动画效果之后设置"切出"效果是为了表现出：单击"快速定位"按钮后，快速弹出其定位菜单，待 5 秒后该菜单将自动弹回并隐藏的效果。

7.4 职场案例——制作拓展培训

案例背景

最近几个月，公司销售人员的销售业绩下降非常严重，公司为了提高销售业绩，决定对销售人员进行一次拓展培训，公司让销售部经理小何将这次培训的内容制作成演示文稿，要求制作的演示文稿要体现出培训的重点。

7.4.1 案例目标

本例制作的拓展培训演示文稿效果如图 7-28 所示（最终效果\第 7 章\拓展培训.pptx）。员工培训的内容会根据每个公司的不同和职位的不同而安排培训的内容。本例的培训重点是如何快速接手拓展工作，所以培训的内容主要包括对拓展工作的指导，快速融入集体、获取分销商信任与合作等。

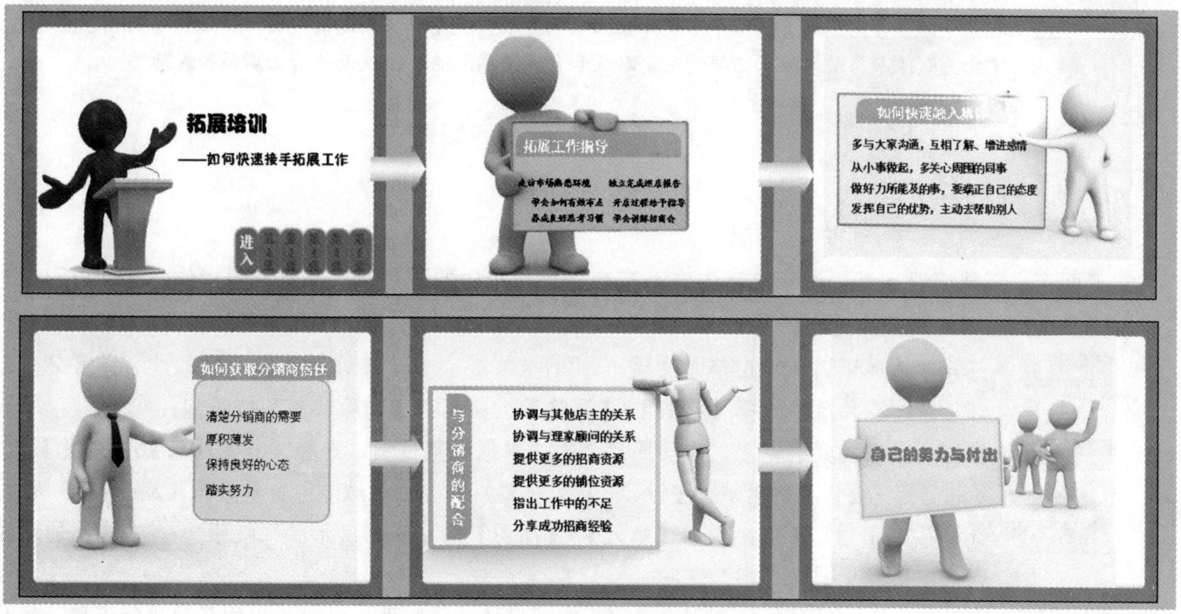
拓展培训
——如何快速接手拓展工作
进入
拓展工作指导
独立完成巡店报告
学会如何有效布点
开店过程给予指导
养成良好思考习惯
学会讲解招商会
多与大家沟通，互相了解、增进感情
从小事做起，多关心周围的同事
做好力所能及的事，要端正自己的态度
发挥自己的优势，主动去帮助别人
如何获取分销商信任
清楚分销商的需要
厚积薄发
保持良好的心态
踏实努力
与分销商的配合
协调与其他店主的关系
协调与理家顾问的关系
提供更多的招商资源
提供更多的铺位资源
指出工作中的不足
分享成功招商经验
自己的努力与付出

图 7-28 最终效果

7.4.2 制作思路

本例首先要根据案例需求进行内容和结构的布局，确定整个演示文稿的模板风格和色调统一，然后开始制作该演示文稿。制作该演示文稿包含的知识主要有删除图片背景、绘制形状、输入文本并设置格式、设置超链接以及添加切换效果和动画效果。本例的制作思路如图 7-29 所示。

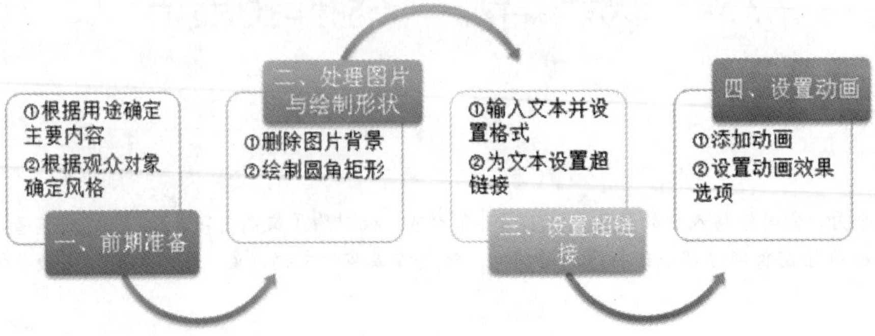

图 7-29　制作思路

职场充电

拓展培训对个人有什么好处

拓展培训可增强自信心，认识自身潜能，改进自身形象，克服心理惰性，改善性格缺陷，培养个人意志力，不浮躁、不颓废，以最佳的状态面对工作与生活的挑战；认识群体的作用，增进对集体的参与意识和责任心；启发想象力与创造性，提高解决问题的能力；学习欣赏别人，学会关心他人、助人为乐、关爱生命以及和自然情感沟通，以使表达能力增强，人际关系趋向和谐。

7.4.3　制作过程

下面在“拓展培训.pptx”演示文稿中先对第 2 张幻灯片中的图片执行删除背景操作，然后再利用触发器制作下拉菜单。其具体操作如下：

Step 01　打开“拓展培训.pptx”演示文稿（\实例素材\第 7 章\拓展培训.pptx），选择第 2 张幻灯片中的图片后，选择【格式】/【调整】组，单击“删除背景”按钮。

Step 02　当图片区域成紫红色时，拖动图片上的文本框调整位置，选择【背景清除】/【优化】组，单击“标记要保留的区域”按钮，再单击幻灯片空白区域删除背景颜色，如图 7-30 所示。

Step 03　选择第 1 张幻灯片后，选择【插入】/【插图】组，单击“形状”按钮，在弹出的下拉列表中选择“圆角矩形”选项。

Step 04　在幻灯片上拖动鼠标绘制圆角矩形，在“形状样式”面板中对绘制的形状进行设置，然后在绘制的形状中输入文本，并对文本的字体格式进行设置，其效果如图 7-31 所示。

Step 05　选择绘制的形状，然后复制 5 个相同的形状，并在复制的形状中输入相应的文本，对文本的字体格式进行设置，其效果如图 7-32 所示。

Step 06　选择复制的 5 个形状，将其组合，选择“第 2 张”文本，单击鼠标右键，在弹出的快捷菜单中选择“超链接”命令。在打开的“插入超链接”对话框中单击“本文档中的位置”

按钮。

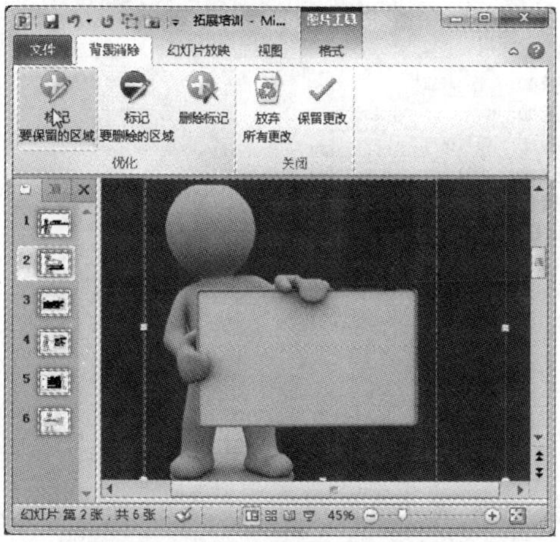

图 7-30　删除图片背景

图 7-31　对形状进行编辑

Step 07　在“请选择文档中的位置”列表框中选择相对应的幻灯片，单击 确定 按钮，如图 7-33 所示。

图 7-32　复制并编辑形状

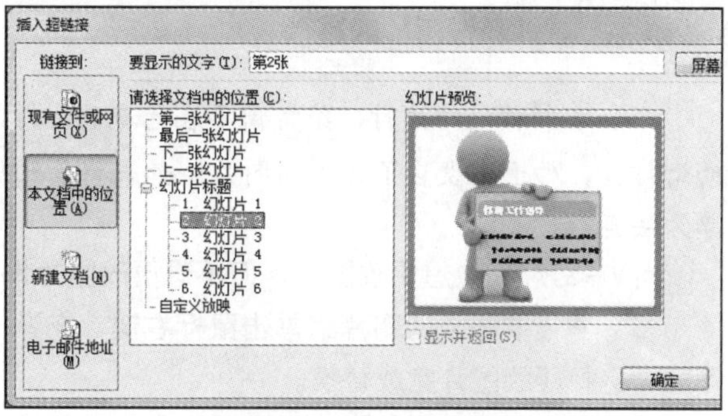

图 7-33　设置超链接

Step 08　使用相同的方法为除“进入”外的其他文本设置超链接，选择组合的形状。再选择【动画】/【动画】组，在“动画样式”下拉列表中选择“更多进入效果”选项，在打开的对话框中选择“切入”选项。

Step 09　单击“效果选项”按钮，在弹出的下拉列表中选择“自左部”选项，如图 7-34 所示。

Step 10　在动画窗格中选择设置的动画效果选项，单击鼠标右键，在弹出的快捷菜单中选择“计时”命令。

Step 11　在打开的对话框中单击 触发器(T) 按钮，选中 单击下列对象时启动效果(C) 单选按钮，在其后下拉列表框中选择“圆角矩形 1：进入”选项，如图 7-35 所示。

Step 12　使用同样的方法为组合的形状添加一个退出动画效果“切出”，然后设置动画的“开始”时间为“上一动画之后”，将“延迟”时间设置为 10，其他保持默认设置不变。

图 7-34　设置动画方向

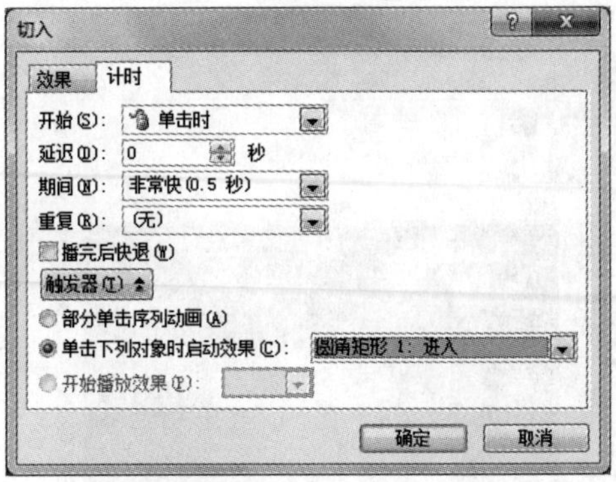

图 7-35　设置动画计时

Step 13　在动画窗格中调整动画的播放顺序后，单击状态栏中的“放映视图”按钮，进入放映状态，单击“进入”按钮即可弹出下拉菜单。

7.5 技高一筹

技巧 1：快速替换图片内容

：在制作幻灯片时，经常需要在已有的幻灯片模板上，通过修改文本或图片等对象快速制作出新的幻灯片，对于已设置了样式的图片，如果将其删除插入新的图片再设置样式比较麻烦，有没有什么简单方法呢？

：在幻灯片中想更改图片，但不想更改图片设置的样式，其实很简单，方法有以下两种。

方法一：在要替换的图片上单击鼠标右键，在弹出的快捷菜单中选择“更改图片”命令，在打开的对话框中选择新的图片完成替换。

方法二：选择需替换的图片后，选择【格式】/【调整】组，单击“更改图片”按钮，在打开的对话框中选择新的图片完成替换。

技巧 2：快速选择和隐藏幻灯片中的对象

：一张幻灯片中可能有多个对象，如文本、图表、图片、动画等，很多人在选择某对象时都是采用单击鼠标进行选择。使用这种选择方式有时会选错对象，但是通过选择窗格选择对象既可提高速度，又能提高准确率。

：通过选择窗格不仅可快速选择幻灯片中的各对象，还可在对某个对象进行编辑时，将其他暂时不需要的对象进行隐藏。其方法是：在打开的演示文稿中选择【开始】/【编辑】组，单击“选择”按钮，在弹出的下拉列表中选择“选择窗格”选项。在打开“选择和可见性”窗格中显示了幻灯片中的所有对象，在其中单击需选择的对象可在幻灯片区域选择单击的对象；单击对象后面的按钮即可将该对象隐藏藏，幻灯片区域将不会显示该对象，再次单击该按钮也可将隐藏的对象显示出来。如图 7-36 所示为显示幻灯片中所有对象的效果。如图 7-37 所示为隐藏图片后的效果。

图 7-36　显示图片对象的效果

图 7-37　隐藏图片后的效果

技巧 3：压缩图片

：从网上下载的有些图片会很大，插入到幻灯片中后，在对该演示文稿进行保存和打开时，都可能会影响打开或保存的速度，如何做才能既保住图片的质量，又不影响演示文稿打开或保存的速度呢？

：在 PowerPoint 2010 中，可根据需要对插入的图片进行压缩。其方法是：在打开的演示文稿中选择插入的图片，选择【格式】/【调整】组，单击“压缩图片”按钮，打开“压缩图片”对话框，如图 7-38 所示。

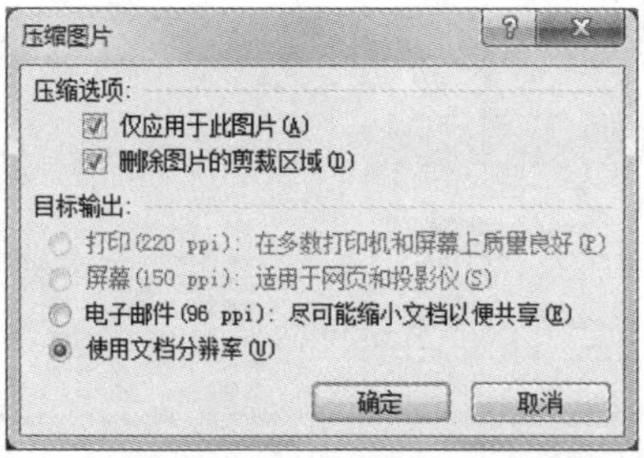

图 7-38　“压缩图片”对话框

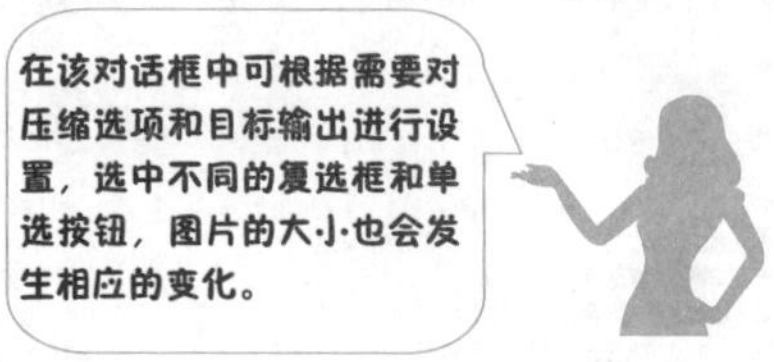
在该对话框中可根据需要对压缩选项和目标输出进行设置，选中不同的复选框和单选按钮，图片的大小也会发生相应的变化。

技巧 4：在 SmartArt 图形中插入图片

：在制作公司简介演示文稿时，一般都要制作公司组织结构幻灯片，为了使客户和员工能快速了解公司的组织结构，并能认识公司的所有领导，想在制作公司组织结构时，在每个职位前面或后面配上相应人的照片，该如何制作呢？

：制作公司组织结构一般都是采用 SmartArt 图形，SmartArt 图形的类型比较多，而且有的 SmartArt 图形中可以直接插入图片。单击图形中的按钮，在打开的“插入图片”对话框中选择所需的图片。

7.6 巩 固 练 习

练习 1：制作“市场分析报告”演示文稿

打开提供的“市场分析报告.pptx”演示文稿（\实例素材\第 7 章\市场分析报告.pptx），在第 3 张幻灯片中绘制形状并进行编辑，然后对第 6 张幻灯片中的剪贴画重新着色。最后为幻灯片中的对象添加动画。如图 7-39 所示为制作的演示文稿效果（\最终效果\第 7 章\市场分析报告.pptx）。

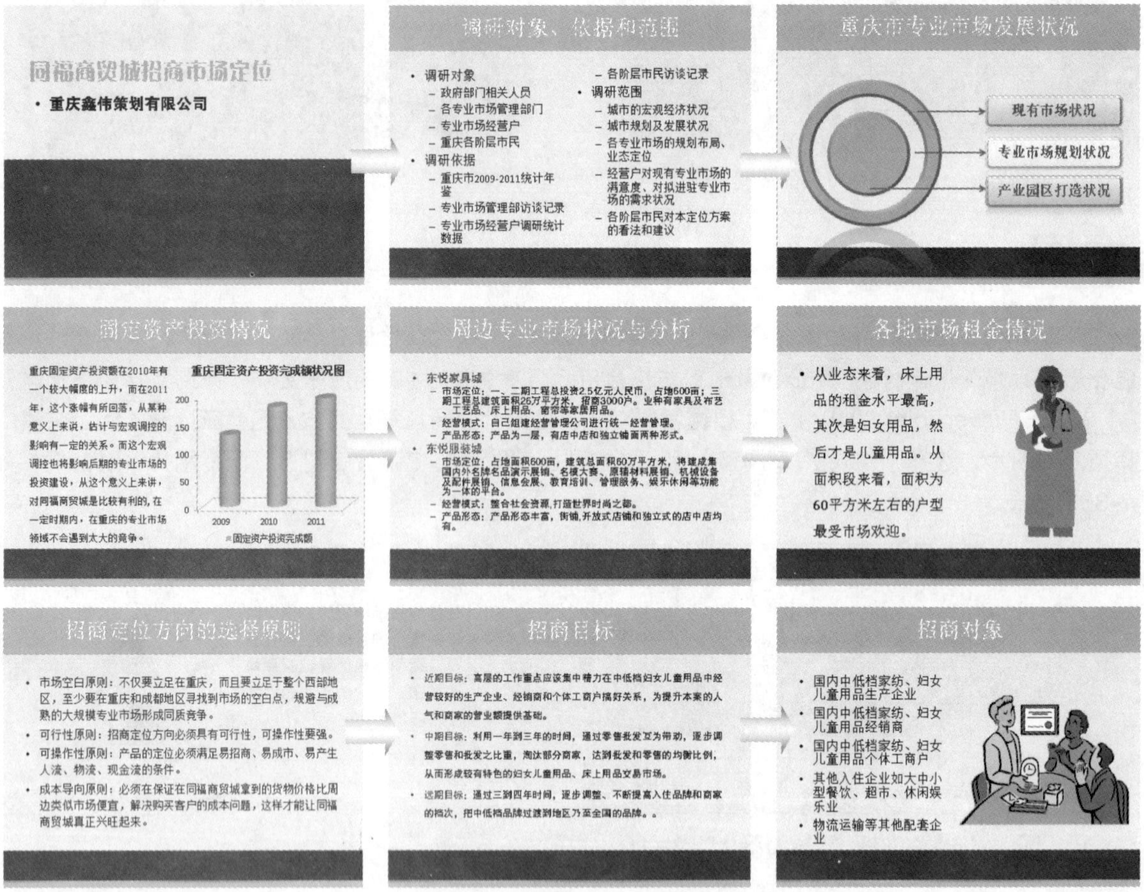
同福商贸城招商市场定位
重庆鑫伟策划有限公司
调研对象、依据和范围
调研对象
政府部门相关人员
各专业市场管理部门
专业市场经营户
重庆各阶层市民
调研依据
重庆市2009-2011统计年鉴
专业市场管理部访谈记录
专业市场经营户调研统计数据
各阶层市民访谈记录
调研范围
城市的宏观经济状况
城市规划及发展状况
各专业市场的规划布局、业态定位
经营户对现有专业市场的满意度、对拟进驻专业市场的需求状况
各阶层市民对本定位方案的看法和建议
重庆市专业市场发展状况
现有市场状况
专业市场规划状况
产业园区打造状况
固定资产投资情况
重庆固定资产投资额在2010年有一个较大幅度的上升，而在2011年，这个涨幅有所回落，从某种意义上来说，估计与宏观调控的影响有一定的关系。而这个宏观调控也将影响后期的专业市场的投资建设，从这个意义上来讲，对同福商贸城是比较有利的，在一定时期内，在重庆的专业市场领域不会遇到太大的竞争。
重庆固定资产投资完成额状况图
200
150
100
50
0
2009
2010
2011
固定资产投资完成额
周边专业市场状况与分析
东悦家具城
市场定位：一、二期工程总投资2.5亿元人民币，占地600亩；三期工程总建筑面积26万平方米，招商3000户。业种有家具及布艺、工艺品、床上用品、窗帘等家居用品。
经营模式：自己组建经营管理公司进行统一经营管理。
产品形态：产品为一层，有店中店和独立铺面两种形式。
东悦服装城
市场定位：占地面积600亩，建筑总面积60万平方米，将建成集国内外名牌名品演示展销、名模大赛、原辅材料展销、机械设备及配件展销、信息会展、教育培训、管理服务、娱乐休闲等功能为一体的平台。
经营模式：整合社会资源,打造世界时尚之都。
产品形态：产品形态丰富，街铺,开放式店铺和独立式的店中店均有。
各地市场租金情况
从业态来看，床上用品的租金水平最高，其次是妇女用品，然后才是儿童用品。从面积段来看，面积为60平方米左右的户型最受市场欢迎。
招商定位方向的选择原则
市场空白原则：不仅要立足在重庆，而且要立足于整个西部地区，至少要在重庆和成都地区寻找到市场的空白点，规避与成熟的大规模专业市场形成同质竞争。
可行性原则：招商定位方向必须具有可行性，可操作性要强。
可操作性原则：产品的定位必须满足易招商、易成市、易产生人流、物流、现金流的条件。
成本导向原则：必须在保证在同福商贸城拿到的货物价格比周边类似市场便宜，解决购买客户的成本问题，这样才能让同福商贸城真正兴旺起来。
招商目标
近期目标：高层的工作重点应该集中精力在中低档妇女儿童用品中经营较好的生产企业、经销商和个体工商户搞好关系，为提升本案的人气和商家的营业额提供基础。
中期目标：利用一年到三年的时间，通过零售批发互为带动，逐步调整零售和批发之比重，淘汰部分商家，达到批发和零售的均衡比例，从而形成较有特色的妇女儿童用品、床上用品交易市场。
远期目标：通过三到四年时间，逐步调整、不断提高入住品牌和商家的档次，把中低档品牌过渡到地区乃至全国的品牌。。
招商对象
国内中低档家纺、妇女儿童用品生产企业
国内中低档家纺、妇女儿童用品经销商
国内中低档家纺、妇女儿童用品个体工商户
其他入住企业如大中小型餐饮、超市、休闲娱乐业
物流运输等其他配套企业

图 7-39　制作的演示文稿效果

提示：第 3 张幻灯片中的图形并不是插入的 SmartArt 图形，左边是绘制的 3 个大小不等的圆组合而成的，右边是绘制的 3 个相同的圆角矩形，都对绘制的形状颜色和效果进行了设置。为剪贴画重新着色的前提是必须先取消剪贴画的组合。

练习 2：制作“维护与管理客户资源”演示文稿

打开提供的“维护与管理客户资源.pptx”演示文稿（\实例素材\第 7 章\维护与管理客户资

源.pptx），为了使演示文稿整体搭配合理，删除幻灯片中图片的背景色，然后为幻灯片之间添加不同的切换效果。如图 7-40 所示为制作的最终效果（\最终效果\第 7 章\维护与管理客户资源.pptx）。

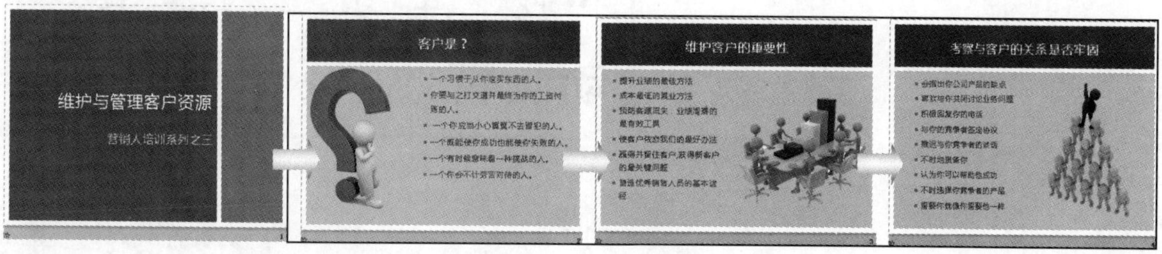

图 7-40　最终效果

轻松一刻

大学毕业，机电系的同学到一家公司求职，老板对他很满意，拟录用，征求他对工作的要求。他说：“一要专业对口，二是有一间独立的办公室，三要有一部专用的电话。”老板想了一会儿，就答应了他的全部要求。第二天他去报到时，发现他的工作是开电梯。

视频讲解

7段

第8章

“炫”起来——设计动画特效

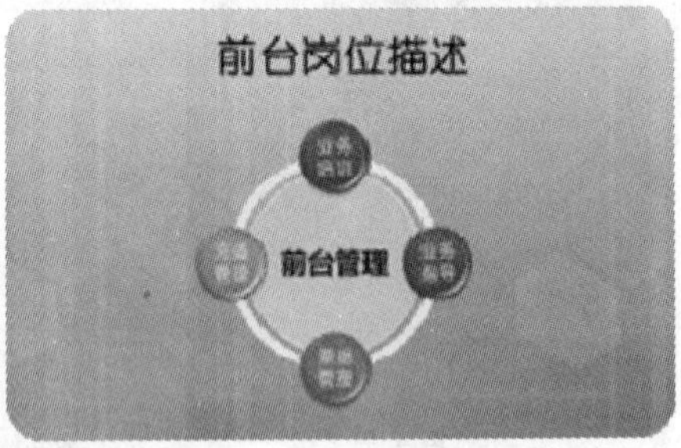

将图形制作为动画

★本章要点★

- Powerpoint 中动画设置技巧
- 常用动画特效设计
- 模拟树叶飘落
- 制作卷轴和写字动画
- 制作大量图片飞驰动画
- 制作计时动画
- 模拟画圆

制作图片飞驰动画

制作计时动画

8.1 PowerPoint中动画设置技巧

很多人在制作演示文稿时，都会看轻动画的作用，认为动画只是简单的飞入飞出效果。其实在演示文稿中设置动画不是目的，其最终目的还是为演示文稿的整体效果服务。因此一定要掌握制作动画的要领，再加上独特的创意，使制作出来的演示文稿美观、得体，更具观赏性。

8.1.1 设置不断放映的动画效果

为幻灯片中的对象添加动画效果后，该动画效果将采用系统默认的播放方式，即自动播放一次，而在实际中有时需要将动画效果设置为不断重复放映的动画效果，从而实现动画效果的连贯性。

如图 8-1 所示为一个关于"艾佳家居"演示文稿的首页动画，在放映时大标题先飞入，然后下方的副标题飞入之后再有一个闪烁的强调效果，同时该强调效果直到单击播放下一张幻灯片时才停止。

图 8-1　首页动画效果

下面将在"艾佳家居.pptx"中对动画顺序和播放效果进行设置，其具体操作如下：

Step 01　打开"艾佳家居.pptx"演示文稿（\实例素材\第 8 章\艾佳家居.pptx），选择【动画】/【高级动画】组，单击"动画窗格"按钮，打开"动画窗格"窗格，查看添加的动画。

Step 02　选择第 1 张幻灯片中的大标题文本框后，选择【动画】/【动画】组，在"动画样式"选项栏中选择"进入"栏中的"飞入"选项，单击"效果选项"按钮，在弹出的下拉列表中选择"自左下部"选项。

Step 03　选择幻灯片中的副标题文本框，在"动画样式"选项栏中选择"进入"栏中的"弹跳"选项。

Step 04　在"高级动画"面板中单击"添加动画"按钮，在弹出的列表中选择"更多强调效果"选项。在打开的对话框中选择"闪烁"选项，单击 确定 按钮，如图 8-2 所示。

Step 05　在"动画窗格"窗格中显示了设置的 3 个动画项，选择第 1 个动画效果选项，单击右侧的按钮，在弹出的下拉列表中选择"从上一项开始"选项，使标题在放映一开始时便同步播放该进入动画，如图 8-3 所示。

图 8-2　设置强调动画

图 8-3　设置第 1 个动画的开始时间

Step 06　选择第 2 个动画效果选项，单击右侧的▼按钮，在弹出的下拉列表中选择“从上一项之后开始”选项，使标题动画结束后开始进入副标题的进入动画。

Step 07　选择第 3 个动画效果选项，单击右侧的▼按钮，选择“计时”选项，打开“闪烁”对话框，选择“计时”选项卡，在“开始”下拉列表框中选择“上一动画之后”选项，在“期间”下拉列表框中选择“快速（1 秒）”选项，在“重复”下拉列表框中选择“直到下一次单击”选项，如图 8-4 所示。

Step 08　单击 确定 按钮，得到如图 8-5 所示的设置后的效果，按 F5 键观看动画效果（光盘\最终效果\第 8 章\艾佳家居.pptx）。

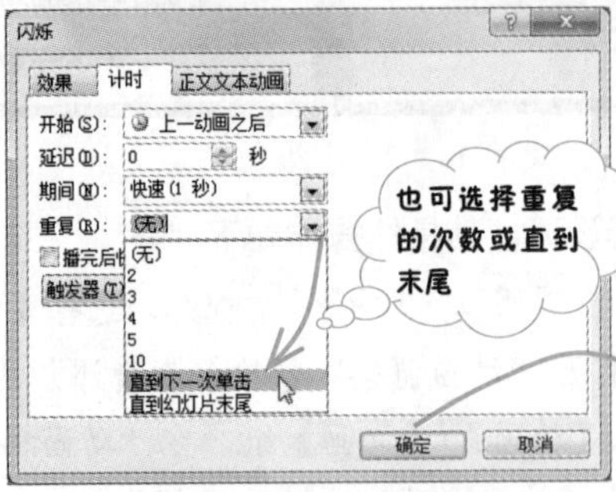

图 8-4　设置重复动画

图 8-5　设置完成的动画

知识提示

“动画窗格”窗格的作用

在“动画窗格”窗格中可以按先后顺序依次查看设置的所有动画效果，选择某个动画效果选项可切换到该动画所在对象。动画右侧的黄色色条表示动画的开始时间和长短，指向它时将显示具体的设置。

8.1.2 在同一位置放映多个对象

在同一位置放映多个对象，就是放映一个对象后再继续放映重叠在该对象下的第 2 个对象，而第 1 个对象将自动消失，从而使幻灯片呈现多变的动画效果。利用该设置技巧可以在有限的幻灯片空间中展现更多、更丰富的对象内容。

如图 8-6 所示为一个关于冰淇淋产品介绍演示文稿的第 2 张幻灯片的动画效果，由于该系列的冰淇淋产品图片较多，又不想再增加幻灯片张数来进行展示，因此通过设置同一位置放映多个对象，便可以实现在当前页中能不断地展示出所有产品图片。

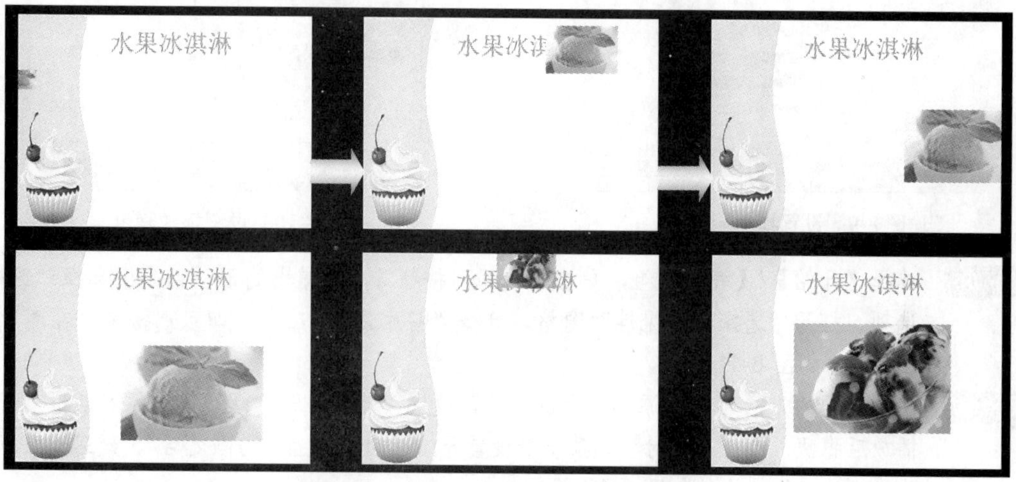

图 8-6　不断放映多张冰淇淋图片的动画

下面将在"产品介绍.pptx"演示文稿中对动画播放效果进行设置，其具体操作如下：

Step 01 打开"产品介绍.pptx"演示文稿（\实例素材\第 8 章\产品介绍.pptx），选择第 2 张幻灯片后，选择幻灯片中的所有图片。选择【格式】/【排列】组，单击"对齐"按钮，在弹出的下拉列表中选择"左右居中"选项，如图 8-7 所示。

Step 02 再次单击"对齐"按钮，在弹出的下拉列表中选择"上下居中"选项，然后拖动图片上的控制点调整图片的大小，其效果如图 8-8 所示。

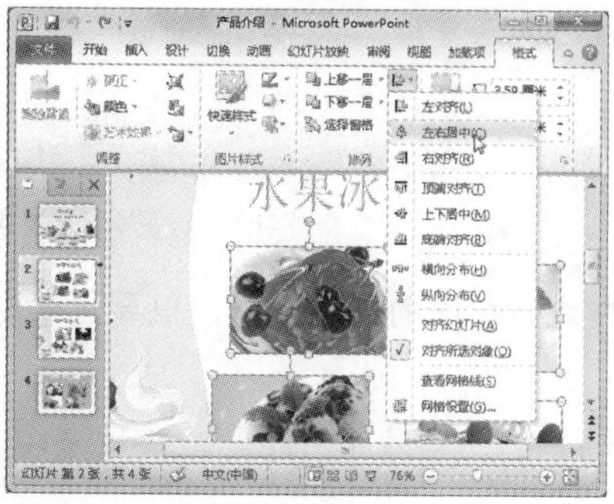
图 8-7　设置图片对齐

图 8-8　将多张图片重叠

Step 03 选择最上面的第 1 张图片，为其添加“螺旋飞入”进入动画并通过“动画窗格”打开“螺旋飞入”对话框，在“效果”选项卡的“动画播放后”下拉列表框中选择“播放动画后隐藏”选项，如图 8-9 所示。

Step 04 选择“计时”选项卡，在“期间”下拉列表框中选择“中速（2 秒）”选项，单击 确定 按钮应用动画设置，如图 8-10 所示。

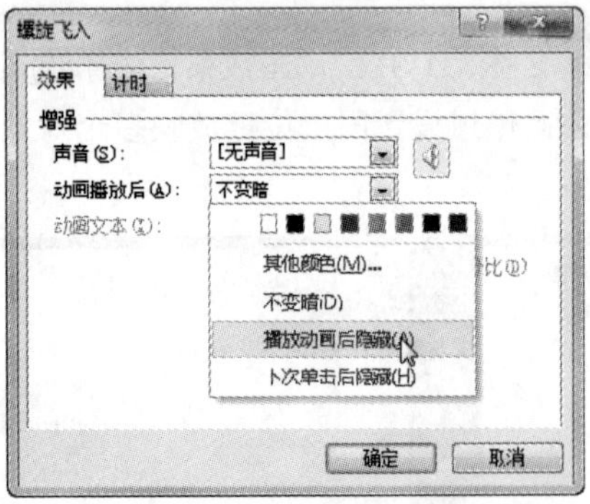

图 8-9　设置播放后隐藏

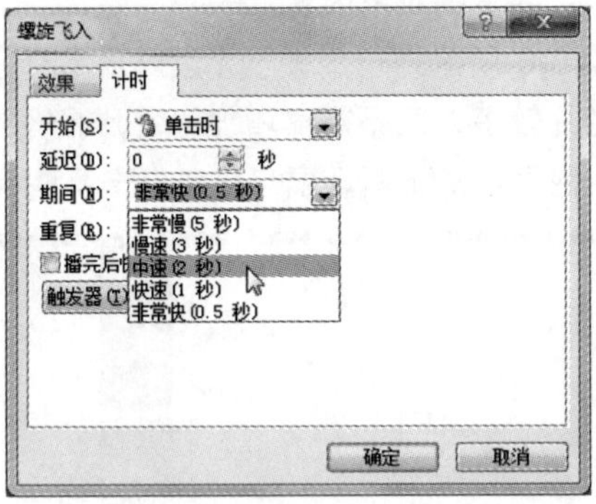

图 8-10　设置播放速度

Step 05 选择【开始】/【编辑】组，单击“选择”按钮，在弹出的下拉列表中选择“选择窗格”选项，打开“选择和可见性”窗格，选择“图片 2”选项后，即可选择重叠在图片 1 下的图片 2，如图 8-11 所示。

Step 06 使用前面的方法为图片添加“螺旋飞入”效果，然后打开“螺旋飞入”对话框，设置动画播放后隐藏，再在“计时”选项卡中设置开始时间为“上一动画之后”，延迟为 2 秒，期间为“中速（2 秒）”，如图 8-12 所示。

图 8-11　选择第 2 张图片

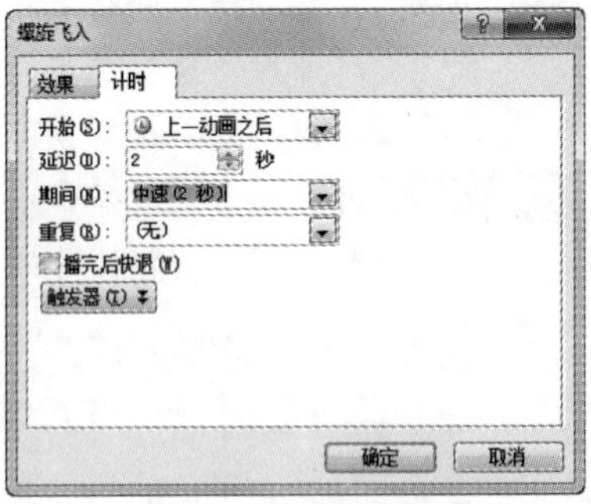

图 8-12　设置动画效果

Step 07 使用同样的方法分别选择图片 3 和图片 4 并进行相同的效果设置，但要注意设置图片 4 时不用设置播放后隐藏图片效果。

Step 08 使用相同的方法为其他幻灯片中的图片设置相同的动画效果（\最终效果\第 8 章\产品介绍.pptx）。

在设置动画播放后的效果时，除了可以设置播放后隐藏对象外，还可以进行如下设置。

- 其他颜色：选择一种颜色后可以在播放动画后显示一个色块。
- 不变暗：即为默认的效果，表示播放后显示原对象并保持不变。
- 下次单击后隐藏：表示播放动画后，待单击鼠标左键后再隐藏动画对象。

知识提示

使用"效果"选项卡增强效果

还可在"效果"选项卡的"声音"下拉列表框中选择与动画同步播放时带有声音，增强效果。

8.1.3 将 SmartArt 图形制作为动画

SmartArt 图形可以快速、轻松、有效地传达信息，因此受到许多用户的青睐，但在专业的幻灯片中，仅仅以静态的方式来表达 SmartArt 图形内容远远不够，因此同样可以向 SmartArt 图形添加动画，给人耳目一新的感觉。

下面将在"SmartArt 图形动画"演示文稿（\实例素材\第 8 章\SmartArt 图形动画.pptx）中制作如图 8-13 所示表示循环的 SmartArt 图形（\最终效果\第 8 章\SmartArt 图形动画.pptx），为其添加动画效果后，先飞入中间的大圆对象，以它为中心再依次分别飞入它四周的几个圆对象。

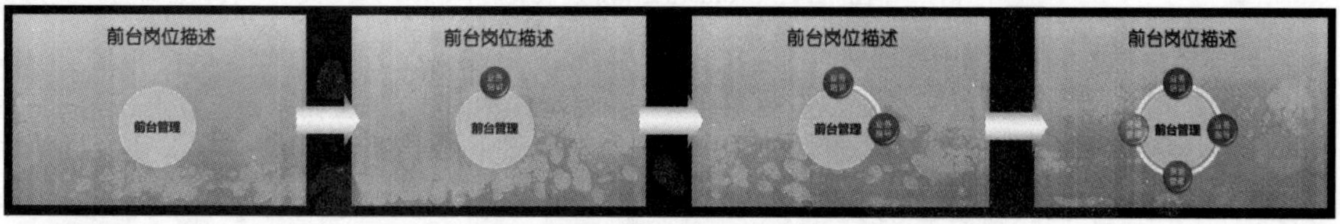

图 8-13　SmartArt 图形的动画效果

由于 SmartArt 图形是一个整体，图形间的关系比较特殊，因此在为 SmartArt 图形添加动画时需要注意一些设置方法和技巧，下面进行具体讲解。

1. 为 SmartArt 图形添加动画须知

为 SmartArt 图形添加动画，既可以为整个 SmartArt 图形添加动画，也可只对 SmartArt 图形中的部分形状添加动画，但需要掌握以下几点：

- 根据 SmartArt 图形选择的布局来确定需添加的动画，使搭配效果更好。大多数动画的播放顺序都是按照文本窗格上显示的项目符号层次播放的，所以可选择 SmartArt 图形后在其文本窗格中查看信息，也可以倒序播放动画。
- 如果将动画应用于 SmartArt 图形中的各个形状，那么该动画将按形状出现的顺序进行播放或将顺序整个颠倒，但不能重新排列单个 SmartArt 形状图形的动画顺序。
- 对于表示流程类的 SmartArt 图形等，其形状之间的连接线通常与第二个形状相关联，一般不需要为其单独添加动画。

- 如果没有显示动画项目的编号，可以先打开“动画窗格”窗格。无法用于 SmartArt 图形的动画效果将显示为灰色。
- 当切换 SmartArt 图形布局时，添加的动画也将同步应用到新的布局中。

2. 制作和设置 SmartArt 图形动画

选择要添加动画的 SmartArt 图形后，选择【动画】/【动画】组，在“动画样式”选项栏中选择所需的动画选项，此时默认是将整个 SmartArt 图形作为一个整体对象来应用动画，需要改变动画的效果，可选择添加了动画的 SmartArt 图形，打开“动画窗格”窗格，单击要修改的动画右侧的▾按钮，在其下拉列表中选择“效果选项”选项，在打开的设置对话框中选择“SmartArt 动画”选项卡，如图 8-14 所示。

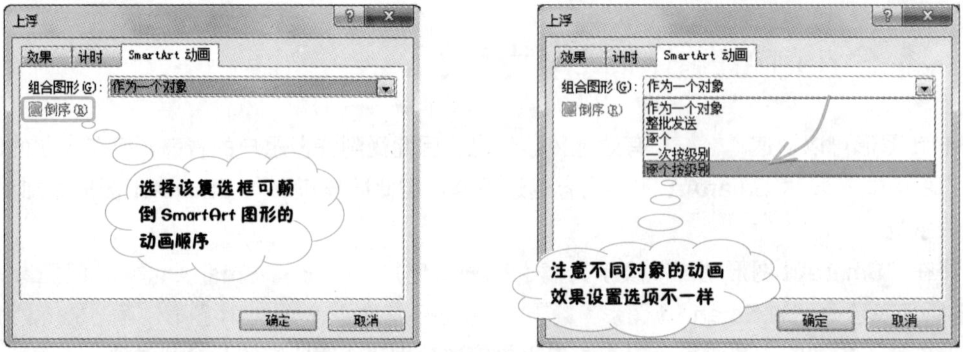

图 8-14 “SmartArt 动画”选项卡

“组合图形”下拉列表框中各选项的含义介绍如下。

- 作为一个对象：将整个 SmartArt 图形作为一张图片或整体对象来应用动画，应用到 SmartArt 图形的动画效果与应用到形状、文本和艺术字的动画效果类似。
- 整批发送：同时为 SmartArt 图形中的全部形状设置动画。该选项与“作为一个对象”选项的不同之处在于，如当动画中的形状旋转或增长时，使用“整批发送”时每个形状单独旋转或增长，而使用“作为一个对象”时，整个 SmartArt 图形将旋转或增长。
- 逐个：单独地为每个形状播放动画。
- 一次按级别：同时为相同级别的全部形状添加动画，并同时从中心开始，主要是针对循环 SmartArt 图形。
- 逐个按级别：按形状级别顺序播放动画，该选项非常适合应用于层次结构布局的 SmartArt 图形。

技巧点拨

移除整个 SmartArt 图形的动画

选择包含要移除动画的 SmartArt 图形，在【动画】/【动画】组的“动画样式”选项栏中选择“无”选项。

3. 为 SmartArt 图形中的单个形状添加动画

前面介绍的动画效果设置是针对整个 SmartArt 图形中的所有单个对象来说的，如果要为 SmartArt 图形中的单个形状添加动画，其方法是：选择需添加动画的单个形状，在"动画窗格"窗格中为其添加动画，单击"效果选项"按钮，选择"逐个"选项，在"动画窗格"窗格中，单击按钮展开 SmartArt 图形中的所有形状，按住 Ctrl 键不放并依次单击不需要添加动画的单个形状，然后在"动画样式"选项栏中选择"无"选项即可。如图 8-15 所示是为单个形状添加动画的流程。

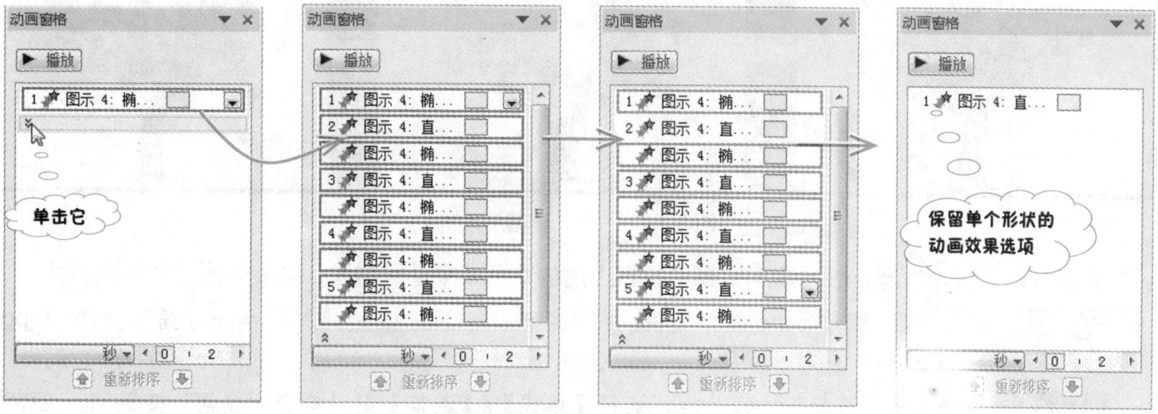

图 8-15　将 SmartArt 图形中的单个形状制作成动画

知识提示

添加单个形状动画效果

删除为形状添加的动画效果，但不会从 SmartArt 图形中删除形状本身，如果保留了多个形状，对于其余每个形状都可以选择所需的动画效果选项，最后关闭"动画窗格"窗格。

8.2　常用动画特效设计

很多用户制作动画都会选用专业软件 Flash 进行制作，不会选择 PowerPoint 制作，认为 PowerPoint 制作的动画不够自然，但其实无论选择什么软件制作动画，要想使制作的动画自然、连贯，都需要对动画进行组合应用和顺序调整。在 PowerPoint 2010 中同样可制作出与 Flash 相媲美的动画效果。

8.2.1　模拟树叶飘落

在制作课件、卡片、庆典等活动片头时，往往需根据要表现的内容制作一些动画特效，如树叶飘落、气球升空、下雪等动画特效，这些动画主要运用自定义路径动画来制作，制作时还需要进行动画的组合，如当一片树叶飘落下来时，同时也会进行翻转效果，因此可以加上陀螺旋的强调动画，动画效果会更加地真实。

本例制作的树叶飘落动画效果如图 8-16 所示。动画场景形象地体现了秋风中树叶不断飘落的自然景观。

图 8-16 “树叶飘落”动画

下面将在“树叶飘落.pptx”演示文稿中根据上述的动画效果进行制作，其具体操作如下：

Step 01 打开“树叶飘落.pptx”演示文稿（光盘\实例素材\第 8 章\树叶飘落.pptx），插入“树叶 1.jpg、树叶 2.jpg”图片（光盘\实例素材\第 8 章\树叶 1.jpg、树叶 2.jpg），如图 8-17 所示。

Step 02 选择其中一张插入的图片后，选择【格式】/【调整】组，单击“颜色”按钮，在弹出的下拉列表中选择“设置透明色”选项，在该图片空白处单击鼠标，使图片背景变成透明色。

Step 03 使用相同的方法将另外一张图片的背景设置为透明色，然后调整插入的图片大小，根据颜色的不同将树叶放于树中的不同位置，并注意调整图片的旋转角度，如图 8-18 所示。

图 8-17 导入图片

图 8-18 设置并调整图片

Step 04 选择落叶后，选择【动画】/【高级动画】组，单击“添加动画”按钮，在弹出的下拉列表中选择“动作路径”栏中的“自定义路径”选项，在幻灯片中绘制图片的动画路径，并进行预览，如图 8-19 所示。

Step 05 在“动画窗格”窗格中选择设置的动画效果选项，单击鼠标右键，在弹出的快捷菜单中选择“计时”命令，在打开的对话框中选择“计时”选项卡，然后进行如图 8-20 所示的设置。单击 确定 按钮，观看设置后的动画效果。

图 8-19　绘制动画路径

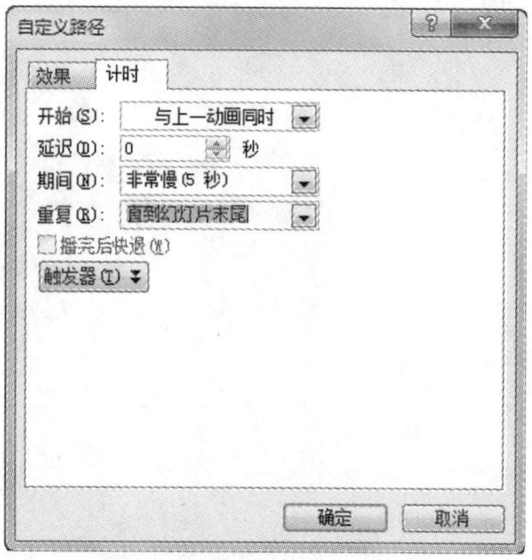

图 8-20　设置动画计时

Step 06　再次选择落叶图片，单击“添加动画”按钮，在弹出的下拉列表中选择“强调”栏中的“陀螺旋”选项，使用第 5 步的方法设置其相同的开始时间、速度和重复方式。

Step 07　继续选择落叶图片，单击“添加动画”按钮，在弹出的下拉列表中选择“进入”栏中的“旋转”选项，并设置相同的开始时间、速度和重复方式。

Step 08　使用相同的方法为另外一张树叶图片添加相同的动画效果，并设置相同的开始时间、速度和重复方式，但将延迟时间设置为 1，如图 8-21 所示。

Step 09　按住 Ctrl 键不放拖动复制一个落叶图片，此时在“动画窗格”窗格中也将同步复制相应的动画，并对落叶图片进行适当的大小、位置和旋转变形，如图 8-22 所示。

图 8-21　设置计时

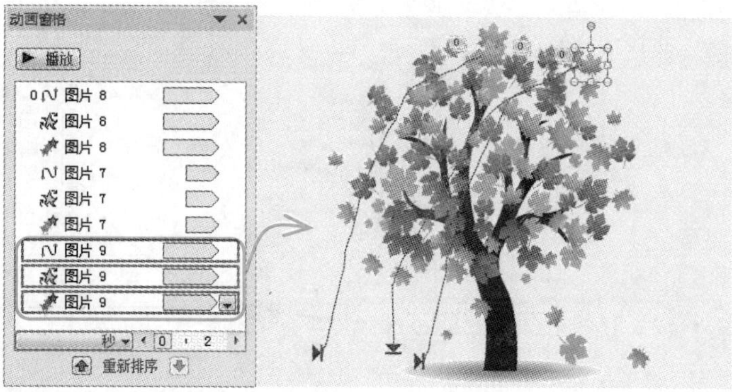

图 8-22　复制路径

Step 10　在“动画窗格”窗格中选择复制生成的第一个路径动画项，再次单击“添加动画”按钮，在弹出的下拉列表中选择“自定义路径”选项，然后重新绘制一条新的路径，便可修改原路径轨迹，并将延迟时间设置为 2，其他设置保持默认不变。

Step 11　重复第 9、10 步操作，在画面中复制并添加多个自定义路径的落叶动画，完成落叶动画的制作，如图 8-23 所示。该步结束后可以根据动画效果对其中部分落叶的速度和延迟时间等进行调整，如使部分落叶后落下，以达到理想的动画效果。

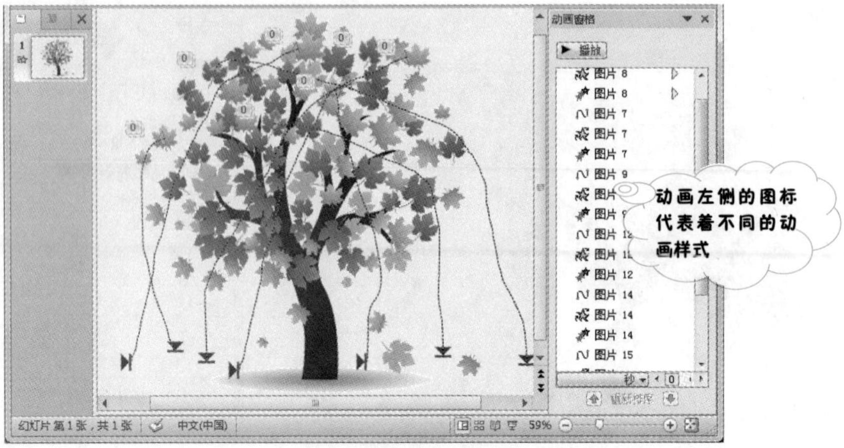

图 8-23　添加多个落叶路径动画

Step 12　按 F5 键放映幻灯片，观看树叶飘落的动画效果（\最终效果\第 8 章\树叶飘落.pptx）。

通过上面的动画制作可以看出，对象的路径动画是指对象能够沿着事先规定的路径进行运动，而动作路径除了可以自定义路径外，还可以使用内置的路径，在“添加动画”下拉列表中选择“其他动作路径”选项，在打开的对话框中可以选择更多的路径形状，如图 8-24 所示。

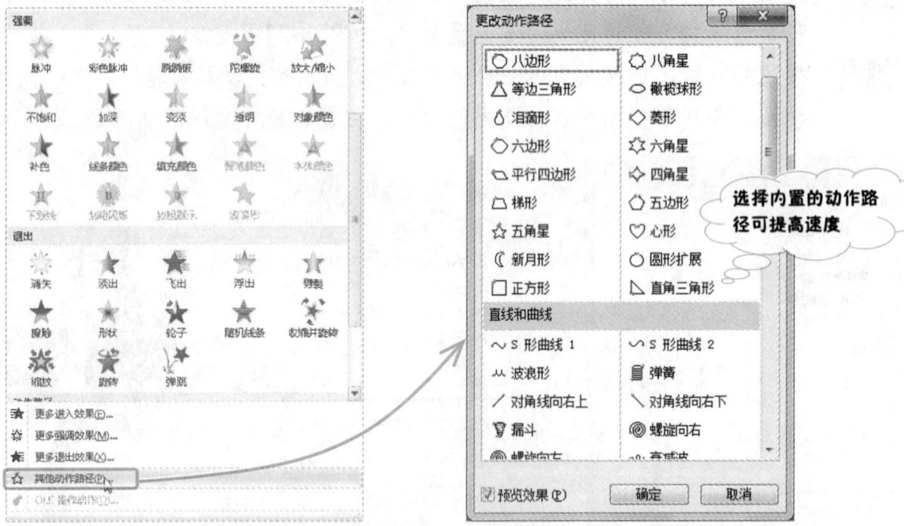

图 8-24　添加内置的各种动作路径

知识提示

添加动画路径

在制作路径动画时一般是先为对象添加路径动画，再添加其他进入、强调动画等，并结合不同动画效果的需要对其效果选项进行设置。路径动画还可用于制作类似小鸟飞翔、抛物运动以及重复运动的物体，如钟摆、弹簧振子等动画效果。

8.2.2 制作卷轴和写字动画

在一些比较个性和追求视觉效果的幻灯片中可以看到诸如卷轴、写字、绘图类的动画，这类动画效果的制作并不困难，在 PowerPoint 中也可以实现这种类似的卷轴动画和写字动画效果，下面就对卷轴动画和写字动画方法进行介绍。

下面在一张幻灯片中分别制作卷轴动画和写字动画，在该动画场景中，先出现卷轴动画，然后出现用羽毛笔写字的动画效果，如图 8-25 所示。

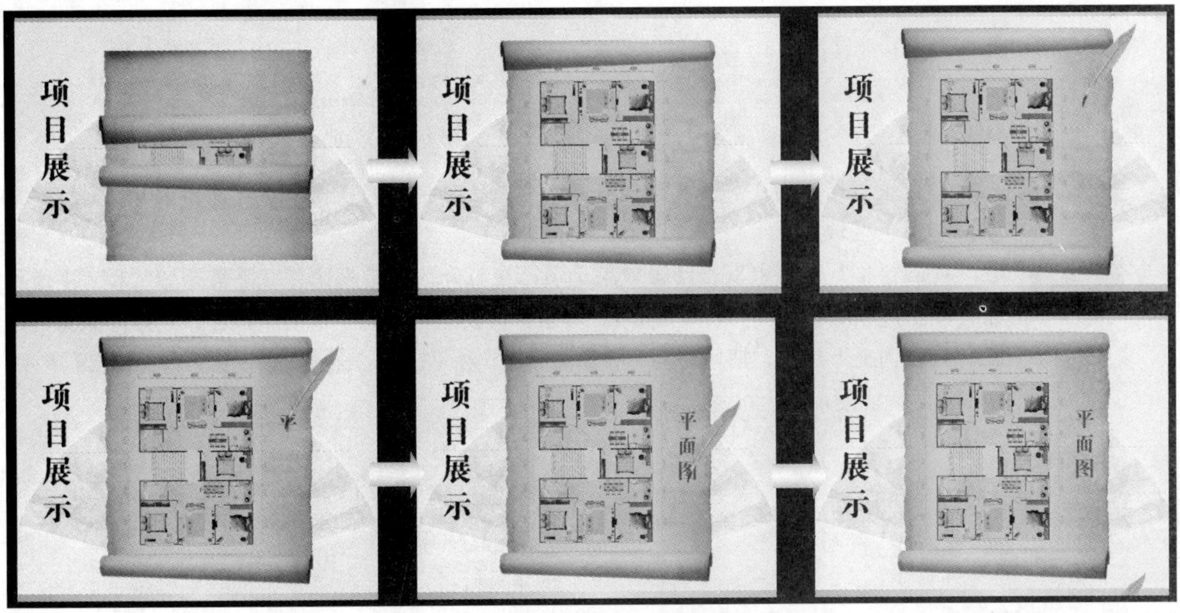

图 8-25　卷轴动画和写字动画效果

下面将在"卷轴和写字动画.pptx"演示文稿中制作卷轴动画和写字动画效果，其具体操作如下：

Step 01　启动 PowerPoint 2010，打开"卷轴和写字动画.pptx"演示文稿（\实例素材\第 8 章\卷轴和写字动画.pptx），选择要展示的图片，为其添加"劈裂"进入效果。

Step 02　在"动画窗格"窗格中选择设置的动画效果选项，单击鼠标右键，在弹出的快捷菜单中选择"效果选项"命令。

Step 03　在打开的对话框中选择"效果"选项卡，在"方向"下拉列表框中选择"中央向上下展开"选项，如图 8-26 所示。

Step 04　选择"计时"选项卡，在"期间"下拉列表框中选择"非常慢（5 秒）"选项，单击 确定 按钮。

Step 05　将两根画轴移至画面中间位置并靠拢，选择上边的画轴对象后，选择【动画】/【高级动画】组，单击"添加动画"按钮，在弹出的下拉列表中选择"其他动作路径"选项。在打开的对话框中选择"向上"路径，单击 确定 按钮，如图 8-27 所示。

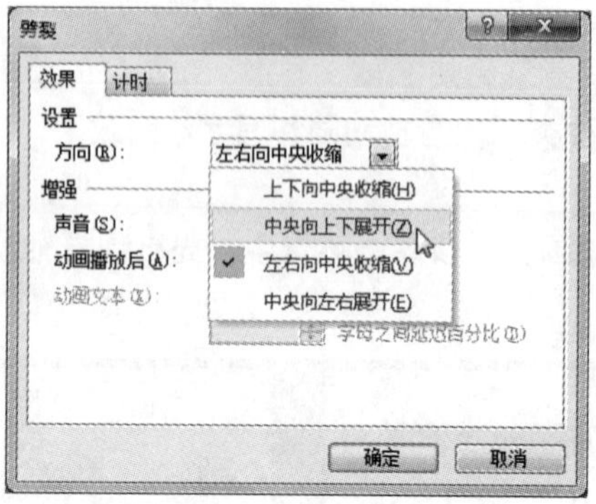

图 8-26　设置动画效果

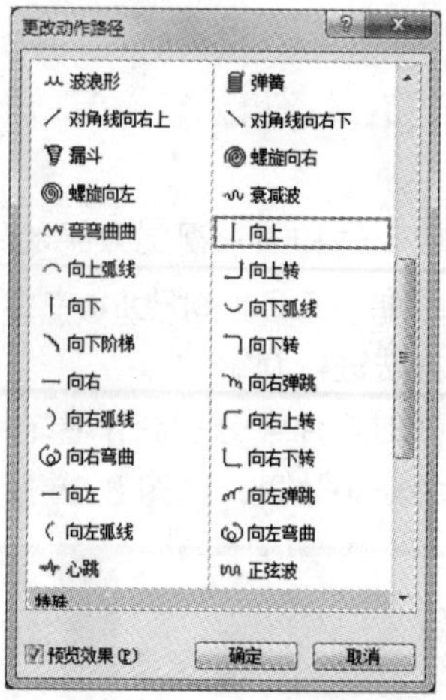

图 8-27　为画轴添加路径动画

Step 06　在编辑区域将路径向上拖至离边 不远的位置（如果最终画面不需要显示画轴，则可将路径拖至灰色区域）。

Step 07　在“动画窗格”窗格中双击动画效果选项，在打开的对话框中将“平滑开始”和“平滑结束”两个选项都设置为 0，如图 8-28 所示。切换至“计时”选项卡，选择开始方式为“与上一动画同时”选项，期间时间为“非常慢（5 秒）”，单击 确定 按钮，如图 8-29 所示。

图 8-28　设置动画效果

图 8-29　设置动画计时

Step 08　选择下方第 2 根画轴，用同样的方法为其添加路径动画，并将动作路径改为“向下”，效果如图 8-30 所示。

Step 09　选择羽毛笔，为其添加“飞入”进入动画，然后在“动画窗格”窗格中双击添加的动画效果选项，在打开对话框的“方向”下拉列表框中选择“自顶部”选项。

Step 10　切换到“计时”选项卡，将开始时间设置为“与上一动画之后”，其他设置保持不变，单击 确定 按钮。

Step 11　选择【动画】/【高级动画】组，单击“添加动画”按钮，在弹出的下拉列表中选择“动作路径”栏中的“自定义路径”选项，如图 8-31 所示。

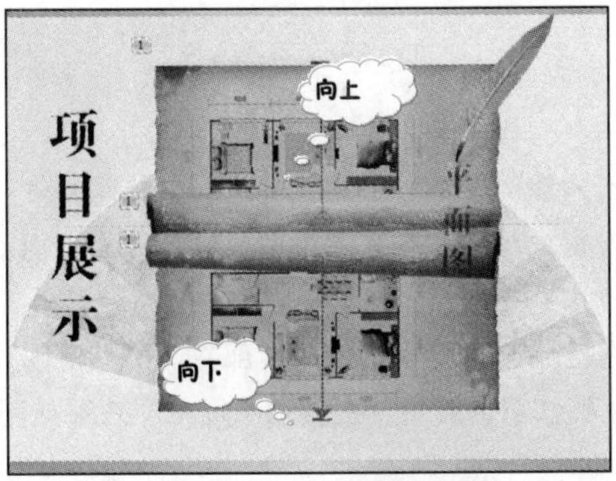

图 8-30　添加向下路径动画

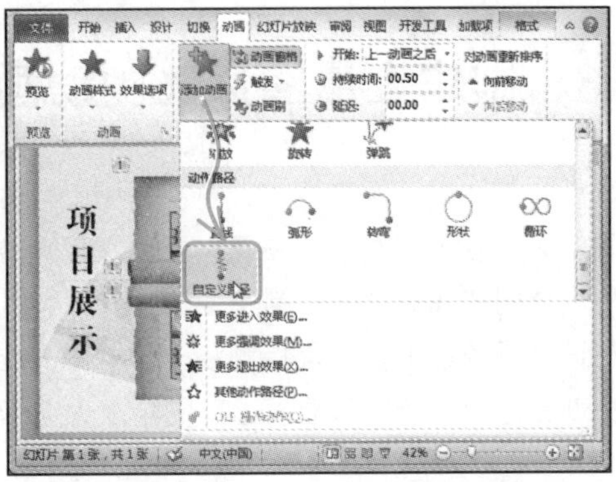

图 8-31　选择“自定义路径”选项

Step 12　在幻灯片编辑区绘制羽毛笔的路径，效果如图 8-32 所示。然后设置该路径动画的开始时间为“上一动画之后”，期间为“非常慢（5 秒）”。

Step 13　选择文本“平面图”，为其添加“擦除”进入动画。在“擦除”对话框的“效果”选项卡中设置动画方向为“自顶部”。切换到“计时”选项卡，设置该动画的开始时间为“与上一动画同时”，期间为“非常慢（5 秒）”，如图 8-33 所示。

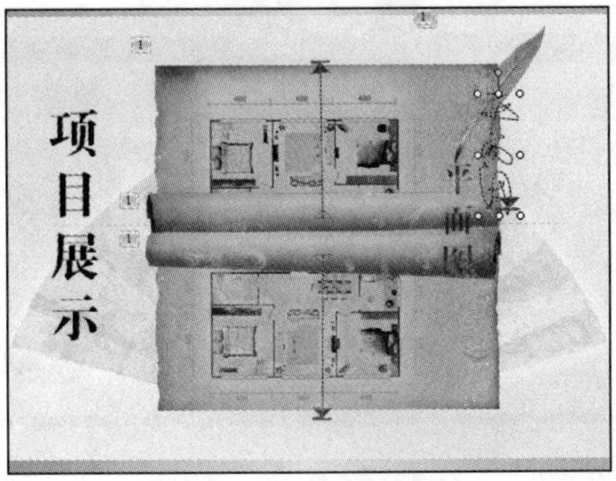

图 8-32　绘制动画路径

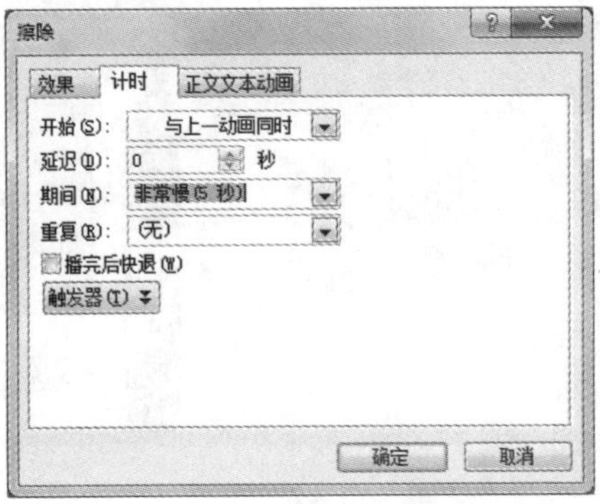

图 8-33　设置动画计时

Step 14　选择羽毛笔后，选择【动画】/【高级动画】组，单击“添加动画”按钮，在弹出的下拉列表中选择“退出”栏中的“飞出”选项，设置该动画的开始时间为“上一动画之后”。

Step 15　至此完成本例动画效果制作，按 F5 键便可观看到生动的卷轴和写字动画（\最终效果\第 8 章\卷轴和写字动画.pptx）。

技巧点拨

快速制作写字动画

先通过自选图形或线条绘制出所有汉字笔画等对象，然后分别选择每一笔画，为其添加“擦除”进入动画，并根据笔画的走势在其选项设置对话框中选择动画方向。

8.2.3 制作大量图片飞驰动画

在产品展示类演示文稿中，可能某张幻灯片中会用到大量的图片，如果只是单一地将图片一一排列在页面中并不能吸引别人的注意，此时可以通过为图片设置动画的方式来达到醒目的效果。下面就来介绍一种大量图片飞驰动画的制作方法。

在该动画场景中，先是标题和一部分图片出现，然后标题一直处于幻灯片顶部并飞出其他图片，最后再将部分图片重新飞入画面进行完全放大显示，以便让观众看得清楚。主要动画场景的效果如图 8-34 所示。

图 8-34　图片飞驰动画

下面将在“图片飞驰动画.pptx”演示文稿中制作图片飞驰动画，其具体操作如下：

Step 01　打开“图片飞驰动画.pptx”演示文稿（\实例素材\第 8 章\图片飞驰动画.pptx），其中已添加了要展示的大量图片。

Step 02　选择幻灯片中的文字框，为其添加“飞入”进入动画，单击“效果选项”按钮，在弹出的下拉列表中选择“自右侧”选项。

Step 03　选择所有图片对象，单击“添加动画”按钮，在弹出的下拉列表中选择“更多退出效果”选项，在打开的对话框中选择“基本缩放”选项，为其添加缩放退出动画，效果如图 8-35 所示。

Step 04　通过“动画窗格”窗格打开“基本缩放”对话框，选择“效果”选项卡，在“缩放”下拉列表框中选择“缩小到屏幕中心”选项，再在“计时”选项卡中设置开始时间为“与上一动画同时”，期间为“中速（2 秒）”，单击 确定 按钮。

图 8-35　添加基本缩放退出动画

Step 05　在“动画窗格”窗格中单击[▶ 播放]按钮，会发现此时所有图片的播放时间与文字的出现是同步的，而且所有图片是同时飞入的，这时应注意设置图片飞入的延迟时间，让图片的飞入有一个递进的过程。

Step 06　选择其中部分需要重点展示的图片，将其复制到背景上方并进行排列和适当放大，注意此时要删除复制后生成的动画项目，如图 8-36 所示。

Step 07　选择第 1 横排图片，为其添加一个“基本缩放”进入动画。通过“动画窗格”窗格打开“基本缩放”对话框，设置缩放方式为“从屏幕中心放大”，开始时间为“与上一动画同时”，延迟为 5，期间为“快速（1 秒）”，如图 8-37 所示。

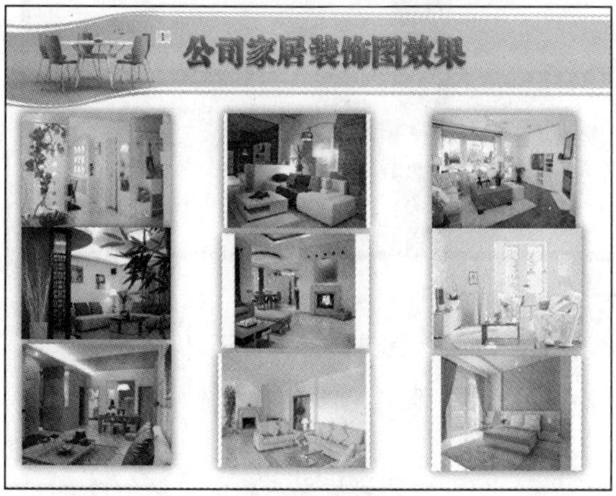

图 8-36　排列部分图片

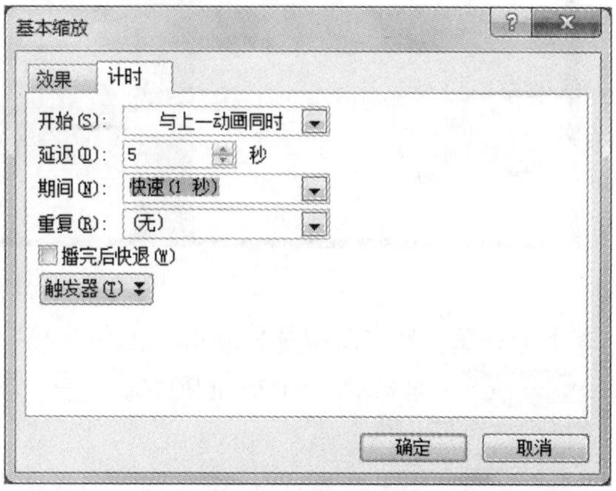

图 8-37　设置动画计时

Step 08 使用前面的方法为每张图片设置不同的延迟时间，使动画连贯。至此，完成本例动画的制作（\最终效果\第 8 章\图片飞驰动画.pptx）。

知识提示

制作图片飞驰动画

在上面的动画制作中，如果图片数量不是很多，则可以设置缩放动画的开始时间为之后进行，这样可一张一张地飞入图片，但对于有大量图片的情况，运用本例的设置可以获得更好的效果。

8.2.4 制作计时动画

使用 PowerPoint 的自定义动画，可以实现较短时间的倒计时，如 8 秒或 30 秒，同样也可以实现 8 个数字或 30 个数字以内的计时，如果时间再长或数字再多一些，动画效果制作上就会比较麻烦一些。

本例将为一公司的网站改版宣传 PPT 制作一个计时动画片头，效果如图 8-38 所示。在该动画场景中，先出现关于日期的组合显示，在“日”的左侧飞入一个白色矩形色块，然后从 1 计时到 8，并带有照相机的声音效果，最后以动画的方式显示下方的主题文字，整个动画简洁、形象，而且动画效果播放连贯。

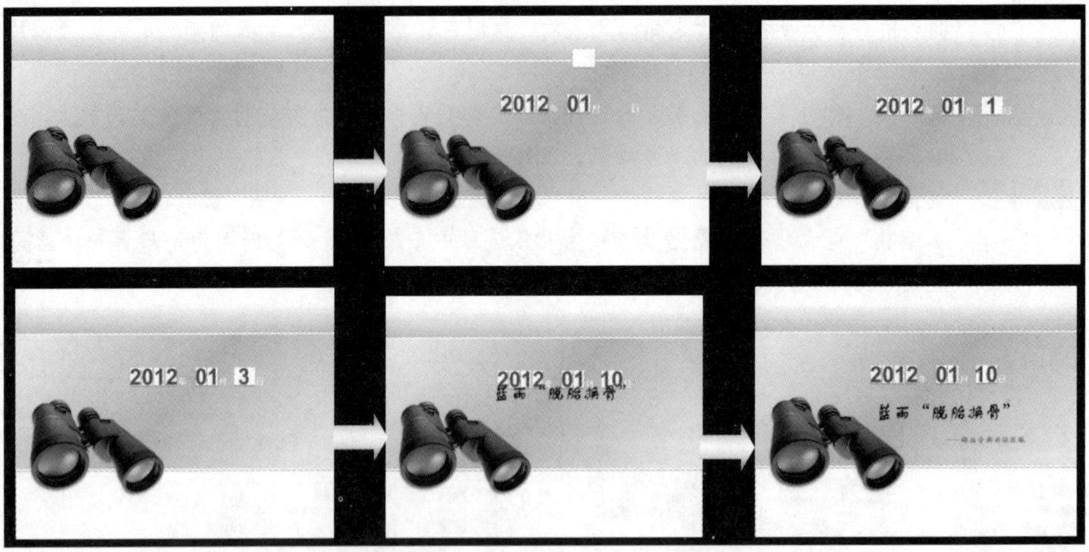

图 8-38 “网站改版片头”计时动画

下面将在“网站改版片头.pptx”演示文稿中制作计时动画效果，其具体操作如下：

Step 01 启动 PowerPoint 2010，打开“网站改版片头.pptx”演示文稿（\实例素材\第 8 章\网站改版片头.pptx）。

Step 02 由于需要对与“日”相关的数字进行计时动画，因此需要将原来的数字 1 单独放到一个文本框中。

Step 03　复制一个数字文本框将其数字改为 2，再按 6 次 Ctrl+V 组合键复制多个文本框，并将其数字分别改为 3~8，如图 8-39 所示。

Step 04　打开“选择和可见性”窗格，按住 Ctrl 键不放选择所有数字文本框，将其设为水平和垂直居中对齐，使数字重叠在一起，然后移至如图 8-40 所示的位置。

图 8-39　复制并修改数字

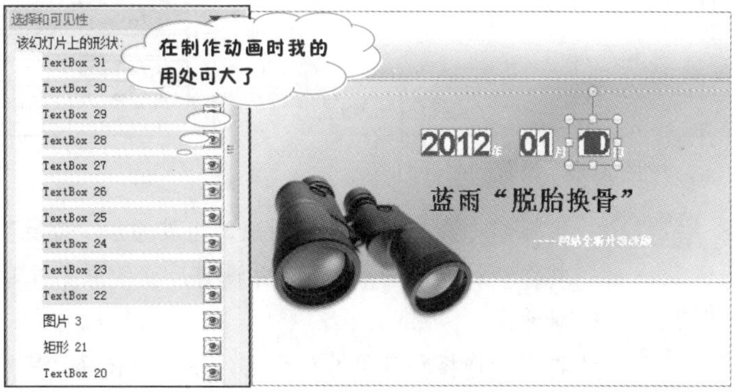

图 8-40　对齐所有数字

Step 05　保持前面的所有数字的选择状态，为其添加“出现”进入动画，打开“动画窗格”窗格，在动画项上单击鼠标右键，在弹出的快捷菜单中选择“效果选项”命令，如图 8-41 所示。

Step 06　打开“出现”对话框，选择“效果”选项卡，设置动画的声音为“照相机”，动画播放后为“下次单击后隐藏”，动画文本为“整批发送”，如图 8-42 所示。

图 8-41　选择“效果选项”命令

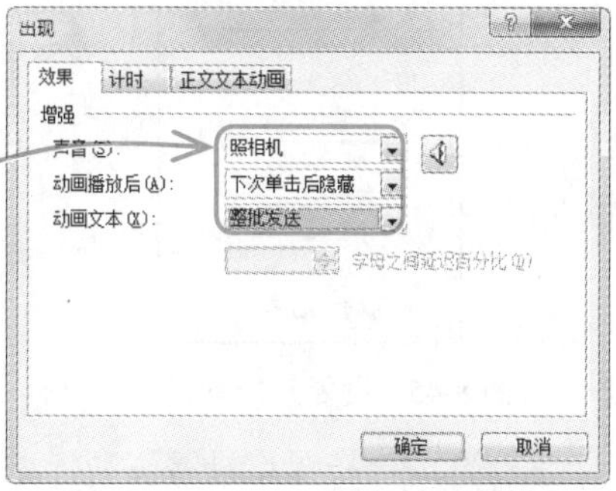

图 8-42　设置效果选项

Step 07　选择“计时”选项卡，设置开始时间为“单击时”，延迟为 0，如图 8-43 所示，单击 确定 按钮，此时的每个数字需要单击后才能开始计时播放。

Step 08　在“动画窗格”窗格中选择 2~9 项动画，单击鼠标右键，在弹出的快捷菜单中选择“计时”命令，在打开的对话框中设置开始时间为“上一动画之后”，延迟为 1，单击 确定 按钮，如图 8-44 所示。

Step 09　播放动画，动画结束时最后一个数字“8”没有显示出来，因此双击第 8 项动画，在打开对话框的“效果”选项卡中设置动画播放后为“不变暗”，单击 确定 按钮。

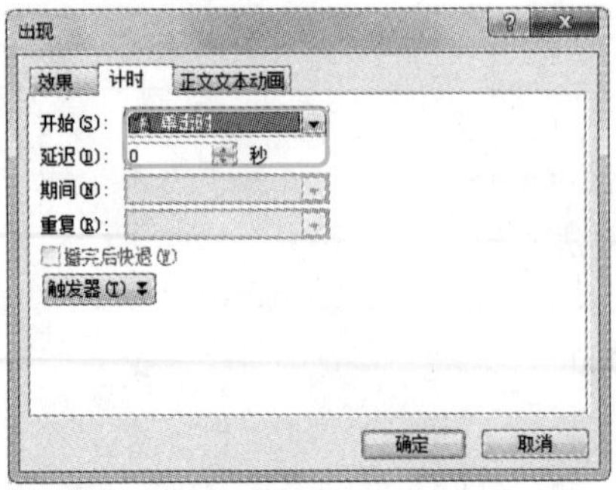

图 8-43　设置动画计时

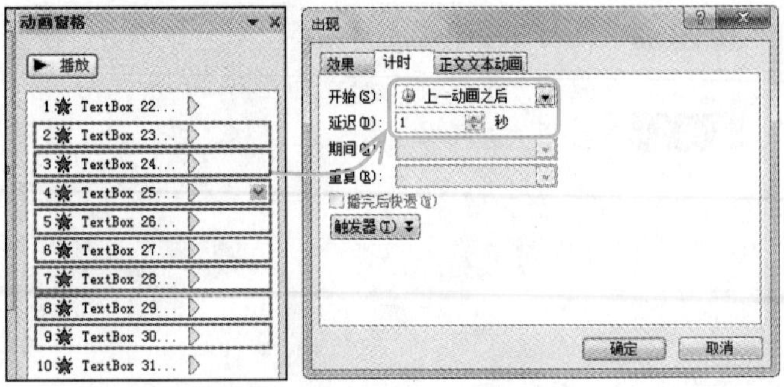

图 8-44　修改 2~9 项动画

Step 10　选择组合在一起的日期对象，为其添加“擦除”进入动画，然后在“动画窗格”窗格中将其拖至计时动画最前面，并设置后面的原第 1 项动画开始方式为上一动画之后，如图 8-45 所示。

Step 11　打开“选择和可见性”窗格，在其中选择“矩形 16”选项，为其添加“弹跳”进入动画，位于上一组合对象进入动画后面，开始方式为上一动画之后。

Step 12　选择主题文字标题框，为其添加“弹跳”进入动画，再选择副标题文字框，为其添加“浮入”和“画笔颜色”强调动画，并设置这些动画的开始方式为上一动画之后，以保持其按顺序播放，如图 8-46 所示。

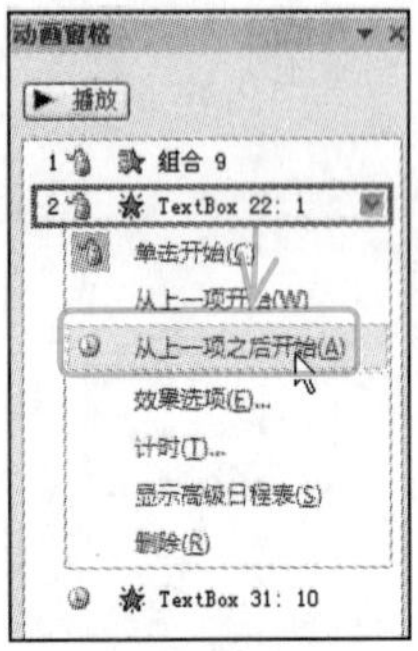

图 8-45　设置开始方式

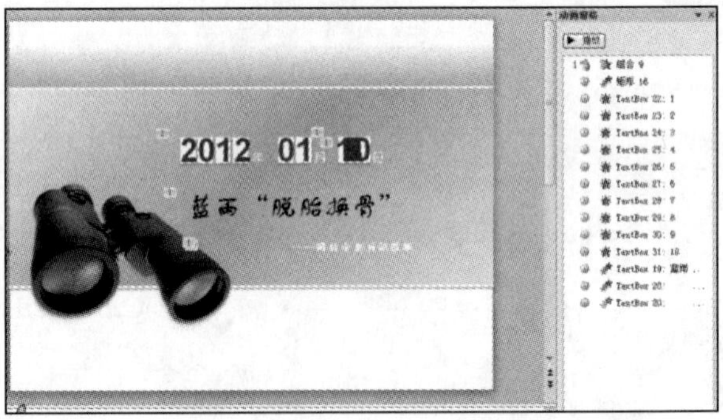

图 8-46　制作完成的动画

Step 13　按 F5 键放映幻灯片，便可观看计时片头动画效果（\最终效果\第 8 章\网站改版片头.pptx）。

本例主要应用了计时动画的设置，在实际应用中也可用同样的方法来制作倒数计时动画，只需把数字的播放顺序颠倒一下，在动画前也可以制作如何启动动画的方式，一般是单击鼠标即可实现，也可以绘制一个启动动画的按钮等。

8.2.5　模拟画圆

经常有老师在课件中需要表现画圆、画矩形等过程动画，对于这类动画在 PowerPoint 中也可快速地实现。其方法是先绘制一个正圆，然后添加“轮子”进入动画。

如果是要以 A 为圆心，以线段 AB 为半径画圆这类稍复杂一点的动画，也可在其基础上快速实现，方法是添加一个圆心，再绘制一条半径，然后复制一条半径放到下方并设为白色，将两条半径组合，置为底层后再为其添加"陀螺旋"强调动画，最后将其移至为圆添加的"轮子"进入动画前面，如图 8-47 所示。用同样的方法还可制作画矩形、画三角形、画饼形等动画，这类动画还可应用于一些工程招标、建筑安装等领域。

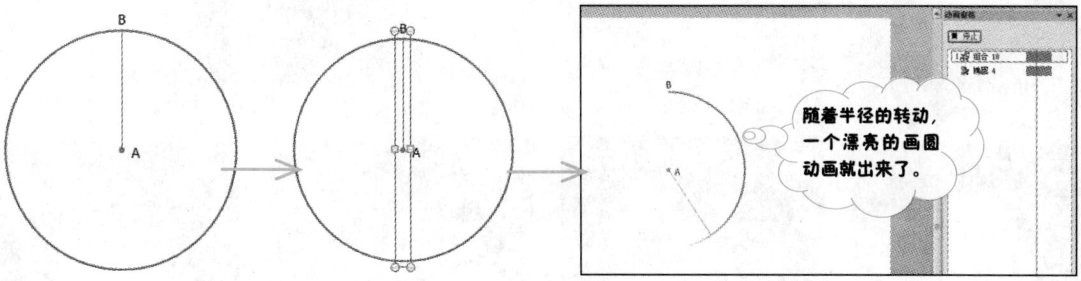
B
A
随着半径的转动，
一个漂亮的画圆
动画就出来了。

图 8-47　模拟画圆动画

技巧点拨

模拟瀑布水流动画

先将幻灯片的背景设置为瀑布图片，在有水的地方画一个细长的矩形，设为无线条颜色，复制多个后对齐放好位置，全选后在右键菜单中选择"设置对象格式"命令，选择"幻灯片背景填充"方式，将其组合后添加向下路径动画，路径长度要比较短。

8.3　职场案例——制作动态公司介绍

案例背景

李治是公司的行政助理，公司准备与一个重要的客户进行项目合作，近期对方将派人到公司来了解情况，为此经理让李治制作一个公司介绍幻灯片，内容要比较精炼、短小，而且最好是带有动态效果。

8.3.1　案例目标

本例将针对上述的案例背景，制作一个动态公司介绍的演示文稿，主要由首页、目录页、"公司概况"页、"公司业绩"页、"企业文化"页和结束页组成。

本例制作的"公司介绍"动画效果如图 8-48 所示（\最终效果\第 8 章\公司介绍.pptx）。首先是公司标识出场，通过旋转和移动动画进行强调，在右侧快速出现公司的名称，稍作停顿后进入目录页，代表“公司概况”、“公司业绩”和“企业文化”的 3 个圆球依次飞入并围绕着圆进行运转，切换到“公司概况”画面，先伸展出现 3 个条状图形，再依次出现各标题名称，后面接着对各项内容进行动态展示，整个展示过程动画连贯、生动，画面色调统一，颜色对比突出。

图 8-48 “公司介绍”动画效果

8.3.2 制作思路

公司介绍根据用途、观看对象和介绍内容的不同，其制作方法和制作内容是有较大差异的，因此本例首先要根据案例需求进行内容和结构的布局，然后是确定整个演示的模板风格和色调搭配，确定后便可开始静态幻灯片的制作，制作完成后为各张幻灯片进行动画设计和细节调整，最后根据展示方式进行发布输出。

在本例中，提供了制作完成后的静态幻灯片作为素材，在其基础上综合运用 PPT 动画的设计特点和方法进行动画设计。通过前面的效果图可以发现，整个动画效果是按内容的特点和排列方式进行设计的，因此动画与内容的衔接是紧密的，这样才不至于"喧宾夺主"。要完成本例，还要对 PowerPoint 中的各个动画的效果比较熟悉，这样才能在制作时快速找到最适合的动画效果。本例的制作思路如图 8-49 所示。

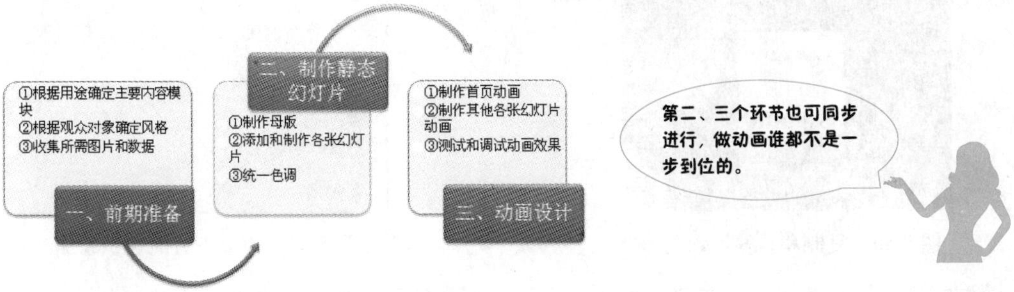

图 8-49 制作思路

职场充电

公司简介怎么写

公司简介是对一个公司或企业做一个简单全面的介绍，让他人初步了解公司的基本情况，同时能给客户留下深刻的印象，达到介绍的目的。公司介绍的内容主要从公司概况、发展状况、公司文化、公司产品、销售业绩或销售网络、售后服务几个方面进行内容设计，有些公司的产品介绍演示也采用上述内容来设计。另外，还要分析客户的需求，再对上述内容的详略加以判断。

8.3.3 制作过程

1. 制作首页和目录页的动画

一般首页主要展示公司的标识和名称等信息，设计动画时一般是先出现公司标识再是名称，这样可以得到较好的视觉效果。

在本例中，首页主要运用了缩放和自定义路径动画，目录页主要运用了圆形路径动画。其具体操作如下：

Step 01 打开“公司介绍.pptx”演示文稿（\实例素材\第 8 章\公司介绍.pptx），选择第 1 张首页幻灯片，观察内容后思考对标识设置一个怎样的动画的变化，以及如何按顺序出现内容。

Step 02 复制标识图片，对其应用“映像棱台，白色”图片样式，这样的标识效果更加突出，为了便于后面为其添加动画，将两个标识运用对齐功能进行重叠，并移至页面中间，如图 8-50 所示。

Step 03 通过“选择和可见性”窗格选择最下面的标识，在“动画”面板中为其添加“基本缩放”进入动画，单击“效果选项”按钮，选择“从屏幕中心放大”选项，再在“计时”面板中设置动画开始方式为与上一动画同时进行，持续时间为 00.50，如图 8-51 所示。

图 8-50　复制和重叠标识图形

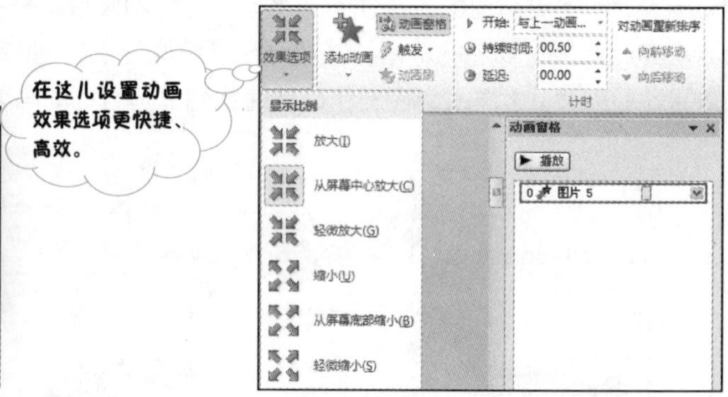

图 8-51　为最下方的标识添加动画

Step 04 选择最上方应用样式后的标识，单击“添加动画”按钮，为其添加“轮子”进入动画，设置开始方式为之后，速度为 1 秒，再选择后面标识图片，为其添加“淡出”动画，设置开始方式为之后，其作用是当标识变化到修改样式后便使下方的原标识退出。

Step 05 选择标识，为其添加“向左”路径动画，根据动画效果调整好路径的长短，动画开始方式为之后。

Step 06 同时选择两个文字框，为其添加“向内溶解”进入动画，此时首页的动画添加完成，在“动画窗格”窗格中将第一个文字框设为之后播放，第二个文字框设为与上一动画同时播放，至此完成首页动画的设计，如图 8-52 所示。

图 8-52　制作完成后的首页动画

Step 07 选择第 2 张目录页幻灯片，先将各圆形中的文字与圆形组合在一起，然后同时选择 3 个圆，为其添加"飞入"进入动画，并将开始方式设为上一动画之后。

Step 08 选择第 1 个圆，单击"添加动画"按钮，为其添加"形状"路径动画，将圆形路径拖至与最外面的圆环大小相一致，其中绿色控制点为旋转起始点，使其位于第 1 个圆的中间位置，如图 8-53 所示。

Step 09 将开始方式设为上一动画之后，重复播放两次，再使用同样的方法为其他两个圆设置路径动画，要注意通过旋转将绿色控制点调整到相应的圆的中间位置，作为起始位置，并使后两个圆与前一个圆同时进行，如图 8-54 所示。

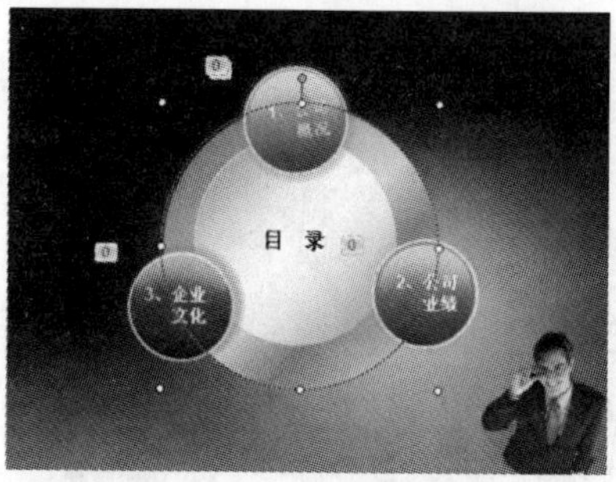

图 8-53　为第 1 个圆添加路径动画

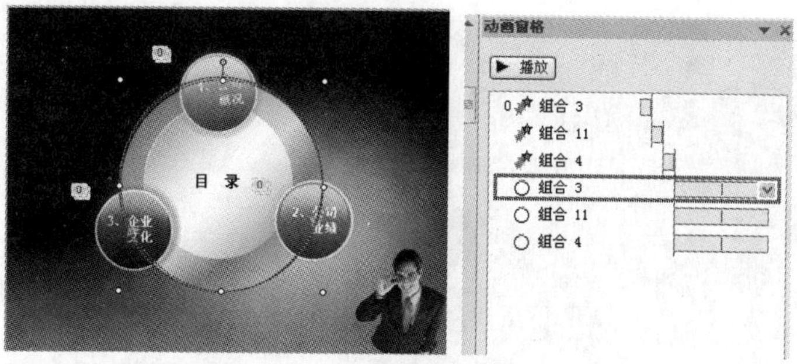

图 8-54　制作完成的路径动画

2. 制作"公司概况"动画

公司概况介绍包括"公司概况"标题页面以及"公司成立信息"、"公司五大分部"和"公司组织机构图"3 个子页面，其具体操作如下：

Step 01 选择第 3 张幻灯片，在"公司概况"幻灯片中除了标题和正文文本框外，还有 3 个不同颜色的小标题，下面使 3 个小标题先展开条状图案，再出现文字。

Step 02 同时选择 3 个条状图形，注意不选择文字，为其添加"展开"进入动画，并设为上一动画之后播放，如图 8-55 所示。

Step 03 同时选择 3 个标题文字组合框，为其添加"缩放"进入动画，同样设为上一动画之后播放，完成本页动画设计，如图 8-56 所示。

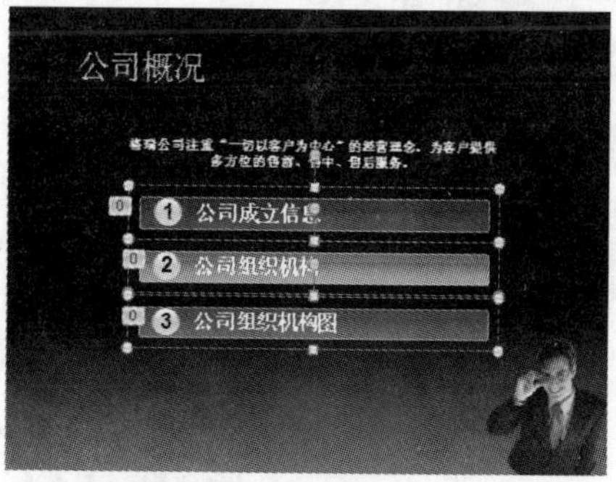

图 8-55　为条状图形添加"展开"动画

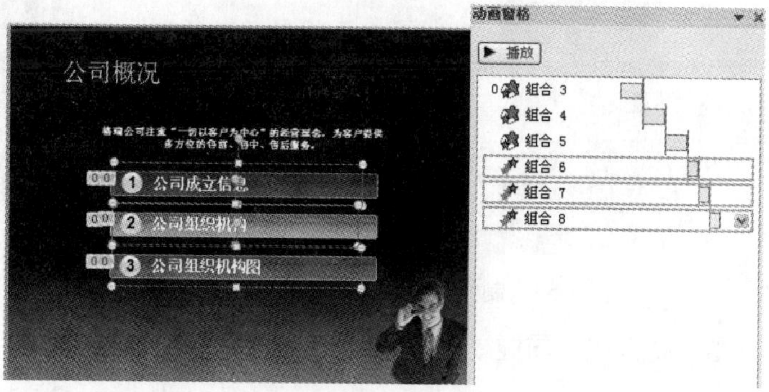

图 8-56　为文字组合框添加"缩放"进入动画

Step 04 选择第 4 张"公司成立信息"幻灯片，选择其中的文字组合框，为其添加"淡出"进入动画，设为与上一动画同时播放，接着为其添加“下划线”强调动画，并设为上一动画之后播放。

Step 05 选择最下方的地址文本框，单击“添加动画”按钮，为其添加“飞入”动画，并设为上一动画之后播放，完成本页动画设计，如图 8-57 所示。

Step 06 选择第 5 张“公司五大分部”幻灯片，选择左侧“上海”所在圆球，为其添加“自定义路径”动画，并沿着箭头的方向绘制一条线条路径，时间为快速 1 秒，并设为上一动画之后播放，如图 8-58 所示。

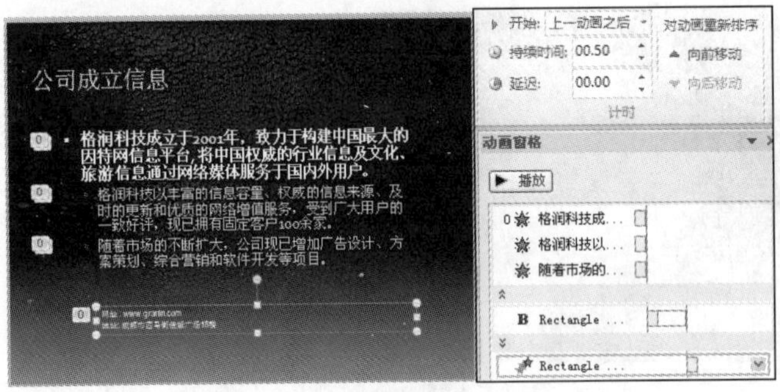

图 8-57　为文字添加动画

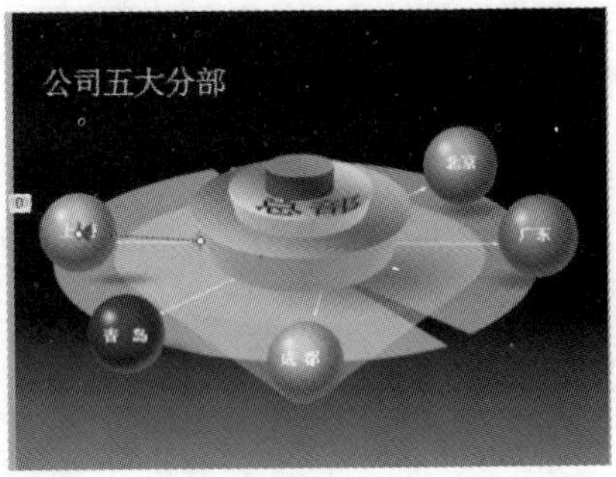

图 8-58　绘制自定义路径

Step 07 选择“上海”文本框，为其添加“飞入”进入动画，设为上一动画之后播放，然后用同样的方法为其他圆球和文字制作进入动画，如图 8-59 所示。

Step 08 选择第 6 张“公司组织机构图”幻灯片，该幻灯片内容是一个流程图，先将需要作为一个整体出现的文字和其矩形组合在一起，然后分别选择这些图片，为其添加“飞入”进入动画，设为上一动画之后播放。

Step 09 分别选择各连接符，为其添加“擦除”进入动画，并设为上一动画之后播放，这样可以使各部分名称机构先出现，再出现线条，这样比较直观，完成本页动画制作，如图 8-60 所示。

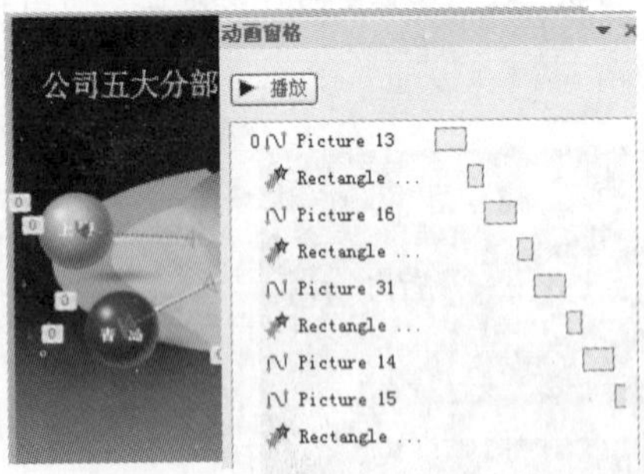

图 8-59　制作完成后的路路径动画

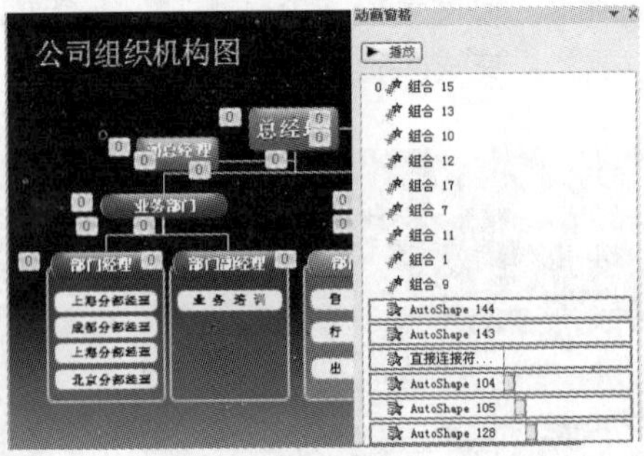

图 8-60　添加动画

3. 制作“公司业绩”动画

“公司业绩”内容介绍涉及表格和图表对象的动画设计方法，其具体操作如下：

Step 01 选择第 7 张“公司业绩”幻灯片后，选择最下面的文本框，添加“浮入”进入动画，选择右侧组合的“销售网络”对象，添加“弹跳”进入动画，为灰色小箭头添加“向左”路径动画，再参考制作第 3 张幻灯片小标题动画的方法制作左侧各文字标题对象的动画，上述动画都是按次序在上一动画之后出现，最后的文字标题是同时出现的，如图 8-61 所示。

Step 02 选择第 8 张“公司近 2 年的销售数据”幻灯片，该张幻灯片的表格原来是一个整体，为了便于制作动画，先将表头和下面的内容分成两个对象，同时再将表格数据按年分成两部分并重叠在一起，如图 8-62 所示。

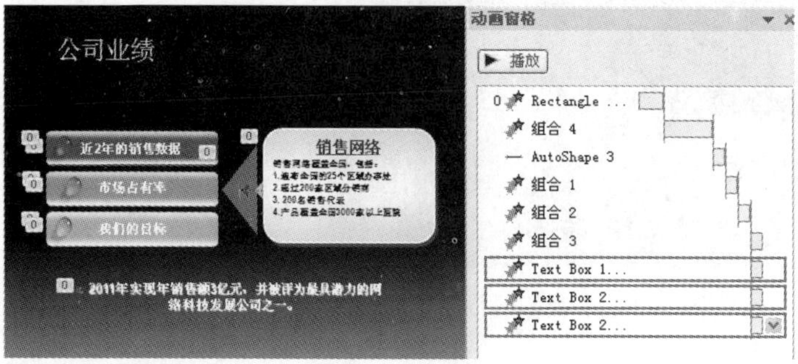

图 8-61　制作“公司业绩”动画

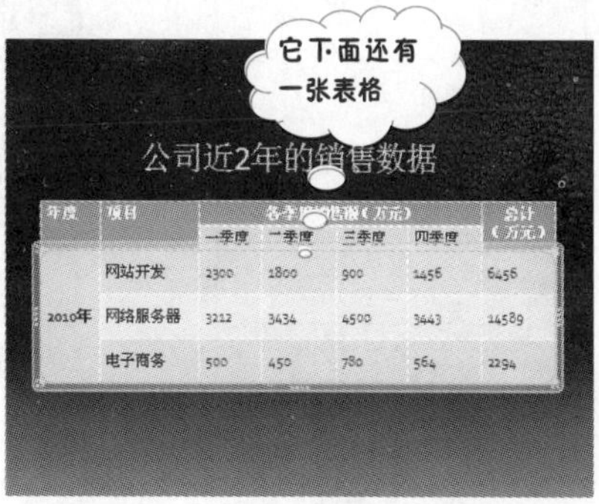

图 8-62　分隔表格内容

Step 03 先为最上方的文字标题添加“淡出”进入动画，选择表头对象，添加“缩放”进入动画。然后选择最上面的表格，添加“浮入”进入动画和“擦除”退出动画。最后为最下面的表格添加“擦除”进入动画。为了便于查看表格内容，最上面一张表格的“擦除”退出动画可设为单击鼠标后再出现，如图 8-63 所示。

Step 04 选择第 9 张“各月份市场占有率”幻灯片，先同时选择横向和纵向坐标箭头，为其添加“切入”进入动画，设为上一动画之后播放，再选择横向和纵向组合的文字对象，为其添加“擦除”进入动画，设为上一动画之后同时出现，如图 8-64 所示。

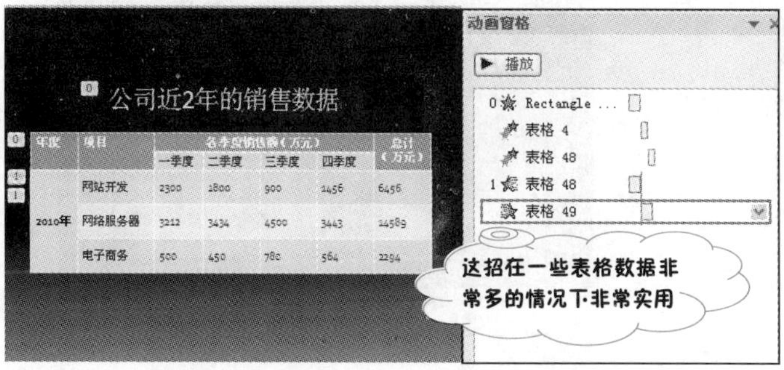

图 8-63　制作完成的表格切换动画

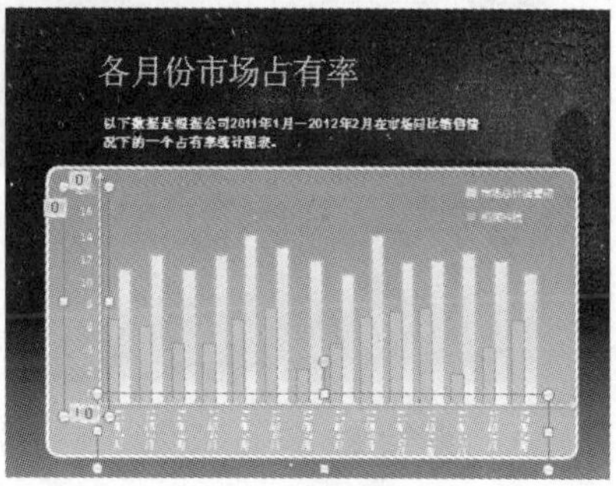

图 8-64　为坐标对象设置动画

Step 05 选择所有绿色矩形条，为其添加“切入”进入动画，设为上一动画之后同时切入，再同样为所有黄色矩形条添加“切入”进入动画，在上一动画之后同时切入，完成本张幻灯片的动画设计，其动画窗格如图 8-65 所示。

Step 06 选择第 10 张“我们的目标”幻灯片，为人物和下面的圆柱同时添加“飞入”进入动画，之后圆柱上的文本同时淡出，接着是带有数字的线条对象以“擦除”方式依次出现，最后为右侧的线条数据添加“放大/缩小”强调动画，如图 8-66 所示。

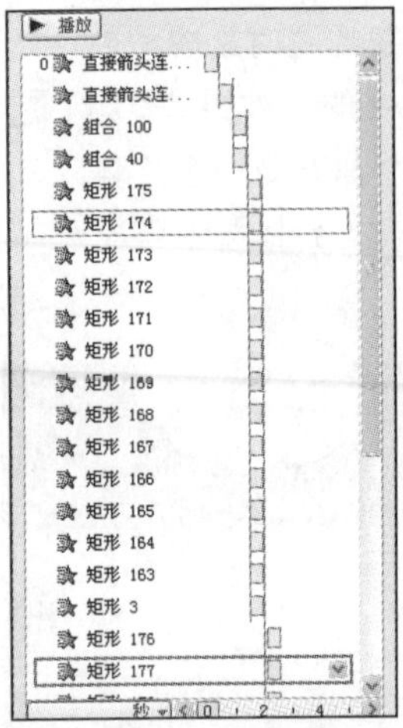

图 8-65　动画窗格

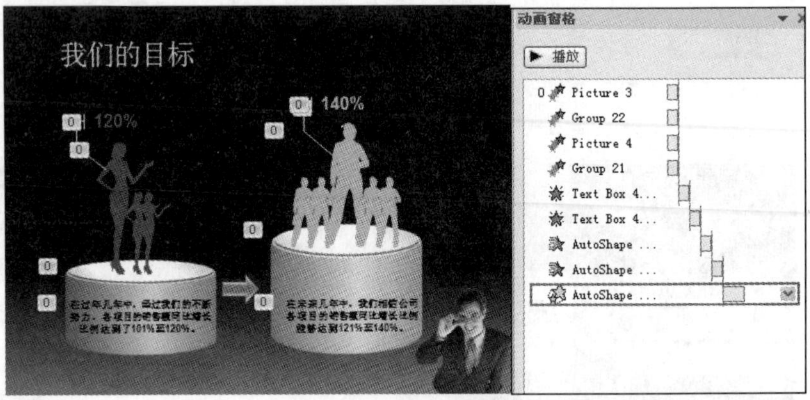

图 8-66　“我们的目标”幻灯片动画

4. 制作“企业文化”和“结束”动画

接下来制作“企业文化”和“结束”动画，其方法与前面的动画设计方法比较类似，其具体操作如下:

Step 01 选择第 11 张“企业文化”幻灯片后，选择其中的浅色圆形，为其添加“轮子”进入动画和“脉冲”强调动画，如图 8-67 所示。

Step 02 选择第 12 张幻灯片，同时选择所有灰色小圆，添加“飞入”进入动画，同时飞入后再为组合在一起的 3 个大圆添加飞入动画，如图 8-68 所示。

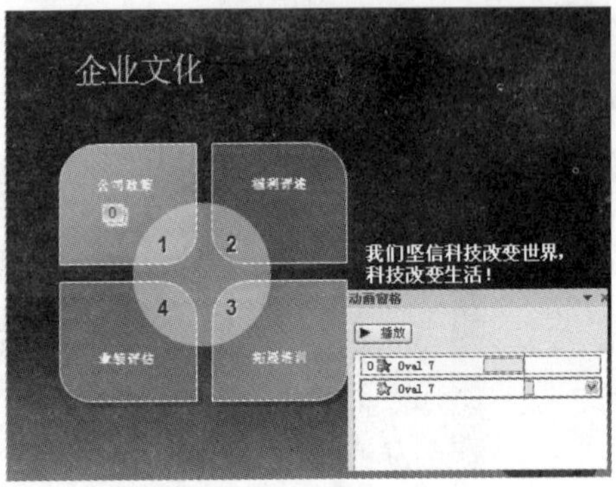

图 8-67　制作“企业文化”动画

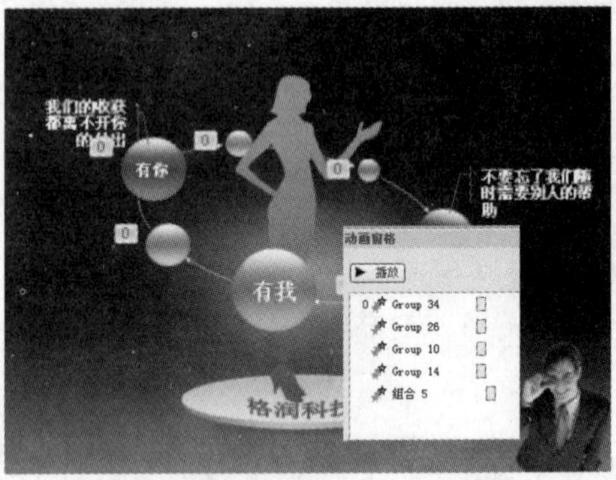

图 8-68　制作圆球飞入动画

Step 03 选择第 13 张结束幻灯片，选择上面的文本框，添加“飞入”进入动画，再为另一文本框添加“擦除”进入动画，至此完成本例动画的设计。

最后根据演示方式和需求对整个动画一边预览一边进行细节调整，如果是自动播放，不需要手动控制，则可以为整个演示制作排练计时；如果演讲者在演示过程中某些地方需要补充一些内容，就需要对某些动画的开始方式和延迟时间进行调整。

调整完成后，可根据需要将幻灯片进行打包和输出，以满足其他不同的平台需要。

8.4 技高一等

技巧1：制作电影字幕式片尾动画

：在很多电影和电视剧的片尾通常用移动字幕的形式给出演员、制作者及相关信息，在PowerPoint中如何制作出字幕式片尾动画呢？

：将要显示的字幕内容添加到一个文本框中，然后可以用以下两种方法来制作。

方法一：为文字框添加"直线"路径动画，在效果选项中设置路径方向为向上、向下、向左或向右等，并设置其速度，然后将路径拖至幻灯片编辑区外，并根据字幕多少调整其长短。该方法对于控制字幕滚动方向比较灵活，缺点是如果字幕较多则不便于调整路径长短。

方法二：PowerPoint本身就提供了"字幕式"进入动画，可直接用于制作字幕动画，但不能制作出左、右滚动的动画。

技巧2：在幻灯片中实现无接缝场景动画

：幻灯片动画始终给人是一个又一个画面切换的动画，在播放时就会感觉到停顿，而在制作一些片头动画中，怎样才能让动画实现无接缝场景转换呢？

：如果需要对同一场景进行画面移动的转换，例如，对于如图8-69所示的画面随着动画的播放，风景图片便向右移动转换场景，制作时可以选择一张很大的图片，导入后为其添加向右的"直线"路径，调整好路径位置和长短便可实现。如果是在不同的幻灯片间实现无接缝场景转换，可以依次分别用图片的一部分作为背景，但要注意紧挨着的两个场景之间使用的是图片的过渡部分，这样相当于把镜头转换到同一张图片的各个部位，从而得到比较理想的无缝场景转换效果。

图8-69　无接缝场转换动画

技巧 3：制作 PPT 动画的经验之谈

：怎样才能掌握 PPT 动画制作要领，什么样的 PPT 动画才能打动观众？这些无疑是 PPT 制作人员所关心的问题。下面根据一些 PPT 动画高手的制作心得总结出几点经验。

：在制作 PPT 动画时，要想制作的动画能吸引观众的眼球，就须做到以下几点。

经验一：一定要完全掌握 PowerPoint 中各自带动画的功能，一一去验证不同的动画有何效果，有哪些效果参数，在制作动画时尽量先使用自带的动画去实现，不能实现的效果再考虑如何通过组合动画来实现。如要实现聊天时的打字效果，只需运用自带的“彩色打字机”进入动画便可实现。

经验二：在表现强调效果时，制作的动画一定要醒目，比较夸张、突出和炫的动画才能赢得观众的眼球，而对于一些细微动画，观众根本就看不到，因此也就失去了强调的作用，还不如不要动画。

经验三：无论是什么动画，都必须遵循事物本身的运动规律，因此制作时要考虑对象的先后顺序、大小和位置关系以及与演示环境的协调等，这样才符合常识。如由远到近时对象会从小到大，反之亦然。

经验四：幻灯片动画的节奏要比较快速，一般不用缓慢的动作，同时一个精彩的动画往往是具有一定规模的创意动画，因此制作前最好先设想好动画的框架与创意，再去实施。

经验五：根据演示场合制作适量的动画，对于一些严谨的商务演示，如工作报告等，就不要制作过多的修饰动画，这类演示一定要简洁、高效。

8.5 巩固练习

练习 1：制作公司 LOGO 片头动画

根据名为“旋风物流”的公司标识，制作一个 LOGO 变形片头动画，要求动画简洁，与 LOGO 相结合进行动画设计。如图 8-70 所示为参考动画效果，在场景中先从四周不断飞入一些椭圆，再出现 LOGO 各组成部分，接着出现公司名称和快速移动的线条，公司宣传文字出现后再淡出（\最终效果\第 8 章\公司片头.pptx）。

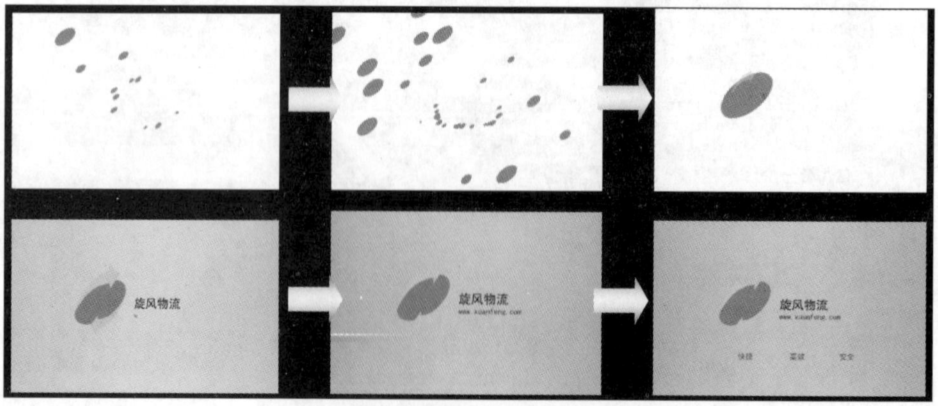

图 8-70　公司片头动画

提示：根据前面正文介绍的制作大量图片飞驰动画的方法，复制多个椭圆并进行规模化快速移动动画，再为椭圆和两个箭头图形分别添加"基本缩放"进入和"强调"动画；对公司名称添加"彩色打字机"进入动画，同时出现背景与线条路径动画，最后为下方的宣传文字同时添加"缩放"进入和退出动画。

练习 2：制作婚庆用品展示动画

打开提供的"婚庆用品展.pptx"演示文稿（\实例素材\第 8 章\婚庆用品展.pptx），为各张幻灯片添加适合的动画效果，使其在展示时更加生动、形象。如图 8-71 所示为制作的部分场景的动画效果（\最终效果\第 8 章\婚庆用品展.pptx）。

图 8-71　婚庆用品展示动画

提示：本例的动画可以自行练习添加，在添加过程中可以根据动画的需要，为幻灯片添加所需的图形，如第二个场景中便添加了气球图形，以便于制作出气球升空动画。本例的动画设置可以参考光盘中提供的效果文件。

轻松一刻

公司举办新年晚会，一名员工终于进入了抽奖环节。台下同事都在起哄："苹果！苹果！"结果他真的抽到一张字条：苹果牌笔记本！正在他激动万分之时，司仪缓缓地递给他一个礼品包，里面有一个苹果、一副牌、一个笔记本。

3段

第9章

演示文稿的放映设计

★本章要点★

- 手动快速定位幻灯片
- 设置单击鼠标左键不换片
- 为重要内容添加标注
- 用“显示”代替“放映”
- 改善幻灯片的放映性能
- 让 PowerPoint 自动黑屏
- 远程播放演示文稿

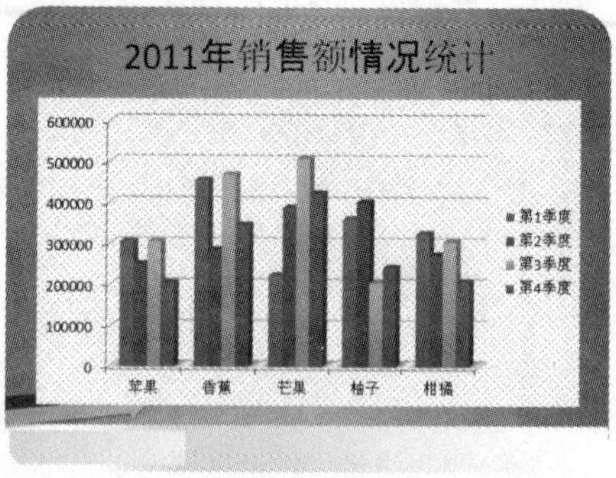

制作年终销售报告

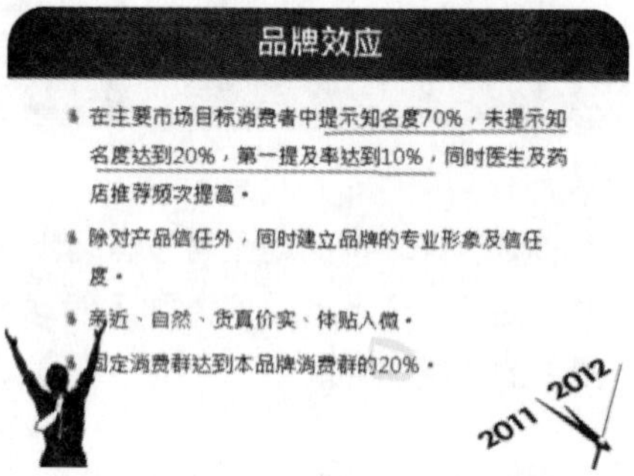

制作品牌构造方案

葡萄
吃葡萄益气补血。葡萄性平味甘，含糖量高达20%，并含钙、磷、铁以及多种维生素，吃葡萄有益气补血的功效。近年来科学家发现，葡萄能产生一种植物防御素藜芦醇，具有抗癌效应。

制作水果与健康专题报道

9.1 让换片方式更加得心应手

演示文稿制作好后，还需要放映，演讲者要随时控制幻灯片和动画的切换。虽然可通过单击鼠标左键或按 Enter 键切换幻灯片，但对于大型的演示文稿，这种方法并不是最好，也不是唯一的，在放映过程中还可通过更多的方法使放映效果更好。

9.1.1 手动快速定位幻灯片

默认的演示文稿的播放会按一定顺序，但在实际放映过程中有时会根据情况选择放映的幻灯片，若采用单击鼠标播放既麻烦也影响速度，这时可使用快速定位幻灯片的功能快速在幻灯片间进行切换，这在放映大型的演示文稿时经常用到。其方法是：在放映的幻灯片上单击鼠标右键，在弹出的快捷菜单中选择“定位至幻灯片”命令，再在弹出的子菜单中选择目标幻灯片，如图 9-1 所示。

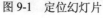

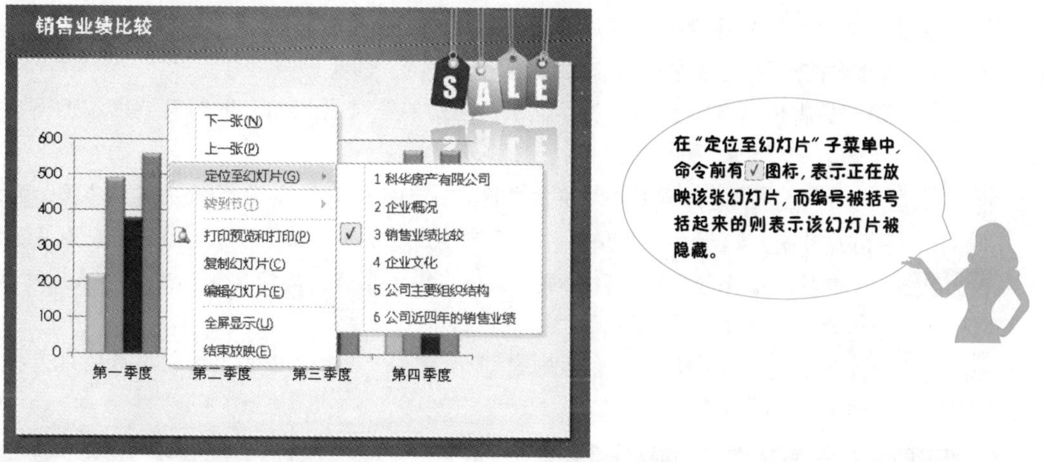

图 9-1　定位幻灯片

技巧点拨

利用快捷键定位幻灯片

在放映幻灯片的过程中，按键盘上的数字键输入需定位的幻灯片编号，再按 Enter 键可快速切换到该张幻灯片。

9.1.2 设置单击鼠标左键不换片

在设置了幻灯片切换的时间或进行排练计时后放映演示文稿时，可取消单击鼠标左键进入下一张幻灯片的功能，这样可减少放映过程中的错误。如果不取消，有可能在放映过程中，演示者不小心单击了鼠标左键后，该张幻灯片还没放映完就进入到下一张幻灯片。为了演示的顺畅，可在设置了排练计时的情况下取消单击鼠标左键切换的功能。其方法是：选择【切换】/【计时】组，取消选中 单击鼠标时复选框，如图 9-2 所示。这样在放映演示文稿时，单击鼠标左键将不会切换到下一张幻灯片。

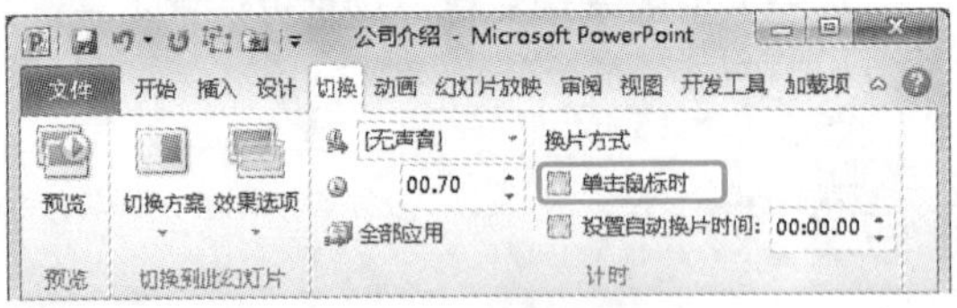

图 9-2　设置换片方式

9.2 为重要内容添加标注

在放映演示文稿时，若想突出幻灯片中的重要内容，演讲者可以在屏幕上添加标注，勾勒重点或特殊的地方。对幻灯片进行标注主要是通过绘图笔来实现的。

下面将放映“品牌构造方案.pptx”演示文稿，当放映第 4 张幻灯片时为其要点添加下划线和荧光笔圈。其具体操作如下：

Step 01　打开“品牌构造方案.pptx”演示文稿（\实例素材\第 9 章\品牌构造方案.pptx）。选择【幻灯片放映】/【开始放映幻灯片】组，单击“从头放映”按钮，进入幻灯片放映视图。

Step 02　当放映到第 4 张幻灯片时，单击鼠标右键，在弹出的快捷菜单中选择【指针选项】/【笔】命令，如图 9-3 所示。

Step 03　当鼠标光标的形状变为一个小圆点时，在第一段文本中需要绘制重点的地方拖动鼠标绘制标注，如图 9-4 所示。

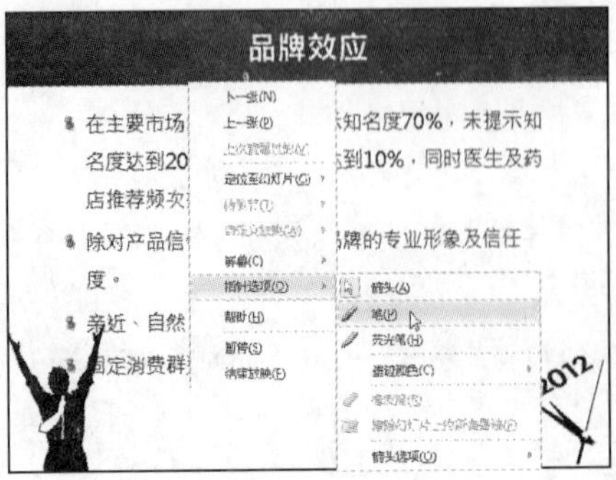

图 9-3　选择绘图笔样式

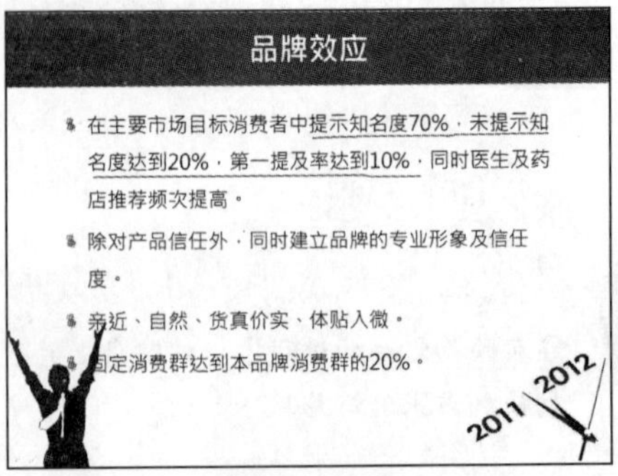

图 9-4　绘制标注

Step 04 单击鼠标右键，在弹出的快捷菜单中选择【指针选项】/【荧光笔】命令，使用相同的方法在第 4 张幻灯片的最后一段文本中将重点内容圈起来，如图 9-5 所示。

Step 05 依次单击鼠标放映演示文稿中的其他幻灯片，在准备退出幻灯片放映视图时单击鼠标，打开提示是否保留标记痕迹的对话框，如图 9-6 所示。

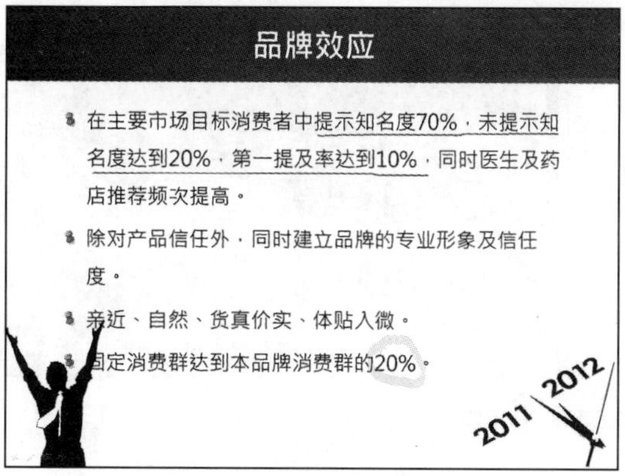
品牌效应
在主要市场目标消费者中提示知名度70%，未提示知名度达到20%，第一提及率达到10%，同时医生及药店推荐频次提高。
除对产品信任外，同时建立品牌的专业形象及信任度。
亲近、自然、货真价实、体贴入微。
固定消费群达到本品牌消费群的20%。
2011
2012

图 9-5　用荧光笔绘制标注

放映结束，单击鼠标退出。
Microsoft PowerPoint
是否保留墨迹注释?
保留(K)
放弃(D)

图 9-6　保留绘制的标注

Step 06 单击保留(K)按钮，将绘制的标注保留在幻灯片中（\最终效果\第 9 章\品牌构造方案.pptx）。

技巧点拨

设置绘图笔颜色

选择绘图笔后，在放映的幻灯片上单击鼠标右键，在弹出的快捷菜单中选择【指针选项】/【墨迹颜色】命令，在弹出的菜单中可选择所需的绘图笔颜色。

9.3 不可不知的幻灯片演示技巧

在放映演示文稿的过程中，并不只是对幻灯片进行切换，还需要对其进行一些设置，这样才能使演示更顺利，演示效果更好。所以，在放映演示文稿的过程中还需要掌握一些演示文稿的技巧。

9.3.1 用“显示”代替“放映”

在放映演示文稿时，一般都是先打开演示文稿，然后再通过各种命令或单击某些按钮才能进入放映状态。但这对于比较讲究效率的演示者来说，并不是最快的方法，可以另外选择快速、方便的方法对演示文稿进行放映，其中使用“显示”来代替“放映”就是一个不错的方法。

其方法是：在电脑中找到需放映的演示文稿保存位置，选择需放映的演示文稿缩略图，单击鼠标右键，在弹出的快捷菜单中选择“显示”命令，可从头放映该演示文稿，如图 9-7 所示。

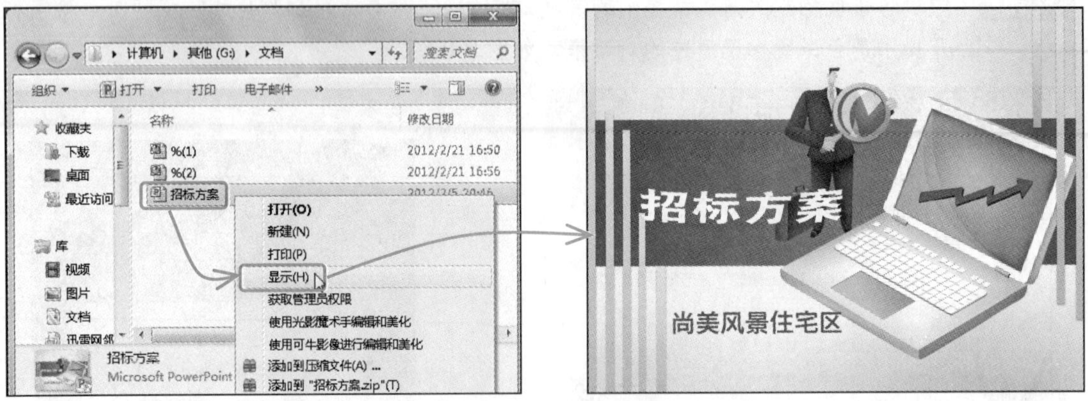

图 9-7　快速放映演示文稿

9.3.2　编辑与放映两不误

在放映过程中若发现某张幻灯片或某个动画需要修改，一般都是先退出幻灯片的放映状态，回到普通视图中进行修改。其实不退出放映状态也能进行修改。其方法是：按住 Ctrl 键不放，选择【幻灯片放映】/【开始放映幻灯片】组，单击“从当前幻灯片开始播放”按钮，此时幻灯片将演示窗口缩小至屏幕左上角。修改幻灯片时，演示窗口将最小化，修改完成后再切换到演示窗口即可看到相应的效果，如图 9-8 所示。

图 9-8　编辑与放映

9.3.3 改善幻灯片的放映性能

在放映幻灯片时，如发现幻灯片反应速度慢，可通过改善幻灯片的放映性能来提高其反应速度。改善幻灯片的放映性能主要是设置演示文稿放映时的分辨率。其方法是：选择【幻灯片放映】/【监视器】组，在“分辨率”下拉列表框中选择所需设置的分辨率，如图 9-9 所示。一般演示文稿的分辨率都设置为“使用当前分辨率”。

图 9-9　设置分辨率

改善幻灯片的放映性能还可以从以下几个方面来进行：

- 缩小图片和文本的尺寸。
- 尽量少用渐变、旋转或缩放等动画效果，可使用其他动画效果替换这些效果。
- 减少同步动画数目，可以尝试将同步动画更改为序列动画。
- 减少按字母和按字动画效果的数目。例如，只在幻灯片标题中使用这些动画效果，而不将其应用到每个项目符号上。

9.3.4 休息一会儿——让 PowerPoint 自动黑屏

使用 PowerPoint 演示时，在休息或和观众进行讨论的过程中，为了避免屏幕上的图片分散观众的注意力，可按 B 键使屏幕显示为黑色。休息后或讨论完成后再按一下 B 键即可恢复正常。按 W 键也会产生类似的效果，只是屏幕将自动变成白色。如图 9-10 所示为黑屏前的效果。如图 9-11 所示为黑屏后的效果。

图 9-10　黑屏前的效果

图 9-11　黑屏后的效果

9.3.5 远程播放演示文稿

以前通过演示文稿介绍公司给新客户或者老师们给学生辅导时，如果要播放演示文稿，都要演讲者亲自到现场去。有了 PowerPoint 2010 后，则可以实现远程演示文稿的同步广播，只要观赏者电脑可以上网，即使对方电脑没有安装 PowerPoint 2010 也可以讲解。

下面就讲解在网络上同步进行放映演示文稿的方法，其具体操作如下：

Step 01 打开制作好的演示文稿，选择【幻灯片放映】/【开始放映幻灯片】组，单击“广播幻灯片”按钮，打开“广播幻灯片”对话框，单击 启动广播(S) 按钮，如图 9-12 所示。

Step 02 在打开的对话框中将连接到 PowerPoint Broadcast Service，如图 9-13 所示。至此，完成广播幻灯片的准备工作。

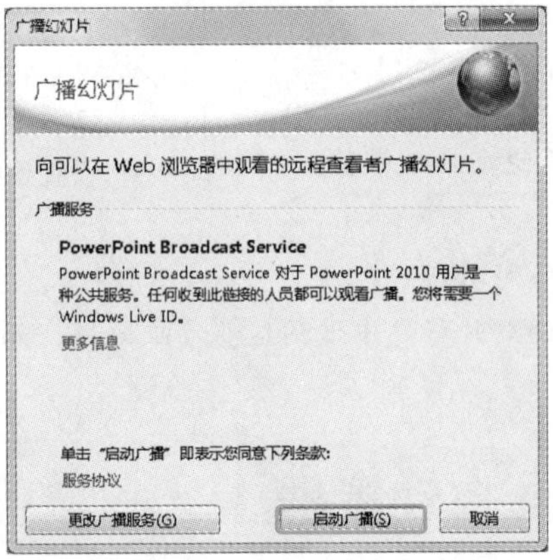

图 9-12 “广播幻灯片”对话框

图 9-13 准备工作

Step 03 广播幻灯片准备完毕，弹出一个含有链接地址的对话框，单击“复制链接”超链接，将链接地址复制到剪贴板上，通过 QQ 等方式发给对方，如图 9-14 所示。

Step 04 对方获得这个地址后，在浏览器中打开该链接，就可以等待演讲者的演示开始，演讲者在“广播幻灯片”对话框中单击 开始放映幻灯片(S) 按钮，就可以开始演示文稿的播放。对方可以同步看到幻灯片演示。

Step 05 在演示过程中按 Esc 键退出演示，回到普通视图中将看到如图 9-15 所示的效果。

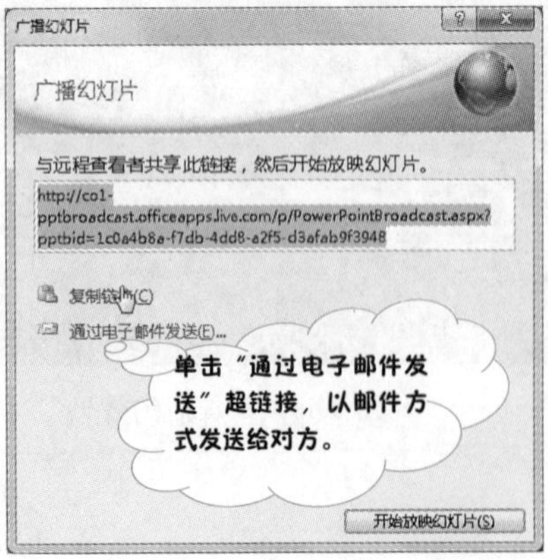

图 9-14 “广播幻灯片”对话框

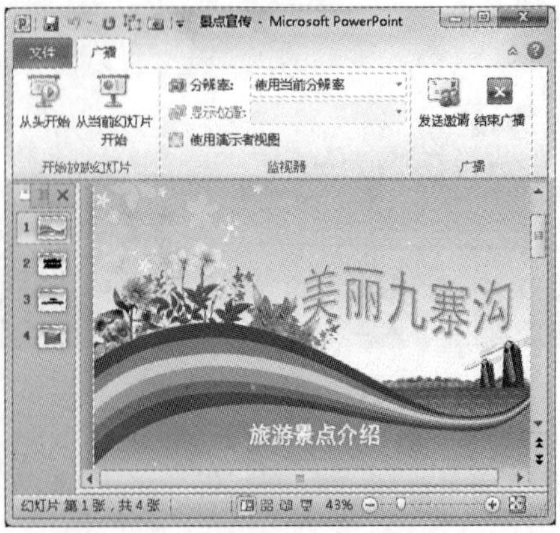

图 9-15 完成广播幻灯片的准备工作

知识提示

广播幻灯片

第一次使用时，在弹出的窗口中会提示输入注册好的 Windows Live ID 账号和密码（MSN 账号和密码），如果没有账号，先注册一个，再单击 确定 按钮，即可开始连接 PowerPoint 广播服务。

9.4 职场案例——放映演示文稿

案例背景

年末，公司又要召开年终大会，总经理让作为销售部经理的李晔制作一份关于 2011 年的销售报告，要求数据要精确，且销售情况要一目了然。此外，总经理还要求李晔做好演讲准备，在年终大会上进行放映和讲解。

9.4.1 案例目标

本例制作的年终销售报告演示文稿效果如图 9-16 所示。首先是公司名称出场，然后切换到“2011 年销售情况”画面，再依次出现各标题名称，后面接着对各项内容进行展示，整个演示过程顺畅、重点突出。

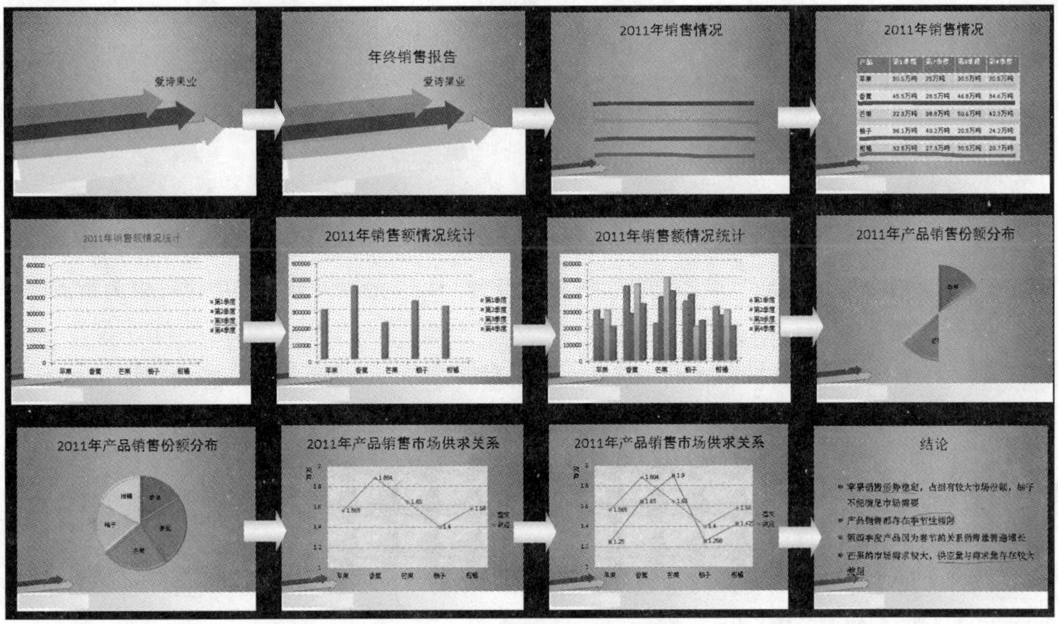

图 9-16　演示文稿放映效果

9.4.2 制作思路

公司年终销售报告会根据业务和公司产品的不同而有所变化。在本例中，提供了制作完成的演示文稿，在该例中主要对演示文稿进行一些放映设置，包括设置演示文稿的换片方式、屏幕分辨率，最后对演示文稿进行放映预览，并在预览效果时为重点内容添加标注。本例的制作思路如图 9-17 所示。

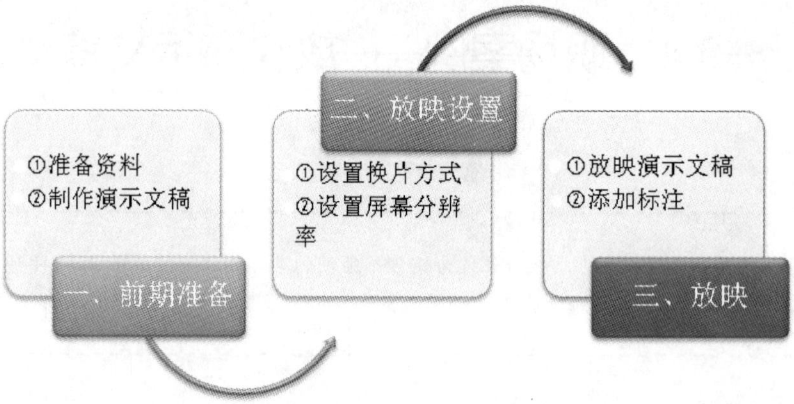

图 9-17 制作思路

职场充电

销售报告的分类

销售报告可以分为销售计划报告和销售总结报告。销售计划报告主要是对市场进行分析、预期、定位；销售总结报告主要是对已经做过的工作进行总结归纳。

9.4.3 制作过程

下面对“年终销售报告.pptx”演示文稿进行放映设置，并在放映演示文稿的过程中为重点内容添加标注。其具体操作如下：

Step 01 打开“年终销售报告.pptx”演示文稿（\实例素材\第 9 章\年终销售报告.pptx）。选择【切换】/【计时】组，取消选中 单击鼠标时复选框，选中 设置自动换片时间:复选框，在其后的数值框中输入“00:02.00”，如图 9-18 所示。

Step 02 单击 全部应用按钮，此时该演示文稿中的所有幻灯片间的切换都将设置为与当前幻灯片所设置的相同。

Step 03 选择【幻灯片放映】/【监视器】组，在“分辨率”下拉列表框中选择“使用当前分辨率”选项，如图 9-19 所示。

图 9-18　设置换片方式

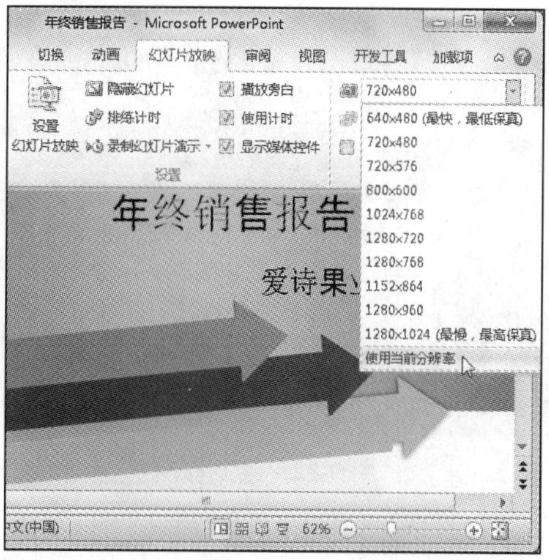

图 9-19　设置分辨率

Step 04　选择【幻灯片放映】/【开始放映幻灯片】组，单击“从头开始”按钮，进入演示文稿的放映视图，如图 9-20 所示。

Step 05　放映到第 2 张幻灯片时，单击鼠标右键，在弹出的快捷菜单中选择【指针选项】/【荧光笔】命令，再次单击鼠标右键，再在弹出的快捷菜单中选择【指针选项】/【墨迹颜色】命令，在弹出的选项栏中选择“标准栏”中的“橙色”选项，如图 9-21 所示。

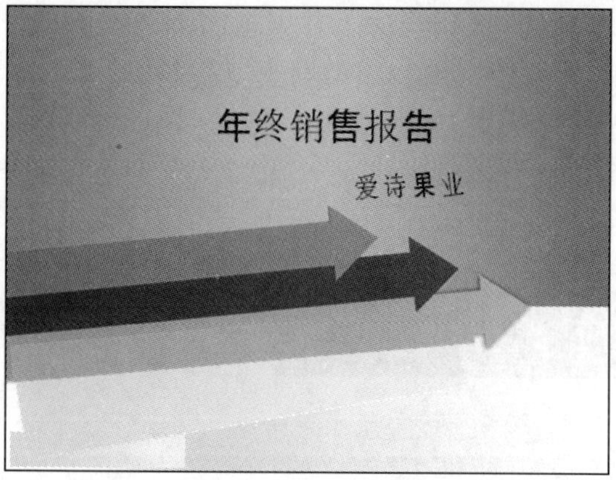

图 9-20　进入放映视图

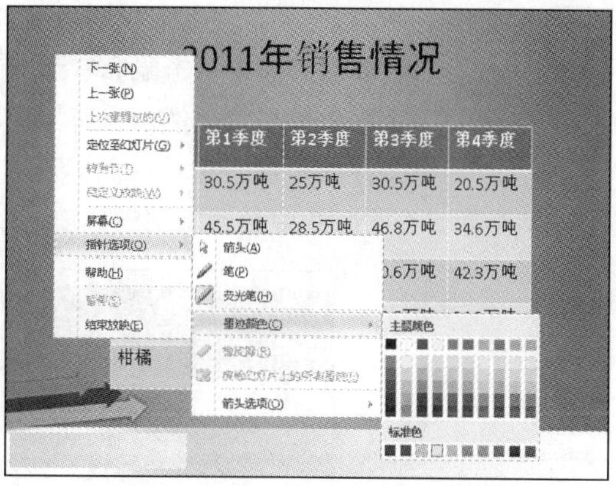

图 9-21　设置荧光笔颜色

Step 06　为幻灯片中表格的第 2 行绘制标注，如图 9-22 所示。

Step 07　使用相同的方法为该幻灯片中表格的其他行绘制标注，但每行的标注颜色要所有区别。

Step 08　继续放映其他幻灯片，并使用相同的方法为幻灯片中的重点内容添加标注。

Step 09　在准备退出幻灯片放映视图时按 Esc 键，在打开的提示框中单击 保留(K) 按钮，如图 9-23 所示，将绘制的标注保留在幻灯片中，然后从头到尾观看添加标注后演示文稿的效果（\最终效果\第 9 章\年终销售报告.pptx）。

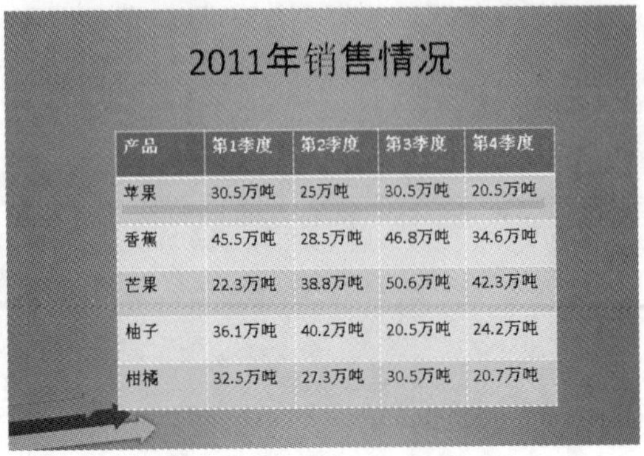
2011年销售情况
产品 第1季度 第2季度 第3季度 第4季度
苹果 30.5万吨 25万吨 30.5万吨 20.5万吨
香蕉 45.5万吨 28.5万吨 46.8万吨 34.6万吨
芒果 22.3万吨 38.8万吨 50.6万吨 42.3万吨
柚子 36.1万吨 40.2万吨 20.5万吨 24.2万吨
柑橘 32.5万吨 27.3万吨 30.5万吨 20.7万吨

图 9-22　绘制标注

结论
Microsoft PowerPoint
是否保留墨迹注释?
保留(K)
放弃(D)
芒果的市场需求较大，供应量与需求量存在较大差距

图 9-23　保留墨迹

9.5　技高一筹

技巧 1：擦除墨迹

：为幻灯片中的重点内容标记重点后，预览效果时才发现绘制的标注位置不正确或绘制不成功，该怎么办呢？

：在幻灯片中绘制的标注就算保存后墨迹也可以擦除，方法主要有以下两种。

方法一：在放映的幻灯片中单击鼠标右键，在弹出的快捷菜单中选择【指针选项】/【橡皮擦】命令，此时鼠标光标将变为橡皮擦形状，然后在有标记的位置单击鼠标左键进行擦除。

方法二：打开演示文稿后，选择绘制标注的幻灯片，此时绘制的标注是单独的对象，可进行选择，如图 9-24 所示。在幻灯片中选择绘制的标注，按 Delete 键进行删除。

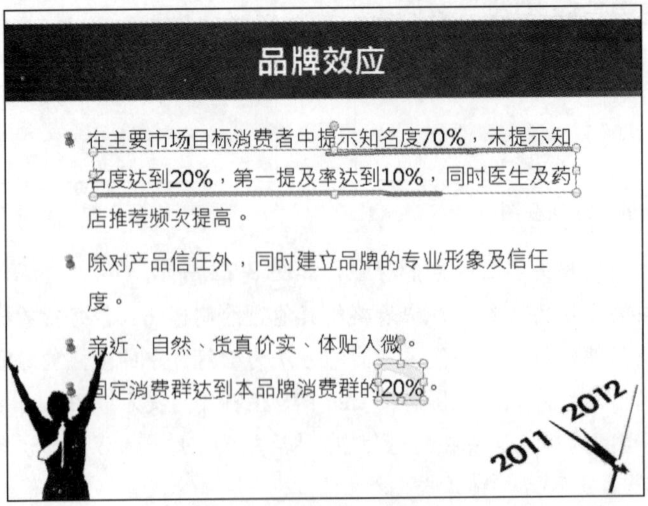
品牌效应
在主要市场目标消费者中提示知名度70%，未提示知名度达到20%，第一提及率达到10%，同时医生及药店推荐频次提高。
除对产品信任外，同时建立品牌的专业形象及信任度。
亲近、自然、货真价实、体贴入微。
固定消费群达到本品牌消费群的20%。
2011
2012

图 9-24　选择绘制的标注

技巧2：隐藏放映时显示的鼠标光标

：在放映幻灯片的过程中，如果鼠标光标一直放在屏幕上，会影响放映效果，那么怎样才不会影响放映的效果呢?

：在不使用鼠标控制幻灯片放映时，可将鼠标光标隐藏。其方法是：在放映的幻灯片上单击鼠标右键，在弹出的快捷菜单中选择【指针选项】/【箭头选项】/【永远隐藏】命令，即可将鼠标光标隐藏，如图 9-25 所示。

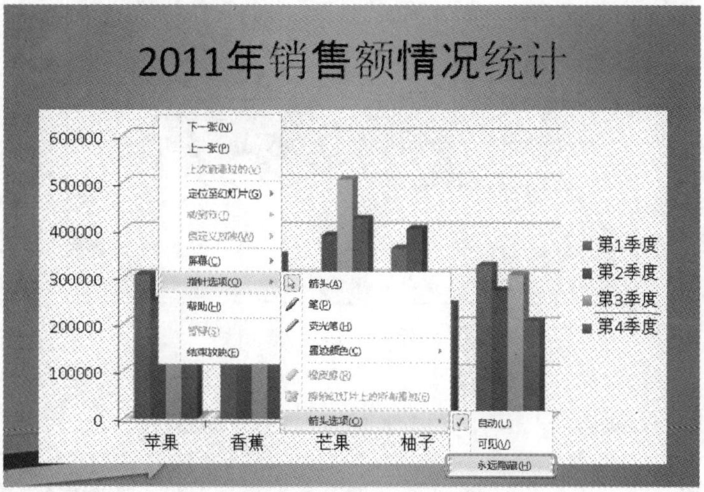

图 9-25　设置隐藏鼠标指针

技巧3：双击演示文稿缩略图进行放映

：在 PowerPoint 2010 中，放映演示文稿的方法很多，直接单击演示文稿缩略图就能放映演示文稿。

：通过双击演示文稿缩略图放映演示文稿需要对演示文稿进行保存。其方法是：制作好演示文稿后，打开“另存为”对话框，设置保存位置和保存名称，然后在“保存类型”下拉列表框中选择“PowerPoint 放映”选项，最后进行保存。需放映该演示文稿时，在保存位置找到该演示文稿并双击，即可进入演示文稿的放映视图。

技巧4：通过按钮对各幻灯片间的切换

：在放映演示文稿时，幻灯片的切换方法有很多种，可通过单击鼠标进行切换，也可通过按钮来对各幻灯片进行切换，在放映过程中可根据实际情况进行选择。

：通过按钮对各幻灯片间进行切换，主要包括以下两种。

方法一：通过放映屏幕左下角的按钮对幻灯片进行切换。进入放映状态后，屏幕左下角显示了 4 个按钮，单击按钮表示切换到上一张幻灯片，单击按钮表示切换到下一张幻灯片，单击按钮和通过手动快速定位幻灯片的方法一样。

方法二：通过添加的动作按钮对幻灯片进行切换。在制作幻灯片的过程中，可以在幻灯片中插入动作按钮，如图 9-26 所示。在放映时，只要单击设置的动作按钮，就可以切换到指定的幻灯片或启动其他应用程序，便于控制幻灯片的放映过程。

坐姿
坐姿端正，双腿平行，不得傲慢地向前伸或向后伸，或俯视前方。
要移动椅子的位置时，应先把椅子放到应放的位置，然后再坐。

图 9-26　使用动作按钮

技巧 5：启用外部媒体对象

问：在 PowerPoint 2010 中，在演示文稿的幻灯片中插入了外部媒体对象，如其他网站中的视频。若 PowerPoint 2010 设置了安全性，那么在打开该演示文稿时，会弹出安全警告，该怎么办呢？

答：在演示文稿中引用了外部多媒体对象，在打开演示文稿时就会弹出一个安全警告，并阻止了对外部媒体对象的引用，如图 9-27 所示。这样演示文稿中的媒体对象将无法正常显示，只有单击启用内容按钮才能正常启用外部媒体对象。

安全警告　已阻止了对外部媒体对象的引用　启用内容
幻灯片 第 1 张，共 12 张　中文(中国)　66%

图 9-27　启用外部媒体对象

9.6 巩固练习

练习 1：为重点内容添加标注

打开提供的“水果与健康专题报道.pptx”演示文稿（\实例素材\第 9 章\水果与健康专题报道.pptx），对演示文稿进行放映，并对幻灯片中的重点内容添加标注。如图 9-28 所示为在放映过程中添加标注的幻灯片效果（\最终效果\第 9 章\水果与健康专题报道.pptx）。

香蕉
吃香蕉防中风。香蕉中含有丰富的钾盐和能降血压的成分，每天吃2条香蕉，连续一周，可使血压下降10%。美国一位医学教授研究发现，常吃香蕉，可使中风发病率减少40%。另外，吃香蕉还有润肠通便功效。
草莓
吃草莓健脾生津。草莓气味芬芳，浆液丰富，富含维生素和矿物质，维C含量尤高。饭后食几颗草莓，有消化、开胃、健脾、生津的功效。近来医学发现，经常食用草莓对防治动脉硬化和冠心病也有益处。
葡萄
吃葡萄益气补血。葡萄性平味甘，含糖量高达20%，并含钙、磷、铁以及多种维生素，吃葡萄有益气补血的功效。近年来科学家发现，葡萄能产生一种植物防御素藜芦醇，具有抗癌效应。
图 9-28　为幻灯片内容添加标注

提示：为幻灯片添加标注重点使用了笔和荧光笔两种。

练习 2：放映演示文稿

任意打开一个演示文稿，设置演示文稿在放映时单击鼠标左键不对幻灯片进行切换，并预览演示文稿的效果。

提示：设置单击鼠标左键不换片，只需在“计时”面板中取消选中 单击鼠标时 复选框。

轻松一刻

公司聚餐时，董事长让新上任的经理在会餐前发言，并告诉他发言有两个要求：首先要有领导的风度；其次要有冲锋陷阵式的口号。经理点点头，答应了。那天会餐前，经理上台发言，只见他高高地举起右手，然后使劲地挥下去，说：“预备，开吃！”

SHIZHAN PIAN

实战篇

视频讲解

3段

第10章

让教学更精彩——制作课件类演示文稿

★本章要点★

- 课件的教学设计
- 课件制作的基本原则
- 使用 PowerPoint 制作课件的流程
- 课件界面和导航设计
- 制作英语课件
- 制作数学课件
- 制作诗词赏析课件
- 制作交通安全课件

制作英语课件

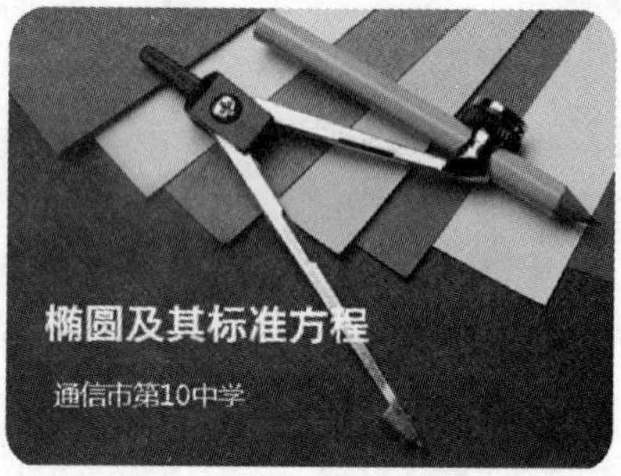

制作数学课件

制作诗词赏析课件

10.1 PowerPoint 与教学课件

PowerPoint 是制作演示文稿的专业软件，使用它制作的演示文稿有简单、生动、形象、动态、直观等特点，因此它被广泛地运用于课件制作。通过制作的课件，可将抽象的概念形象化，从而更有效地让同学们吸收知识。

10.1.1 课件的教学设计

课件类演示文稿并不只是把教学的内容和收集的素材编辑在幻灯片中就行，而是在制作演示文稿前还需要对演示文稿的风格、背景以及教学内容等进行设计，制作演示文稿的目的是配合教师向学生传递信息，所以制作的演示文稿整体风格要符合教学内容。制作教学类课件需要进行的教学设计如图 10-1 所示。

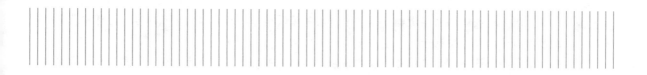

图 10-1 教学设计内容

10.1.2 课件制作的基本原则

很多老师在制作演示文稿课件时只注重教学内容，忽视了一些问题，如演示文稿的内容结构层次不清晰，加入一些无关的图片和动画等，而导致同学们接受的信息量少，违背了制作演示文稿的目的。演示文稿课件有其自身的特点，在课件的制作和运用中，教师要把握以下几个原则。

- 结构要清晰：要做到结构清晰，课件中的文字必须精炼，只需归纳重点内容，还有就是同级别的项目符号和编号要统一。
- 内容要突出：课件演示文稿是为教学服务，幻灯片中的图片、声音、视频等都必须与教学内容相关，尽量把与主题无关的元素从画面中删去，以突出教学的重点。
- 节奏要合理：授课过程中，应注意把握课堂节奏，紧紧抓住学生的注意力，不能只为了讲解而演讲。
- 搭配要和谐：模板与色彩搭配要和谐。整个演示文稿颜色最好不超过 3 种，老师在制作演示文稿时最好根据演示的环境来确定颜色的搭配。

10.1.3 使用 PowerPoint 制作课件的流程

在制作课件类演示文稿前，需要先准备教学的内容，通过各种途径收集制作演示文稿需要的素材，如图片、视频以及文字资料等，甚至还需要准备存储介质，如 U 盘、移动硬盘、光盘等。将制作课件需要的所有素材准备好后，再对其进行编辑整理，然后对演示文稿进行制作。制作课件演示文稿的流程如图 10-2 所示。

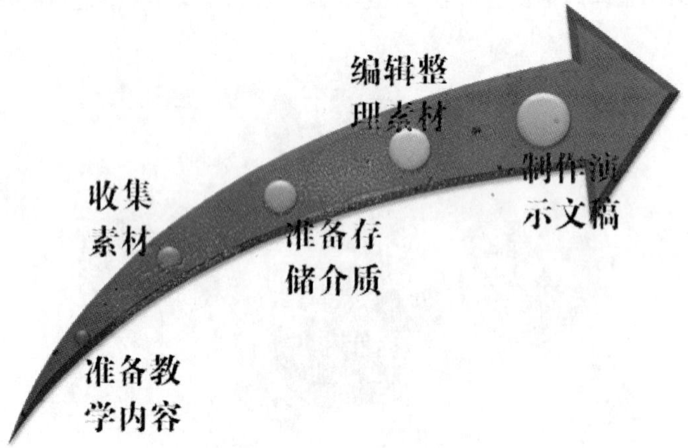

图 10-2 制作课件演示文稿流程

10.1.4 课件界面和导航设计

课件界面和导航的设计非常重要，导航可引导演示的过程，可快速对幻灯片进行切换，课件界面的好坏对整个演示文稿的效果起着决定性作用。下面就对课件界面和导航设计进行介绍。

1. 课件界面设计

课件界面整体要求风格统一、画面简洁、重点内容突出。课件首页不需要太多的内容，可以是一幅符合主题的图片和一段简洁的文字，也可以再插上一段轻音乐或符合主题的其他音乐，但音乐的播放时间要设置好。如图 10-3 所示为符合要求的课件首页。

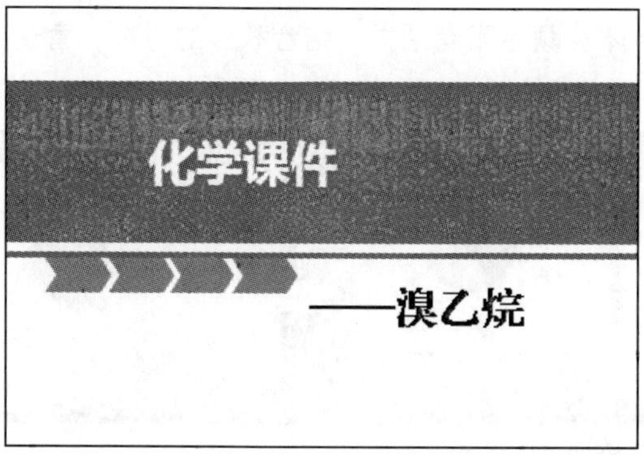

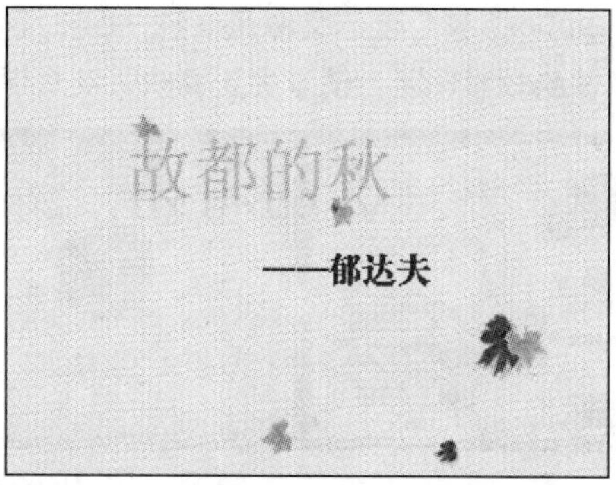

图 10-3　课件首页

2. 导航设计

导航就是类似于演示文稿的目录页，制作导航的目的就是引导学生学习，使学生能清晰直观地了解演示文稿的大概内容。导航的设计并不只是单一的文字，可以是文字加图片，也可以是一些 SmartArt 图形，可根据课件的需要进行设计。要想使导航系统更加形象，可以为导航页添加背景图或动画等。如图 10-4 所示为一个比较简洁的导航画面。如图 10-5 所示的导航不仅有文字，还添加了一张图片和艺术字，使整个导航更形象。

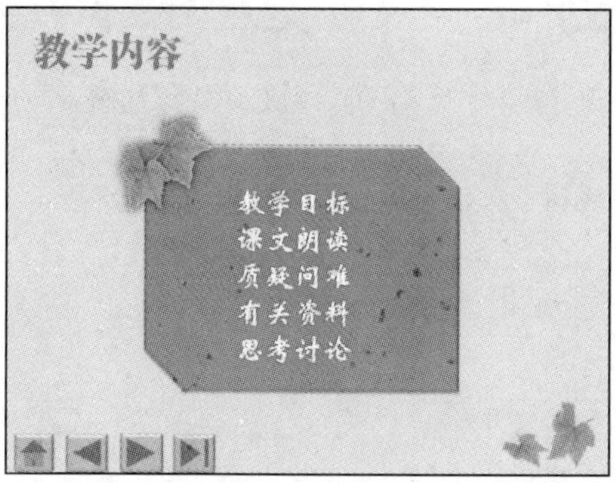

图 10-4　语文课件

图 10-5　公关学课件

10.2　制作英语课件

制作英语课件可帮助学生学习英语，对英语产生兴趣，提高课堂学习氛围。在制作英语课件时要根据学生的年龄和教学内容来确定演示文稿的风格，如小学生课件就可选用颜色比较鲜艳、卡通的背景，图片可选用一些比较活泼可爱的；中、大学生则更注重内容的形象表达，可多配一些 SmartArt 图形。

10.2.1　案例目标

本例将制作一个关于小学英语的教学课件，其效果如图 10-6 所示（ \最终效果\第 10 章\小学英语课件.pptx）。整个演示文稿风格统一，布局合理，字体及颜色富有活力，结合教师的讲解，营造一个轻松而愉快的教学环境，使学生更喜欢听英语课。

图 10-6 “小学英语课件”效果

10.2.2 制作思路

制作本例需运用到的知识较多，包括为演示文稿设置背景、艺术字和图片的运用、为幻灯片添加切换效果和为对象设置动画等。但本例的重点是练习艺术字和图片的插入以及对图片的编辑。本例的制作思路如图 10-7 所示。

图 10-7 制作思路

10.2.3 制作过程

1. 为演示文稿设置统一的背景

下面将新建一个空白演示文稿，并将其保存为“小学英语课件”，然后通过幻灯片母版为演示文稿设置幻灯片背景。其具体操作如下：

Step 01 启动 PowerPoint 2010，新建一个空白演示文稿，选择【文件】/【另存为】命令，打开“另存为”对话框，在“保存范围”下拉列表框中选择保存的位置，在“文件名”文本框中输入“小学英语课件”，单击 保存(S) 按钮。

Step 02 选择【视图】/【母版视图】组，单击“幻灯片母版”按钮，进入幻灯片母版编辑状态。

Step 03 选择第 1 张幻灯片后，选择【幻灯片母版】/【背景】组，单击“背景样式”按钮，在弹出的下拉列表中选择“设置背景格式”选项。

Step 04 打开“设置背景格式”对话框，选择“填充”选项卡，选中 ◉ 图片或纹理填充(P) 单选按钮，在“插入自”栏中单击 文件(F)... 按钮，如图 10-8 所示。

Step 05 打开“插入图片”对话框，选择“背景.png”图片（\实例素材\第 10 章\小学英语课件\背景.png），单击 插入(S) 按钮，如图 10-9 所示。

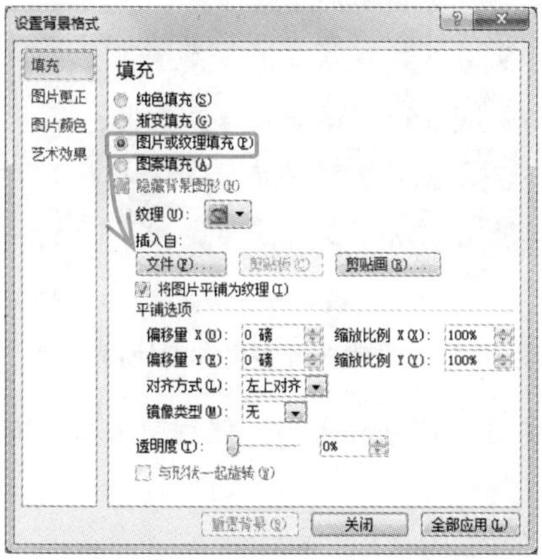

图 10-8　“设置背景格式”对话框

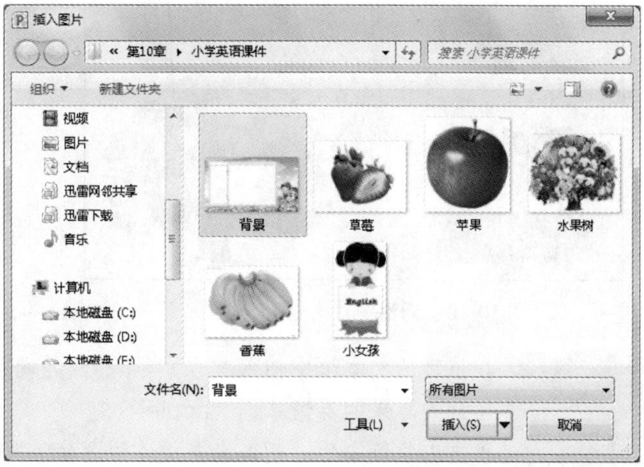

图 10-9　选择插入的背景图片

Step 06 选择【幻灯片母版】/【背景】组，单击“背景样式”按钮，在弹出的下拉列表中选择第 1 种背景样式。

Step 07 选择【幻灯片母版】/【关闭】组，单击“关闭母版视图”按钮退出幻灯片母版编辑状态。

2. 添加演示文稿内容

下面在“小学英语课件.pptx”演示文稿中为标题幻灯片输入文本并设置其格式，然后插入图片和艺术字，并对其进行编辑。其具体操作如下：

Step 01 单击“幻灯片”窗格中空白位置处，按 3 次 Enter 键新建 3 张幻灯片，选择第 1 张幻灯片中的标题占位符，在其中输入文本“看图学英语”并选择文本，选择【开始】/【字体】组，在“字体”下拉列表框中选择“方正少儿简体”选项。

Step 02 在“字号”下拉列表框中选择 54 选项，单击“字体颜色”按钮 A 旁的 ▾ 按钮，在弹出的下拉列表中选择“标准色”栏中的“浅蓝”选项。

Step 03 删除副标题占位符，选择【插入】/【图像】组，单击“图片”按钮，在打开的“插入图片”对话框中选择“小女孩.jpg”和“水果树.jpg”图片（\实例素材\第 10 章\小学英语课件\小女孩.jpg、水果树.jpg）。

Step 04 根据需要调整图片和占位符的大小和位置，其效果如图 10-10 所示。

Step 05 选择“水果树.jpg”图片，选择【格式】/【调整】组，单击“更正”按钮，在弹出的下拉列表中选择“亮度：0%（正常）对比度：40%”选项，如图 10-11 所示。

Step 06 选择第 2 张幻灯片，删除标题占位符，并调整文本占位符的大小和位置。选择【插入】/【文本】组，单击“艺术字”按钮，在弹出的下拉列表中选择如图 10-12 所示的选项。

图 10-10　调整图片大小和位置

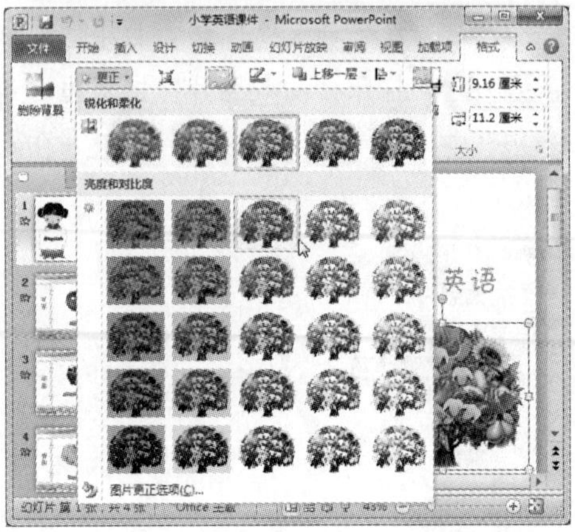

图 10-11　设置图片亮度和对比度

Step 07　在出现的文本框中输入文本“苹果”，并调整该文本框的位置和大小，然后使用相同的方法插入苹果的英语单词“apple”。

Step 08　单击占位符中的“插入来自文件的图片”按钮，如图 10-13 所示。

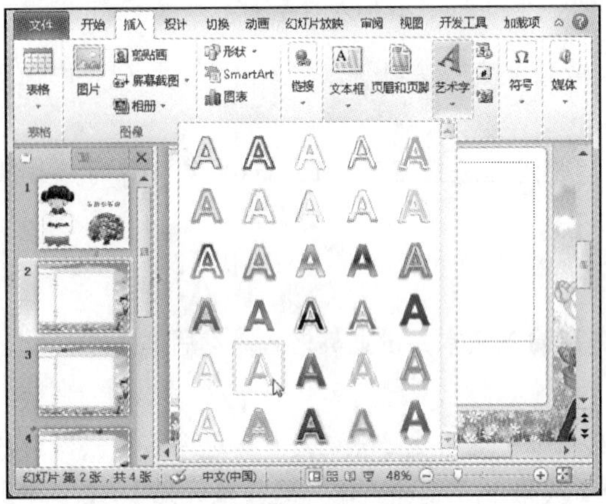

图 10-12　设置艺术字样式

图 10-13　插入艺术字

Step 09　在打开的“插入图片”对话框中选择“苹果.jpg”图片（\实例素材\第 10 章\小学英语课件\苹果.jpg），并调整图片的大小。

Step 10　使用制作第 2 张幻灯片的方法制作第 3 张和第 4 张幻灯片的效果。

3. 添加切换和首页动画

下面在演示文稿中为幻灯片添加相同的切换效果，并为其设置计时，然后为标题幻灯片中的对象添加不同的动画效果。其具体操作如下：

Step 01　选择第 1 张幻灯片后，选择【切换】/【切换到此幻灯片】组，在“切换方案”选项栏中选择“擦除”选项，如图 10-14 所示。

Step 02　选择【切换】/【计时】组，在“声音”下拉列表框中选择“风铃”选项，如图 10-15 所示。

图 10-14　选择切换方案

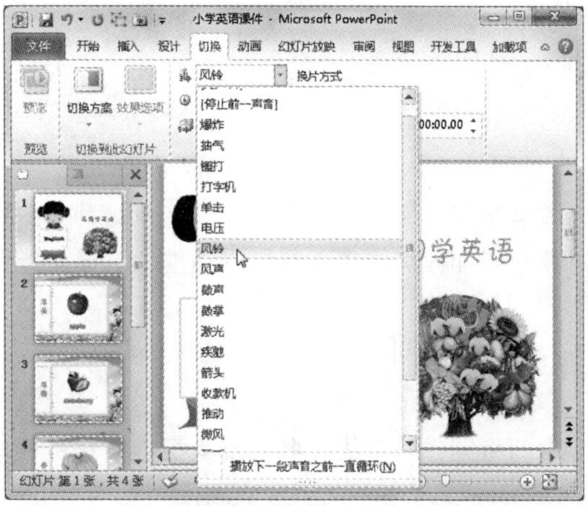

图 10-15　设置切换声音

Step 03　取消选中 单击鼠标时 复选框，选中 设置自动换片时间 复选框，在其后的数值框中输入“00:03.00”，单击“全部应用”按钮，将此演示文稿中所有幻灯片设置为相同的切换效果。

Step 04　选择第 1 张幻灯片左边的图片后，选择【动画】/【动画】组，在“动画样式”选项栏中选择“擦除”选项，如图 10-16 所示。

Step 05　选择【动画】/【高级动画】组，单击“动画窗格”按钮，在打开的动画窗格中选择添加的动画效果选项，单击鼠标右键，在弹出的快捷菜单中选择“效果选项”命令。

Step 06　在打开的对话框中选择“效果”选项卡，在“方向”下拉列表框中选择“自左侧”选项，如图 10-17 所示。

图 10-16　选择“擦除”选项

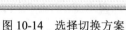

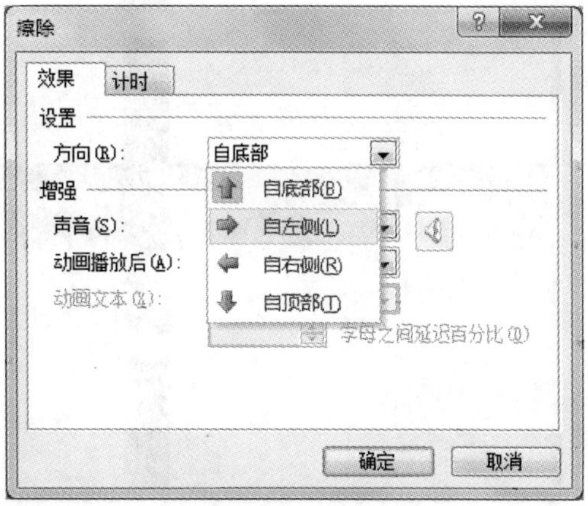

图 10-17　设置动画方向

Step 07　选择文本占位符，为其设置“弹跳”进入动画，在“计时”面板的“开始”下拉列表框中选择“上一动画之后”选项。选择第 1 张幻灯片中的水果树图片，为其设置“淡出”进入动画，设置开始时间为“上一动画之后”。

10.3 制作数学课件

数学学习起来比较枯燥、乏味，因此老师在制作数学课件时，应尽量多用一些 SmartArt 图形或动画等对象来增加数学的趣味性和生动性，这样才能使学生对数学产生兴趣。

10.3.1 案例目标

本例将制作一个关于椭圆及其标准方程的数学教学课件，其效果如图 10-18 所示（\最终效果\第 10 章\数学课件.pptx）。本例制作的演示文稿布局统一，每张幻灯片内容均衡、详略得当，段落级别清晰，学生能清晰直观地了解到学习的大概内容。

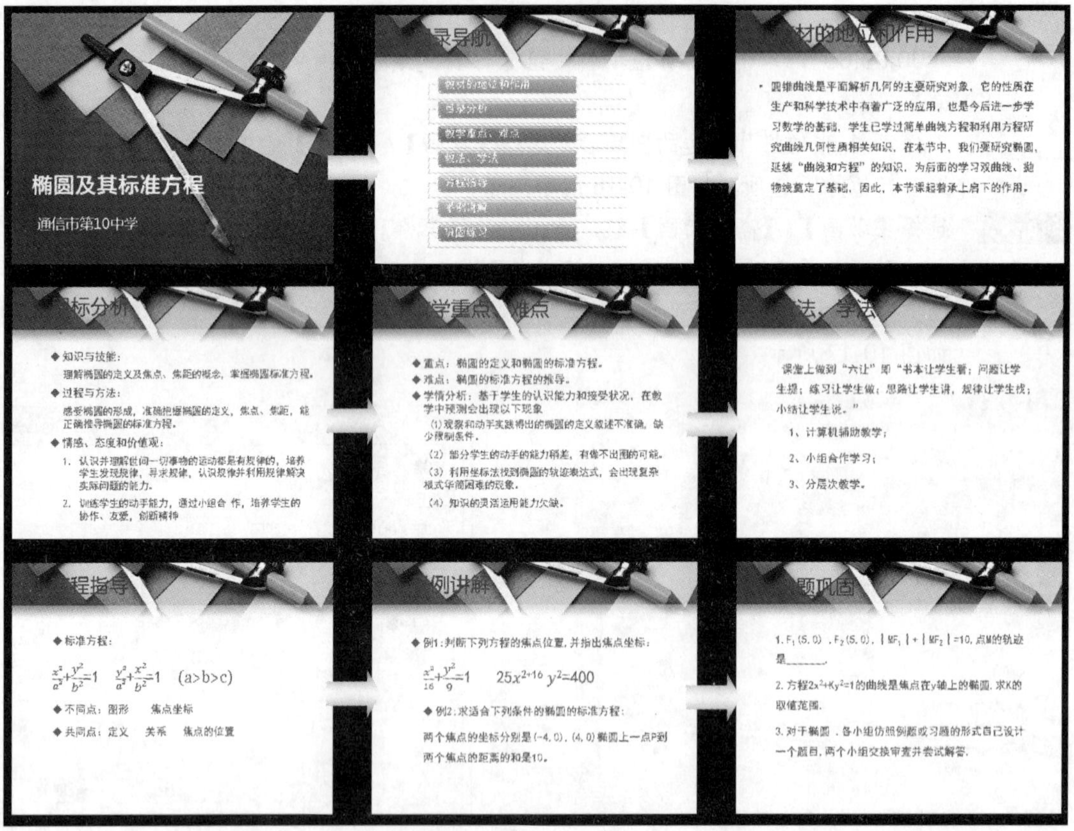

图 10-18 “数学课件”效果

10.3.2 制作思路

制作本例的重点是为演示文稿应用主题，为段落文本添加项目符号和编号，使幻灯片中段落文本的级别明朗；然后对 SmartArt 图形进行编辑与美化。制作本例的难点是公式的插入，与插入公式相关的步骤都比较详细，这样用户可快速掌握新知识的使用方法。本例的制作思路如图 10-19 所示。

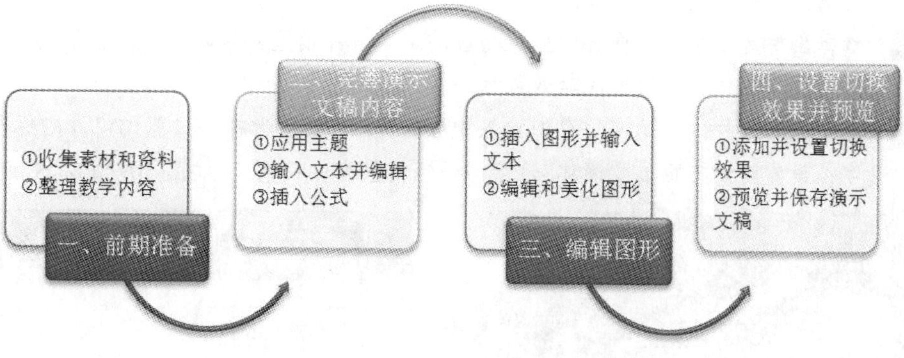

图 10-19　制作思路

10.3.3　制作过程

1. 完善演示文稿内容

下面在新建空白演示文稿中应用主题，并对标题幻灯片插入版式，然后对段落文本添加项目符号和编号，最后在幻灯片中插入公式。其具体操作如下：

Step 01　打开“数学课件.pptx”演示文稿（\实例素材\第 10 章\数学课件.pptx），如图 10-20 所示。

Step 02　在“幻灯片”窗格中选中第 1 张幻灯片，按 8 次 Enter 键新建 8 张幻灯片，如图 10-21 所示。

图 10-20　打开素材文件

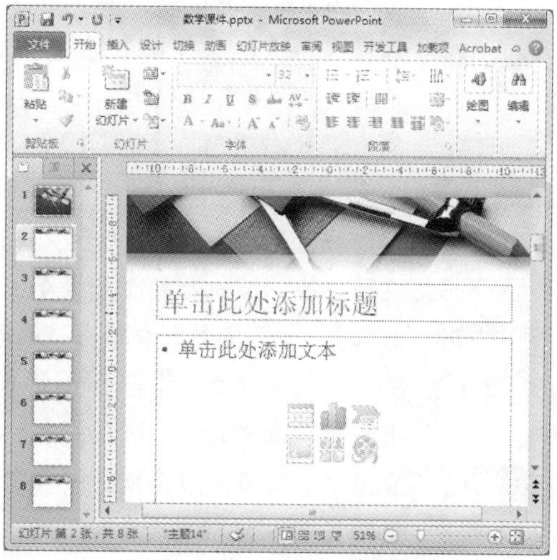

图 10-21　新建幻灯片

Step 03 选择第 1 张幻灯片中的标题占位符，在其中输入相应的文本并选择，选择【开始】/【字号】组，在“字体”下拉列表框中选择“方正韵动中黑简体”选项，在“字号”下拉列表框选择 48 选项。

Step 04 选择副标题占位符，在其中输入相应的文本，并设置其字体为“微软雅黑”，字号为 32，然后调整占位符的位置，其效果如图 10-22 所示。

Step 05 在每张幻灯片的标题占位符中输入相应的文本，然后选择第 2 张幻灯片的标题文本，将其字体设置为“方正准圆简体”，字体颜色设置为“红色”，如图 10-23 所示。

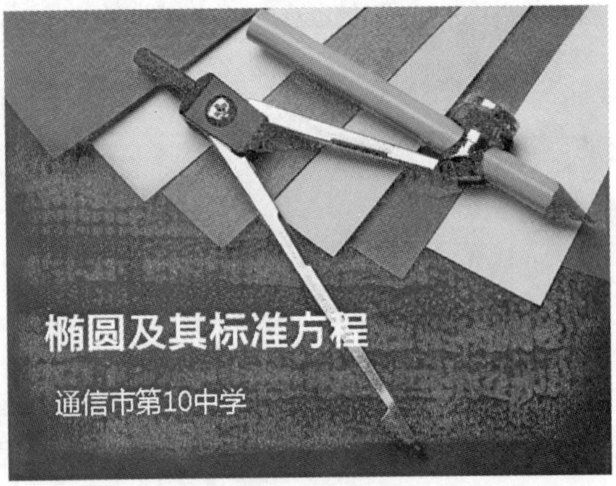

图 10-22 制作标题幻灯片

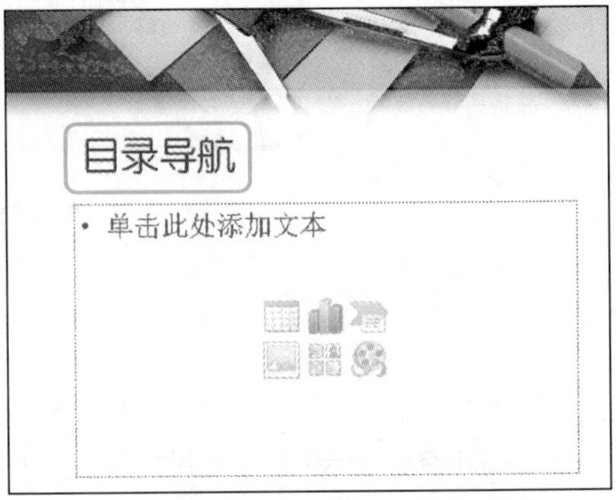

图 10-23 设置第 2 张幻灯片的标题

Step 06 选择第 2 张幻灯片的标题文本后，选择【开始】/【剪贴板】组，双击“格式刷”按钮，然后在其他幻灯片的标题占位符中连续单击 3 次，应用第 2 张幻灯片标题的格式。

Step 07 选择第 3 张幻灯片，在正文文本占位符中输入相应的文本并选择，为其设置字体为“黑体”，字号为 24。

Step 08 选择【开始】/【段落】组，单击面板右下方的按钮。在打开的“段落”对话框中选择“缩进和间距”选项卡，在“间距”栏的“行距”下拉列表框中选择“1.5 倍行距”选项，单击 确定 按钮，如图 10-24 所示。

Step 09 在第 4 张幻灯片的正文文本占位符中输入相应的文本并设置文本的字体格式，按住 Ctrl 键的同时，选择 1、3、5 段文本。选择【开始】/【段落】组，单击“项目符号”按钮，在弹出的下拉列表中选择第 4 种样式，如图 10-25 所示。

Step 10 选择第 6、7 段文本，单击“编号”按钮，在弹出的下拉列表中选择第 2 种样式。

Step 11 使用相同的方法制作第 5 和第 6 张幻灯片。在第 7 张幻灯片中先输入相应的正文文本，并设置字体格式和段落格式。

Step 12 在第 7 张幻灯片中将鼠标光标定位到“标准方程:”文本后面，按 Enter 键切换到下一行，选择【插入】/【符号】组，单击“公式”按钮π，在弹出的下拉列表中选择“插入新公式”选项。

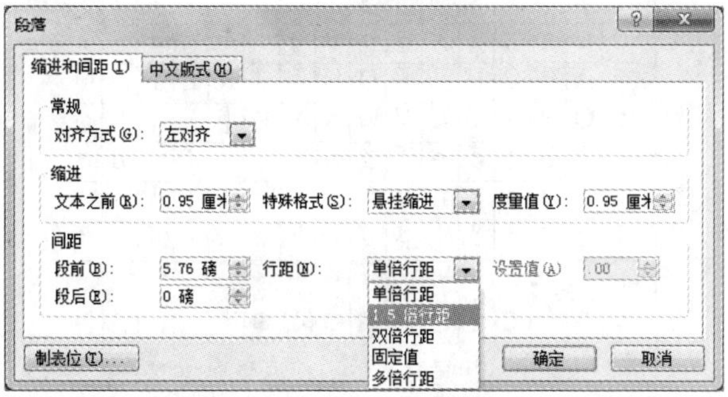

图 10-24　设置行距

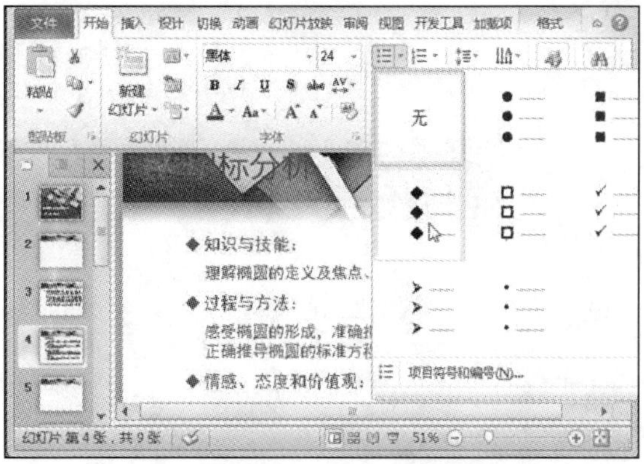

图 10-25　设置项目符号

Step 13　选择【设计】/【结构】组，单击“分数”按钮，在弹出的下拉列表中选择“分数”栏中的“小型分数”选项，如图 10-26 所示。

Step 14　选择分母，输入“a”和“2”，选后选择“2”，选择【开始】/【字体】组，单击面板右下方的按钮，打开“字体”对话框，选择“字体”选项卡，在“效果”栏中选中上标(P)复选框，单击确定按钮，如图 10-27 所示。

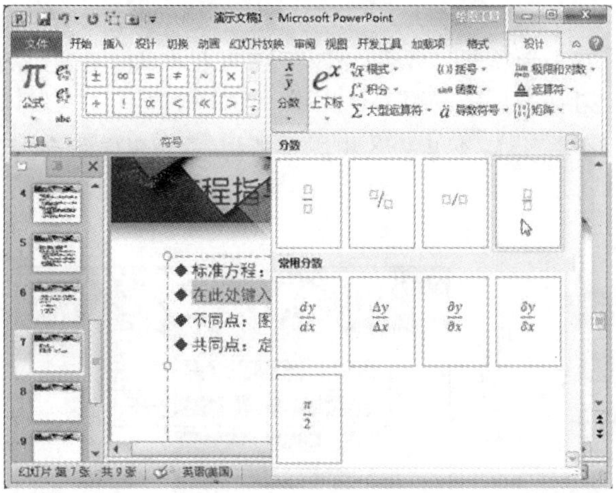

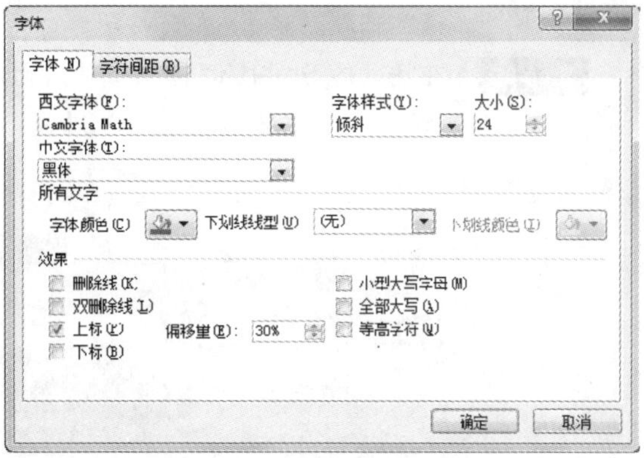

图 10-26　选择公式结构

图 10-27　设置上标文本

Step 15　复制分母到分子，将分子的 a 改成 x，再按 Shift++组合键，输入+号，接着复制分数，并将其改为如图 10-28 所示的效果。

Step 16　按“=”键输入等号，再输入数字“1”，新公式制作完成后，使用相同的方法制作第 2 个等式。

Step 17　在第 2 个公式后面按两次空格键。选择【插入】/【符号】组，单击“符号”按钮Ω，在打开的“符号”对话框的“字体”下拉列表框中选择 Vani 选项，在其下方的选项框中选择 (选项，单击插入(I)按钮，如图 10-29 所示。

Step 18　使用相同的方法继续插入其他符号，然后根据需要调整公式的大小和段落的间距。

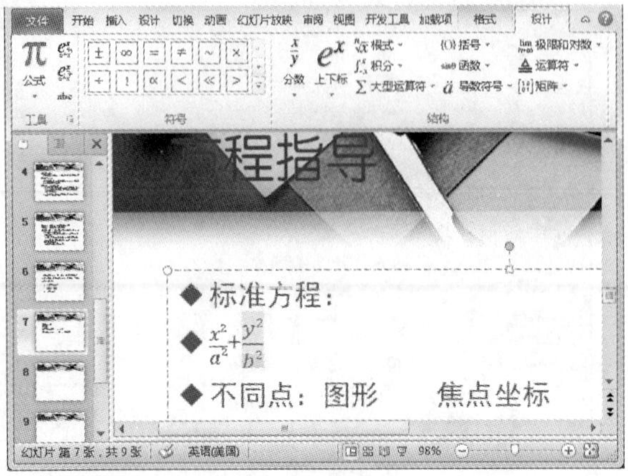

图 10-28 插入公式

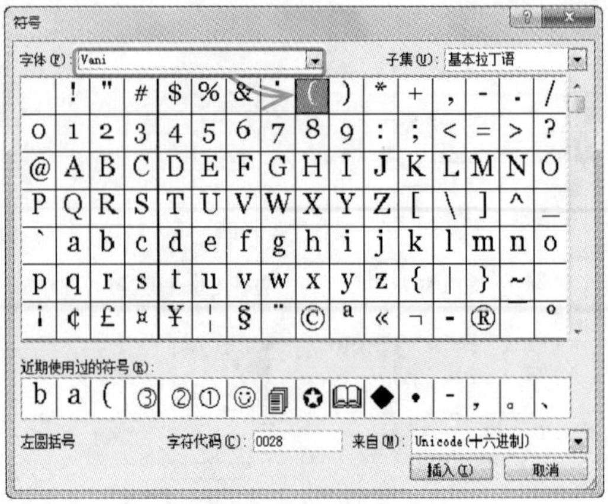

图 10-29 插入符号

Step 19 在第 8 和第 9 张幻灯片中输入相应的文本并设置格式，使用相同的方法插入平方符号或直接使用复制粘贴的方法快速输入符号。

2. 编辑图形

下面在第 2 张幻灯片中插入 SmartArt 图形，并对该图形的颜色和样式进行设置。其具体操作如下：

Step 01 选择第 2 张幻灯片中的文本占位符，单击“插入 SmartArt 图形”按钮，在打开的“选择 SmartArt 图形”对话框中选择“全部”选项卡，然后选择“列表”栏中的“垂直框列表”选项，单击确定按钮，如图 10-30 所示。

Step 02 在插入的 SmartArt 图形形状后面添加 4 个形状，然后输入相应的文本，并设置字体为“黑体”，字号为 24，如图 10-31 所示。

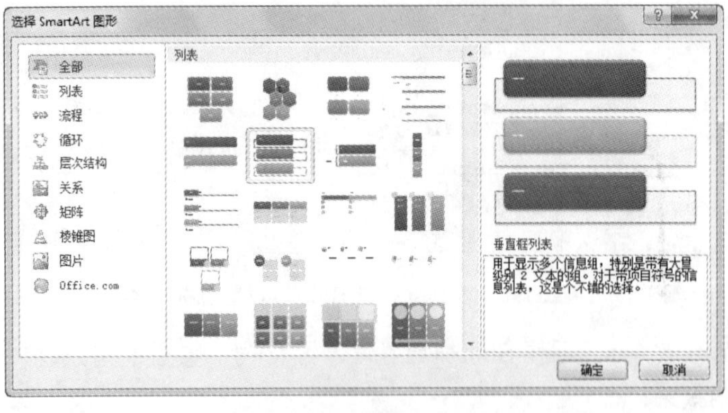

图 10-30 选择 SmartArt 图形

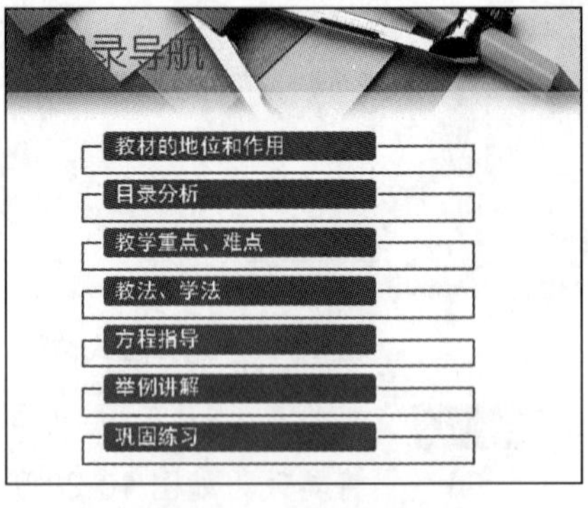

图 10-31 输入并编辑文本

Step 03 选择插入的 SmartArt 图形后，选择【设计】/【SmartArt 样式】组，在“快速样式”选项栏中选择“三维”栏中的“优雅”选项，如图 10-32 所示。

Step 04 单击“更改颜色”按钮，在弹出的下拉列表中选择“彩色”栏中的“彩色范围-强调文字颜色 5 至 6”选项，如图 10-33 所示。

图 10-32　选择 SmartArt 样式

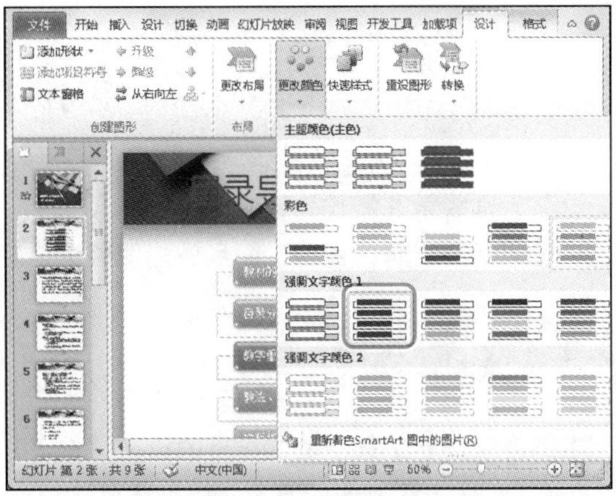

图 10-33　设置 SmartArt 图形颜色

3. 添加切换效果并预览

下面对幻灯片添加相同的切换效果，设置完成后对演示文稿进行放映，预览效果，最后保存演示文稿。其具体操作如下：

Step 01 选择第 1 张幻灯片后，选择【切换】/【切换到此幻灯片】组，在“切换方案”选项栏中选择“推进”选项，如图 10-34 所示。

Step 02 单击“效果选项”按钮，在弹出的下拉列表中选择“自左侧”选项。然后选择【切换】/【计时】组，选中单击鼠标时复选框，单击“全部应用”按钮，将其他幻灯片设置与此幻灯片相同的切换效果。

Step 03 按 F5 键从头开始放映演示文稿，并在放映过程中单击鼠标进行幻灯片间的切换，放映完成后，按 Esc 键退出演示文稿的放映。

Step 04 选择【文件】/【另存为】命令，在打开“另存为”对话框的“保存范围”下拉列表框中选择保存位置，在“文件名”文本框中输入“数学课件”，单击保存(S)按钮，如图 10-35 所示。

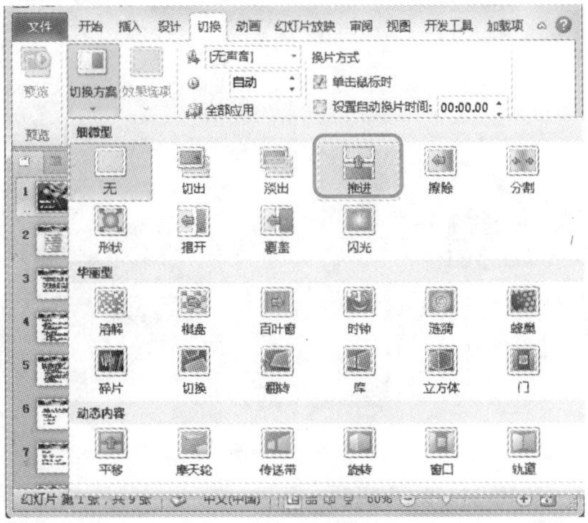

图 10-34　选择切换方案

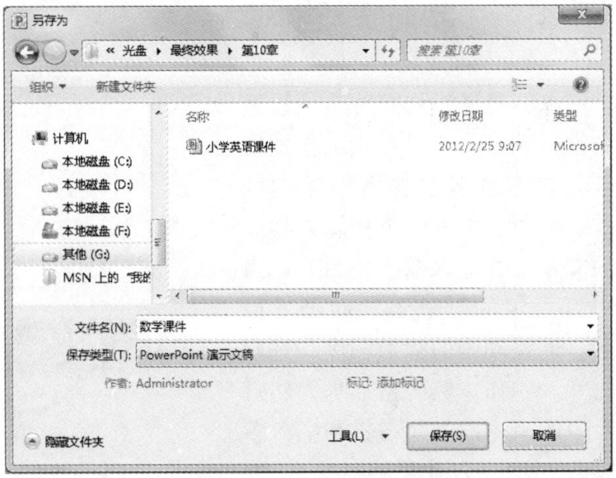

图 10-35　保存演示文稿

10.4 制作诗词赏析课件

语文老师经常会制作诗词赏析课件演示文稿，通过演示文稿来讲解古诗词，学生可快速理清思路，达到快速记忆、理解的目的，而且还能使整个课堂氛围浓厚，带动学生积极思考。

10.4.1 案例目标

本例将制作一个关于诗词赏析的语文课件，其效果如图 10-36 所示（\最终效果\第 10 章\诗词赏析课件.pptx）。本例制作的演示文稿整体风格统一，背景颜色淡雅、古朴，每张幻灯片的标题格式统一，版式简单。

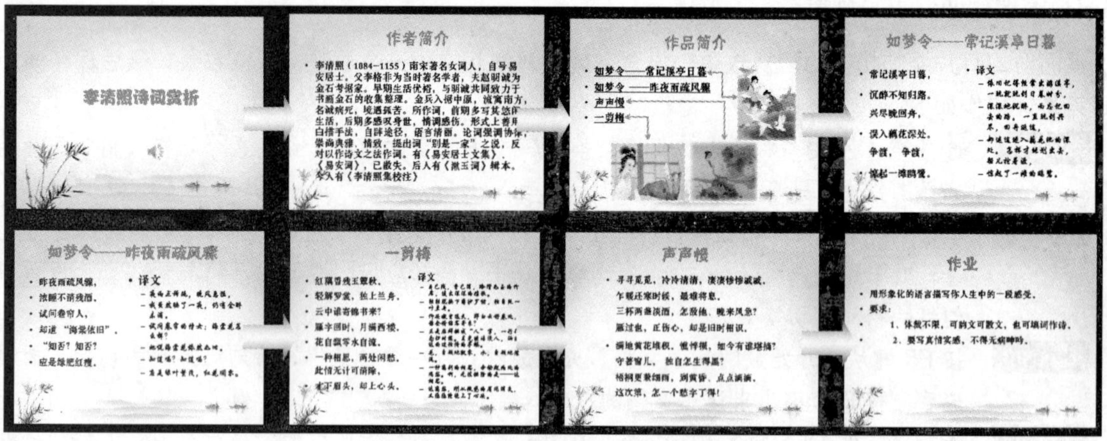

图 10-36 “诗词赏析课件”效果

10.4.2 制作思路

本例是通过幻灯片母版设置占位符的字体格式，然后根据幻灯片内容的多少插入不同的版式，在对应的占位符中输入相应的文本，并插入需要的图片，为幻灯片中的对象添加动画效果后，调整动画的播放顺序和开始时间。制作本例的重点是为幻灯片中的文本添加超链接和插入多媒体。本例的制作思路如图 10-37 所示。

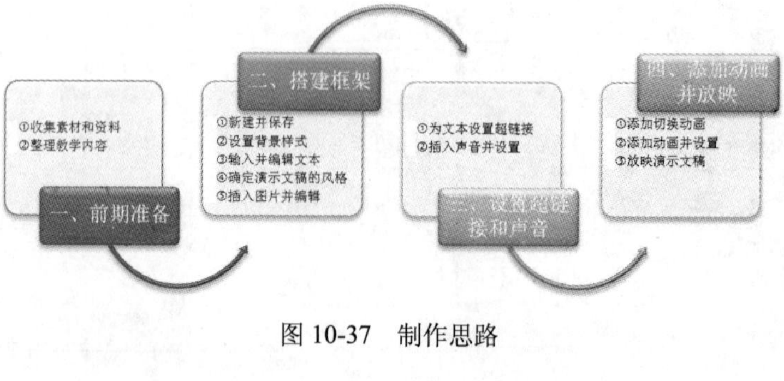

图 10-37 制作思路

10.4.3 制作过程

1. 搭建演示文稿框架

下面将新建演示文稿，并通过幻灯片母版为演示文稿设置幻灯片背景和占位符格式，然后根据幻灯片中的内容设置幻灯片版式，并为“背景样式”输入文本和插入图片。其具体操作如下：

Step 01 启动 PowerPoint 2010，新建一个空白演示文稿，并将其保存为“诗词赏析课件”，进入到母版编辑状态。

Step 02 选择第 1 张幻灯片后，选择【幻灯片母版】/【背景】组，单击“背景样式”按钮，在弹出的下拉列表中选择“设置背景格式”选项。在打开的对话框的“填充”选项卡中选中 ◉ 图片或纹理填充(P) 单选按钮，在“插入自”栏中单击 文件(F)... 按钮。

Step 03 打开“插入图片”对话框，在“保存范围”下拉列表框中选择图片的位置，然后选择“背景1.jpg”图片（\实例素材\第 10 章\诗词赏析课件\背景 1.jpg），单击 插入(S) 按钮，如图 10-38 所示。

Step 04 选择第 2 张幻灯片，使用相同的方法插入“背景 2.jpg”图片（\实例素材\第 10 章\诗词赏析课件\背景 2.jpg），其效果如图 10-39 所示。

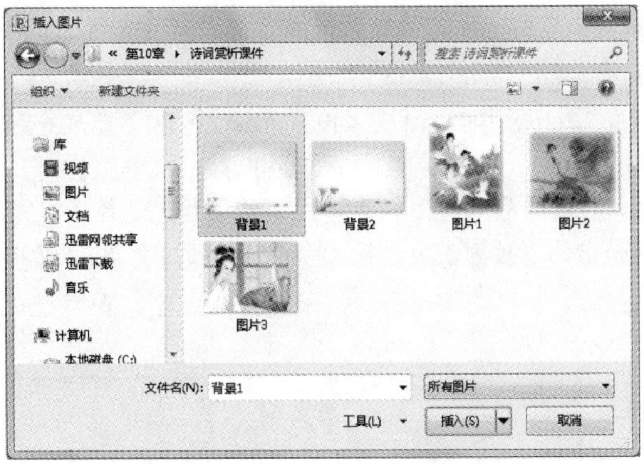

图 10-38 插入背景图片

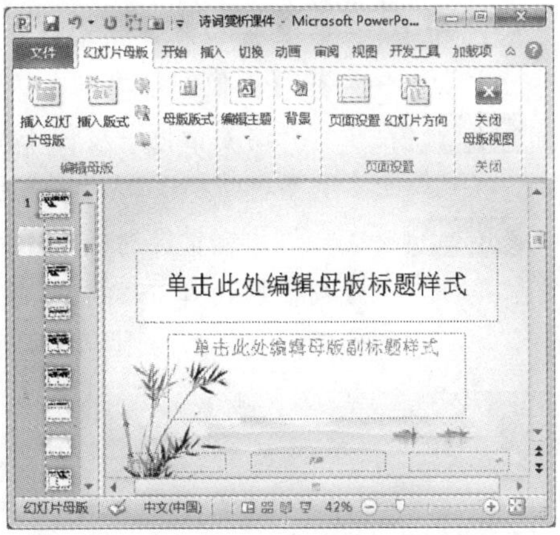

图 10-39 插入背景图片效果

Step 05 选择第 1 张幻灯片中的标题占位符，使用设置普通文本的方法将其字体设置为“方正艺黑简体”，字号设置为 40，字体颜色设置为“浅蓝”，如图 10-40 所示。

Step 06 选择一级正文文本，将其字体设置为“方正大标宋简体”，字号设置为 30，字体颜色设置为“深蓝”。

Step 07 选择二级正文文本，将其字体设置为“方正行楷简体”，字号设置为 24，其效果如图 10-41 所示。

Step 08 选择第 2 张幻灯片的标题文本，将其字体设置为“方正胖娃简体”，字号设置为 48，完成设置后，退出幻灯片的母版编辑状态。

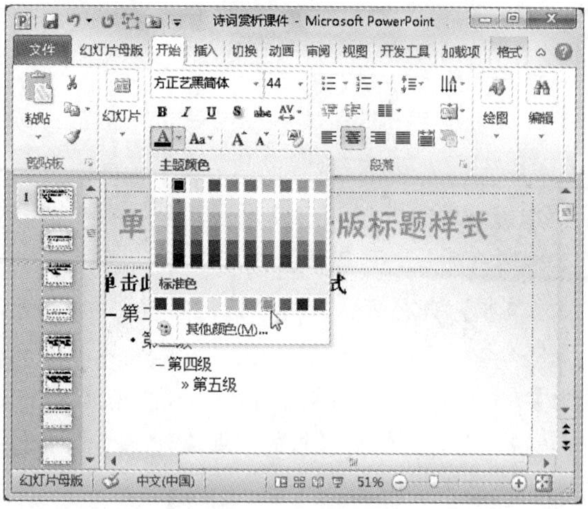

图 10-40　设置标题格式

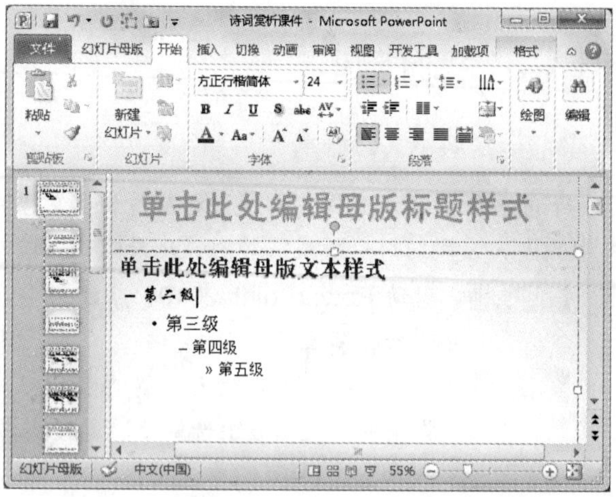

图 10-41　设置正文文本格式

Step 09　删除第 1 张幻灯片中的副标题占位符，在标题占位符中输入“李清照诗词赏析”，然后单击“幻灯片”窗格空白位置，按 3 次 Enter 键新建 3 张幻灯片。

Step 10　选择第 4 张幻灯片后，选择【开始】/【幻灯片】组，单击“版式”按钮，在弹出的下拉列表中选择“两栏内容”选项，如图 10-42 所示。

Step 11　在第 2 张和第 3 张幻灯片中分别输入相应的文本，然后选择第 3 张幻灯片，再选择【插入】/【图像】组，单击“图片”按钮。

Step 12　在打开的对话框中按住 Shift 键选择“图片 1.jpg、图片 2.jpg、图片 3.jpg”图片（光盘\实例素材\第 10 章\诗词赏析课件\图片 1.jpg、图片 2.jpg、图片 3.jpg）。

Step 13　在幻灯片编辑区对插入图片的大小、位置进行调整后，选择左边的图片，选择【格式】/【调整】组，单击“颜色”按钮，在弹出的下拉列表中选择“色调”栏中的“色温: 11200K”选项，效果如图 10-43 所示。

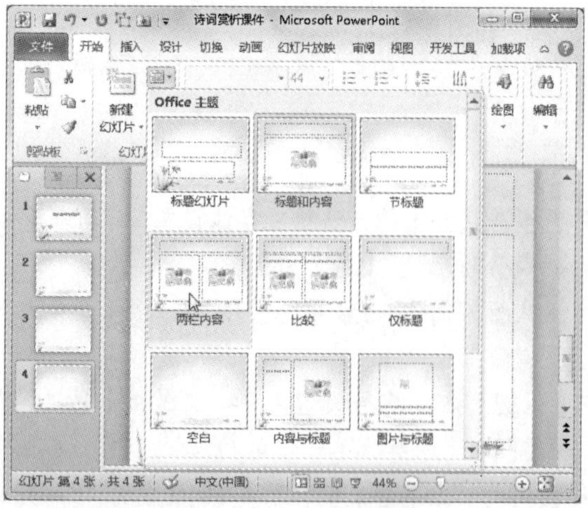

图 10-42　设置幻灯片版式

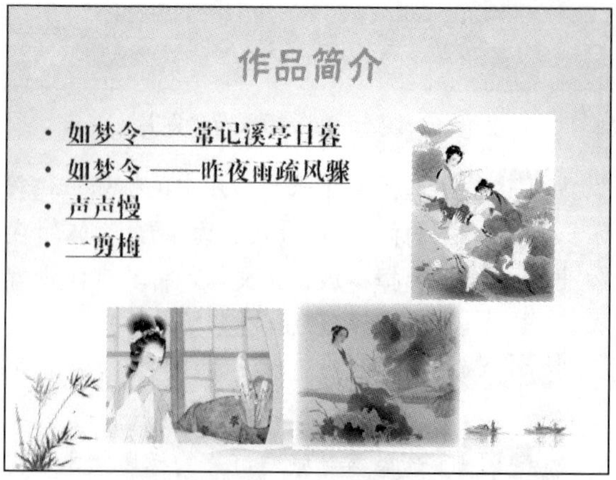

图 10-43　设置图片颜色

Step 14 单击“更正”按钮，在弹出的下拉列表中选择“亮度：0%（正常），对比度：-20%”选项。

Step 15 选择【插入】/【插图】组，单击“形状”按钮，在弹出的下拉列表中选择“线型”栏中的“肘形双箭头连接符”选项。

Step 16 在第 3 张幻灯片的相应位置进行绘制，选择【格式】/【形状样式】组，在“快速样式”选项栏中选择如图 10-44 所示的选项。

Step 17 使用相同的方法为其他两张图片与相应的文字间绘制形状连接符，并设置形状样式。然后选择第 4 张幻灯片，按 Enter 键新建两张幻灯片，并在第 4 张幻灯片和新建的两张幻灯片中输入相应的文本。

Step 18 将第 2 张幻灯片复制两次，将其放置在第 6 张幻灯片后，并对幻灯片中的文本进行修改，如图 10-45 所示。

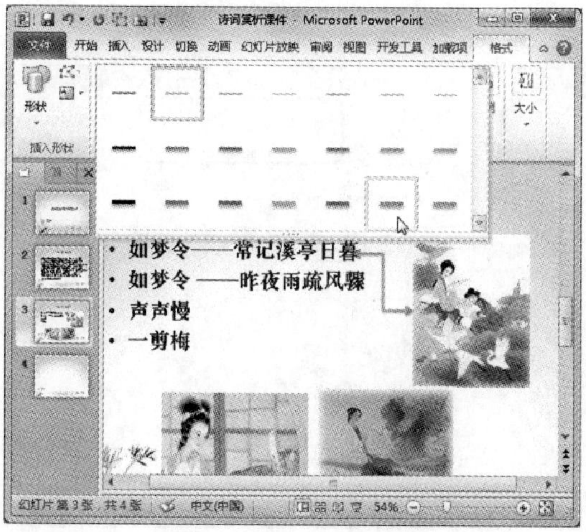
诗词赏析课件 - Microsoft PowerPoint
如梦令——常记溪亭日暮
如梦令——昨夜雨疏风骤
声声慢
一剪梅

图 10-44　设置形状样式

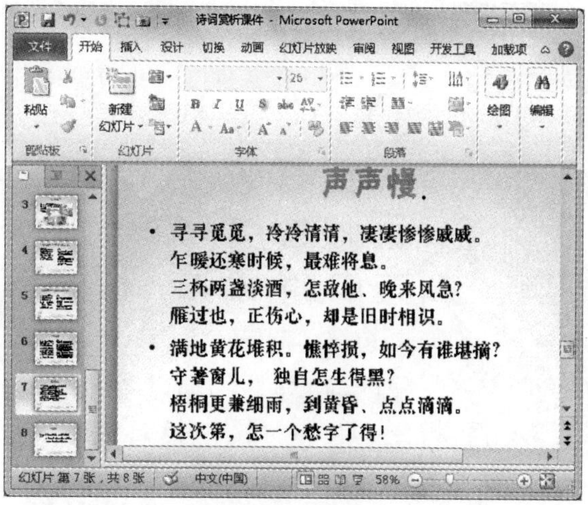
诗词赏析课件 - Microsoft PowerPoint
声声慢
寻寻觅觅，冷冷清清，凄凄惨惨戚戚。
乍暖还寒时候，最难将息。
三杯两盏淡酒，怎敌他、晚来风急？
雁过也，正伤心，却是旧时相识。
满地黄花堆积。憔悴损，如今有谁堪摘？
守著窗儿，独自怎生得黑？
梧桐更兼细雨，到黄昏、点点滴滴。
这次第，怎一个愁字了得！

图 10-45　修改文本

Step 19 根据需要对幻灯片中文本的段落格式和位置进行调整。

2. 设置超链接和插入声音

下面在第 3 张幻灯片中为文本添加超链接，然后在第 1 张幻灯片中插入声音，并设置声音图标的样式和声音播放时间。其具体操作如下：

Step 01 选择第 3 张幻灯片中正文文本的第 1 段，单击鼠标右键，在弹出的快捷菜单中选择“超链接”命令，在打开的“插入超链接”对话框中选择“本文档中的位置”选项卡，然后在“请选择文档中的位置”列表框中选择链接的位置，单击 确定 按钮，如图 10-46 所示。

Step 02 使用相同的方法为该幻灯片中的其他正文文本添加超链接，其效果如图 10-47 所示。

Step 03 选择第 1 张幻灯片后，选择【插入】/【媒体】组，单击“音频”按钮，在弹出的下拉列表中选择“文件中的音频”选项，在打开的对话框中选择“长笛.mp3”音频（\实例素材\第 10 章\诗词赏析课件\长笛.mp3）。

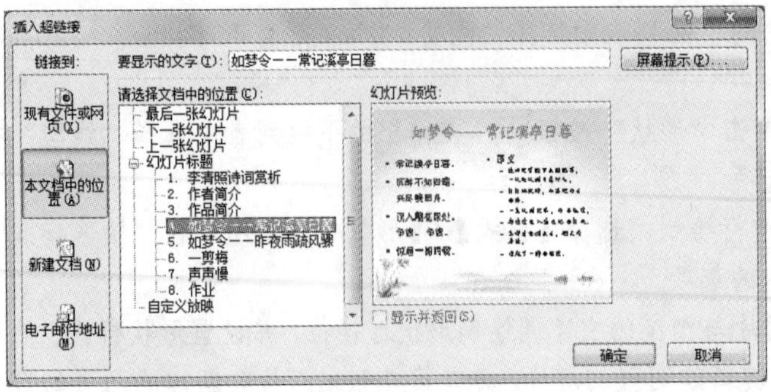

图 10-46　插入超链接

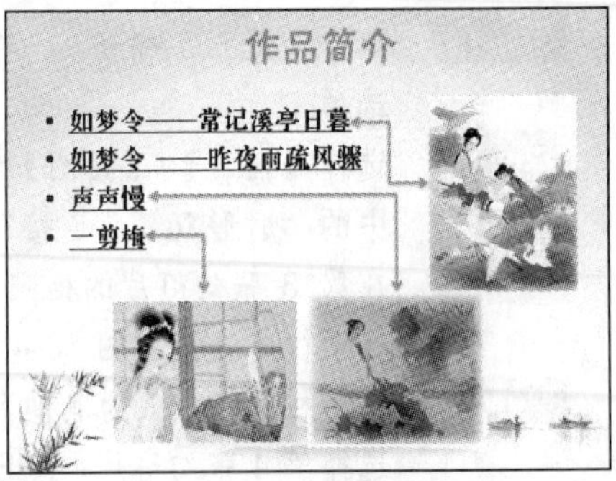

图 10-47　添加超链接效果

Step 04　此时，幻灯片中将出现一个声音图标，选择【格式】/【图片样式】组，在“快速样式”选项栏中选择如图 10-48 所示的选项。

Step 05　选择【播放】/【音频选项】组，然后进行如图 10-49 所示的设置。

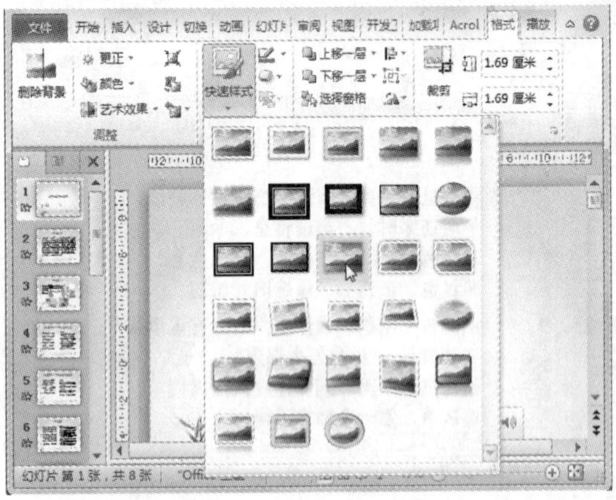

图 10-48　设置声音图标样式

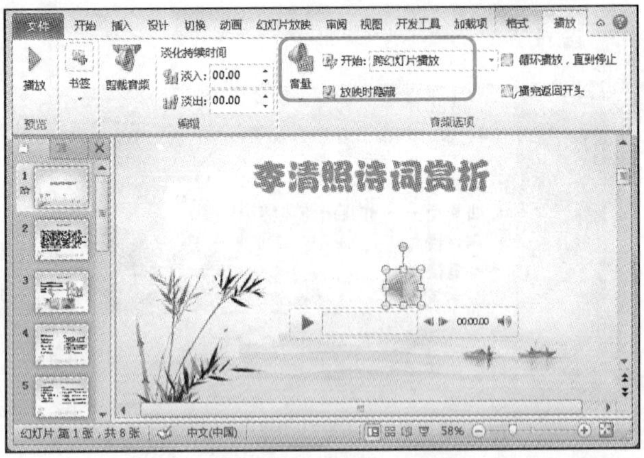

图 10-49　设置音频选项

3. 添加动画并放映

下面为幻灯片添加切换效果和动画效果，并调整动画的播放顺序，使动画的播放连贯，设置完成后预览整个演示文稿的播放效果。其具体操作如下：

Step 01　选择第 1 张幻灯片，为其添加“擦除”切换效果，如图 10-50 所示。然后使用相同的方法为其他幻灯片添加喜欢的切换效果。

Step 02　选择第 1 张幻灯片中的标题占位符，在“动画样式”选项栏中选择“弹跳”进入动画，如图 10-51 所示。

Step 03　使用相同的方法为第 2 张幻灯片中的文本设置动画，在“计时”面板中将标题和正文文本占位符动画的开始时间都设置为“上一动画之后”。

Step 04　选择第 3 张幻灯片的标题占位符，为其添加“擦除”进入动画，开始时间设置为“上一动画之后”。然后为正文文本占位符添加“淡出”进入动画，并设置开始时间为“上一动画之后”。

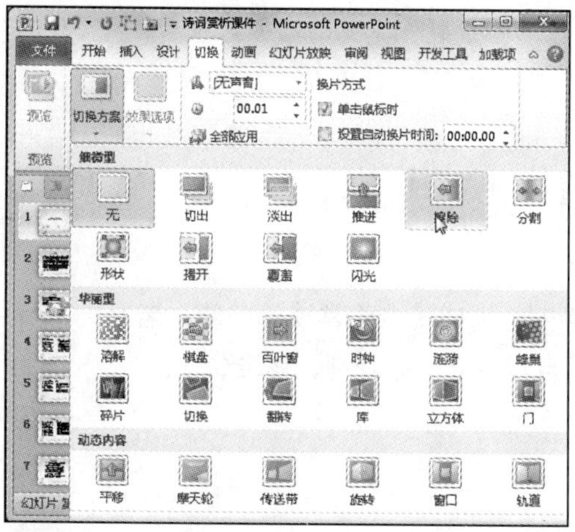

图 10-50　添加切换效果

图 10-51　添加动画效果

Step 05　选择 3 张图片，为其添加“阶梯状”进入动画，在“动画窗格”窗格中选择“阶梯状”动画效果，再单击鼠标右键，在弹出的快捷菜单中选择“效果选项”命令。在打开对话框的“效果”选项卡中设置动画的方向为“左上”，如图 10-52 所示。在“计时”选项卡中设置动画的计时，如图 10-53 所示。

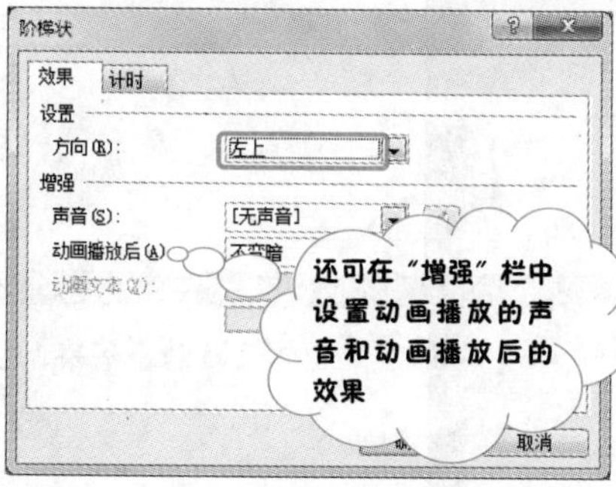

图 10-52　设置动画方向

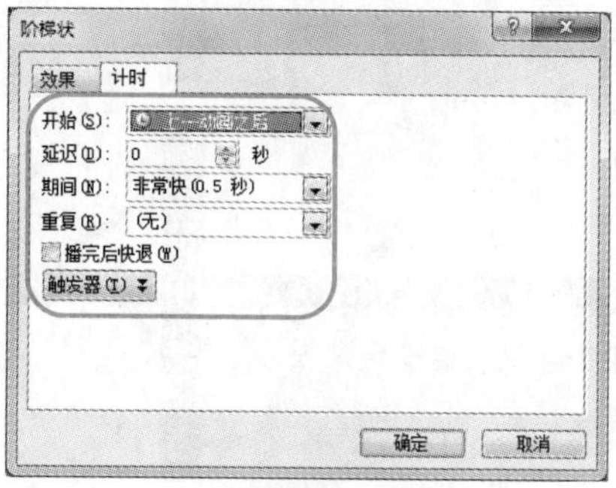

图 10-53　设置动画计时

Step 06　使用相同的方法为绘制的形状添加动画效果，并设置动画计时。然后在“动画窗格”窗格中调整动画的播放顺序，如图 10-54 所示。

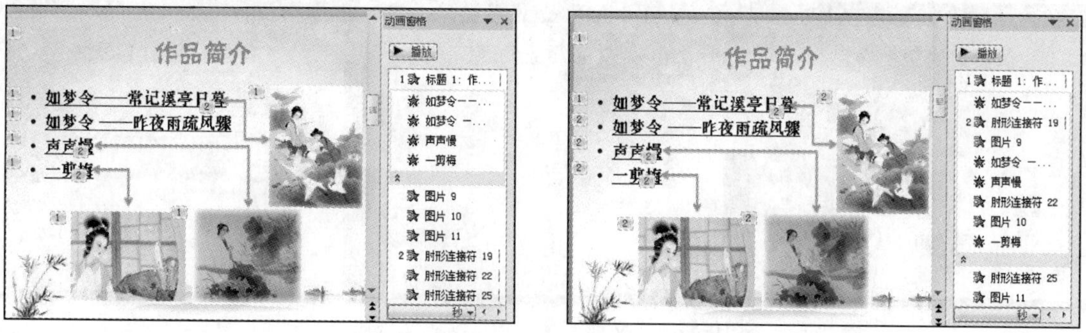

图 10-54　调整动画播放顺序

Step 07 使用相同的方法为其他幻灯片中的对象添加动画效果，完成动画的添加后，按 F5 键预览演示文稿的效果。

10.5 制作交通安全课件

随着社会的发展，车辆的增多，交通事故频发，交通安全则成了老生常谈的问题，老师们也会经常给学生讲解交通安全方面的知识，也在不断地告诫学生们自觉遵守交通规则，珍爱生命。

10.5.1 案例目标

本例将制作一篇关于中小学生交通安全的宣传课件演示文稿，其效果如图 10-55 所示（\最终效果\第 10 章\中小学生交通安全宣传课件.pptx）。制作本例的目的主要是向学生宣传交通安全，遵守交通规则，制作本例采用的卡通图片利于中小学生阅读。

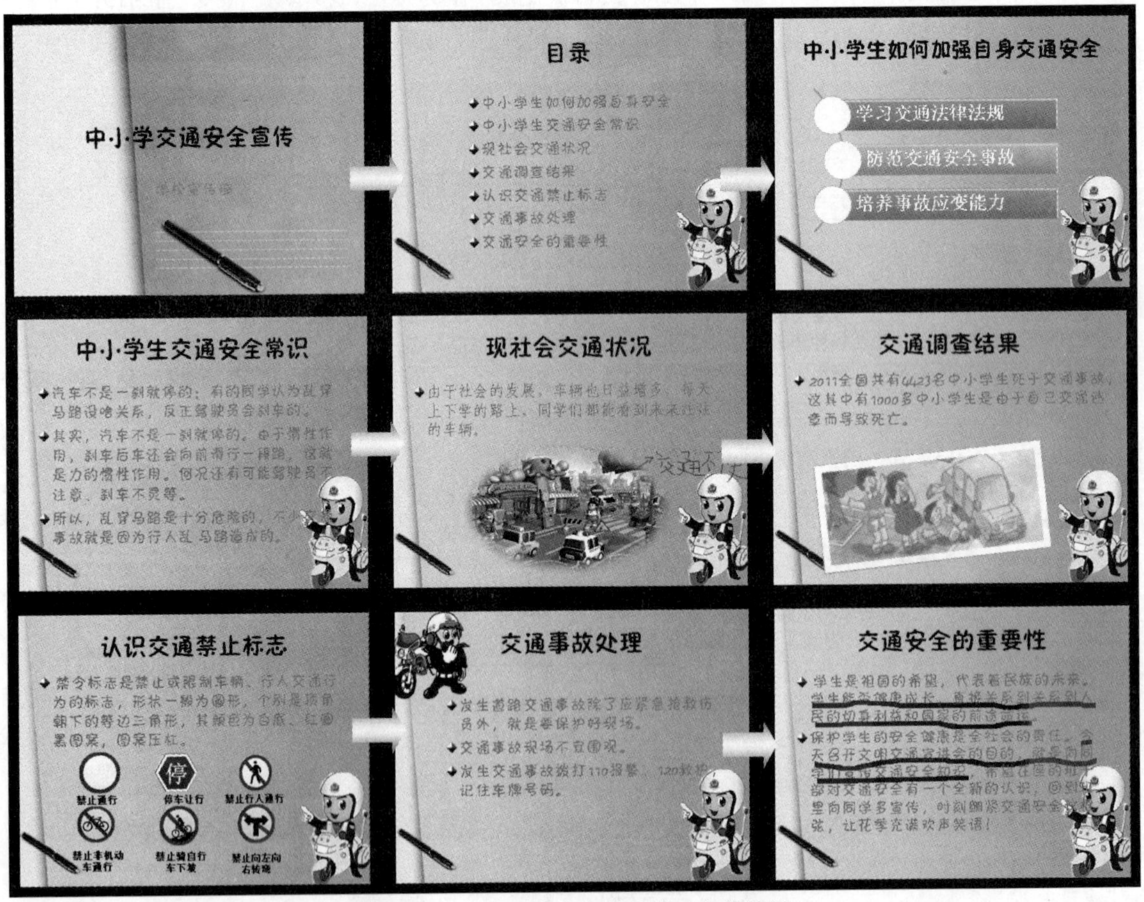

图 10-55 “交通安全宣传”演示文稿效果

10.5.2 制作思路

制作本例的重点是设计演示文稿的背景样式，为演示文稿添加相应的内容。制作本例的难点是通过幻灯片母版为演示文稿的幻灯片间添加切换效果和为幻灯片中的部分对象添加相同的动画效果。本例的制作思路如图 10-56 所示。

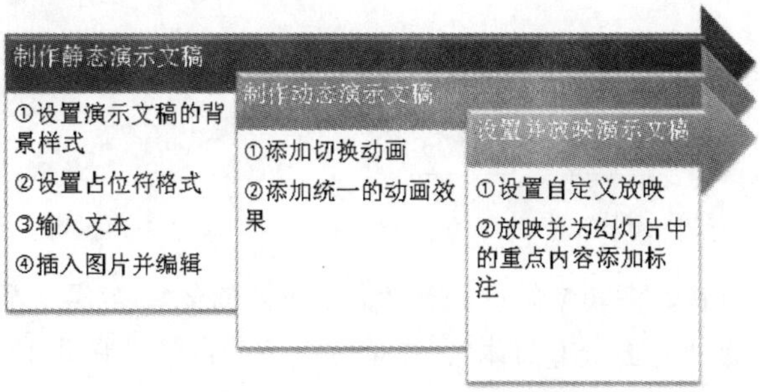

图 10-56 制作思路

10.5.3 制作过程

1. 制作静态演示文稿

下面在新建的空白演示文稿中添加文字、图片、图形等内容，并对添加的内容进行编辑。其具体操作如下：

Step 01 新建一个空白演示文稿，并保存为“中小学生交通安全宣传课件”，然后进入幻灯片母版视图，选择第 1 张幻灯片，在“背景”面板中单击“背景样式”按钮。

Step 02 在弹出的下拉列表中选择“设置背景格式”选项，在打开对话框的“填充”选项卡中选中 图片或纹理填充(P) 单选按钮，在“插入自”栏中单击 文件(F)... 按钮。

Step 03 在打开的“插入图片”对话框中选择“图片 3.png”图片（\实例素材\第 10 章\交通安全宣传\图片 3.png），单击 插入(S) 按钮，如图 10-57 所示。

Step 04 返回到“设置背景格式”对话框中，单击 关闭 按钮，此时所有幻灯片的背景都会发生变化。

Step 05 使用相同的方法为第 2 张幻灯片插入“图片 4.png”图片（\实例素材\第 10 章\交通安全宣传\图片 4.png）作为该张幻灯片的背景样式。

Step 06 选择第 1 张幻灯片后，选择【插入】/【图像】组，单击“图片”按钮，打开“插入图片”对话框，在其中选择“图片 1.png”图片（\实例素材\第 10 章\交通安全宣传\图片 1.png），单击 插入(S) 按钮在幻灯片中插入图片，然后将图片移动到幻灯片右下角，并对其大小进行调整，其效果如图 10-58 所示。

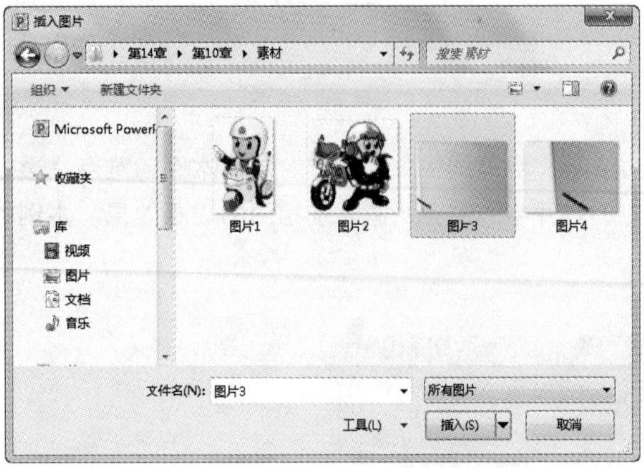

图 10-57 插入图片

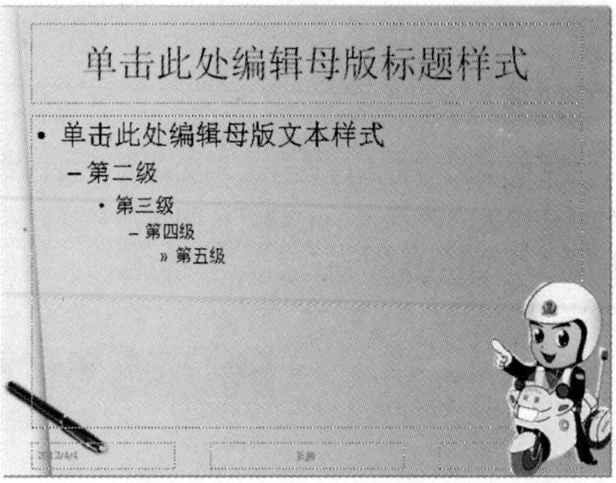

图 10-58 调整图片大小和位置

Step 07 选择标题占位符，将其字体设置为“方正少儿简体”，字号设置为 48，然后为一级正文文本设置字体为“方正卡通简体”，字体颜色为“白色，背景 1，深色 50%”。

Step 08 将鼠标光标定位到一级正文文本前，单击“项目符号”按钮☰▾，在弹出的下拉列表中选择“项目符号和编号”选项，打开“项目符号和编号”对话框，单击 图片(P)... 按钮，如图 10-59 所示。

Step 09 打开“图片项目符号”对话框，在其列表框中选择如图 10-60 所示的图片项目符号，单击 确定 按钮。

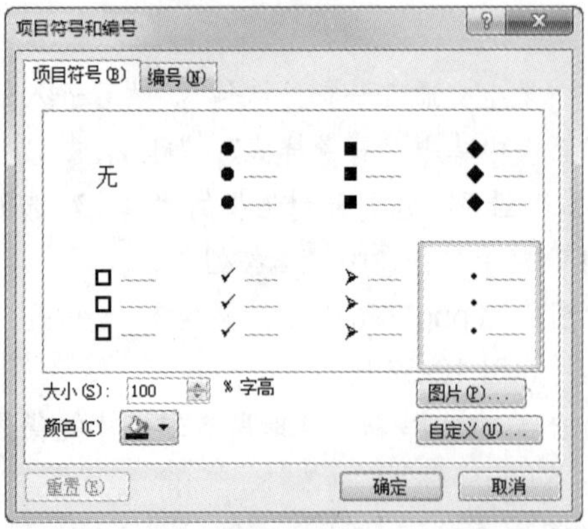

图 10-59 “项目符号和编号”对话框

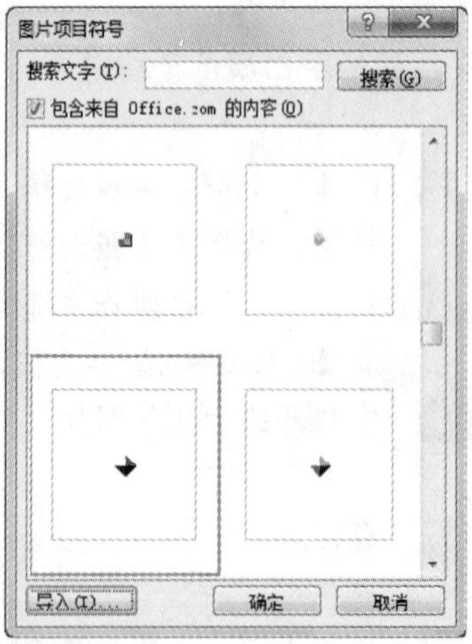

图 10-60 选择图片项目符号

Step 10 选择第 2 张幻灯片后，选择【幻灯片母版】/【背景】组，选中☑ 隐藏背景图形复选框，将该幻灯片右下角的图片隐藏，如图 10-61 所示。

Step 11 选择【幻灯片母版】/【关闭】组，单击“关闭母版视图”按钮，退出母版视图，返回普通视图中。

Step 12 在第 1 张幻灯片的标题占位符和副标题占位符中输入相应的文本，然后在“幻灯片”窗格中选择第 1 张幻灯片，单击鼠标右键，在弹出的快捷菜单中选择“新建幻灯片”命令，如图 10-62 所示。

图 10-61　隐藏背景图形

图 10-62　新建幻灯片

Step 13　在新建的幻灯片中输入相应的文本，并对占位符的位置和大小进行调整，其效果如图 10-63 所示。

Step 14　按 Enter 键，新建 1 张幻灯片，在标题占位符中输入相应的文本，在正文占位符中单击“插入 SmartArt 图形”按钮，打开“选择 SmartArt 图形”对话框。

Step 15　选择“列表”选项卡，在对话框中间的列表框中选择“垂直框列表”选项，单击确定按钮，如图 10-64 所示。

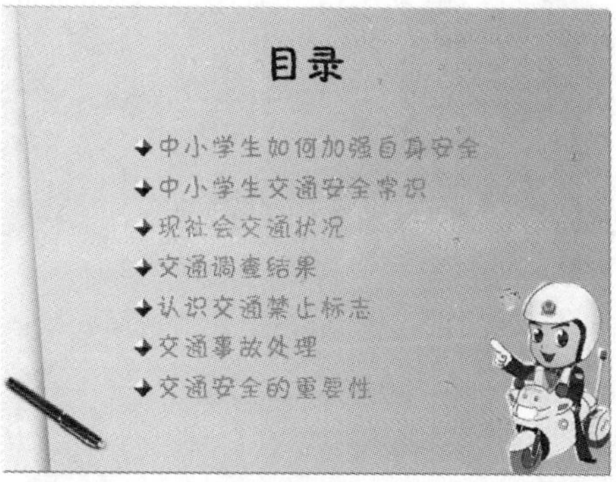

图 10-63　制作第 2 张幻灯片

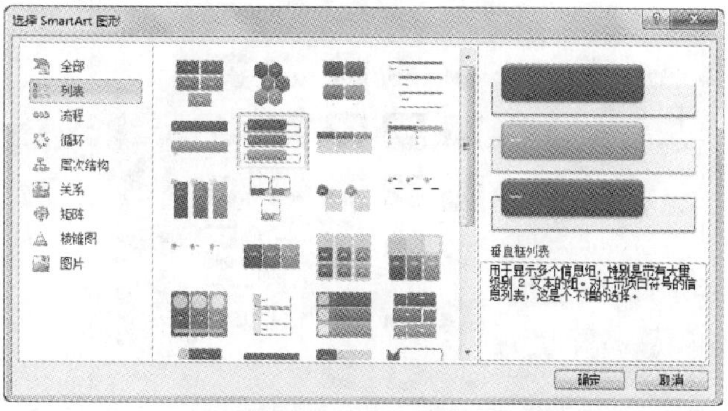

图 10-64　选择 SmartArt 图形

Step 16　在插入的图形中输入相应的文本并选中，在“快速样式”选项栏中选择“优雅”选项，单击“更改颜色”按钮，在弹出的下拉列表中选择“彩色范围-强调文字颜色 5 至 6”选项。

Step 17　对 SmartArt 图形的大小和位置进行调整，其效果如图 10-65 所示。

Step 18　对 SmartArt 图形进行编辑美化后，发现图形与背景不协调，需更改 SmartArt 图形。选择【设计】/【布局】组后，选择“垂直曲线列表”选项，如图 10-66 所示。

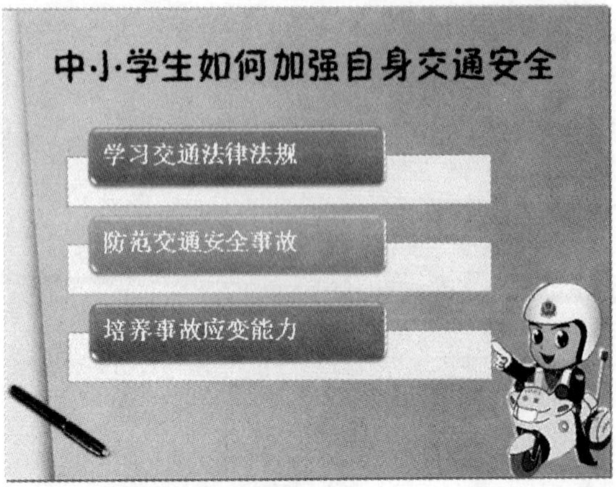

图 10-65　编辑和美化 SmartArt 图形

图 10-66　更改 SmartArt 图形布局

Step 19　新建 6 张幻灯片，并在其中输入相应的文本，然后在第 5 张幻灯片中插入“交通状况.jpg”图片（\实例素材\第 10 章\交通安全宣传\交通状况.jpg），并对图片大小和位置进行调整。

Step 20　选择插入的图片后，选择【格式】/【图片样式】组，在“快速样式”选项栏中选择“柔化边　椭圆”选项，如图 10-67 所示。

Step 21　保持图片的选择状态，单击鼠标右键，在弹出的快捷菜单中选择“设置图片格式”命令。在打开的对话框中选择“发光和柔化边缘”选项卡，在“柔化边缘”栏的“大小”数值框中输入“23 磅”，单击 关闭 按钮，如图 10-68 所示。

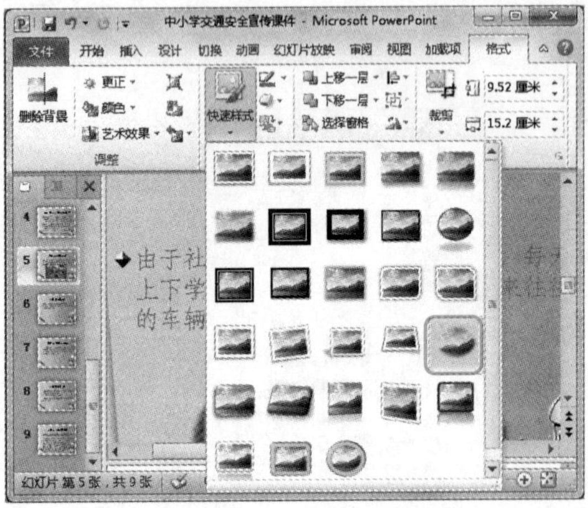

图 10-67　设置图片样式

图 10-68　设置图片柔化效果

Step 22　使用相同的方法在第 6 张幻灯片中插入“交通事故.jpg”图片（\实例素材\第 10 章\交通安全宣传\交通事故.jpg），并对图片的大小和位置进行调整。

Step 23　选择插入的图片，在“快速样式”选项栏中为其设置“旋转，白色”图片样式，如图 10-69 所示。

Step 24　保持图片的选择状态，选择【格式】/【调整】组，单击“艺术效果”按钮，在弹出的下拉列表中选择“十字图案蚀刻”选项，如图 10-70 所示。

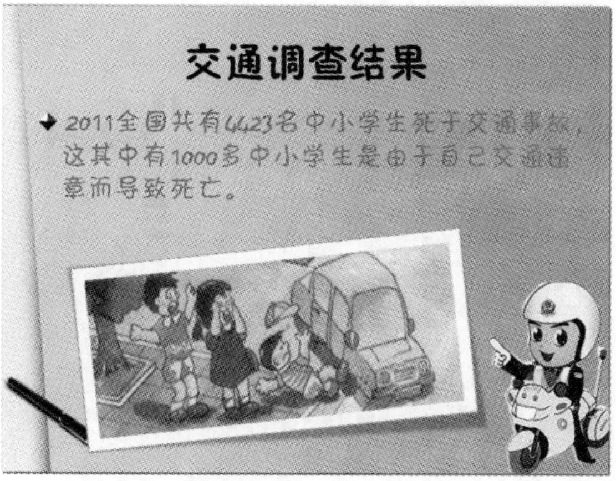

图 10-69　设置图片样式后的效果

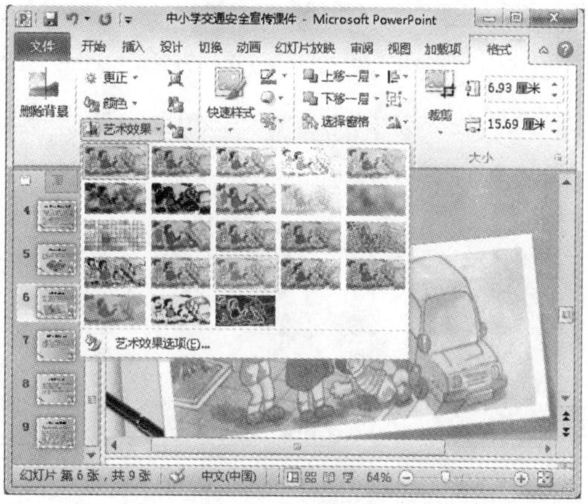

图 10-70　设置图片艺术效果

Step 25　在第 7 张幻灯片中插入“交通标志.png”图片（\实例素材\第 10 章\交通安全宣传\交通标志.png），并对图片的大小和位置进行调整，其效果如图 10-71 所示。

Step 26　使用相同的方法在第 8 张幻灯片中插入“图片 2.png”图片（\实例素材\第 10 章\交通安全宣传\图片 2.png），并对该幻灯片中插入的图片和正文文本占位符位置进行调整，其效果如图 10-72 所示。

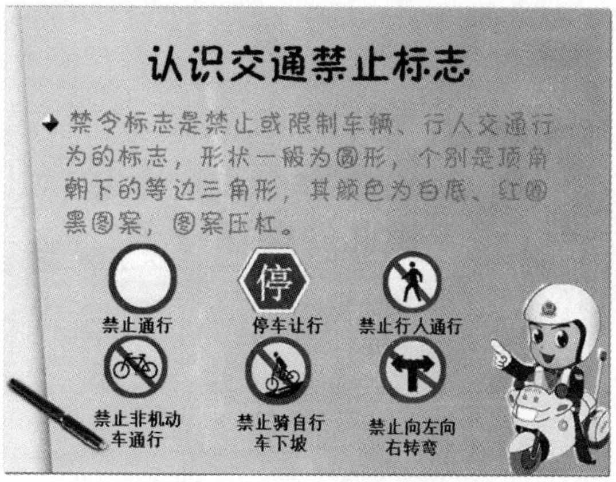

图 10-71　插入并调整图片

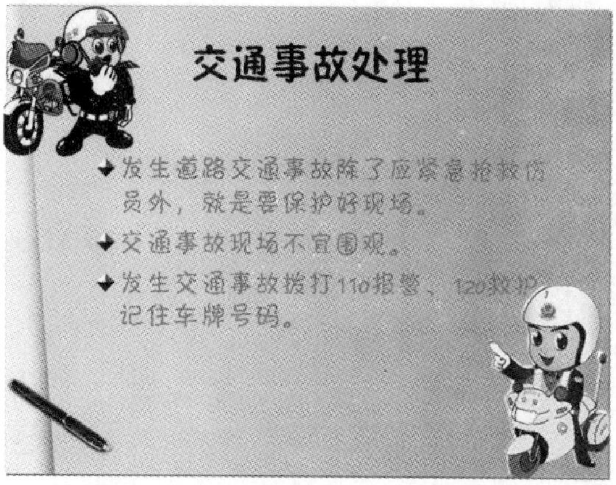

图 10-72　调整图片和文本占位符

2. 制作动态演示文稿

下面通过幻灯片母版为演示文稿幻灯片间添加切换效果，然后再为幻灯片中的部分对象同时添加相同的动画效果。其具体操作如下：

Step 01　进入幻灯片母版视图，选择第 1 张幻灯片，再选择【切换】/【切换到此幻灯片】组，在切换方案下拉列表中选择“翻转”选项，如图 10-73 所示。

Step 02　选择【切换】/【计时】组，在“声音”下拉列表框中选择“疾驰”选项，如图 10-74 所示。

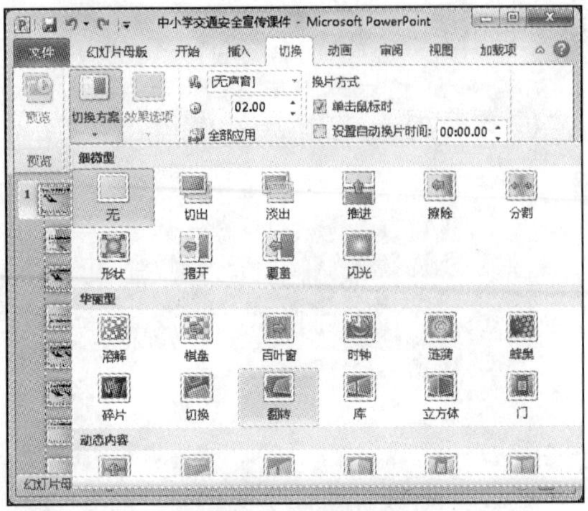

图 10-73　选择切换方案

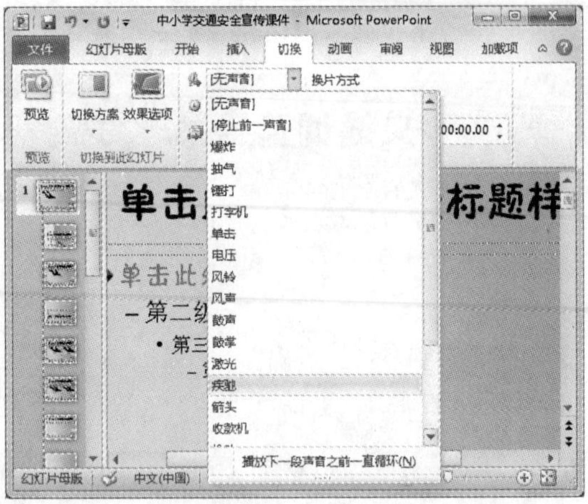

图 10-74　设置切换声音

Step 03　选择标题占位符后，选择【动画】/【动画】组，在“动画样式”选项栏中选择“浮入”选项进入动画，如图 10-75 所示。

Step 04　单击“效果选项”按钮，在弹出的下拉列表中选择“下浮”选项。选择【动画】/【高级动画】组，单击“动画窗格”按钮。

Step 05　打开“动画窗格”窗格，在标题动画效果选项上单击鼠标右键，在弹出的快捷菜单中选择“从上一项之后开始”命令，如图 10-76 所示。

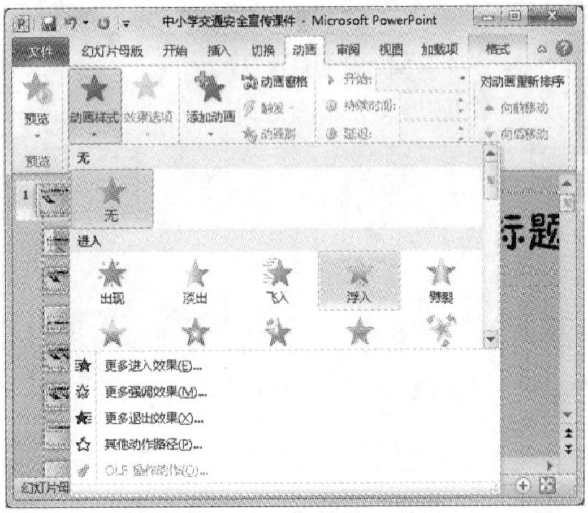

图 10-75　添加进入动画

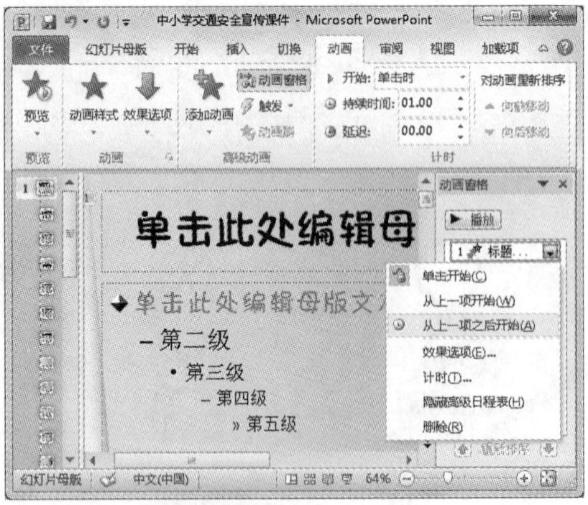

图 10-76　设置动画开始

Step 06　选择幻灯片右下角的图片，为其添加“飞入”进入动画，设置其效果选项为“自右下部”，开始时间为“上一动画之后”。

Step 07　选择正文占位符，为其添加“擦除”进入动画。在动画窗格对应的效果选项上单击鼠标右键，在弹出的快捷菜单中选择“效果选项”命令。

Step 08　在打开的对话框中选择“效果”选项卡，在“方向”下拉列表框中选择“自顶部”选项，在“动画播放后”下拉列表框中选择如图 10-77 所示的颜色。

Step 09 选择“计时”选项卡，在“开始”下拉列表框中选择“上一动画之后”选项，在“期间”下拉列表框中选择“快速（1 秒）”选项，如图 10-78 所示。

图 10-77 设置动画效果

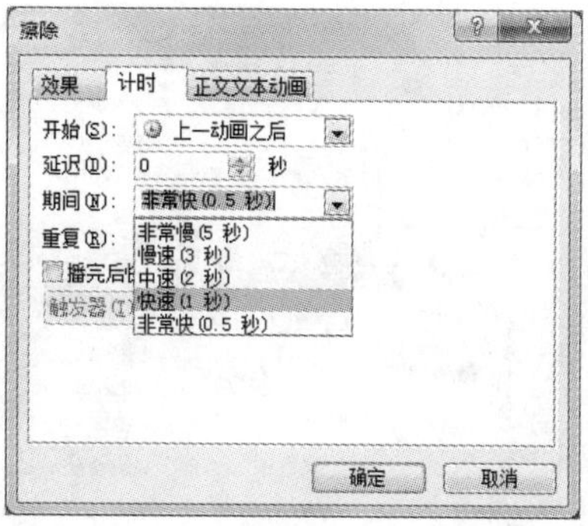

图 10-78 设置动画计时

Step 10 选择第 2 张幻灯片中的标题占位符，为其添加“放大/缩小”强调动画，其动画效果和动画开始时间都保持默认不变。

Step 11 为副标题占位符添加“弹跳”进入动画，将开始时间设置为“上一动画之后”，完成动画的添加后退出幻灯片母版，返回普通视图中。

3. 设置并放映演示文稿

下面先自定义设置放映演示文稿，并将演示文稿中的部分幻灯片隐藏，然后从头开始放映演示文稿，在放映过程中，对演示文稿中的重点内容添加标注。其具体操作如下：

Step 01 选择【幻灯片放映】/【开始放映幻灯片】组，单击 自定义幻灯片放映 按钮，在弹出的下拉列表中选择“自定义放映”选项。

Step 02 打开“自定义放映”对话框，单击 新建(N)... 按钮，打开“定义自定义放映”对话框，在“幻灯片放映名称”文本框中输入“交通安全宣传”文本。

Step 03 在“在演示文稿中的幻灯片”列表框中按住 Ctrl 键不放，选择所需的幻灯片，单击 添加(A) >> 按钮将选中幻灯片添加到右边的列表框中，单击 确定 按钮，如图 10-79 所示。

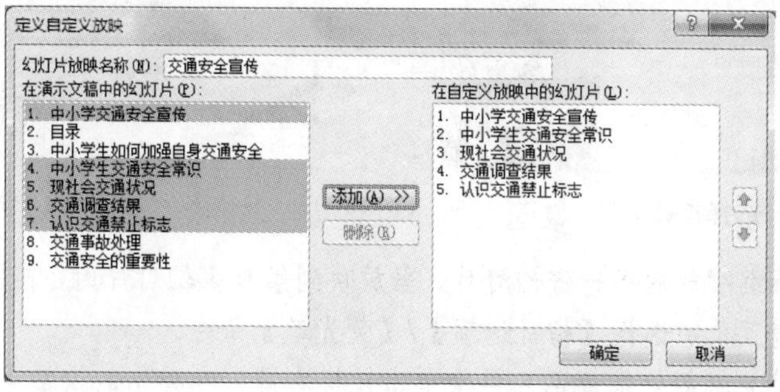

图 10-79 设置自定义放映的幻灯片

Step 04 返回“自定义放映”对话框，在“自定义放映”列表框中显示了自定义幻灯片放映的名称，单击 关闭(C) 按钮，如图 10-80 所示。

Step 05 选择第 2 张幻灯片后，选择【幻灯片放映】/【设置】组，单击隐藏幻灯片按钮，将选择的幻灯片隐藏。在“幻灯片”窗格中，隐藏的幻灯片显示如图 10-81 所示。

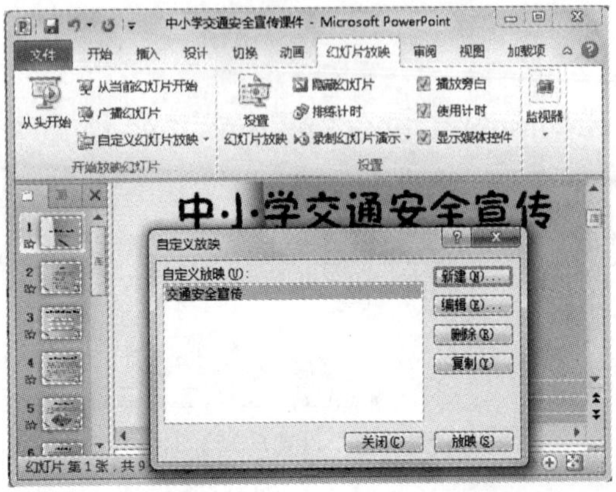

图 10-80 “自定义放映”对话框

图 10-81 隐藏幻灯片

Step 06 单击“从头开始”按钮，进入幻灯片放映视图，单击鼠标放映幻灯片中的动画效果。再次单击鼠标，将切换到下一张幻灯片中。

Step 07 单击鼠标继续放映，当放映到第 5 张幻灯片时，在其上单击鼠标右键，在弹出的快捷菜单中选择【指针选项】/【笔】命令，如图 10-82 所示。

Step 08 此时，鼠标光标变成一个红色的小圆点，在幻灯片中先绘制一个箭头，然后使用笔写出“交通不便”标注文本，如图 10-83 所示。

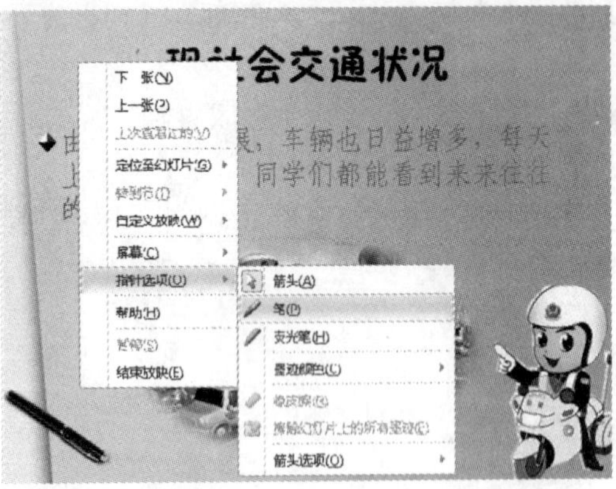

图 10-82 选择指针选项

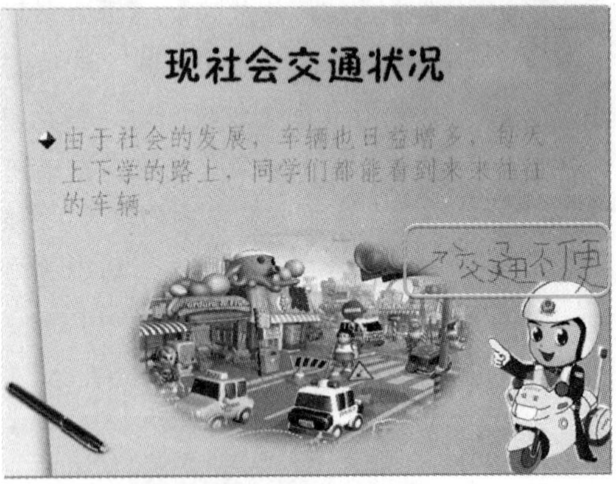

图 10-83 写入标注文本

Step 09 单击鼠标继续放映下一张幻灯片，当放映到第 9 张幻灯片时，在其上单击鼠标右键，在弹出的快捷菜单中选择【指针选项】/【荧光笔】命令。

Step 10 默认的荧光笔颜色是黄色。再次单击鼠标右键，在弹出的快捷菜单中选择【指针选项】/【墨迹颜色】/【紫色】命令，如图 10-84 所示。

Step 11 当鼠标光标变成绿色的小方块时，在重点内容下绘制一条下划线，如图 10-85 所示。

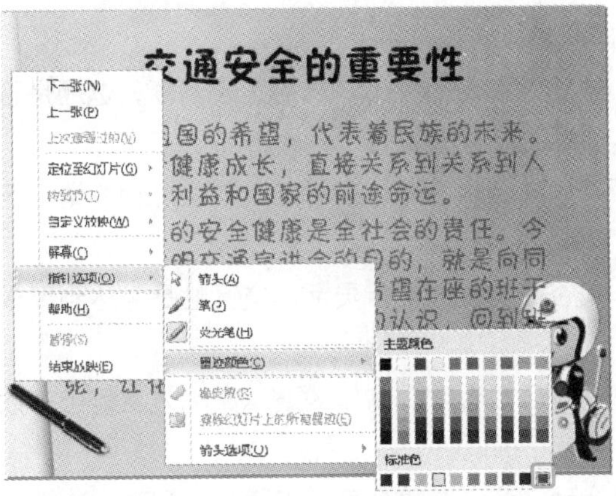

图 10-84 选择命令

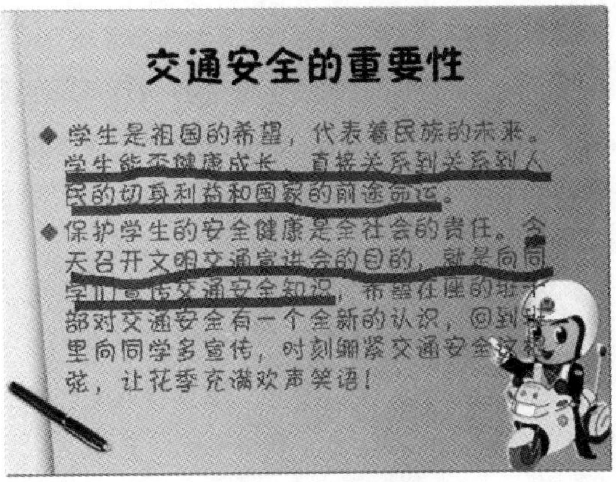

图 10-85 绘制标注

Step 12 标注完重点内容后，单击鼠标右键，在弹出的快捷菜单中选择【指针选项】/【箭头】命令，使鼠标光标恢复成箭头样式。

Step 13 放映完成后单击鼠标，弹出提示对话框，单击 保留(K) 按钮保留墨迹注释，如图 10-86 所示。

Step 14 退出幻灯片的放映视图，返回到普通视图中，如图 10-87 所示。

图 10-86 提示对话框

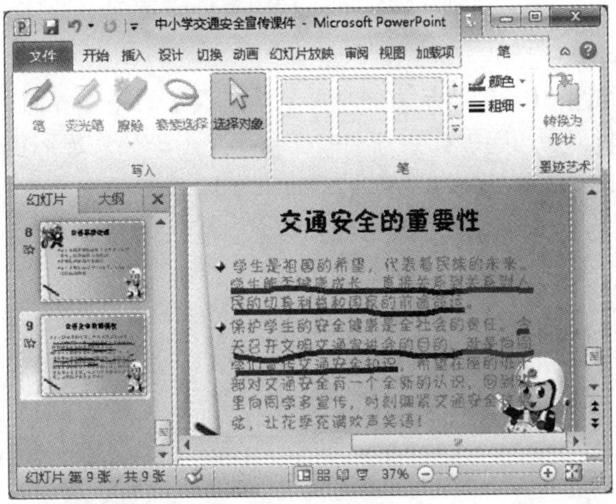

图 10-87 普通视图

10.6 达人私房菜

私房菜 1：一个"好"课件的标准

：制作课件演示文稿没有什么硬性规定，只要能达到传递信息的目的即可，那么一个好的课件有什么标准呢？

：评价一个课件的好坏，主要参考以下几个方面。

参考一：制作的课件演示文稿教学目的是否明确，教学重点是否突出，思路是否清晰，选题是否恰当，是否符合学生实际，是否能促进学生的思维，培养学生的能力。

参考二：内容是否正确，逻辑是否严谨，举例是否准确并合情合理，素材的选取、名词术语、场景设置以及操作是否符合规定。

参考三：制作的课件演示文稿界面是否美观，操作是否简单、方便、灵活，交互性是否达到要求，课件内容是否紧扣教材。

参考四：制作的课件演示文稿是否具有创意，构思是否巧妙合理。制作的演示文稿效果能否有效地达到学习知识、培养能力、交流情感的目的。

参考五：图像、动画、声音、文字等对象设计是否合理，演示文稿画面是否清晰、和谐、连续，文字是否醒目，情景是否逼真，快慢适度，衔接自然。

私房菜 2：优秀课件界面赏析

：要想制作出优秀的课件就必须多学习一些优秀课件的制作，那么什么样的课件才算优秀呢？

：在制作课件的过程中要多去学习一些优秀课件的制作方法，如图 10-88 所示为一个儿童学习拼音的课件界面。该课件界面色彩明丽，画面清新、自然，内容丰富，富有童趣，符合小学生学习使用。如图 10-89 所示为一个关于学习汉字的课件界面，通过一些简单图形来认识汉字，增加了学生学习汉字的兴趣，该课件界面的制作抓住了学生的玩耍心理，在玩的过程中学习汉字，适合很多学生使用。

图 10-88　学习拼音课件界面

图 10-89　字的联想课件界面

私房菜 3：快速将 Word 文档转换为演示文稿

：在制作课件演示文稿时，会涉及很多文字，如果手动输入会比较麻烦，又浪费时间，如何才能快速输入呢？

：要想提高速度，可直接将 Word 文档转换为演示文稿。其方法是：先打开 Word 文档，选择其中的所有文本，按 Ctrl+C 组合键进行复制。然后启动 PowerPoint 2010，在新建的空白演示文稿中选择“大纲”选项卡，将鼠标光标定位到第一张幻灯片处，按 Ctrl+V 组合键进行粘贴，此时 Word 文档中的全部内容将插入到演示文稿的第 1 张幻灯片中。再根据需要进行文本格式的设置，包括字体、字号、字型、字的颜色和对齐方式等。经过调整，很快就可以完成多张幻灯片的制作。如图 10-90 所示为一个 Word 文档。如图 10-91 所示为将 Word 文档转换为演示文稿后的效果。

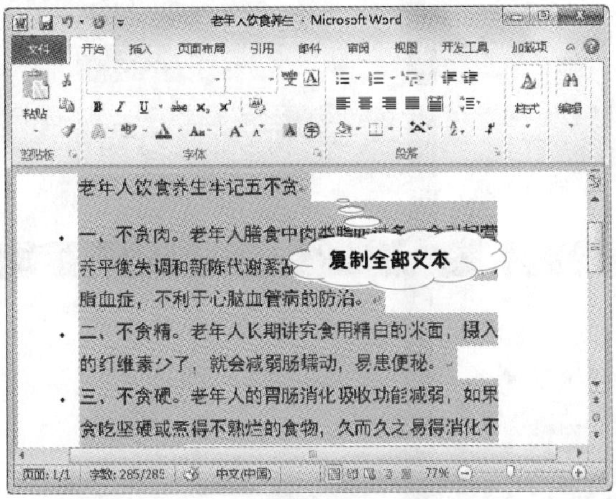

图 10-90　Word 文档

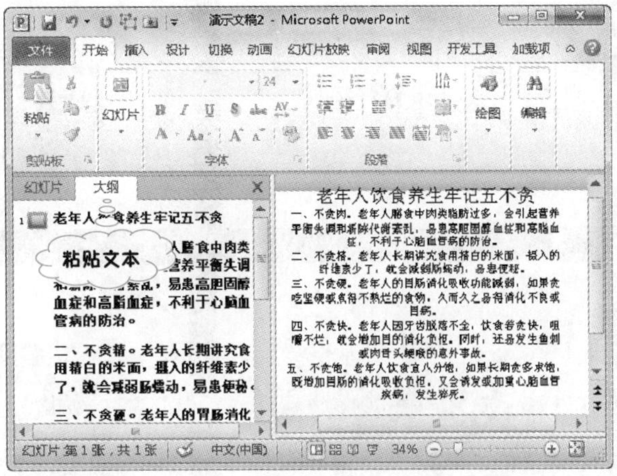

图 10-91　将 Word 文档转换为演示文稿后的效果

私房菜 4：保护课件，防止课件被任意修改

：如果想对制作的课件演示文稿进行保护，不想课件被任意修改，应该怎样进行设置呢？

：要想保护课件，可对课件设置密码，这样他人就不能对课件进行任意的修改。设置密码的方法有两种，一种是保存时设置密码，另一种是打包演示文稿时设置密码。分别介绍如下。

方法一：打开需要设置密码的演示文稿，选择【文件】/【另存为】命令。在打开的“另存为”对话框中单击工具(L)按钮，在弹出的下拉列表中选择“常规”选项。打开“常规选项”对话框，在“此文档的文件加密设置”栏的“打开权限密码”文本框中输入密码，然后在“此文档的文件共享设置”栏的“修改权限密码”文本框中输入密码，单击确定按钮。

方法二：在打开的演示文稿中选择【文件】/【保存并发送】命令，然后选择“将演示文稿打包成 CD”选项，单击“打包成 CD”按钮，在打开的对话框中单击选项(O)...按钮，打开“选项”对话框，在“增强安全性和隐私保护”栏的“打开每个演示文稿时所用的密码”文本框和“修改每个演示文稿时所用的密码”文本框中输入相应的密码，单击确定按钮。

10.7　拓展练习

练习 1：制作散文课件

启动 PowerPoint 2010 后，通过幻灯片母版来设置幻灯片的背景样式，然后返回普通视图，在占位符中输入文本并进行编辑，再插入图形及图片（\实例素材\第 10 章\图片 1.png、图片 2.jpg），并对图形和图片的大小和位置进行调整，最后添加切换效果和动画效果，浏览并保存演示文稿。如图 10-92 所示为制作的演示文稿效果（\最终效果\第 10 章\散文课件.pptx）。

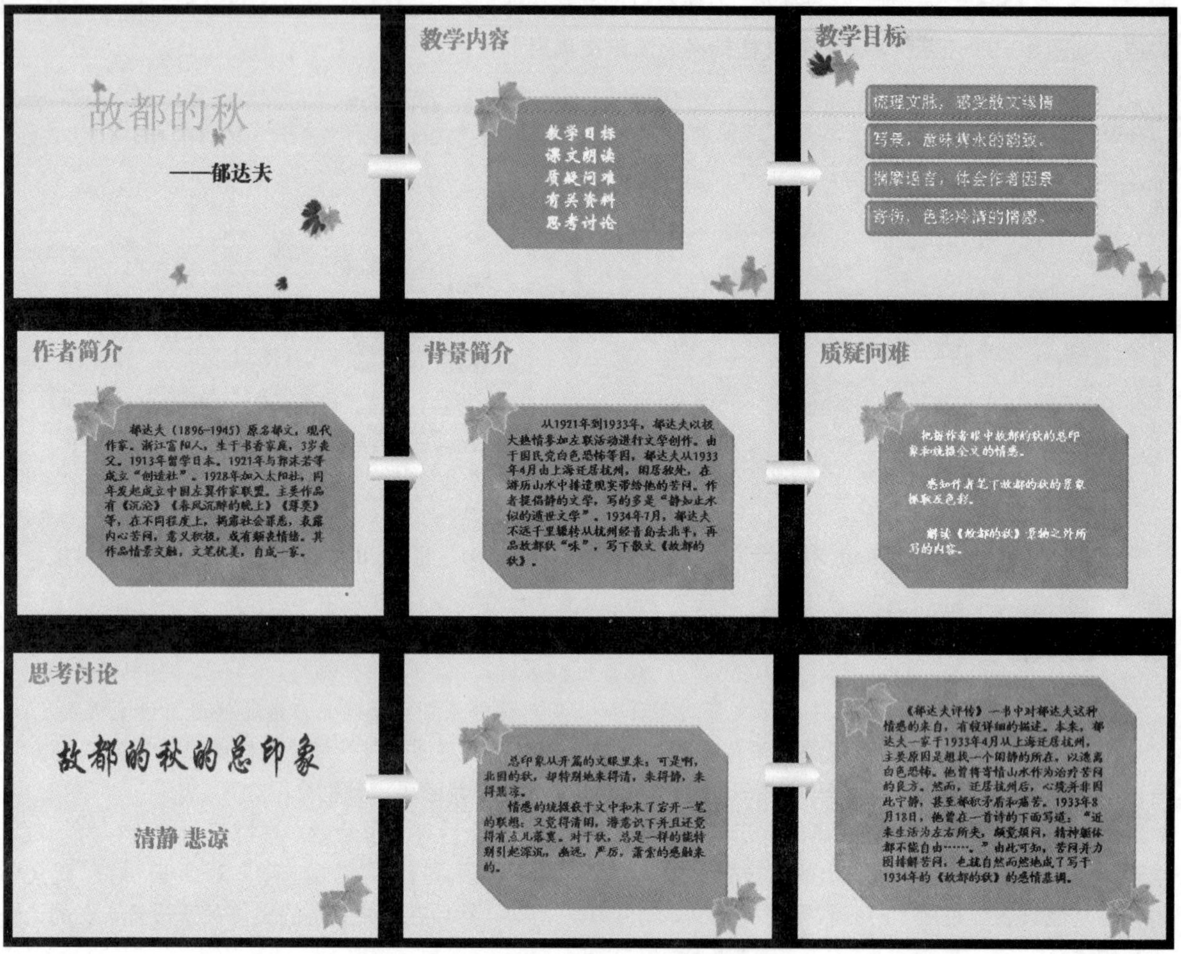

图 10-92　制作的演示文稿效果

提示：幻灯片的背景是利用图片填充的（\实例素材\第 10 章\背景.jpg），幻灯片中的形状为手动进行绘制，并设置了形状的样式和效果，在制作该演示文稿时要注意文字与形状的排列和布局。

练习 2：制作化学课件

打开提供的“化学课件.pptx”演示文稿（\实例素材\第 10 章\化学课件.pptx），首先在其中输入文本并进行编辑，再对标题文本框进行编辑，并创建和编辑表格。然后设置动画效果，切换到幻灯片放映模式下浏览效果后保存演示文稿。如图 10-93 所示为制作的演示文稿效果（\最终效果\第 10 章\化学课件.pptx）。

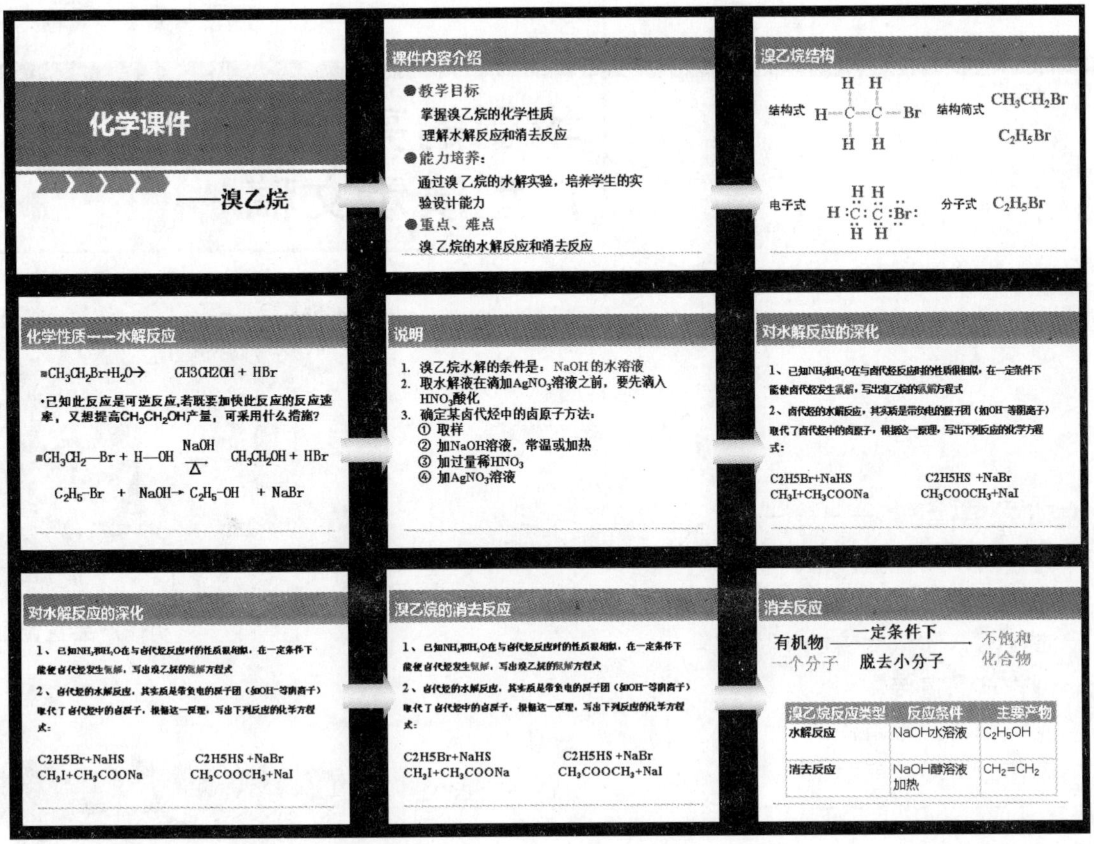

图 10-93　制作的演示文稿效果

提示：演示文稿中第 3、4、9 张幻灯片中的公式主要是通过在文本框中输入字母和在幻灯片中绘制形状来制作的，制作该演示文稿要合理地运用文本框。

轻松一刻

第一次上课，老师说把鼠标移至屏幕中，结果居然真看到有个人把鼠标贴着屏幕，缓缓移动着。

视频讲解
3段

第11章

华丽的亮相——制作推广型演示文稿

★本章要点★

- 宣传展示与企业发展
- 宣传展示演示文稿的分类
- 宣传展示演示文稿的组成
- 制作产品宣传
- 制作公司上市宣传
- 制作公司形象展示

制作产品宣传画册

制作公司上市宣传

制作公司形象展示

11.1 PowerPoint 与宣传展示

PowerPoint 实用性强和功能多的特点使 PowerPoint 得到了广泛应用。这也使企业的宣传方式发生了潜移默化的变化，由原来的纸质宣传、电视宣传变成了现在通过 PowerPoint 制作的演示文稿来进行宣传。

11.1.1 宣传展示与企业发展

现代是一个商业社会，任何企业的发展都离不开宣传。宣传可以通过很多方式，如电视、广告、报纸等，但这些宣传方式的费用都比较高。所以现在最常用的宣传方式是把宣传的内容制作为演示文稿，这样不仅可达到宣传的目的，还能降低宣传的成本。

宣传的内容和使用范围广泛，通过宣传既可提高企业在社会上的知名度，也可通过宣传来寻求良好的工作伙伴。总之，一个企业的发展离不开产品、形象展示与宣传。如图 11-1 所示为格润科技公司制作的宣传演示文稿中的其中两张幻灯片。

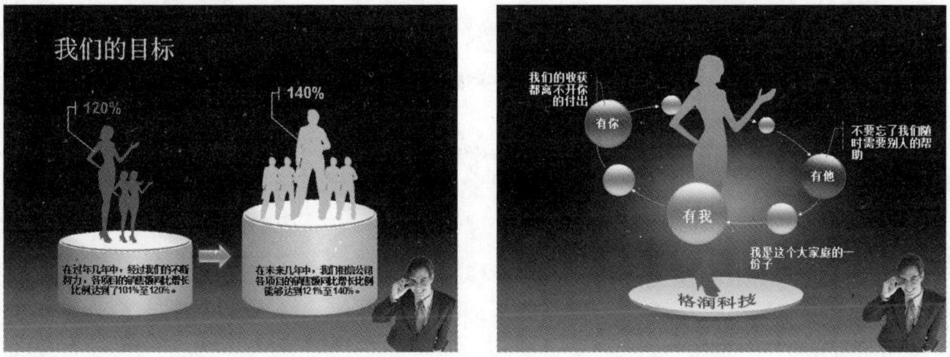

图 11-1　企业宣传幻灯片

11.1.2 宣传展示演示文稿的分类

宣传展示演示文稿的分类比较多，常用 PowerPoint 制作的宣传展示类演示文稿包括产品展示演示文稿、公司文化宣传、礼仪宣传、公司上市宣传、公司形象展示等。

如图 11-2 所示为制作的宣传演示文稿的分类。

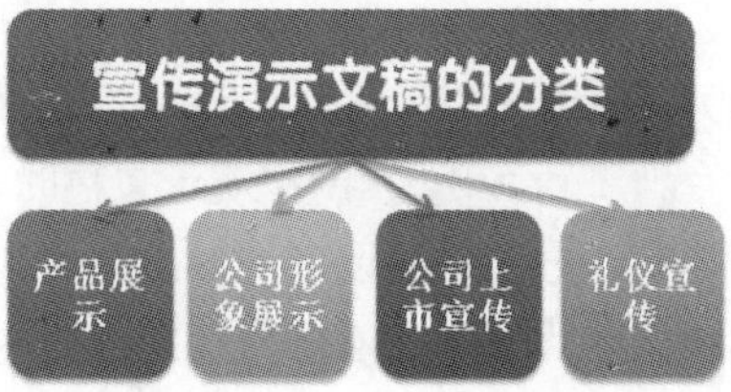

图 11-2　宣传演示文稿的分类

11.1.3 宣传展示演示文稿的组成

宣传展示演示文稿的组成并不是固定不变的，每个企业制作的宣传演示文稿内容都各不相同，宣传展示演示文稿内容的安排会根据企业、宣传的目的和客户的需求等方面来决定宣传的内容。宣传演示文稿的组成还会根据宣传类型的不同而有所区别，但不管什么类型的宣传展示演示文稿都离不开对公司和产品的介绍。如图 11-3 所示为决定宣传展示演示文稿组成的因素。

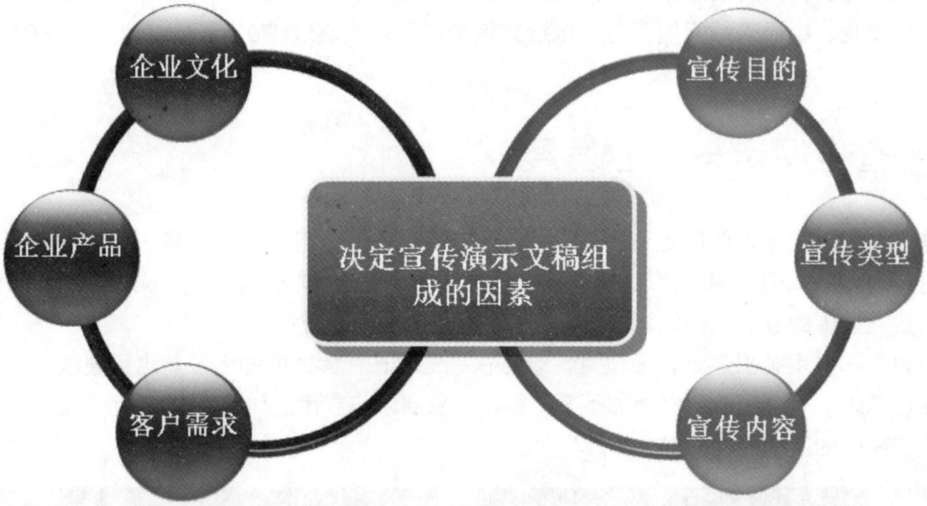

图 11-3　决定宣传演示文稿组成的因素

11.2 制作产品宣传

对产品进行宣传是将新产品推上市前的一个重要环节，这不仅影响着产品上市后的销量，还影响着企业的发展和盈利率。利用 PowerPoint 将产品宣传的内容制作成演示文稿，不仅可直接放映给客户观看，还能将其打印和印刷出来。

11.2.1 案例目标

本例将制作一个有关饮食产品的宣传画册演示文稿，其效果如图 11-4 所示（\最终效果\第 11 章\产品宣传画册.pptx）。在制作演示文稿时，主要以体现餐饮企业的风格、特色环境、特色食品、经营方向等为主要参考方向。从以下的效果图可以看出每张幻灯片中的画面精美，颜色对比强烈，风格清新。该演示文稿以图片为主，演示文稿中应用的图片与主题相符，并且图片与文字的搭配合理，每张幻灯片中安排的内容少而合理，大大提升了演示文稿的整体效果。

品味生活，源自尚品
尚品居
企业简介
尚品居：集餐饮、休闲、娱乐为一体大型餐饮企业。地处繁华商业区黄金地段，占地面积为15000平方米。采用中国古建筑风格集亭台楼榭、碧池花园于一体，独具闹中取静，使人一入居门如进画中，品味幸福人生。
尚品居提供各系中国菜、名特小吃、中式糕点、特色粥。是宴请亲朋好友、团体聚会、婚筵、寿筵的理想去所。
每日一菜
啤酒鸭是下饭佐酒佳肴，回味无穷，鲜香微辣，略带啤酒香味，风味独特，并兼有清热、开胃、利水、除湿之功效。
中国经典名菜
中国特色名菜
中国特色美容粥
中国特色瘦身粥
中国特色糕点
谢谢品尝

图 11-4 “产品宣传手册”演示文稿效果

11.2.2 制作思路

制作本例首先通过幻灯片母版来设计演示文稿的背景，接着在幻灯片中添加相应的内容，来完善演示文稿，然后为演示文稿添加切换效果和动画效果，最后设置演示文稿的放映方式，并将演示文稿输出为图片文件。本例的制作思路如图 11-5 所示。

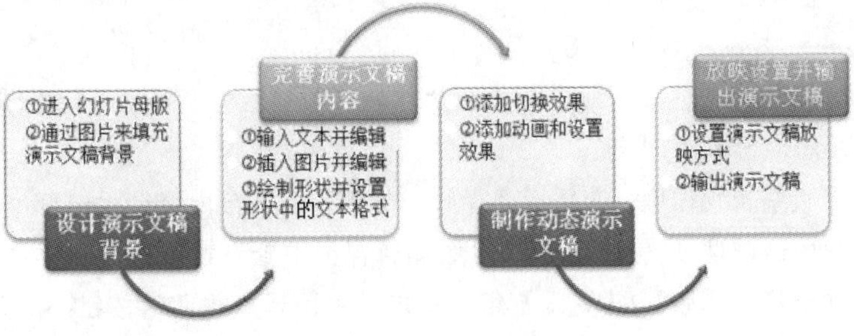
①进入幻灯片母版
②通过图片来填充演示文稿背景
设计演示文稿背景
完善演示文稿内容
①输入文本并编辑
②插入图片并编辑
③绘制形状并设置形状中的文本格式
①添加切换效果
②添加动画和设置效果
制作动态演示文稿
放映设置并输出演示文稿
①设置演示文稿放映方式
②输出演示文稿

图 11-5 制作思路

11.2.3 制作过程

1. 制作幻灯片母版

下面在“产品宣传画册.pptx”演示文稿中通过编辑幻灯片母版来设计幻灯片的背景，其具体操作如下：

Step 01 启动 PowerPoint 2010，新建空白演示文稿，将其保存为“产品宣传画册.pptx”。选择【视图】/【母版视图】组，单击“幻灯片母版”按钮，进入幻灯片母版视图状态。

Step 02 选择内容母版幻灯片后，选择【幻灯片母版】/【背景】组，单击“背景样式”按钮，在弹出的下拉列表中选择“设置背景格式”选项，如图 11-6 所示。

Step 03 打开“设置背景格式”对话框，选择“填充”选项卡，再选中 图片或纹理填充(P)单选按钮，在“插入自”栏中单击 文件(F)... 按钮，如图 11-7 所示。

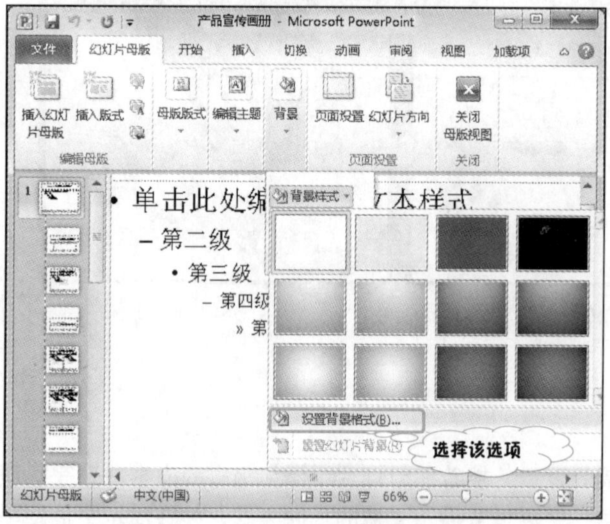

图 11-6 选择“设置背景格式”选项

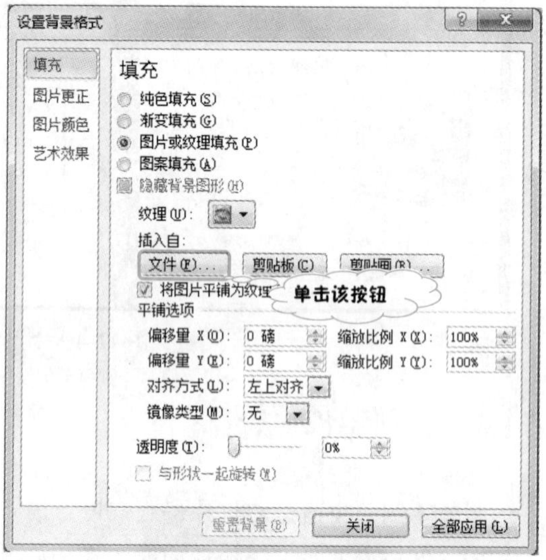

图 11-7 单击“文件”按钮

Step 04 打开“插入图片”对话框，选择插入“背景.png”图片（\实例素材\第 11 章\背景.png），单击 插入(S) 按钮，如图 11-8 所示。

Step 05 返回“设置背景格式”对话框，在“伸展选项”栏的“透明度”数值框中输入“85%”，然后单击 关闭 按钮。

Step 06 返回母版编辑视图中，选择标题母版幻灯片，插入与内容母版幻灯片相同的背景图片，并将图片的透明度设置为 0%，在母版编辑视图中查看插入背景后的效果，如图 11-9 所示。

Step 07 选择【幻灯片母版】/【关闭】组，单击“关闭母版视图”按钮，退出母版视图返回普通视图。

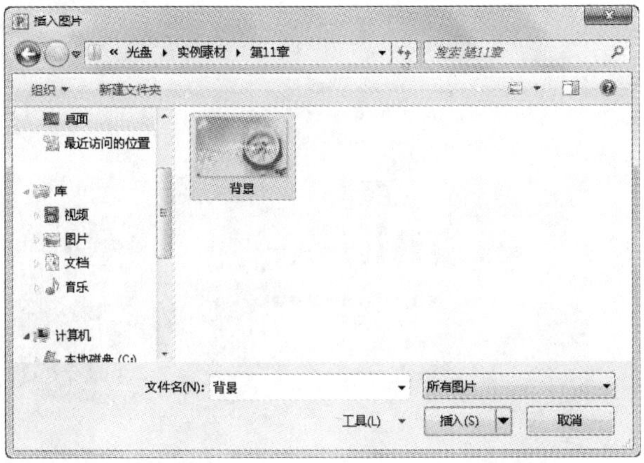

图 11-8　插入图片

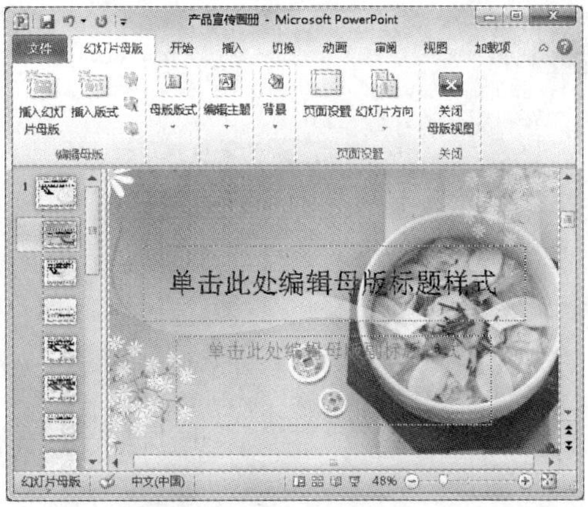

图 11-9　标题母版幻灯片效果

2. 完善演示文稿内容

下面制作演示文稿中的其他幻灯片，其主要内容包括复制幻灯片、输入文本并编辑、设置段落格式、插入图片、插入 SmartArt 图形并编辑、绘制形状并编辑等。其具体操作如下：

Step 01　选择第 1 张幻灯片，在标题占位符和副标题占位符中分别输入相应的文本。选择标题文本后，选择【格式】/【艺术字样式】组，在"快速样式"选项栏中选择如图 11-10 所示的选项。

Step 02　单击"文本效果"按钮，在弹出的下拉列表中选择"映像"选项，在其子列表中选择"映像变体"栏中的"半映像，4pt 偏移量"选项，如图 11-11 所示。

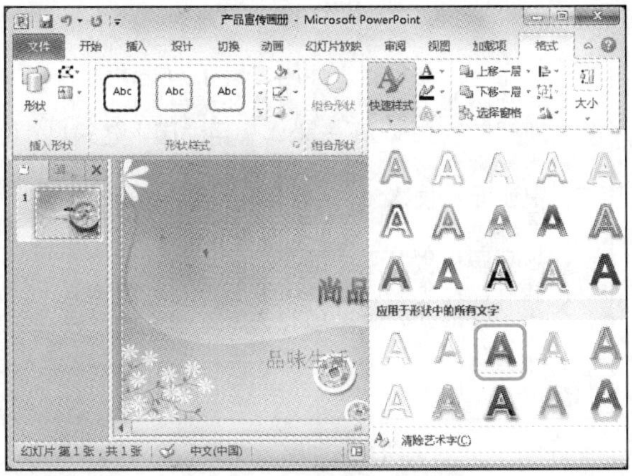

图 11-10　设置艺术字样式

图 11-11　设置文本效果

Step 03　选择【开始】/【字体】组，在"字体"下拉列表框中选择"方正胖娃简体"选项，在"字号"下拉列表框中选择 72 选项，如图 11-12 所示。

Step 04　单击"加粗"按钮 B 和"阴影"按钮 S，取消文本的加粗和添加的阴影。然后选择副标题文本，将其字体设置为"方正大标宋简体"，单击"字体颜色"按钮旁的按钮，在弹出的下拉列表中选择如图 11-13 所示的选项。

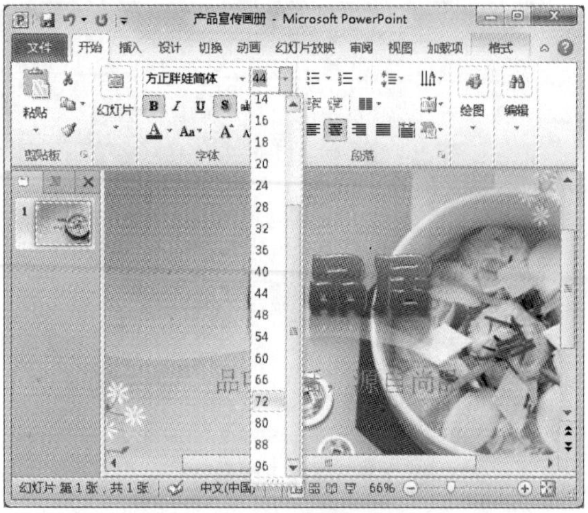

图 11-12 设置字体大小

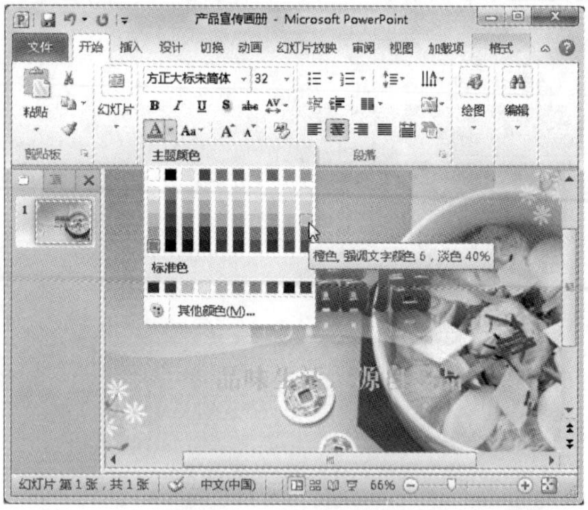

图 11-13 设置字体颜色

Step 05 选择【格式】/【艺术字样式】组，单击“文本效果”按钮，在弹出的下拉列表中选择“发光”选项，在其子列表中选择“红色，8pt 发光”选项，如图 11-14 所示。然后对文本占位符的位置进行调整。

Step 06 在“幻灯片”窗格空白处单击，按 Enter 键新建 1 张幻灯片，分别在标题占位符和文本占位符中输入相应的文本，如图 11-15 所示。

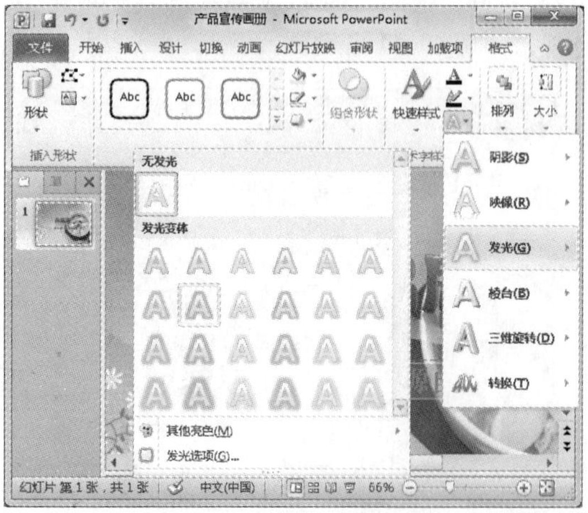

图 11-14 设置字体发光

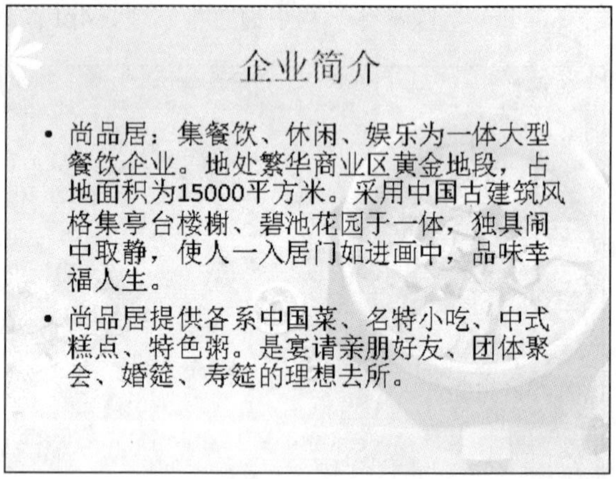

图 11-15 输入文本

Step 07 将标题文本字体设置为“方正大标宋简体”，正文文本字体设置为“微软雅黑”，字号设置为 24。

Step 08 选择所有正文文本后，选择【开始】/【段落】组，单击“行距”按钮，在弹出的下拉列表中选择 1.5 选项，如图 11-16 所示。

Step 09 新建 1 张幻灯片，在其中的占位符中输入相应的文本，并将其字体格式设置为与上一张幻灯片相同的格式。

Step 10 选择【插入】/【图像】组，单击“图片”按钮，打开“插入图片”对话框，选择插入“啤酒鸭.jpg”图片（\实例素材\第 11 章\产品\啤酒鸭.jpg），单击插入(S)按钮，如图 11-17 所示。

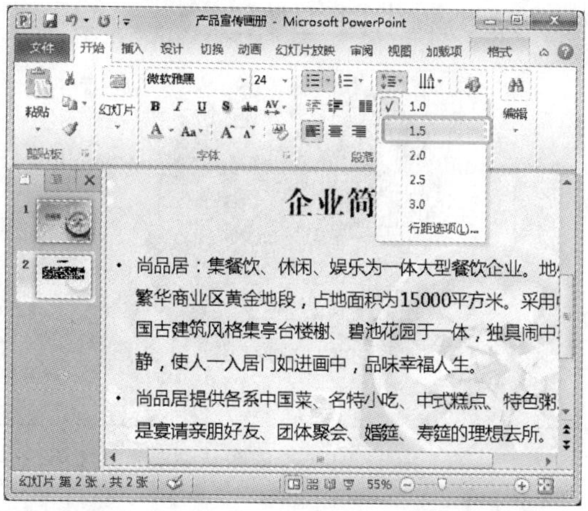
产品宣传画册 - Microsoft PowerPoint
企业简
尚品居：集餐饮、休闲、娱乐为一体大型餐饮企业。
繁华商业区黄金地段，占地面积为15000平方米。
国古建筑风格集亭台楼榭、碧池花园于一体，独具闹中
静，使人一入居门如进画中，品味幸福人生。
尚品居提供各系中国菜、名特小吃、中式糕点、特色粥
是宴请亲朋好友、团体聚会、婚筵、寿筵的理想去所。
图 11-16　设置段落行距

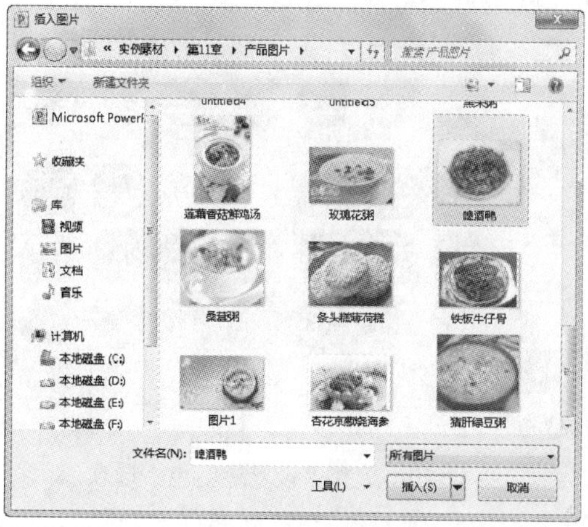
插入图片
啤酒鸭
插入(S)
取消
图 11-17　插入图片

Step 11 选择插入的图片，调整图片的大小，并对图片的位置进行调整。选择【格式】/【图片样式】组，在“快速样式”选项栏中选择“旋转，白色”选项，如图 11-18 所示。

Step 12 将鼠标光标定位到“幻灯片”窗格中，按 6 次 Enter 键新建 6 张幻灯片。选择第 4 张幻灯片，在标题占位符中输入相应的文本，单击正文占位符中的“插入来自文件的图片”按钮，如图 11-19 所示。

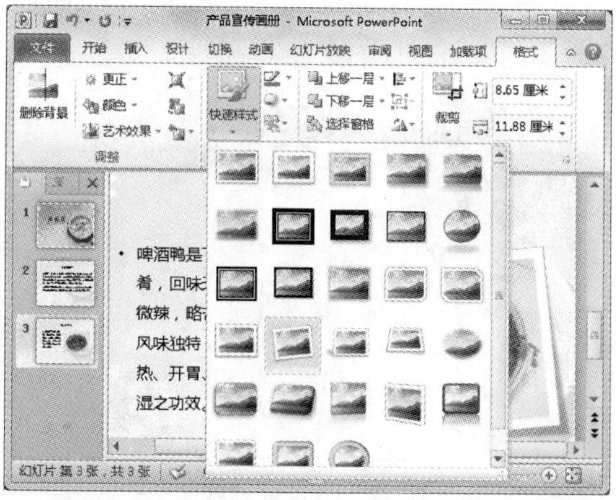
产品宣传画册 - Microsoft PowerPoint
快速样式
图 11-18　选择图片样式

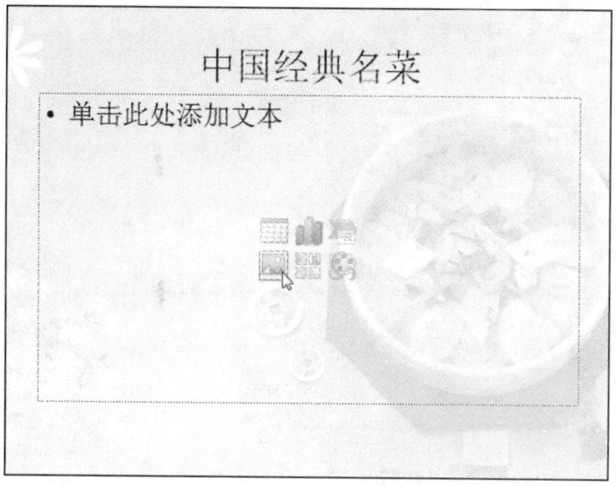
中国经典名菜
单击此处添加文本
图 11-19　单击图标

Step 13 打开“插入图片”对话框，选择插入“水煮牛肉.jpg”图片（\实例素材\第 11 章\水煮牛肉.jpg）。

Step 14 选择插入的图片，选择【格式】/【调整】组，单击“颜色”按钮，在弹出的下拉列表中选择“设置透明色”选项，如图 11-20 所示。

Step 15 当鼠标光标变成✎形状时，在图片背景上单击鼠标，将白色的图片背景设置为透明色，如图 11-21 所示。

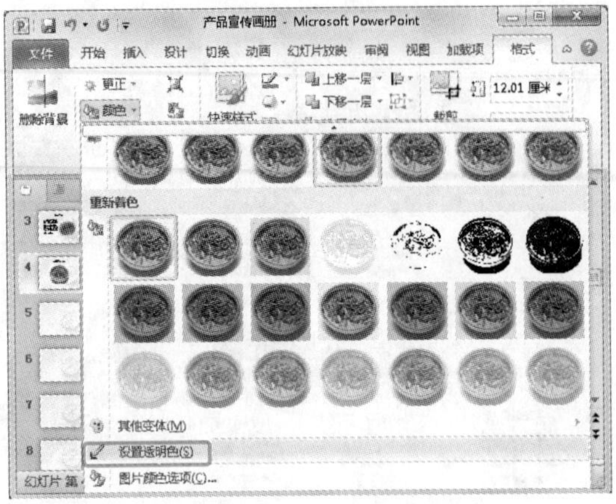

图 11-20　选择“设置透明色”选项

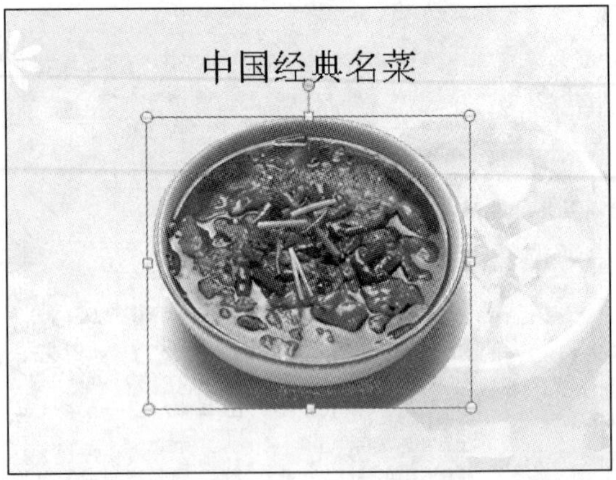

图 11-21　设置图片背景

Step 16 调整图片的大小和位置，保持图片的选择状态，将图片形状样式设置为“柔化边　椭圆”。

Step 17 单击幻灯片空白处取消图片的选择状态，选择【插入】/【插图】组，单击“形状”按钮，在弹出的下拉列表中选择“标注”栏中的“云行标注”选项，如图 11-22 所示。

Step 18 当鼠标光标变成十形状时，在幻灯片编辑区域中绘制形状，然后在绘制的形状中输入所需的文本，如图 11-23 所示。

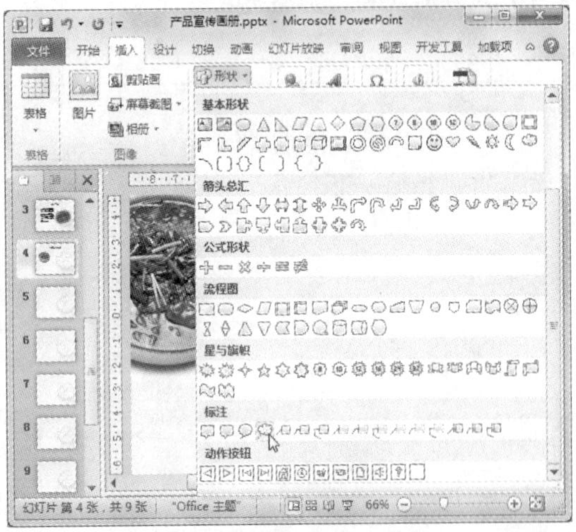

图 11-22　选择绘制的形状

图 11-23　绘制形状

Step 19 选择形状中的文本，在弹出的浮动工具栏中将其字体设置为“微软雅黑”，字号设置为 24，如图 11-24 所示。

Step 20 选择绘制的形状后，选择【格式】/【形状样式】组，在“快速样式”选项栏中选择如图 11-25 所示的选项。

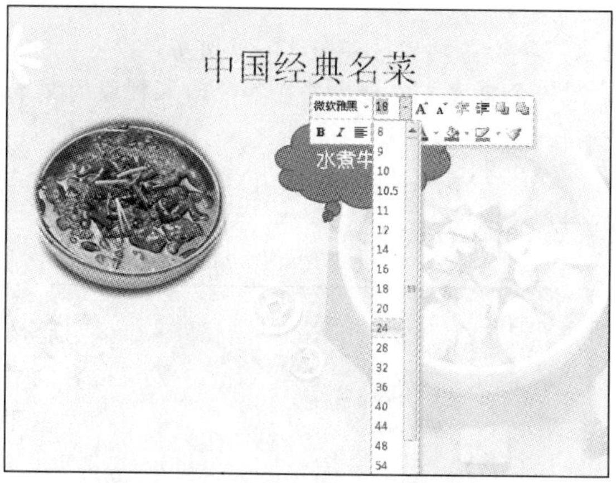

图 11-24　设置文本字体格式

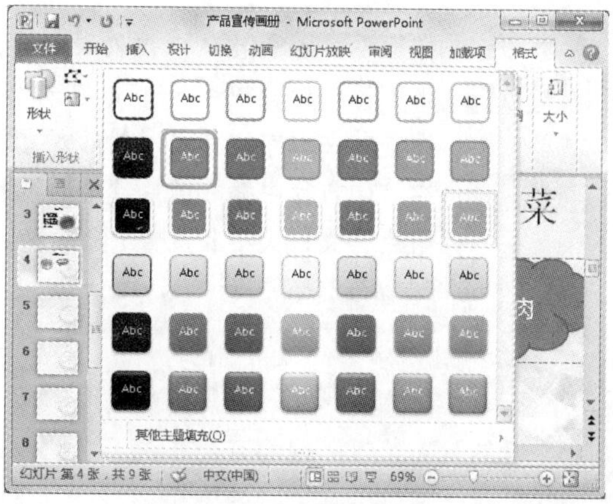

图 11-25　选择形状样式

Step 21 拖动形状中的黄色控制点◇根据需要对形状进行旋转调整，然后再插入图片“白果炖鸡.jpg”（\实例素材\第 11 章\产品\白果炖鸡.jpg），并对图片的大小、位置、样式进行设置，其效果如图 11-26 所示。

Step 22 选择“水煮牛肉”形状并复制粘贴，拖动复制的形状调整位置，并将形状中的文本修改为“白果炖鸡”，如图 11-27 所示。

图 11-26　插入图片

图 11-27　复制并修改形状

Step 23 拖动复制形状上的黄色控制点◇对其进行旋转调整。选择第 5 张幻灯片，使用相同的方法在幻灯片中输入文本、插入“铁板牛仔骨.jpg”、“杏花京葱烧海参.jpg”图片（\实例素材\第 11 章\产品\铁板牛仔骨.jpg、杏花京葱烧海参.jpg）、绘制形状，并对插入的图片大小、位置、形状样式等进行调整。

Step 24 使用相同的方法制作第 6、7、8 张幻灯片，幻灯片中的形状可以直接复制第 5 张幻灯片中的形状，复制到其他幻灯片中后，直接对形状中的文本进行修改，对形状的位置和大小进行调整。

Step 25 选择第 9 张幻灯片，删除幻灯片中的占位符。选择【插入】/【文本】组，单击“文本框”

按钮，在弹出的下拉列表中选择“垂直文本框”选项，如图 11-28 所示。

Step 26 当鼠标光标变成形状，在幻灯片中绘制一个垂直文本框，并在其中输入相应的文本，设置其文本字体格式，然后对文本框大小和位置进行调整。

Step 27 在该幻灯片中插入图片“星形糕.jpg”（\实例素材\第 11 章\产品\星形糕.jpg），然后对图片样式、大小和位置进行调整，其效果如图 11-29 所示。

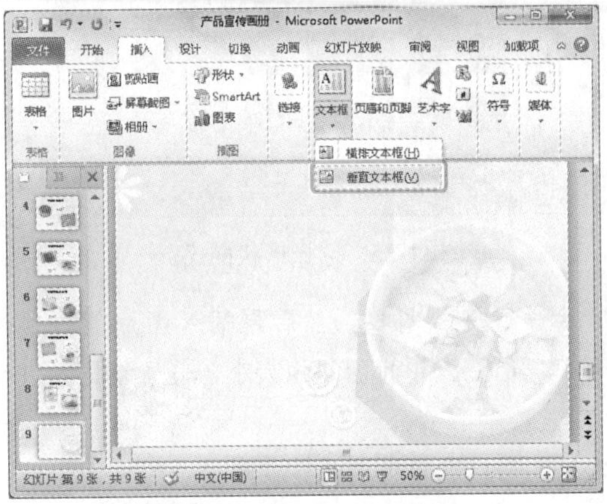

图 11-28　选择“垂直文本框”选项

图 11-29　插入并编辑图片

3. 制作动态演示文稿

下面为幻灯片添加不同的切换效果，并设置切换计时，然后为幻灯片中的对象添加动画效果。其具体操作如下：

Step 01 选择第 1 张幻灯片后，选择【切换】/【切换到此幻灯片】组，在“切换方案”选项栏中选择“推进”选项，如图 11-30 所示。

Step 02 单击“效果选项”按钮，在弹出的下拉列表中选择“自右侧”选项，如图 11-31 所示。

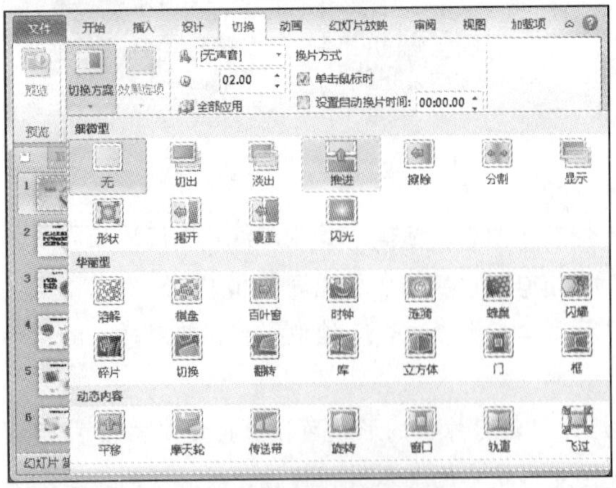

图 11-30　选择切换方案

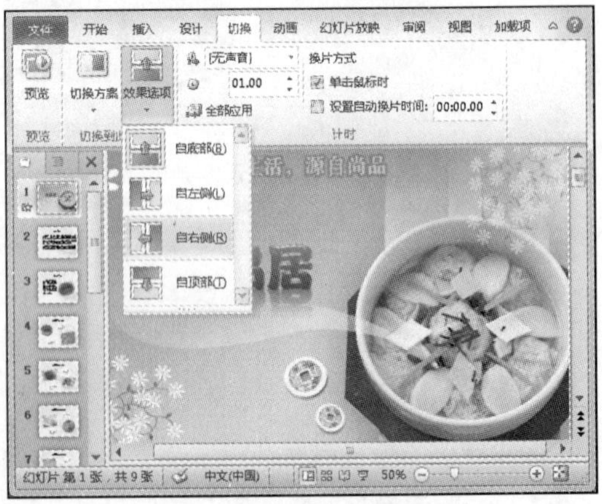

图 11-31　设置效果选项

Step 03 选择【切换】/【计时】组，在“声音”下拉列表框中选择“推动”选项，如图 11-32 所示。选中设置自动换片时间:复选框，在其后的数值框中输入“00:05.00”，单击“全部应用”按钮，将演示文稿中的所有幻灯片设置为与此幻灯片相同的切换效果。

Step 04 选择第 1 张幻灯片中的标题文本后，选择【动画】/【动画】组，在“动画样式”选项栏中选择“自定义路径”选项，如图 11-33 所示。

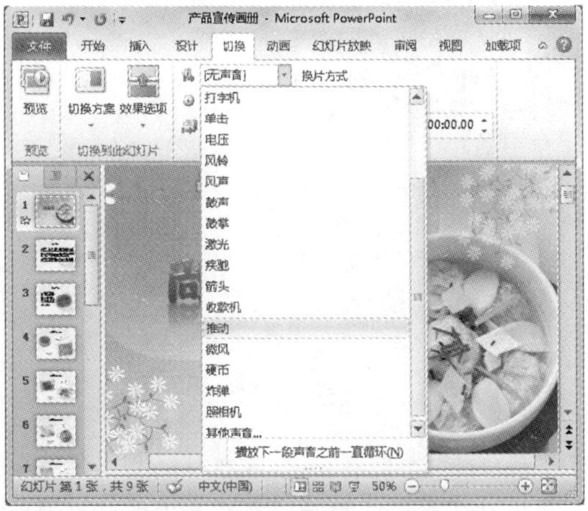

图 11-32 设置切换声音

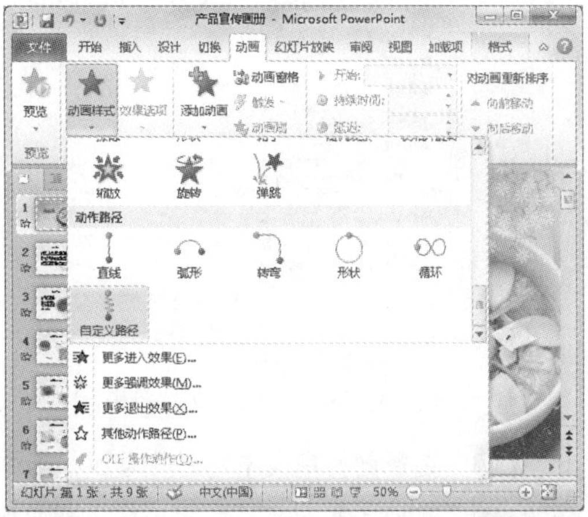

图 11-33 选择“自定义路径”选项

Step 05 当鼠标光标变成十形状时，在幻灯片中单击鼠标，开始绘制动画的路径，绘制完成后双击鼠标，如图 11-34 所示的图片中显示了绘制的路径。

Step 06 选择【动画】/【高级动画】组，单击“添加动画”按钮，在弹出的下拉列表中选择“陀螺状”选项。

Step 07 单击“动画窗格”按钮，打开“动画窗格”窗格，在第 2 个动画效果选项上单击鼠标右键，在弹出的快捷菜单中选择“效果选项”命令，如图 11-35 所示。

图 11-34 绘制动画路径

图 11-35 选择“效果选项”命令

Step 08 打开“陀螺状”对话框，选择“效果”选项卡，在“设置”栏的“数量”下拉列表框中选择“四分一旋转”选项，然后在“自定义”数值框中输入“30°”，如图 11-36 所示。

Step 09 选中自动翻转(U)复选框，选择“计时”选项卡，在“开始”下拉列表框中选择“与上一动画同时”选项，单击确定按钮，如图 11-37 所示。

图 11-36 设置动画效果

图 11-37 设置动画计时

Step 10 选择副标题文本，为其添加“弹跳”进入动画，并将其开始时间设置为“上一动画之后”。

Step 11 为第 2 张幻灯片中的标题文本添加“飞入”进入动画，并将其动画效果选项设置为“自左侧”，如图 11-38 所示。接着为正文文本添加“浮入”进入动画，如图 11-39 所示。然后将标题和正文动画的开始时间都设置为“上一动画之后”。

图 11-38 设置动画选项

图 11-39 添加进入动画

Step 12 使用相同的方法为剩余幻灯片的标题文本和正文文本设置与第 2 张幻灯片相同的动画效果。

Step 13 选择第 3 张幻灯片中的图片，为其添加“轮子”进入动画，在“动画窗格”窗格中选择设置的效果选项，单击鼠标右键，在弹出的快捷菜单中选择“从上一项之后开始”命令，如图 11-40 所示。

Step 14 选择第 4 张幻灯片中的第 1 张图片，为其添加“弧形”动作路径，如图 11-41 所示，并将开始时间设置为“上一动画之后”。

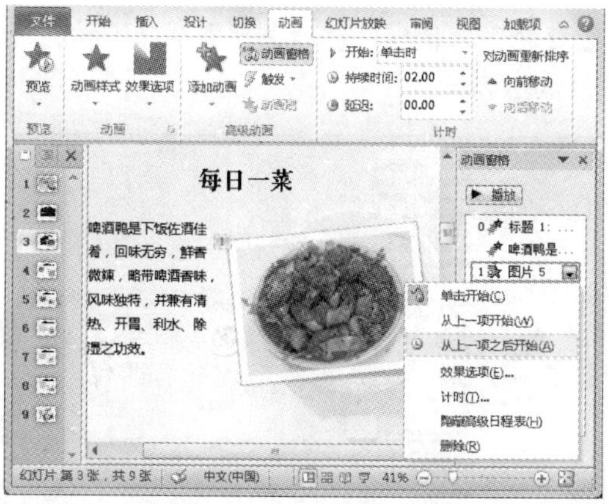

图 11-40　设置动画开始时间

图 11-41　选择动作路径

Step 15　选择显示的动作路径，将鼠标移动到动作路径的控制点上，对动作路径的长短进行调整，再对其位置进行调整。选择形状“水煮牛肉”，为其添加“直线”动作路径，如图 11-42 所示。

Step 16　将动画的开始时间设置为“上一动画之后”，然后对动作路径的长短和位置进行调整，其效果如图 11-43 所示。

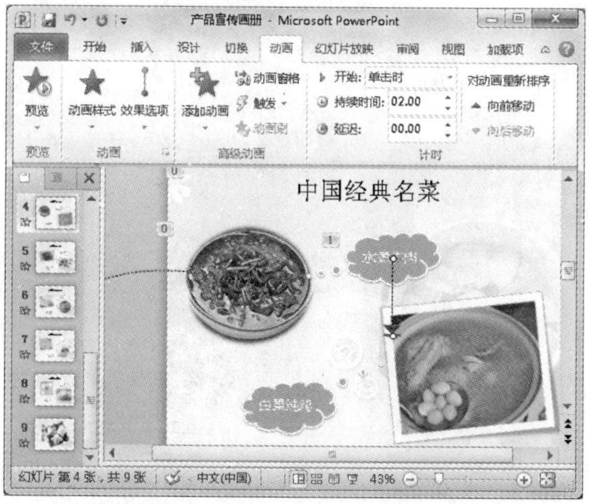

图 11-42　添加动作路径

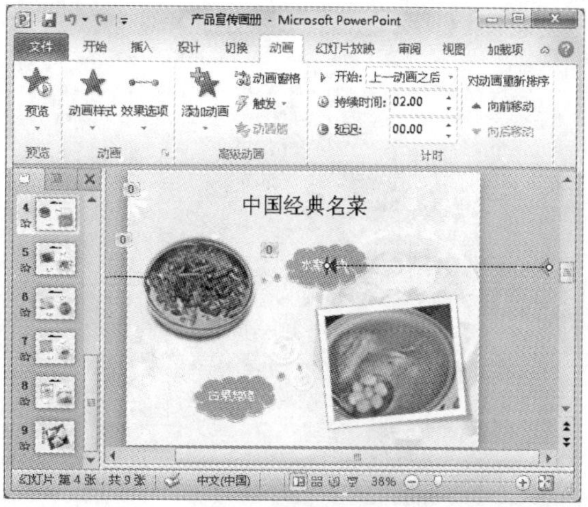

图 11-43　调整动作路径长短和位置

Step 17　使用前面的方法为该幻灯片中的其他对象和其他幻灯片中的对象添加动画效果，并对动画的效果和计时进行相应的设置。完成动态演示文稿的制作。

4. 放映设置并输出演示文稿

下面对演示文稿的放映方式进行设置，然后将演示文稿输出为图片文件。其具体操作如下：

Step 01　选择【幻灯片放映】/【设置】组，单击“设置幻灯片放映”按钮，在打开对话框的“放映类型”栏中选中 ◉ 观众自行浏览(窗口)(B) 单选按钮，单击 确定 按钮，如图 11-44 所示。

Step 02 选择【文件】/【另存为】命令，打开“另存为”对话框，在“保存类型”下拉列表框中选择“JPEG 文件交换格式”选项，如图 11-45 所示。

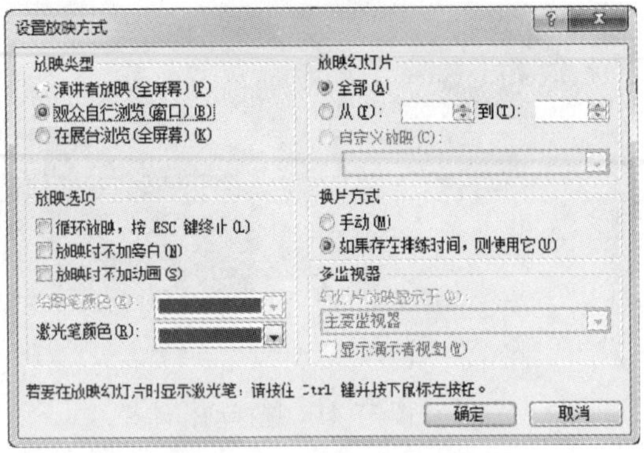

图 11-44　设置放映类型

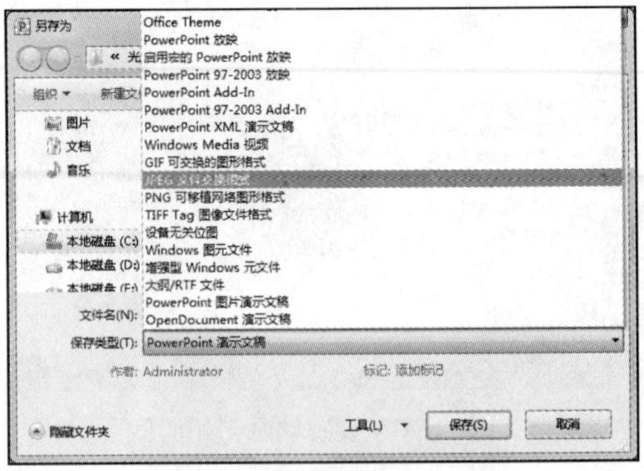

图 11-45　设置保存类型

Step 03 单击 保存(S) 按钮，打开提示对话框，如图 11-46 所示。单击 每张幻灯片(E) 按钮，再在弹出的提示对话框中单击 确定 按钮，将每张幻灯片输出为图片。

Step 04 完成图片的输出后，在保存位置打开输出的图片文件，查看将幻灯片输出为图片后的效果，如图 11-47 所示。

图 11-46　单击“每张幻灯片”按钮

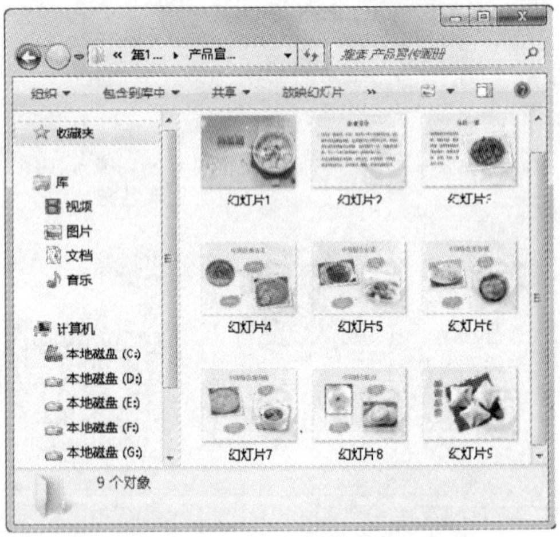

图 11-47　查看效果

11.3　制作公司上市宣传

公司的发展离不开资金的注入，上市是一个吸纳资金的好方法，公司上市将会为公司的发展开辟一个新的直接融资渠道。另外，公司上市后，将会提高公司透明度、增强公众对公司的信心，对于提升公司品牌有一定的作用；并且由于公司上市后，必须按照规定建立一套规范的管理体制和财务体制，对于提升公司的管理水平也有一定的促进作用。

11.3.1 案例目标

本例将制作“公司上市宣传”演示文稿，其效果如图 11-48 所示（\最终效果\第 11 章\公司上市宣传.pptx）。本例制作的演示文稿以文本为主，而且整个演示文稿的背景比较简洁，这样才不会因为画面的花哨而分散受众的视力，利于信息的传递。该演示文稿背景以常用的蓝色为主色调，使整个演示文稿风格达到了统一。

宏大集团上市宣传手册
前言
2004年8月，宏大集团成功收购上市公司“新世界”，并更名为“宏大地产”，实现了产品经营与资本运营的“双轮驱动”。
2005年，“宏大地产”实现扭亏为盈，2007年上半年，“宏大地产”保持良性发展态势，被评为“中国房地产上市公司财富创造能力10强”。
“宏大地产”将继续创新营销模式，强化资金周转管理，拓宽融资渠道，同时积极寻求开发高附加值的新项目，培植新的利润增长点，不断提升公司核心竞争力和持续经营能力。
宏大地产集团简介
宏大地产集团是专注于房地产投资与开发的现代化大型企业。
宏大地产集团按照国际化精细化标准运作，不断提升产品科技含量，打造“精品工程、塑造国际牌”。
城南系列楼盘多年来一直深受广大市民的喜爱，先后获得“中国名盘”、“全国城市住宅建设试点区”、“中国房地产成功开发典范”等30多项国家级殊荣。
城南系列楼盘持续旺销，2005年开始占据重庆销售排行榜第一位；2007年经营收入位居全国房地产企业第一名；2007年11月提前实现销售额较上年翻番的既定目标。
宏大钢铁集团简介
宏大钢铁集团在南海之滨投资建设年产量1000万吨的大型现代化钢铁基地，拥有国际一流的先进设备，采用世界上最先进的熔融还原技术，集炼铁、炼钢、轧钢为一体。
主要产品涵盖棒材、线材、板材、型材和高附加值的产品。首期项目已全面投产，实现产值规模200亿元。
宏大石化集团简介
宏大石化集团是目前中国规模最大的集油化纤塑四大类石化产品生产经营于一体、高度综合的现代化石油化工企业之一，是中国发展现代石油化工工业的重要基地；目前正稳步推进原油加工能力1000万吨的大型石油化工项目。
宏大交通集团简介
宏大交通集团是集高速公路、铁路、港口、船舶运输、汽运等投资运营为一体的综合性交通企业。
目前成功中标的宁安高速公路项目已进入全面运作阶段，该高速公路全长127公里，总投资40亿元。正在建设的珠三角大型物流基地和深水港码头项目2010年全面投入使用。
宏大电力集团简介
宏大电力集团以电力为主，综合发展，逐步成为实力雄厚、管理一流、服务国家、走向世界，具有国际竞争力的大型企业集团。
宏大电力集团将产业拓展触角延伸至能源发展的多个领域，投资建设有大型现代化火力发电厂项目。社区大规模太阳能综合利用项目已取得良好的经济效益和社会效益。
宏大物业集团简介
宏大物业集团拥有商业购物广场、酒店、餐饮娱乐、物业管理等多种经营实体。
气势宏伟的宏景世纪商业中心、宏景商业购物广场等将使宏大物业集团迈向综合发展的全新平台。旗下宏景物业管理公司是国内一流的物业管理企业，管理各类物业20余个，管理物业面积逾200万平方米。
先后获得“全国物业管理示范住宅小区”、“重庆市物业管理示范住宅小区”等30余项国家及省级殊荣。
宏景海岸大酒店、宏景购物广场、宏景世纪商业中心、宏景物业管理公司管理物业面积逾达200万平方米。
联系方式
联系电话：023-82420***
公司地址：重庆市解放大道000号
E-mail：echoyy12345@yahoo.com
公司网页：www.yuandagroup.com

图 11-48 “公司上市宣传”演示文稿效果

11.3.2 制作思路

本例主要是以文本为主，因此制作本例的重点就是文本字体格式和段落格式的设置，难点是动画的设置，只有动画设置正确，才能保证动画之间的连贯性和自然性。在制作本例时，还要注意动作按钮的绘制和设置、演示文稿的排练计时，因为这将直接影响演示文稿的演示效果。本例的制作思路如图 11-49 所示。

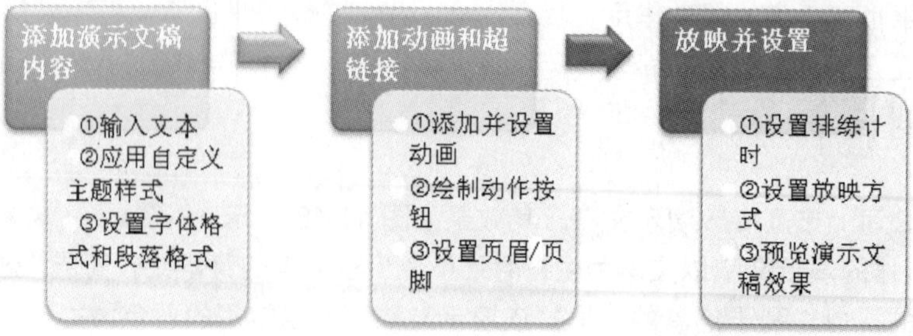

图 11-49 制作思路

11.3.3 制作过程

1. 添加演示文稿内容

下面先在演示文稿的幻灯片中输入相应的文本，然后应用幻灯片中保存的主题样式，并对主题样式的字体进行更改。其具体操作如下：

Step 01 启动 PowerPoint 2010，新建一个空白演示文稿，并将其命名为“公司上市宣传”，将鼠标光标定位于“幻灯片”窗格中，按 8 次 Enter 键新建 8 张幻灯片。

Step 02 在每张幻灯片中的标题占位符和正文占位符中分别输入相应的文本，如图 11-50 所示。

Step 03 打开提供的“公司上市.pptx”模板（\实例素材\第 11 章\公司上市.pptx），将其保存为当前主题，然后选择第 1 张幻灯片后，选择【设计】/【主题】组，在“主题”选项栏中选择“主题 17”选项，如图 11-51 所示。

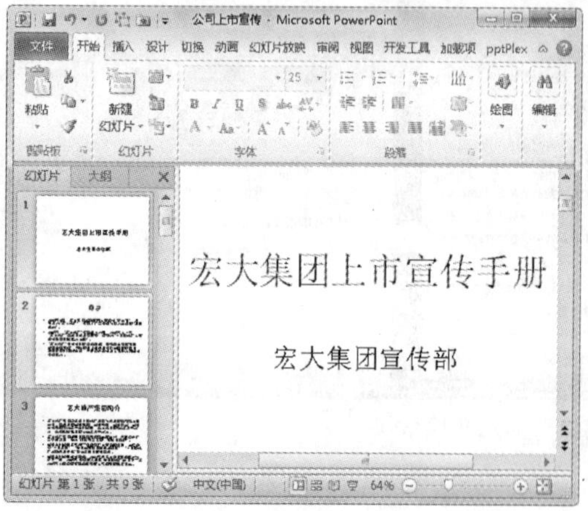

图 11-50 输入文本

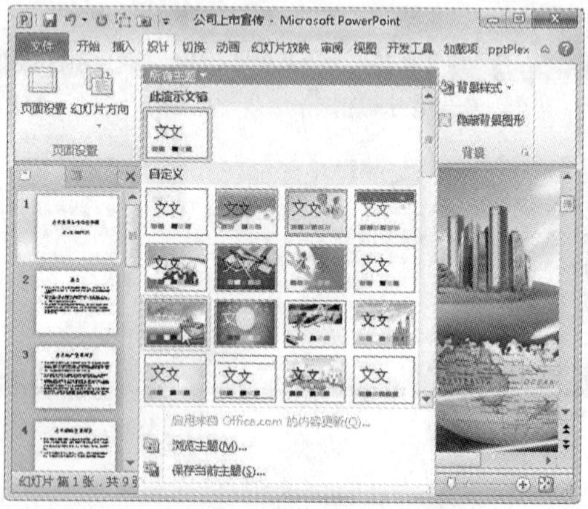

图 11-51 选择主题样式

Step 04 选择【设计】/【主题】组，单击“字体”按钮，在弹出的下拉列表中选择“新建主题字体”选项，如图 11-52 所示。

Step 05 在打开的“新建主题字体”对话框的“标题字体（西文）”下拉列表框中选择 Arial 选项，在“正文字体（西文）”下拉列表框中选择 Times New Roman 选项。

Step 06　在“标题字体（中文）”下拉列表框中选择“方正大标宋简体”选项，在“正文字体（中文）”下拉列表框中选择“方正楷体简体”选项，单击 保存(S) 按钮，如图 11-53 所示。

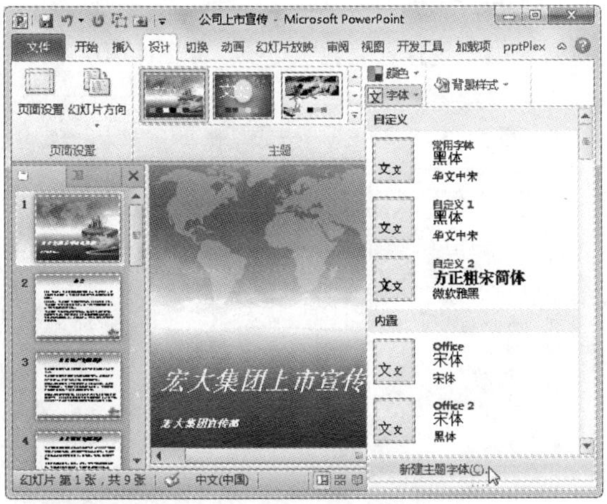

图 11-52　选择“新建主题字体”选项

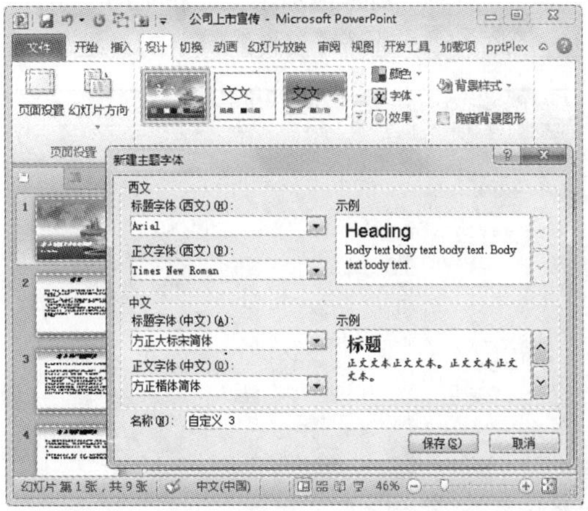

图 11-53　新建主题字体

Step 07　选择第 2 张幻灯片中的标题占位符后，选择【开始】/【字体】组，单击 B 和 I 按钮，取消标题文本的加粗和倾斜，如图 11-54 所示。

Step 08　选择所有的正文文本，在“段落”面板上单击 按钮，打开“段落”对话框，在“间距”栏的“行距”下拉列表框中选择“多倍行距”选项，在其后的“设置值”数值框中输入“1.3”，单击 确定 按钮，如图 11-55 所示。

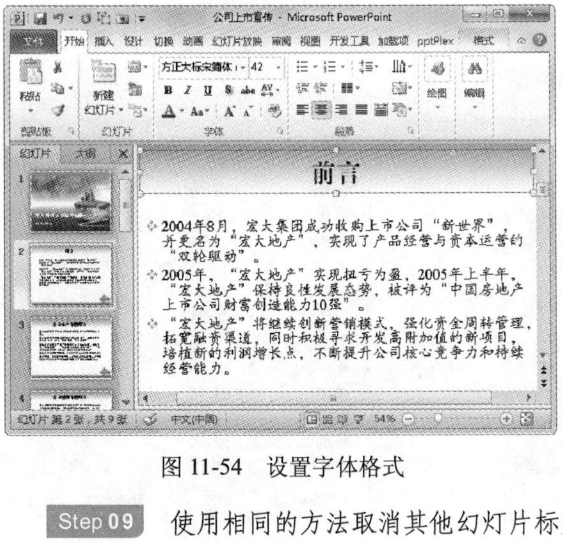

图 11-54　设置字体格式

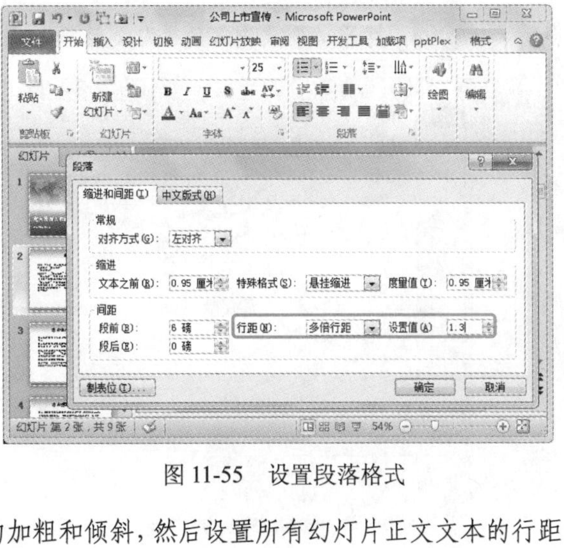

图 11-55　设置段落格式

Step 09　使用相同的方法取消其他幻灯片标题的加粗和倾斜，然后设置所有幻灯片正文文本的行距与第 2 张幻灯片的行距相同，并根据每张幻灯片文本的多少调整正文文本字体的大小。

2. 为对象设置动画和超链接

下面将在完成后的演示文稿中，为幻灯片添加切换方案，为幻灯片中的文本添加动画并绘制动作按钮。其具体操作如下：

Step 01 选择第 1 张幻灯片后，选择【切换】/【切换到此幻灯片】组，在“切换样式”选项栏中选择“细微型”栏中的“揭开”选项，如图 11-56 所示。

Step 02 选择【切换】/【计时】组，在“声音”下拉列表框中选择“疾驰”选项，如图 11-57 所示。

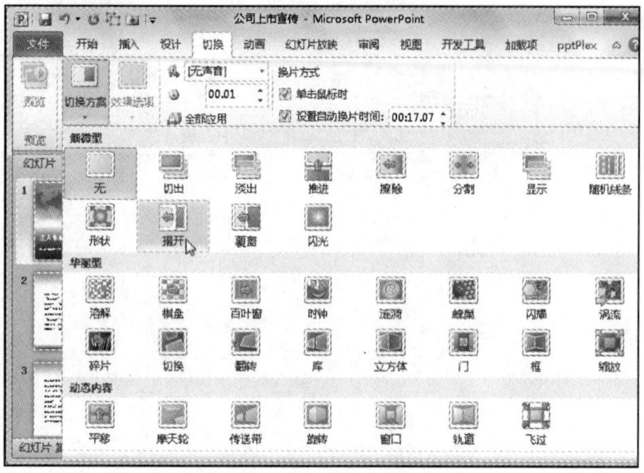

图 11-56 选择切换方案

图 11-57 设置切换声音

Step 03 在“计时”面板中单击“全部应用”按钮，将此张幻灯片的切换效果应用到演示文稿的其他幻灯片中。

Step 04 选择第 1 张幻灯片中的标题文本后，选择【动画】/【动画】组，在“动画样式”选项栏中选择“更多进入效果”选项，如图 11-58 所示。

Step 05 打开“更改进入效果”对话框，在“基本型”栏中选择“棋盘”选项，如图 11-59 所示。

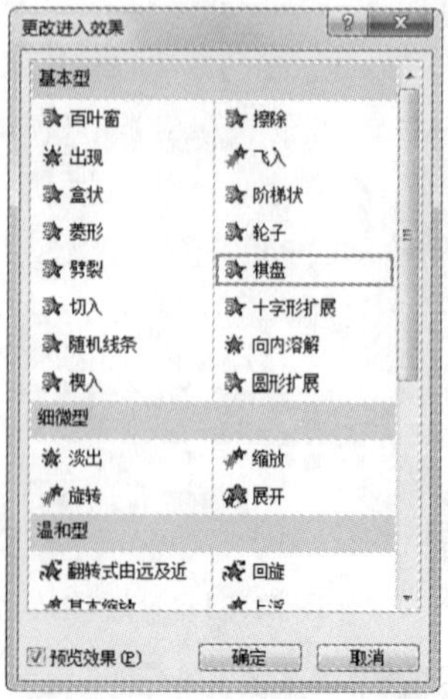

图 11-58 选择“更多进入效果”选项

图 11-59 选择动画效果

Step 06 选择副标题文本，为其设置“飞入”进入动画。选择【动画】/【高级动画】组，单击“动画窗格”按钮，打开“动画窗格”窗格，在其列表框中选择设置的动画效果选项，在其上单击鼠标右键，在弹出的快捷菜单中选择“效果选项”命令，如图 11-60 所示。

Step 07 打开“飞入”对话框，选择“效果”选项卡，在“设置”栏的“方向”下拉列表框中选择“自左侧”选项，如图 11-61 所示。

图 11-60　选择“效果选项”命令

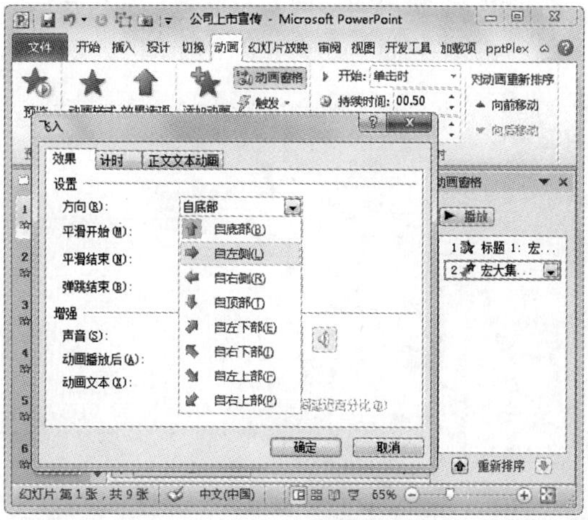

图 11-61　设置动画方向

Step 08 选择“计时”选项卡，在“开始”下拉列表框中选择“上一动画之后”选项，单击确定按钮，如图 11-62 所示。

Step 09 使用相同的方法为其他幻灯片中的对象添加动画效果，并对其计时和方向进行设置。

Step 10 选择第 1 张幻灯片后，选择【视图】/【母版视图】组，单击“幻灯片母版”按钮，进入到幻灯片母版编辑状态。

Step 11 选择第 1 张幻灯片后，选择【插入】/【插图】组，单击“形状”按钮，在弹出的下拉列表中选择“动作按钮”栏中的“动作按钮：第一张”选项，如图 11-63 所示。

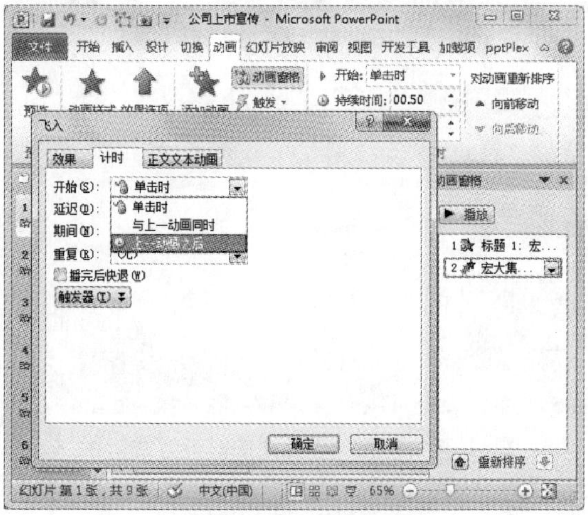

图 11-62　设置动画计时

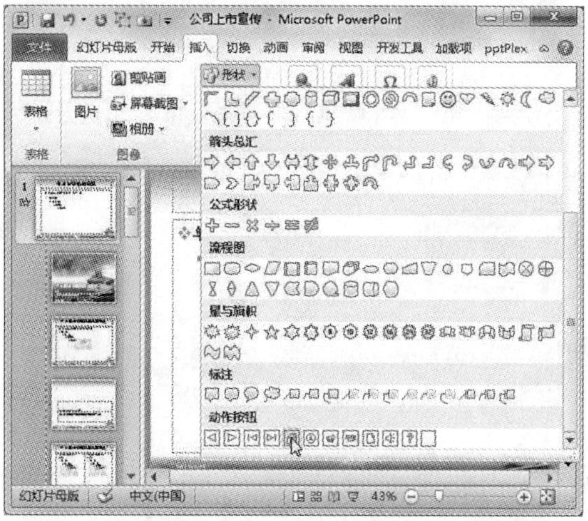

图 11-63　选择绘制的形状

Step 12 当鼠标光标变为十形状时，拖动鼠标绘制图形，绘制完成后将打开“动作设置”对话框，在“超链接到”下拉列表框中选择“幻灯片...”选项，在打开的“超链接到幻灯片”对话框中选择“1. 宏大集团上市宣传手册”选项，然后依次单击 确定 按钮，如图 11-64 所示。

Step 13 使用相同的方法绘制“动作按钮：后退或前一项”、“动作按钮：前进或后一项”和“动作按钮：结束”3 个形状，并默认这些动作按钮的链接位置。绘制的形状如图 11-65 所示。

图 11-64　设置动作按钮链接位置

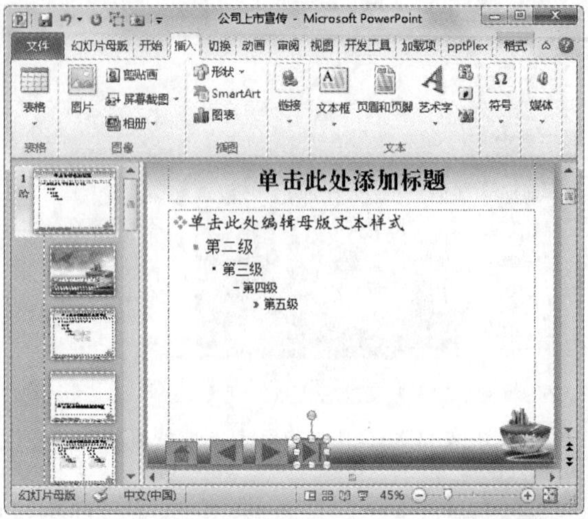

图 11-65　绘制其他动作按钮

Step 14 选择绘制的 4 个动作按钮后，选择【格式】/【大小】组，在“高度”和“宽度”数值框中将动作按钮的高度和宽度都设置为“1.5 厘米”，如图 11-66 所示。

Step 15 保持动作按钮的选择状态，选择【格式】/【排列】组，单击“对齐”按钮，在弹出的下拉列表中选择“底端对齐”选项，如图 11-67 所示。

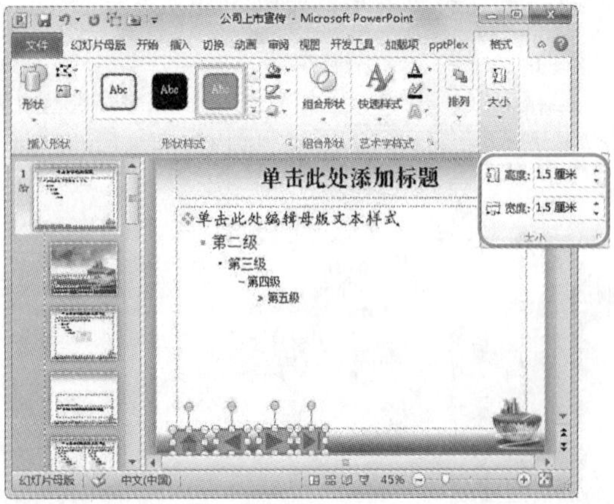

图 11-66　设置动作按钮大小

图 11-67　设置动作按钮的对齐方式

Step 16 选择【插入】/【文本】组，单击“页眉和页脚”按钮，如图 11-68 所示。

Step 17 在打开的“页眉和页脚”对话框中选中 ☑幻灯片编号(N) 和 ☑标题幻灯片中不显示(S) 复选框，单击全部应用(Y)按钮，如图 11-69 所示。

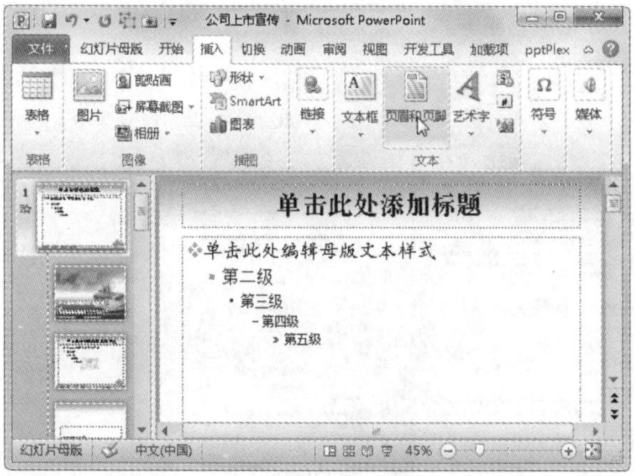

图 11-68　选择编辑页眉/页脚

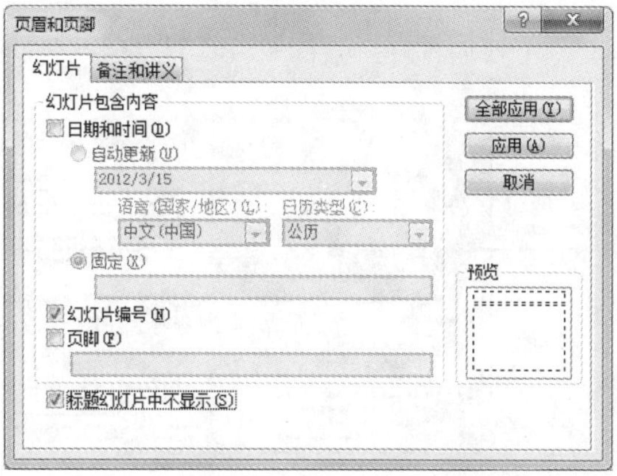

图 11-69　设置页眉和页脚

Step 18　选择【幻灯片母版】/【关闭】组，单击“关闭母版视图”按钮即可退出幻灯片母版的编辑状态，回到普通视图中。

3. 放映并设置

下面为演示文稿设置排练计时和放映方式，最后通过放映预览整个演示文稿的效果。其具体操作如下：

Step 01　选择【幻灯片放映】/【设置】组，单击“排练计时”按钮，进入幻灯片放映状态，同时在“录制”工具栏中计算放映每张幻灯片所需时间，如图 11-70 所示。

Step 02　单击鼠标继续计算下一张幻灯片的时间，整个演示文稿放映完后按 Enter 键退出时，在弹出的对话框中将显示放映的总时间，单击是(Y)按钮确认保留，如图 11-71 所示。

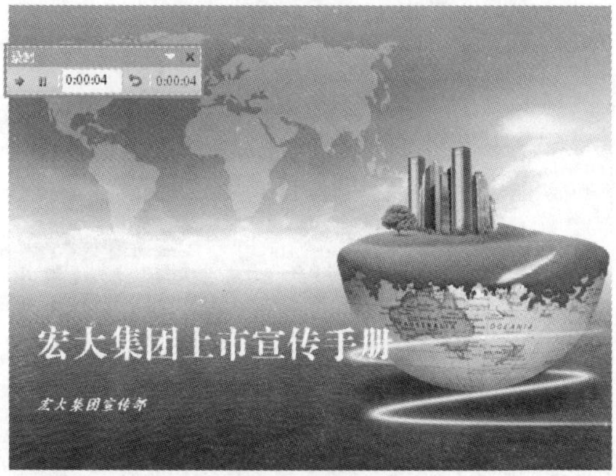

图 11-70　排练计时

图 11-71　保存排练计时

Step 03　PowerPoint 将自动进入幻灯片浏览视图，并显示每张幻灯片播放的时间，如图 11-72 所示。

Step 04　在工作界面下方的状态栏上单击按钮回到普通视图中，选择【幻灯片放映】/【设置】组，单击“设置幻灯片放映”按钮。

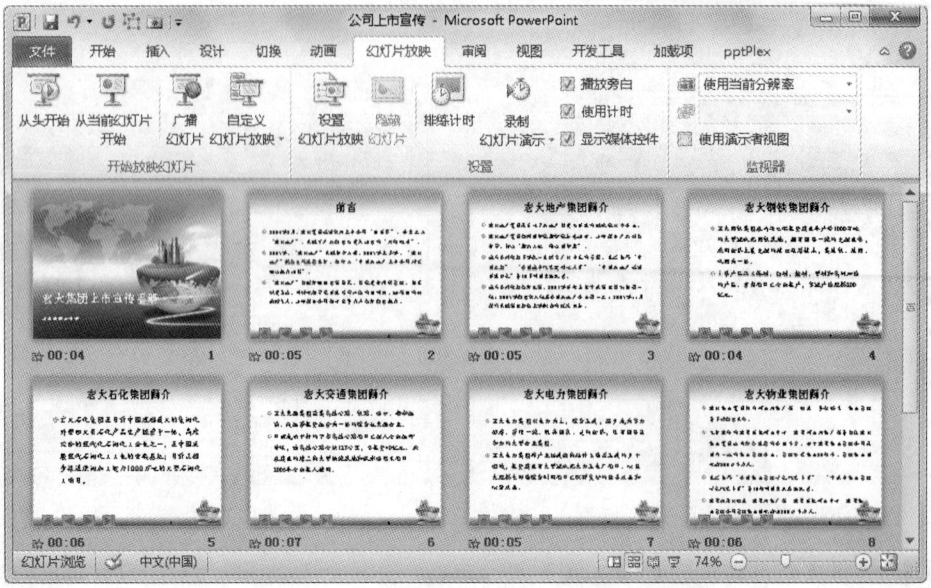

图 11-72　显示每张幻灯片的播放时间

Step 05　在打开的“设置放映方式”对话框中选中◉观众自行浏览(窗口)(B)单选按钮，单击确定按钮，如图 11-73 所示。

Step 06　按 F5 键进入幻灯片放映状态后将自动播放，放映完毕，单击鼠标返回幻灯片编辑窗口，如图 11-74 所示。

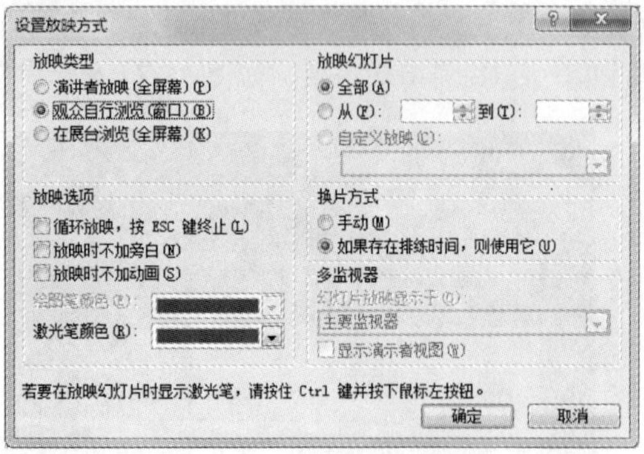

图 11-73　设置放映类型

图 11-74　自动播放演示文稿

11.4　制作公司形象展示

随着社会的发展，各行各业间的竞争也越来越激烈，很多公司为了发展，为了提升公司的整体形象，都会定期地向消费者和客户展示公司的形象。公司形象展示不仅可提升公司在公众中的形象，还能提高公司的知名度以及推动公司的发展。

11.4.1 案例目标

本例将制作“公司形象展示”演示文稿，其效果如图 11-75 所示（光盘\最终效果\第 11 章\公司形象展示.pptx），一个公司的形象展示主要是对公司进行介绍，主要包括介绍公司的发展、公司的业绩和公司的产品。本例制作的演示文稿主要以图片为主，整个演示文稿的背景图片与公司展示的产品相符，而且整个演示文稿的排版统一，背景颜色和文字的搭配协调。

形象展示
寻找美钻的根源
福光出售的每一件钻石饰品均采用天然钻石，每一颗福光的天然美钻，蕴藏着永恒承诺、优良信誉、精湛工艺、超凡设计、热情服务以及对幸福的追寻！现在就由您揭开永恒美钻的根源......
我们的历史
1988——成为Dee Beers 国际权威钻石商之一
1997——位于四川省绵山市德顺区首饰钻石加工厂正式投入服务
2002——成立“福光品牌”并于重庆家有福商场开设第一间分店
2003——福光在零售管理方面取得国际认可之ISO9001:2000顾客服务证书
2006——在重庆市盐田区正式成立中国区总办事处深周营运管理中心，福光成为中国内地珠宝首饰行业品牌认知度最高的品牌
2010——福光在中国内地的第100家专营店在沈阳市隆重开业，福光在《中国1000最具价值品牌》评估中获评为第 108 位中国最具价值品牌
关于福光
福光珠宝公司是左氏家族拥有的一个实力雄厚的私人商业公司，公司总资产值超过 10 亿美元，所经营的业务遍布全世界。
福光主要经营珠宝首饰零售，批发和制造业务。福光销售货品种类繁多，款式新颖独特，极具品味，包括 999.9 纯金首饰、钻石、宝石、玉器、南洋珍珠、日本养珠首饰等；公司更直接向意大利选购最流行之 K 金首饰；位于中国的福光更有代理世界名牌钟表，为顾客带来多元化之选择。
福光向来以忠诚、服务作为待客之道，赢尽口碑。福光在南非约翰尼斯堡设有两间钻石切割厂，厂内员工逾 300 多人，另于中国德顺、深圳亦设有首饰加工厂房，工厂员工多达 2000 多人，每年生产首饰超过 150 万件。
我们的产品
戒 指
珍珠戒指
祖母绿戒指
镶金戒指
钻石戒指
耳 环
宝石耳坠
钻石耳坠
祖母绿耳坠
吊 坠
黄金吊坠
翡翠吊坠
宝石吊坠
手 链
珍珠手链
钻石手链
翡翠手链
宝石手链

图 11-75 “公司形象展示”演示文稿效果

11.4.2 制作思路

制作本例主要是对幻灯片中插入的产品图片进行编辑和美化，主要包括调整大小和位置、对图片进行纵横比裁剪、设置图片背景的透明化和删除图片背景、设置图片的版式和图片样式，完成图片的操作后，再对幻灯片中的对象添加动画效果。本例的制作思路如图 11-76 所示。

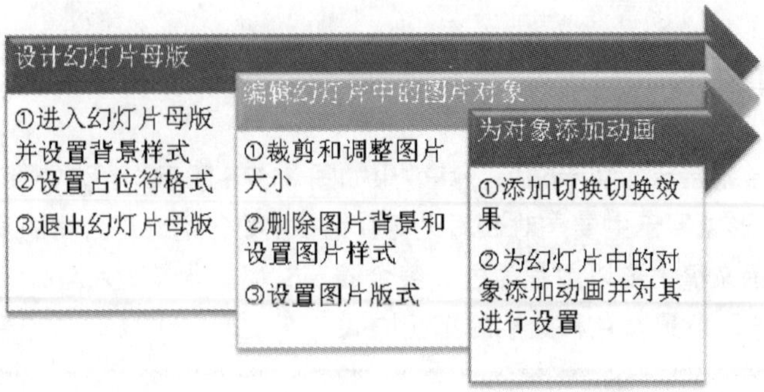

图 11-76　制作思路

11.4.3　制作过程

1. 设计幻灯片母版

下面在提供的素材演示文稿中，通过幻灯片母版来设计演示文稿背景以及占位符格式。其具体操作如下：

Step 01 打开提供的“公司形象展示.pptx”演示文稿（\实例素材\第 11 章\公司形象展示.pptx），进入幻灯片母版模式。选择第 1 张幻灯片后，选择【设计】/【背景】组，单击“背景样式”按钮，在弹出的下拉列表中选择“设置背景格式”选项。

Step 02 打开“设置背景格式”对话框，在“填充”选项卡中选中 图片或纹理填充(P)单选按钮，在“插入自”栏中单击 文件(F)... 按钮，在打开的对话框中选择“背景 1.jpg”图片（\实例素材\第 11 章\形象展示\背景 1.jpg），如图 11-77 所示。

Step 03 返回到“设置背景格式”对话框，在“伸展选项”栏中将透明度设置为 55%，单击 关闭 按钮，如图 11-78 所示。

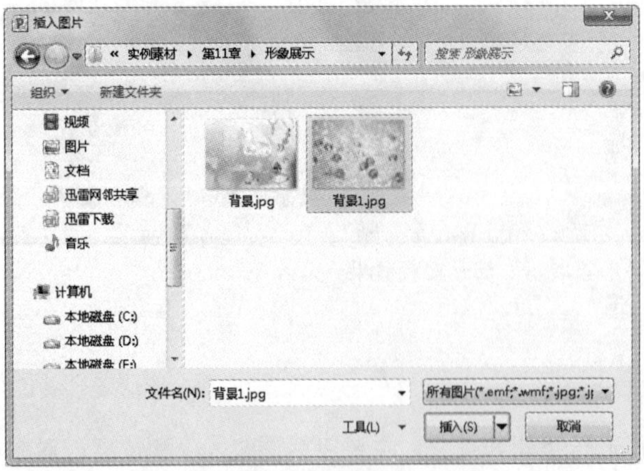

图 11-77　插入图片

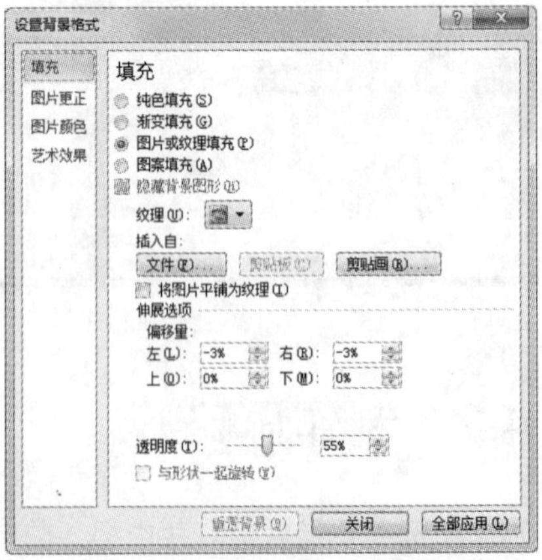

图 11-78　设置图片透明度

Step 04 选择第 2 张幻灯片，使用相同的方法插入“背景.jpg”图片（\实例素材\第 11 章\形象展示\背景.jpg），并在“设置背景格式”对话框中将图片透明度设置为 0%，其效果如图 11-79 所示。

Step 05 选择标题占位符，再选择【格式】/【艺术字样式】组，在“艺术字样式”选项栏中选择“渐变填充-橙色，强调文字颜色 6，内部阴影”字体样式，然后将占位符字体设置为“方正粗圆简体”，字号设置为 54。

Step 06 选择副标题占位符，将其字体设置为“方正粗宋简体”，字体颜色设置为“深红”，其效果如图 11-80 所示。

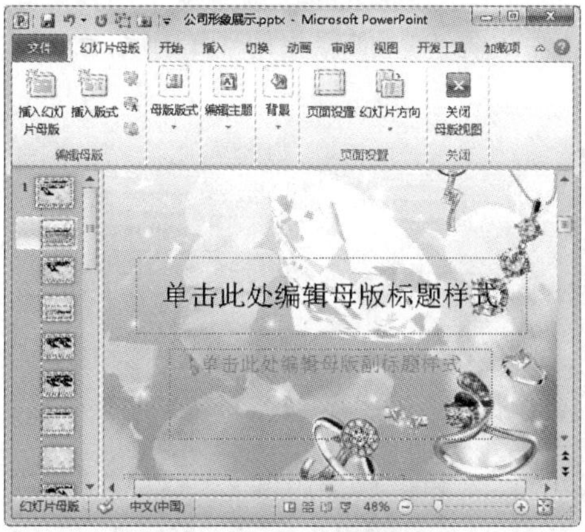

图 11-79　设置标题幻灯片背景

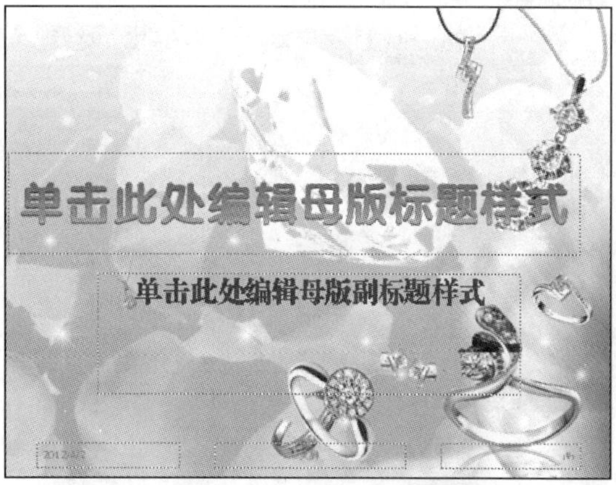

图 11-80　设置字体格式

Step 07 将第 1 张幻灯片的标题文本设置为“填充-橙色，强调文字颜色 6，渐变轮廓”艺术字样式，然后选择所有的正文文本，在“段落”面板中单击“行距”按钮，在弹出的下拉列表中选择 1.5 选项，如图 11-81 所示。

Step 08 选择 1 级文本，将其字体设置为“微软雅黑”。打开“项目符号和编号”对话框，将项目符号设置为“带填充效果的钻石形项目符号”，并将其颜色设置为“深红”，如图 11-82 所示。

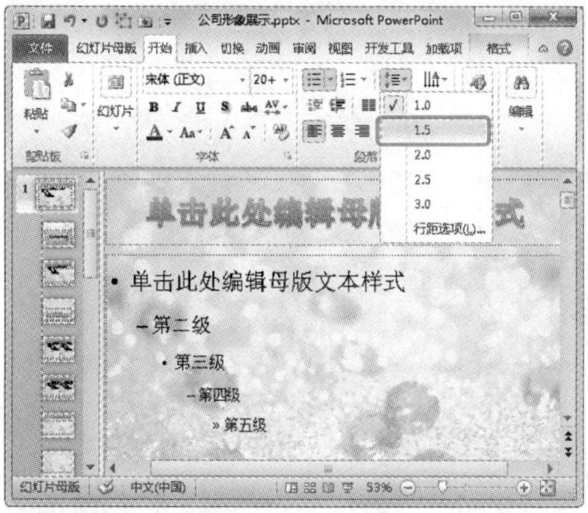

图 11-81　设置行距

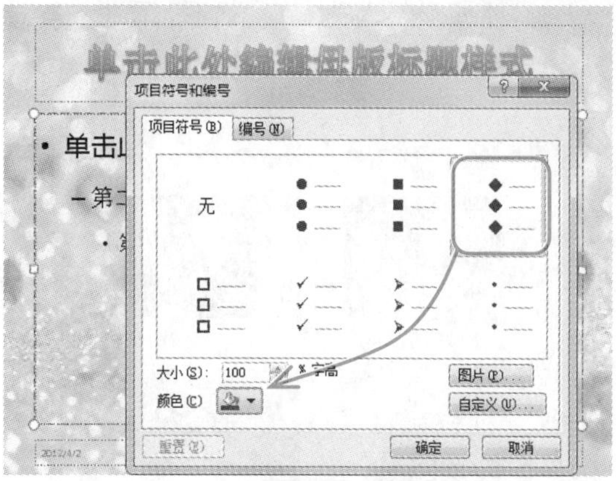

图 11-82　设置项目符号

Step 09 完成幻灯片模板的设计，然后退出幻灯片母版，返回普通视图中。

2. 编辑幻灯片中的图片对象

下面主要是对幻灯片中的图片进行编辑、美化以及排列，然后通过设置图片的版式将部分幻灯片中的图片转化为 SmartArt 图形。其具体操作如下：

Step 01 选择第 5 张幻灯片，在幻灯片空白处单击鼠标右键，在弹出的快捷菜单中选择“网格线和参考线”命令，打开“网格线和参考线”对话框，进行如图 11-83 所示设置后，单击 确定 按钮。

Step 02 选择第 4 张图片后，选择【格式】/【大小】组，单击“裁剪”按钮下的 ▾ 按钮，在弹出的下拉列表中选择“纵横比”选项，在其子列表中选择“横向”栏中的 4:3 选项，如图 11-84 所示。

图 11-83　设置网格线和参考线

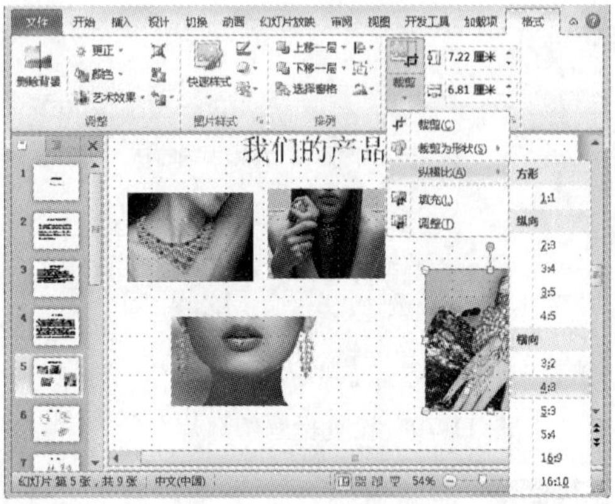

图 11-84　裁剪图片

Step 03 图片的大小将发生变化，接着使用相同的方法将该张幻灯片的其他图片也裁剪为相同的大小，然后通过幻灯片中显示的网格线来排列图片，其效果如图 11-85 所示。

Step 04 选择幻灯片中的 4 张图片，在“图片样式”面板的“快速样式”选项栏中选择“映像圆角矩形”选项，在“插图”面板中单击“形状”按钮，在弹出的下拉列表中选择“右箭头标注”选项，如图 11-86 所示。

图 11-85　排列图片

图 11-86　选择形状

Step 05 在幻灯片中绘制选择的形状，并在形状中输入相应的内容。选择绘制的形状，在“形状样式”面板的“快速样式”选项栏中选择如图 11-87 所示的选项。

Step 06 复制 3 个形状，对复制形状的位置和文本进行修改，再选择“戒指”和“手链”形状，在“排列”面板中单击“旋转”按钮，在弹出的下拉列表中选择“水平翻转”选项，其效果如图 11-88 所示。

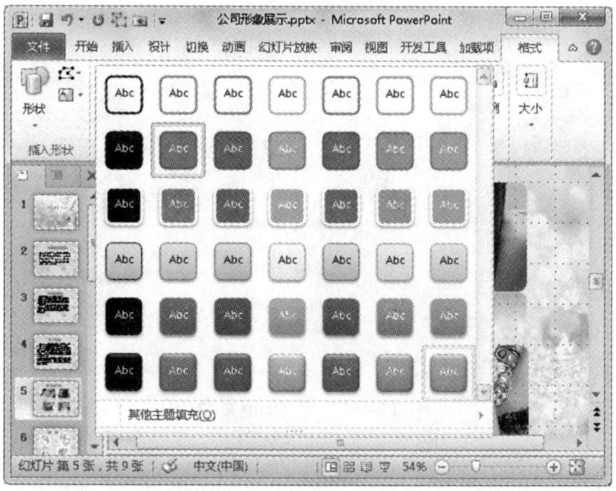

图 11-87 设置形状样式

图 11-88 设置旋转形状

Step 07 选择第 6 张幻灯片中的第 1 张图片后，选择【格式】/【调整】组，单击“颜色”按钮，在弹出的下拉列表中选择“设置透明色”选项，当鼠标光标变成形状时，在该张图片的空白处单击，将图片背景设置为透明色，如图 11-89 所示。

Step 08 选择左边的第 2 张幻灯片，单击“删除背景”按钮，当图片变成紫色时，拖动图片上的文本框调整大小，并标注图片保留的范围，如图 11-90 所示。

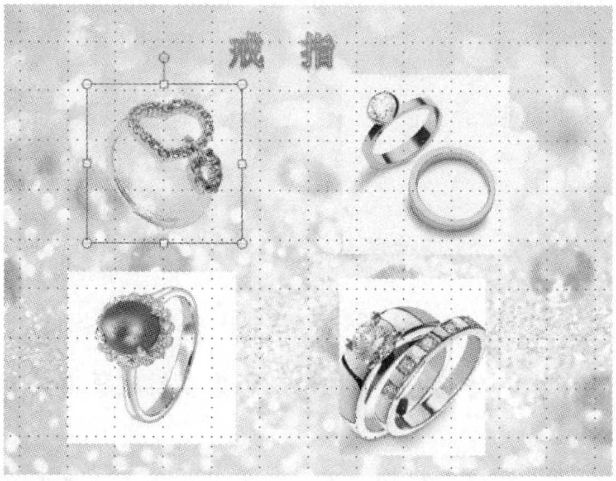

图 11-89 设置图片背景为透明色

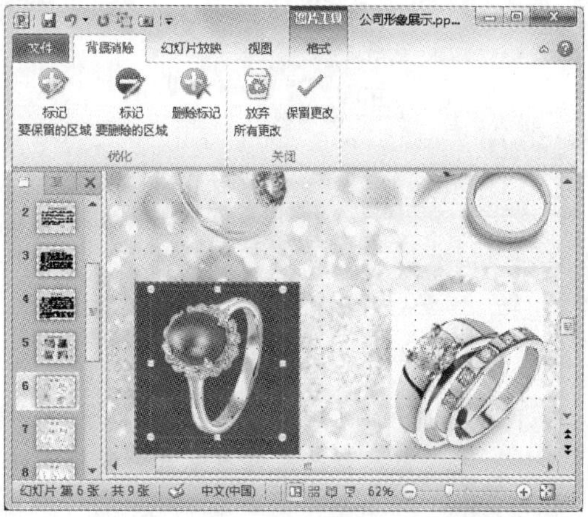

图 11-90 删除图片背景

Step 09 在幻灯片空白处单击鼠标，删除图片的背景。

Step 10 使用相同的方法将该幻灯片中其他图片的背景设置为透明色或删除图片的背景，再对图片的大小进行调整，其效果如图 11-91 所示。

Step 11 选择所有的图片，在“图片样式”面板中单击“图片版式”按钮，在弹出的下拉列表中选择“蛇形图片题注列表”选项，如图 11-92 所示。

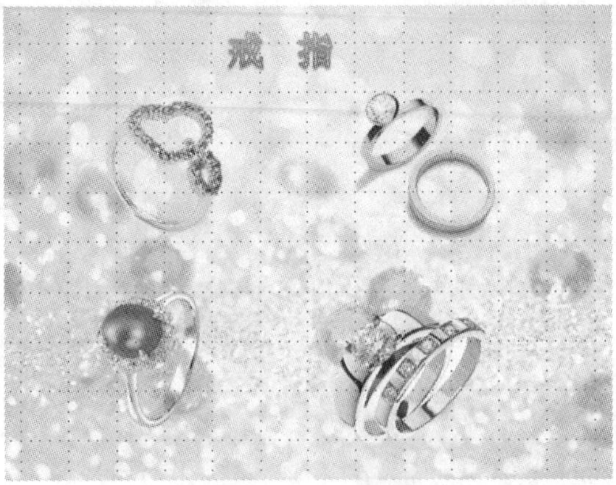

图 11-91 调整图片

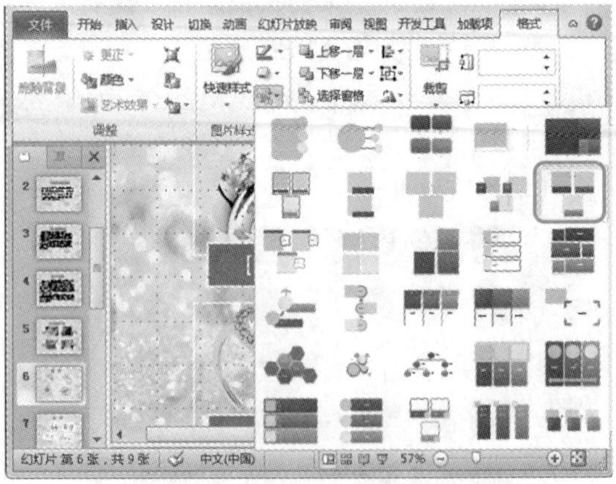

图 11-92 选择图片版式

Step 12 选择图片转化后的 SmartArt 图形，在“SmartArt 样式”面板的“快速样式”选项栏中选择“三维”中的“优雅”选项，如图 11-93 所示。

Step 13 单击“更改颜色”按钮，在弹出的下拉列表中选择“彩色范围-强调文字颜色 2 至 3”选项。再在 SmartArt 图形的“文本”形状中输入相应的文本，如图 11-94 所示。

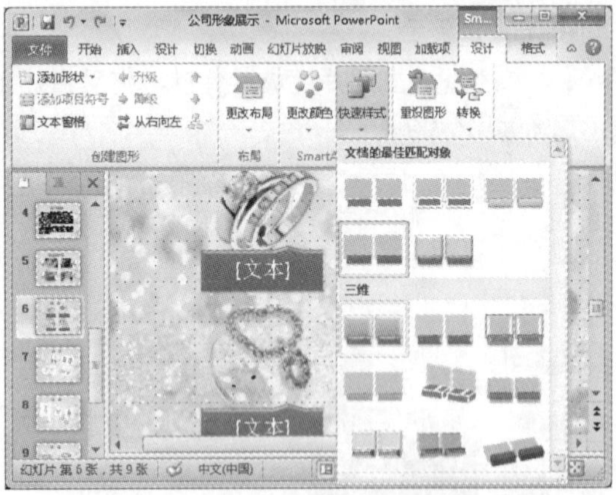

图 11-93 设置图形样式

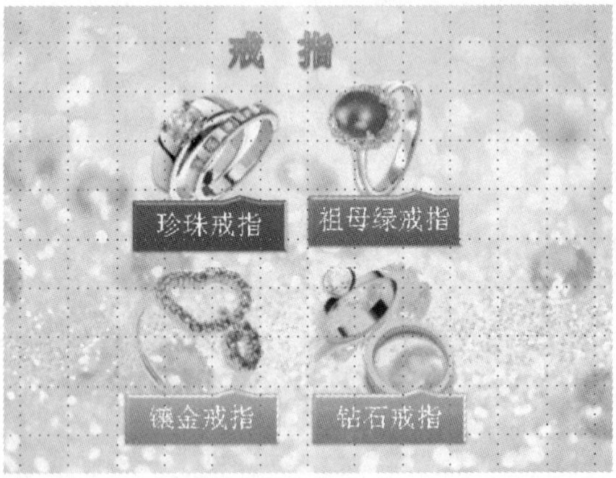

图 11-94 在形状中输入文本

Step 14 SmartArt 图形中形状与形状之间的间距太小，会影响画面的美观性，然后根据需要使用鼠标拖动，调整图片之间的间距和各形状的位置。

Step 15 使用制作第 6 张幻灯片的方法制作第 7、8、9 张幻灯片，主要是对幻灯片中图片的处理和图片的版式进行设置。

Step 16 打开“网格线和参考线”对话框，在其中取消选中“屏幕上显示网格(I)”复选框，取消在幻灯片页面中显示网格线。

3. 为对象添加动画

下面为幻灯片中的对象添加动画效果，并对其进行设置，然后对演示文稿进行放映。其具体操作如下：

Step 01 选择第 1 张幻灯片，在“切换到此幻灯片”面板的“切换方案”选项栏中为幻灯片添加“擦除”动画，单击“效果选项”按钮，在弹出的下拉列表中选择“自左侧”选项，如图 11-95 所示。

Step 02 使用相同的方法为其他幻灯片间添加不同的切换动画，并注意设置切换动画的效果选项。

Step 03 选择第 1 张幻灯片中的标题占位符，在“动画”面板的“动画样式”选项栏中为其添加“弹跳”进入动画。在“高级动画”面板中单击“添加动画”按钮，在弹出的下拉列表中为其添加“脉冲”强调动画，如图 11-96 所示。

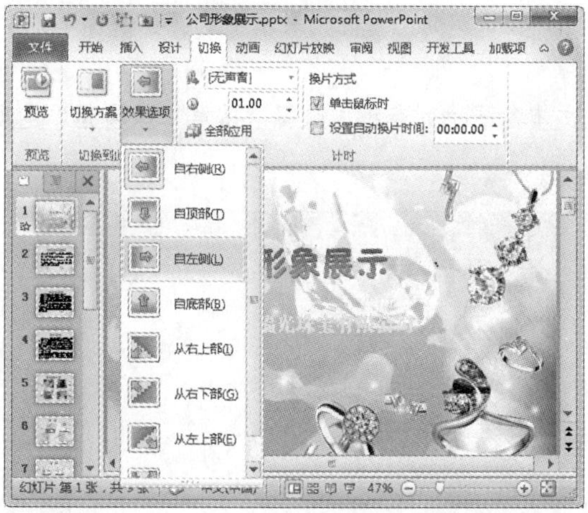

图 11-95 设置效果选项

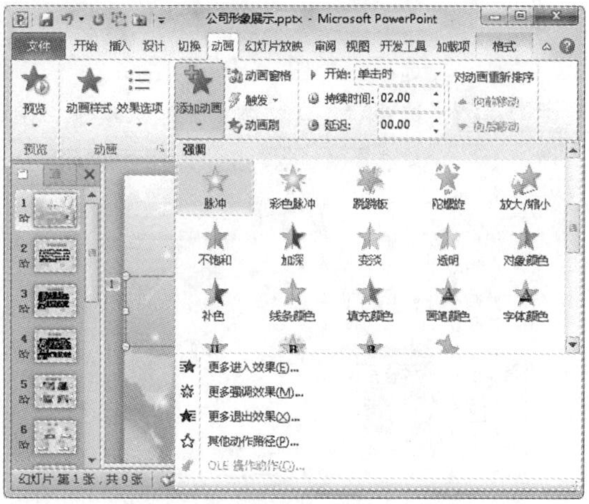

图 11-96 添加多个动画

Step 04 选择【动画】/【计时】组，在“开始”下拉列表框中设置动画的开始时间为“上一动画之后”。

Step 05 选择“副标题”占位符，为其添加“飞入”进入动画，将动画效果选项设置为“自右下部”，将动画开始时间设置为“上一动画之后”。

Step 06 使用相同的方法为演示文稿中剩余其他幻灯片的标题添加“浮入”进入动画，将动画效果选项都设置为“下浮”，动画开始时间都设置为“上一动画之后”。

Step 07 选择正文文本占位符，为其添加“擦除”进入动画，单击“动画窗格”按钮，打开“动画窗格”窗格，在选择的动画效果选项上单击鼠标右键，在弹出的快捷菜单中选择“效果选项”命令。

Step 08 在打开的对话框中选择“效果”选项卡，在“方向”下拉列表框中设置动画方向为“自顶部”，在“动画播放后”下拉列表框中选择“其他颜色”选项，如图 11-97 所示。

Step 09 打开“颜色”对话框，选择“标准”选项卡，在颜色区中选择所需的颜色，单击 确定 按钮，如图 11-98 所示。

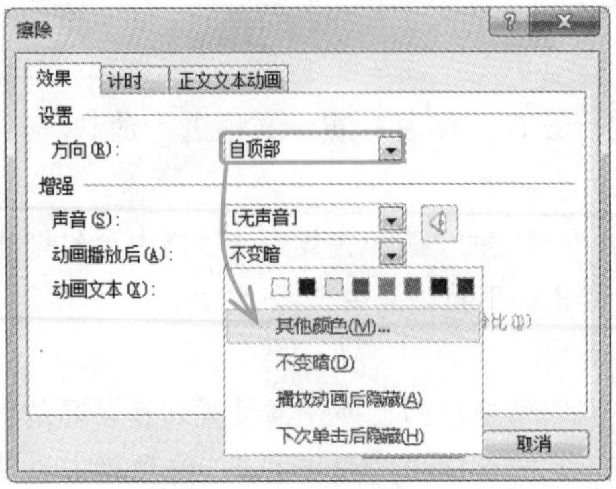

图 11-97　设置动画效果

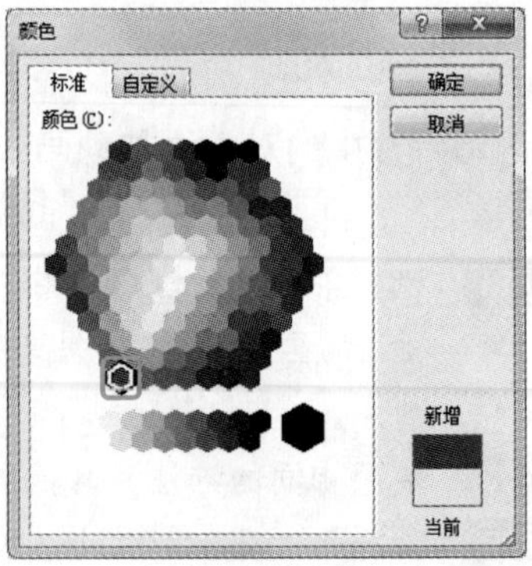

图 11-98　设置动画播放后的颜色

Step 10　返回“擦除”对话框中，选择“计时”选项卡，在“开始”下拉列表框中选择“上一动画之后”选项，在“延迟”数值框中输入“1”，在“期间”下拉列表框中选择“快速（1 秒）”选项，如图 11-99 所示。

Step 11　选择“正文文本动画”选项卡，在“组合文本”下拉列表框中选择“按第二级段落”选项，单击 确定 按钮，如图 11-100 所示。

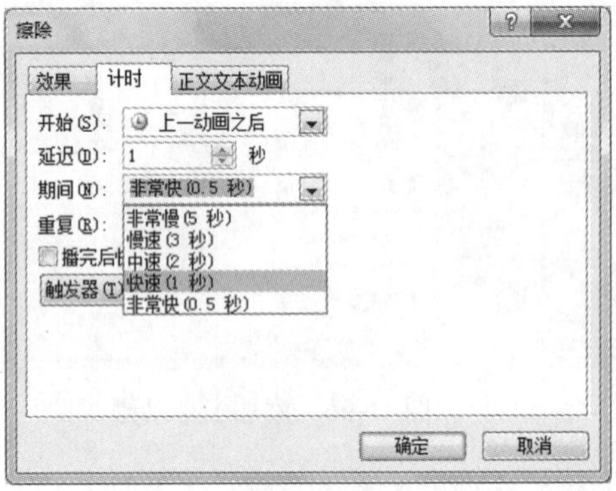

图 11-99　设置动画计时

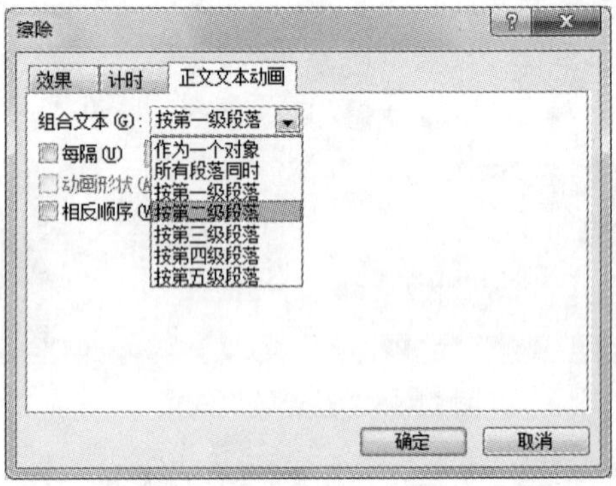

图 11-100　设置正文文本动画

Step 12　使用相同的方法，设置第 3 和第 4 张幻灯片的正文文本与第 2 张幻灯片正文文本具有相同的动画效果。

Step 13　选择第 5 张幻灯片中的所有图片，为其添加“飞入”进入动画，将第 1 张图片的效果选项设置为“自左侧”，第 2 张设置为“自右侧”，第 3、4 张图片的效果选项保持默认设置。

Step 14　将第 2 张图片的开始时间设置为“上一动画之后”，其余图片的开始时间设置为“与上一动画同时”。

Step 15　选择幻灯片中的 4 个形状，为其添加“飞入”进入动画，将其开始时间都设置为“与上一动画同时”。然后在“动画窗格”窗格中对动画播放顺序进行调整。如图 11-101 所示为调整动画顺序前的效果。如图 11-102 所示为调整动画顺序后的效果。

Step 16　选择第 6 张幻灯片后，选择将图片转化后的 SmartArt 图形，为其添加“劈裂”进入动画，单击“效果选项”按钮，在弹出的下拉列表中选择“序列”栏中的“逐个”选项，并将动画的开始时间设置为“上一动画之后”。

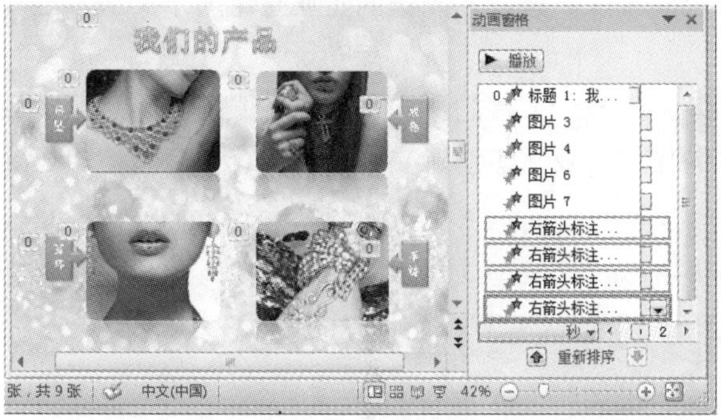

图 11-101　调整动画顺序前的效果

图 11-102　调整动画播放后的效果

Step 17　使用相同的方法为第 7、8、9 张幻灯片中的 SmartArt 图形设置相同的动画效果。

11.5　达人私房菜

私房菜 1：演示文稿图片也要注重创意

：图片是演示文稿的重要组成部分之一，对于制作演示文稿来说非常重要，一般制作推广型演示文稿包含的图片都较多，所以在选用图片时要注重图片的创意性。

：在为演示文稿选用图片时，并不能只考虑图片与主题内容相符，还要考虑图片的创意性，这对于制作演示文稿来说非常重要。一张有创意的图片，有时只需要几个字的辅助，就能让受众明白、了解这张图片，甚至这张幻灯片所需传递的信息。因此，图片的创意性非常重要，选用有创意的图片，不仅可提高演示文稿的整体效果，还能快速达到传递信息的目的。

私房菜 2：制作企业宣传演示文稿的要点

：每个公司都会制作企业宣传演示文稿，但制作的很多宣传演示文稿并没有达到宣传的效果，这是为什么呢？

：制作的宣传演示文稿没有达到宣传的效果，最根本的原因是没掌握到制作企业宣传演示文稿的要点。只有掌握了制作的要点，制作的企业宣传演示文稿才能达到最佳的宣传效果。制作企业演示文稿需掌握的要点主要有以下几点。

要点一：制作的企业宣传演示文稿要专业。企业宣传演示文稿是一个企业形象识别系统的重要组成部分之一，代表了公司的文化、实力和品牌，制作的演示文稿颜色要与企业主题色、网页等保持一致。在制作时，最好由专业人士来制作。

要点二：要直观地表现出内容。制作的企业宣传演示文稿不仅要形象化，而且内容要直观，在制作这类演示文稿时需要综合运用图片、图表、动画等元素，实现形象化、直观化的表达效果。

要点三：制作的企业宣传演示文稿还要有创意。创意是制作演示文稿中必不可少的，创意是让你的演示文稿一鸣惊人的根本，也是达到企业宣传最佳效果的手段。所以，制作的企业宣传演示文稿一定要有创意。

要点四：制作的宣传演示文稿内容要像咨询一样有力。演示文稿的形式是为内容服务的。无论多么华丽的外表，没有思想的演示文稿是失败的。所以，制作的企业宣传演示文稿不仅内容要有思想，还要有创意。

11.6 拓展练习

练习 1：制作会展宣传方案

新建一个空白演示文稿，通过幻灯片母版设置幻灯片的背景样式和占位符格式，返回普通视图中，在幻灯片中输入文本并进行编辑。然后为幻灯片中的对象添加动画效果并设置。最后浏览演示文稿效果并保存演示文稿。如图 11-103 所示为制作的演示文稿效果（\最终效果\第 11 章\会展宣传方案.pptx）。

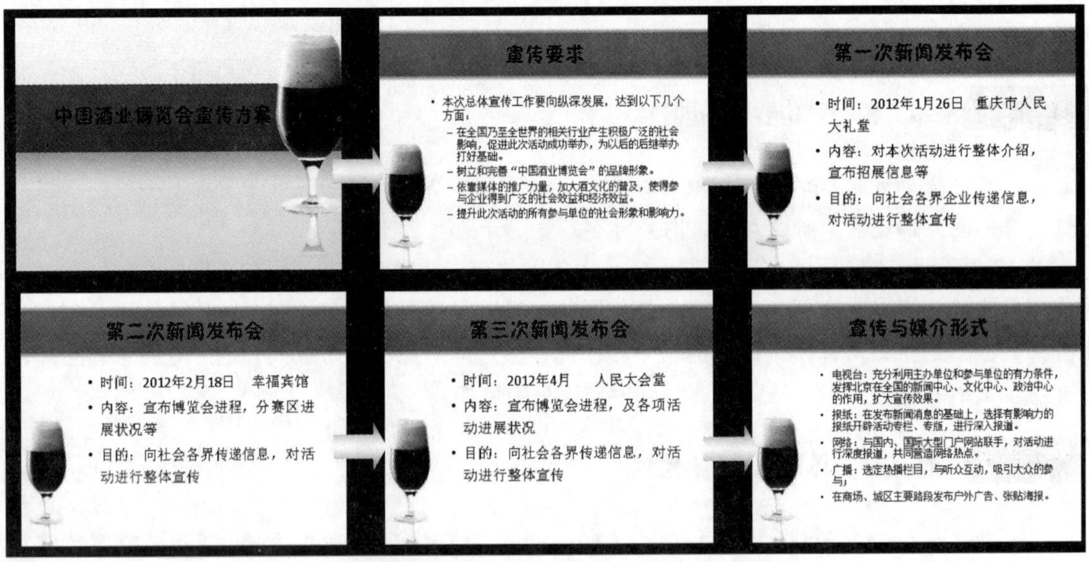
中国酒业博览会宣传方案
宣传要求
本次总体宣传工作要向纵深发展，达到以下几个方面：
在全国乃至全世界的相关行业产生积极广泛的社会影响，促进此次活动成功举办，为以后的后继举办打好基础。
树立和完善“中国酒业博览会”的品牌形象。
依靠媒体的推广力量，加大酒文化的普及，使得参与企业得到广泛的社会效益和经济效益。
提升此次活动的所有参与单位的社会形象和影响力。
第一次新闻发布会
时间：2012年1月26日　重庆市人民大礼堂
内容：对本次活动进行整体介绍，宣布招展信息等
目的：向社会各界企业传递信息，对活动进行整体宣传
第二次新闻发布会
时间：2012年2月18日　幸福宾馆
内容：宣布博览会进程，分赛区进展状况等
目的：向社会各界传递信息，对活动进行整体宣传
第三次新闻发布会
时间：2012年4月　人民大会堂
内容：宣布博览会进程，及各项活动进展状况
目的：向社会各界传递信息，对活动进行整体宣传
宣传与媒介形式
电视台：充分利用主办单位和参与单位的有力条件，发挥北京在全国的新闻中心、文化中心、政治中心的作用，扩大宣传效果。
报纸：在发布新闻消息的基础上，选择有影响力的报纸开辟活动专栏、专版，进行深入报道。
网络：与国内、国际大型门户网站联手，对活动进行深度报道，共同营造网络热点。
广播：选定热播栏目，与听众互动，吸引大众的参与；
在商场、城区主要路段发布户外广告、张贴海报。

图 11-103　制作的演示文稿效果

提示：演示文稿的背景样式是通过插入背景图片来设计实现的（\实例素材\第 11 章\酒封面.jpg、内容背景.jpg）。幻灯片中的红色色块不是绘制的形状，而是设置了标题占位符的形状样式。

练习 2：制作产品上市广告计划

打开提供的“产品上市广告计划.pptx”演示文稿（\实例素材\第 11 章\产品上市广告计划.pptx），在其中输入相应的文本，并对其字体格式和段落格式进行设置。然后插入图表，并对其进行编辑和美化。最后对演示文稿中所有的幻灯片添加相同的切换效果。如图 11-104 所示为制作的演示文稿效果（\最终效果\第 11 章\会展宣传方案.pptx）。

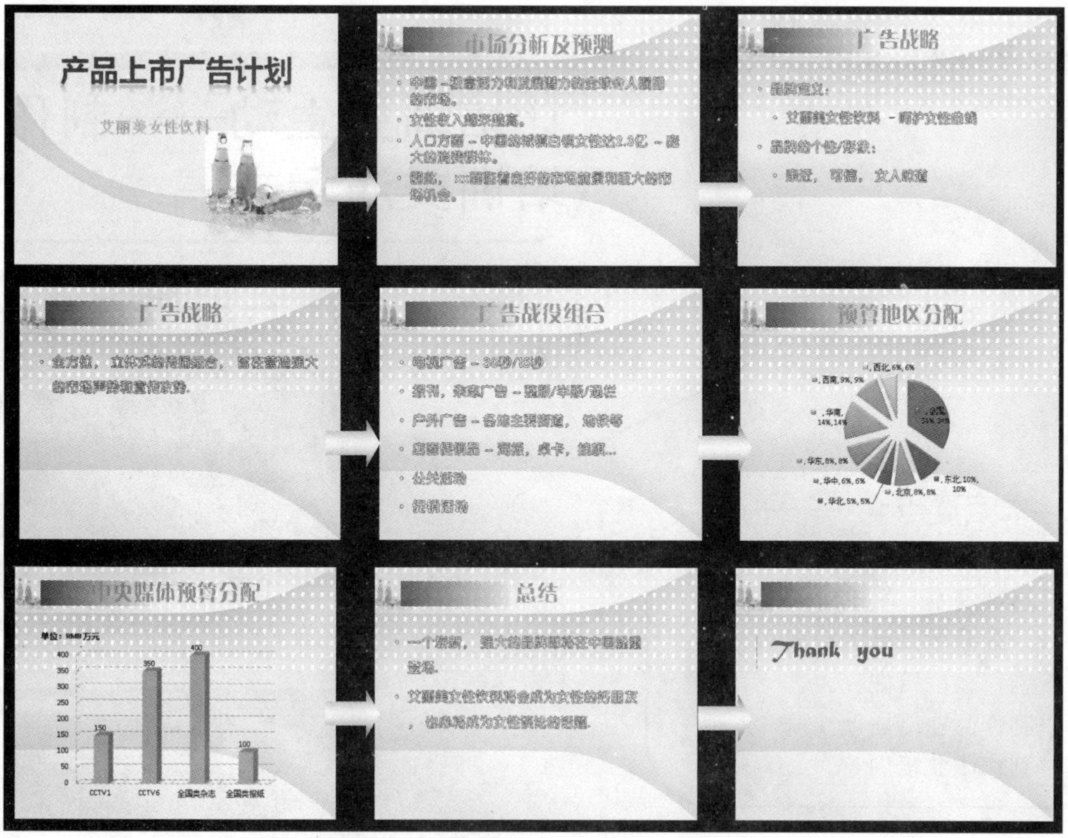

图 11-104　制作的演示文稿效果

提示：幻灯片中文本的效果是通过“艺术字样式”面板来进行设置的。

轻松一刻

同事开车出去吃饭，到了地方没有停车位，只好停在了路边，问朋友会不会贴罚单。他说没事，从手套箱里拿出来一张罚单，自己贴在了车窗上。吃完饭回来一看，旧罚单没了，换成了一张新的。

视频讲解
3段

第12章 让培训更生动——制作培训类演示文稿

★本章要点★

- 培训行业与企业发展
- 培训演示文稿的分类
- 培训演示文稿的组成
- 制作技能培训
- 制作商业培训
- 制作职业培训

制作沟通技巧培训

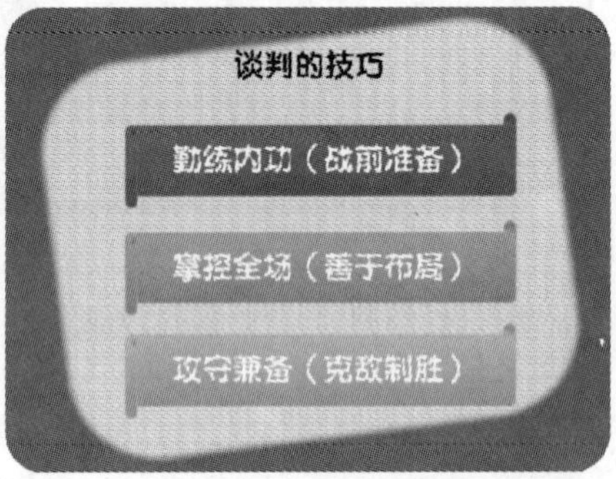

制作商业谈判技巧

制作领导力培训

12.1 PowerPoint 与培训

随着 PowerPoint 软件的广泛应用，演示文稿成为了快速而有效的培训方式。PowerPoint 是制作演示文稿的专业软件，这就造成 PowerPoint 与培训行业的关系密不可分。

12.1.1 培训行业与企业发展

培训行业与企业发展有着密切联系，在企业内部可以通过员工培训提高员工对企业各方面的认知程度，从而提高员工的向心力，最终获得提高员工工作效率的效果。一些大型企业常常不惜重金聘请高级讲师为企业培训专业人才，在提高员工能力的同时，也在提高企业自身发展潜能及扩大企业效益。

12.1.2 培训演示文稿的分类

培训演示文稿的分类有很多种，不同企业对培训的要求和目的有所不同。培训演示文稿的分类主要有以下几种。

- 员工培训：是指某组织为开展业务及培育人才的需要，采用各种方式对员工进行有目的、有计划的培养和训练的管理活动，它使员工更新知识、开拓技能，从而促进组织效率的提高和组织目标的实现。
- 礼仪培训：主要包括服装、仪容、仪态、商务、会议、电话、服务礼仪等。礼仪培训的主要目的是促进与他人之间的沟通，提高个人素养。
- 技能培训：通常是针对行业或企业员工进行。它具有目的性、针对性、可行性和指导性等特点，在机关、团体、企事业单位的各级机构中都较常用。
- 商业培训：商业培训的对象主要是从事商业贸易或商业合作的人士，通过培训来提高商业谈判的技巧、提高与他人沟通的能力。
- 职业培训：也称职业技能培训，主要是对从事某种职业的、必要的专门知识和技能进行培训。其目的是使受训者获得或提高某个方面的职业技能，职业培训的基本内容一般分为基本素质培训、职业知识培训、专业知识与技能培训和社会实践培训。
- 管理培训：管理培训主要针对领导阶层，通过培训可以提高管理人员的管理技能、能力，决策力、市场洞察力、领导力等。

12.1.3 培训演示文稿的组成

培训演示文稿的组成主要是根据分类来决定的，不同的培训其主要内容也会随之发生变化，但不管是什么类型的培训，其演示文稿的组成都包括标题页、目录页、内容页和结束页 4 个部分，如图 12-1 所示。

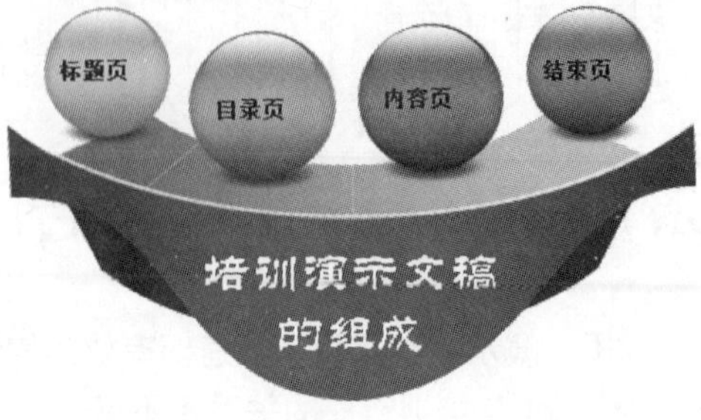

图 12-1　培训演示文稿的组成

12.2　制作技能培训

企业提供的技能培训目的是提高员工某项技能，如电话销售的技巧、与人沟通的技巧等，技能培训具有针对性，会根据培训的对象和目的来制作培训内容。

12.2.1　案例目标

本例将制作一篇沟通技巧的演示文稿，其效果如图 12-2 所示（\最终效果\第 12 章\沟通技巧培训.pptx）。整个演示文稿的背景以黑色为主，颜色搭配协调，结构清晰，内容安排得当。

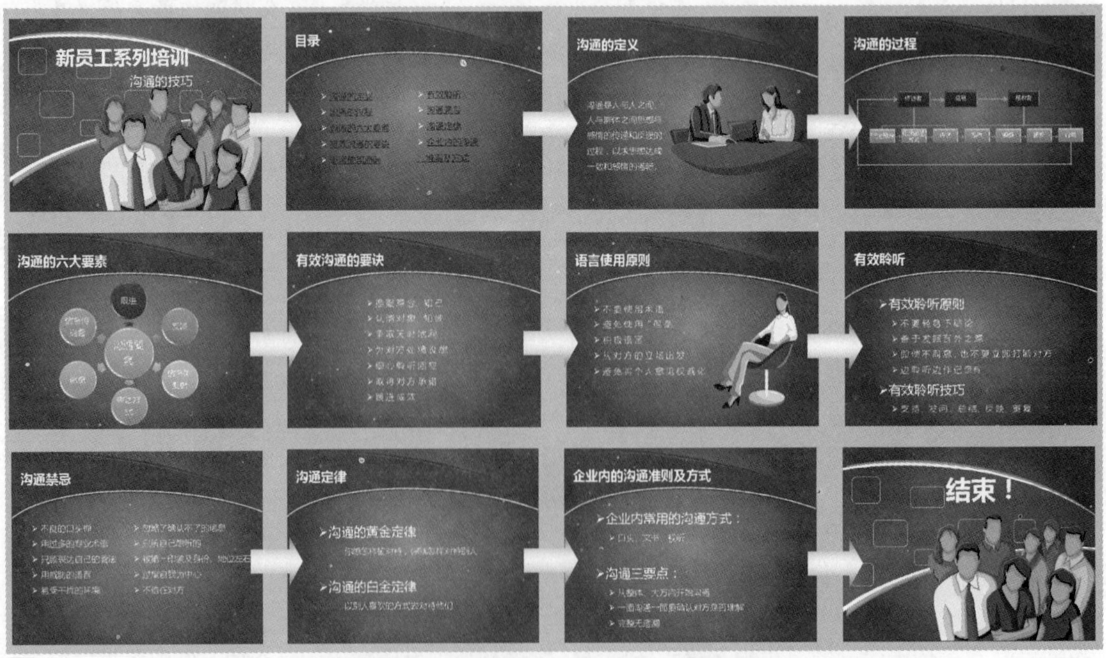

图 12-2　“沟通技巧培训”演示文稿效果

12.2.2 制作思路

制作本例时，首先对演示文稿标题、幻灯片背景进行设计，然后通过文字、图片、形状等多种形式来表现，最后为幻灯片中的部分对象设置超链接和动画。本例的制作思路如图 12-3 所示。

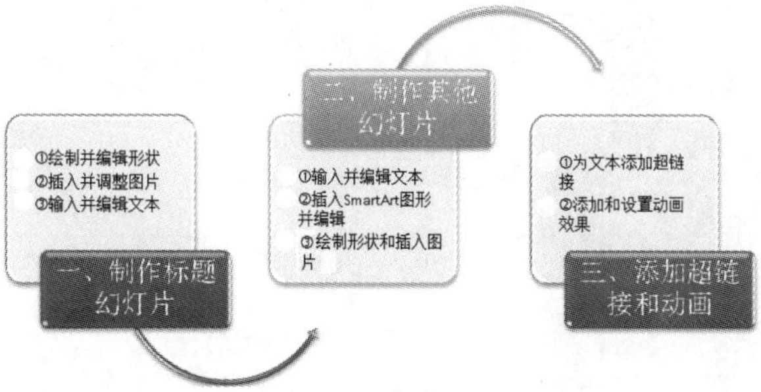

图 12-3　制作思路

12.2.3 制作过程

1. 制作标题幻灯片

下面在“沟通技巧培训.pptx”演示文稿中通过绘制形状、插入图片、输入文本等对象来制作标题幻灯片，其具体操作如下：

Step 01　打开“沟通技巧培训.pptx”演示文稿（\实例素材\第 12 章\沟通技巧培训.pptx）。选择标题幻灯片后，选择【插入】/【插图】组，单击“形状”按钮，在弹出的下拉列表中选择“圆角矩形”选项，如图 12-4 所示。

Step 02　在标题幻灯片上拖动鼠标绘制圆角矩形，选择圆角矩形。然后选择【格式】/【形状样式】组，单击“形状填充”按钮旁的按钮，在弹出的下拉列表中选择“无填充颜色”选项，如图 12-5 所示。

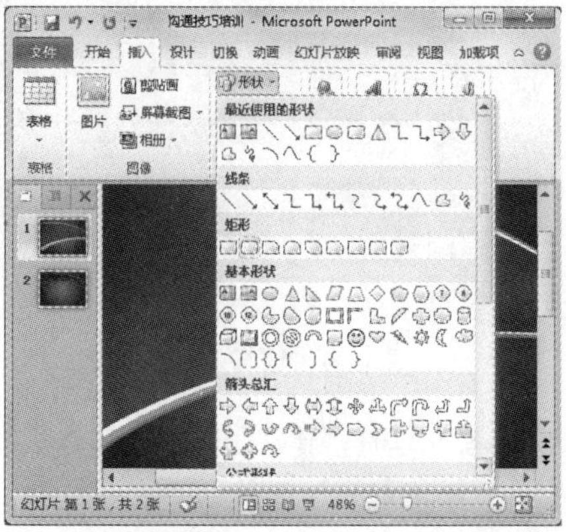

图 12-4　选择形状样式

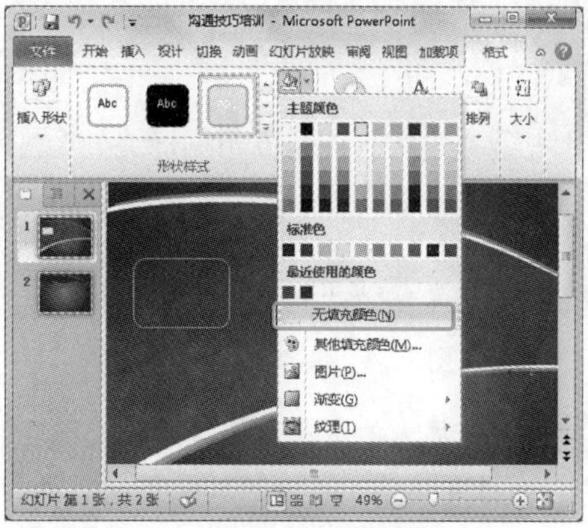

图 12-5　设置形状填充色

Step 03　单击“形状轮廓”按钮旁的按钮，在弹出的下拉列表中选择“白色，背景 1，深色 15%”选项，如图 12-6 所示。

Step 04　单击“形状效果”按钮，在弹出的下拉列表中选择“发光”选项，在其子列表中选择“发光变体”栏中的“深红，5pt 发光，强调文字颜色 4”选项，如图 12-7 所示。

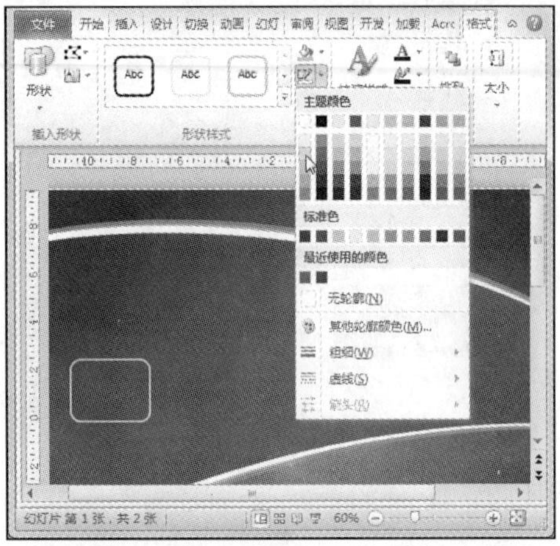

图 12-6　设置形状边框颜色

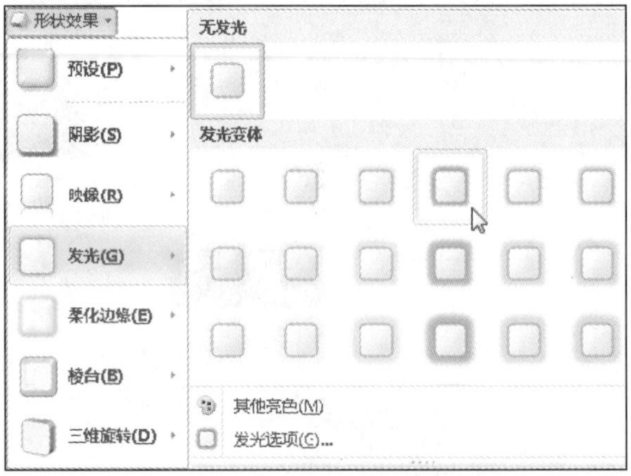

图 12-7　设置形状效果

Step 05　复制几个设置好的形状，并对其大小和位置进行调整，其效果如图 12-8 所示。

Step 06　选择【插入】/【图像】组，单击“图片”按钮，打开“插入图片”对话框，在其中选择插入“图片 1.emf”图片（\实例素材\第 12 章\沟通技巧\图片 1.emf），单击插入(S)按钮。

Step 07　对插入图片的大小和位置进行调整。选择【开始】/【幻灯片】组，单击“版式”按钮，在弹出的下拉列表中选择“标题幻灯片”选项，如图 12-9 所示。

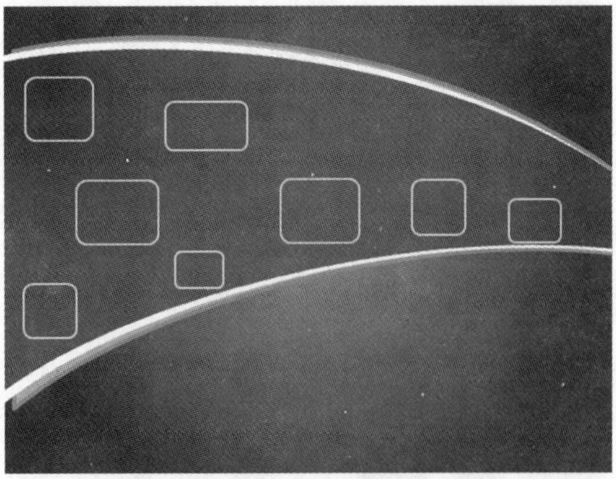

图 12-8　调整形状

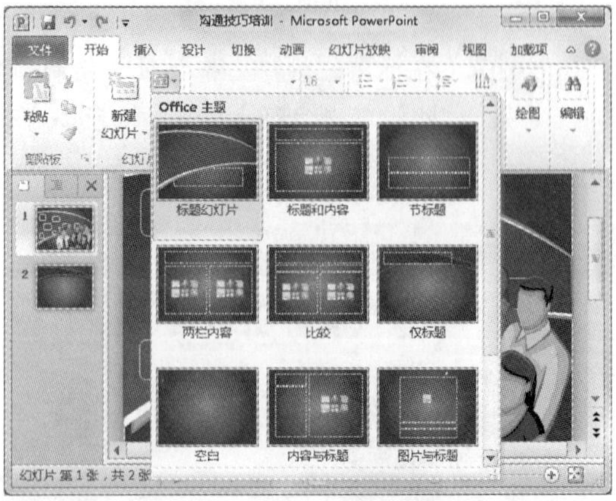

图 12-9　选择幻灯片版式

Step 08　在插入的版式占位符中输入相应的内容。选择标题占位符，在“字号”下拉列表框中选择 54 选项，单击“加粗”按钮 **B** 加粗文本，单击“字体颜色”按钮 A 旁的按钮，在弹出的下拉列表中选择“白色”选项。

Step 09　选择副标题占位符，在“字号”下拉列表框中选择 36 选项，将字体的颜色也设置为白色。

2. 制作其他幻灯片

下面来制作演示文稿中的其他幻灯片，其主要内容包括复制幻灯片、输入文本并编辑、设置段落格式、插入图片、插入 SmartArt 图形并编辑、绘制形状并编辑等。其具体操作如下：

Step 01　选择第 2 张幻灯片，在其中输入相应的文本，并对文本的版式和占位符位置进行调整，其效果如图 12-10 所示。

Step 02　选择第 2 张幻灯片的正文文本。选择【开始】/【段落】组，单击“项目符号”按钮，在弹出的下拉列表中选择“箭头项目符号”选项，如图 12-11 所示。再删除右边占位符中最后一段文本前的占位符，并调整该段文字的位置。

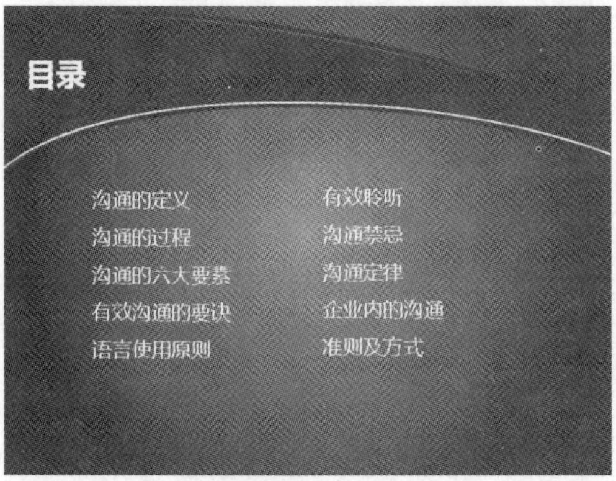

图 12-10　输入并调整文本

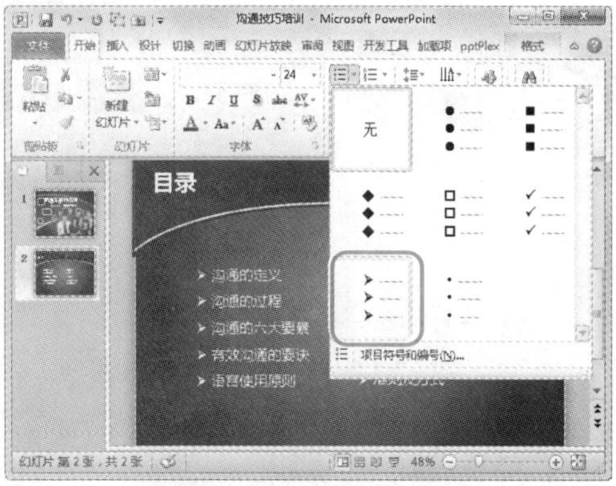

图 12-11　设置项目符号

Step 03　选择第 2 张幻灯片，按住 Ctrl 键不放并复制该幻灯片，在复制的幻灯片中对文本进行修改，删除多余的占位符。

Step 04　选择第 2 张幻灯片，在其中插入“图片 2.emf”图片（\实例素材\第 12 章\沟通技巧\图片 2.emf），并调整插入图片的大小和位置，其效果如图 12-12 所示。

Step 05　选择幻灯片中的正文文本后，选择【开始】/【段落】组，单击“行距”按钮，在弹出的下拉列表中选择 1.5 选项，调整文本占位符的位置，如图 12-13 所示。

图 12-12　输入文字和插入图片

图 12-13　设置行距

Step 06 复制第 3 张幻灯片，在复制的幻灯片中对标题文本进行修改，删除正文文本占位符和图片。

Step 07 选择【插入】/【插图】组，单击“SmartArt 图形”按钮，在打开的“选择 SmartArt 图形”对话框中选择“层次结构”选项卡，再选择“组织结构图”选项，单击确定按钮，如图 12-14 所示。

Step 08 在 SmartArt 图形的各个形状中输入相应的内容，并将不需要的形状删除。选择 SmartArt 图形后，选择【格式】/【SmartArt 样式】组，在“快速样式”选项栏中选择如图 12-15 所示的选项。

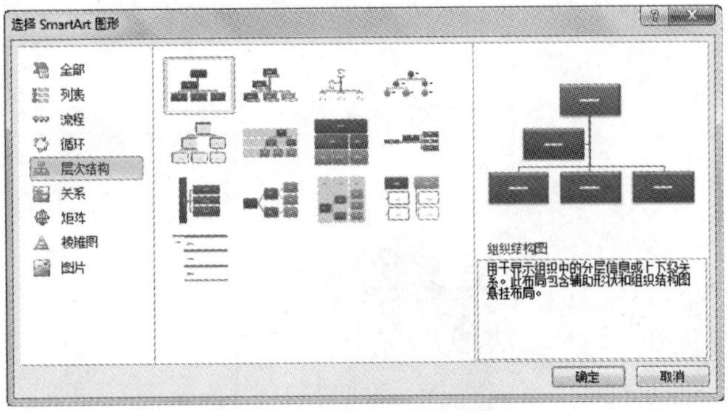

图 12-14 选择 SmartArt 图形

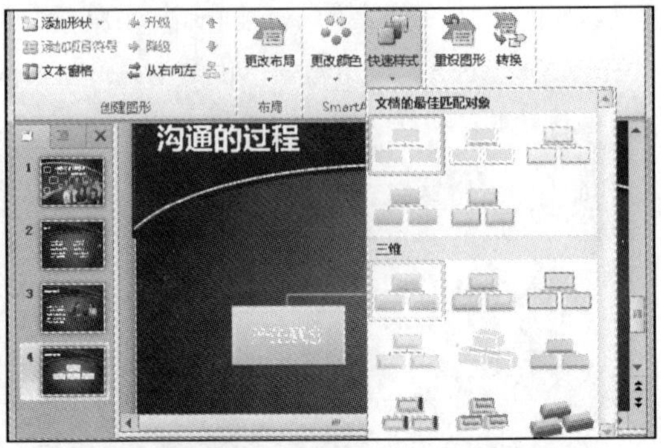

图 12-15 设置 SmartArt 样式

Step 09 单击“更改颜色”按钮，在弹出的下拉列表中选择如图 12-16 所示的选项。

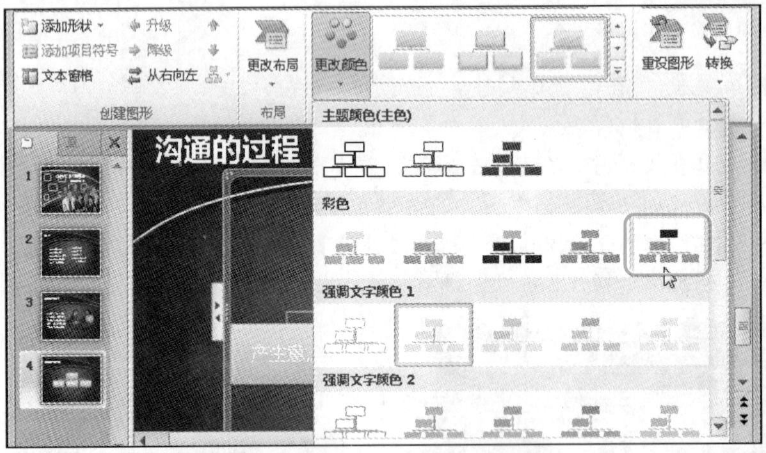

图 12-16 更改 SmartArt 图形颜色

Step 10 选择“传送者”形状后，选择【设计】/【创建图形】组，单击“添加形状”按钮，在弹出的下拉列表中选择“在后面添加形状”选项，在所选形状后面添加一个新的形状，如图 12-17 所示。

Step 11 使用相同的方法在 SmartArt 图形中添加多个形状，并在添加的形状中输入相应的文本，如图 12-18 所示。

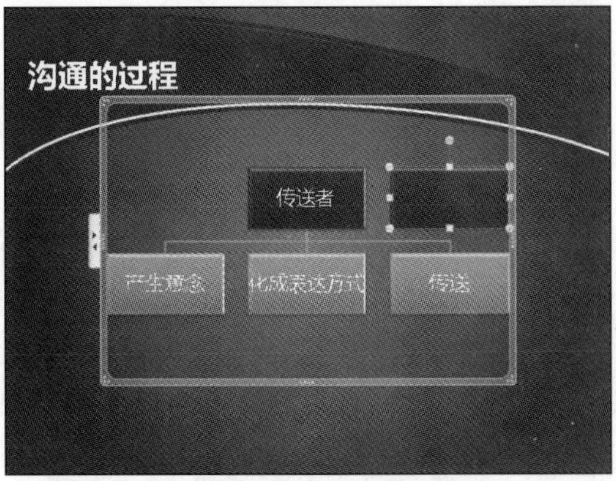

图 12-17　添加形状

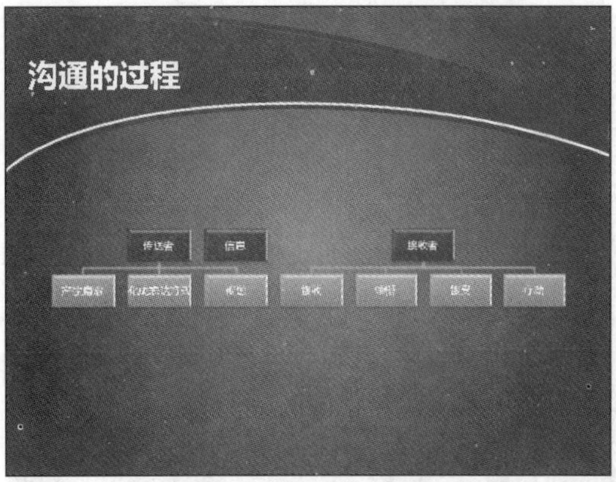

图 12-18　添加形状并输入文字

Step 12　对每个形状的大小和位置进行调整。单击“形状”按钮，在弹出的下拉列表中选择“箭头”选项，如图 12-19 所示。

Step 13　在幻灯片中需要的位置绘制箭头并选择，选择【格式】/【形状样式】组，在“快速样式”选项栏中选择如图 12-20 所示的选项。

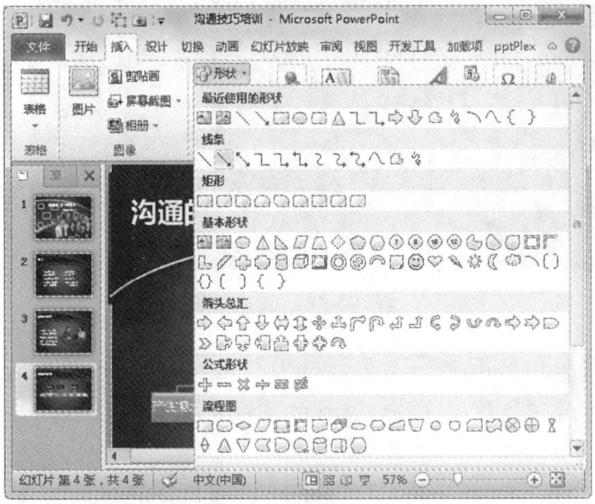

图 12-19　选择形状

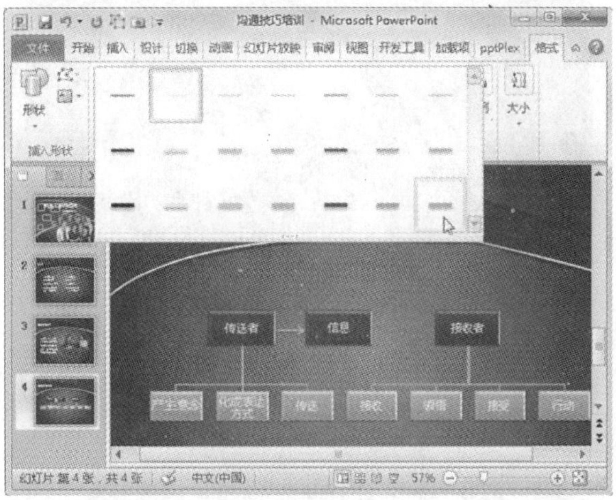

图 12-20　设置形状样式

Step 14　使用相同的方法绘制形状和复制形状，并设置形状样式和长短来制作如图 12-21 所示的图形。然后选择橙色形状之间的箭头，单击“形状轮廓”按钮，在弹出的下拉列表中选择“粗细/1.5 磅”选项，如图 12-22 所示。

Step 15　复制第 4 张幻灯片，然后修改复制幻灯片的标题文本，删除其中的图形，在复制的幻灯片中插入一个循环结构的 SmartArt 图形。

Step 16　在该图形中再添加两个形状，并调整中间形状的大小，在其中输入文本并设置 SmartArt 图形的样式和更改 SmartArt 图形颜色，如图 12-23 所示。

Step 17　将第 2 张幻灯片复制到第 5 张幻灯片后面，并对幻灯片中的文本进行修改，修改后的效果如图 12-24 所示。然后对文本占位符位置进行调整。

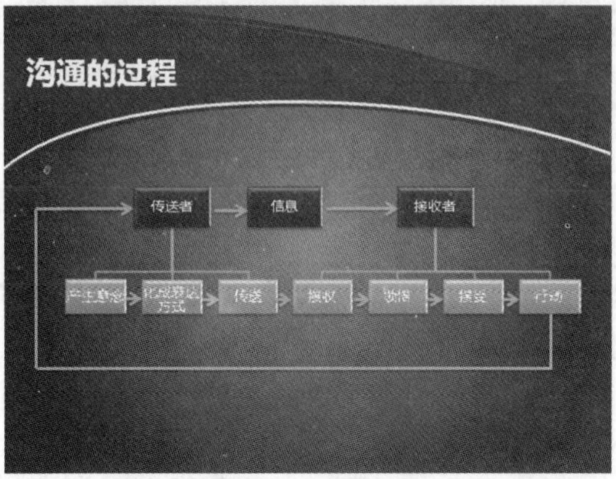

图 12-21　制作图形

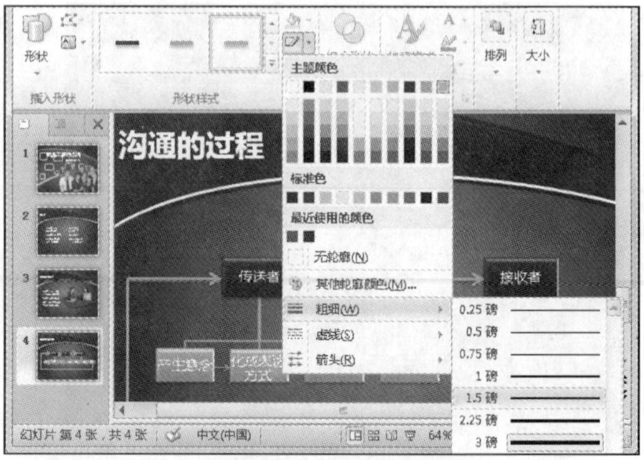

图 12-22　设置形状粗细

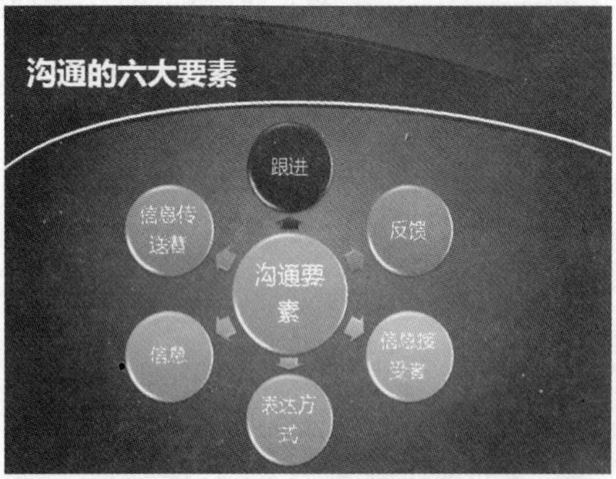

图 12-23　插入并编辑 SmartArt 图形

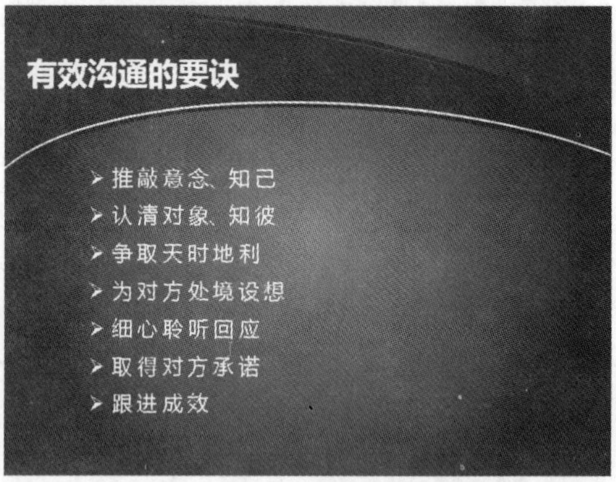

图 12-24　输入文本

Step 18　复制第 6 张幻灯片作为第 7 张幻灯片，使用前面的制作方法在其中对相应文本进行修改，插入“图片 3.emf”图片（\实例素材\第 12 章\沟通技巧\图片 3.emf），并对插入图片的大小和位置进行调整。

Step 19　使用前面制作幻灯片的方法制作第 8、9、10、11 张幻灯片，将第 1 张幻灯片复制到第 11 张幻灯片后，在其中输入相应的文本，并删除多余的占位符，完成幻灯片的制作。

3. 添加超链接和切换动画

下面在演示文稿中为第 2 张幻灯片的正文文本添加超链接到相应的幻灯片中，然后再为幻灯片添加切换动画。其具体操作如下：

Step 01　选择第 3 张幻灯片中的“沟通的定义”文本后，选择【插入】/【链接】组，单击“超链接”按钮，打开“插入超链接”对话框，单击“本文档中的位置”按钮，在“请选择文档中的位置”列表框中选择“3. 沟通的定义”节点，单击 确定 按钮，如图 12-25 所示。

Step 02　返回幻灯片编辑区，此时可看到设置超链接的文本颜色已变成了深蓝色，并添加了下划线，使用相同的方法为该幻灯片中的其他文本设置超链接。

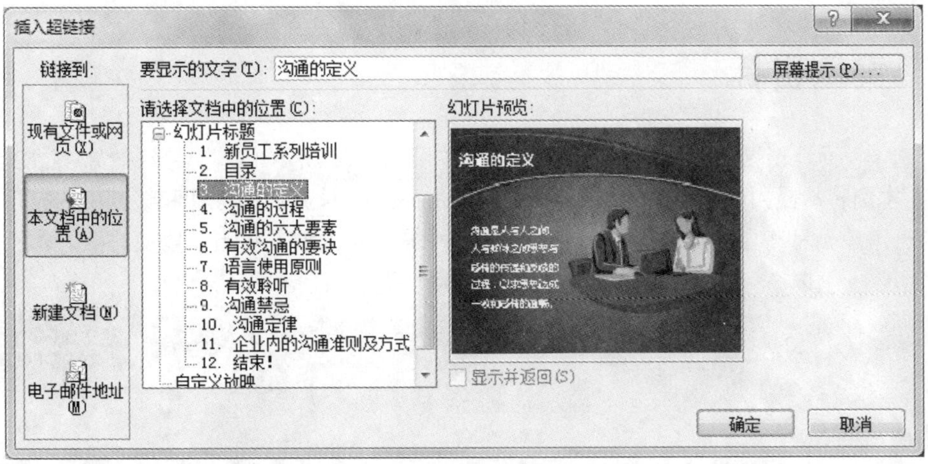

图 12-25　设置超链接

Step 03　选择第 1 张幻灯片后，选择【切换】/【切换到此幻灯片】组，在“切换方案”选项栏中选择“推进”选项，如图 12-26 所示。

Step 04　单击“效果选项”按钮，在弹出的下拉列表中选择“自左侧”选项，如图 12-27 所示。选择【切换】/【计时】组，选中 单击鼠标时 复选框，单击“全部应用”按钮。

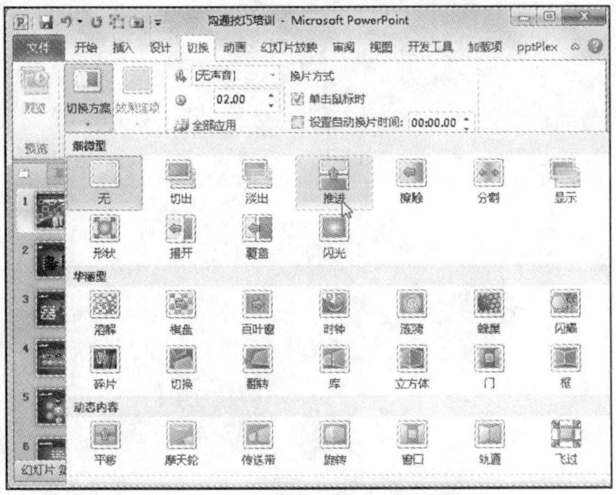

图 12-26　设置切换动画

图 12-27　设置切换动画方向

Step 05　至此，完成超链接的添加和切换动画的设置。

12.3　制作商业培训

凡从事商业贸易或商业合作的人士，都需要进行商业谈判。因为商业贸易和商业合作大都是通过不同形式的谈判来实现的。作为市场营销人士，每天和不同对象进行的沟通交流，协商协调，实质上就是进行不同形式的商业谈判。

12.3.1 案例目标

本例将制作“商业谈判技巧”演示文稿，其效果如图 12-28 所示（\最终效果\第 12 章\商业谈判技巧.pptx）。本例将从谈判的要素、谈判的目的、谈判的技巧、谈判前的准备和谈判中的技巧 5 个方面进行制作，充分考虑到了商业人士的需要，对谈判过程中常遇到的情况提出了解决方法。本例制作的演示文稿整体风格统一，以商务常用的蓝色为主，整体布局协调。

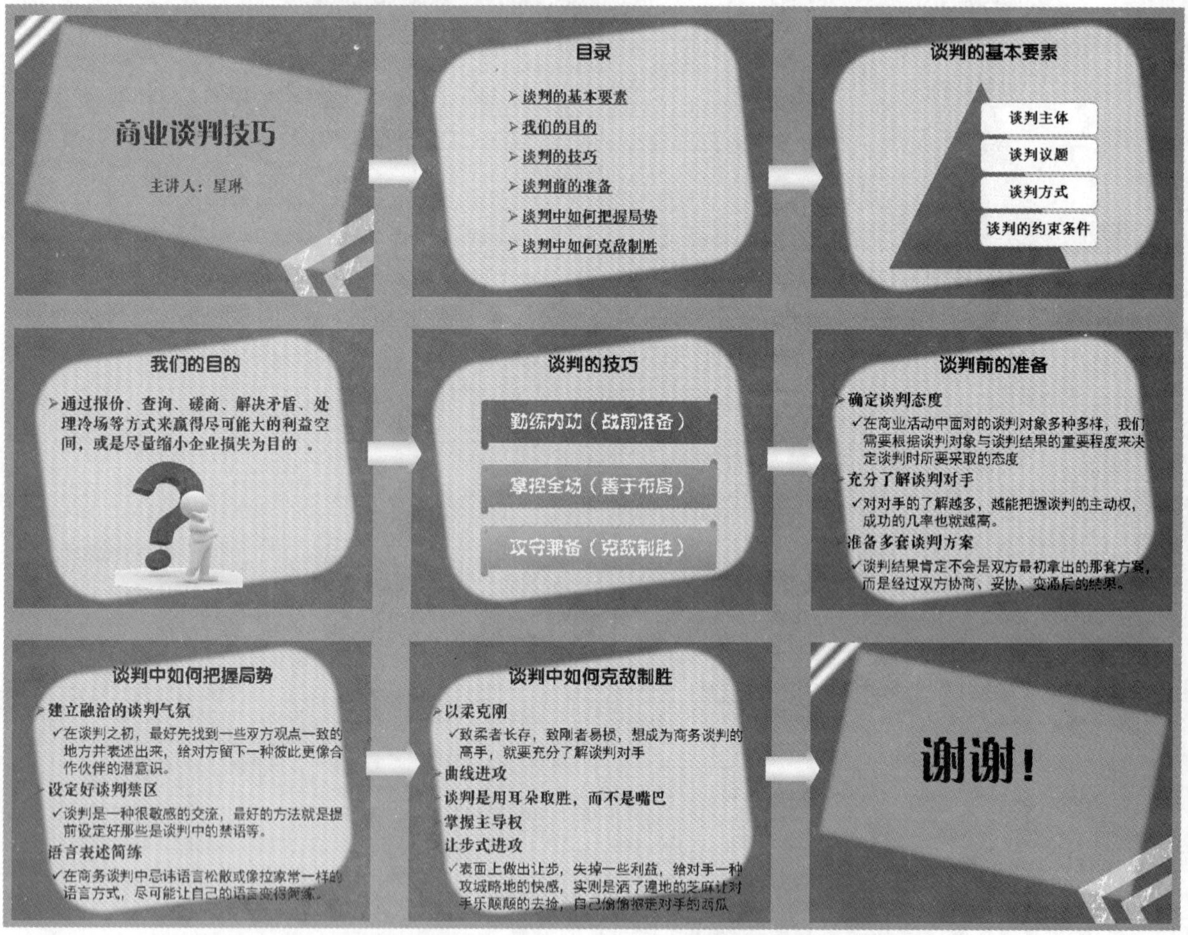
商业谈判技巧
主讲人：星琳
目录
谈判的基本要素
我们的目的
谈判的技巧
谈判前的准备
谈判中如何把握局势
谈判中如何克敌制胜
谈判的基本要素
谈判主体
谈判议题
谈判方式
谈判的约束条件
我们的目的
通过报价、查询、磋商、解决矛盾、处理冷场等方式来赢得尽可能大的利益空间，或是尽量缩小企业损失为目的 。
谈判的技巧
勤练内功（战前准备）
掌控全场（善于布局）
攻守兼备（克敌制胜）
谈判前的准备
确定谈判态度
在商业活动中面对的谈判对象多种多样，我们需要根据谈判对象与谈判结果的重要程度来决定谈判时所要采取的态度
充分了解谈判对手
对对手的了解越多，越能把握谈判的主动权，成功的几率也就越高。
准备多套谈判方案
谈判结果肯定不会是双方最初拿出的那套方案，而是经过双方协商、妥协、变通后的结果。
谈判中如何把握局势
建立融洽的谈判气氛
在谈判之初，最好先找到一些双方观点一致的地方并表述出来，给对方留下一种彼此更像合作伙伴的潜意识。
设定好谈判禁区
谈判是一种很敏感的交流，最好的方法就是提前设定好那些是谈判中的禁语等。
语言表述简练
谈判中如何克敌制胜
以柔克刚
致柔者长存，致刚者易损，想成为商务谈判的高手，就要充分了解谈判对手
曲线进攻
谈判是用耳朵取胜，而不是嘴巴
掌握主导权
让步式进攻
谢谢！

图 12-28 “商业谈判技巧”演示文稿效果

12.3.2 制作思路

制作本例运用到的知识主要包括在幻灯片母版视图中设置背景样式和占位符格式，在普通视图中输入文本、创建和编辑 SmartArt 图形、绘制和编辑形状、为幻灯片中的对象添加动画等。本例的制作思路如图 12-29 所示。

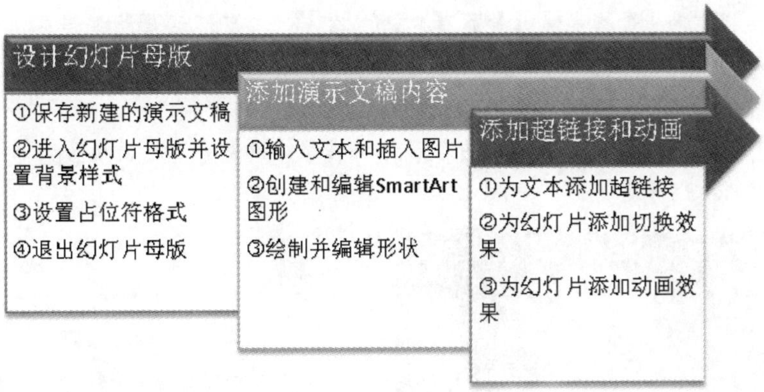

图 12-29 制作思路

12.3.3 制作过程

1. 设计幻灯片母版

下面新建一个空白演示文稿，并将其保存，再进入母版视图中对幻灯片背景和占位符格式进行设置。其具体操作如下：

Step 01 启动 PowerPoint 2010，新建一个空白演示文稿，并将其保存为“商业谈判技巧”。选择【视图】/【母版视图】组，单击“幻灯片母版”按钮，进入到母版编辑状态。

Step 02 选择第 1 张幻灯片后，选择【幻灯片母版】/【背景】组，单击“背景样式”按钮，在弹出的下拉列表中选择“设置背景格式”选项。在打开对话框的“填充”选项卡中选中“图片或纹理填充(P)”单选按钮，在“插入自”栏中单击“文件(F)...”按钮，如图 12-30 所示。

Step 03 打开“插入图片”对话框，选择插入“背景 1.jpg”图片（光盘\实例素材\第 12 章\商业谈判技巧\背景 1.jpg），单击“插入(S)”按钮，如图 12-31 所示。

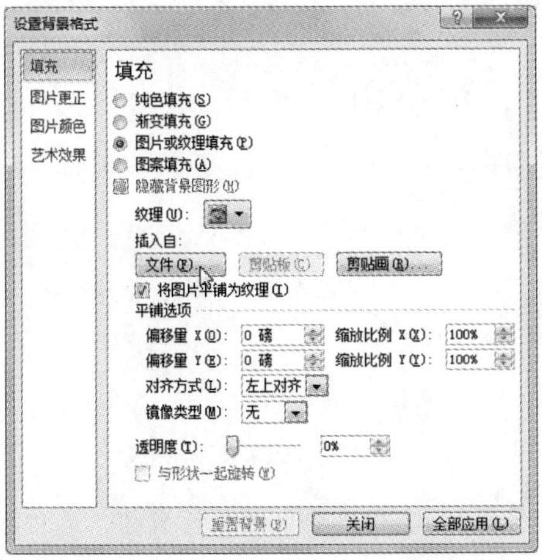

图 12-30 单击“文件”按钮

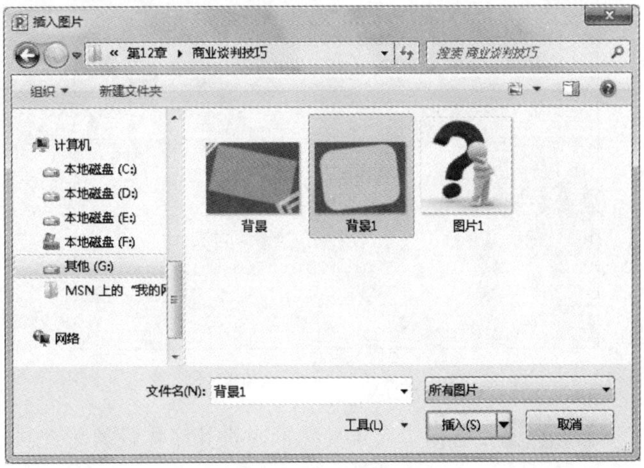

图 12-31 插入图片

Step 04 返回“设置背景格式”对话框，单击 关闭 按钮返回母版编辑区。选择第 2 张幻灯片，使用相同的方法插入“背景.png”图片（\实例素材\第 12 章\商业谈判技巧\背景.png），其效果如图 12-32 所示。

Step 05 选择第 1 张幻灯片中的标题占位符，将其字体设置为“方正粗圆简体”，字号设置为 44，如图 12-33 所示。

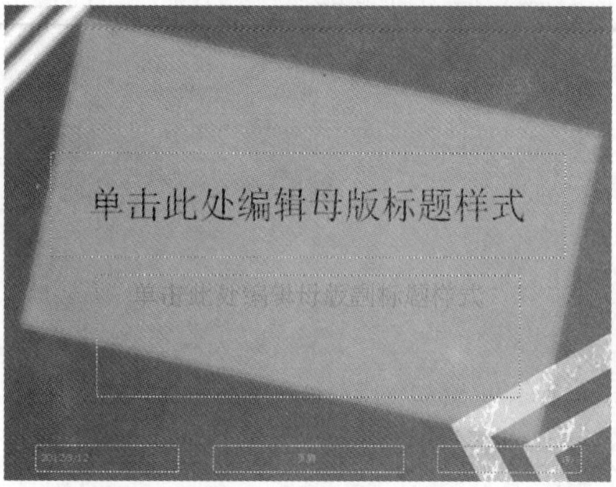

图 12-32　标题幻灯片背景

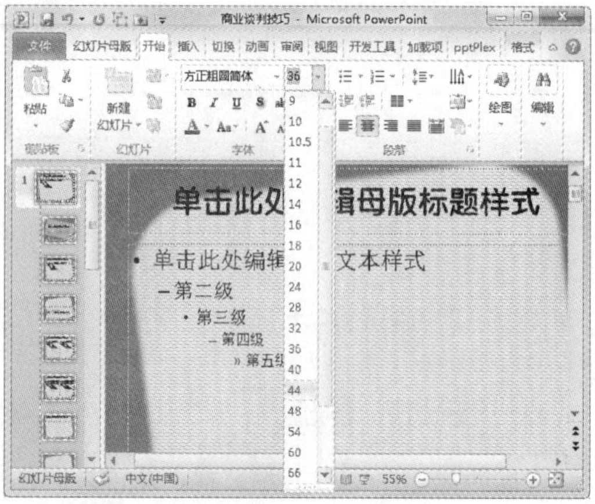

图 12-33　设置字体格式

Step 06 选择一级正文文本，将其字体设置为“方正大标宋简体”，字号设置为 32，将鼠标光标定位到一级文本前，单击“项目符号”按钮，在弹出的下拉列表中选择“项目符号和编号”选项，如图 12-34 所示。

Step 07 打开“项目符号和编号”对话框，选择“项目符号”选项卡，然后选择“箭头项目符号”选项，单击按钮，在弹出的下拉列表的“标准色”栏中选择“紫色”选项，单击 确定 按钮，如图 12-35 所示。

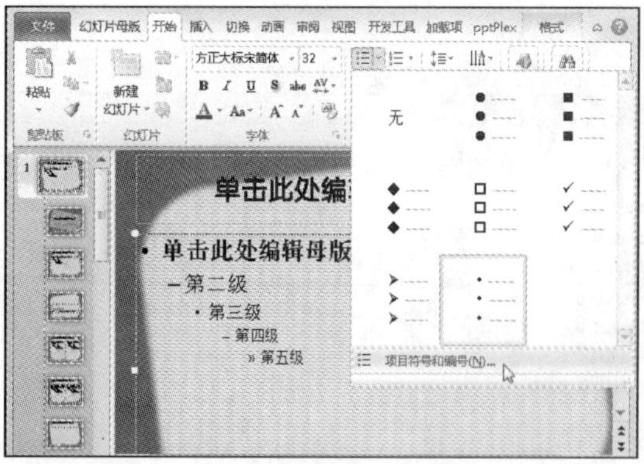

图 12-34　选择“项目符号和编号”选项

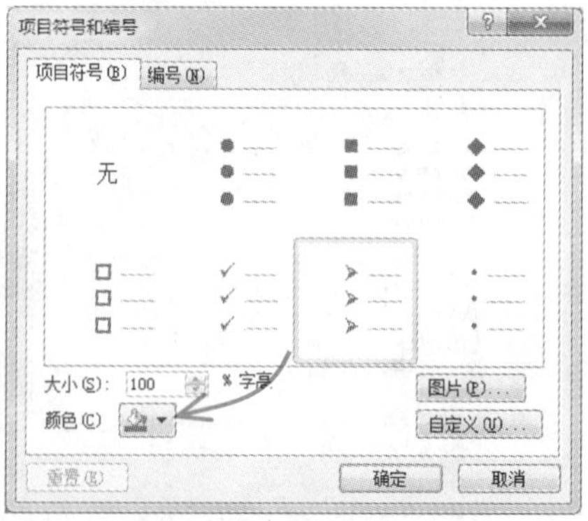

图 12-35　设置项目符号颜色

Step 08 选择二级正文文本，将其字体设置为“黑体”，字号设置为 28，项目符号设置为“选中标记项目符号”。

Step 09 选择第 2 张幻灯片的标题文本，将其字体设置为“方正粗倩简体”，字号设置为 54。

Step 10 选择副标题文本，将其字体设置为“方正大标宋简体”，单击“字体颜色”按钮旁的按钮，在弹出的下拉列表中选择“标准色”栏中的“深蓝”选项，如图 12-36 所示。

Step 11 完成幻灯片母版的设计后，选择【幻灯片母版】/【关闭】组，单击“关闭母版视图”按钮，退出母版视图的编辑状态，返回到幻灯片普通视图中，如图 12-37 所示。

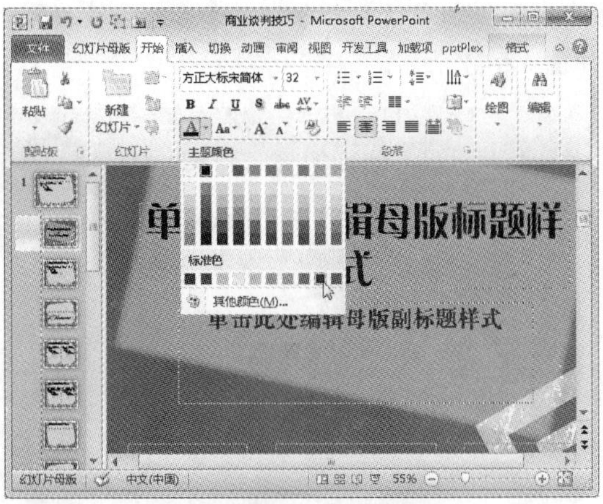

图 12-36 设置字体颜色

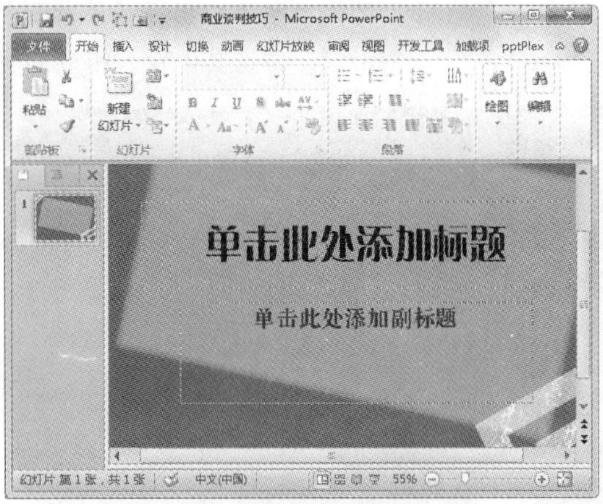

图 12-37 返回普通视图

2. 为演示文稿添加内容

制作幻灯片内容主要运用到的知识包括文本的输入、SmartArt 图形的创建与编辑、形状的绘制与编辑，其具体操作如下：

Step 01 选择第 1 张幻灯片，在标题占位符和副标题占位符中输入相应的内容。新建一张幻灯片，再在标题占位符和文本占位符中分别输入相应的文本，如图 12-38 所示。

Step 02 选择正文文本占位符中的所有文本，单击“行距”按钮，在弹出的下拉列表中选择“1.5 倍”选项，调整文本占位符的位置。

Step 03 按 Enter 键新建幻灯片，在标题文本中输入相应文本，然后单击正文文本占位符中的“插入 SmartArt 图形”按钮，如图 12-39 所示。

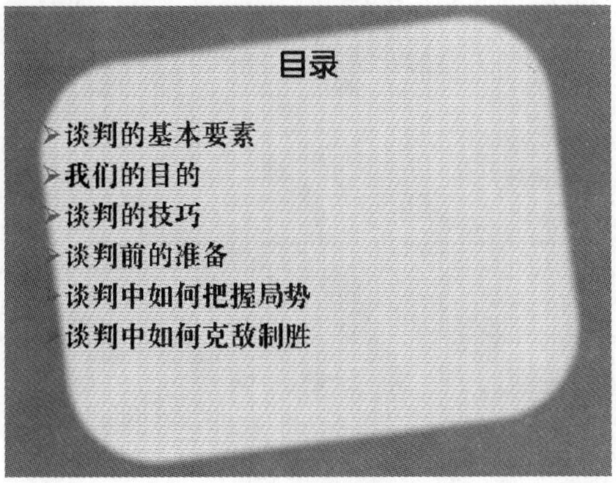

图 12-38 输入文本

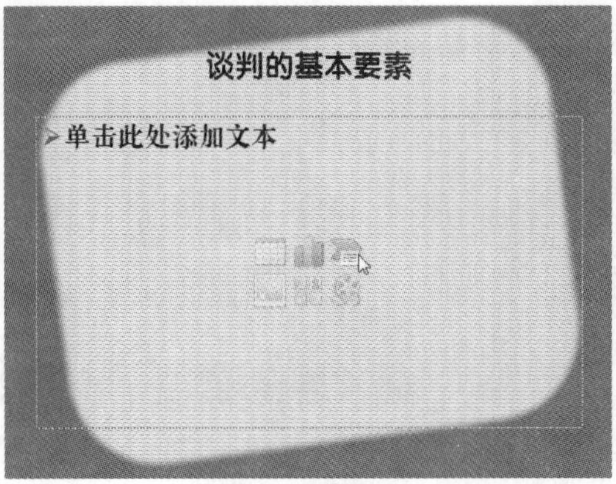

图 12-39 单击图标

Step 04 打开“选择 SmartArt 图形”对话框，选择“棱锥图”选项卡，在中间列表中选择“棱锥形列表”选项，单击 确定 按钮，将选择的 SmartArt 图形插入幻灯片中，如图 12-40 所示。

Step 05 在 SmartArt 图形各形状中输入相应的文本，选择“谈判方式”形状，单击鼠标右键，在弹出的快捷菜单中选择【添加形状】/【在后面添加形状】命令，在选择的形状后面添加一个形状，并在其中输入相应的文本，如图 12-41 所示。

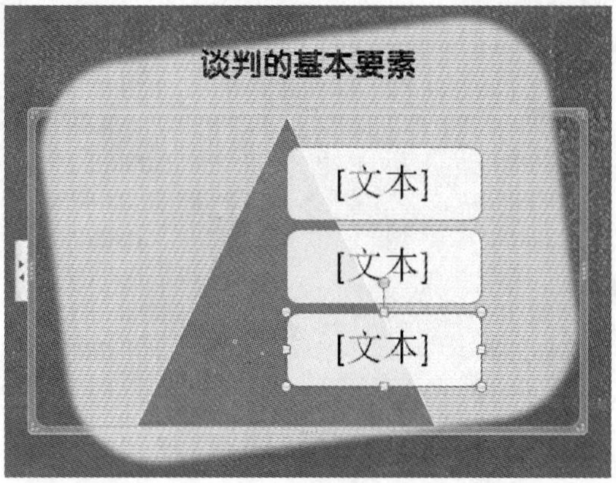

图 12-40　插入 SmartArt 图形

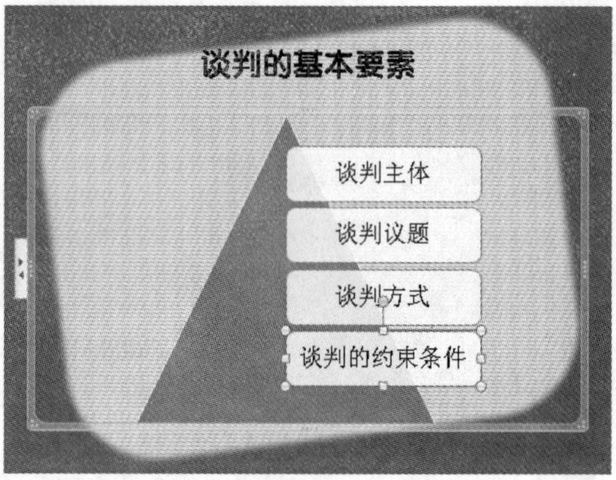

图 12-41　添加形状并输入文本

Step 06 选择“谈判主体”文本后，选择【开始】/【字体】组，单击“加粗”按钮 **B** 加粗选择的文本，保持文本的选择状态。双击“格式刷”按钮，当鼠标光标变成刷子时，在其他形状中单击鼠标 3 次，应用所选形状中文本的格式。

Step 07 选择插入的 SmartArt 图形后，选择【设计】/【SmartArt 样式】组，在“快速样式”选项栏中选择“强烈效果”选项，如图 12-42 所示。

Step 08 单击“更改颜色”按钮，在弹出的下拉列表中选择如图 12-43 所示的选项。

图 12-42　选择 SmartArt 样式

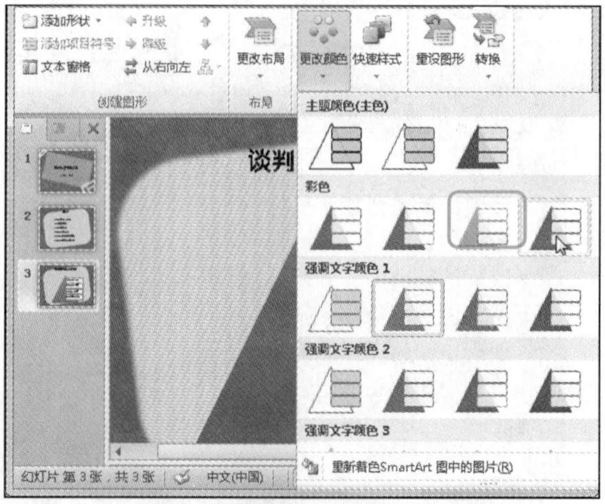

图 12-43　设置 SmartArt 图形颜色

Step 09 新建一张幻灯片，在其中输入相应的文本。再插入“图片 1.png”图片（\实例素材\第 12 章\商业谈判技巧\图片 1.png），并调整图片的大小和位置，其效果如图 12-44 所示。

Step 10 新建幻灯片，并输入标题文本，删除正文文本占位符。选择【插入】/【插图】组，单击“形状”按钮，在弹出的下拉列表中选择“星与旗帜”栏中的“横卷形”选项，如图 12-45 所示。

图 12-44　插入图片

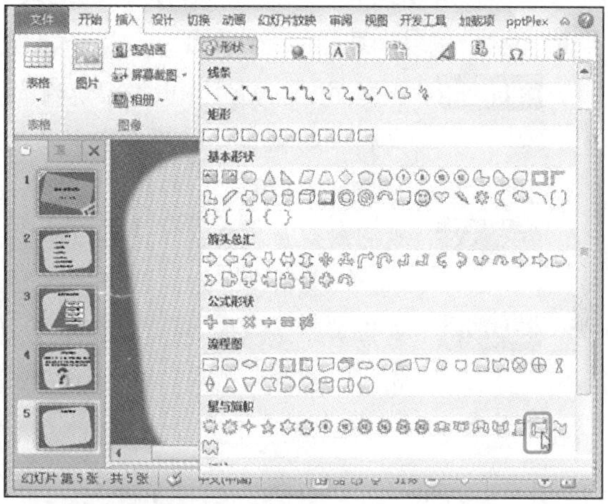

图 12-45　选择绘制的形状样式

Step 11 在幻灯片中绘制形状，选择【格式】/【形状样式】组，在“快速样式”选项栏选择如图 12-46 所示的样式。

Step 12 选择绘制的形状，然后通过该形状复制两个相同的形状，并将复制的两个形状样式分别设置为“中等效果-水绿色，强调颜色 5”和“中等效果-橄榄色，强调颜色 3”。

Step 13 在 3 个形状中分别输入相应的文本，并将其字体设置为“方正水柱简体”，字号设置为 36，其效果如图 12-47 所示。

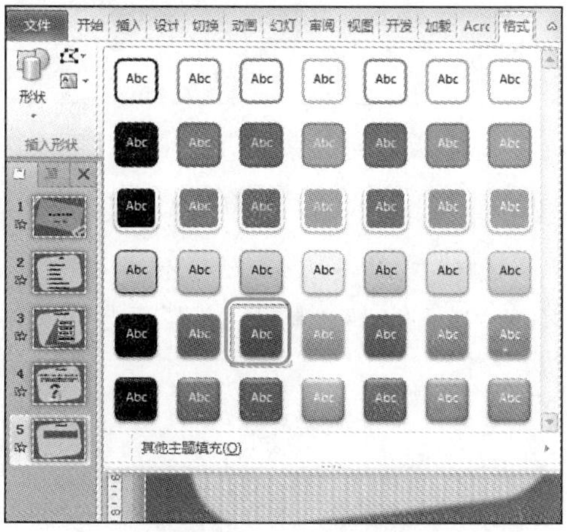

图 12-46　设置形状样式

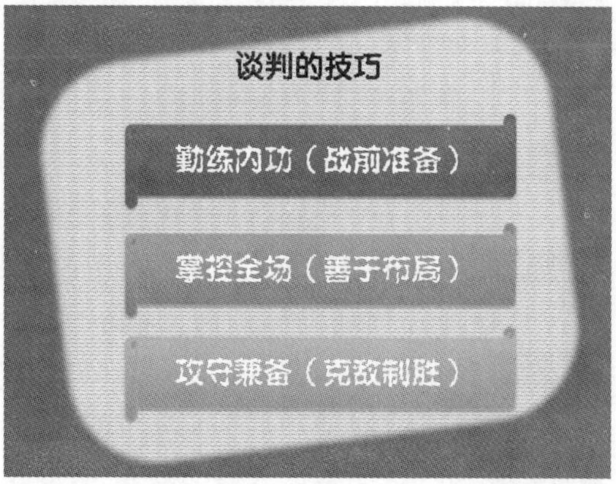

图 12-47　输入并设置文本

Step 14 新建 3 张幻灯片，然后使用前面制作幻灯片的方法进行制作。完成 3 张幻灯片的制作后，选择第 1 张幻灯片并复制到第 8 张幻灯片后，在其中对相应文本进行修改，最后删除多余的占位符。

3. 添加超链接和动画

下面在演示文稿中为第 2 张幻灯片的正文文本添加超链接到相应的幻灯片中，然后再为幻灯片添加切换和动画效果。其具体操作如下：

Step 01 选择第 2 张幻灯片中的“谈判的基本要素”文本，打开“插入超链接”对话框，单击“本文档中的位置”按钮，在“请选择文档中的位置”列表框中选择谈判的基本要素，单击 确定 按钮。

Step 02 返回幻灯片编辑区，设置超链接的文本颜色已变成了蓝色，并添加了下划线，如图 12-48 所示。然后使用相同的方法为该幻灯片中的其他文本设置超链接。

Step 03 选择第 1 张幻灯片后，选择【切换】/【切换到此幻灯片】组，在“切换方案”选项栏中选择“擦除”选项，如图 12-49 所示。

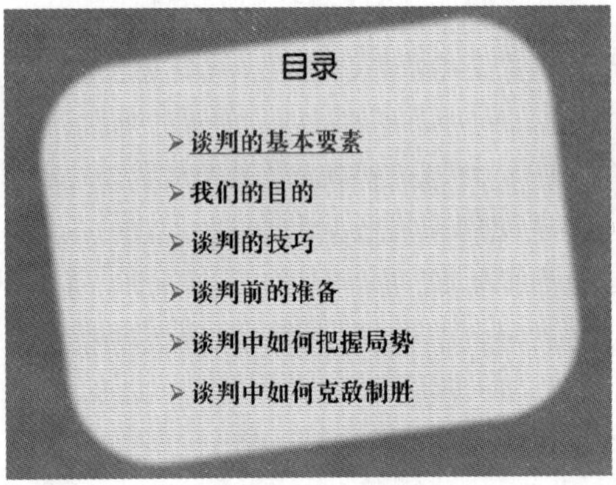

图 12-48 设置超链接

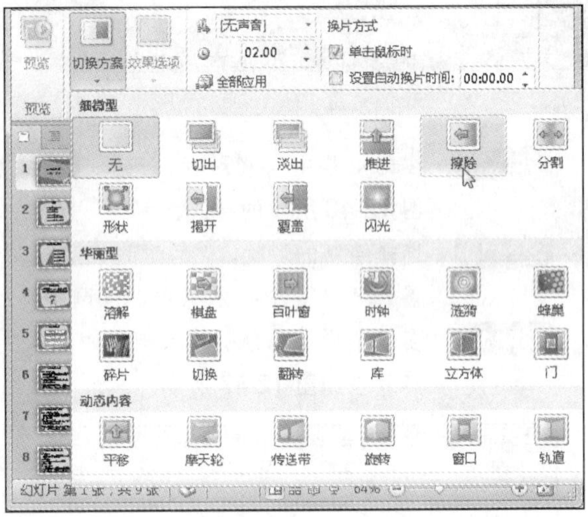

图 12-49 设置切换动画

Step 04 单击“效果选项”按钮，在弹出的下拉列表中选择“自左侧”选项。选择【切换】/【计时】组，选中☑单击鼠标时复选框，单击“全部应用”按钮，如图 12-50 所示。

Step 05 选择第 1 张幻灯片中的标题占位符后，选择【动画】/【动画】组，在“动画样式”选项栏中选择“弹跳”进入动画，如图 12-51 所示。

Step 06 选择正文文本占位符，为其添加“淡出”进入动画，选择【动画】/【计时】组，在“开始”列表框中选择“上一动画之后”选项，如图 12-52 所示。

Step 07 再次选择正文文本占位符，再选择【动画】/【高级动画】组，单击“添加动画”按钮，在弹出的下拉列表中选择“字体颜色”强调动画，如图 12-53 所示。在“计时”面板中将该动画的开始时间设置为“与上一动画同时”。

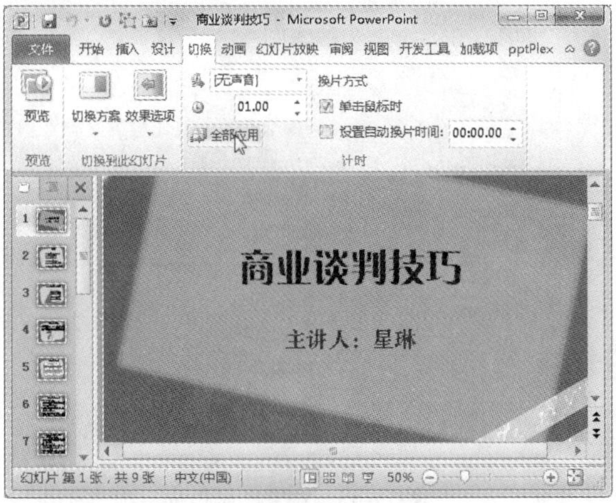

图 12-50　单击按钮

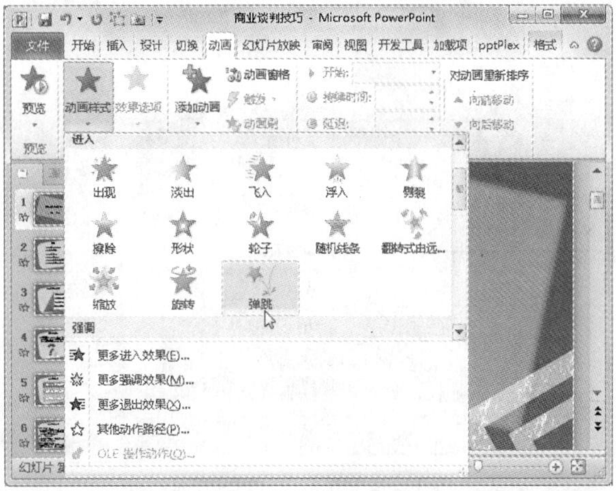

图 12-51　添加进入动画

图 12-52　设置动画计时

图 12-53　添加强调动画

Step 08 选择第 2 张幻灯片，为标题占位符添加“轮子”进入动画，为“正文文本”添加“擦除”进入动画，并将添加的动画开始时间都设置为“上一动画之后”。

Step 09 选择第 3 张幻灯片，为标题占位符添加“轮子”动画，并将开始时间设置为“上一动画之后”，通过“动画窗格”窗格为 SmartArt 图形添加“飞入”进入动画。

Step 10 单击“动画窗格”按钮，打开“动画窗格”窗格，在其中选择设置的动画效果选项，在其上单击鼠标右键，在弹出的快捷菜单中选择“效果选项”命令，如图 12-54 所示。

Step 11 打开“飞入”对话框，选择“效果”选项卡，在“方向”下拉列表框中选择“自左侧”选项，如图 12-55 所示。

Step 12 选择“计时”选项卡，在“开始”下拉列表框中选择“上一动画之后”选项，如图 12-56 所示。

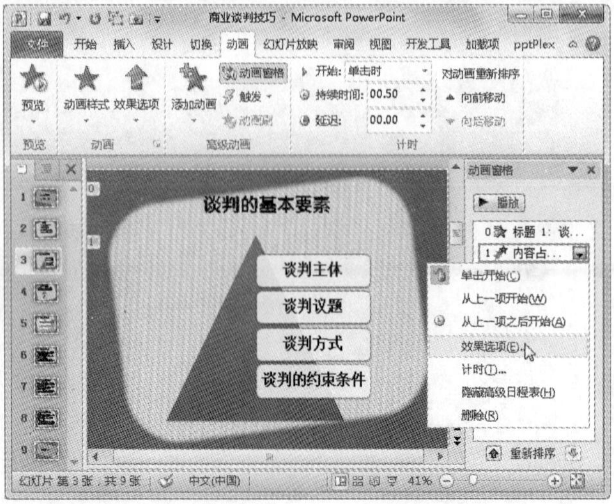

图 12-54　选择“效果选项”命令　　图 12-55　设置动画方向

Step 13　选择“SmartArt 动画”选项卡，在“组合图形”下拉列表框中选择“逐个”选项，如图 12-57 所示。

图 12-56　设置动画计时　　图 12-57　设置动画序列

Step 14　使用前面的方法为其他幻灯片中的对象添加动画，并注意设置动画的开始时间，完成动画的添加。

12.4　制作职业培训

职业培训是近几年兴起的一种培训方式，针对的主要对象为职场人士，主要是对从事某种职业的必要的专门知识和技能进行培训。其目的是使受训者获得或提高某个方面的职业技能。

12.4.1 案例目标

本例将制作“合格的职业经理人”演示文稿，其效果如图 12-58 所示（\最终效果\第 12 章\合格的职业经理人.pptx）。该演示文稿从职业经理人的定位和必须具备哪些能力等方面进行介绍，对那些想成为或即将成为职业经理人的人具有很强的指导性，对那些已经成为职业经理人的人也有很大的帮助。本例制作的演示文稿风格统一，重点内容突出，整个演示文稿以文本为主。

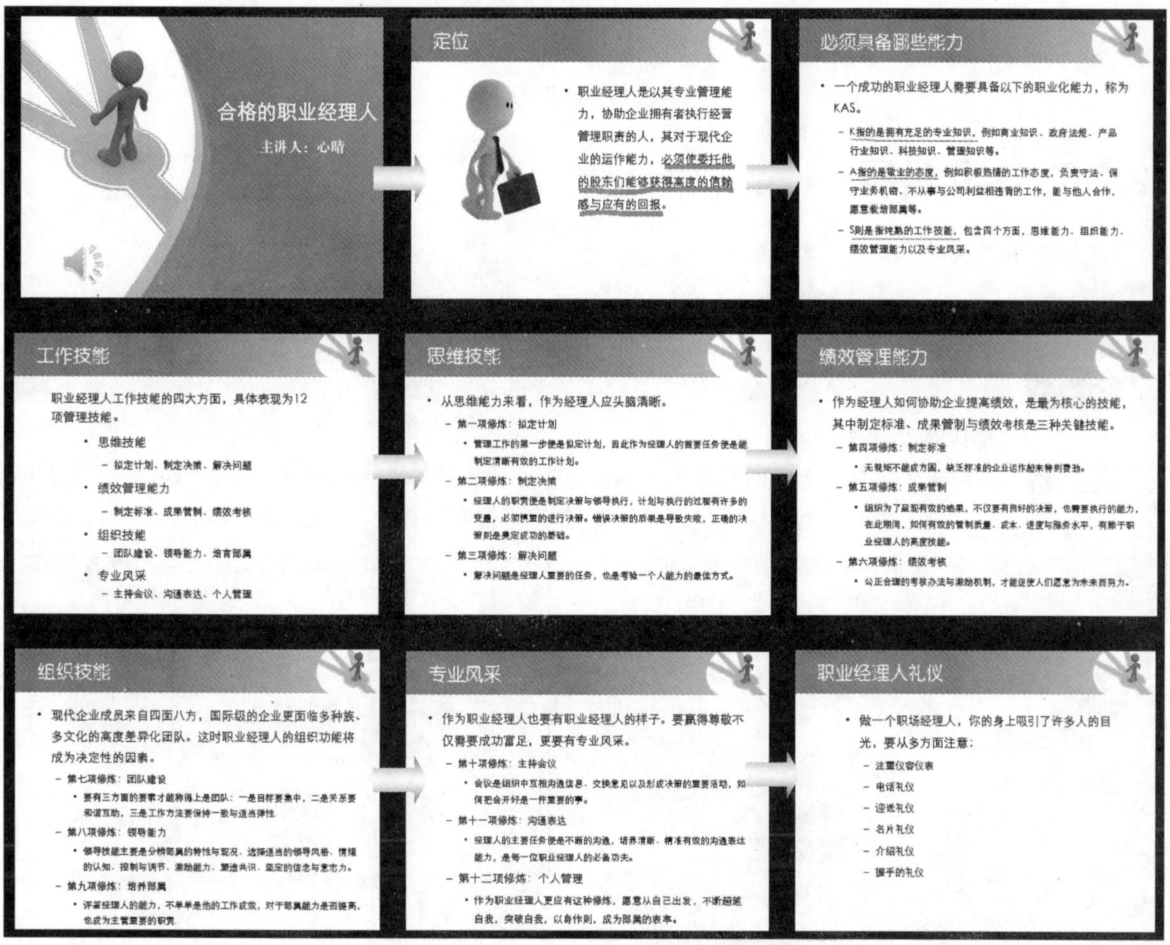
合格的职业经理人
主讲人：心晴
定位
职业经理人是以其专业管理能力，协助企业拥有者执行经营管理职责的人，其对于现代企业的运作能力，必须使委托他的股东们能够获得高度的信赖感与应有的回报。
必须具备哪些能力
一个成功的职业经理人需要具备以下的职业化能力，称为KAS。
K指的是拥有充足的专业知识，例如商业知识、政府法规、产品行业知识、科技知识、管理知识等。
A指的是敬业的态度，例如积极热情的工作态度，负责守法、保守业务机密、不从事与公司利益相违背的工作，能与他人合作，愿意栽培部属等。
S则是指纯熟的工作技能，包含四个方面，思维能力、组织能力、绩效管理能力以及专业风采。
工作技能
职业经理人工作技能的四大方面，具体表现为12项管理技能。
思维技能
拟定计划、制定决策、解决问题
绩效管理能力
制定标准、成果管制、绩效考核
组织技能
团队建设、领导能力、培育部属
专业风采
主持会议、沟通表达、个人管理
思维技能
从思维能力来看，作为经理人应头脑清晰。
第一项修炼：拟定计划
管理工作的第一步便是拟定计划，因此作为经理人的首要任务便是能制定清晰有效的工作计划。
第二项修炼：制定决策
经理人的职责便是制定决策与领导执行，计划与执行的过程有许多的变量，必须慎重的进行决策。错误决策的后果是导致失败，正确的决策则是奠定成功的基础。
第三项修炼：解决问题
解决问题是经理人重要的任务，也是考验一个人能力的最佳方式。
绩效管理能力
作为经理人如何协助企业提高绩效，是最为核心的技能，其中制定标准、成果管制与绩效考核是三种关键技能。
第四项修炼：制定标准
无规矩不能成方圆，缺乏标准的企业运作起来特别费劲。
第五项修炼：成果管制
组织为了呈现有效的结果，不仅要有良好的决策，也需要执行的能力，在此期间，如何有效的管制质量、成本、进度与服务水平，有赖于职业经理人的高度技能。
第六项修炼：绩效考核
公正合理的考核办法与激励机制，才能促使人们愿意为未来而努力。
组织技能
现代企业成员来自四面八方，国际级的企业更面临多种族、多文化的高度差异化团队。这时职业经理人的组织功能将成为决定性的因素。
第七项修炼：团队建设
要有三方面的要素才能称得上是团队：一是目标要集中，二是关系要和谐互助，三是工作方法要保持一致与适当弹性
第八项修炼：领导能力
领导技能主要是分辨部属的特性与现况、选择适当的领导风格、情绪的认知、控制与调节、激励能力、塑造共识、坚定的信念与意志力。
第九项修炼：培养部属
评鉴经理人的能力，不单单是他的工作成效，对于部属能力是否提高，也成为主管重要的职责
专业风采
作为职业经理人也要有职业经理人的样子。要赢得尊敬不仅需要成功富足，更要有专业风采。
第十项修炼：主持会议
会议是组织中互相沟通信息、交换意见以及形成决策的重要活动，如何把会开好是一件重要的事。
第十一项修炼：沟通表达
经理人的主要任务便是不断的沟通，培养清晰、精准有效的沟通表达能力，是每一位职业经理人的必备功夫。
第十二项修炼：个人管理
作为职业经理人更应有这种修炼，愿意从自己出发，不断超越自我，突破自我，以身作则，成为部属的表率。
职业经理人礼仪
做一个职场经理人，你的身上吸引了许多人的目光，要从多方面注意：
注重仪容仪表
电话礼仪
迎送礼仪
名片礼仪
介绍礼仪
握手的礼仪

图 12-58 “合格的职业经理人”演示文稿

12.4.2 制作思路

制作本例主要运用到的知识包括文本的编辑与输入、声音的插入与设置、动画的添加与设置以及为重点内容做标注。制作本例首先将为演示文稿应用主题，使整个演示文稿保持统一的风格，接着在幻灯片中输入相应的文本并对其进行编辑，然后在幻灯片中插入声音，并对幻灯片中的对象添加相应的动画，

最后放映幻灯片并为幻灯片中的重要内容添加标注。本例的制作思路如图 12-59 所示。

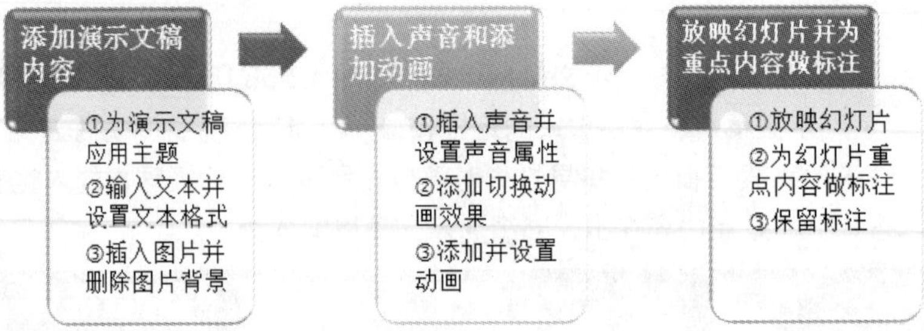

图 12-59　制作思路

12.4.3　制作过程

1. 添加演示文稿内容

下面新建一个空白演示文稿并应用主题样式，然后为演示文稿添加相应的内容，并对其格式进行设置。其具体操作如下：

Step 01 打开提供的“合格的职业经理人”演示文稿（\实例素材\第 12 章\合格的职业经理人.pptx），如图 12-60 所示。

Step 02 在第 1 张幻灯片中输入相应的文本，选择标题占位符。再选择【格式】/【字体样式】组，在“快速样式”选项栏中选择“填充-白色，投影”选项，如图 12-61 所示。

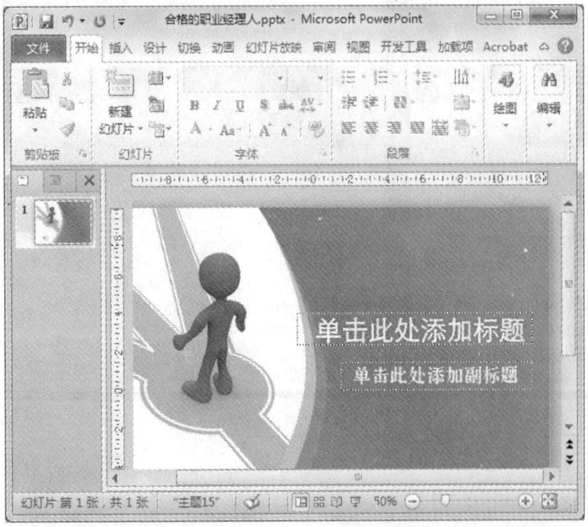

图 12-60　应用主题

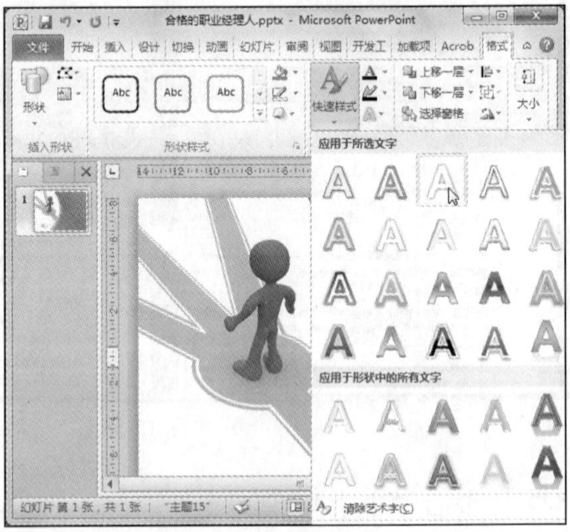

图 12-61　设置字体样式

Step 03 保持标题占位符的选择状态，将字号设置为 40，并调整占位符的位置。选择副标题占位符，将其字体设置为“方正大标宋简体”，字号设置为 28。

Step 04 新建一张幻灯片，在其中输入相应的文本，将标题占位符的字体设置为“方正准圆简体”，字号设置为 36，正文文本占位符的字体设置为“华文细黑”，字号设置为 24。

Step 05 选择所有正文文本后，选择【开始】/【段落】组，单击面板右下方的按钮，打开“段落”对话框，选择“缩进和间距”选项卡，在“间距”栏的“行距”下拉列表框中选择“1.5 倍行距”选项，单击确定按钮，如图 12-62 所示。

Step 06 选择【插入】/【图像】组，单击“图片”按钮，在打开的“插入图片”对话框中选择“商务.jpg”图片（\实例素材\第 12 章\商务.jpg），然后对图片和文本占位符的大小和位置进行调整。

Step 07 选择图片，再选择【格式】/【调整】组，单击“删除背景”按钮，当图片背景变成紫色时，调整图片中文本框的大小，单击“标记要保留的区域”按钮，如图 12-63 所示。然后在幻灯片空白处单击鼠标，删除图片的背景。

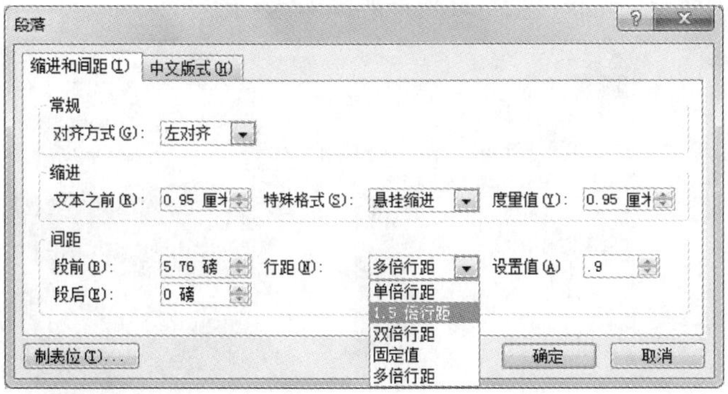
段落
缩进和间距(I)
中文版式(H)
常规
对齐方式(G): 左对齐
缩进
文本之前(R): 0.95 厘米
特殊格式(S): 悬挂缩进
度量值(Y): 0.95 厘米
间距
段前(B): 5.76 磅
段后(E): 0 磅
行距(N): 多倍行距
设置值(A): .9
单倍行距
1.5 倍行距
双倍行距
固定值
多倍行距
制表位(T)...
确定
取消

图 12-62 设置行距

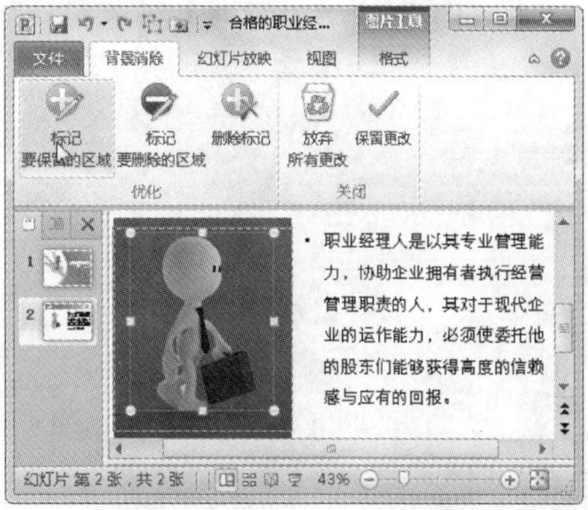
合格的职业经...
图片工具
文件
背景消除
幻灯片放映
视图
格式
标记要保留的区域
标记要删除的区域
删除标记
放弃所有更改
保留更改
优化
关闭
职业经理人是以其专业管理能力，协助企业拥有者执行经营管理职责的人，其对于现代企业的运作能力，必须使委托他的股东们能够获得高度的信赖感与应有的回报。
幻灯片 第 2 张，共 2 张
43%

图 12-63 删除图片背景

Step 08 新建一张幻灯片，在其中输入相应的文本，将输入的文本格式和段落格式设置为与第 2 张幻灯片的格式相同，如图 12-64 所示。

Step 09 幻灯片中第 2、3、4 段文本与第 2 段文本不属于一个级别，所以需对文本级别进行设置。然后同时选择第 2、3、4 段文本，按 Tab 键降低文本的级别，并将其字号设置为 20，其效果如图 12-65 所示。

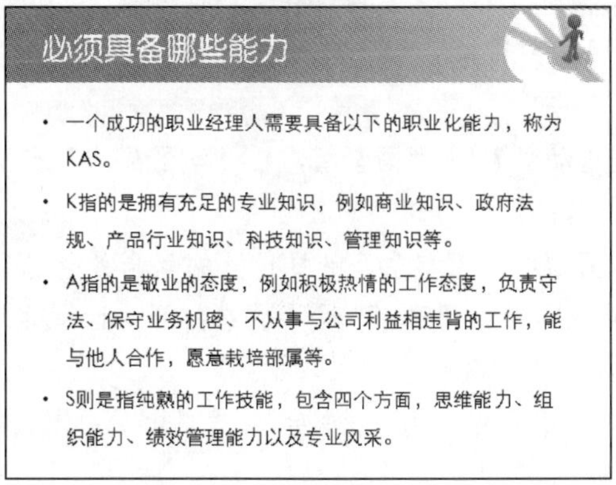
必须具备哪些能力
一个成功的职业经理人需要具备以下的职业化能力，称为KAS。
K指的是拥有充足的专业知识，例如商业知识、政府法规、产品行业知识、科技知识、管理知识等。
A指的是敬业的态度，例如积极热情的工作态度，负责守法、保守业务机密、不从事与公司利益相违背的工作，能与他人合作，愿意栽培部属等。
S则是指纯熟的工作技能，包含四个方面，思维能力、组织能力、绩效管理能力以及专业风采。

图 12-64 制作第 3 张幻灯片

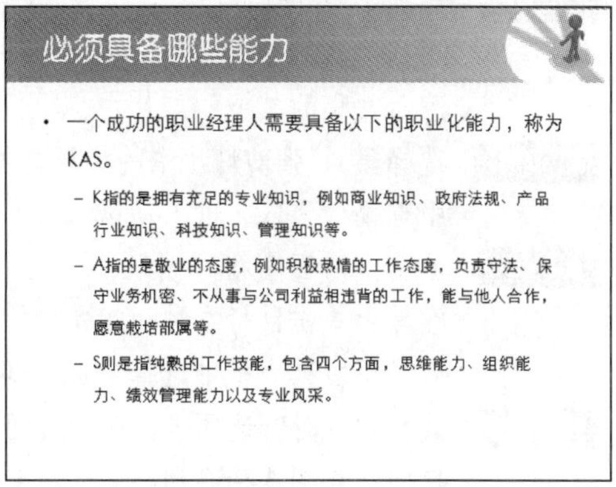
必须具备哪些能力
一个成功的职业经理人需要具备以下的职业化能力，称为KAS。
K指的是拥有充足的专业知识，例如商业知识、政府法规、产品行业知识、科技知识、管理知识等。
A指的是敬业的态度，例如积极热情的工作态度，负责守法、保守业务机密、不从事与公司利益相违背的工作，能与他人合作，愿意栽培部属等。
S则是指纯熟的工作技能，包含四个方面，思维能力、组织能力、绩效管理能力以及专业风采。

图 12-65 设置文本级别

Step 10 新建 6 张幻灯片，使用前面所讲的方法制作新建的幻灯片，并对幻灯片中文本的格式和级别进行设置。至此，完成对演示文稿内容的添加。

2. 插入声音和添加动画

下面将在第 1 张幻灯片中插入剪辑管理器中的声音文件，然后为幻灯片设置切换方案，并为幻灯片中的对象设置动画。其具体操作如下：

Step 01 选择第 1 张幻灯片后，选择【插入】/【媒体】组，单击“音频”按钮，在弹出的下拉列表中选择“剪贴画音频”选项。

Step 02 打开“剪贴画”窗格，单击搜索按钮，在列表中选择“柔和乐”选项，将选择的声音插入到幻灯片中，如图 12-66 所示。

Step 03 选择【播放】/【音频选项】组，选中☑放映时隐藏复选框，在播放时隐藏声音图标。单击“音量”按钮，在弹出的下拉列表中选择“低”选项，如图 12-67 所示。

图 12-66　插入声音

图 12-67　设置音频选项

Step 04 单击声音图标，拖动调整声音图标的位置，并对声音图标的大小进行调整。

Step 05 选择第 1 张幻灯片后，选择【切换】/【切换到此幻灯片】组，在“切换方案”选项栏中选择“百叶窗”切换方案，单击“全部应用”按钮，将此张幻灯片的切换效果应用到演示文稿的其他幻灯片中。

Step 06 选择第 1 张幻灯片中的标题文本后，选择【动画】/【动画】组，在“动画样式”选项栏中选择“飞入”进入动画。

Step 07 单击“动画窗格”按钮，在打开的“动画窗格”窗格中，选择设置的动画效果选项，在其上单击鼠标右键，在弹出的快捷菜单中选择“效果选项”命令。在打开对话框的“方向”下拉列表框中选择“自顶部”选项，如图 12-68 所示。

Step 08 选择“计时”选项卡，在“期间”下拉列表框中选择“快速（1 秒）”选项，单击确定按钮，如图 12-69 所示。

图 12-68　设置动画方向

图 12-69　设置动画计时

Step 09　使用同样的方法为副标题文本添加“弹跳”进入动画，并设置开始时间为“上一动画之后”。

Step 10　选择第 2 张幻灯片，为标题文本设置“擦除”进入动画，设置其方向为“自左侧”，开始时间为“上一动画之后”。然后为正文文本设置“画笔颜色”强调动画。

Step 11　选择动画效果列表中的第 2 个选项，在其上方单击鼠标右键，在弹出的快捷菜单中选择“效果选项”命令。在打开的对话框中选择“计时”选项卡，在“开始”下拉列表框中选择“上一动画之后”选项，如图 12-70 所示。

Step 12　选择“正文文本动画”选项卡，在“组合文本”下拉列表框中选择“按第二级段落”选项，单击 确定 按钮，如图 12-71 所示。

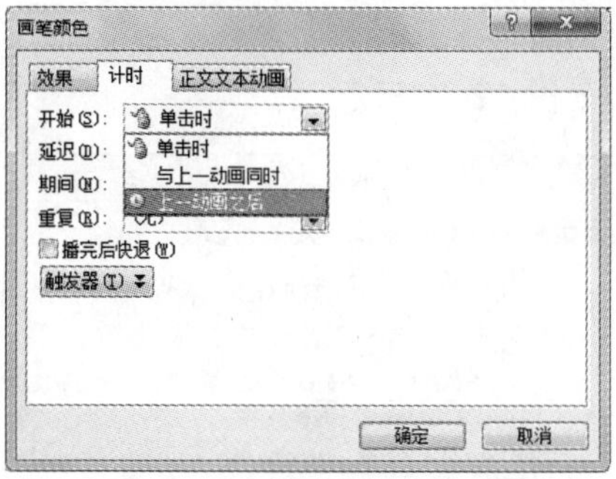

图 12-70　设置动画开始时间

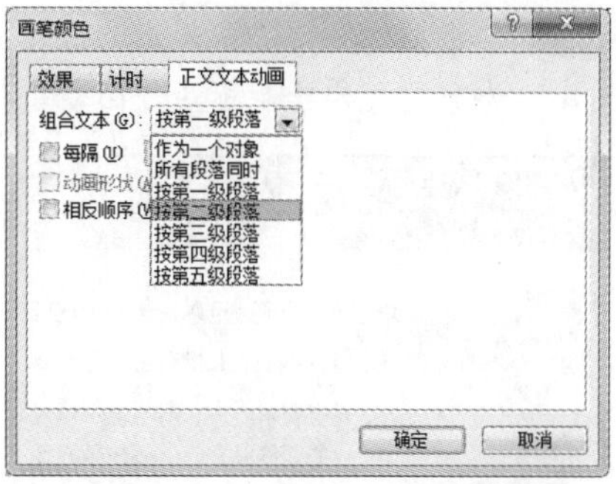

图 12-71　设置正文文本动画

Step 13　使用同样的方法为其他幻灯片中的标题文本和正文文本添加同样的动画效果。

3. 放映幻灯片并标注重点

下面将从头开始放映幻灯片，在放映的过程中在幻灯片的重点内容上用绘图笔添加标注。其具体操作如下：

Step 01　选择【幻灯片放映】/【开始放映幻灯片】组，单击“从头开始”按钮，进入幻灯片放映视图。

Step 02　单击鼠标左键，开始播放第一张幻灯片中的动画效果，再次单击鼠标切换到下一张幻灯片中。

Step 03 单击鼠标右键，在弹出的快捷菜单中选择【指针选项】/【荧光笔】命令，将绘图笔设置为荧光笔样式，如图 12-72 所示。

Step 04 单击鼠标右键，在弹出的快捷菜单中选择【指针选项】/【墨迹颜色】命令，在打开的“标准色”下拉列表中选择“绿色”选项，如图 12-73 所示。

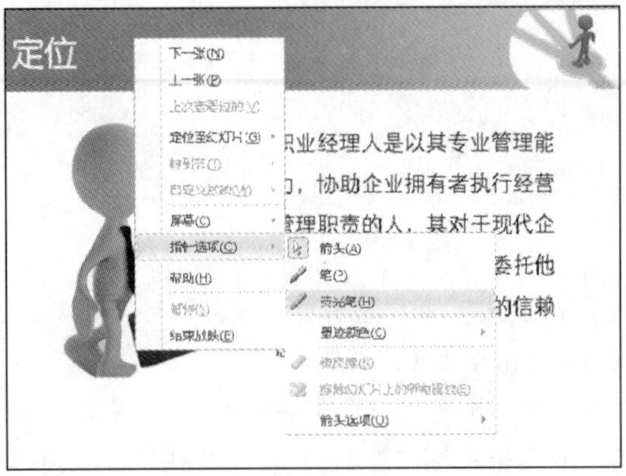
定位
下一张(N)
上一张(P)
定位至幻灯片(G)
屏幕(C)
指针选项(O)
帮助(H)
结束放映(E)
箭头(A)
笔(P)
荧光笔(H)
墨迹颜色(C)
箭头选项(O)

图 12-72　选择绘图笔

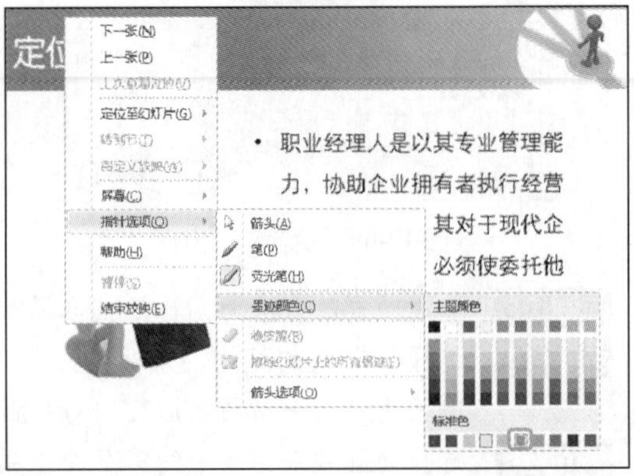
下一张(N)
上一张(P)
定位至幻灯片(G)
屏幕(C)
指针选项(O)
帮助(H)
结束放映(E)
箭头(A)
笔(P)
荧光笔(H)
墨迹颜色(C)
箭头选项(O)
主题颜色
标准色
• 职业经理人是以其专业管理能
力，协助企业拥有者执行经营
其对于现代企
必须使委托他

图 12-73　设置绘图笔颜色

Step 05 当鼠标光标变为一个小方块形状时，在第 4~6 行文字中需要绘制重点的地方拖动鼠标绘制标注，如图 12-74 所示。单击鼠标右键，在弹出的快捷菜单中选择【指针选项】/【箭头】命令恢复鼠标光标形状，单击鼠标继续放映到下一张幻灯片。

Step 06 单击鼠标右键，在弹出的快捷菜单中选择【指针选项】/【笔】命令，在第 2、3、4 段中为重要文字绘制标注，回复鼠标光标形状，如图 12-75 所示。

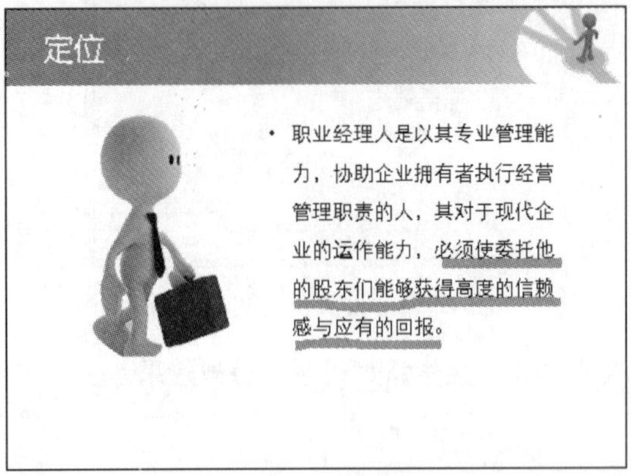
定位
• 职业经理人是以其专业管理能
力，协助企业拥有者执行经营
管理职责的人，其对于现代企
业的运作能力，必须使委托他
的股东们能够获得高度的信赖
感与应有的回报。

图 12-74　绘制标注

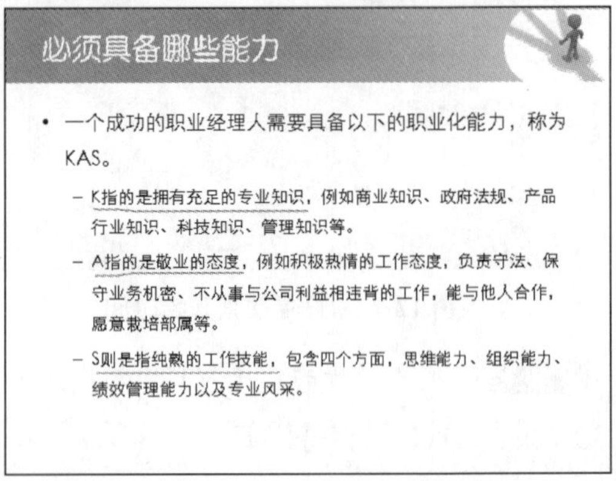
必须具备哪些能力
• 一个成功的职业经理人需要具备以下的职业化能力，称为
KAS。
– K指的是拥有充足的专业知识，例如商业知识、政府法规、产品
行业知识、科技知识、管理知识等。
– A指的是敬业的态度，例如积极热情的工作态度，负责守法、保
守业务机密、不从事与公司利益相违背的工作，能与他人合作，
愿意栽培部属等。
– S则是指纯熟的工作技能，包含四个方面，思维能力、组织能力、
绩效管理能力以及专业风采。

图 12-75　绘制标注

Step 07 单击鼠标继续放映，在最后一张幻灯片中按 Esc 键退出幻灯片放映状态，在打开的对话框中单击【保留(K)】按钮，如图 12-76 所示。

Step 08 返回幻灯片普通视图中，即可看到绘制的标注保留在幻灯片中，如图 12-77 所示。至此，完成幻灯片的放映。

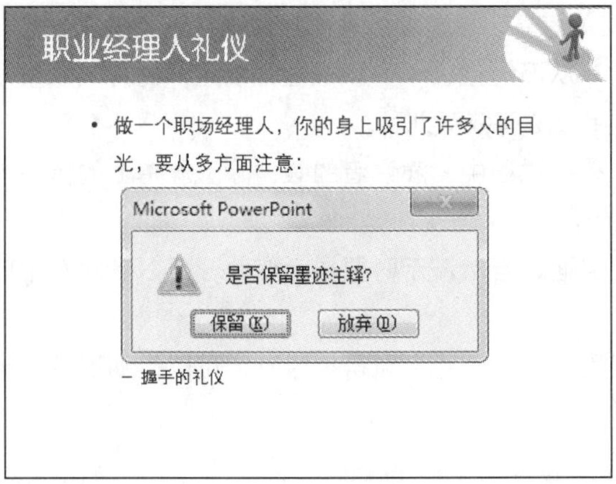
职业经理人礼仪
• 做一个职场经理人，你的身上吸引了许多人的目光，要从多方面注意：
Microsoft PowerPoint
是否保留墨迹注释?
保留(K)
放弃(D)
– 握手的礼仪

图 12-76 保留标注

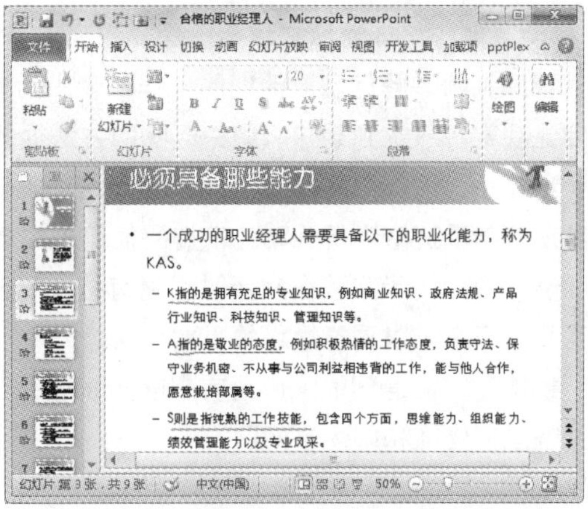
合格的职业经理人 - Microsoft PowerPoint
文件
开始
插入
设计
切换
动画
幻灯片放映
审阅
视图
开发工具
加载项
必须具备哪些能力
• 一个成功的职业经理人需要具备以下的职业化能力，称为KAS。
– K指的是拥有充足的专业知识，例如商业知识、政府法规、产品行业知识、科技知识、管理知识等。
– A指的是敬业的态度，例如积极热情的工作态度，负责守法、保守业务机密、不从事与公司利益相违背的工作，能与他人合作，愿意栽培部属等。
– S则是指纯熟的工作技能，包含四个方面，思维能力、组织能力、绩效管理能力以及专业风采。
幻灯片 第 3 张，共 9 张
中文(中国)
50%

图 12-77　查看效果

12.5　达人私房菜

私房菜 1：制作培训演示文稿的五大禁忌

：制作课件演示文稿没有什么硬性规定，应该避免哪些禁忌呢？

：制作培训演示文稿质量的好坏直接关系到观赏者所学知识的掌握程度，它也是传递信息畅通的最根本要素。幻灯片除了内容丰富外，更应该避免忌讳的因素存在，这样制作出的培训演示文稿才会完整而实际。培训演示文稿通常易犯的五大禁忌介绍如下。

参考一：内容过度丰富，通篇一律，对重点的突出不够新颖，让人看得眼花缭乱，容易分散观赏者的注意力。

参考二：培训演示文稿应该表现出严肃而大方，所以对其背景色最好采用单色，黑色字体较好，应避免五颜六色的排版。

参考三：对所阐述问题的语言应该简明扼要，避免相同的意思在同一页中多次体现，更不能通过此方法来突出或强调重点。

参考四：针对培训演示文稿每页的显示方式的变化力求新颖，每页都能给人以焕然一新的感觉，这样有助于调动受众的积极性。

参考五：培训演示文稿作用的对象是学习技能或专业知识的人员，因此在制作这类演示文稿时，不能像放电影般带着声音或者其他杂音伴随，应该让观赏者保持培训时应有的气氛。

私房菜 2：避免乏味

：优秀的演示文稿能抓住观赏者的需求，这些演示文稿往往生动活泼，不会使人出现乏味之感，那么怎样才能避免演示文稿过于乏味呢？

：制作培训演示文稿不仅是要向观赏者传递相关信息，更重要的是要抓住观赏者的需求心理，让观赏者感觉到讲解信息对他们的工作或者生活有帮助，从而调动其学习积极性，以这样的方式来演示才不会让观赏者感觉到乏味。避免乏味的方法很多，常用方法有以下几种。

参考一：通过眼神来交流，在演示培训类演示文稿的过程中，演讲者的眼神除了屏幕上的集中外演讲者还应与观赏者进行互动，来提醒他们的注意力集中。

参考二：演示文稿在演示时难免有枯燥的成分在里面，当然演示时要灵活变动，可以针对某个问题适当发散开来，以调整烦躁的心理情绪。

参考三：在遇到很难用语言来直接表述的问题或用语言来表述会显得拖沓时，可以借助形象的卡通图片来加以修饰和阐述该问题。

12.6 拓展练习

练习 1：制作电话礼仪

启动 PowerPoint 2010，为演示文稿应用 PowerPoint 自带的主题，然后新建幻灯片并在其中输入相应的文字、插入 SmartArt 图形和图片，并对其进行相应的编辑，最后为幻灯片中的对象添加动画。如图 12-78 所示为制作的演示文稿效果（\最终效果\第 12 章\电话礼仪.pptx）。

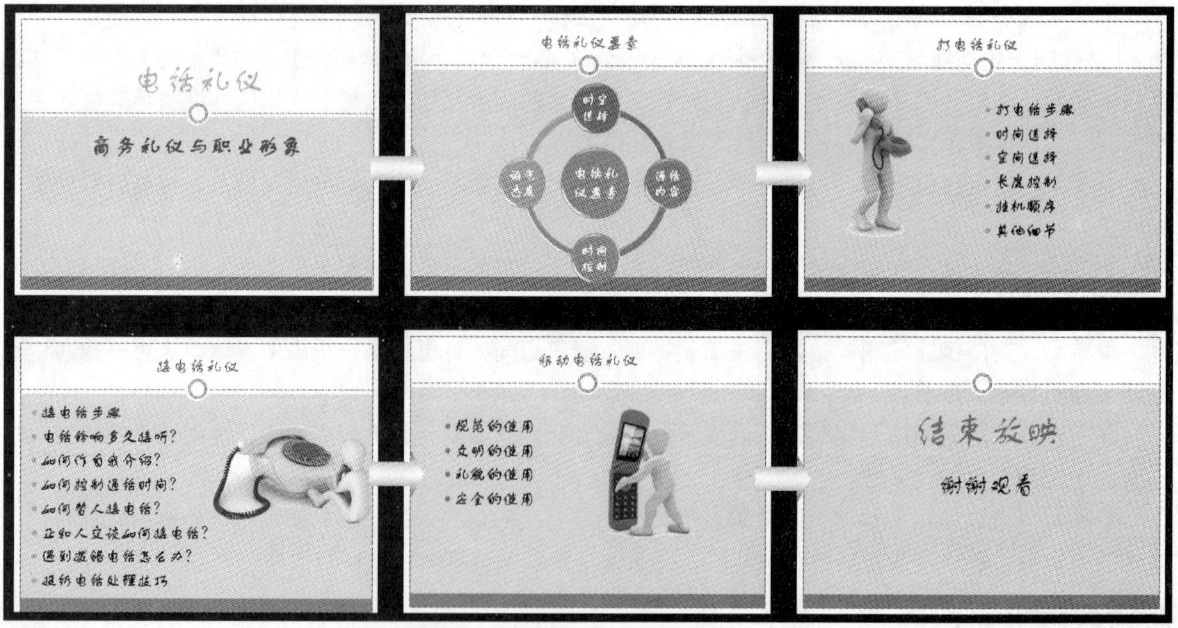
电话礼仪
商务礼仪与职业形象
电话礼仪要素
时空选择
电话礼仪要素
时间控制
打电话礼仪
打电话步骤
时间选择
空间选择
长度控制
挂机顺序
其他细节
接电话礼仪
接电话步骤
电话铃响多久接听?
如何作自我介绍?
如何控制通话时间?
如何替人接电话?
正和人交谈如何接电话?
遇到拨错电话怎么办?
投诉电话处理技巧
移动电话礼仪
规范的使用
文明的使用
礼貌的使用
安全的使用
结束放映
谢谢观看

图 12-78 制作的演示文稿效果

提示：插入 SmartArt 图形后，在演示文稿中插入“图片 1.jpg”、“图片 2.jpg”、“图片 3.jpg”图片（\实例素材\第 12 章\图片 1.jpg、图片 2.jpg、图片 3.jpg）并去除图片背景。

练习 2：制作领导力培训

打开“领导力培训.pptx”演示文稿（\实例素材\第 12 章\领导力培训.pptx），新建幻灯片并在其中输入相应的文字、插入 SmartArt 图形和图片（\实例素材\第 12 章\领导.jpg），然后对其进行编辑，接着为幻灯片中的对象添加动画效果，并对动画计时和方向进行设置。如图 12-79 所示为制作的演示文稿效果（\最终效果\第 12 章\领导力培训.pptx）。

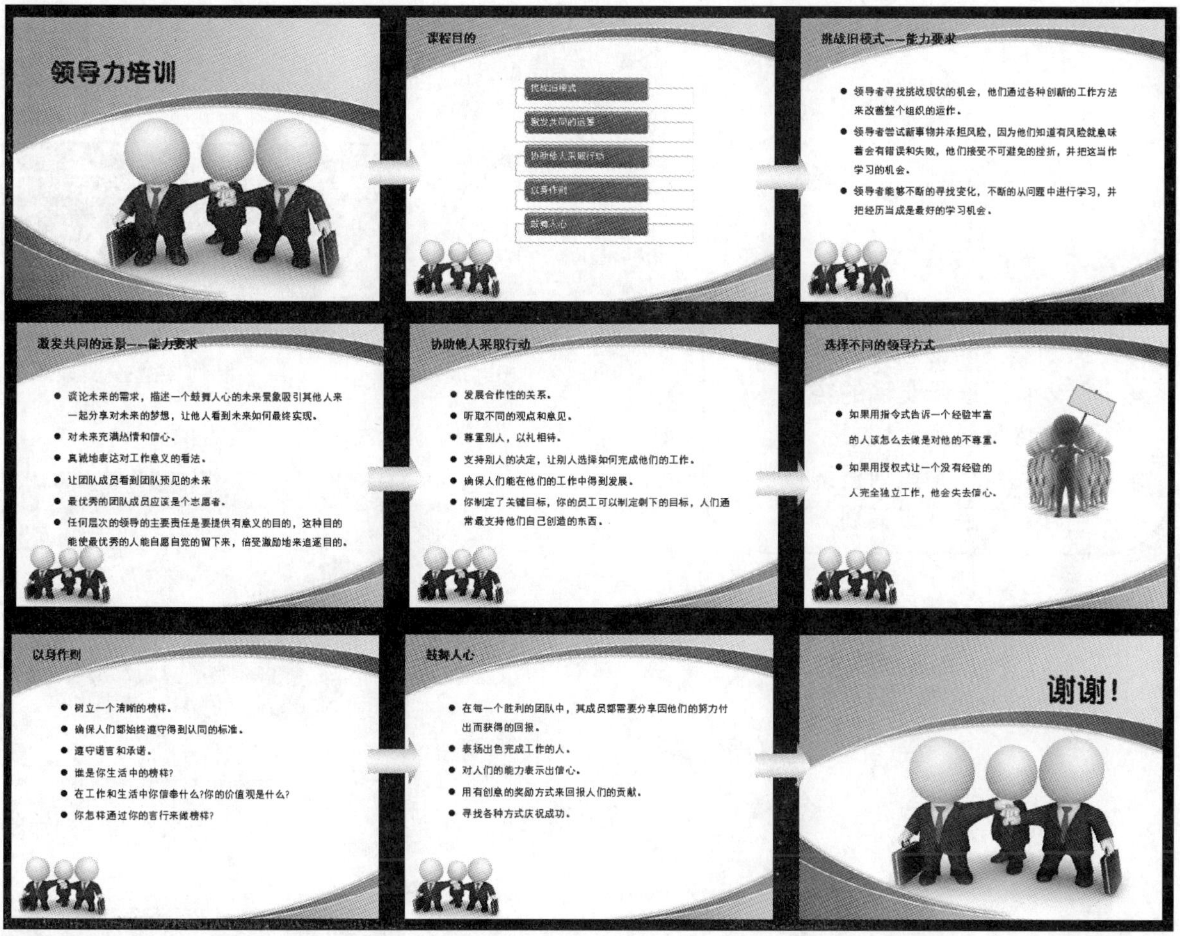
领导力培训
课程目的
挑战旧模式
激发共同的远景
协助他人采取行动
以身作则
鼓舞人心
挑战旧模式——能力要求
领导者寻找挑战现状的机会，他们通过各种创新的工作方法来改善整个组织的运作。
领导者尝试新事物并承担风险，因为他们知道有风险就意味着会有错误和失败，他们接受不可避免的挫折，并把这当作学习的机会。
领导者能够不断的寻找变化，不断的从问题中进行学习，并把经历当成是最好的学习机会。
激发共同的远景——能力要求
谈论未来的需求，描述一个鼓舞人心的未来景象吸引其他人来一起分享对未来的梦想，让他人看到未来如何最终实现。
对未来充满热情和信心。
真诚地表达对工作意义的看法。
让团队成员看到团队预见的未来
最优秀的团队成员应该是个志愿者。
任何层次的领导的主要责任是要提供有意义的目的，这种目的能使最优秀的人能自愿自觉的留下来，倍受激励地来追逐目的。
协助他人采取行动
发展合作性的关系。
听取不同的观点和意见。
尊重别人，以礼相待。
支持别人的决定，让别人选择如何完成他们的工作。
确保人们能在他们的工作中得到发展。
你制定了关键目标，你的员工可以制定剩下的目标，人们通常最支持他们自己创造的东西。
选择不同的领导方式
如果用指令式告诉一个经验丰富的人该怎么去做是对他的不尊重。
如果用授权式让一个没有经验的人完全独立工作，他会失去信心。
以身作则
树立一个清晰的榜样。
确保人们都始终遵守得到认同的标准。
遵守诺言和承诺。
谁是你生活中的榜样?
在工作和生活中你信奉什么?你的价值观是什么?
你怎样通过你的言行来做榜样?
鼓舞人心
在每一个胜利的团队中，其成员都需要分享因他们的努力付出而获得的回报。
表扬出色完成工作的人。
对人们的能力表示出信心。
用有创意的奖励方式来回报人们的贡献。
寻找各种方式庆祝成功。
谢谢！

图 12-79　制作的演示文稿效果

提示：把每张幻灯片中正文的行距都设置为“1.5 倍行距”。在设置动画计时时，除第一个动画外，其余动画的开始时间设置为“上一动画之后”。

轻松一刻

Word 是个女的，整天唠叨个不停，跟唐僧似的；Excel 是个男的，横平竖直，理性而严谨；PPT 是个老总秘书，打扮得很花哨，整天游走于各个会议室房间。

视频讲解 3段

第13章

谁更具有说服力——制作决策提案型演示文稿

★本章要点★

- 策划提案在企业中的应用
- 策划提案的创意与分类
- 策划提案演示文稿的结构
- 制作楼盘投资策划书
- 制作品牌行销策划提案
- 制作新产品上市策划

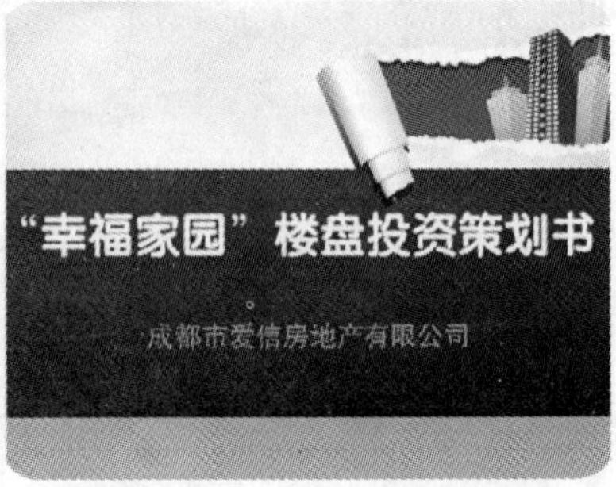

制作楼盘投资策划书

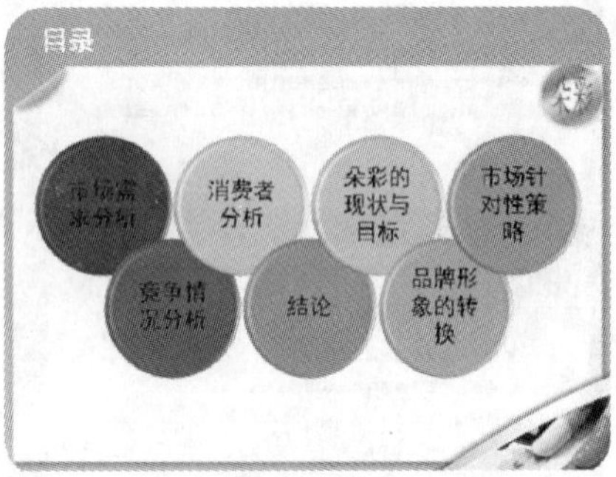

制作品牌行销策划提案

制作橘乐粒上市策划

13.1 PowerPoint 与策划提案

随着市场经济的高速发展，各行各业针对企业发展和产品推广需要制作的提案也在不断增加，这也带动了办公软件 PowerPoint 的发展。因为多媒体演示文稿在提案中发挥着重要作用，在一些大型的项目竞标、提案过程中都需要多媒体演示文稿辅助演讲者传达想法或战略。

13.1.1 策划提案在企业中的应用

各种策划提案对企业的发展非常重要，往往直接关系到企业的生存等关键问题，因此，成功的策划提案是一个企业发展必不可少的。当然，这也离不开 PowerPoint 演示文稿的辅助，在竞标或提案的过程中结合视觉效果出色、逻辑思路清晰的 PowerPoint 演示文稿，可让观众更快地获取需要的信息、明白竞争者的实力。

13.1.2 策划提案的创意与分类

制作策划提案型演示文稿最重要的就是要有创意、与众不同，还有就是根据不同的分类来进行制作。

1. 策划提案演示文稿创意

策划提案的主要目的是规划企业发展的方向和为公司赢取项目。要达到这个目的，制作的策划提案就必须吸引人，有亮点。如何才能吸引客户呢？最重要的就是创意，创意决定着成败，一个有创意的策划提案不仅可吸引客户的眼球，还能为公司赢得项目，赢取利益，推动公司的发展。因此，制作策划提案演示文稿必须有创意。

2. 策划提案演示文稿分类

策划提案演示文稿主要分为竞标演示文稿和提案演示文稿两大类，其特点如下。

- 竞标演示文稿：竞标演示文稿属于说服型演示文稿，即要让对方接受自己的方案，这种类型的演示文稿不可缺少的是根据，也就是支撑提出的方案或战略观点的条件根据。
- 提案演示文稿：提案演示文稿大致由提案的目的（问题）、为解决问题提出的解决方案以及解决方案的执行等几个部分组成。提案型演示文稿着重于讲述解决问题的具体方案，并提出优化结果、好的发展方向。

知识提示

投资提案型演示文稿的特点

投资提案型演示文稿与一般的公司介绍或产品展示不同，它需要将重点放在说明能给投资者带来多少利益。

13.1.3 策划提案演示文稿的结构

策划提案演示文稿的结构会根据演示文稿的分类不同而所有区别，竞标演示文稿结构主要包括介绍公司基本情况、公司具有的核心能力、获得竞标后采取哪些措施以及和其他公司进行比较等部分。提案演示文稿结构主要包括提出问题、解决问题、采纳什么方法以及执行方案等部分。如图 13-1 所示为竞标演示文稿和提案演示文稿结构。

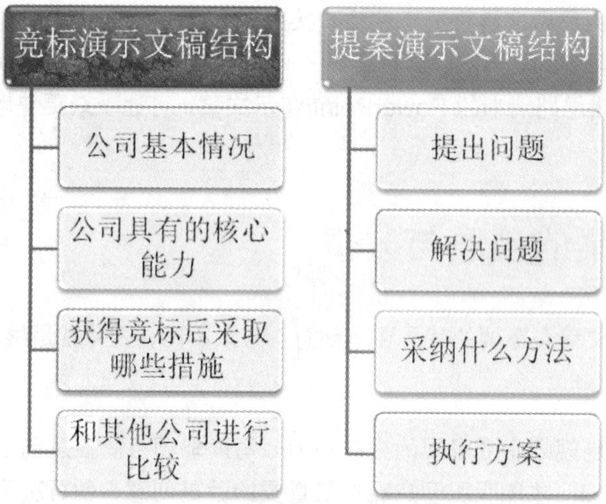

图 13-1 竞标和提案演示文稿结构

13.2 制作楼盘投资策划书

楼盘投资策划是楼盘全方位策划的关键环节，也是迈向成功的第一步。楼盘投资策划是通过对项目环境的综合考察和房地产市场调研分析，以项目为核心，针对当前的经济环境、房地产市场的供求状况、同类楼盘的现状及客户的购买行为进行调研分析，再结合项目进行分析。在此基础上，对项目进行系统准确的市场定位和项目价值发现分析，然后根据基本资料，对某项目进行定价模拟和投入产出分析，并就规避开发风险进行策略提示等。

知识提示

楼盘投资策划的主要工作

楼盘的策划主要包括前期定位、项目定位以及销售包装 3 个方面的工作，但有时会根据楼盘开发的阶段其侧重点又有所不同。

13.2.1 案例目标

本例将制作“楼盘投资策划书.pptx”演示文稿，其效果如图 13-2 所示（\最终效果\第 13 章\楼盘投资策划书.pptx）。楼盘投资策划只针对房地产项目，它是楼盘全方位策划的关键环节。本例制作的演示文稿就是一个新楼盘开发投资的策划书，该演示文稿风格统一，以文字和图片为主，排版协调。

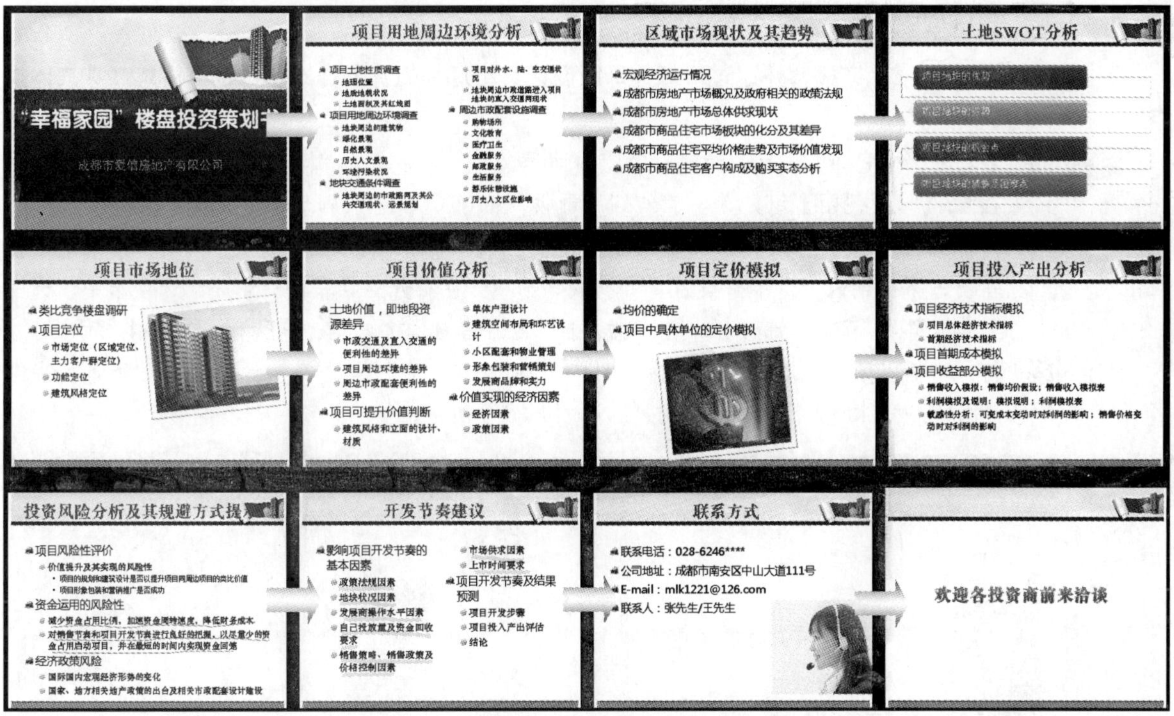
“幸福家园”楼盘投资策划书
成都市爱信房地产有限公司
项目用地周边环境分析
区域市场现状及其趋势
宏观经济运行情况
成都市房地产市场概况及政府相关的政策法规
成都市房地产市场总体供求现状
成都市商品住宅市场板块的化分及其差异
成都市商品住宅平均价格走势及市场价值发现
成都市商品住宅客户构成及购买实态分析
土地SWOT分析
项目市场地位
类比竞争楼盘调研
项目定位
功能定位
建筑风格定位
项目价值分析
土地价值，即地段资源差异
项目可提升价值判断
价值实现的经济因素
经济因素
政策因素
项目定价模拟
均价的确定
项目中具体单位的定价模拟
项目投入产出分析
项目经济技术指标模拟
项目首期成本模拟
项目收益部分模拟
投资风险分析及其规避方式提
项目风险性评价
资金运用的风险性
经济政策风险
开发节奏建议
影响项目开发节奏的基本因素
项目开发节奏及结果预测
联系方式
联系电话：028-6246****
公司地址：成都市南安区中山大道111号
E-mail：mlk1221@126.com
联系人：张先生/王先生
欢迎各投资商前来洽谈

图 13-2 “楼盘投资策划书”演示文稿效果

13.2.2 制作思路

制作本例时，首先进入幻灯片母版，在母版编辑状态下通过插入图片设置幻灯片背景样式，接着对占位符格式进行设置，然后在普通视图中通过输入文字、插入和编辑 SmartArt 图形、插入和编辑图片等操作来完善演示文稿内容，并添加切换效果和动画效果，最后设置演示文稿的排练计时和为演示文稿的重点内容添加标注。本例的制作思路如图 13-3 所示。

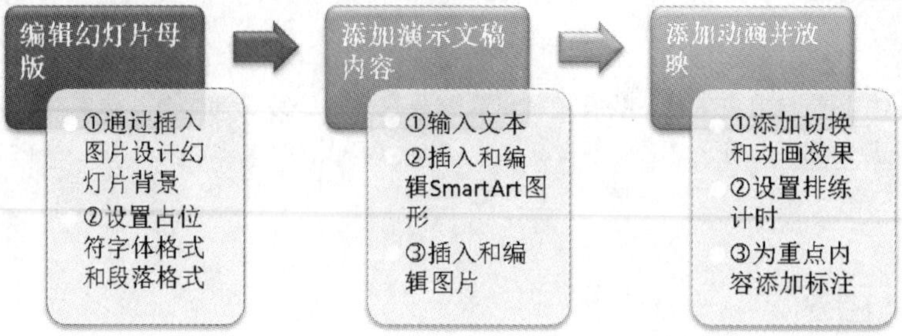

图 13-3　制作思路

13.2.3　制作过程

1. 编辑幻灯片母版

下面新建一个空白演示文稿，并通过幻灯片母版设置其幻灯片的背景样式和占位符格式。其具体操作如下：

Step 01　启动 PowerPoint 2010，新建一个空白演示文稿，并命名为“楼盘投资策划书”。选择【视图】/【母版视图】组，单击“幻灯片母版”按钮，进入到母版编辑状态。

Step 02　选择第 1 张幻灯片后，选择【幻灯片母版】/【背景】组，单击“背景样式”按钮，在弹出的下拉列表中选择“设置背景格式”选项。在打开对话框的“填充”选项卡中，选中 ◉ 图片或纹理填充(P) 单选按钮，在“插入自”栏中单击 文件(F)... 按钮，如图 13-4 所示。

Step 03　打开“插入图片”对话框，选择“图片 2.jpg”图片（\实例素材\第 13 章\楼盘投资策划书\图片 2.jpg），单击 插入(S) 按钮，如图 13-5 所示。

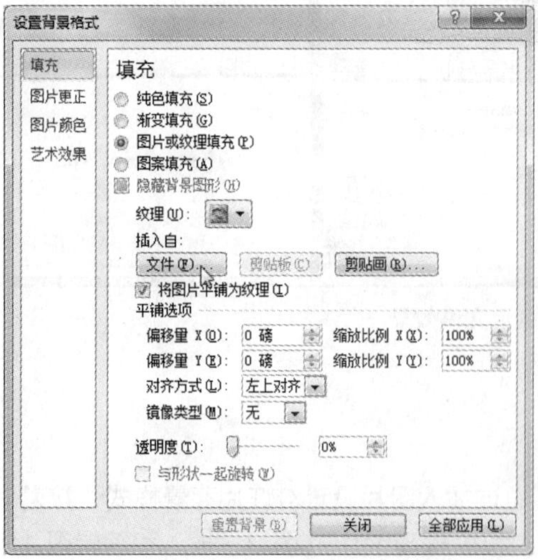

图 13-4　单击“文件”按钮

图 13-5　插入图片

Step 04 返回“设置背景格式”对话框，单击 关闭 按钮返回母版编辑区，选择第 2 张幻灯片，使用相同的方法插入“图片 1.jpg”图片（\实例素材\第 13 章\楼盘投资策划书\图片 1.jpg），其效果如图 13-6 所示。

Step 05 选择第 2 张幻灯片中的标题占位符后，选择【开始】/【字体】组，在“字体”下拉列表框中选择“方正粗圆简体”选项，在“字号”下拉列表框中选择 54 选项，如图 13-7 所示。

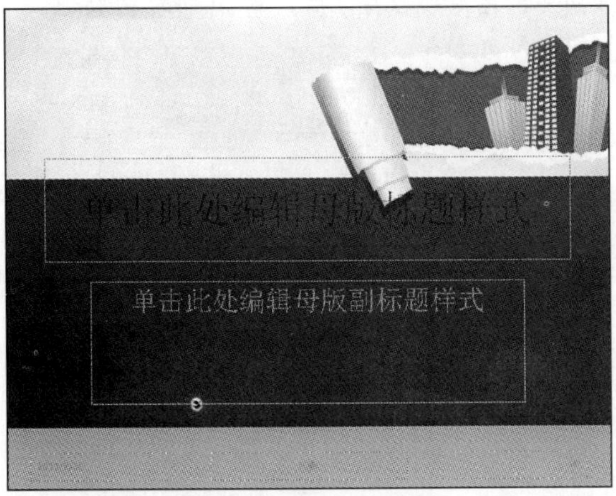

图 13-6 标题幻灯片背景

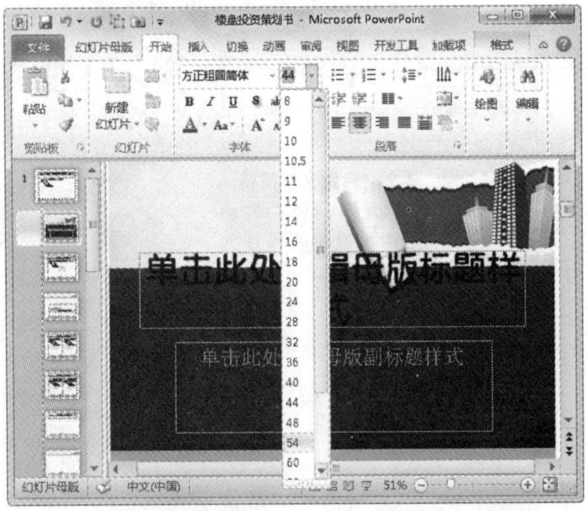

图 13-7 设置字体格式

Step 06 单击“字体颜色”按钮 A 旁的 ▾ 按钮，在弹出的下拉列表中选择“主题颜色”栏中的“白色，背景 1”选项，调整标题占位符的大小和位置，如图 13-8 所示。

Step 07 选择副标题占位符，在弹出的浮动工具栏中将副标题字体设置为“方正黑体简体”，字号设置为 32，如图 13-9 所示。

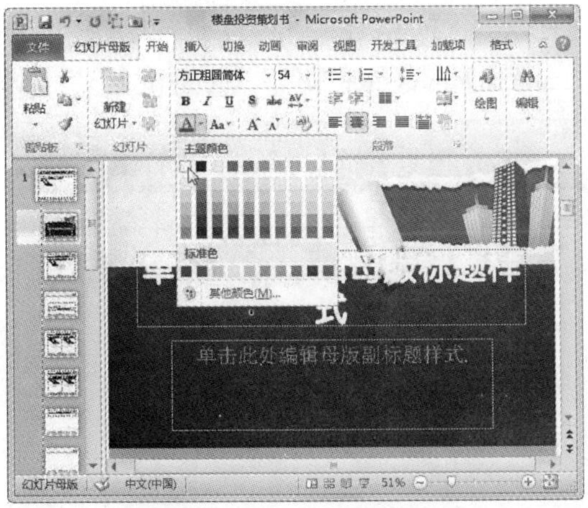

图 13-8 设置字体颜色

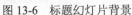

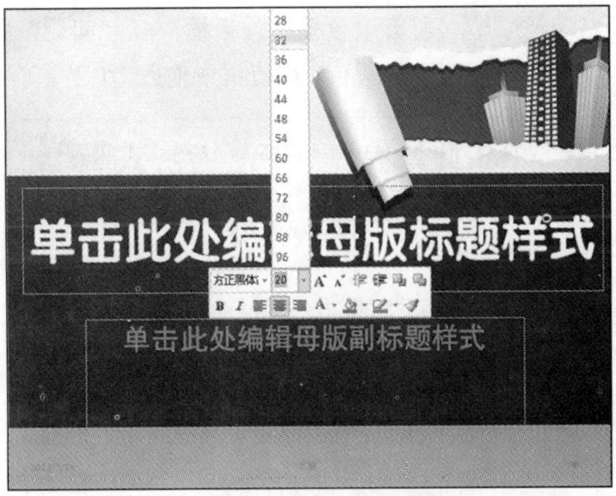

图 13-9 通过浮动工具栏设置字体格式

Step 08 选择第 1 张幻灯片标题占位符，将其字体设置为“方正大标宋简体”，字号设置为 44，字体颜色设置为“紫色，强调文字颜色 4，深色 25%”，并调整占位符位置。

Step 09 选择一级正文文本，将其字体设置为“微软雅黑”，字号设置为 28，将鼠标光标定位到一级文本前。选择【开始】/【段落】组，单击“项目符号”按钮☰ ▾，在弹出的下拉列表中选择“项目符号和编号”选项。

Step 10 打开“项目符号和编号”对话框，选择“项目符号”选项卡，单击 图片(P)... 按钮，如图 13-10 所示。

Step 11 打开“图片项目符号”对话框，在“搜索文字”文本框中输入“建筑”文本，单击 搜索(G) 按钮。在其选择列表中选择如图 13-11 所示的图片项目符号后，单击 确定 按钮。

图 13-10 单击“图片”按钮

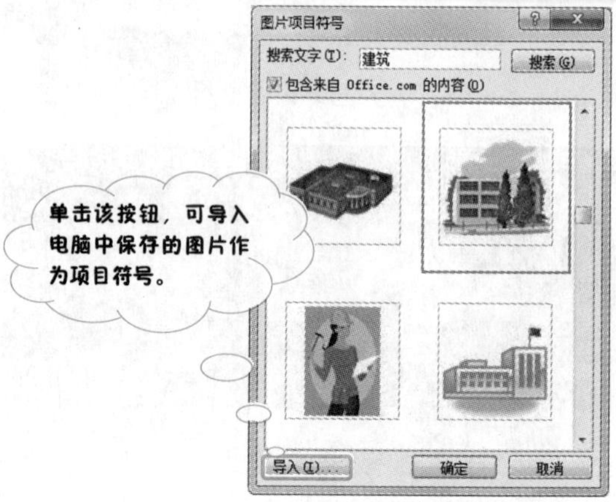

图 13-11 选择图片项目符号

Step 12 使用同样的方法将第二级文本的字体设置为“华文中宋”，字号设置为 22，项目符号设置为图片符号。

Step 13 选择所有正文文本，单击鼠标右键，在弹出的快捷菜单中选择“段落”命令，如图 13-12 所示。

Step 14 打开“段落”对话框，在“间距”栏的“行距”下拉列表框中选择“多倍行距”选项，在“设置值”数值框中输入“1.2”，单击 确定 按钮完成段落格式的设置，如图 13-13 所示。

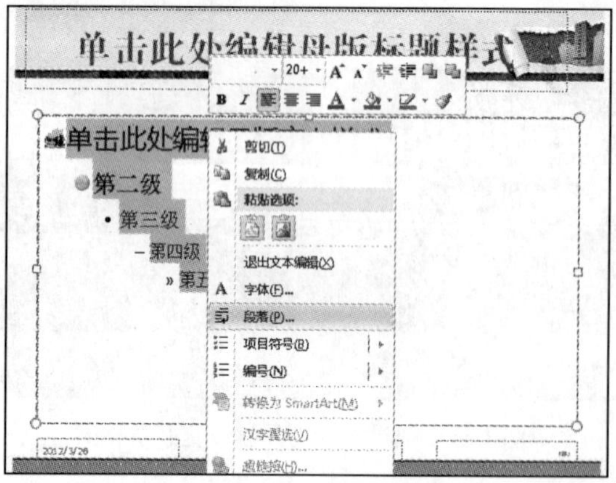

图 13-12 选择命令

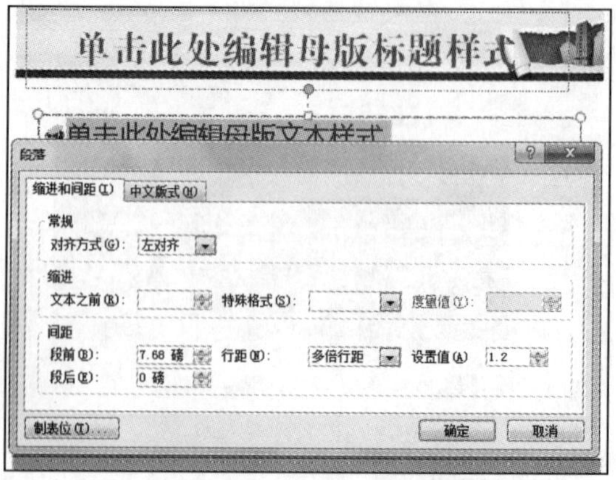

图 13-13 设置段落行距

Step 15 完成幻灯片母版的编辑后，选择【幻灯片母版】/【关闭】组，单击“关闭母版视图”按钮☒，退出母版视图的编辑状态，返回到幻灯片普通视图中。

2. 添加演示文稿内容

下面通过输入和编辑文本、插入和处理图片、插入并编辑 SmartArt 图形等操作为演示文稿添加内容。其具体操作如下：

Step 01 将鼠标光标定位于“幻灯片”窗格中，按 11 次 Enter 键插入 11 张幻灯片。选择第 1 张幻灯片，输入如图 13-14 所示的标题文本和副标题文本。

Step 02 选择第 2 张幻灯片后，选择【开始】/【幻灯片】组，单击“版式”按钮▤，在弹出的下拉列表中选择“两栏内容”选项，如图 13-15 所示。

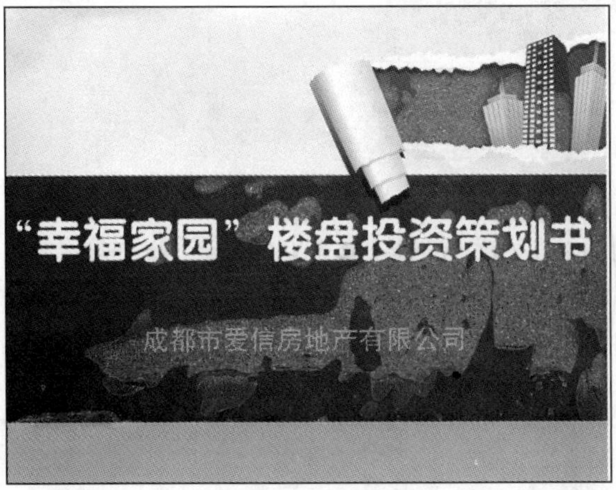

图 13-14　输入文本

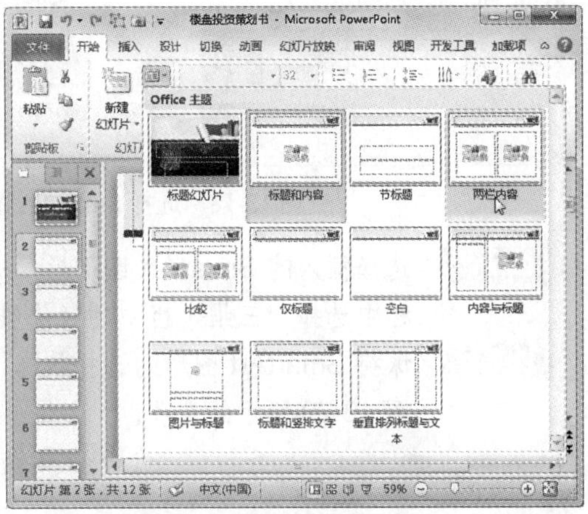

图 13-15　设置幻灯片版式

Step 03 使用相同的方法在第 2 张幻灯片占位符和第 3 张幻灯片占位符中输入相应的文本。

Step 04 选择第 4 张幻灯片，在标题占位符和正文占位符中输入相应的文本，如图 13-16 所示。

Step 05 选择所有的正文文本后，选择【开始】/【段落】组，单击“转换为 SmartArt”按钮，在弹出的下拉列表中选择“其他 SmartArt 图形”选项，如图 13-17 所示。

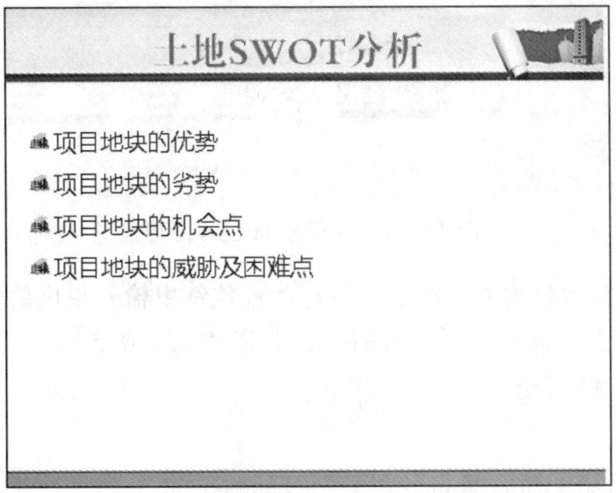

图 13-16　输入文本

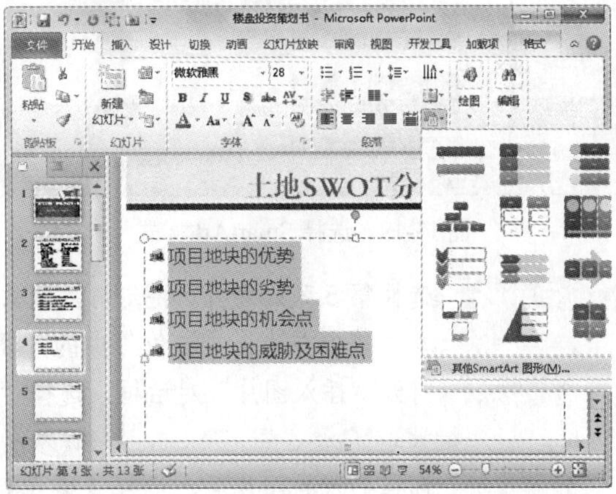

图 13-17　选择“其他 SmartArt 图形”选项

Step 06 打开“选择 SmartArt 图形”对话框，选择“列表”选项卡，在中间列表中选择“垂直框列表”选项，单击 确定 按钮，如图 13-18 所示。

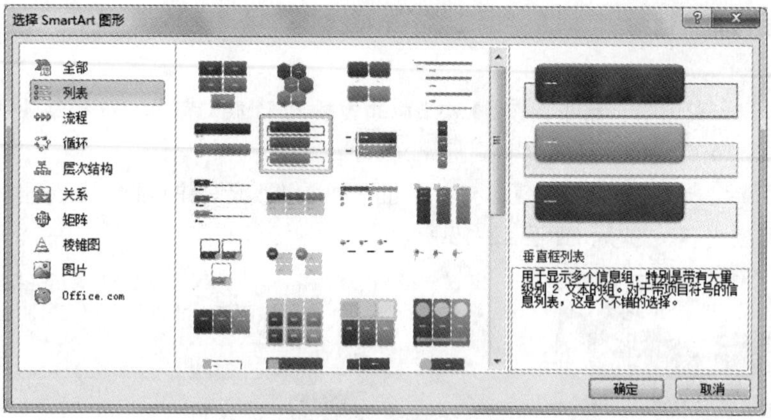

图 13-18 选择 SmartArt 图形

Step 07 选择插入的 SmartArt 图形后，选择【设计】/【SmartArt 样式】组，在“快速样式”选项栏中选择“三维”栏中的“优雅”选项，如图 13-19 所示。

Step 08 保持 SmartArt 图形的选择状态，单击“更改颜色”按钮，在弹出的下拉列表中选择如图 13-20 所示的选项。

图 13-19 选择 SmartArt 样式

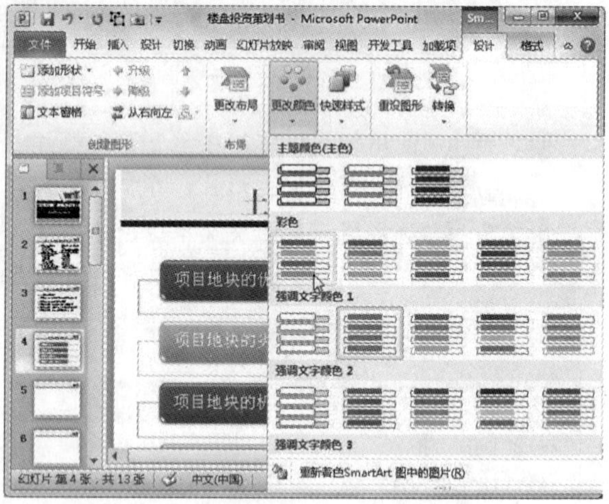

图 13-20 设置 SmartArt 图形颜色

Step 09 选择第 5 张幻灯片，将幻灯片版式设置为两栏内容，然后在幻灯片占位符中输入相应的文本。单击右边正文占位符中的“插入来自文件的图片”按钮，如图 13-21 所示。

Step 10 打开“插入图片”对话框，选择“楼盘规划 jpg”图片（\实例素材\第 13 章\楼盘投资策划书\楼盘规划.jpg），单击 插入(S) 按钮。

Step 11 选择插入的图片后，选择【格式】/【大小】组，单击“裁剪”按钮，将鼠标光标移到图片上边中间控制点上并向下拖动鼠标裁剪图片，并将图片移到相应的位置。

Step 12 选择图片后，选择【格式】/【图片样式】组，在“快速样式”选项栏中选择“旋转，白色”选项，如图 13-22 所示。

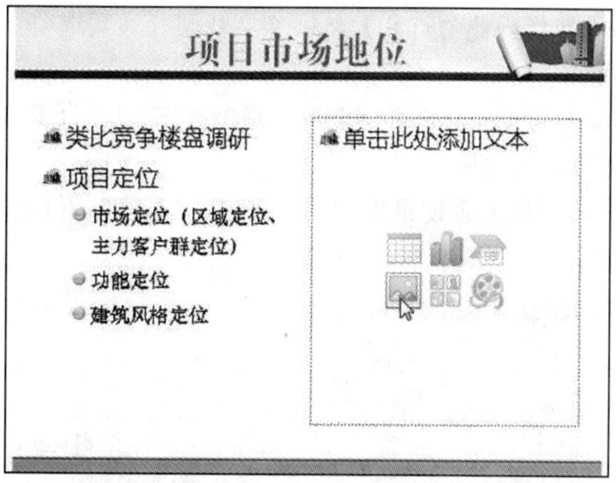

图 13-21　单击图标

图 13-22　设置图片样式

Step 13 选择第 6 张幻灯片，将幻灯片版式设置为两栏内容，再在幻灯片占位符中输入相应的文本。

Step 14 选择第 7 张幻灯片，在其中输入相应的文本，并插入“钱.jpg”图片（\实例素材\第 13 章\楼盘投资策划书\钱.jpg）。调整图片的大小和位置，然后设置图片的样式为“旋转，白色”，其效果如图 13-23 所示。

Step 15 使用前面制作幻灯片的方法制作第 8、9、10、11 张幻灯片，并在第 11 张幻灯片中插入“电话联系.jpg”图片（\实例素材\第 13 章\楼盘投资策划书\电话联系.jpg）。

Step 16 选择第 12 张幻灯片，删除正文占位符，在标题占位符中输入“欢迎各投资商前来洽谈”文本，选择输入的文本。再选择【格式】/【艺术字样式】组，在“快速样式”选项栏中选择如图 13-24 所示的选项。

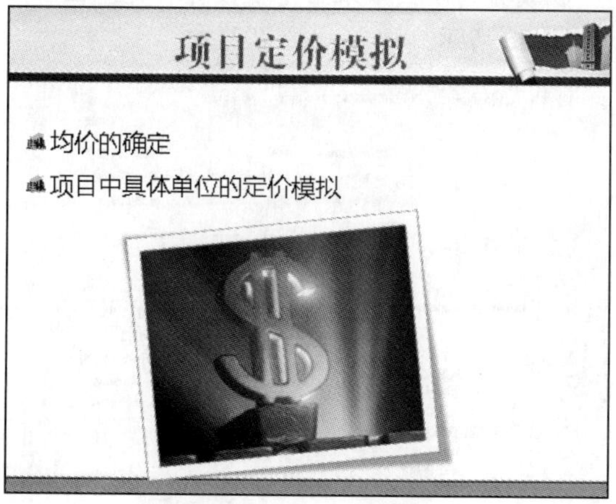

图 13-23　制作第 7 张幻灯片

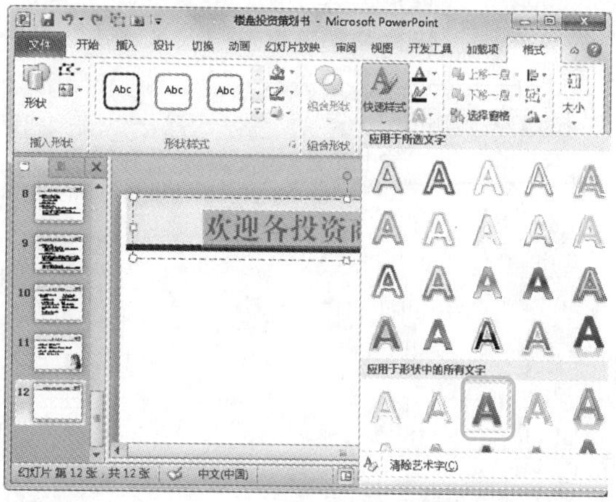

图 13-24　设置艺术字

Step 17 将鼠标移动到占位符的控制点上，拖动鼠标调整占位符的位置，完成演示文稿内容的添加。

3. 设置动画效果并放映

下面将为幻灯片设置切换效果和添加动画效果，最后设置幻灯片的放映方式。其具体操作如下：

Step 01 选择第 2 张幻灯片后，选择【切换】/【切换到此幻灯片】组，在“快速样式”选项栏中选择“库”选项，如图 13-25 所示。

Step 02 选择【切换】/【计时】组，选中☑单击鼠标时复选框，单击“全部应用”按钮，为演示文稿中的所有幻灯片设置与此幻灯片相同的切换效果。

Step 03 选择第 1 张幻灯片，使用相同的方法将其切换方案设置为“轨道”，在“声音”下拉列表框中选择“疾驰”选项，如图 13-26 所示。

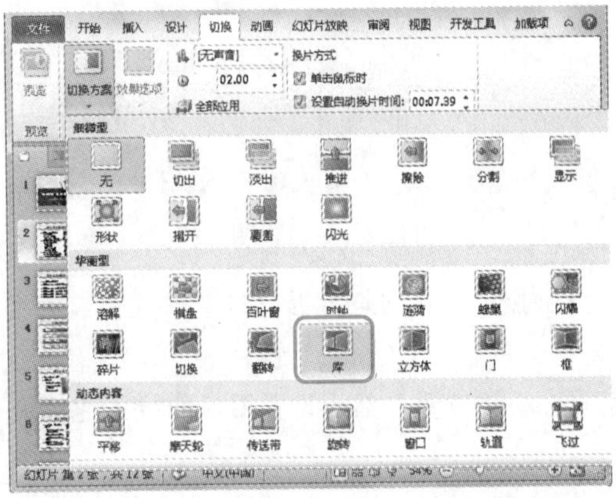

图 13-25 选择切换效果

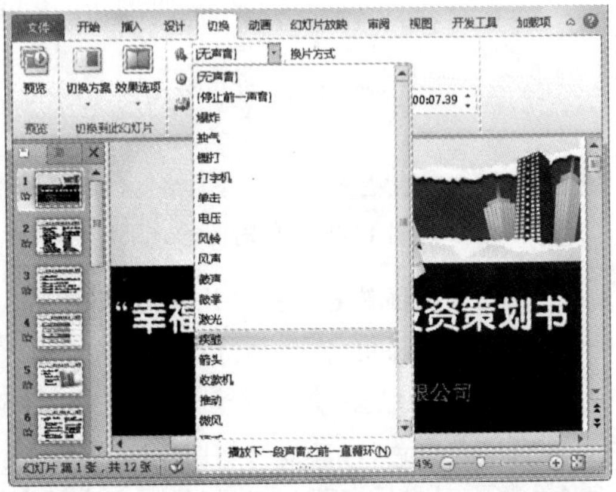

图 13-26 设置切换声音

Step 04 选择第 2 张幻灯片中的标题占位符后，选择【动画】/【动画】组，在“动画样式”选项栏中选择“擦除”进入动画，如图 13-27 所示。

Step 05 选择正文占位符，为其添加“飞入”动画。选择【动画】/【高级动画】组，单击“动画窗格”按钮，打开“动画窗格”窗格，在设置的动画效果上单击鼠标右键，在弹出的快捷菜单中选择“效果选项”命令，如图 13-28 所示。

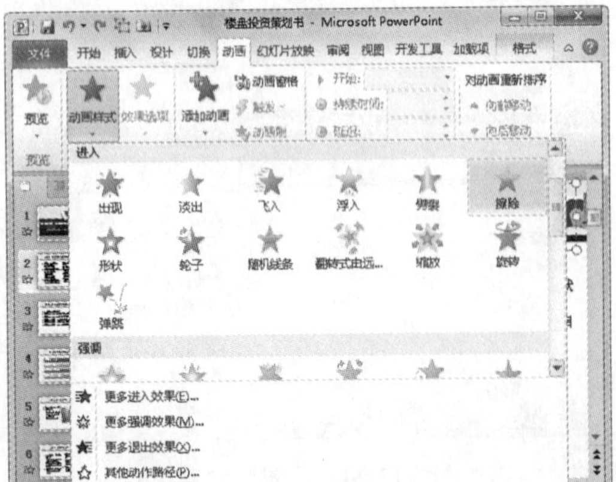

图 13-27 添加进入动画

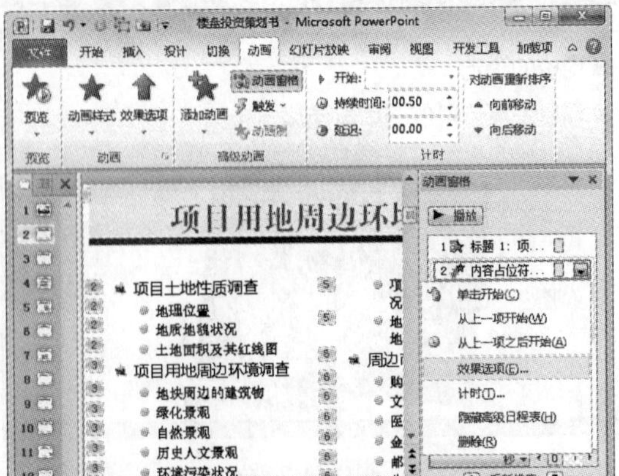

图 13-28 选择“效果选项”命令

Step 06 打开“飞入”对话框，选择“效果”选项卡，在“方向”下拉列表框中选择“自左侧”选项，如图 13-29 所示。

Step 07 选择“计时”选项卡，在“开始”下拉列表框中选择“上一动画之后”选项，在“期间”下拉列表框中选择“快速（1 秒）”选项，如图 13-30 所示。

图 13-29　设置动画效果

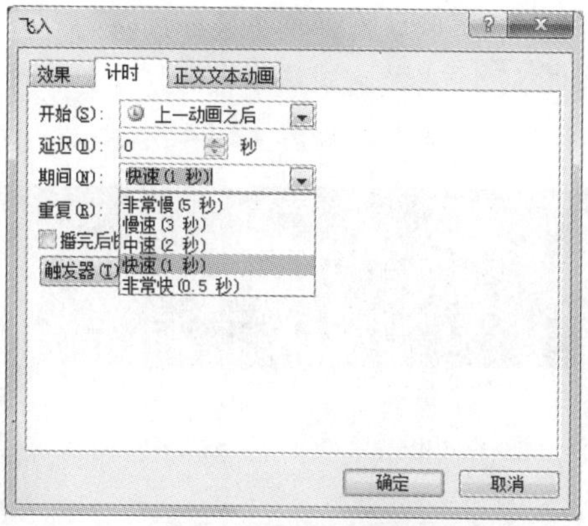

图 13-30　设置动画计时

Step 08 选择“正文文本动画”选项卡，选中☑每隔(U)复选框，在其后方的数值框中输入“1”，单击 确定 按钮，如图 13-31 所示。

Step 09 使用相同的方法为该幻灯片中的其余文本和其他幻灯片中的对象添加动画，并注意设置动画的开始时间，完成动画的添加。

Step 10 使用前面介绍的方法为其他幻灯片中的对象添加动画，并注意设置动画的开始时间，完成动画的添加。

Step 11 关闭“动画窗格”窗格，选择第 1 张幻灯片。再选择【幻灯片放映】/【设置】组，单击“排练计时”按钮，进入幻灯片放映视图。在“录制”工具栏中计算每张幻灯片播放所需要的时间，如图 13-32 所示。

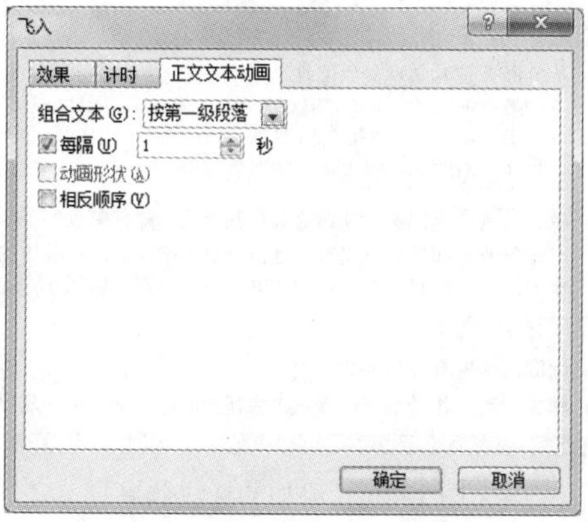

图 13-31　设置动画计时

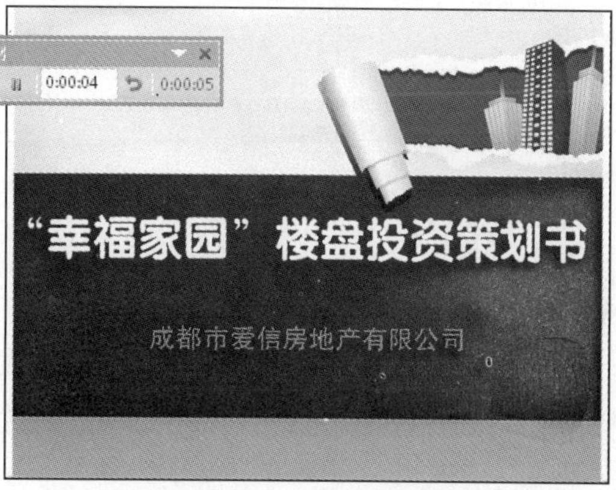

图 13-32　设置排练计时

Step 12 单击鼠标继续播放幻灯片，播放完成后按 Esc 键退出时，将打开对话框提示幻灯片播放的总时间，单击 是(Y) 按钮进行保存，如图 13-33 所示。

Step 13 进入幻灯片浏览视图，并显示每张幻灯片的播放时间。选择【视图】/【演示文稿视图】组，单击“普通试图”按钮，返回到普通视图中。

Step 14 选择【幻灯片放映】/【开始放映幻灯片】组，单击“从头开始”按钮，进入幻灯片放映状态，单击鼠标放映幻灯片。

Step 15 当放映到第 9 张幻灯片时，单击鼠标右键，在弹出的快捷菜单中选择【指针选项】/【笔】命令，如图 13-34 所示。

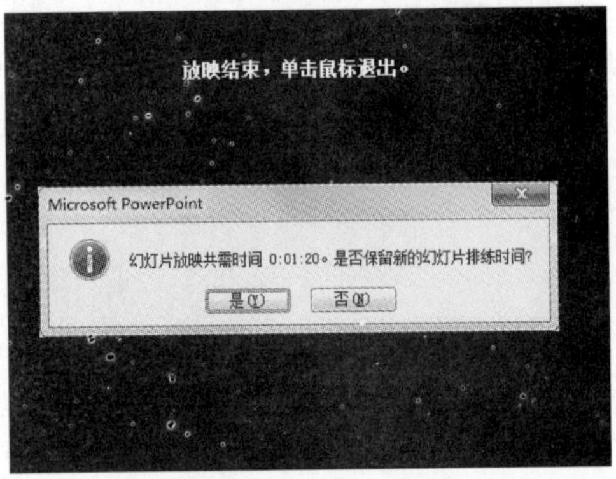

图 13-33 保存排练计时

图 13-34 选择命令

Step 16 再次单击鼠标右键，在弹出的快捷菜单中选择【指针选项】/【墨迹颜色】命令，在打开的“标准色”下拉列表中选择“绿色”选项，如图 13-35 所示。

Step 17 当鼠标光标变为一个小圆点时，在该幻灯片的重要内容位置拖动鼠标绘制标注，如图 13-36 所示。

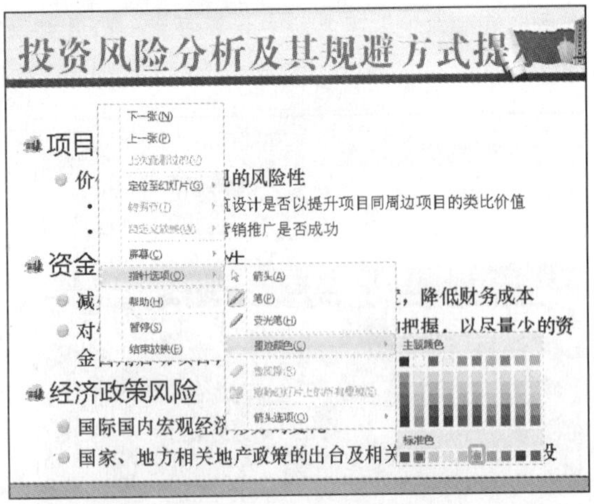

图 13-35 设置指针颜色

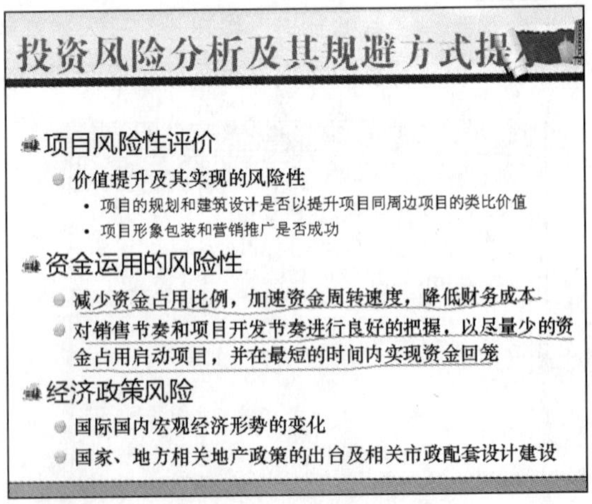

图 13-36 添加的标注效果

Step 18 继续放映幻灯片，在第 10 张幻灯片上使用荧光笔为重点内容绘制标注。然后单击鼠标右键，在弹出的快捷菜单中选择【指针选项】/【箭头】命令恢复鼠标光标形状。

Step 19　继续放映幻灯片，放映到最后一张幻灯片时单击鼠标退出放映状态，PowerPoint 将打开对话框，单击 保留(K) 按钮，将绘制的注释保留在幻灯片中。

13.3　制作品牌行销策划提案

品牌行销策划提案是针对某个名牌的营销进行的，其目的是推广产品，让更多的客户和消费者认识和购买该品牌的产品。

13.3.1　案例目标

本例将制作“品牌行销策划提案”演示文稿，其效果如图 13-37 所示（\最终效果\第 13 章\品牌行销策划提案.pptx）。本例将讲解一个品牌行销企划提案的详细制作过程。本例制作的演示文稿中的字体和背景颜色对比明显，给人醒目的效果，文字内容安排适当，整个演示文稿风格统一。

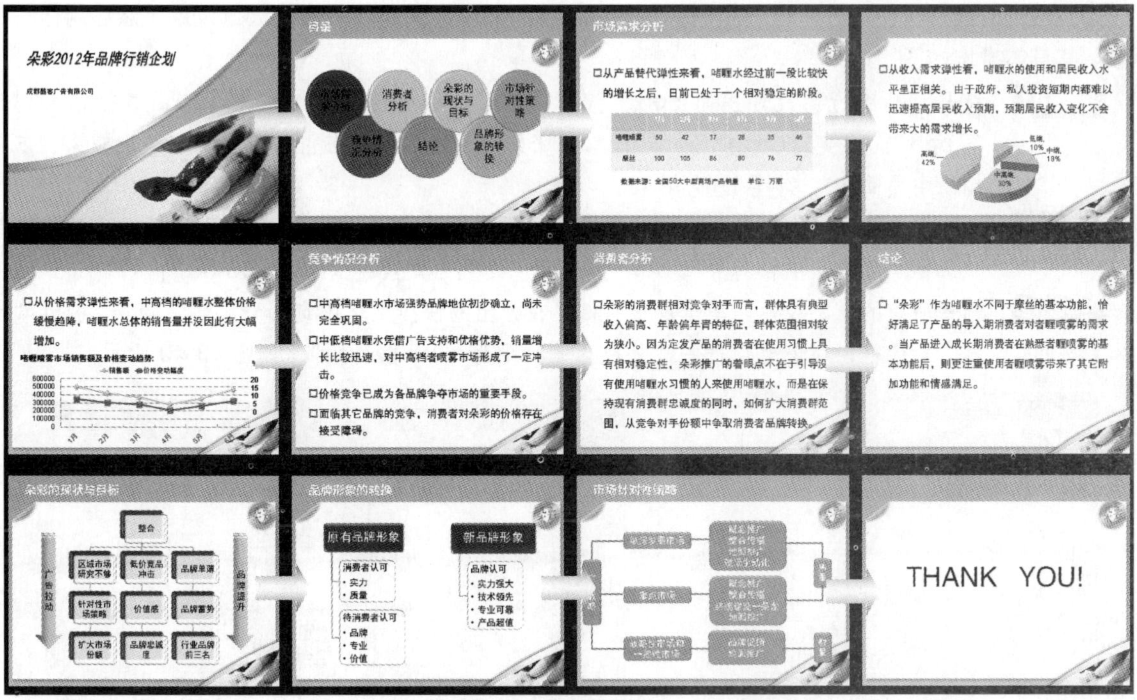

图 13-37　“品牌行销策划提案”演示文稿效果

13.3.2　制作思路

制作本例需要运用到多方面的知识，如文本的设置、SmartArt 图形、表格、图表以及形状等的运用。本例是通过幻灯片母版来设置文本字体格式和段落格式的，制作本例的难点就是绘制公司标志。其制作思路如图 13-38 所示。

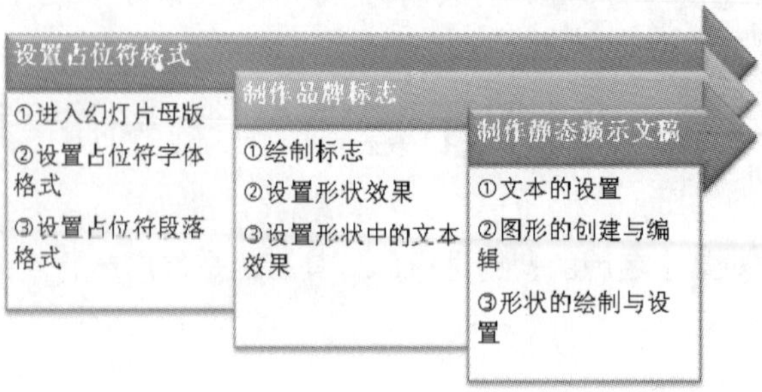

图 13-38　制作思路

13.3.3　制作过程

1. 设置格式和制作标志

打开提供的素材文件，进入幻灯片母版，对占位符的文本格式、段落格式进行设置，然后制作品牌标志。其具体操作如下：

Step 01　打开“品牌行销策划提案.pptx”演示文稿（\实例素材\第 13 章\品牌行销策划提案.pptx），切换到母版视图，选择第 1 张幻灯片中的标题占位符，将其字体设置为“方正韵动中黑简体”，字号设置为 32。

Step 02　选择一级正文文本，将其字体设置为“方正黑体简体”，字号设置为 28，项目符号设置为“加粗空心方形项目符号”，项目符号颜色设置为“紫色”，如图 13-39 所示。

Step 03　选择所有的正文段落，单击鼠标右键，在弹出的快捷菜单中选择“段落”命令，打开“段落”对话框，在该对话框中设置段落的行距为“1.5 倍行距”，如图 13-40 所示。

图 13-39　设置项目符号

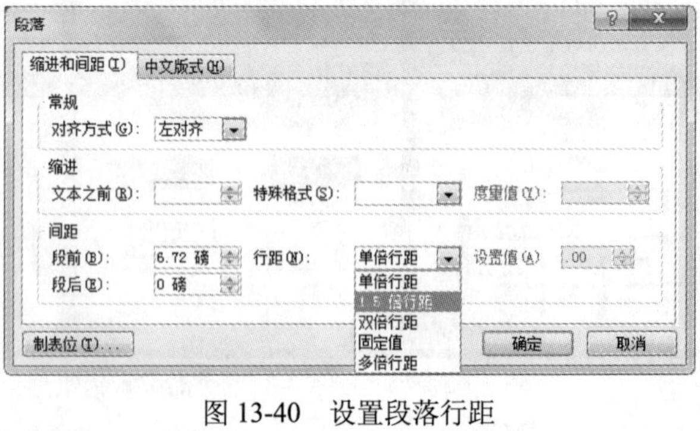

图 13-40　设置段落行距

Step 04　选择【插入】/【插图】组，单击“形状”按钮，在弹出的下拉列表中选择“同心圆”选项，如图 13-41 所示。

Step 05　当鼠标光标变为十形状时，在幻灯片右上角拖动鼠标绘制形状，绘制完成后，右击绘制的形状，在弹出的快捷菜单中选择“设置形状格式”命令，打开“设置形状格式”对话框，选择“填充”选项卡。

Step 06 选中 渐变填充(G) 单选按钮，单击“预设颜色”按钮，在弹出的下拉列表中选择“熊熊火焰”选项。

Step 07 在“类型”下拉列表框中选择“线性”选项，在“角度”数值框中输入“240°”，然后对渐变光圈的颜色和渐变长度进行设置，将形状的透明度设置为40%，如图13-42所示。

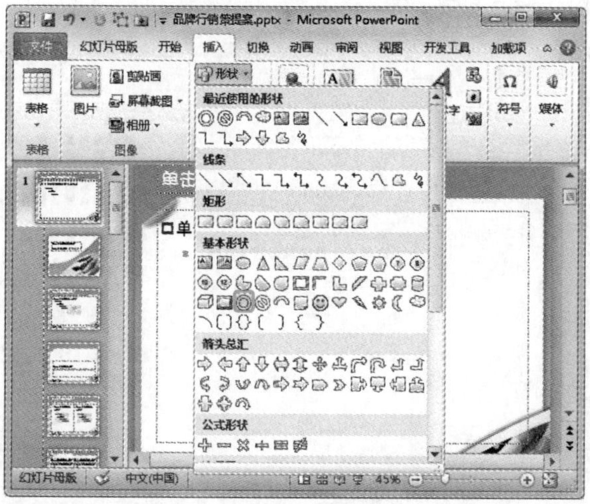

图13-41 选择形状

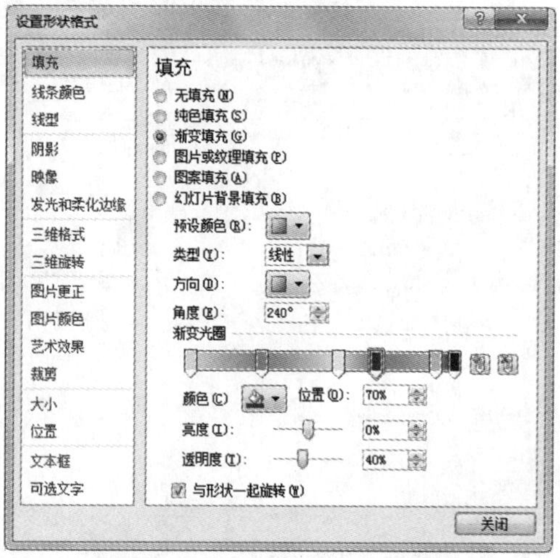

图13-42 设置形状填充效果

Step 08 选择“线条”选项卡，选中 无线条(N) 单选按钮，取消形状的边框。再选择“发光和柔化边 ”选项卡，单击“预设”按钮，在弹出的下拉列表中选择如图13-43所示的选项。

Step 09 单击“颜色”按钮，在弹出的下拉列表中选择“标准栏”中的“浅绿”选项，将透明度的值设置为64%，单击 关闭 按钮，如图13-44所示。

图13-43 设置形状发光范围

图13-44 设置发光颜色和透明度

Step 10 选择绘制的形状，单击鼠标右键，在弹出的快捷菜单中选择“编辑文字”命令，在形状中输入“朵彩”文字。

Step 11 选择【格式】/【艺术字样式】组，单击“文本效果”按钮，在弹出的下拉列表中选择“转换”选项，在其子列表的“弯曲”栏中选择如图 13-45 所示的选项。

Step 12 保持文本的选择状态，单击“文本填充”按钮旁的按钮，在弹出的下拉列表中选择“标准色”栏中的“紫色”选项，如图 13-46 所示。

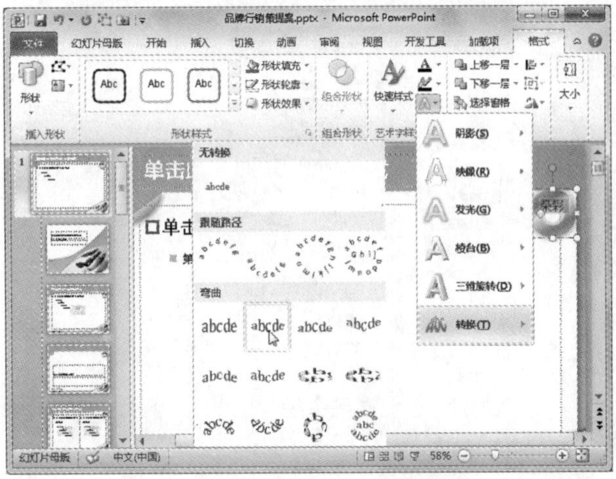

图 13-45　设置文本效果

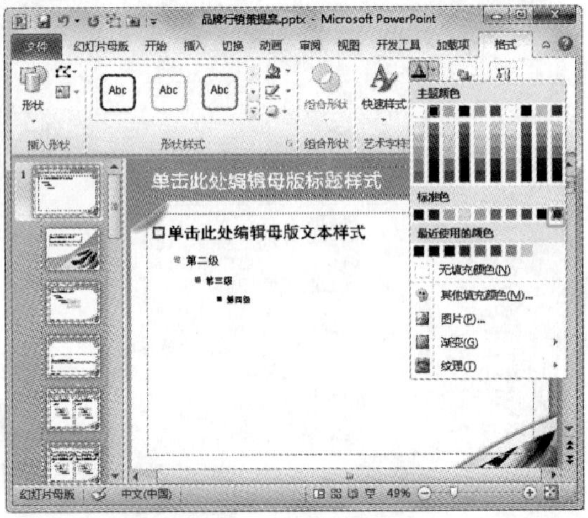

图 13-46　设置文本颜色

Step 13 完成母版的编辑后，退出母版编辑状态，返回幻灯片普通视图中。

2. 制作静态演示文稿

下面开始制作演示文稿，制作该演示文稿运用到的知识包括文本的输入、表格的创建和编辑、图表的插入与编辑、SmartArt 图形的创建与编辑、形状的绘制与编辑。其具体操作如下：

Step 01 在每张幻灯片中输入相应的内容，选择第 2 张幻灯片中的正文占位符。选择【开始】/【段落】组，单击“转换为 SmartArt”按钮，在弹出的下拉列表中选择“其他 SmartArt 图形”选项，打开“选择 SmartArt 图形”对话框，在中间列表中选择“关系”栏中的“互连圆环”选项，单击 确定 按钮。

Step 02 选择转换的 SmartArt 图形后，选择【设计】/【SmartArt 样式】组，在“快速样式”选项栏中选择“三维”栏中的“嵌入”选项，如图 13-47 所示。

Step 03 选择 SmartArt 图形中的“市场需求分析”形状后，选择【格式】/【形状样式】组，单击“形状填充”按钮旁的按钮，在弹出的下拉列表中选择“标准色”栏中的“深红”选项，如图 13-48 所示。

Step 04 使用相同的方法，为 SmartArt 图形中的其他形状设置不同的填充色。

Step 05 选择第 3 张幻灯片后，选择【插入】/【表格】组，单击“表格”按钮，在弹出的下拉列表中将鼠标拖动到如图 13-49 所示的位置。

Step 06 将鼠标光标移动到表格控制点上，当鼠标光标变成形状时，拖动鼠标移动表格到相应位置，然后在表格中输入相应的文本。

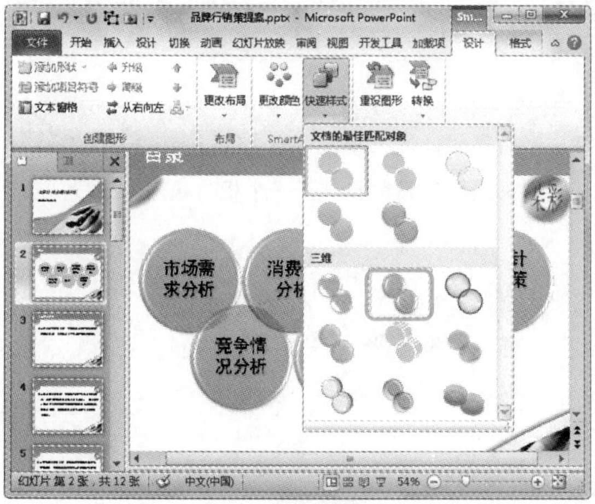

图 13-47　选择 SmartArt 样式

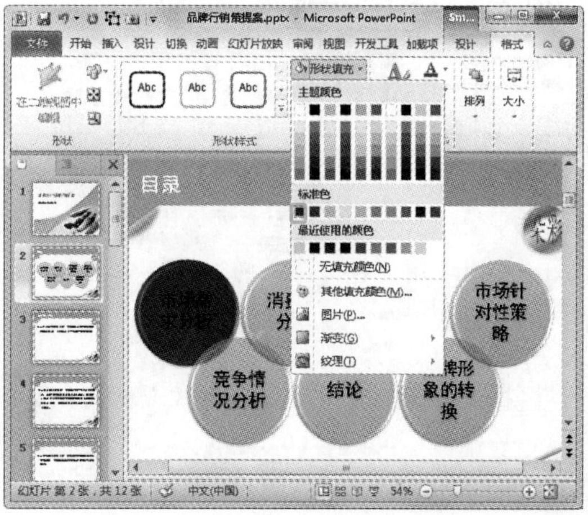

图 13-48　设置形状颜色

Step 07　选择表格中的所有文本，将其字体设置为“黑体（正文）”，根据单元格中的文本多少通过拖动鼠标来调整单元格的大小。

Step 08　选择表格中的第 1 行单元格后，选择【设计】/【表格样式】组，单击“底纹”按钮旁的按钮，在弹出的下拉列表中选择“标准色”栏中的“橙色”选项，其效果如图 13-50 所示。

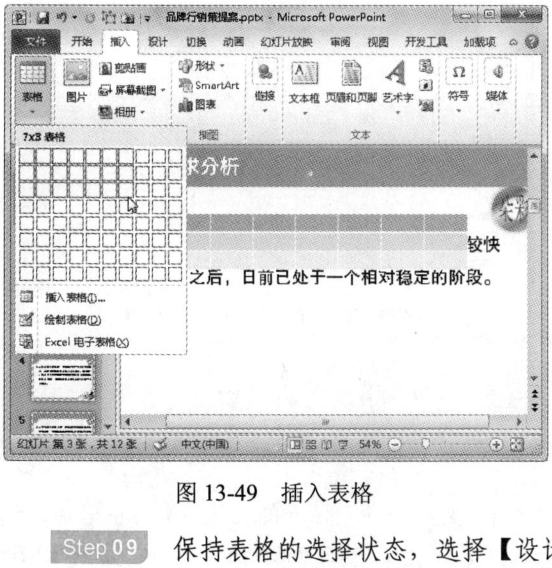

图 13-49　插入表格

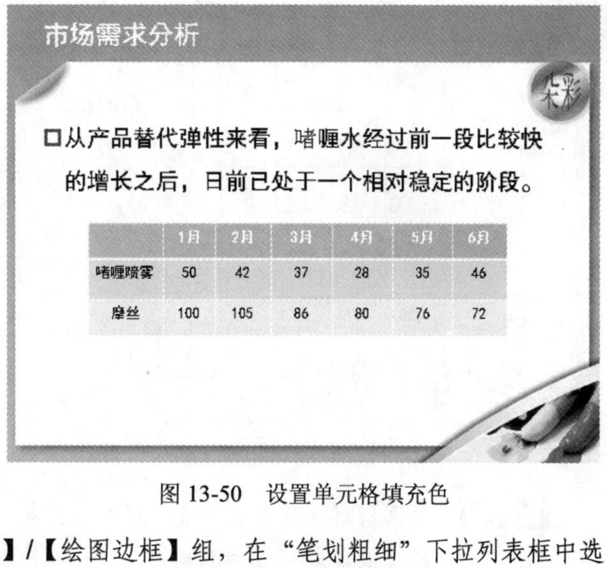
市场需求分析
从产品替代弹性来看，啫喱水经过前一段比较快的增长之后，目前已处于一个相对稳定的阶段。
1月 2月 3月 4月 5月 6月
啫喱喷雾 50 42 37 28 35 46
摩丝 100 105 86 80 76 72

图 13-50　设置单元格填充色

Step 09　保持表格的选择状态，选择【设计】/【绘图边框】组，在“笔划粗细”下拉列表框中选择“1.5 磅”选项，单击“笔颜色”按钮，在弹出的下拉列表中选择“黄色”选项。

Step 10　单击“边框”按钮旁的按钮，在弹出的下拉列表中选择“所有框线”选项，如图 13-51 所示。

Step 11　选择【插入】/【文本】组，单击“文本框”按钮，在弹出的下拉列表中选择“横排文本框”选项。在幻灯片表格下面绘制文本框，并在其中输入相应的文本，如图 13-52 所示。

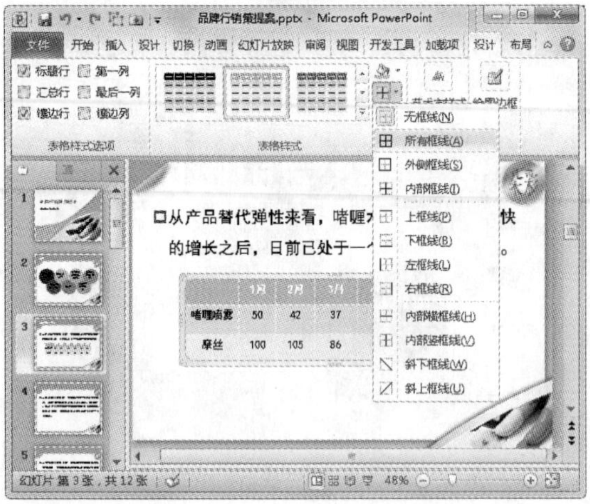

图 13-51 设置表格边框线

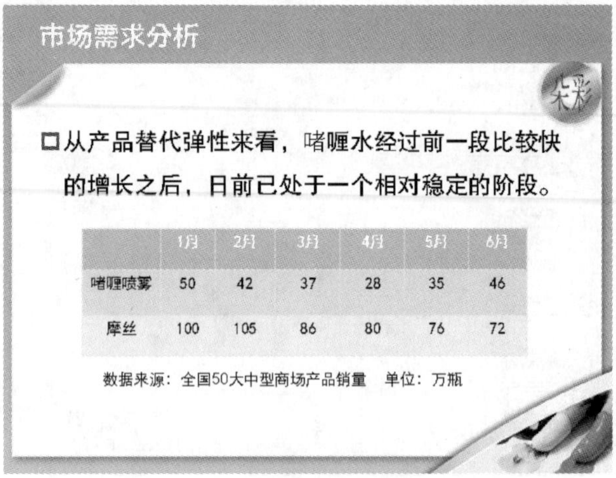

图 13-52 绘制文本框并输入文字

Step 12 选择第 4 张幻灯片后，选择【插入】/【插图】组，单击“图表”按钮，打开“插入图表”对话框，选择“饼图”栏中的“分离型三维饼图”选项，单击 确定 按钮，如图 13-53 所示。

Step 13 将自动打开 Excel 2010 表格，在表格单元格中输入如图 13-54 所示的数据后，单击窗口右上角的“关闭”按钮。

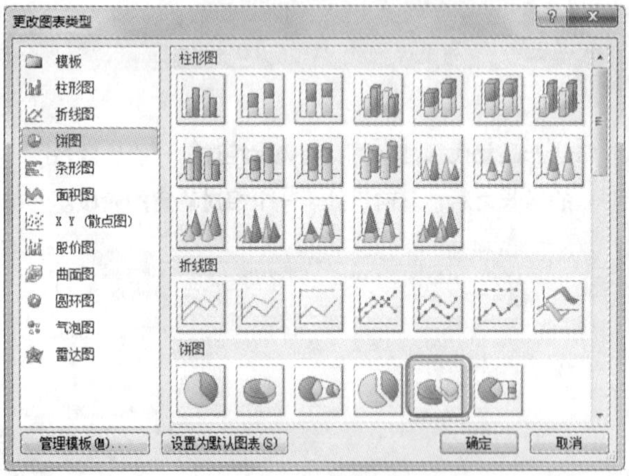

图 13-53 选择图表类型

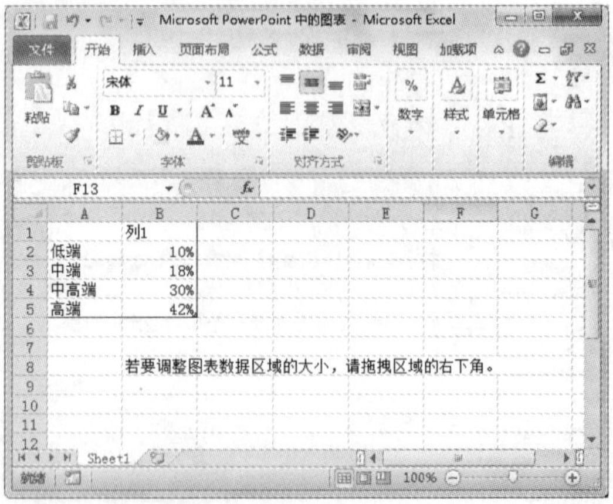

图 13-54 输入数据

Step 14 返回幻灯片普通视图中，删除图表中的“例 1”文本并移动图表的位置。选择图表后，选择【设计】/【图表布局】组，在“快速布局”选项栏中选择“布局 4”选项，如图 13-55 所示。

Step 15 选择图表中的形状，再选择【格式】/【形状样式】组，单击“形状填充”按钮旁的按钮，在弹出的下拉列表中选择“橙色”选项。

Step 16 单击“形状填充”按钮，在弹出的下拉列表中选择“棱台”选项，在其子列表中选择“松散嵌入”选项，其效果如图 13-56 所示。

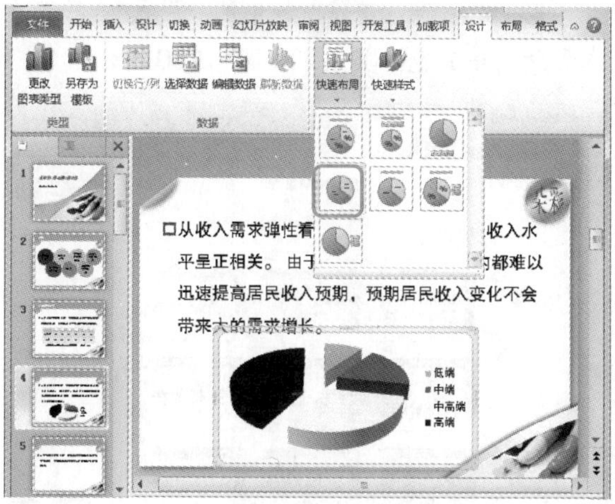

图 13-55 设置形状样式

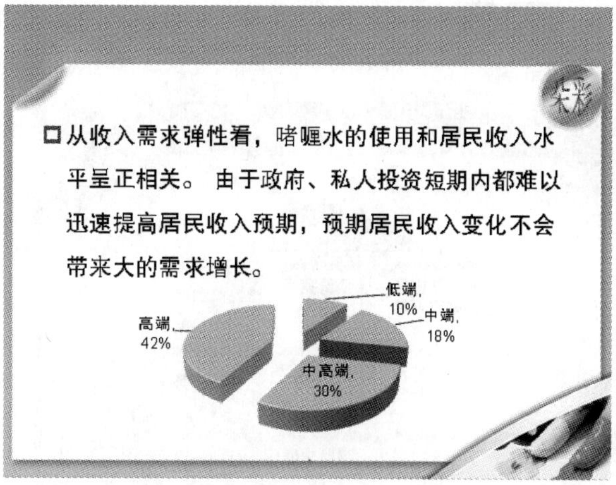

图 13-56 输入并设置文本

Step 17 使用制作第 4 张幻灯片中图表的方法在第 5 张幻灯片中插入图表，并对图表进行编辑和美化。

Step 18 选择第 9 张幻灯片，在正文占位符中单击“插入 SmartArt 图形”按钮，在打开的“选择 SmartArt 图形”对话框中选择“层次结构”SmartArt 图形，单击确定按钮。

Step 19 返回幻灯片编辑区，即可看到插入在幻灯片中的 SmartArt 图形。再在每个形状中输入相应的文本，如图 13-57 所示。

Step 20 选择“区域市场研究不够”形状，在其上单击鼠标右键，在弹出的快捷菜单中选择【添加形状】/【在后面添加形状】命令，在选择的形状后面添加一个新的形状，如图 13-58 所示。

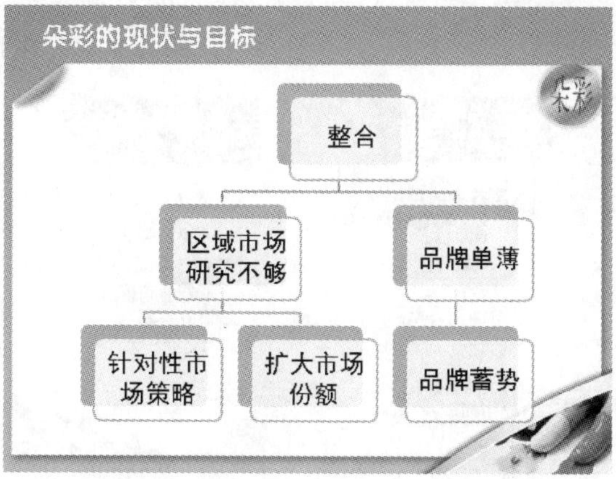

图 13-57 插入 SmartArt 图形并输入文本

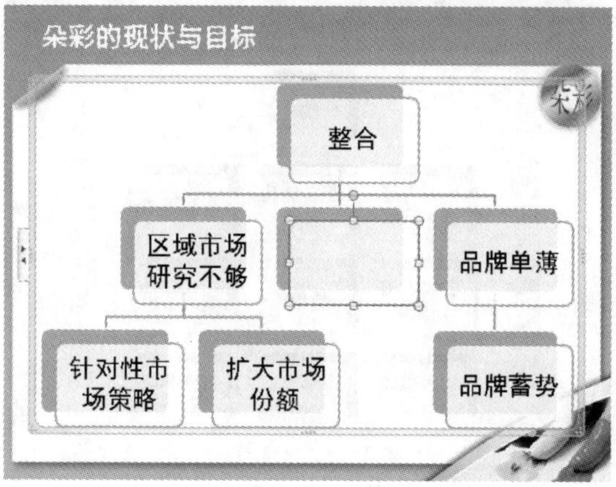

图 13-58 添加形状

Step 21 使用相同的方法，在添加的形状下方添加两个形状，在“品牌蓄势”形状下面添加一个形状，并在添加的形状中输入相应的文本。

Step 22 选择“扩大市场份额”形状后，选择【设计】/【创建图形】组，单击“降级”按钮，调整形状的级别，其效果如图 13-59 所示。

Step 23 在“SmartArt 样式”面板中设置 SmartArt 图形的样式为“三维”栏中的“嵌入”。接着在“形状样式”面板中设置 SmartArt 图形中形状的填充色，其效果如图 13-60 所示。

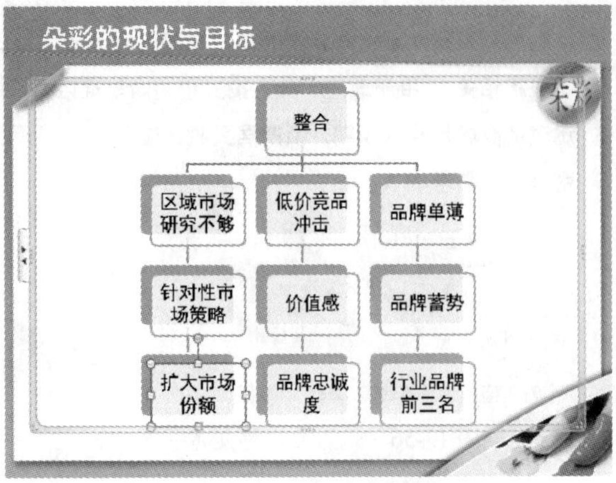

图 13-59 调整形状级别

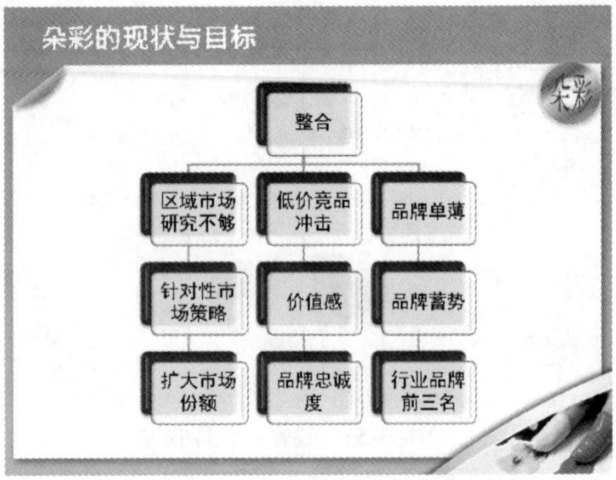

图 13-60 设置形状填充色

Step 24 在“形状”下拉列表中选择“虚尾箭头”选项，在幻灯片中绘制选择的形状，并设置形状的旋转角度，然后在“设置形状格式”对话框中设置形状轮廓为“无轮廓”，并填充为“深红色线性向下渐变”。

Step 25 在绘制的形状中输入相应的文本并设置文本格式，按住 Shift+Ctrl 组合键复制该形状到右边位置，并更改其中的文本，如图 13-61 所示。

Step 26 使用相同的方法制作第 10 张幻灯片，其效果如图 13-62 所示。

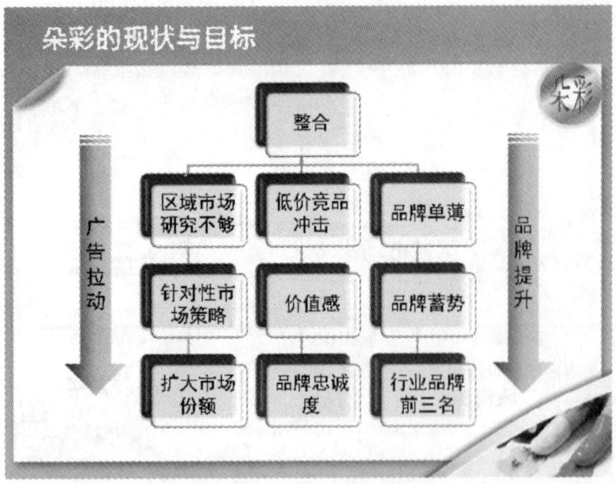

图 13-61 复制形状

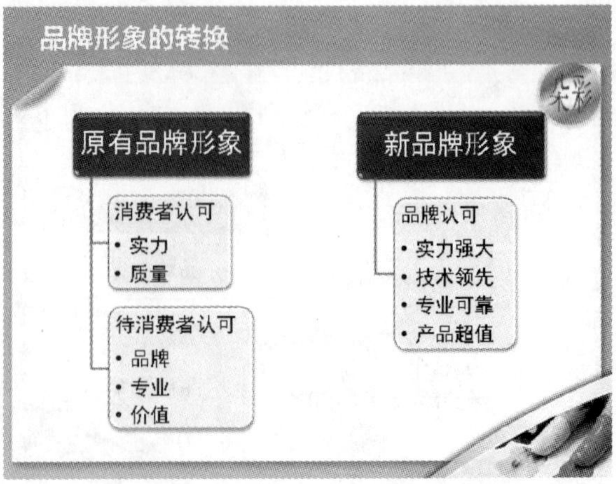

图 13-62 第 10 张幻灯片效果

Step 27 通过前面绘制形状的方法制作第 11 张幻灯片，并对绘制的形状填充色和形状效果等进行设置。至此，完成静态演示文稿的制作。

13.4　制作新产品上市策划

企业在推出某个新产品前，都会先对新上市的产品进行策划，这对于一个企业来说非常重要。它不仅会影响企业的发展，还影响产品的销量。

13.4.1　案例目标

本例将制作“橘乐粒新品上市策划”演示文稿，其效果如图 13-63 所示（\最终效果\第 13 章\橘乐粒新品上市策划.pptx、橘乐粒新品上市策划.wmv）。该演示文稿多以叙述、文本为主，通过各种图形的运用使该演示文稿的逻辑性强、条理清楚。从以下的演示文稿效果图中可以看出，演示文稿的主题背景图片体现出了新产品，这样可以很直观地看出即将上市的新产品是什么。本演示文稿主要以蓝色为主，虽淡雅但不单调。

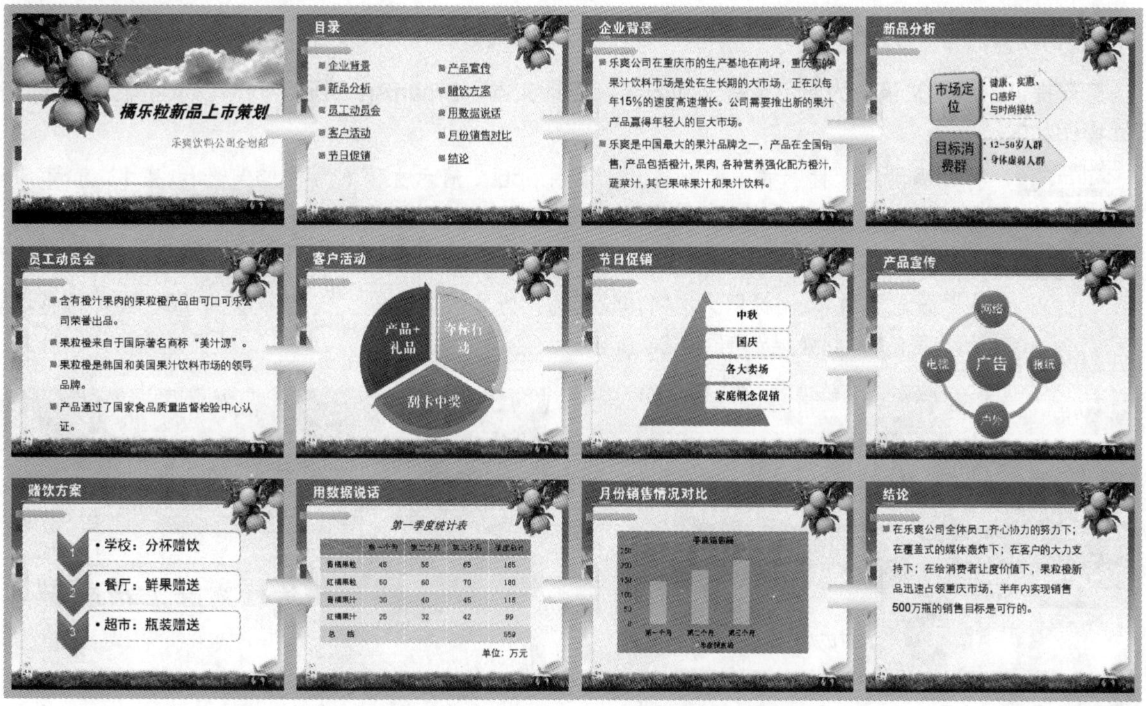

图 13-63　“橘乐粒新品上市策划”演示文稿效果

13.4.2　制作思路

制作本例主要涉及的知识是图形的应用，包括 SmartArt 图形、表格以及图表，制作该演示文稿首先是要在演示文稿的各幻灯片中输入相应的内容和插入所需的图形，接着是对幻灯片中的各对象进行相应的编辑，然后为文本添加超链接，并为幻灯片添加切换效果和为幻灯片中的对象添加动画，最后放映演示文稿，并将演示文稿创建为视频文件。本例的制作思路如图 13-64 所示。

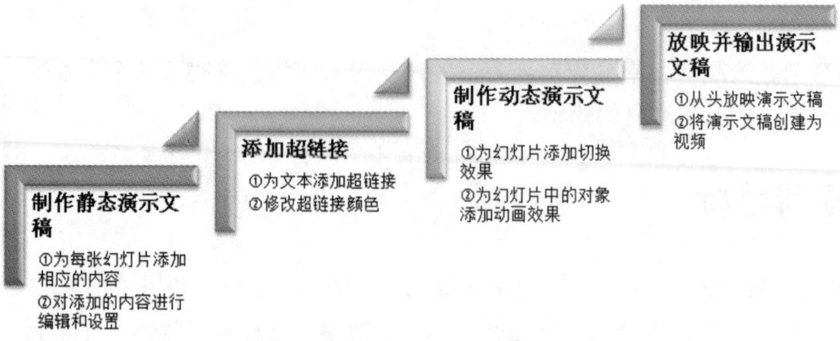

图 13-64　制作思路

13.4.3　制作过程

1. 制作静态演示文稿

打开提供的演示文稿，为演示文稿添加内容，包括文本、SmartArt 图形、表格以及图表等内容。其具体操作如下：

Step 01　打开提供的素材“橘乐粒新品上市策划.pptx”演示文稿（\实例素材\第 13 章\橘乐粒新品上市策划.pptx），新建 10 张幻灯片，如图 13-65 所示。

Step 02　选择第 1 张幻灯片，在其中输入相应的文本，将其标题文本字体设置为“方正大黑简体”，字号设置为 44，副标题文本字体设置为“方正黑体简体”，字号设置为 28，字体颜色设置为“灰色”，其效果如图 13-66 所示。

图 13-65　新建幻灯片

图 13-66　编辑第 1 张幻灯片

Step 03　选择第 2 张幻灯片后，选择【开始】/【幻灯片】组，单击“版式”按钮，在弹出的下拉列表中选择“两栏内容”选项，在幻灯片占位符中输入相应的文本，并设置文本的字体格式，如图 13-67 所示。

Step 04 选择第 3 张幻灯片，并在其占位符中输入相应的文本。选择第 2 张幻灯片中的“目录”文本后，选择【开始】/【剪贴板】组，单击“格式刷”按钮，当鼠标光标变成形状时，在第 3 张幻灯片中选择标题“企业背景”文本，对选中文本应用第 2 张幻灯片标题的格式，如图 13-68 所示。

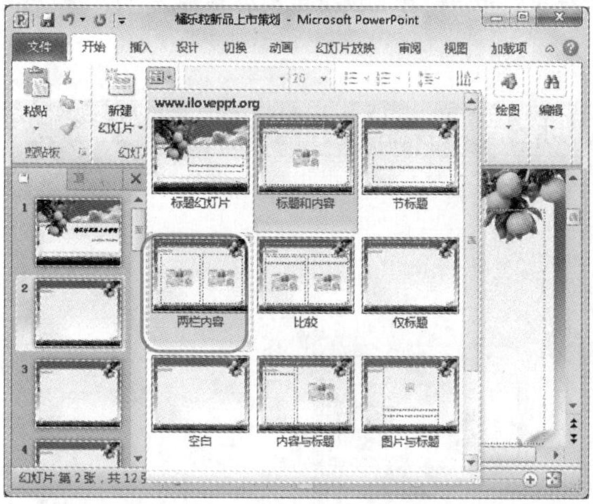

图 13-67　选择幻灯片版式

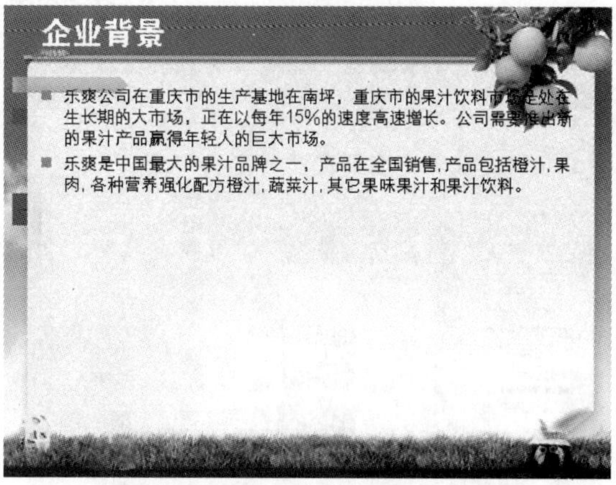

图 13-68　使用格式刷应用相同格式

Step 05 选择所有正文文本，将其字体设置为“华文细黑”。选择【开始】/【段落】组，单击按钮，在打开的“段落”对话框中选择“缩进和间距”选项卡，在“间距”栏的“行距”下拉列表框中选择“1.5 倍行距”选项，单击 确定 按钮，如图 13-69 所示。

Step 06 在第 4 张幻灯片标题占位符中输入相应的文本，并使用格式刷为该幻灯片中的标题应用第 3 张幻灯片标题的格式。

Step 07 单击幻灯片正文占位符中的“插入 SmartArt 图形”按钮，在打开的“选择 SmartArt 图形”对话框中选择“列表”栏中的“垂直箭头列表”选项，如图 13-70 所示。

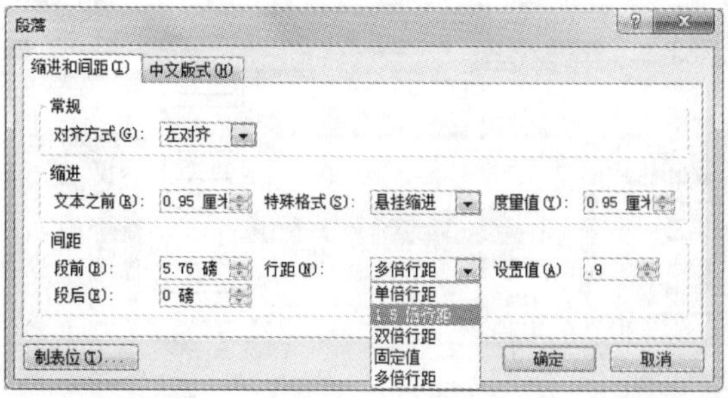

图 13-69　设置段落行距

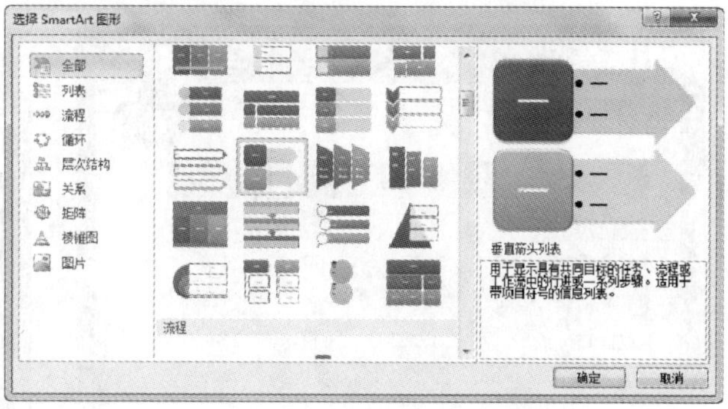

图 13-70　选择 SmartArt 图形

Step 08 在插入的 SmartArt 图形中输入相应的文本，根据需要调整 SmartArt 图形大小和位置。

Step 09 选择 SmartArt 图形后，选择【设计】/【SmartArt 样式】组，在“快速样式”选项栏中选择“三维”栏中的“金属场景”选项，如图 13-71 所示。

Step 10　在第 5 张幻灯片中输入相应的文本，然后使用格式刷为第 5 张幻灯片中的标题文本和正文文本应用第 3 张幻灯片中标题和正文文本相同的格式。

Step 11　使用制作第 4 张幻灯片的方法制作第 6、7、8、9 张幻灯片。

Step 12　在第 10 张幻灯片中输入标题文本，并设置其字体格式。单击正文占位符中的“插入表格”按钮，打开“插入表格”对话框，在“行数”和“列数”数值框中分别输入“5”和“6”，单击 确定 按钮，如图 13-72 所示。

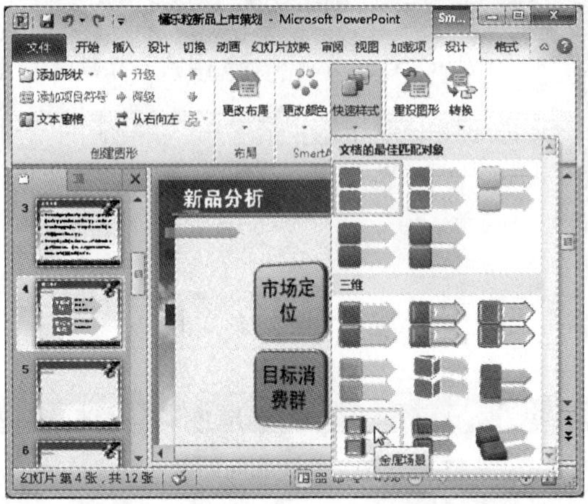

图 13-71　选择 SmartArt 样式

图 13-72　插入表格

Step 13　在插入表格的需输入数据的单元格中输入相应的数据，再将鼠标光标定位到第 1 行的第 1 个单元格中，拖动鼠标，选择表格中的所有文字，将其字号设置为 20。

Step 14　将鼠标移动到表格上，通过拖动表格上的控制点来调整表格的大小，并对表格的位置进行相应的调整，其效果如图 13-73 所示。

Step 15　选择表格后，选择【设计】/【绘图边框】组，在“笔样式”下拉列表框中选择如图 13-74 所示的选项。

图 13-73　编辑表格

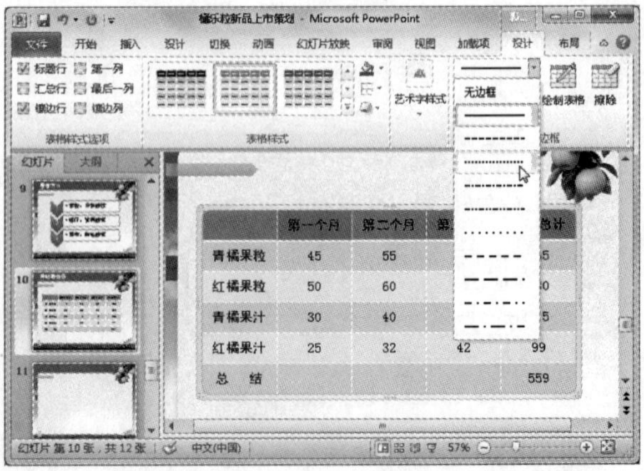

图 13-74　选择笔样式

Step 16 单击“笔颜色”按钮，在弹出的下拉列表中选择“白色，背景 1”选项，当鼠标光标变成形状时，在第 1 个单元格中绘制一条对角线。使用相同的方法在表格其他空白单元格中绘制一条对角线，其效果如图 13-75 所示。

Step 17 选择【插入】/【文本】组，单击“文本框”按钮，在弹出的下拉列表中选择“横排文本框”选项。当鼠标光标变成↓形状时，在幻灯片相应位置拖动鼠标绘制一个文本框，再在其中输入相应的文字，并设置字体格式，如图 13-76 所示。

图 13-75 绘制对角线

图 13-76 使用文本框

Step 18 选择绘制的文本框进行复制，并修改文本框中的文本和字体格式，然后调整复制的文本框大小和位置。

Step 19 在第 11 张幻灯片标题占位符中输入相应的文本，并设置与其他幻灯片相同的字体格式。在“插入”面板中单击“图表”按钮。

Step 20 打开“插入图表”对话框，选择“柱形图”栏中的“簇状柱形图”选项，单击 确定 按钮，如图 13-77 所示。

Step 21 自动打开 Excel 2010，然后在其中输入相应的数据，单击窗口右上角的“关闭”按钮，如图 13-78 所示。

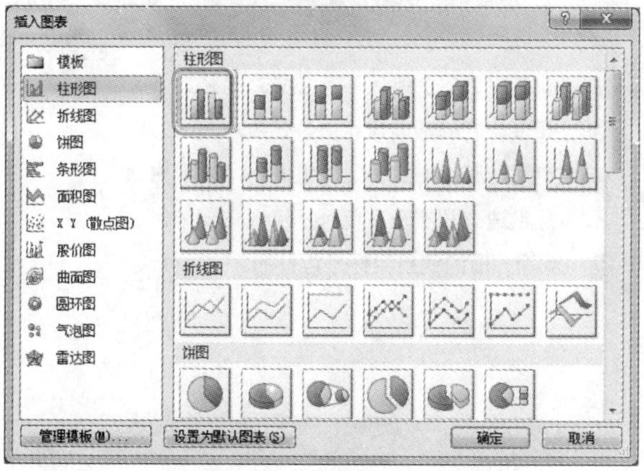

图 13-77 插入图表

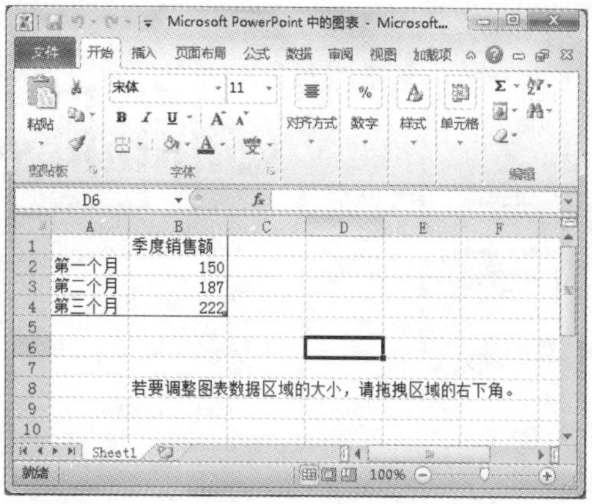

图 13-78 输入数据

Step 22 选择图表，对图表的大小进行适当调整，选择图表中的数据系列，在其上单击鼠标右键，在弹出的快捷菜单中选择“设置数据系列格式”命令，打开“设置数据系列格式”对话框。

Step 23 选择“填充”选项卡，选中 纯色填充(S)单选按钮，在“填充颜色”栏中单击“颜色”按钮，在弹出的下拉列表中选择“标准色”栏中的“浅绿”选项，单击 关闭 按钮，如图 13-79 所示。

Step 24 选择图表图例，单击鼠标右键，在弹出的快捷菜单中选择“设置图例格式”命令，在打开的“设置图例格式”对话框中选中 底部(B)单选按钮，单击 关闭 按钮，如图 13-80 所示。

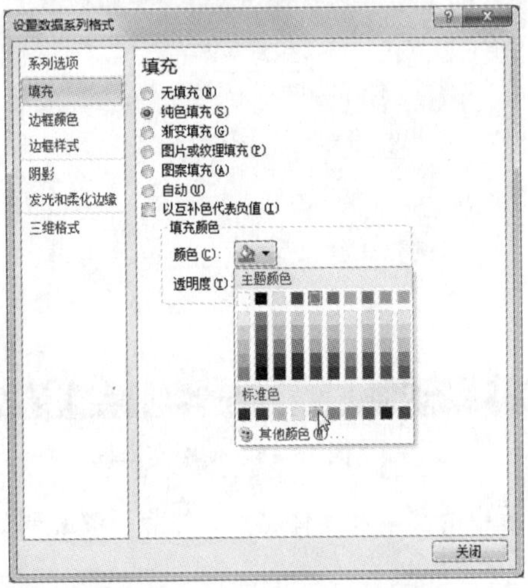

图 13-79 设置数据系列格式

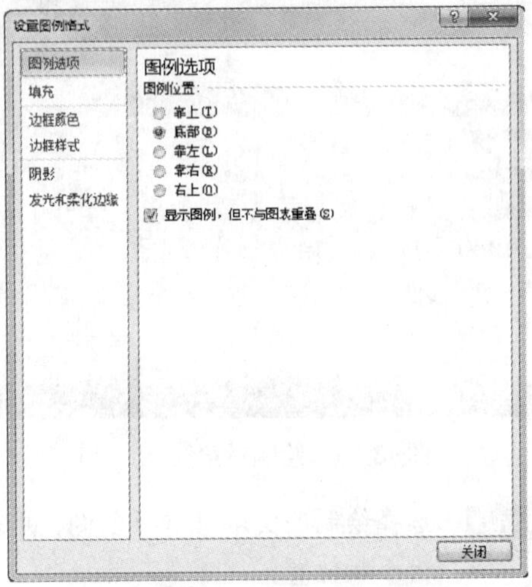

图 13-80 设置图例格式

Step 25 选择图表后，选择【格式】/【形状样式】组，单击“形状填充”按钮，在弹出的下拉列表中选择如图 13-81 所示的选项，设置图表绘图区填充色。

Step 26 选择第 12 张幻灯片，在其中输入相应的文本后，使用格式刷应用与第 3 张幻灯片相同的字体格式和段落格式，如图 13-82 所示。

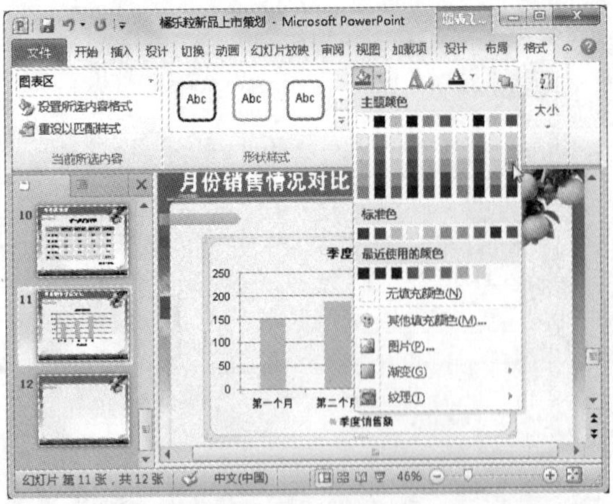

图 13-81 设置绘图区填充色

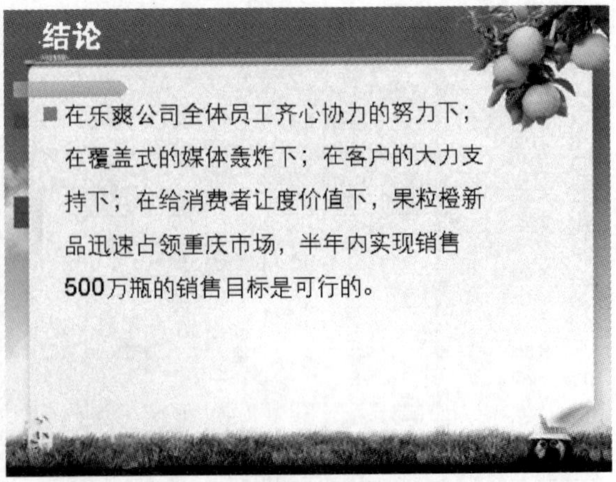

图 13-82 制作第 12 张幻灯片

2. 添加超链接

下面为第 2 张幻灯片中的文本设置超链接，使其链接到演示文稿中的其他幻灯片中。其具体操作如下：

Step 01 选择第 2 张幻灯片后，选择“企业背景”文本，单击鼠标右键，在弹出的快捷菜单中选择“超链接”命令，如图 13-83 所示。

Step 02 打开“插入超链接”对话框，单击“本文档中的位置”按钮，在“请选择文档中的位置”列表框中选择“3. 企业背景”选项，如图 13-84 所示。

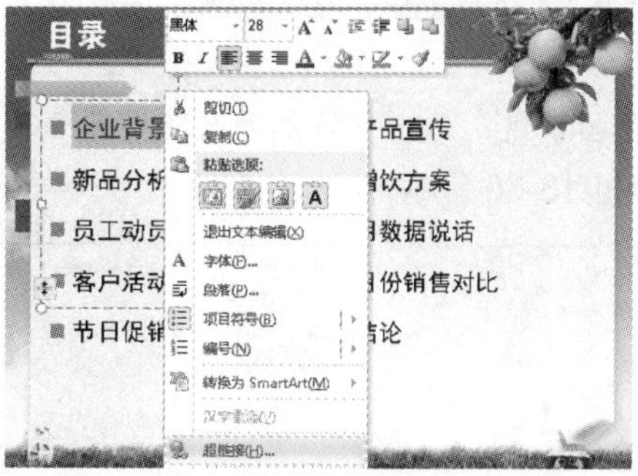

图 13-83 选择“超链接”命令

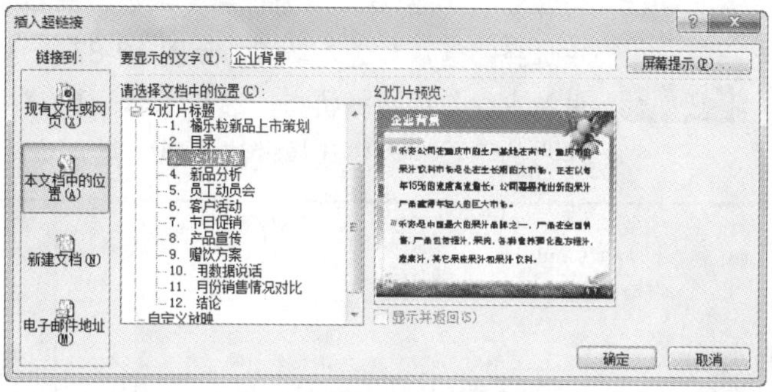

图 13-84 插入超链接

Step 03 单击 确定 按钮，返回幻灯片编辑区，即可看到设置超链接的文本下出现了一条下划线。

Step 04 选择【设计】/【主题】组，单击“颜色”按钮，在弹出的下拉列表中选择“新建主题颜色”选项，打开“新建主题颜色”对话框，单击“超链接”按钮，在弹出的下拉列表中选择“深红”选项，如图 13-85 所示。

Step 05 单击 保存(S) 按钮，设置超链接的文本颜色和下划线颜色将立即发生变化，如图 13-86 所示。

图 13-85 设置超链接颜色

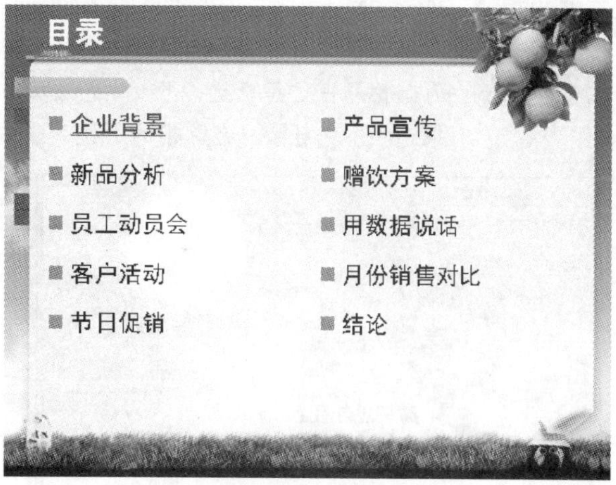

图 13-86 应用设置的超链接颜色效果

Step 06 使用相同的方法为第 2 张幻灯片中的其他文本设置超链接。

3. 制作动态演示文稿

下面为演示文稿中的幻灯片添加相同的切换效果，再为幻灯片中的对象添加动画效果，并对动画的计时和动画方向进行设置。其具体操作如下：

Step 01 选择第 1 张幻灯片后，选择【切换】/【切换到此幻灯片】组，在“切换方案”选项栏中选择“百叶窗”切换方案，单击“全部应用”按钮，将此幻灯片的切换效果应用到演示文稿的其他幻灯片中。

Step 02 选择第 1 张幻灯片中的标题文本后，选择【动画】/【动画】组，在“动画样式”选项栏中选择“缩放”进入动画，如图 13-87 所示。

Step 03 保持占位符的选择状态，选择【动画】/【高级动画】组，单击“添加动画”按钮，在弹出的下拉列表中选择“波浪形”强调动画，如图 13-88 所示。

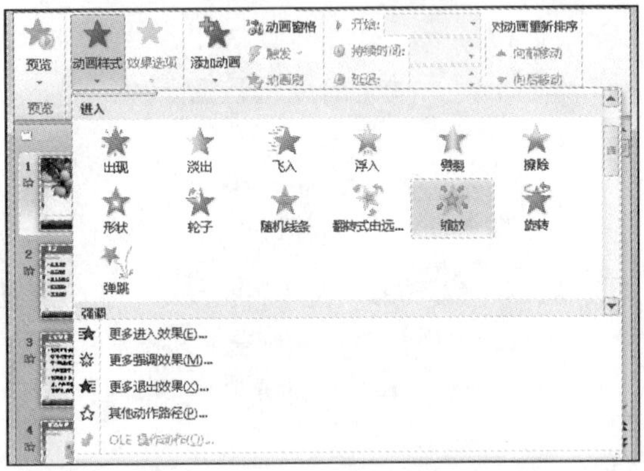

图 13-87　添加进入动画

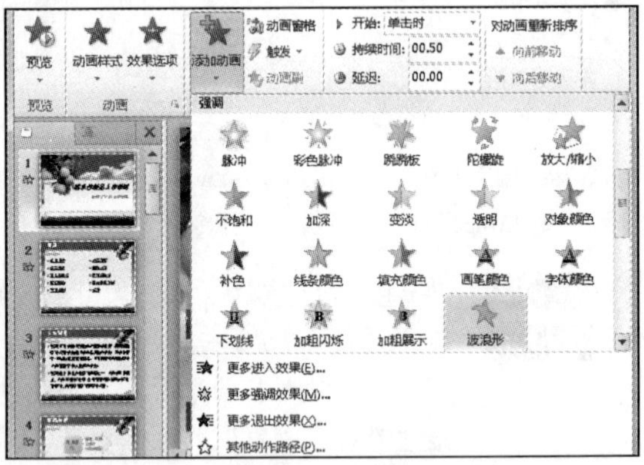

图 13-88　添加强调动画

Step 04 单击“动画窗格”按钮，在打开的“动画窗格”窗格中选择设置的动画效果选项，在其上单击鼠标右键，在弹出的快捷菜单中选择“从上一项之后开始”命令，如图 13-89 所示。

Step 05 为副标题占位符设置“飞入”进入动画，为其设置开始时间为“上一动画之后”。单击“效果选项”按钮，在弹出的下拉列表中选择“自右侧”选项，如图 13-90 所示。

图 13-89　设置动画开始时间

图 13-90　设置动画方向

Step 06 选择第 2 张幻灯片，为标题文本设置“擦除”进入动画，设置其方向为“自左侧”，开始时间为“上一动画之后”。

Step 07 选择所有的正文占位符，在“动画样式”下拉列表中选择“其他动作路径”选项，打开“更改动作路径”对话框，选择“基本”栏中的“梯形”选项，单击 确定 按钮，如图 13-91 所示。

Step 08 在“动画窗格”窗格中选择设置的动画效果选项，在其上单击鼠标右键，在弹出的快捷菜单中选择“计时”命令。在打开的对话框中选择“计时”选项卡，在“开始”下拉列表框中选择“上一动画之后”选项，在“期间”下拉列表框中选择“慢速（3 秒）”选项，如图 13-92 所示。

图 13-91 为对象添加动作路径

图 13-92 设置动画计时

Step 09 使用同样的方法，为所有幻灯片中的标题文本设置为“擦除”进入动画，开始时间设置为“上一动画之后”。

Step 10 为第 3 张幻灯片中的正文添加“随即线条”进入动画，开始时间设置为“上一动画之后”，期间时间设置为“中速（2 秒）”，如图 13-93 所示。

Step 11 选择第 4 张幻灯片，为 SmartArt 图形添加“弹跳”进入动画。打开“弹跳”对话框，在“计时”选项卡中设置开始时间为“上一动画之后”，然后选择“SmartArt 动画”选项卡，在“组合图形”下拉列表框中选择“逐个”选项，单击 确定 按钮，如图 13-94 所示。

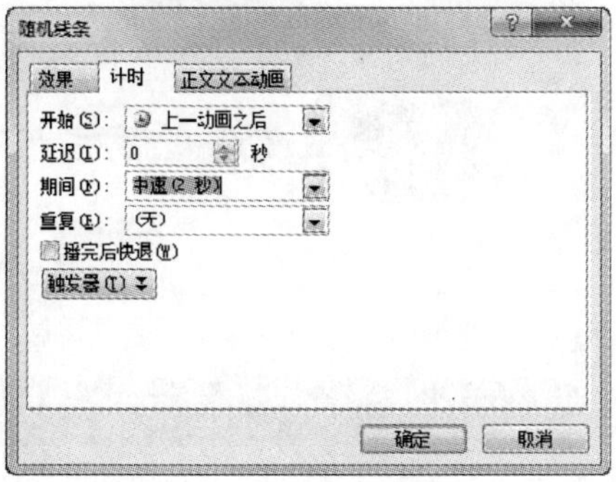

图 13-93 设置动画计时

图 13-94 设置 SmartArt 动画

Step 12 使用同样的方法为其他幻灯片中的对象添加动画效果，并注意将动画的开始时间设置为“上一动画之后”。

4. 放映并输出演示文稿

下面将从头开始放映该演示文稿，放映完成后，将演示文稿发送并保存为视频。其具体操作如下：

Step 01 选择【幻灯片放映】/【开始放映幻灯片】组，单击“从头开始”按钮，进入幻灯片放映视图，如图 13-95 所示。

Step 02 单击鼠标开始播放该张幻灯片中的动画效果，再次单击鼠标切换到下一张幻灯片中。放映完成后，单击鼠标退出幻灯片放映视图，返回普通视图中。

Step 03 选择【文件】/【保存并发送】命令，在“文件类型”栏中选择“创建视频”选项，单击“创建视频”按钮，如图 13-96 所示。

图 13-95 进入放映视图

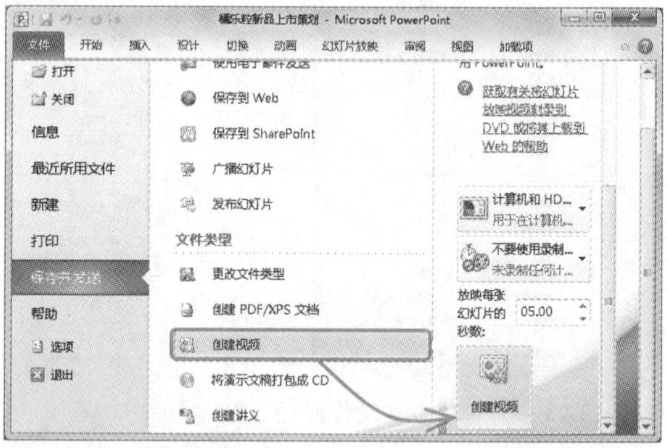

图 13-96 单击“创建视频”按钮

Step 04 打开“另存为”对话框，单击 保存(S) 按钮。此时，在 PowerPoint 2010 工作界面状态栏中将显示该演示文稿创建为视频的进度，如图 13-97 所示。

Step 05 完成视频的创建后，找到创建的视频，双击打开视频，查看其效果，如图 13-98 所示。

图 13-97 显示创建视频的进度

图 13-98 查看创建为视频的效果

13.5 达人私房菜

私房菜 1：保持统一的页面风格

：在制作决策提案型演示文稿时，需要大量的文字。但很多人认为，如果每张幻灯片中的文字过多，会影响信息的传递，那么在制作这类演示文稿时，应该怎样做才更能有说服力呢？

：在制作这类演示文稿时，要想让制作的演示文稿能说服客户或领导，制作的演示文稿最重要的一点就是保持统一的页面风格。在向客户展示或领导展示演示文稿时，统一的页面风格可增加演示文稿的专业度，快速得到客户或领导的认可。因为在制作这类演示文稿时，更注重的是演示文稿的说服力，而不是花哨的页面和很炫的动画。统一的页面风格可使这类演示文稿更具说服力。

私房菜 2：抓住观赏者的需求

：制作演示文稿的目的就是更好地向观赏者传递信息，但如何做才能有效地达到这一目的呢？

：其实，不管制作什么类型的演示文稿，抓住观赏者的需求是制作演示文稿最关键，也是最重要的一点，这不仅影响信息的传递，也影响演示文稿的质量。所以制作的演示文稿是否抓住了观赏者的需求这一点也是评定演示文稿好坏的标准之一。

只有抓住了观赏者的需求，才能更好地向观赏者传递信息。因此，在制作演示文稿时，一定要站在观赏者的角度去考虑，不能凭空想象，要学会换位思考，这样制作的演示文稿才算是成功的。

私房菜 3：如何培养自己的美感

：决策提案型演示文稿虽然不需要太花哨的页面、太炫的动画，但还需要具有一定的美观性，对于没有美学基础的人来说，如何培养自己的美感很重要。

：一个人的美感并不是短时间就能培养出来的，也不是短时间就能提升的，需要长时间的积累和学习。培养美感最重要的就是要多看、多想、多学、多比较，这样才能快速培养自己的美感。培养自己的美感，可通过以下几个方法来培养。

方法一：可多看一些配色比较好、有价值的演示文稿，从不同方面对演示文稿的美观性进行比较，从中学习演示文稿的配色，增强自己评价美的能力。

方法二：多接触一些新鲜的事物，这样不仅可增长知识，还能提高对美的认识，增强自己的审美能力。

方法三：多看一些相关的书籍和多浏览 PPT 专业网站和一些设计网站，这样长积月累，可快速培养自己的美观。

方法四：多实际操作，在制作演示文稿时，可采用多套配色方案，对其进行比较。经过不断地学习和实际操作，不仅能培养自己的动手能力，还能培养自己的美感。

13.6 拓展练习

练习 1：制作家居生活馆策划草案

打开提供的“家居生活馆策划草案.pptx”演示文稿（\实例素材\第 13 章\家居生活馆策划草案.pptx），在演示文稿的幻灯片中输入相应的文本和插入所需的图片（\实例素材\第 13 章\家居生活），并对其进行设置和编辑。然后为幻灯片中的对象添加动画效果，并对动画计时和方向进行设置。如图 13-99 所示为制作的演示文稿效果（\最终效果\第 13 章\家居生活馆策划草案.pptx）。

家居生活馆策划草案
1+1策划部
目 录
市场概况 3
市场分析 4
市场定位 5
目标群分析 6
推广策略 7
招商策略 8
后期运营 9
市场概况
重庆最近几年在西部开发的热潮中，房地产业得到快速发展，相应也带动了相关产业的飞速发展。装饰家居行业巨大的吞吐量，吸引了众多的人的眼光，但目前重庆家居市场仍然鱼龙混杂，商场布局不合理，商品结构单一，售后服务没有多大保障，缺乏中高档专业卖场。
由于投资者想满足顾客一站式购物的需求，新兴的家居建材卖场规模追求大而全的定位很容易使商城失去自己的特点，直接造成在商品上将产生交叉重复，项目在经营内容、运营模式中暴露出明显的同质化倾向。
市场分析
优势：天成地产知名度。
劣势：家居消费水平参差不齐、没有运营专业卖场的经验。
威胁：已有的相关卖场利用其已有资源迅速跟风。
机会：市内尚无一家专业家居卖场、楼市兴旺带动家居产品需求。
市场定位
做家居建材方面的领导品牌，丰富、安全实用的环保产品、大小齐全的产品、优质和规范的服务。
做消费者最信赖的优质家居产品品牌，严格的管理是处于领先的保证，诚信的理念、高品质的产品、良好的售前售中售后服务是向消费者作出承诺的基础，也是建立差异化优势的必须，区别与竞争对手的必要。
目标群分析
重庆作为西部地区的直辖市，人均收入低于其他发达城市地区，但装修时的高消费现象还是比较明显。
装修讲究品位，在很多年轻人看来房子基本上等于面子，舍得投入，消费理性化略带保守。
购房年龄趋于年轻化，他们家庭装修方面的知识较少，不仅注重服务，还注重环保、装饰效果以及对身体的危害等，购买还要能满足其他方面的需要。
推广策略
前期以天成公司打造的专业家居卖场为主导思想来进行推广宣传。
先快速树立卖场形象，使目标群体对家居卖场进行关注、得到更多商家的关注。
再通过举行营销推广活动来向社会各界推介，树立好企业品牌形象及社会公众形象。
招商策略
在房地产、家居行业网站发布招商信息。
聘请专业招商团队协助招商。
后期运营
始终坚持品牌战略，塑造品牌形象。
以优质的产品，中位的价格快速抢占家居市场。
避免后来者居上，对我们的产品造成威胁。

图 13-99　制作的演示文稿效果

提示：每张幻灯片中正文的行距都设置为“1.5 倍行距”，在设置动画计时时，除第一个动画外，其余动画的开始时间都设置为“上一动画之后”。

练习 2：制作品牌形象宣传策划提案

新建一个空白演示文稿，通过幻灯片母版设计演示文稿背景，再在演示文稿中输入相应的文本，并对其进行编辑，最后为幻灯片中的对象添加动画效果，并对动画计时和方向进行设置。如图 13-100 所示为制作的演示文稿效果（\最终效果\第 13 章\品牌形象宣传策划提案.pptx）。

碧云天品牌形象宣传策划方案
策划核心
紧紧围绕碧云天努力建设一个高文化品位与高档次形象的商务酒楼，并且使之成为重庆一处著名的人文商务酒楼，策划一系列相关的焦点事件，进行层层推进式的全方位新闻报道、促销活动和广告推广。
策划目标
近期：通过一系列强有力的宣传推广活动迅速提升碧云天知名度，并初步在重庆市民中确立碧云天文化品位和服务档次高这一印象，从而带动酒楼销售，力争在宣传开始后的三个月内达到预期目标。
远期：使碧云天真正成为一个具有浓厚艺术氛围的人文景观和商务文化基地，牢固确立碧云天是重庆高档酒楼第一品牌“人文商务酒楼”的地位，在广大市民中形成“更上一层楼，商约碧云天”的概念，同时由于其价值附载了巨大的知名度，酒楼的价值将大大提升，使之获得更好的经济效益。并且，碧云天作为一个著名的酒楼品牌，可进行具有极高经济回报的品牌输出，同时可带动、带活碧云天其它相关项目。
优势分析
优势：
– 随着国家宏观政策的放开和重庆餐饮业的兴旺发达，这一项目进入的门槛越来越高。因此，转型后短期内很难出现竞争者。
– 规划起点高，由于一开始碧云天就把赶超和打造重庆餐饮业最成功的例子作为目标，因此起点要比其他的酒楼高出许多，这为最终把碧云天建设成为一个知名的人文景观式商务酒楼打下了良好基础。
– 内部管理非常到位，由于碧云天是由宏远大酒店直接投资和管理的，管理和服务水准上要比重庆同行业其他酒楼成熟很多。
劣势分析
劣势：
– 碧云天原址上原有酒店几经易手，一直经营不善，服务质量低下、管理不到位等原因在市民心目中留下了极坏的印象。
– 对策：只有加强品牌形象宣传，明确告知消费者现有碧云天的形象，才能消除人们对碧云天的误解和不了解。
– 地理位置不具备竞争优势，重庆其他酒楼绝大多数处于交通要道旁，人气旺盛，而碧云天地处渝北路，交通便利但不发达，不利于品牌形象的传播。
– 对策：只有实现策划目标，大大提升碧云天所附载的文化品牌特色等方面的附加值，提升档次，进行差异化营销，从大众餐饮转型为高档人文商务酒楼才能确立自身优势。
市场分析
餐饮业是一个竞争非常激烈的行业，业内风生水起，风云激荡，进入的门槛随之越来越高，市场也越来越难以开拓，因此，业内的新起之秀如何突破重围，实现异军突起就成了困扰餐饮业老总们的最主要的难题。
近几年，重庆的餐饮业迅猛发展，老品牌稳坐江山，坐拥市场；新兴势力也出手不凡，遍地开花。
如果对市场进行细分的话，我们不难发现很多餐馆走的都是一条平民化、大众化的路子，在这种情形下，重庆的大众餐饮已经达到了饱和状态，昭阳城等走的又是一条专业喜庆的路子，显然，这一条路也走不通了，然而纵观重庆餐饮业，高档商务酒楼则为数不多，其市场也大有可为。
其实，从碧云天餐的服务、管理、特色、设计等内功的修炼方面已经具备转型为高档商务酒楼的必备条件。因此碧云天只要在搞好酒楼基本建设和内功修炼的同时，能有效进行宣传（包括新闻，活动和广告）与市场营销，就能克服自身缺陷，在3个月内全面达到预期目标。
营销目标
3月，日销售额增长四分之一。
4月，日销售额增长五分之一。
5月，日销售额稳定增长50%以上。
宣传模式
新闻报道：主要是指能有效提高碧云天知名度的新闻，包括深度分析、报道，系列追踪报道。焦点新闻，小消息。新闻专题。话题探讨（专栏），人物特写（如老总。厨师）等，登载于日报晚报。
活动：如征集碧云天形象代言人，为书法名家在碧云天提供书展场地，设置赠品等。
广告：从品牌、形象、特色、服务、功能、理念六个方面入手推出系列软文和画面广告，明确告知消费者今日之碧云天的优质形象。
宣传内容和设想
作为一个定位很高、目标远大的酒楼，做好宣传应该是一项长期坚持的工作，但宣传必须分阶段进行，要有节奏，根据预先的策划和对突发事件的策划的把握，在不同的阶段形成不同的宣传热点，不断加深受众对碧云天的印象。
第一阶段：亮相期这一部分的设想前面已经陈述部分，此处略。
第二阶段推广期：策划要点，策划一系列有列于提高碧云天文化品位和知名度的事件，进行恰到好处的炒作。
第三阶段：巩固期，这一阶段仍然需要隔一段时间就出现碧云天的名字，以巩固前面的宣传成绩。这一阶段以公关为主，针对一些媒体报道的热点做出反应。

图 13-100　制作的演示文稿效果

提示：正文文本字体大小根据每张幻灯片中的内容来进行设置，标题幻灯片背景是通过剪贴画进行填充的，并对剪贴画重新着了色。内容幻灯片背景是通过形状和渐变色进行填充的。

轻松一刻

夜晚派对上，一堆手机在聊天。一个说：“我是诺基亚的。”一个说：“我是三星的。”另一个说：“我是苹果的。”这时，角落里的一个手机说：“都别争了，爷是山寨的。爷爱是谁就是谁的！”。

视频讲解

3段

第14章

用逻辑打动你——制作主题会议类演示文稿

★本章要点★

- 主题报告与行业发展
- 主题会议与企业发展
- 制作销售计划
- 制作企业化投资分析报告
- 制作年度总结报告

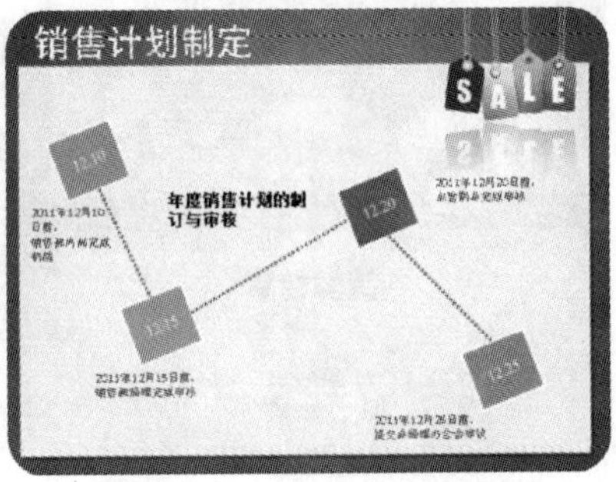

制作销售计划

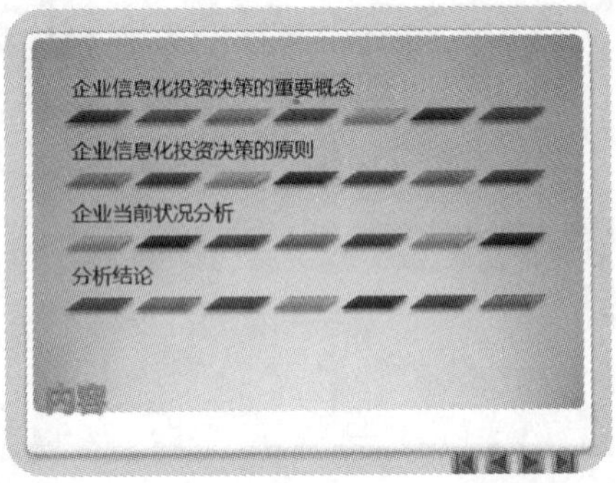

制作企业化投资分析报告

制作年度销售总结

14.1 PowerPoint 与主题会议

PowerPoint 演示文稿在参加主题报告或报告会议时起着十分重要的辅助作用。制作这类演示文稿的要求比较高，不仅需要熟练操作 Office 系列软件，还需要具备营销、演讲、管理、艺术、宣传等相关知识和经验。

14.1.1 主题报告与行业发展

主题报告一般是针对行业而言的，如研发项目情况报告、行业统计调研报告、人口普查调研报告等，通过这类报告可以了解一个地区、一个国家甚至是整个世界上的某行业的发展情况。再通过对其过去的了解，分析、预知或掌握该行业将来的发展方向等。如图 14-1 所示为制作的“可行性研究报告”演示文稿。如图 14-2 所示为制作的“房地产调研报告”演示文稿。

图 14-1 “可行性研究报告”演示文稿

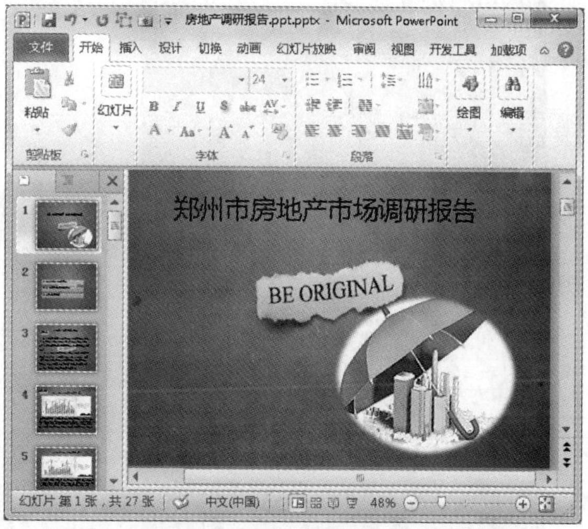

图 14-2 “房地产调研报告”演示文稿

14.1.2 主题会议与企业发展

主题会议是各个职业人在进入公司或企业都会参加的，企业通过召开此类会议让员工了解企业的现状，通过会议讨论提出企业的发展方向，及时发现企业的不足并进行改进，这对企业本身的健康发展是十分必要的。

14.2 制作销售计划

年度销售计划是在对企业市场营销环境进行调研分析的基础上，按年度制定的企业及各业务单位的营销目标，以及实现这一目标所应采取的策略、措施和步骤的明确规定和详细说明。销售计划对企业至关重要，它直接影响到当年的销售业绩，因此企业在年初时，都会对产品全年的销售过程进行一个整体的规划。

14.2.1 案例目标

本例将制作“销售工作计划”演示文稿，其效果如图 14-3 所示（\最终效果\第 14 章\销售工作计划.pptx、销售工作计划）。制作本例的目的就是帮助和指导执行整个销售过程。本例制作的演示文稿主要包括销售业绩指标、销售计划制定、销售工作方向选择、销售区域划分、重点促销产品确定 5 个部分，该演示文稿详细介绍销售工作计划所包括的内容。

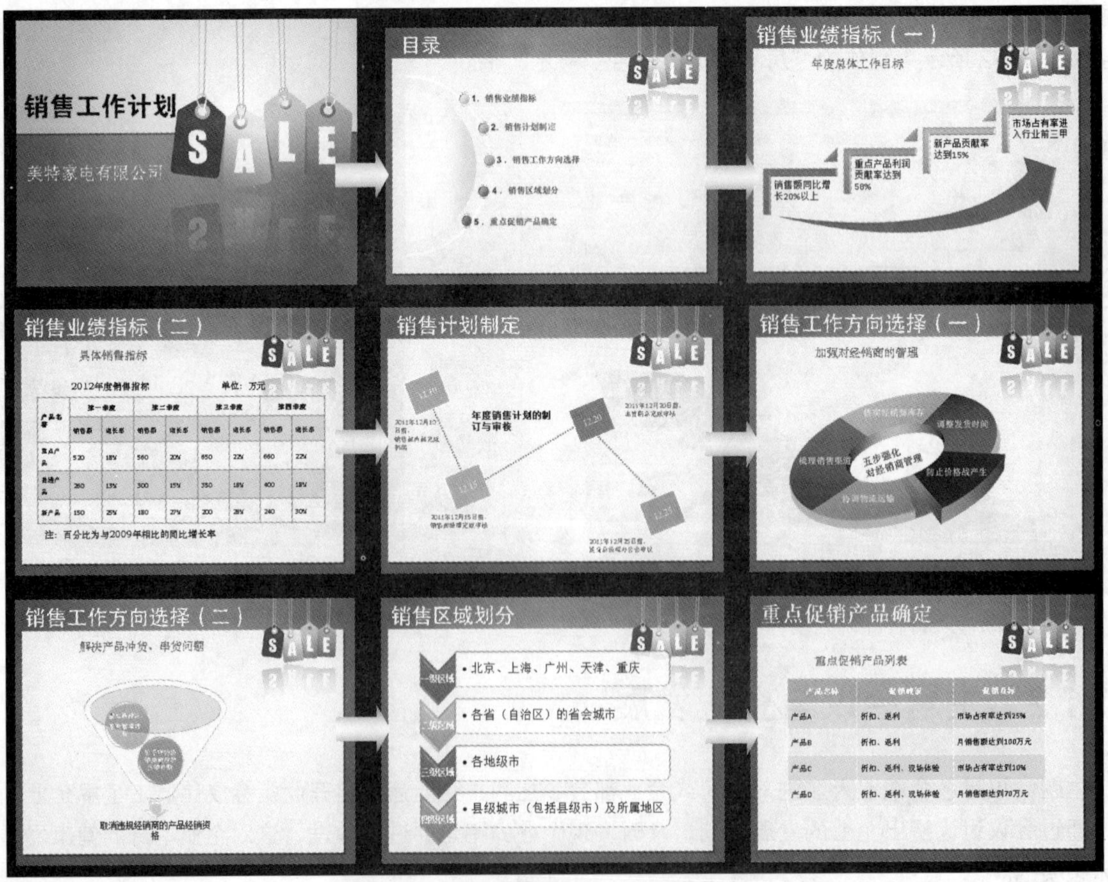

图 14-3 “销售工作计划”演示文稿效果

14.2.2 制作思路

制作本例的重点就是为演示文稿添加内容，包括文本、图片、表格、SmartArt 图形以及形状的添加，难点是编辑和美化幻灯片中的对象。本例的制作思路如图 14-4 所示。

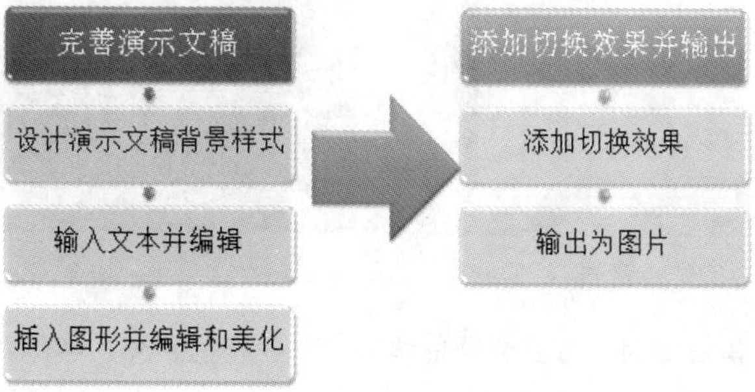

图 14-4 制作思路

14.2.3 制作过程

1. 完善演示文稿

下面通过在新建的空白演示文稿中输入、编辑文本，创建、编辑、美化图形来完善演示文稿，其具体操作如下：

Step 01 新建一个空白演示文稿，并将其保存为“销售工作计划.pptx”。进入到幻灯片母版视图中，在“背景”面板中单击“背景样式”按钮，在弹出的下拉列表中选择“设置背景格式”选项，打开“设置背景格式”对话框。

Step 02 选择“填充”选项卡，选中 图片或纹理填充(P) 单选按钮，在“插入自”栏中单击 文件(F)... 按钮，在打开的对话框中选择“内容背景.png”图片（\实例素材\第 14 章\内容背景.png），单击 插入(S) 按钮插入图片。

Step 03 返回“设置背景格式”对话框，单击 关闭 按钮，即可看到幻灯片中所有背景都已变化，其效果如图 14-5 所示。

Step 04 使用相同的方法在第 2 张幻灯片中插入“标题背景.png”图片（\实例素材\第 14 章\标题背景.png），其效果如图 14-6 所示。

Step 05 选择第 1 张幻灯片，先将幻灯片中的标题占位符移动到幻灯片左上角，选择标题文本，将其字体设置为“方正黑体简体”，字体颜色设置为“白色”。

Step 06 选择第 2 张幻灯片，先对其中的标题占位符和副标题占位符位置进行调整，将标题文本字体设置为“方正大黑简体”，字号设置为 54，字体颜色设置为“黑色”。

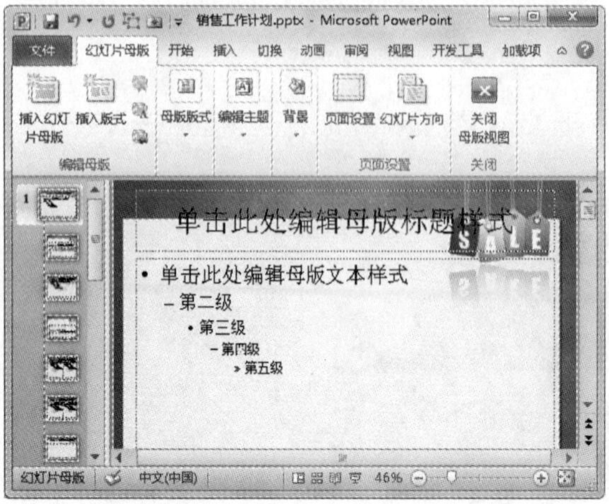

图 14-5　设置内容幻灯片背景

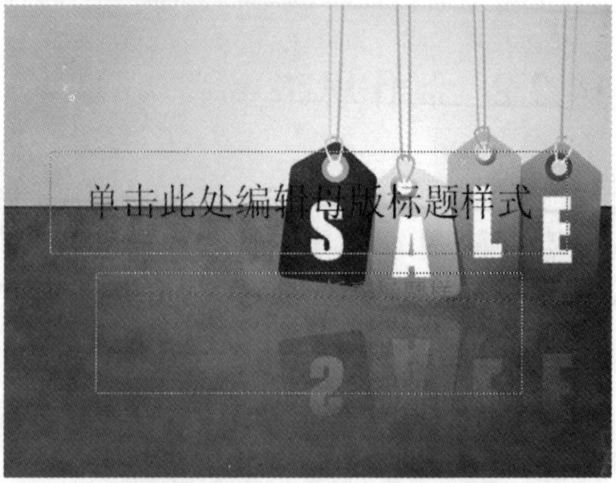

图 14-6　设置标题幻灯片背景

Step 07　将副标题字体设置为“方正粗圆简体”，字号设置为 36，字体颜色设置为“白色”。完成母版的设计，返回幻灯片普通视图中。

Step 08　在第 1 张幻灯片的标题占位符和副标题占位符中输入相应的文本，其效果如图 14-7 所示。

Step 09　新建一张幻灯片，在标题占位符中输入文本。单击正文占位符中的“插入文件中的图片”按钮，在打开的对话框中选择“图表.png”图片（\实例素材\第 14 章\图表.png）插入幻灯片中，如图 14-8 所示。

图 14-7　标题幻灯片效果

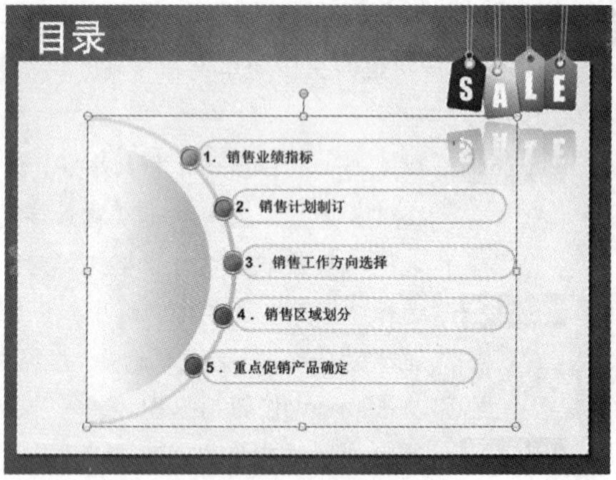

图 14-8　插入图片

Step 10　对图片的大小和位置进行调整，选择图片，再选择【格式】/【调整】组，单击“更正”按钮，在弹出的下拉列表中选择如图 14-9 所示的选项。

Step 11　再新建一张幻灯片，在标题占位符中输入相应的文本。在“文本”面板中单击“文本框”按钮，在弹出的下拉列表中选择“横排文本框”选项，如图 14-10 所示。

Step 12　在标题占位符和正文占位符中间绘制一个横排文本框，在其中输入“年度总体工作目标”文本，并将其字体设置为“华文中宋”，字号设置为 24，字体颜色设置为“蓝色”。

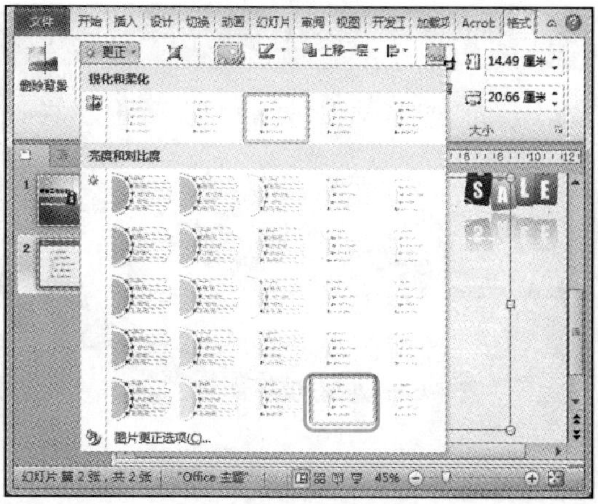

图 14-9 调整图片亮度和对比度

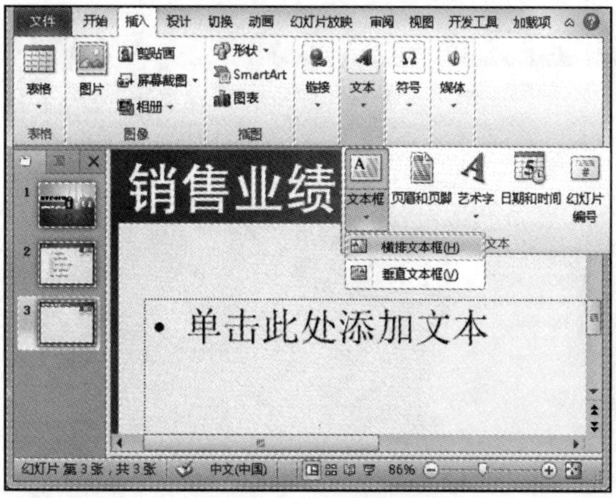

图 14-10 选择横排文本框

Step 13 单击正文占位符中的“插入 SmartArt 图形”按钮，在打开的对话框中选择“流程”栏中的“步骤上移流程”选项，如图 14-11 所示。

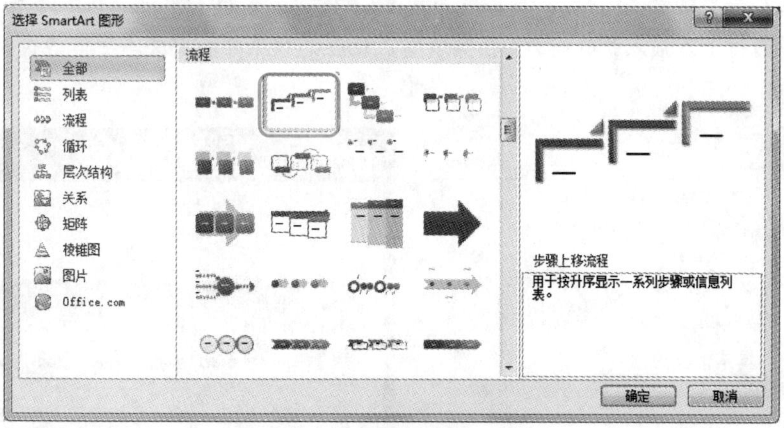

图 14-11 选择 SmartArt 图形

Step 14 单击 确定 按钮，在插入的 SmartArt 图形中输入相应的文本，选择左边第 1 个形状，单击鼠标右键，在弹出的快捷菜单中选择【添加形状】/【在后面添加形状】命令，并在其中输入相应的文本，如图 14-12 所示。

Step 15 在“SmartArt 样式”面板中设置 SmartArt 图形的样式为“强烈效果”，SmartArt 图形颜色为“彩色-强调文字颜色”。

Step 16 使用前面插入图片的方法在幻灯片中插入“箭头.png”图片（\实例素材\第 14 章\箭头.png），并调整图片的大小和位置，如图 14-13 所示。

Step 17 复制第 3 张幻灯片，对复制幻灯片中的标题文本进行修改，删除幻灯片中的图片和 SmartArt 图形。

Step 18 在“表格”面板中单击“表格”按钮，在弹出的下拉列表中拖动鼠标选择所需插入表格的行数和列数，如图 14-14 所示。

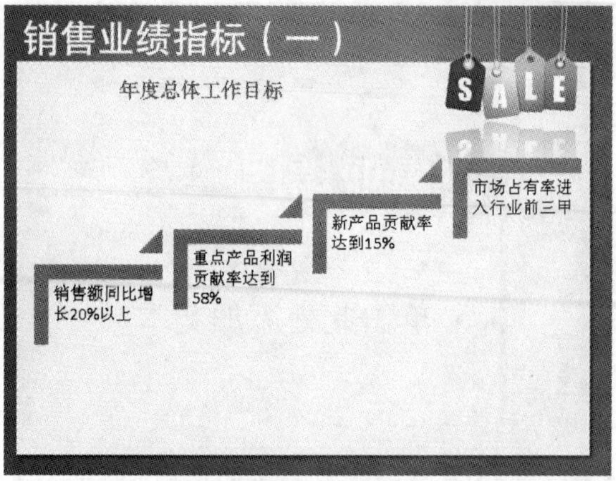

图 14-12　添加形状并输入文本

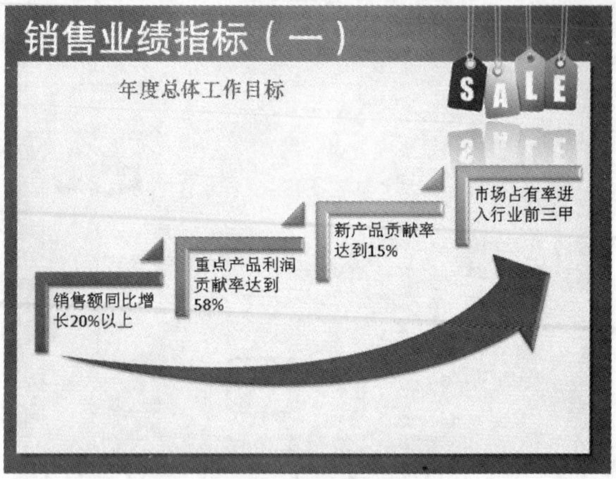

图 14-13　插入并调整图片

Step 19　对插入的表格大小和位置进行调整，并在其中输入相应的数据。选择表格中的所有文本，将其字号设置为 14，单击“加粗”按钮 **B**。

Step 20　选择表格的第 1 行后，选择【布局】/【行和列】组，单击“在上方插入”按钮，在选择的行上方插入新的一行。在其中输入相应的数据并设置文本字体格式，其效果如图 14-15 所示。

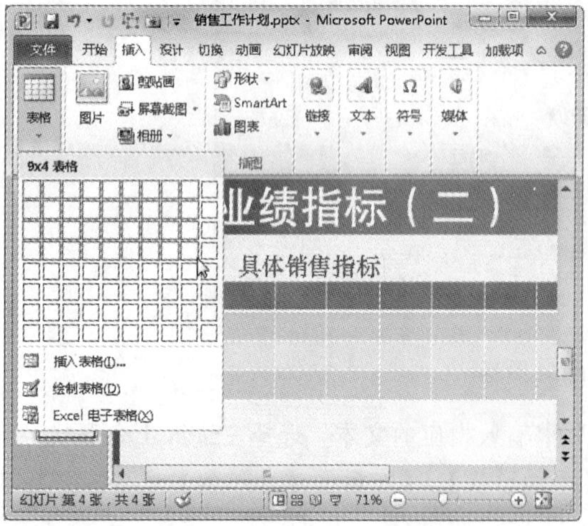

图 14-14　插入表格

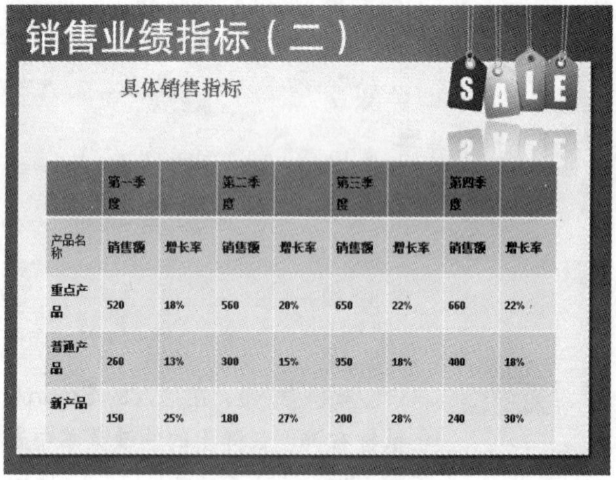

图 14-15　输入数据

Step 21　选择第 1 列单元格中的第 1 个和第 2 个单元格。选择【布局】/【合并】组，单击“合并单元格”按钮，将选择的两个单元格合并为一个单元格。

Step 22　使用相同的方法，对表格第 1 行中的单元格进行相应的合并操作，其效果如图 14-16 所示。

Step 23　选择表格，在“表格样式”下拉列表中为表格设置“浅色样式 3-强调 2”样式，其效果如图 14-17 所示。

Step 24　通过拖动鼠标对单元格的大小进行调整，再复制“具体销售指标”占位符，对其中的文本进行修改，并对其字号进行设置。

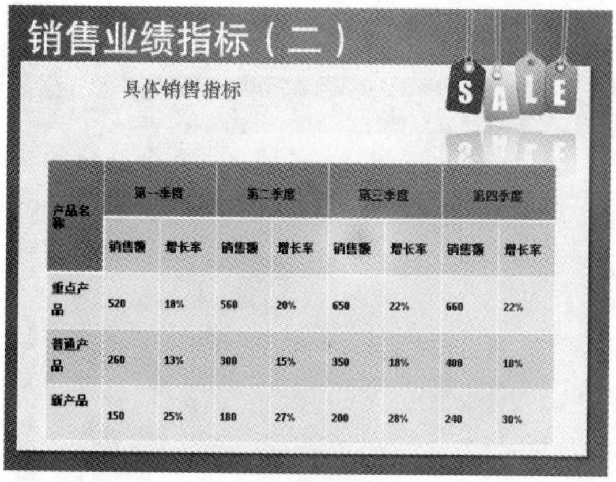

图 14-16 合并单元格

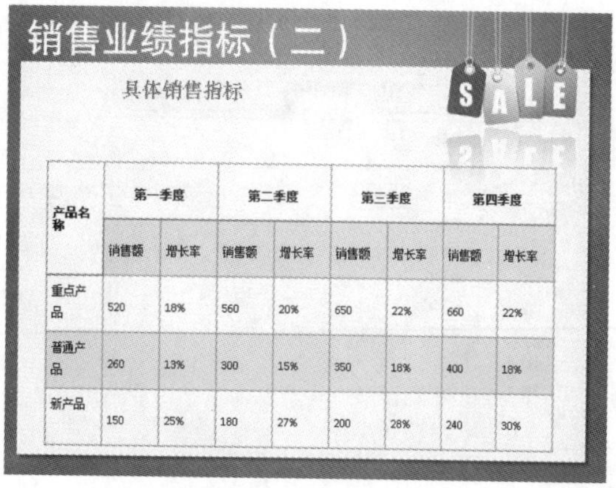

图 14-17 设置表格样式

Step 25 选择该占位符，按住 Ctrl 键拖动鼠标进行移动和复制，到目标位置后释放鼠标，对其中的文本进行相应的修改，如图 14-18 所示。

Step 26 将第 2 张幻灯片复制到第 4 张幻灯片后，删除幻灯片中的图片，修改其中的标题文本。选择【插入】/【插图】组，单击“形状”按钮，在弹出的下拉列表中选择“矩形”选项。

Step 27 按住 Ctrl 键绘制一个正方形，将鼠标移动到绘制的形状控制点上，然后对形状的旋转角度进行调整，在“形状样式”下拉列表中为其设置如图 14-19 所示的形状样式。

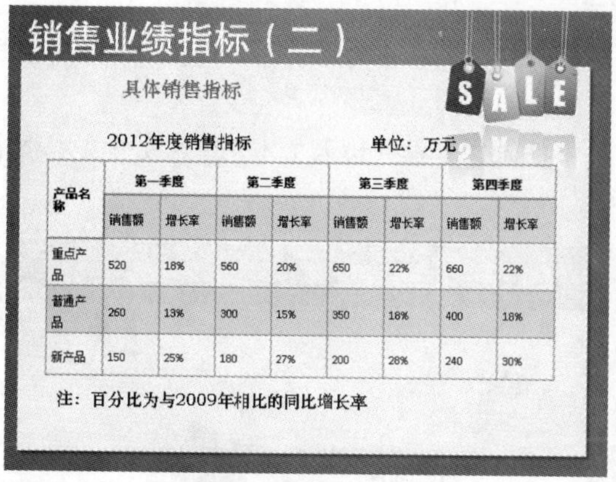

图 14-18 设置文本框文本

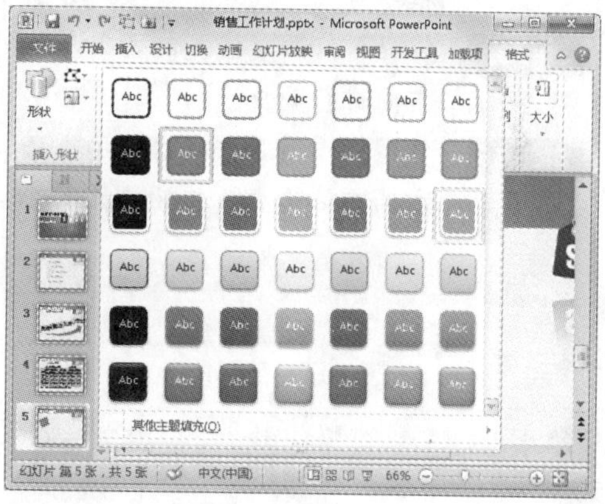

图 14-19 设置形状样式

Step 28 选择形状，在其上方单击鼠标右键，在弹出的快捷菜单中选择“设置形状格式”命令。在打开的对话框中选择“阴影”选项卡，单击“预设”按钮，在弹出的下拉列表中选择“外部”栏中的“向右偏移”选项。

Step 29 在弹出的下拉列表中选择“外部”栏中的“向右偏移”选项，将“距离”值设置为“21 磅”，单击 关闭 按钮，如图 14-20 所示。

Step 30 选择设置的形状并复制 3 个相同的形状，在“形状样式”下拉列表中分别设置 3 个形状的样式，并为各个形状添加阴影效果和调整各个形状的位置，其效果如图 14-21 所示。

Step 31 选择第 1 个形状，单击鼠标右键，在弹出的快捷菜单中选择“编辑文本”命令，在其中输入相应文本，并将其字体设置为 Times New Roman，字号设置为 20。

图 14-20　设置形状阴影效果

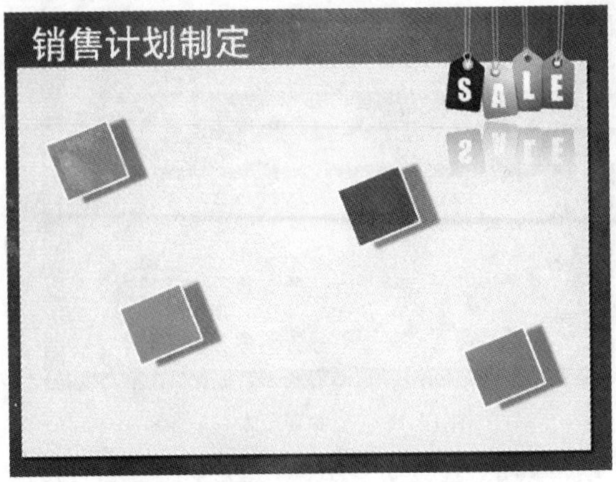

图 14-21　复制并设置形状

Step 32　使用相同的方法为幻灯片中的其他形状输入相应的文本，并设置相同的文本格式。

Step 33　在“形状”下拉列表中选择“直线”选项，在幻灯片相应位置绘制直线。在“形状样式”下拉列表中设置直线的样式为“粗线-强调颜色 2”。

Step 34　单击“形状轮廓”按钮，在弹出的下拉列表中选择“虚线”选项，在弹出的级联字列表框中选择“圆点”选项，如图 14-22 所示。

Step 35　将设置好的直线复制两条，分别移动到其他形状之间，作为形状间的连接线，并对直线的方向进行调整。

Step 36　使用制作第 3 张幻灯片的方法，在幻灯片中插入文本框并输入文本，注意设置文本框中文本的字体格式，其效果如图 14-23 所示。

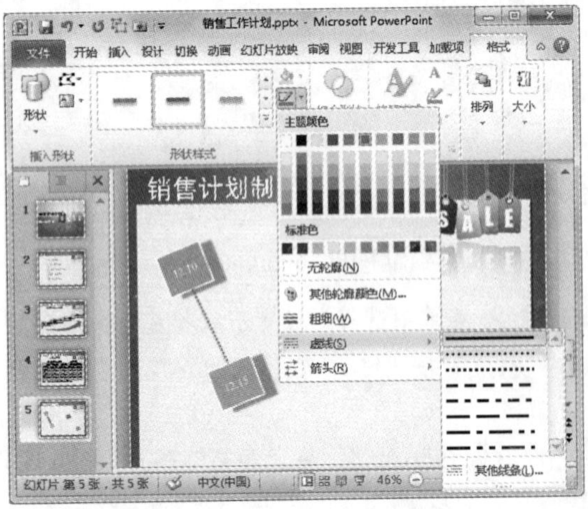

图 14-22　设置形状轮廓线

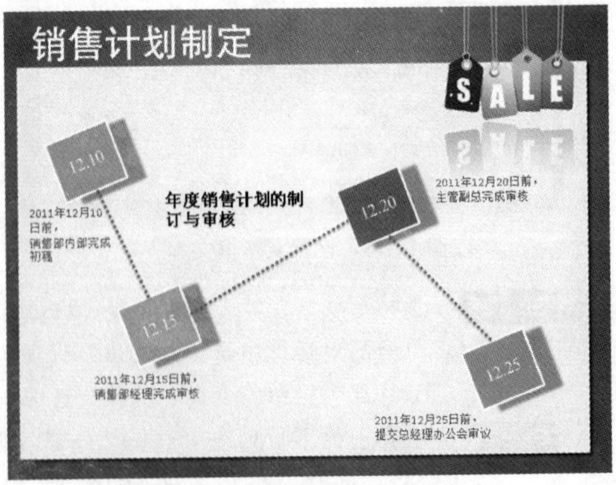

图 14-23　插入文本框和输入文本

Step 37　将第 3 张幻灯片复制到第 5 张幻灯片后，对占位符中的文本进行修改，删除幻灯片中的 SmartArt 图形。然后插入“饼图.png”图片（\实例素材\第 14 章\饼图.png），并调整图片的大小和在幻灯片中的位置，如图 14-24 所示。

Step 38 复制第 6 张幻灯片，对幻灯片中的文本进行修改，删除图片。在其中插入流程关系的“漏斗”SmartArt 图形。

Step 39 在插入的 SmartArt 图形中输入相应的内容，并对输入的文本字体格式进行相应设置，如图 14-25 所示。

图 14-24 制作第 6 张幻灯片

图 14-25 插入图形并输入文本

Step 40 选择 SmartArt 图形，将其样式设置为“优雅”，其颜色设置为“彩色-强调文字颜色”。选择“取消违规经销商的产品经销资格”占位符，在“形状样式”下拉列表中选择“强烈效果-红色，强调颜色 2”选项，如图 14-26 所示。

Step 41 将形状中的文本字号设置为 24，字体颜色设置为“白色”，其效果如图 14-27 所示。

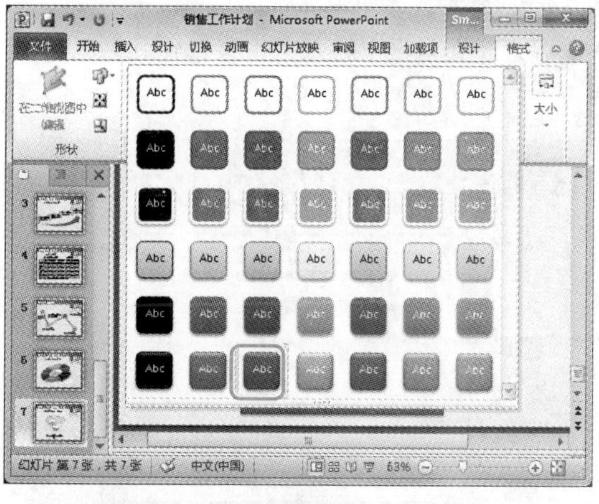

图 14-26 设置形状样式

图 14-27 设置文本格式

Step 42 使用前面制作幻灯片的方法制作第 8 张和第 9 张幻灯片。

2. 添加切换效果并输出

下面先为演示文稿中的幻灯片添加切换效果，再将制作好的演示文稿输出为图片文件。其具体操作如下：

Step 01 选择第 1 张幻灯片后，选择【切换】/【切换到此幻灯片】组，在“切换方案”选项栏中选择“推进”选项，如图 14-28 所示。

Step 02 选择【切换】/【计时】组，在“声音”下拉列表框中选择“推动”选项，如图 14-29 所示。

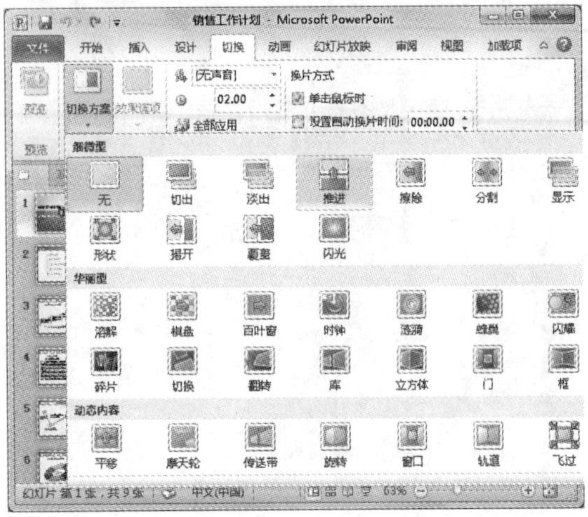

图 14-28 设置切换方案

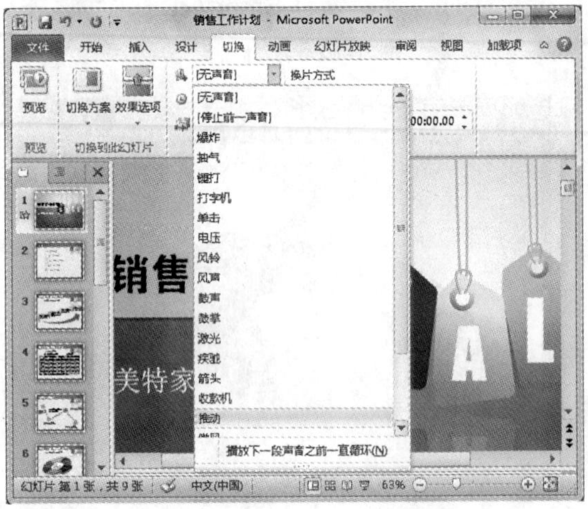

图 14-29 设置切换声音

Step 03 选择第 2 张幻灯片，在“切换方案”选项栏中为其添加“揭开”切换方案，在“声音”下拉列表框中为其添加“鼓掌”切换声音。

Step 04 单击“全部应用”按钮，演示文稿中其他幻灯片将设置为与此幻灯片相同的切换效果。

Step 05 选择【文件】/【保存并发送】命令，在“文件类型”栏中选择“将演示文稿打包成 CD”选项，单击“打包成 CD”按钮，如图 14-30 所示。

Step 06 打开“打包成 CD”对话框，在“将 CD 命名为”文本框中输入“销售工作计划”文本，如图 14-31 所示。

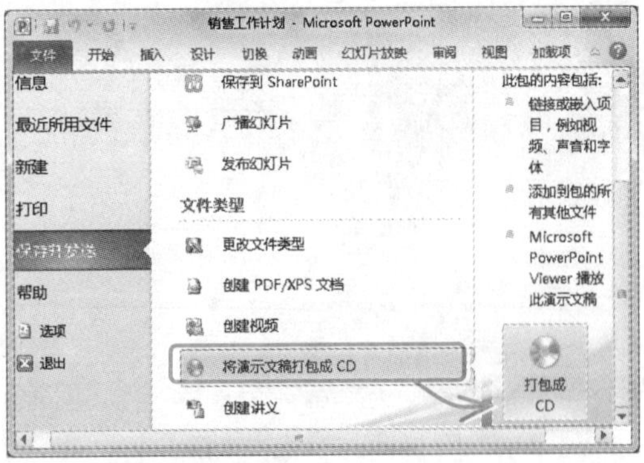

图 14-30 单击“打包成 CD”按钮

图 14-31 输入文本

Step 07 单击选项(O)...按钮，打开“选项”对话框，在“打开每个演示文稿时所用密码”文本框和“修改每个演示文稿时所用密码”文本框中都输入密码“123456”，如图 14-32 所示。

Step 08 单击确定按钮，打开“确认密码”对话框，在“重新输入打开权限密码”文本框中再次输入密码“123456”，如图 14-33 所示。

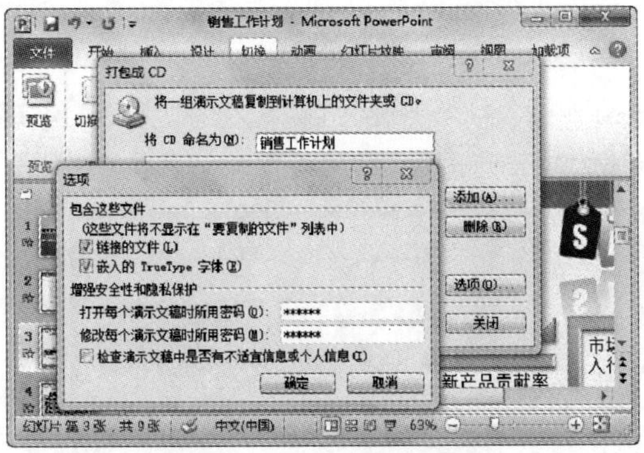

图 14-32 输入密码

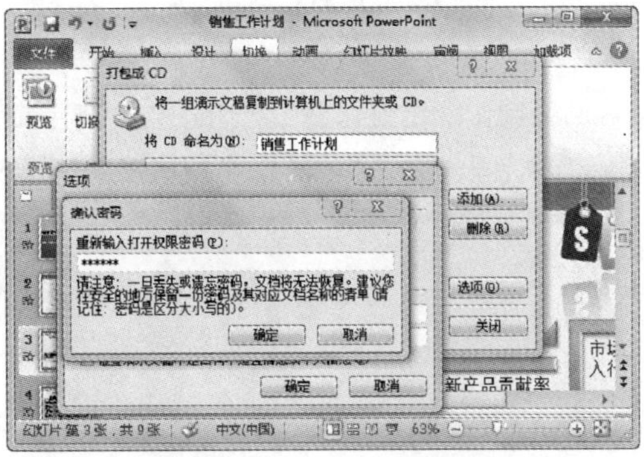

图 14-33 确认输入密码

Step 09 单击 确定 按钮，再次打开“确认密码”对话框，再次输入密码，单击 确定 按钮，返回“打包成 CD”对话框。

Step 10 单击 复制到文件夹(F)... 按钮，打开“复制到文件夹”对话框，单击 浏览(B)... 按钮，在打开的对话框中设置打包文件的保存位置，单击 选择(E) 按钮，返回“复制到文件夹”对话框，如图 14-34 所示。

Step 11 单击 确定 按钮，在打开的提示对话框中单击 是(Y) 按钮，开始复制文件夹。完成后，将打开文件夹所在的位置，在该文件夹中双击“销售工作计划”演示文稿缩略图，将打开“密码”对话框。

Step 12 在“输入密码以打开文件销售工作计划”文本框中输入设置的密码“123456”，然后单击 确定 按钮，打开该演示文稿，如图 14-35 所示。

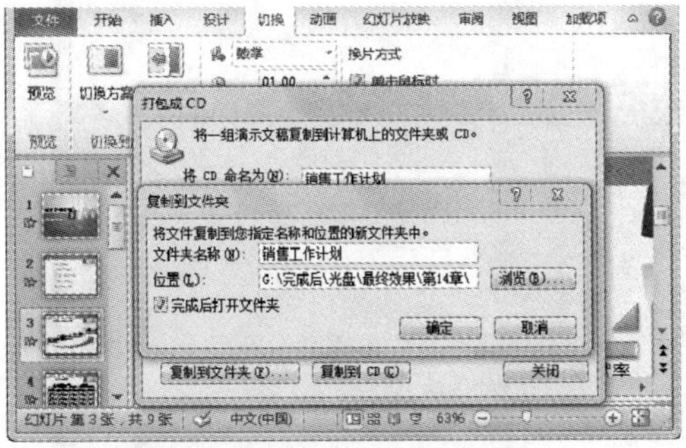

图 14-34 设置保存路径

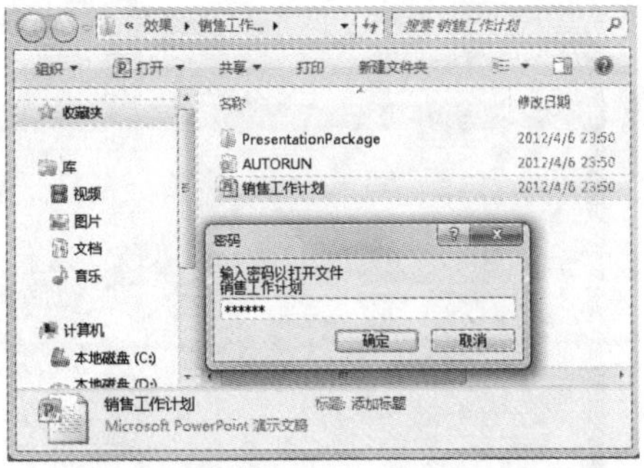

图 14-35 输入密码打开文件

14.3 制作企业化投资分析报告

企业化投资分析报告主要是对公司的投资项目进行分析，制作这类分析报告，逻辑性要求比较强，对制作人员的要求也非常高，必须对专业知识有一个较深的了解才能制作。

14.3.1 案例目标

本例将制作“企业化投资分析报告”演示文稿，其效果如图 14-36 所示（光盘\最终效果\第 14 章\企业化投资分析报告.pptx）。本例制作的演示文稿以文字叙述为主、画面简洁。

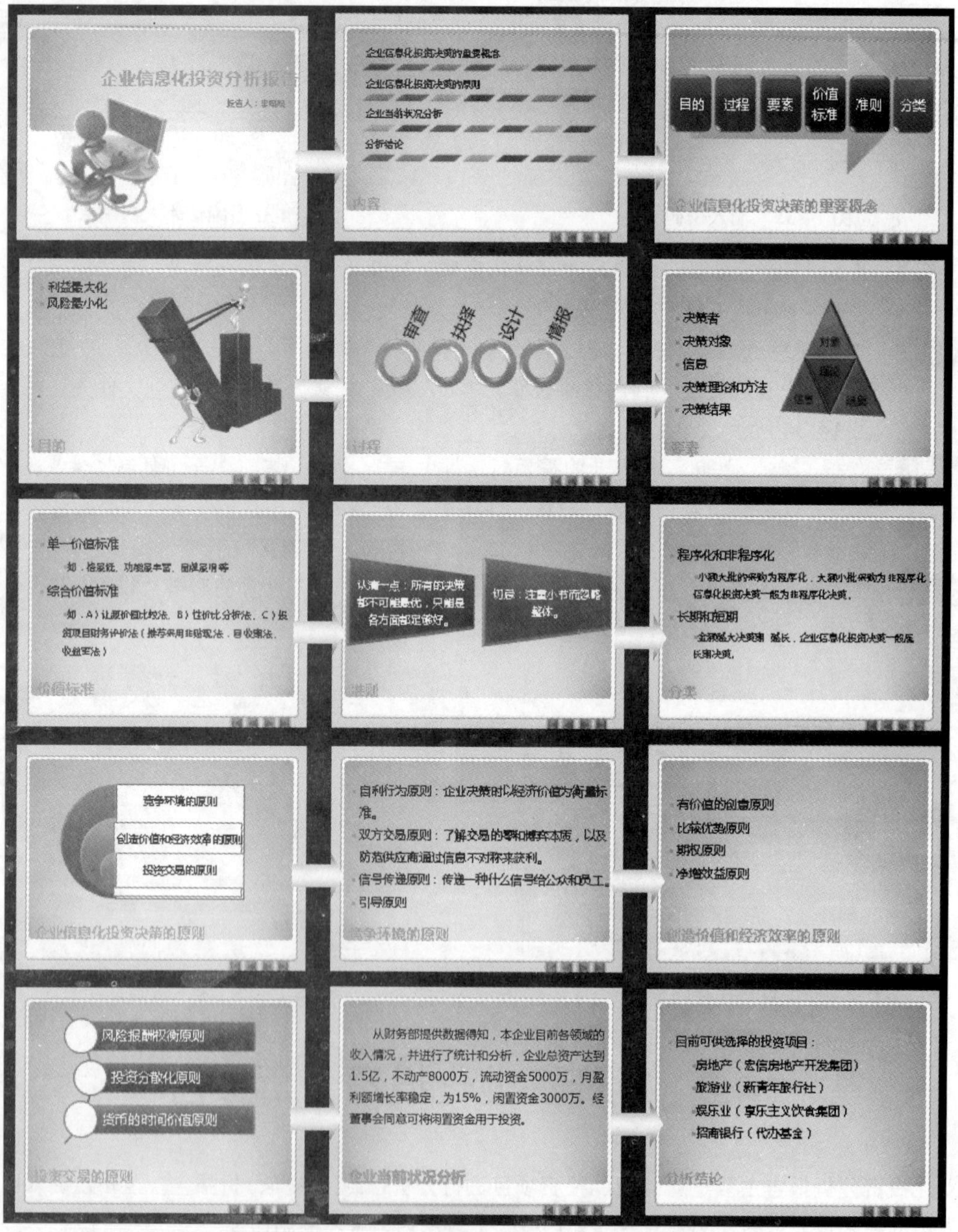
企业信息化投资分析报告
内容
企业信息化投资决策的重要概念
企业信息化投资决策的原则
企业当前状况分析
分析结论
目的
过程
要素
价值标准
准则
分类
企业信息化投资决策的重要概念
利益最大化
风险最小化
目的
审查
抉择
设计
情报
过程
决策者
决策对象
信息
决策理论和方法
决策结果
要素
单一价值标准
综合价值标准
价值标准
认清一点：所有的决策都不可能最优，只能是各方面都足够好。
切忌：注重小节而忽略整体。
准则
程序化和非程序化
长期和短期
分类
竞争环境的原则
创造价值和经济效率的原则
投资交易的原则
企业信息化投资决策的原则
自利行为原则：企业决策时以经济价值为衡量标准。
双方交易原则：了解交易的零和博弈本质，以及防范供应商通过信息不对称来获利。
信号传递原则：传递一种什么信号给公众和员工。
引导原则
竞争环境的原则
有价值的创意原则
比较优势原则
期权原则
净增效益原则
创造价值和经济效率的原则
风险报酬权衡原则
投资分散化原则
货币的时间价值原则
投资交易的原则
从财务部提供数据得知，本企业目前各领域的收入情况，并进行了统计和分析，企业总资产达到1.5亿，不动产8000万，流动资金5000万，月盈利额增长率稳定，为15%，闲置资金3000万。经董事会同意可将闲置资金用于投资。
企业当前状况分析
目前可供选择的投资项目：
房地产（宏信房地产开发集团）
旅游业（新青年旅行社）
娱乐业（享乐主义饮食集团）
招商银行（代办基金）
分析结论

图 14-36 “企业化投资分析报告”演示文稿效果

14.3.2 制作思路

制作本例的重点就是为演示文稿中的幻灯片添加文本、图形、动画对象，制作难点就是为幻灯片添加动作按钮和动画效果。本例的制作思路如图 14-37 所示。

图 14-37 制作思路

14.3.3 制作过程

1. 为演示文稿添加内容

下面通过输入、编辑文本，插入和美化图片，插入、编辑和美化 SmartArt 图形等操作来完善整个演示文稿，其具体操作如下：

Step 01 启动 PowerPoint 2010，新建一个空白演示文稿，并将其保存为“企业化投资分析报告”。选择【设计】/【主题】组，在“主题”选项栏中选择“视点”选项，如图 14-38 所示。

Step 02 在第 1 张幻灯片中输入相应的文本。选择【插入】/【图像】组，单击“图片”按钮，在打开的“插入图片”对话框中选择“图片 1.png”图片（\实例素材\第 14 章\分析报告\图片 1.png），对图片大小和位置以及文本占位符位置进行调整，如图 14-39 所示。

图 14-38 应用主题

图 14-39 插入并调整图片

Step 03 选择插入的图片后，选择【格式】/【调整】组，单击“颜色”按钮，在弹出的下拉列表中选择“设置透明色”选项。

Step 04 当鼠标光标变成形状时，在图片背景上单击，将图片背景透明化，再在图片上单击鼠标右键，在弹出的快捷菜单中选择“设置图片格式”命令。

Step 05 打开“设置图片格式”对话框，选择“发光和柔化边 ”选项卡，在“柔化边 ”栏中单击“预置”按钮，在弹出的下拉列表中选择“2.5 磅”选项，单击关闭按钮，如图 14-40 所示。

Step 06 新建 1 张幻灯片，并在其中输入相应的文本，选择所有的正文文本。再选择【开始】/【段落】组，单击“转换为 SmartArt”按钮，在弹出的下拉列表中选择“其他 SmartArt 图形”选项。

Step 07 打开“选择 SmartArt 图形”对话框，选择“列表”栏中的“垂直重点列表”选项，单击确定按钮，如图 14-41 所示。

图 14-40　设置图片柔化边缘效果

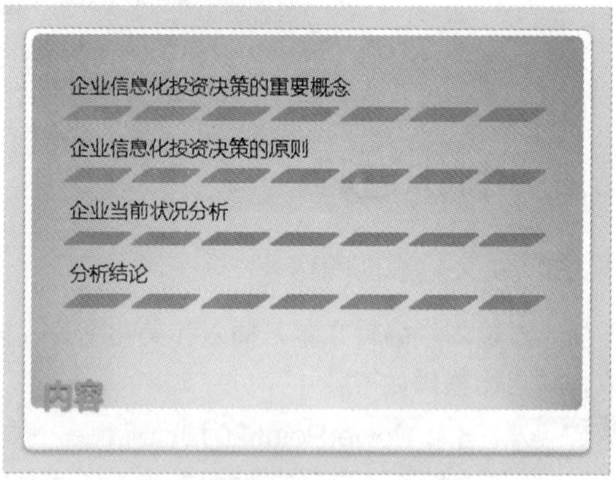

图 14-41　将文本转化为 SmartArt 图形

Step 08 选择 SmartArt 图形后，选择【设计】/【SmartArt 样式】组，在“快速样式”选项栏中选择“强烈效果”选项，如图 14-42 所示。

Step 09 单击“更改颜色”按钮，在弹出的下拉列表中选择“彩色-强调文字颜色”选项，如图 14-43 所示。

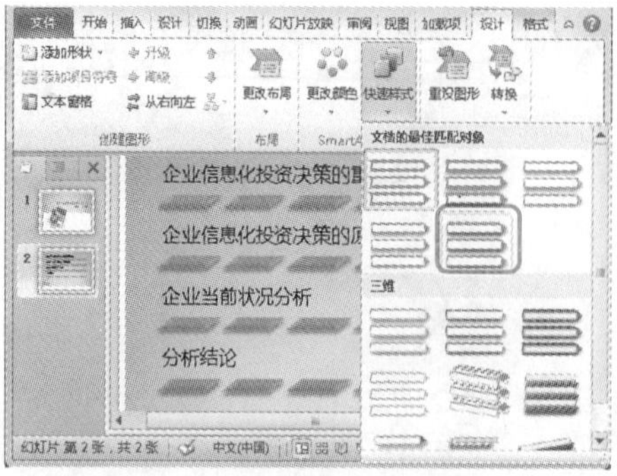

图 14-42　设置 SmartArt 图形样式

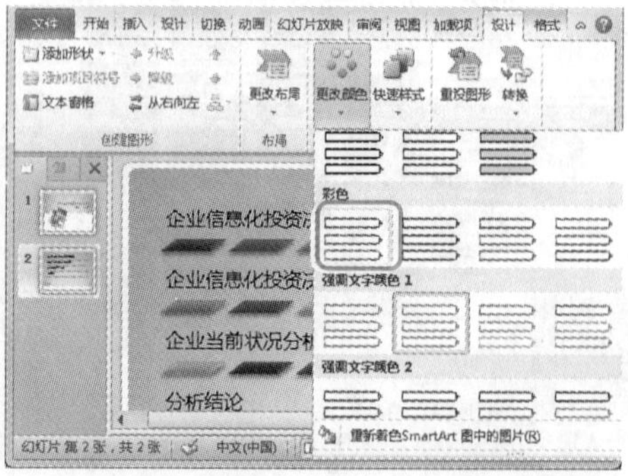

图 14-43　更改 SmartArt 图形颜色

Step 10 新建 1 张幻灯片，在幻灯片标题占位符中输入相应的文本，再在幻灯片中插入“连续块状流程” SmartArt 图形，并在其中输入相应的文本，如图 14-44 所示。

Step 11 选择“要素”形状后，选择【设计】/【创建图形】组，单击“添加形状”按钮，在弹出的下拉列表中选择“在后面添加形状”选项，如图 14-45 所示。

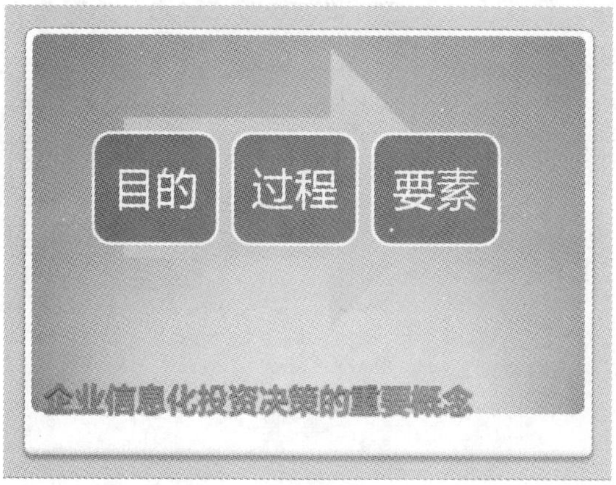

图 14-44 插入 SmartArt 图形

图 14-45 选择“在后面添加形状”选项

Step 12 使用相同的方法再在后面添加两个形状，并为添加的形状输入相应的文本，将 SmartArt 图形的样式设置为“优雅”，颜色更改为“彩色范围-强调文字颜色 2 至 3”，其效果如图 14-46 所示。

Step 13 新建 1 张幻灯片，并输入相应的文本，再在该幻灯片中插入“图片 2.jpg” 图片（\实例素材\第 14 章\分析报告\图片 2.jpg），并对图片位置和大小进行调整。

Step 14 选择插入的图片，单击“删除图片背景”按钮，图片将被删除的部分会变成紫色，拖动鼠标调整图片上文本框的大小来标注需保留的图片范围，如图 14-47 所示。

图 14-46 设置 SmartArt 图形效果

图 14-47 调整图片大小和位置

Step 15 在幻灯片空白区域单击鼠标，删除图片的背景，将第 3 张幻灯片复制到第 4 张幻灯片后，并对标题文本和 SmartArt 图形中的文本进行修改。

Step 16 将 SmartArt 图形中多余的形状删除，选择 SmartArt 图形，选择【设计】/【布局】组，在“更改布局”选项栏中选择“圆形重点日程表”选项，其效果如图 14-48 所示。

Step 17 使用制作第 5 张幻灯片的方法制作第 6 张幻灯片。制作完成后选择所有正文文本，再选择【开始】/【段落】组，单击按钮。

Step 18 打开“段落”对话框，选择“缩进和间距”选项卡，在“间距”栏的“行距”下拉列表框中选择“1.5 倍行距”选项，如图 14-49 所示。

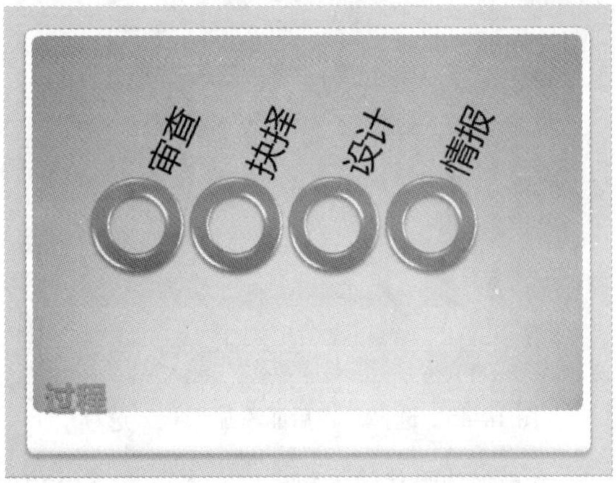

图 14-48 制作第 5 张幻灯片

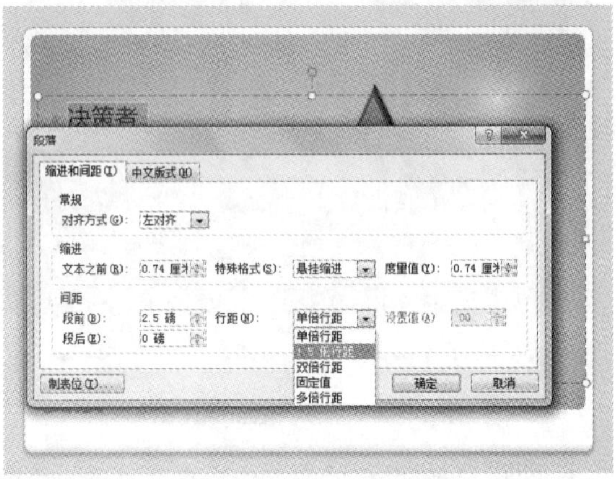

图 14-49 设置段落行距

Step 19 新建 9 张幻灯片，在每张幻灯片中输入相应的标题文本和正文文本，并设置正文文本的行距为“1.5 倍行距”。

Step 20 选择第 8 张幻灯片后，选择所有的正文文本，将其转化为“梯形列表”SmartArt 图形，并对 SmartArt 图形样式和颜色进行更改，其效果如图 14-50 所示。

Step 21 使用制作第 8 张幻灯片的方法制作第 10 张幻灯片，其效果如图 14-51 所示。

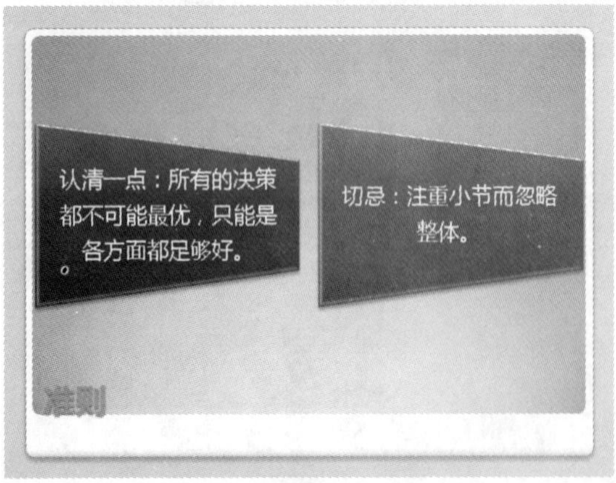

图 14-50 制作第 8 张幻灯片

图 14-51 制作第 10 张幻灯片

Step 22 使用相同的方法将第 13 张幻灯片中的正文文本转化为“垂直曲线列表”SmartArt 图形，并对其样式和颜色进行相应设置。

2. 添加动作按钮和动画

下面先为演示文稿中的幻灯片添加动作按钮，然后再为幻灯片添加切换效果，最后为幻灯片中的对象添加动画效果。其具体操作如下：

Step 01 进入幻灯片母版视图，选择第 1 张幻灯片后，选择【幻灯片母版】/【母版版式】组，取消选中 ☐ 页脚 复选框，使幻灯片中不显示页脚。

Step 02 保持选择第 1 张幻灯片，再选择【插入】/【形状】组，单击“形状”按钮，在弹出的下拉列表中选择“动作按钮”栏中的“动作按钮：开始”选项，如图 14-52 所示。

Step 03 当鼠标光标变成+形状时，在幻灯片右下角绘制形状，自动打开“动作设置”对话框，保持对话框中的默认设置，单击 确定 按钮，如图 14-53 所示。

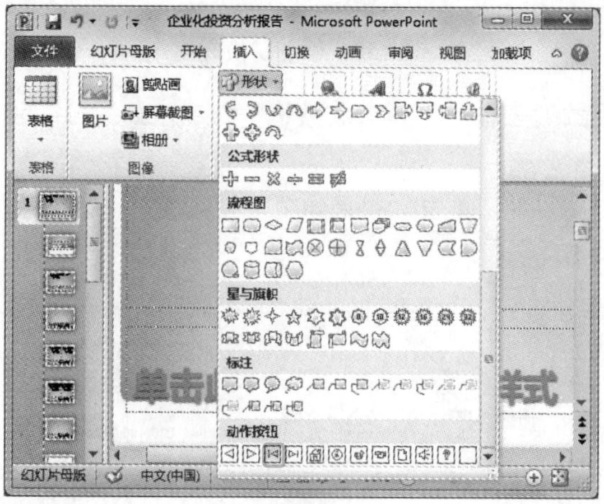

图 14-52 选择动作按钮

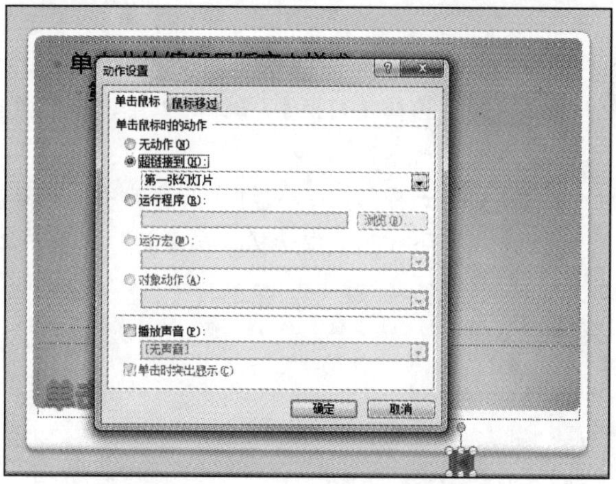

图 14-53 绘制动作按钮

Step 04 使用相同的方法在该幻灯片中绘制 3 个动作按钮，它们分别是“动作按钮：后退或前一项、动作按钮：前进或下一项、动作按钮：结束”。

Step 05 选择绘制的 4 个动作按钮，再选择【格式】/【形状样式】组，在“快速样式”选项栏中选择如图 14-54 所示的选项。

Step 06 选择【幻灯片母版】/【关闭】组，单击“关闭母版视图”按钮，退出母版视图，返回到普通视图中。

Step 07 选择第 1 张幻灯片后，选择【切换】/【切换到此幻灯片】组，在“切换方案”选项栏中选择“摩天轮”选项，如图 14-55 所示。

知识提示

为按钮增加单击声音效果

绘制按钮后，在打开的“动画设置”对话框中选中 ☑ 播放声音(P): 复选框，再在其下方的下拉列表框中选择放映演示文稿时单击按钮的声音效果。

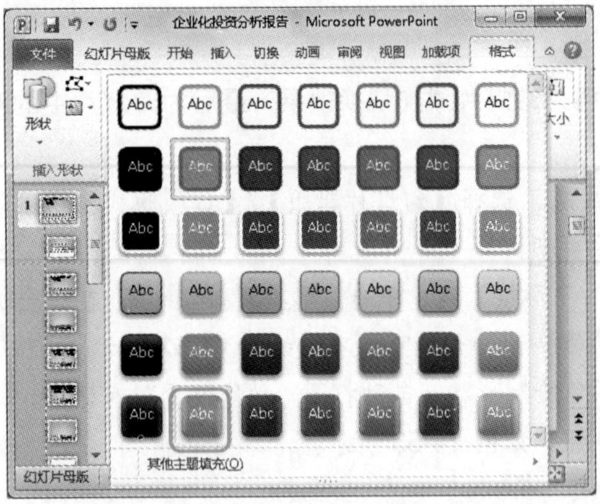

图 14-54　设置动作按钮样式

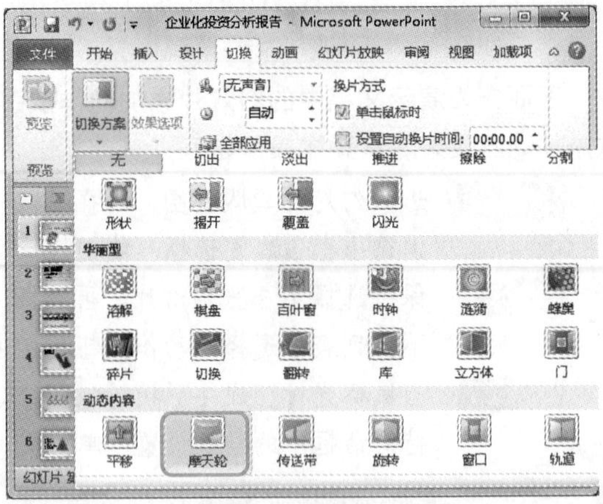

14-55　添加切换方案

Step 08　选择【切换】/【计时】组，在“声音”下拉列表框中选择“收款机”选项，如图 14-56 所示。

Step 09　选择第 2 张幻灯片，为其添加“覆盖”切换方案，单击“效果选项”按钮，在弹出的下拉列表中选择“自左侧”选项，如图 14-57 所示。

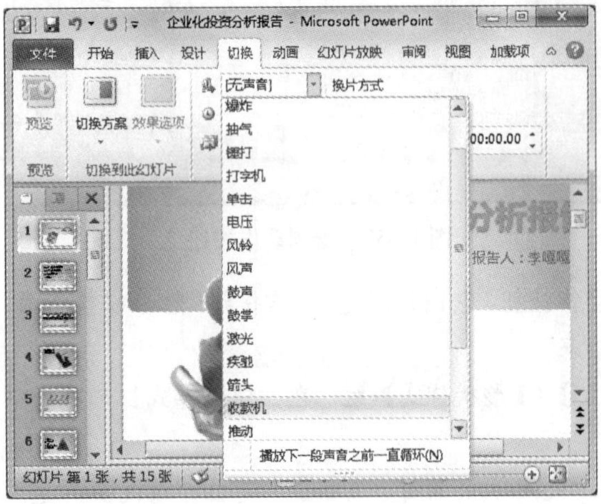

图 14-56　添加切换声音

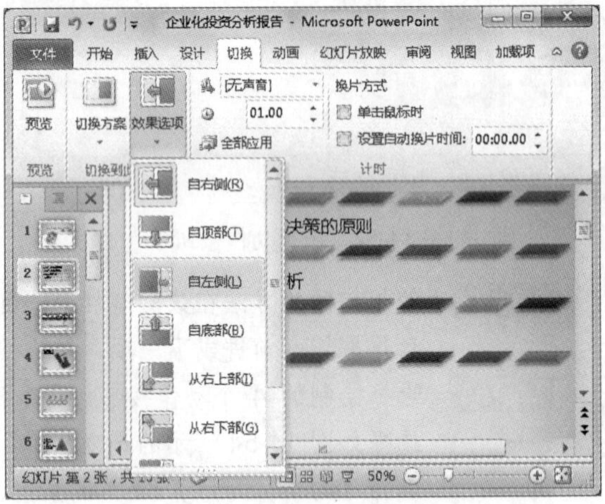

图 14-57　设置效果选项

Step 10　选中单击鼠标时复选框，将切换方式设置为“单击鼠标时”，单击“全部应用”按钮，演示文稿中其他幻灯片将设置为与此张幻灯片相同的切换效果。

Step 11　选择第 2 张幻灯片中的标题占位符后，选择【动画】/【高级动画】组，在“添加样式”选项栏中选择“飞入”选项，如图 14-58 所示。

Step 12　单击“效果选项”按钮，在弹出的下拉列表中选择“自右上部”选项，如图 14-59 所示。

Step 13　选择 SmartArt 图形，为其添加“弹跳”进入动画，然后单击“动画窗格”按钮，打开“动画窗格”窗格，在其列表中设置的效果选项上单击鼠标右键，在弹出的快捷菜单中选择“效果选项”命令，如图 14-60 所示。

图 14-58 添加进入动画

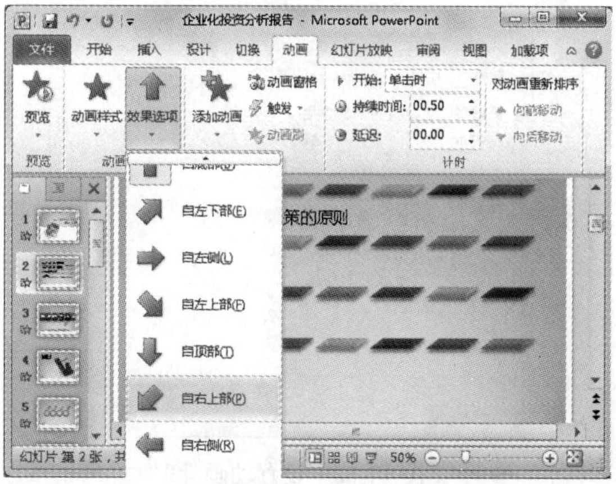

图 14-59 设置动画效果选项

Step 14 在打开的对话框中选择“效果”选项卡，在“增强”栏的“声音”下拉列表框中选择“照相机”选项，如图 14-61 所示。

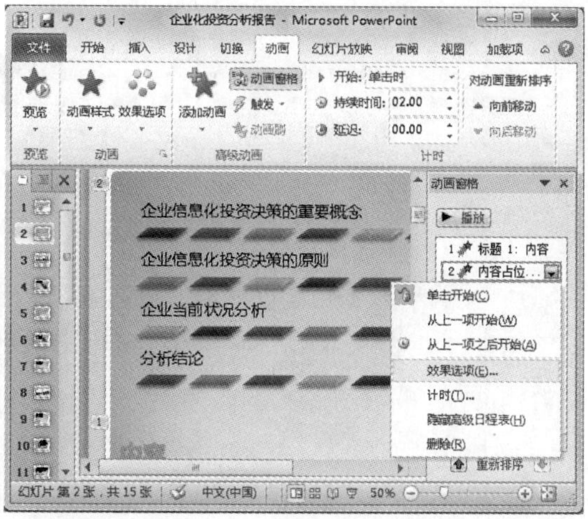

图 14-60 选择“效果选项”命令

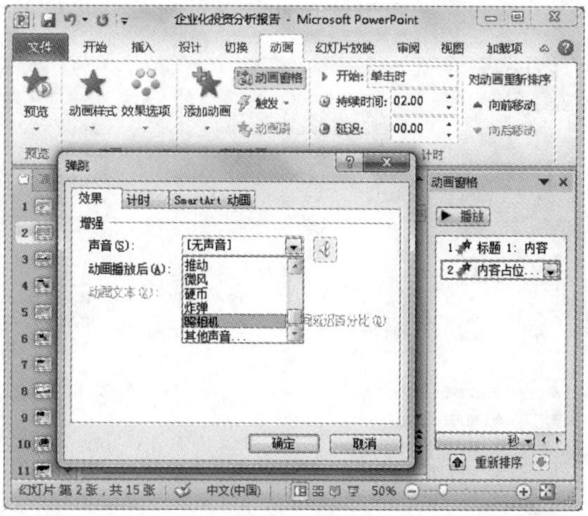

图 14-61 设置动画声音

Step 15 选择“计时”选项卡，在“开始”下拉列表框中选择“上一动画之后”选项，在“期间”下拉列表框中选择“慢速（3 秒）”选项，如图 14-62 所示。

Step 16 选择“SmartArt 动画”选项卡，在“组合图形”下拉列表框中选择“逐个”选项，单击 确定 按钮，如图 14-63 所示。

Step 17 选择第 3 张幻灯片中的标题占位符，为其添加“飞入”进入动画，将效果选项设置为“自右侧”，开始时间设置为“上一动画之后”。

Step 18 为幻灯片中的 SmartArt 图形添加“劈裂”进入动画，设置开始时间为“上一动画之后”，动画序列为“逐个”，单击“动画窗格”窗格中的 ▶ 播放 按钮，预览幻灯片添加的动画效果。

Step 19 选择第 4 张幻灯片，使用前面的方法为幻灯片中的标题占位符和正文占位符添加动画效果，并将动画的开始时间都设置为“上一动画之后”。

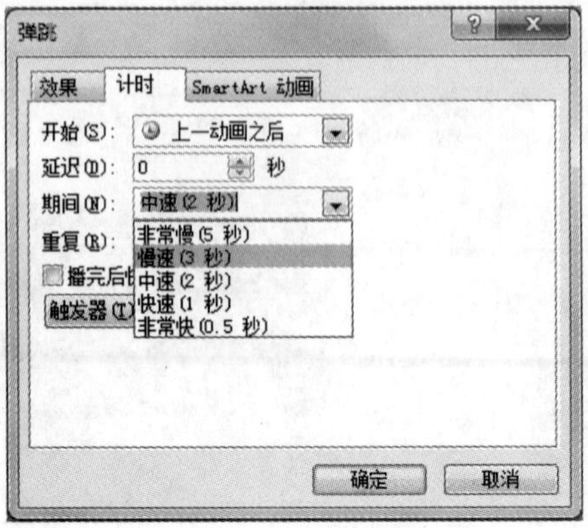

图 14-62 设置动画计时

图 14-63 设置动画序列

Step 20 选择第 4 张幻灯片中的图片，在“动画样式”选项栏中为其添加“弧形”动作路径，如图 14-64 所示。

Step 21 此时幻灯片编辑区将显示该张图片的动作路径，然后将鼠标移动到动作路径的控制点上，通过拖动鼠标调整动作路径的长短和位置，如图 14-65 所示。

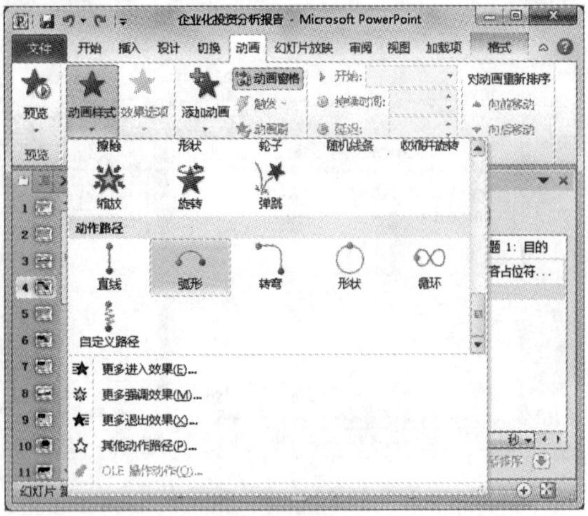

图 14-64 添加动作路径

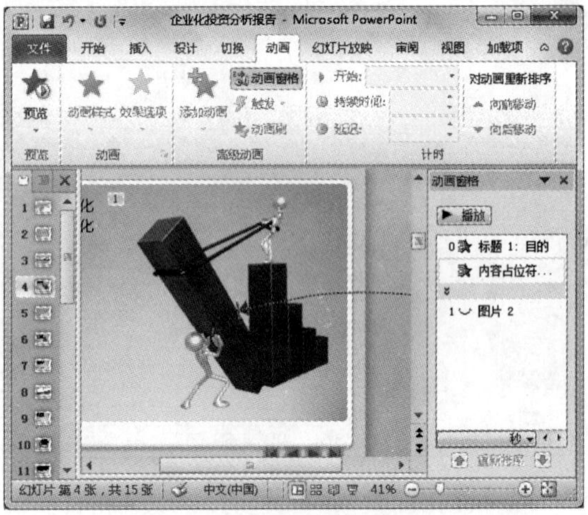

图 14-65 调整动作路径

Step 22 选择【动画】/【计时】组，在“开始”下拉列表框中选择“上一动画之后”选项，设置动画的开始时间。

Step 23 使用前面为幻灯片对象添加动画的方法为其他剩余幻灯片中的对象添加动画效果，并将所有动画的开始时间都设置为“上一动画之后”。

14.4 制作年度总结报告

总结不仅仅是销售经理，也是每个销售人的基本课程。销售总结不应该是被动、被指使，而应该是主动地、积极地，系统、全面地分析市场整体状况、市场运作情况，深刻自省、挖掘存在的问题，只有这样才可能保障销售工作稳定、健康地发展。

14.4.1 案例目标

本例将制作“年度销售总结”演示文稿，其效果如图 14-66 所示（\最终效果\第 14 章\年度销售总结报告.pptx）。本例制作的演示文稿内容全面，详略安排适当，且演示文稿的整体风格统一、协调。

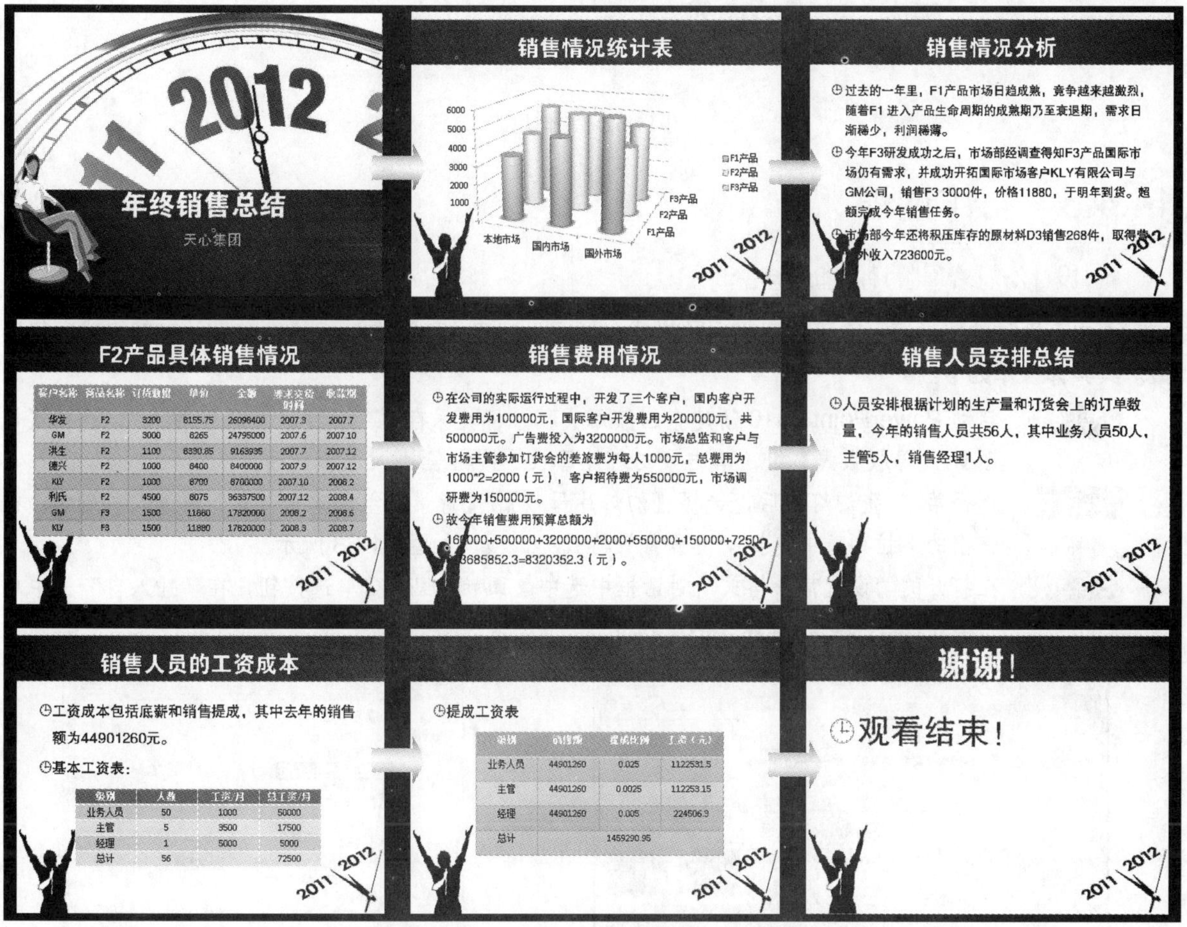
年终销售总结
天心集团
销售情况统计表
本地市场
国内市场
国外市场
F1产品
F2产品
F3产品
销售情况分析
过去的一年里，F1产品市场日趋成熟，竞争越来越激烈，随着F1 进入产品生命周期的成熟期乃至衰退期，需求日渐稀少，利润稀薄。
今年F3研发成功之后，市场部经调查得知F3产品国际市场仍有需求，并成功开拓国际市场客户KLY有限公司与GM公司，销售F3 3000件，价格11880，于明年到货。超额完成今年销售任务。
F2产品具体销售情况
销售费用情况
在公司的实际运行过程中，开发了三个客户，国内客户开发费用为100000元，国际客户开发费用为200000元，共500000元。广告费投入为3200000元。市场总监和客户与市场主管参加订货会的差旅费为每人1000元，总费用为1000*2=2000（元），客户招待费为550000元，市场调研费为150000元。
故今年销售费用预算总额为
销售人员安排总结
人员安排根据计划的生产量和订货会上的订单数量，今年的销售人员共56人，其中业务人员50人，主管5人，销售经理1人。
销售人员的工资成本
工资成本包括底薪和销售提成，其中去年的销售额为44901260元。
基本工资表：
提成工资表
谢谢！
观看结束！
2011
2012

图 14-66 “年度销售总结”演示文稿效果

14.4.2 制作思路

制作本例首先是通过幻灯片母版来设计演示文稿的背景样式和占位符的格式，然后在普通视图中为演示文稿添加内容，包括文本的输入、图表的创建与编辑等，最后为幻灯片中的对象添加动画和进行放映设置。本例的制作思路如图 14-67 所示。

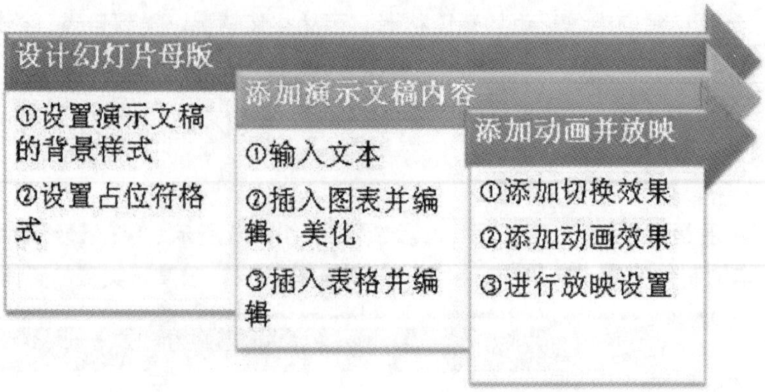

图 14-67　制作思路

14.4.3　制作过程

1. 设计幻灯片母版并添加内容

下面在新建的空白演示文稿中应用主题样式，然后为演示文稿添加相应的内容，并对其格式进行设置。其具体操作如下：

Step 01　启动 PowerPoint 2010 新建空白演示文稿，将其保存为“年度销售总结.pptx”。选择【视图】/【母版版式】组，单击“幻灯片母版”按钮进入母版视图。

Step 02　选择第 1 张幻灯片后，选择【幻灯片母版】/【背景】组，单击“背景样式”按钮，在弹出的下拉列表中选择“设置背景格式”选项，如图 14-68 所示。

Step 03　在打开的“设置背景格式”对话框中选中 图片或纹理填充(P) 单选按钮，在“插入自”栏中单击 文件(F)... 按钮，如图 14-69 所示。

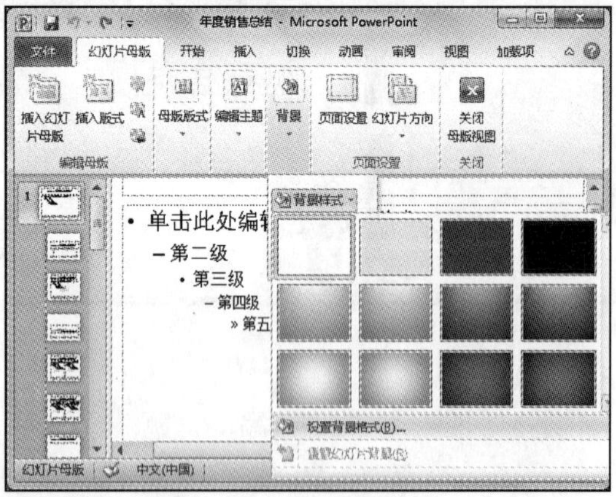

图 14-68　选择“设置背景格式”选项

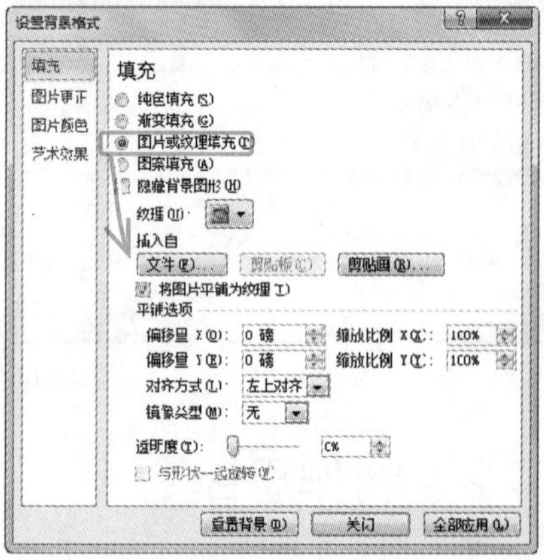

图 14-69　单击“文件”按钮

Step 04　打开“插入图片”对话框，选择插入“图片 3.jpg”图片（实例素材\第 14 章\销售总结\图片 3.jpg），单击 插入(S) 按钮，如图 14-70 所示。

Step 05 返回“设置背景格式”对话框，单击 关闭 按钮返回幻灯片编辑区，使用相同的方法为第 2 张幻灯片插入“图片 2.jpg”图片（实例素材\第 14 章\销售总结\图片 2.jpg），其效果如图 14-71 所示。

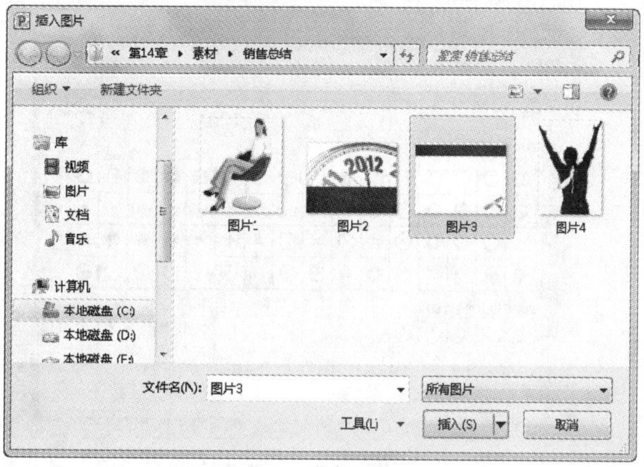

图 14-70 插入图片

图 14-71 查看设置的背景样式效果

Step 06 选择第 1 张幻灯片后，选择【插入】/【图像】组，单击“图片”按钮，在打开的“插入图片”对话框中选择“图片 4.png”图片（实例素材\第 14 章\销售总结\图片 4.png），然后对图片的大小和位置进行调整，如图 14-72 所示。

Step 07 将幻灯片中的标题文本字体设置为“方正大黑简体”，字体颜色设置为“白色”，如图 14-73 所示。再将一级正文文本字体设置为“方正黑体简体”，字号设置为 28。

图 14-72 调整图片

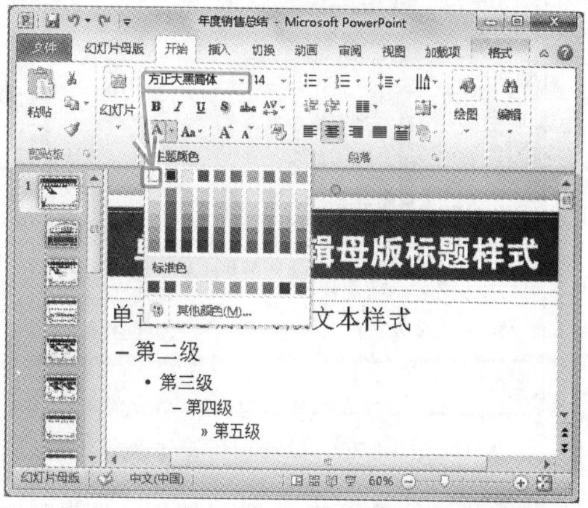

图 14-73 设置字体颜色

Step 08 将鼠标光标定位在一级正文文本前。选择【开始】/【段落】组，单击“项目符号”按钮，在弹出的下拉列表中选择“项目符号和编号”选项，如图 14-74 所示。

Step 09 打开“项目符号和编号”对话框，选择“项目符号”选项卡，单击 自定义(U)... 按钮，打开“符号”对话框。

Step 10 在“字体”下拉列表框中选择 Wingdings 选项，在其下方的列表框中选择如图 14-75 所示的选项后，单击 确定 按钮。

图 14-74 选择“项目符号和编号”选项

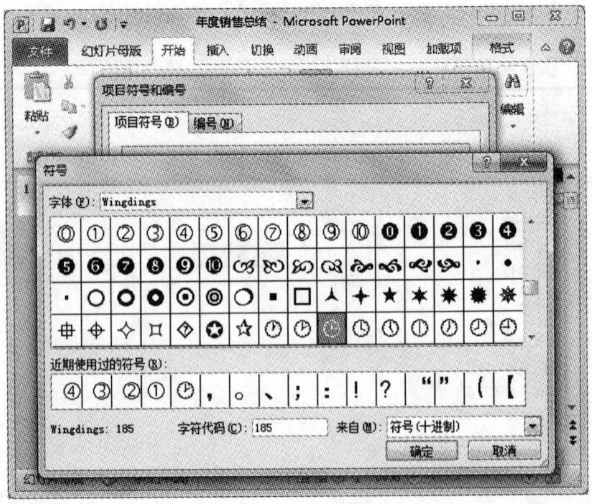

图 14-75 选择符号

Step 11 返回“项目符号和编号”对话框，单击“颜色”按钮，在弹出的下拉列表中选择“深红”选项，单击 确定 按钮，如图 14-76 所示。

Step 12 选择所有的正文文本，单击“行距”按钮，在弹出的下拉列表中选择 1.5 选项，如图 14-77 所示。

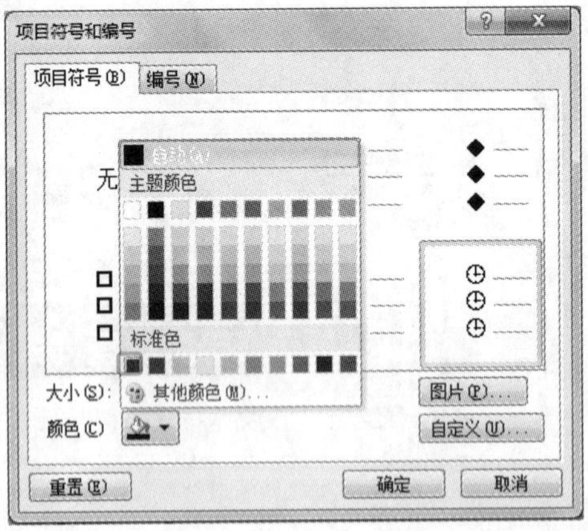

图 14-76 设置项目符号颜色

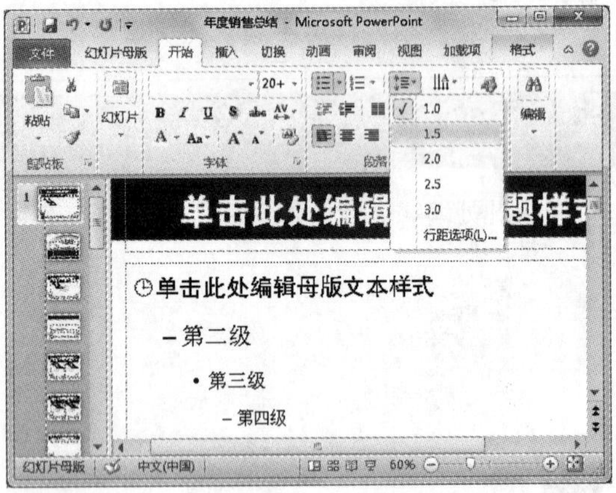

图 14-77 设置行距

Step 13 选择第 2 张幻灯片，选中 隐藏背景图形 复选框，对标题占位符和副标题占位符的格式进行相应的设置。

Step 14 在幻灯片中插入“图片 1.png”图片（\实例素材\第 14 章\销售总结\图片 1.png），对图片的大小和位置进行调整。

Step 15 选择插入的图片后，选择【格式】/【排列】组，单击“旋转”按钮，在弹出的下拉列表中选择“水平翻转”选项，如图 14-78 所示。

Step 16 在图片上单击鼠标右键，在弹出的快捷菜单中选择【置于底层】/【置于底层】命令，如图 14-79 所示，将图片置于文字后。

图 14-78　设置图片旋转

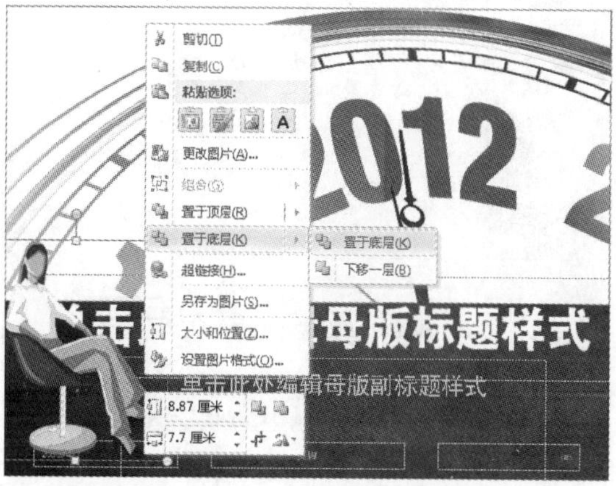

图 14-79　设置图片排列顺序

Step 17 退出幻灯片母版视图，返回普通视图中，将鼠标光标定位到“幻灯片”窗格中，按 8 次 Enter 键插入 8 张幻灯片。选择第 1 张幻灯片，输入如图 14-80 所示的标题文本和副标题文本。

Step 18 选择第 2 张幻灯片，输入相应的标题文本。单击正文文本占位符中的“插入图表”按钮。

Step 19 在打开的“插入图表”对话框中选择“柱形图”选项卡，在中间的列表框中选择“三维圆柱图”选项，单击 确定 按钮，如图 14-81 所示。

图 14-80　输入文本

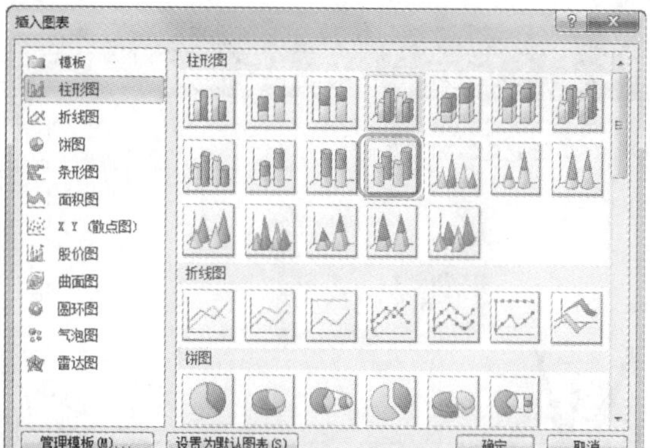

图 14-81　选择图表

Step 20 在幻灯片中插入图表的同时，PowerPoint 将自动启动 Excel 2010，在蓝色框线内的相应单元格中输入需在图表中表现的数据，单击“关闭”按钮，退出 Excel 2010，如图 14-82 所示。

Step 21 选择第 1 排的数据点后，选择【格式】/【形状样式】组，在“快速样式”选项栏中选择“细微效果-强调颜色 2”选项，按同样方法将其他数据点设置为“细微效果-强调颜色 3”

和“细微效果-强调颜色 5”，其效果如图 14-83 所示。

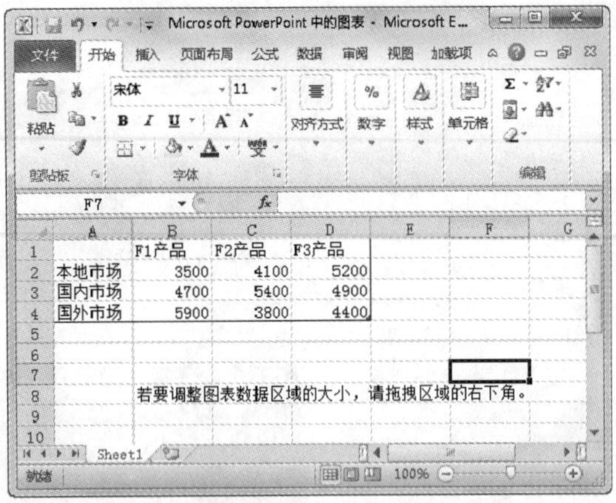

图 14-82 输入数据

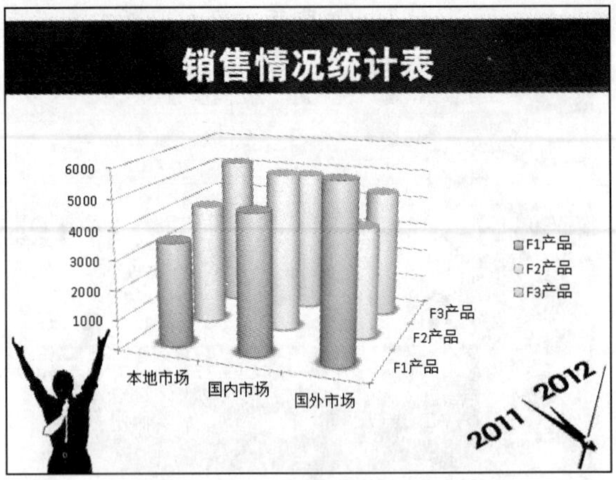

图 14-83 设置数据点格式

Step 22 在第 3 张幻灯片中输入相应的标题文本和正文文本，然后在第 4 张幻灯片中输入标题文本。在正文文本占位符中单击“插入表格”按钮。

Step 23 在打开的“插入表格”对话框中将列数和行数分别设置为 7 和 9，单击 确定 按钮，如图 14-84 所示。

Step 24 在表格中输入相应内容，并设置文本的对齐方式为“居中对齐”，选择表格，在“表格样式”面板的“表样式”选项栏的“文档的最佳匹配对象”栏中选择“主题样式 1-强调 6”选项，效果如图 14-85 所示。

图 14-84 插入表格

图 14-85 设置表格样式

Step 25 使用前面制作幻灯片的方法，在演示文稿第 5~9 张幻灯片中输入相应的标题文本和正文文本。选择第 7 张幻灯片后，选择【插入】/【表格】组，单击“表格”按钮，在弹出的下拉列表中选择 4 × 5 表格，如图 14-86 所示。

Step 26 在插入的表格中输入相应的内容，并为表格应用“中度样式 2-强调 2”表格样式，如图 14-87 所示。

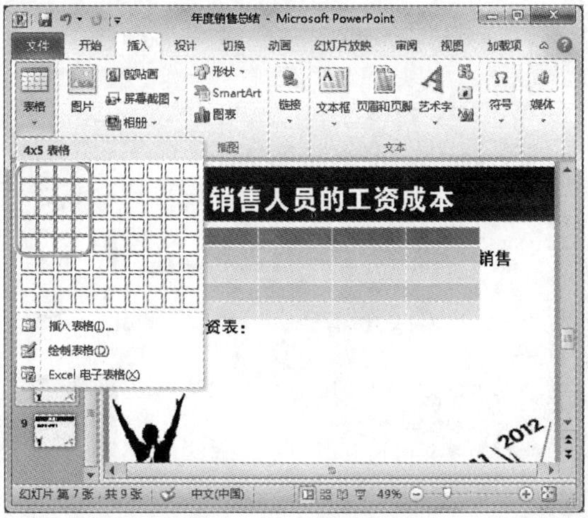

图 14-86　插入表格

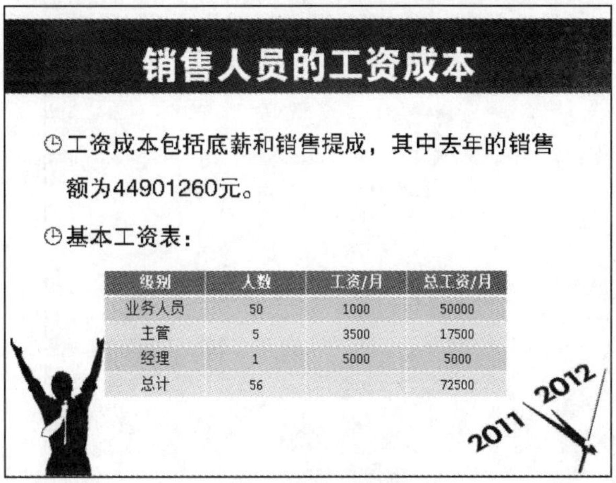

图 14-87　设置表格样式

Step 27 选择第 8 张幻灯片，使用同样的方法插入表格，并输入相应的内容，选择最后一行的最后 3 个单元格，在其上方单击鼠标右键，在弹出的快捷菜单中选择“合并单元格”命令，如图 14-88 所示。

Step 28 选择表格，为表格应用“主题样式 1-强调 6”表格样式，其效果如图 14-89 所示。

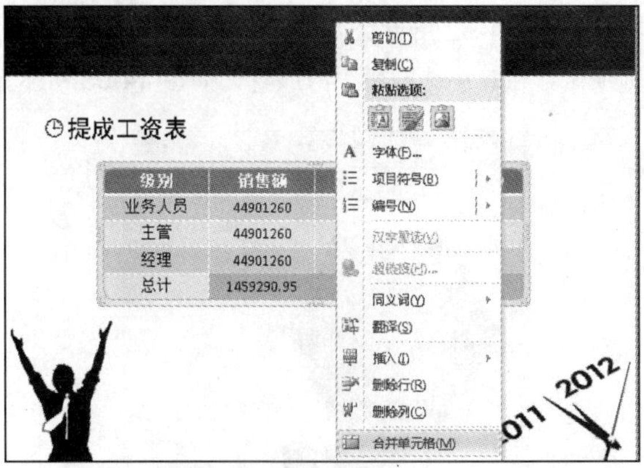

图 14-88　选择“合并单元格”命令

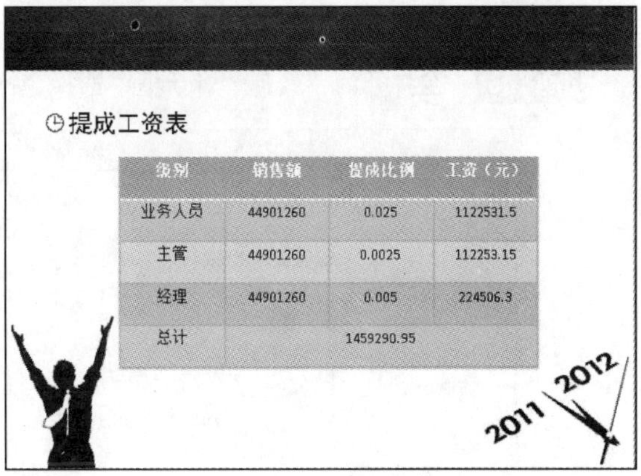

图 14-89　设置表格样式

2. 添加动画并放映

下面为演示文稿的幻灯片间添加切换效果，然后再为幻灯片中的对象添加动画效果，最后对放映效果进行设置。其具体操作如下：

Step 01 选择第 1 张幻灯片后，选择【切换】/【切换到此幻灯片】组，在“切换方案”选项栏中选择“百叶窗”切换方案，如图 14-90 所示。

Step 02 单击“全部应用”按钮，将此张幻灯片的切换效果应用到演示文稿的其他幻灯片中。

Step 03 选择第 1 张幻灯片中的标题文本后，选择【动画】/【动画】组，在“动画样式”选项栏中选择“弹跳”进入动画，如图 14-91 所示。

图 14-90　添加切换方案

图 14-91　添加动画效果

Step 04　选择【动画】/【高级动画】组，单击“添加动画”按钮，在弹出的下拉列表中选择“画笔颜色”强调动画。单击“动画窗格”按钮，在打开的“动画窗格”窗格中选择设置的动画效果选项。

Step 05　在其上单击鼠标右键，在弹出的快捷菜单中选择“效果选项”命令，在打开对话框的“颜色”下拉列表框中选择“其他颜色”选项，如图 14-92 所示。

Step 06　在打开的“颜色”对话框中选择“标准”选项卡，在其中选择所需的颜色，如图 14-93 所示。

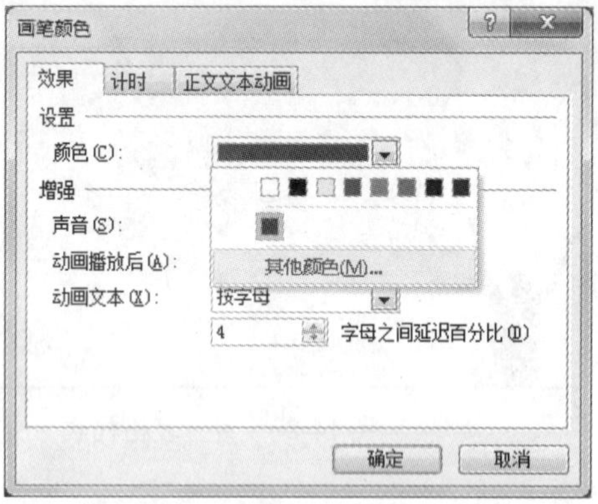

图 14-92　选择“其他颜色”选项

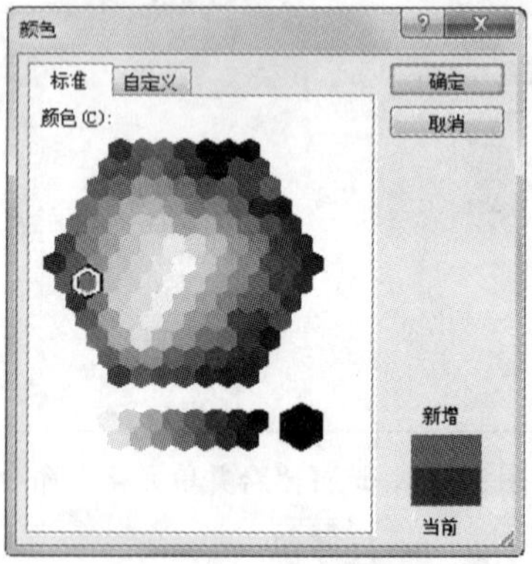

图 14-93　选择所需的颜色

Step 07　单击 确定 按钮，返回“画笔颜色”对话框中，选择“计时”选项卡，在“开始”下拉列表框中选择“与上一动画同时”选项，如图 14-94 所示。

Step 08　单击 确定 按钮，为副标题文本设置“缩放”进入动画，将其开始时间设置为“上一动画之后”。

Step 09　选择第 2 张幻灯片，为标题文本添加“轮子”进入动画，将开始时间设置为“上一动画之后”。选择图表，为其添加“飞入”进入动画，在动画窗格效果选项上单击鼠标右键，在弹出的快捷菜单中选择“效果选项”命令。

Step 10 在打开的对话框中选择“效果”选项卡，在“方向”下拉列表框中选择“自右上部”选项，如图 14-95 所示。

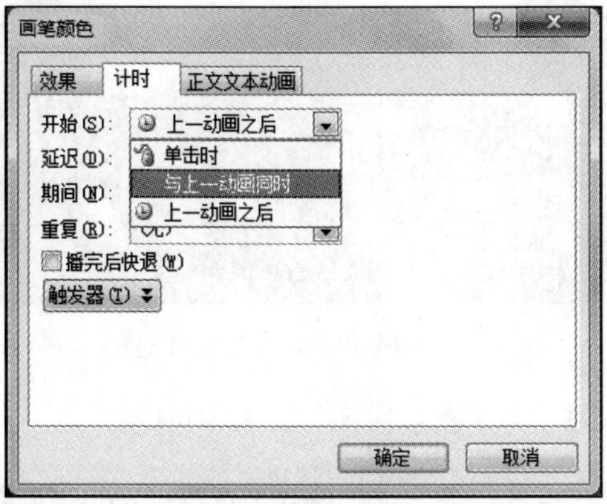

图 14-94 设置动画计时

图 14-95 设置动画方向

Step 11 选择“计时”选项卡，在“开始”下拉列表框中选择“上一动画之后”选项，在“期间”下拉列表框中选择“中速（2 秒）”选项，如图 14-96 所示。

Step 12 选择“图表动画”选项卡，在“组合图表”下拉列表框中选择“按分类中的元素”选项，如图 14-97 所示。

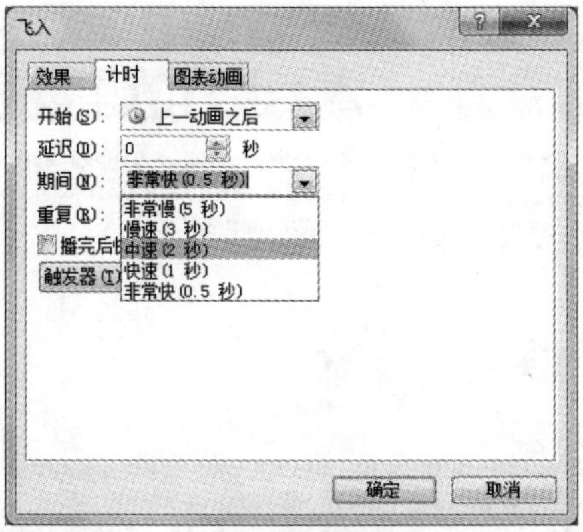

图 14-96 设置动画计时

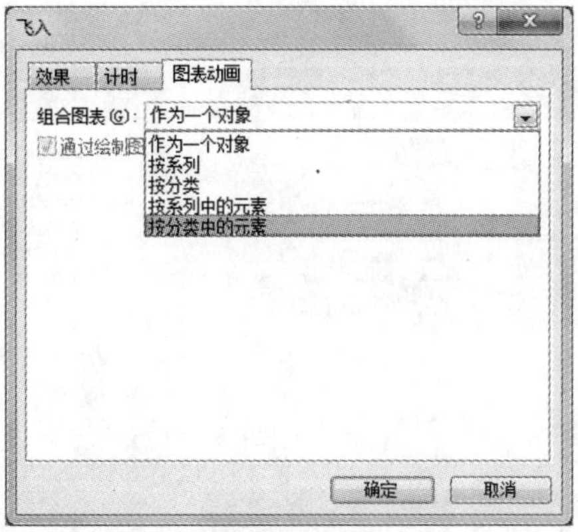

图 14-97 设置图表动画

Step 13 单击 确定 按钮，使用相同的方法为其他幻灯片中的对象添加动画效果，并注意设置动画的开始时间。

Step 14 选择【幻灯片放映】/【设置】组，单击“排练计时”按钮，进入幻灯片放映视图，同时在“录制”工具栏中将计算每张幻灯片播放所需要的时间，如图 14-98 所示。

Step 15 单击鼠标继续播放幻灯片，播放完成后按 Esc 键退出播放，并在打开的对话框中单击 是(Y) 按钮进行保存，如图 14-99 所示。

图 14-98　排练计时

图 14-99　保存排练计时

Step 16　自动进入幻灯片浏览视图，并显示每张幻灯片的播放时间，如图 14-100 所示。

图 14-100　显示幻灯片的播放时间

Step 17 选择【幻灯片放映】/【开始放映幻灯片】组，单击“从头开始”按钮，进入幻灯片放映状态，单击鼠标继续放映，预览演示文稿的放映效果。

Step 18 放映完成后，单击鼠标左键或按 Esc 键退出幻灯片放映视图，返回幻灯片浏览视图中。

14.5 达人私房菜

私房菜 1：如何面对大量的文字内容

：制作主题会议类演示文稿最主要的元素就是文字，如果面对大量文字内容，又想提升演示文稿的吸引力，该怎么办呢？

：会议类演示文稿一般都是以文本叙述为主，如果制作不好，就会影响演示文稿的整体效果，达不到传递信息的目的。那么在大量文字内容面前应该怎样做，才能传递会议精神和达到开会的目的？下面就对制作主题会议类演示文稿的几个要点进行介绍。

要点一：虽然会议类演示文稿涉及大量的文字内容，但因每张幻灯片中能容纳的内容有限，因此，在制作会议类演示文稿时，并不需要将所有的文字内容都列入幻灯片中，只需列出重点内容即可。

要点二：制作这类演示文稿时，内容必须简洁，每个要点的字数不宜太多。

要点三：如果幻灯片中每张幻灯片的内容都过多，那么在对幻灯片中的文本内容格式进行设置时，同级文本的字体、字号、颜色以及项目符号等都要保持统一，这样才能更好地传递信息。

要点四：制作的演示文稿内容要多而不杂，针对观点所阐明的内容要丰富，针对性要强，但不要对某个方面做过多的修饰而偏离重心。

私房菜 2：工作汇报型演示文稿设计制作的技巧

：演示文稿的制作并没有什么硬性规定，都是根据不同的需要来进行制作，工作汇报型演示文稿经常需要制作，但不好把握，那么这类演示文稿设计制作时，有没有什么技巧？

：工作汇报型演示文稿的设计制作主要有以下几个技巧供大家参考。

技巧一：内容提示。利用内容提示操作可以引导你一步一步地快速创建一整套专业化演示文稿。

技巧二：设计模板。选择所需要的模板，可以在预先设计好的基本框架上添加自己的文本或图片。

技巧三：空演示文稿。如果想按照自己的思路创建演示文稿，那么创建空演示文稿是有必要的。

技巧四：可添加适当的多媒体和动画效果，幻灯片的精彩之处是集文字、图片、图像、声音及视频剪辑为一体。它在针对不同的对象时，可添加不同的多媒体和动画效果，这样可吸引观众的眼球，增强演示文稿的效果，避免会议带来的枯燥感。

14.6 拓展练习

练习 1：制作可行性研究报告

打开提供的“可行性研究报告.pptx”演示文稿（\实例素材\第 14 章\可行性研究报告.pptx），设计演示文稿的背景样式，对幻灯片中的文本、图片等进行编辑，然后为幻灯片中的对象添加动画效果。如图 14-101 所示为制作的演示文稿效果（\最终效果\第 14 章\可行性研究报告.pptx）。

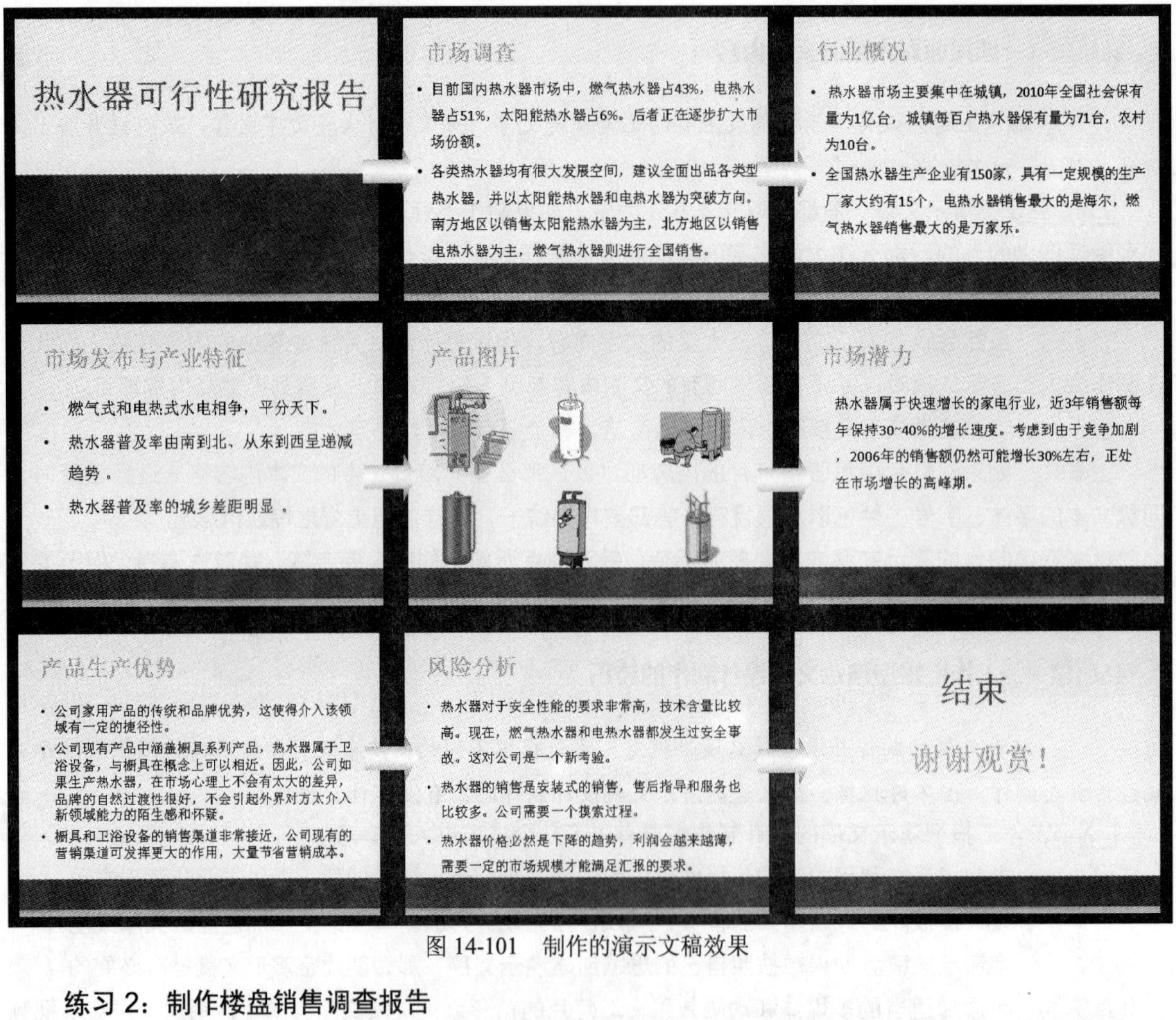
热水器可行性研究报告
市场调查
目前国内热水器市场中，燃气热水器占43%，电热水器占51%，太阳能热水器占6%。后者正在逐步扩大市场份额。
各类热水器均有很大发展空间，建议全面出品各类型热水器，并以太阳能热水器和电热水器为突破方向。南方地区以销售太阳能热水器为主，北方地区以销售电热水器为主，燃气热水器则进行全国销售。
行业概况
热水器市场主要集中在城镇，2010年全国社会保有量为1亿台，城镇每百户热水器保有量为71台，农村为10台。
全国热水器生产企业有150家，具有一定规模的生产厂家大约有15个，电热水器销售最大的是海尔，燃气热水器销售最大的是万家乐。
市场发布与产业特征
燃气式和电热式水电相争，平分天下。
热水器普及率由南到北、从东到西呈递减趋势。
热水器普及率的城乡差距明显。
产品图片
市场潜力
热水器属于快速增长的家电行业，近3年销售额每年保持30~40%的增长速度。考虑到由于竞争加剧，2006年的销售额仍然可能增长30%左右，正处在市场增长的高峰期。
产品生产优势
公司家用产品的传统和品牌优势，这使得介入该领域有一定的捷径性。
公司现有产品中涵盖橱具系列产品，热水器属于卫浴设备，与橱具在概念上可以相近。因此，公司如果生产热水器，在市场心理上不会有太大的差异，品牌的自然过渡性很好，不会引起外界对方太介入新领域能力的陌生感和怀疑。
橱具和卫浴设备的销售渠道非常接近，公司现有的营销渠道可发挥更大的作用，大量节省营销成本。
风险分析
热水器对于安全性能的要求非常高，技术含量比较高。现在，燃气热水器和电热水器都发生过安全事故。这对公司是一个新考验。
热水器的销售是安装式的销售，售后指导和服务也比较多。公司需要一个摸索过程。
热水器价格必然是下降的趋势，利润会越来越薄，需要一定的市场规模才能满足汇报的要求。
结束
谢谢观赏！
图 14-101 制作的演示文稿效果

练习 2：制作楼盘销售调查报告

新建一个空白演示文稿，通过幻灯片母版设计演示文稿的背景样式，然后新建幻灯片，在其中输入相应的文字和插入表格，并对其进行编辑。最后为幻灯片中的对象添加动画效果，并对动画计时和方向进行设置。如图 14-102 所示为制作的演示文稿效果（\最终效果\第 14 章\楼盘销售调查报告.pptx）。

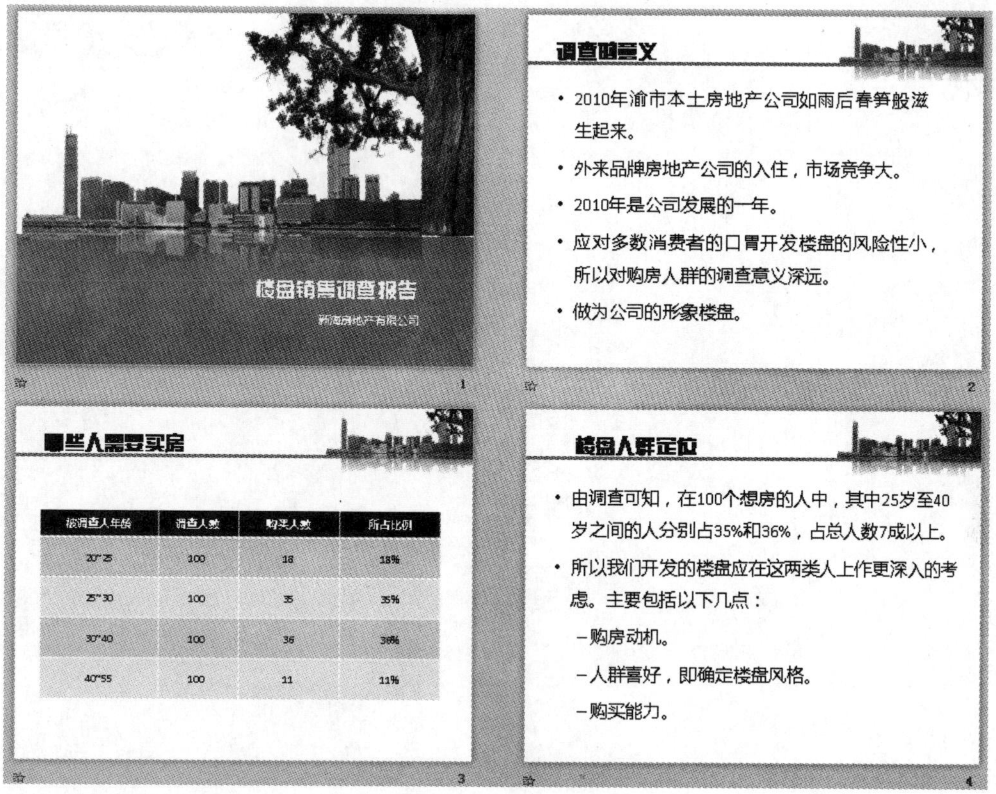
楼盘销售调查报告
新海房地产有限公司
1
调查的意义
• 2010年渝市本土房地产公司如雨后春笋般滋生起来。
• 外来品牌房地产公司的入住，市场竞争大。
• 2010年是公司发展的一年。
• 应对多数消费者的口胃开发楼盘的风险性小，所以对购房人群的调查意义深远。
• 做为公司的形象楼盘。
2
哪些人需要买房
被调查人年龄 调查人数 购买人数 所占比例
20~25 100 18 18%
25~30 100 35 35%
30~40 100 36 36%
40~55 100 11 11%
3
楼盘人群定位
• 由调查可知，在100个想房的人中，其中25岁至40岁之间的人分别占35%和36%，占总人数7成以上。
• 所以我们开发的楼盘应在这两类人上作更深入的考虑。主要包括以下几点：
–购房动机。
–人群喜好，即确定楼盘风格。
–购买能力。
4

图 14-102　制作的演示文稿效果

提示：在标题幻灯片中通过插入“楼房.png”图片（\实例素材\第 14 章\楼房.png）来设置标题幻灯片背景，在内容幻灯片通过插入“城市.png”图片（\实例素材\第 14 章\城市.png）来设置内容幻灯片背景。

轻松一刻

一个大老板一天心血来潮巡视他的一家工厂，看见一个员工正埋着头努力地工作着。他走过去拍拍员工的肩膀说道：“好好干吧！我以前也是和你一样。”员工抬起头来，笑一笑，也伸手拍拍大老板的肩膀，说：“你也好好干吧！我以前也是和你一样。”

JINGTONG PIAN

精通篇

1段

第 15 章

幻灯片玩的就是设计

★本章要点★

- 文本效果的设计
- 图形对象的设计
- 动画效果的设计
- 幻灯片版面的设计
- 幻灯片演示的设计

图片与文字的处理

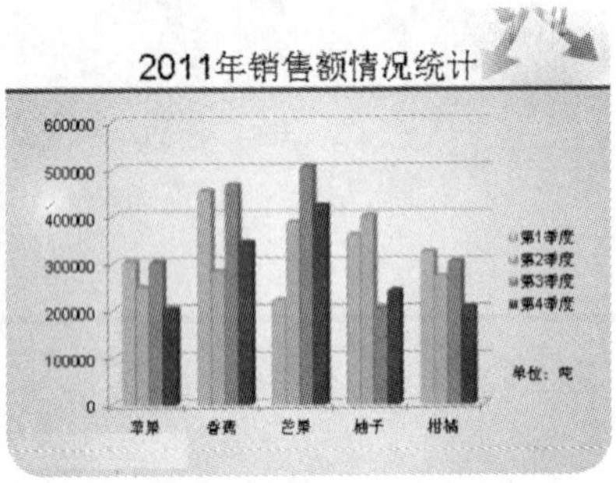

柱形图

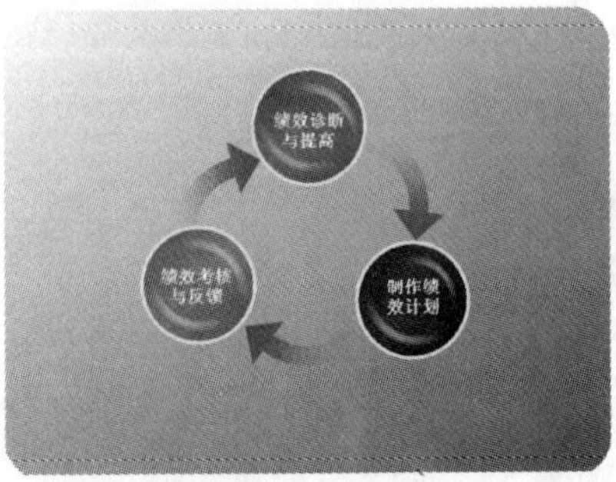

制作循环图

15.1 文本效果的设计

文字是制作演示文稿最重要的元素之一，而文本效果则是决定演示文稿是否美观的重要因素。因此，在制作演示文稿时要特别注意文本效果的设计。

15.1.1 选择字体搭配技巧

很多人在制作演示文稿时，都不注重字体的使用。其实，字体的搭配效果对演示文稿的影响非常大。字体搭配效果好，可提高演示文稿的阅读性和感染力。因此，在制作演示文稿时要注意选择合适的字体搭配效果。

下面介绍选用电脑中已安装字体的搭配效果的一些原则：

- 在修改幻灯片中的字体时，尽量通过母版修改，最好不要对单张幻灯片上的字体进行修改，保持整个演示文稿同级别文字使用相同的字体，如图 15-1 所示。
- 幻灯片标题字体最好选用更容易阅读的无衬线字体。当每张幻灯片中的文字较多时，正文要使用在段落中容易阅读的衬线字体。如图 15-2 所示的幻灯片标题文本采用的是无衬线字体，正文文本采用的是衬线字体。

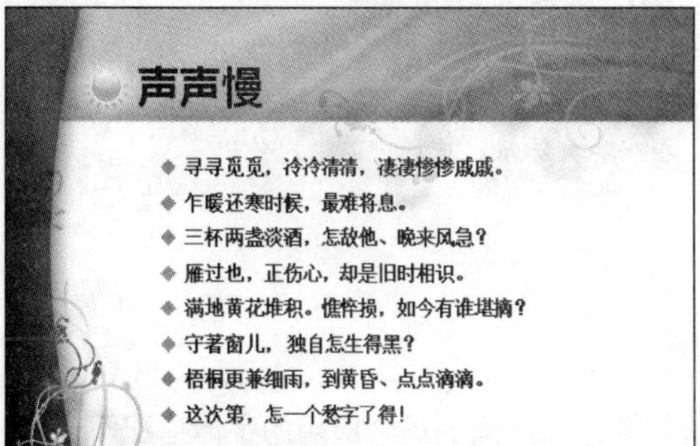
声声慢
寻寻觅觅，冷冷清清，凄凄惨惨戚戚。
乍暖还寒时候，最难将息。
三杯两盏淡酒，怎敌他、晚来风急？
雁过也，正伤心，却是旧时相识。
满地黄花堆积。憔悴损，如今有谁堪摘？
守著窗儿，独自怎生得黑？
梧桐更兼细雨，到黄昏、点点滴滴。
这次第，怎一个愁字了得！

图 15-1 同级别文字使用相同字体

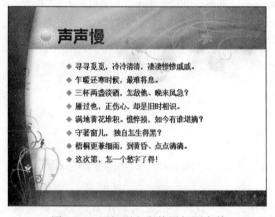

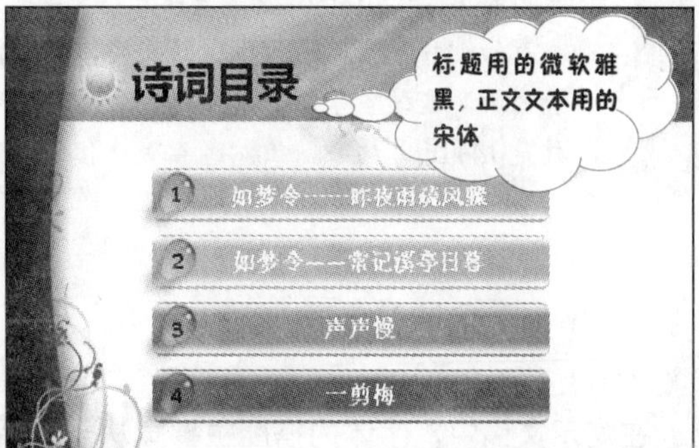
诗词目录
标题用的微软雅黑，正文文本用的宋体
1
2
3
声声慢
4
一剪梅

图 15-2 标题文本和正文文本字体的选用

- 在搭配字体时，标题和正文尽量选用常用到的字体，而且还要考虑标题字体和正文字体的搭配效果，这样才能更好地传递信息。
- 在演示文稿中尽量不使用英文字体，如果要使用，可选择常用的两种英文字体 Arial 与 Times New Roman。

知识提示

衬线字体和无衬线字体的含义

衬线字体是一种艺术化字体，在文字的笔画开始、结束的地方有额外的装饰，而且笔画的粗细会有所不同，如宋体、楷体等。而无衬线体则往往相反，文字的笔画开始、结尾没有装饰，笔画的粗细也相同，如黑体、微软雅黑等。

15.1.2 字体大小的设计

在演示文稿中，字体的大小不仅会影响观众接受信息的多少，还会影响演示文稿的专业度，因此，字体大小的设计也非常重要。

字体大小还需根据演示文稿演示的场合和环境来决定，因此在选用字体大小时要注意以下几点：

- 如果演示的场合较大，观众较多，那么幻灯片中的字体就应该越大，要保证最远的位置都能看清幻灯片中的文字。
- 同类型和同级别的标题和文本内容要设置同样大小的字号，这样可以保证内容的连贯性，让观众更容易地把信息归类，也更容易理解和接受信息。
- 如果幻灯片标题太长，应尽量减少标题的字数，最好不考虑缩小字体大小。

知识提示

常用的字体大小

常用的字号大小有 3 种，一种是超大字，通常是 40 号以上的字，但这种字号占用空间大，一页幻灯片中只能输入很少的文字，可用于标题字号；第二种是比第一种略小的字，在 20~30 号之间，这种字号大小最常用，看起来既不费劲，在一页幻灯片中也能表达很多信息；第三种是 14~16 号的字，虽然有点小，但还是能看清楚，在一些特殊情况下，可以考虑使用。

15.1.3 常用的字体搭配

在演示文稿中，字体的搭配主要取决于演示文稿应用的场合，不同的场合应用的字体搭配不一样。几种制作演示文稿常用的字体搭配如下。

- 标题（方正粗宋简体）+正文（微软雅黑）：适合于政府、政治会议之类的严肃场合。因为粗宋字体显得规矩、有力，所以是政府部门最常用的字体，如图 15-3 所示。
- 标题（方正综艺简体）+正文（微软雅黑）：这两种字体的搭配让幻灯片画面显得庄重、严谨，适合课题汇报、咨询报告之类的正式场合，如图 15-4 所示。
- 标题（方正粗倩简体）+正文（微软雅黑）：方正粗宋简体给人一种洒脱的感觉，让画面显得鲜活，适合企业宣传、产品展示之类的豪华场合，如图 15-5 所示。

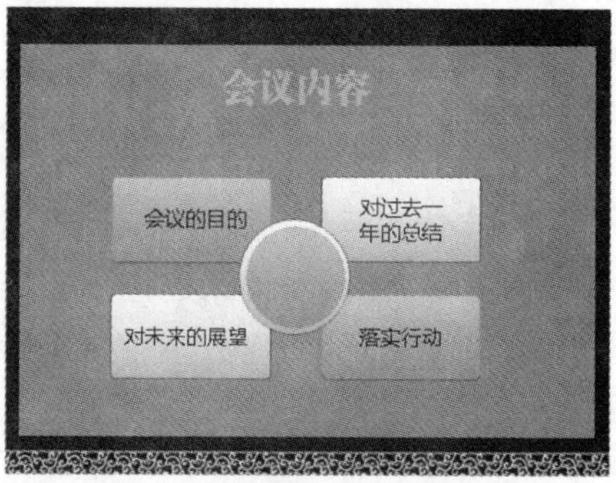
会议内容
会议的目的
对过去一年的总结
对未来的展望
落实行动

图 15-3　某县团委代表大会

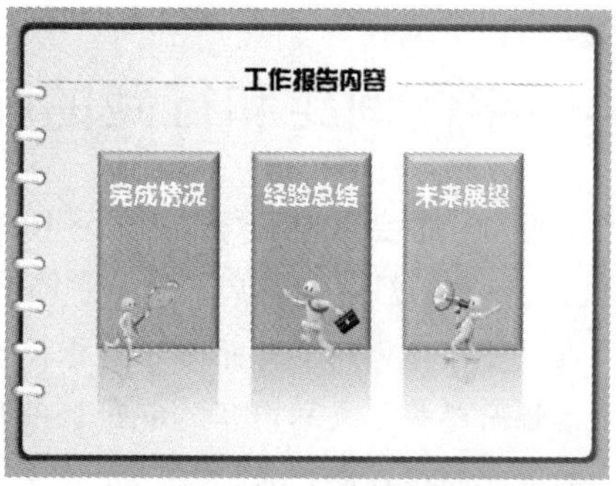
工作报告内容
完成情况
经验总结
未来展望

图 15-4　工作报告

- 标题（方正胖娃简体）+正文（方正卡通简体）：这两种字体的搭配是漫画类演示文稿的经典搭配，适合卡通、动漫、娱乐之类的轻松场合，如图 15-6 所示。

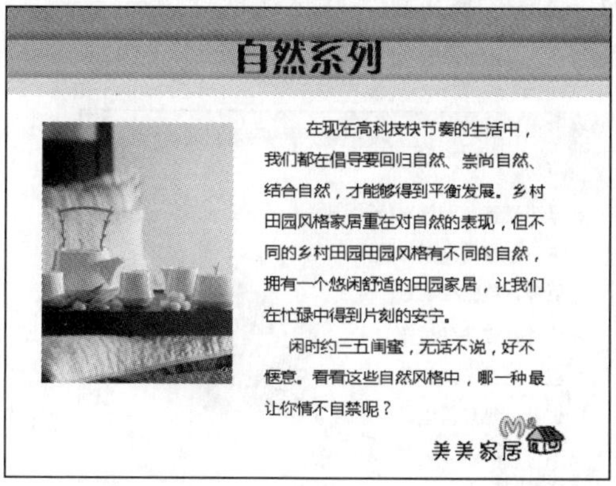
自然系列
在现在高科技快节奏的生活中，我们都在倡导要回归自然、崇尚自然、结合自然，才能够得到平衡发展。乡村田园风格家居重在对自然的表现，但不同的乡村田园田园风格有不同的自然，拥有一个悠闲舒适的田园家居，让我们在忙碌中得到片刻的安宁。
闲时约三五闺蜜，无话不说，好不惬意。看看这些自然风格中，哪一种最让你情不自禁呢？
美美家居

图 15-5　家居产品展示

我们在一起
Are you happy?
和你一起骑单车，
是最简单、
最浪漫的幸福

图 15-6　婚庆礼仪

- 标题（方正卡通简体）+正文（微软雅黑）：适合学生课件类的教育场合，因为卡通字体给人一种活泼的感觉，而微软雅黑字体清楚，适合中小学生阅读，如图 15-7 所示。
- 标题（黑体）+正文（宋体）：这类字体搭配是制作演示文稿最常用的，黑体较为庄重，可用于标题或需特别强调的文本，宋体的显示非常清晰，适合于正文文本，如图 15-8 所示。

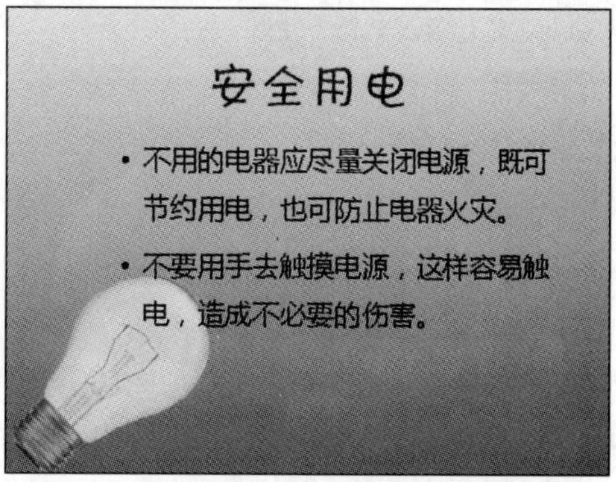
安全用电
• 不用的电器应尽量关闭电源，既可节约用电，也可防止电器火灾。
• 不要用手去触摸电源，这样容易触电，造成不必要的伤害。

图 15-7　安全讲座课件

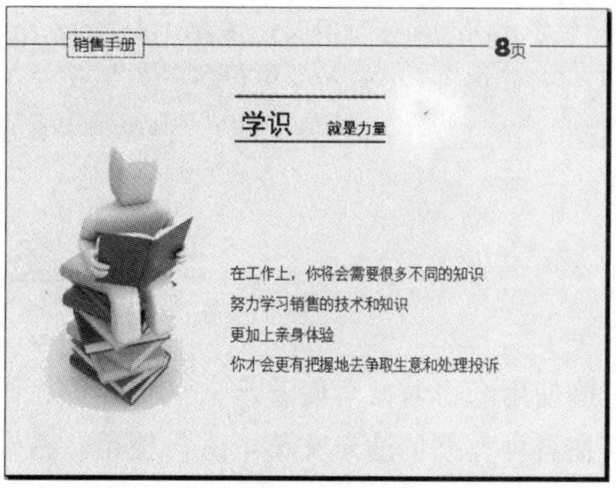
销售手册
8页
学识 就是力量
在工作上，你将会需要很多不同的知识
努力学习销售的技术和知识
更加上亲身体验
你才会更有把握地去争取生意和处理投诉

图 15-8　销售手册

15.1.4 字体间距和行距的秘密

字体间距和行距会影响幻灯片的外观和内容的可读性，合理的字体间距和行距可提高阅读演示文稿时的舒适性。在为幻灯片中的文本设置字体间距和行距时，需要根据以下几个方面来进行设置：

- 在调整字体间距和行距时还要根据幻灯片中文本的多少来进行考虑，不能只为了增加内容的可读性而忽略了文本内容。如图 15-9 所示的幻灯片就是在设置字体间距和行距时为考虑文本内容的多少而造成的效果。
- 如果有两个大写字母同时出现在相邻位置时，如 A 和 V，由于形状的原因，可能会影响它们之间的间距，看不出它们之间的关系，这时在调整字符间距时，要考虑字母的形状进行调整。
- 在调整行间距时，将行距调整到“1.5 倍行距”最为合适。如果幻灯片中的文字较少，为了提高幻灯片的文字占有率而将行距调整到很大，这样也不合适，要根据实际情况进行调整。如图 15-10 所示是将幻灯片中的文本调整到“1.5 倍”的效果。

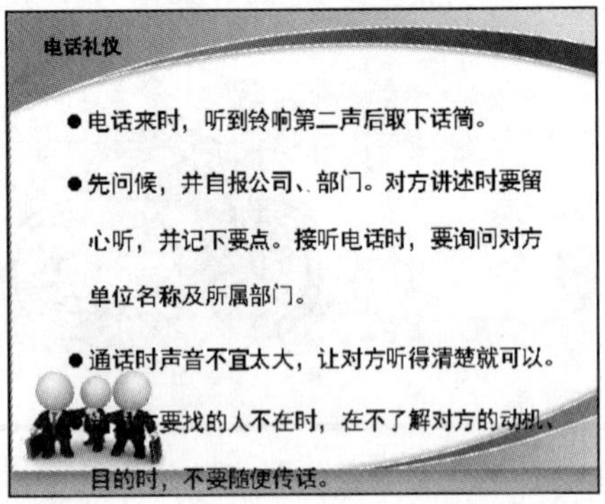
电话礼仪
●电话来时，听到铃响第二声后取下话筒。
●先问候，并自报公司、部门。对方讲述时要留心听，并记下要点。接听电话时，要询问对方单位名称及所属部门。
●通话时声音不宜太大，让对方听得清楚就可以。
要找的人不在时，在不了解对方的动机、目的时，不要随便传话。

图 15-9　行距设置

坐姿
●坐姿端正，双腿平行，不得傲慢地向前伸或向后伸，或俯视前方。
●要移动椅子的位置时，应先把椅子放到应放的位置，然后再坐。

图 15-10　“1.5 倍行距”效果

知识提示

字体间距和行距的设置

字体间距和行距不仅会影响幻灯片的外观和内容的可读性，还能通过幻灯片中字体的间距和行距看出制作者的性格和办事能力。

15.2 图形对象的设计

正确使用图形对象可使演示文稿更专业、画面更美观、内容更形象，但是并不是所有的图形对象都适合于在各种类型的演示文稿中进行使用。在制作不同演示文稿时还需要根据演示文稿的内容选用不同的图形对象。

15.2.1　图片的搭配原则

不同类型、不同排列方式的幻灯片，其搭配图片的方法不同。只有选择合适的图片才能体现出图片应有的效果。总的来说，应注意以下几个搭配原则。

1. 图片与主题的搭配原则

在配图时首先应根据当前演示文稿的主题来选择图片，即图片应为文本内容服务，起到补充的作用。或者图片是文本内容的再现，使观众从图中了解到文本中难以理解的内容。如图 15-11 所示为一个企划部门的年度计划演示文稿的首页，封面很抢眼，大面积地放置了一张图片，图片是几本书和一个苹果，明显与年度计划的主题不符。如图 15-12 所示为幻灯片将图片换为一张人走阶梯的图。通过图片可以形象地看出销售业绩的成阶梯状增长，从而通过图片表达出 2012 的销售计划呈增长趋势。

图 15-11　图片与主题不符

图 15-12　图片与主题相符

2. 图片与幻灯片的搭配原则

配图时不仅要考虑图片颜色与幻灯片主色的搭配，还要考虑有背景的幻灯片与图片的搭配。主色是指幻灯片的主要颜色，在选择图片时可考虑与主色相近的图片，但也不可太接近，否则不能突出图片。另外，采用图片或颜色填充幻灯片背景时，最好选用没有背景色的图片，这样图片与幻灯片才更加协调、融洽。如图 15-13 所示的幻灯片中的图片有白色的背景色，图片显得过于唐突。如图 15-14 所示的幻灯片中的图片去除背景色后，让图片与幻灯片融为一体。

图 15-13　有背景的图片

图 15-14　无背景图片

3. 图片排列原则

一般图片应放置在文本的空白位置，如文本在幻灯片的左侧，图片就放在幻灯片的右侧。在某些特殊情况下也可将图片与文本放在一起，这样才能让幻灯片的内容更加清晰、合理。如果一张幻灯片中有多幅图片，就应该注意这几幅图片的摆放位置、顺序等，一般会将重点的图片放在显眼、最前面的位置。同时也应注意图片摆放的位置要有规律、不零乱。如图 15-15 所示幻灯片中的图片排列得很混乱，让人心情烦躁。如图 15-16 所示的幻灯片将图片分别排列在幻灯片左右两侧，视觉效果更好。

图 15-15　图片排列混乱

图 15-16　图片排列整齐

4. 演示文稿统一原则

演示文稿由多张幻灯片组成，一张幻灯片的成功不代表整个演示文稿的成功。在图片选择上最好一个演示文稿选择同一种类型的图片，不要多种图片混搭，出现风格不一致，从而显得不伦不类。如图 15-17 所示演示文稿中第 1 张幻灯片选择卡通图片，第 2 张幻灯片中选择真实的图片。如图 15-18 所示演示文稿则统一了图片的风格类型，使整个演示文稿显得轻松、自然。

图 15-17　图片风格混乱

图 15-18　图片风格统一

15.2.2　图片与文字的处理

在演示文稿中，文字和图片是最常见的元素，在一张幻灯片中，若只是单纯的图片加文字，会显得中规中矩，而且版式呆板、无创意。长期这样会使观众审美疲劳，达不到传递信息的目的。因此，需要对幻灯片中的图片与文字进行处理。

图片与文字常用的几种处理方法如下。

- 为文字填充背景：该方法是最常用和最简单的，为文字内容添加一个色块，并且色块颜色最好选用与图片相同或相近的颜色，这样可以使整个幻灯片画面统一。如图 15-19 所示幻灯片是未为文本填充背景的效果。如图 15-20 所示幻灯片是为文本填充背景后的效果。

图 15-19　未填充背景前的效果

图 15-20　填充背景后的效果

- 通过抠图凸显主题：要想突出图片的主题部分，可通过裁剪将不要的部分或通过抠图将无关的背景去掉，如图 15-21 所示。如果图片的背景色是纯色，可在 PowerPoint 中将图片的背景色设置为透明色。如果不是纯色，可通过删除背景的方法将图片不需要的背景删除，也可通过其他专业软件进行抠图。
- 改变图片样式：在排列图片时可通过改变图片的样式来改变图片的显示方式，使版面整体显得活泼、协调，如图 15-22 所示。

图 15-21　去除背景

图 15-22　改变图片版式

- 把图片某一部分作为文字背景：在幻灯片中插入一张图片后，如果图片上有文字且不符合主题，可将文字去掉，然后在该位置插入文本框并输入所需的文字，如图 15-23 所示；如果图片上没文字，可直接在图片上的空白位置插入文本框输入所需的文字，如图 15-24 所示。

图 15-23　文字与图片不符

图 15-24　重新输入文字

15.2.3　突显表格重要部分

在幻灯片中，每个表格要体现的数据都特别多，观众很难快速记忆、理解那么多数据，这时可将表格中的重点内容通过某些方法突显出来。如加粗、加大字体以及改变字体颜色等是最常用的方法，为关键数据加上一个提示圈也是表格中强调重要信息常用的方法。如果想在视觉上引起观众的注意，可在调整表格格式后去掉表格某些边框线，使表格的重要内容更清晰地展示在观众面前。如图 15-25 所示为制作的表格中无重要内容突出。如图 15-26 所示制作的表格通过填充单元格颜色和加粗字体来突出表格的重要内容。

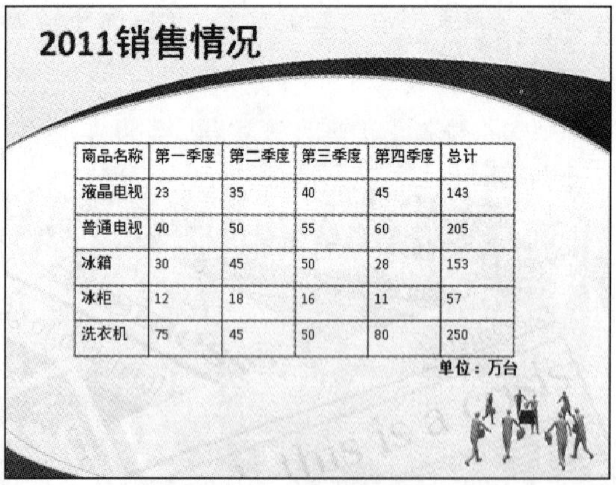

商品名称	第一季度	第二季度	第三季度	第四季度	总计
液晶电视	23	35	40	45	143
普通电视	40	50	55	60	205
冰箱	30	45	50	28	153
冰柜	12	18	16	11	57
洗衣机	75	45	50	80	250

图 15-25　未突出表格重要内容

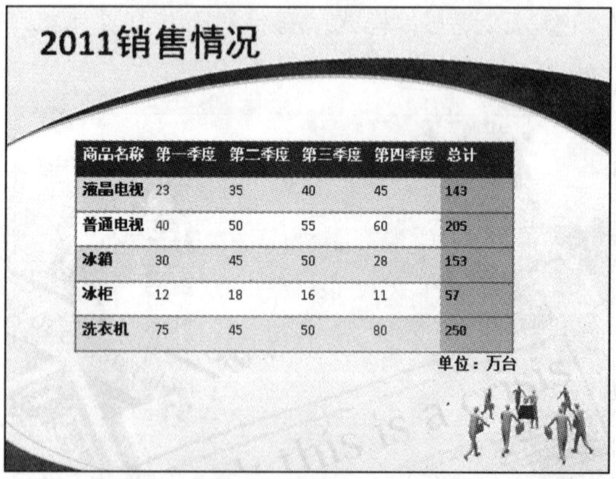

商品名称	第一季度	第二季度	第三季度	第四季度	总计
液晶电视	23	35	40	45	**143**
普通电视	40	50	55	60	**205**
冰箱	30	45	50	28	**153**
冰柜	12	18	16	11	**57**
洗衣机	75	45	50	80	**250**

图 15-26　突出表格重要内容

知识提示

凸显表格重要内容

若是以文本为主的表格应注意一个单元格中的文本内容不应太多，只需表达出需传递的重要内容即可。

15.2.4 不同类型图表的使用场合

在 PowerPoint 2010 中提供了多种图表类型，但并不是每种图表类型都适合各种场合，如图 15-27 所示。图表类型的选用也需根据不同的内容、不同的场合来决定。

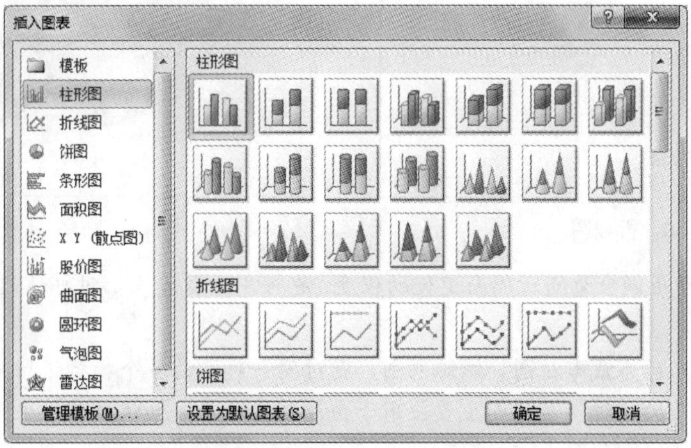

图 15-27 “插入图表”对话框

对常用图表类型的应用场合介绍如下。

- 柱/条形图：通过柱形或条形来表示数据变化的图示模式，用于各种数据的对比。如图 15-28 所示为柱形图。如图 15-29 所示为条形图。

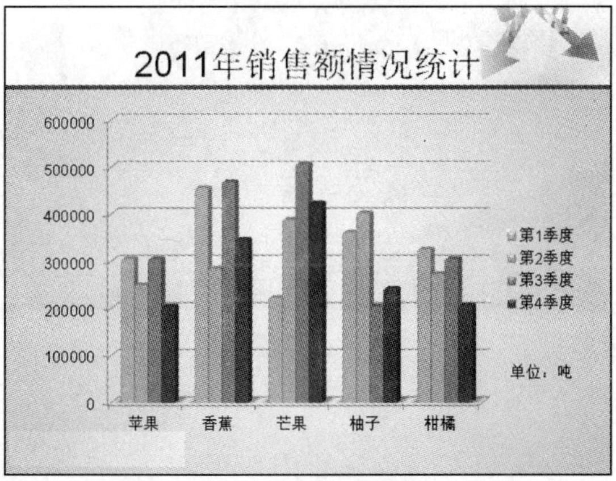

图 15-28 柱形图

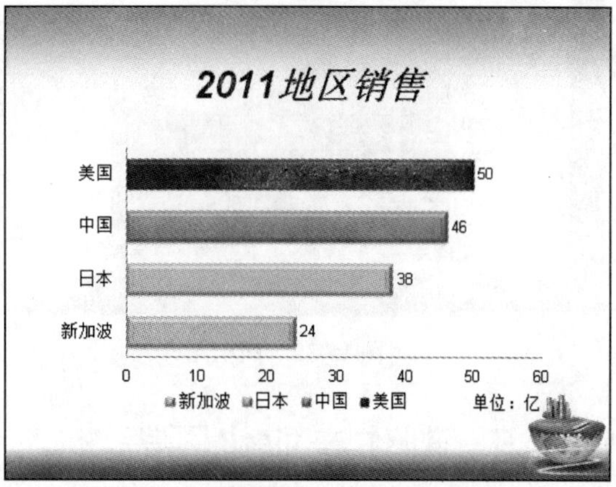

图 15-29 条形图

- 折线图：用于显示随时间而变化的连续数据。在折线图中，类别数据沿水平轴均匀分布，所有值数据沿垂直轴均匀分布，如图 15-30 所示。
- 饼图：用于显示一个数据系列中各项的大小与各项总和的比例。在幻灯片中使用饼图时，饼图的数据总和要为 1，各类别分别代表整个饼图的一部分，如图 15-31 所示。

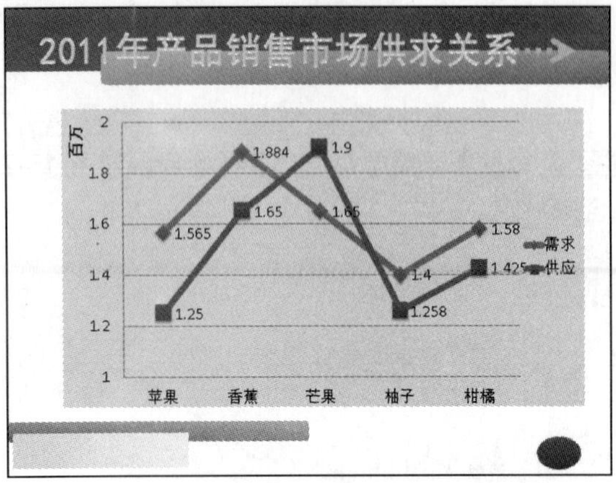

图 15-30　折线图

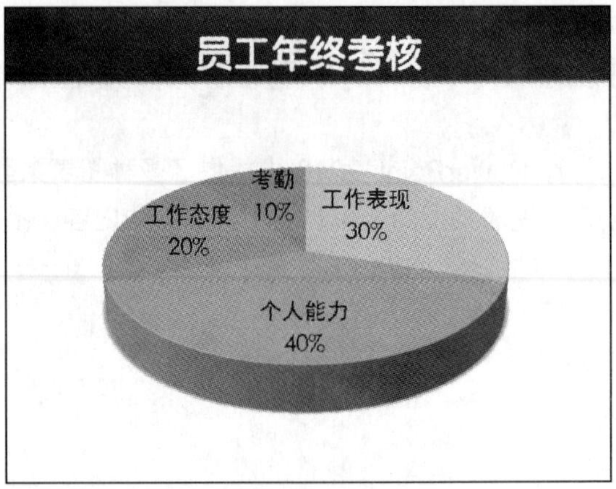

图 15-31　饼图

- 面积图：用于强调数量随时间而变化的程度，也可用于引起人们对总值趋势的注意，如图 15-32 所示。
- 雷达图：又可称为戴布拉图、蜘蛛网图，是对同一对象的多个指标进行描述和评价的图表，是财务分析报表的一种。雷达图主要应用于企业经营状况，如收益性、生产性、流动性、安全性和成长性的评价，如图 15-33 所示。

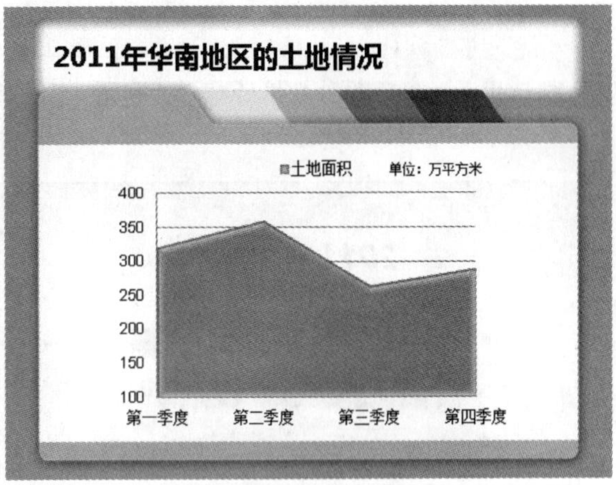

图 15-32　面积图

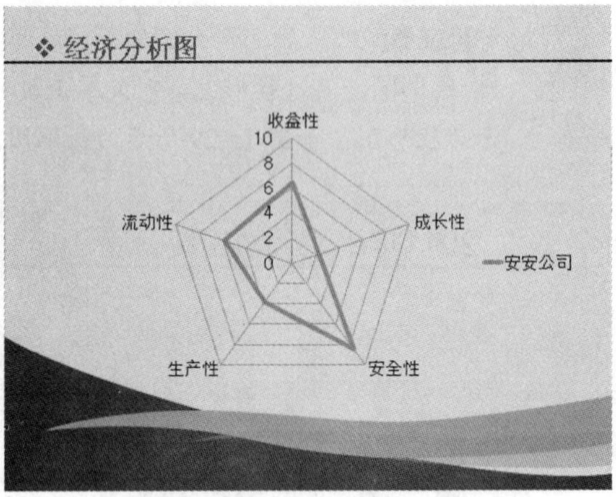

图 15-33　雷达图

15.2.5　制作专业化图表

在 PowerPoint 2010 中虽然提供了多种类型的图表，但有可能还是不能满足用户的需要，这时用户可根据需要自行制作图形。但有些用户会担心自己绘制的图表不专业，这样反而会降低演示文稿的专业性。其实在 PowerPoint 2010 中制作图形非常简单，只要掌握了图表的制作要领就能制作出专业的图表。

不管制作什么类型的图表，其制作主要包括以下几个步骤：绘制图形、填充图形颜色、设置图形效果等。下面将通过制作一个组织结构类型的图表来讲解制作专业化图表的方法，其具体操作如下：

Step 01 打开“组织结构图.pptx”演示文稿，删除幻灯片中的所有占位符。选择【插入】/【插图】组，单击“形状”按钮，在弹出的下拉列表中选择“矩形”栏下的“圆角矩形”选项。

Step 02 选择绘制的圆角矩形，单击鼠标右键，在弹出的快捷菜单中选择“设置形状格式”命令。在打开的对话框中设置形状的填充色为由红色到深红色的渐变，如图 15-34 所示。

Step 03 在该对话框中选择“线条颜色”选项卡，选中 无线条(N)单选按钮，单击 关闭 按钮，如图 15-35 所示。

图 15-34 设置渐变色

图 15-35 去除形状边框

Step 04 为了增加结构图的立体效果，在渐变矩形上绘制一个小圆角矩形，然后为其设置渐变填充，并去除高光矩形的边框，如图 15-36 所示。

Step 05 为了增加形状的立体效果，再绘制一个圆角矩形，并为其设置形状样式。打开“设置形状格式”对话框，对形状发光颜色、大小和透明度进行设置，如图 15-37 所示。

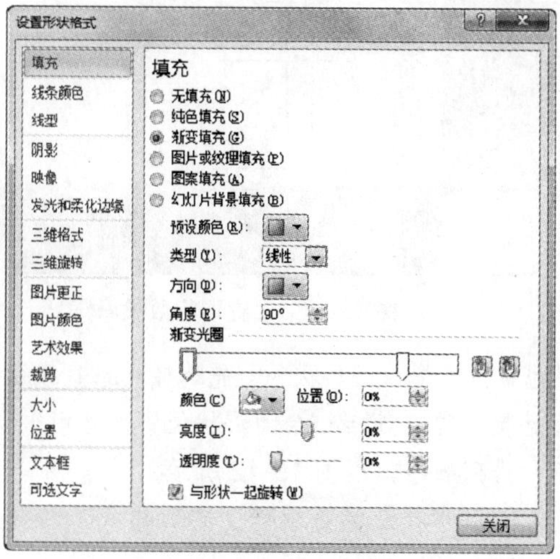

图 15-36 设置高光形状

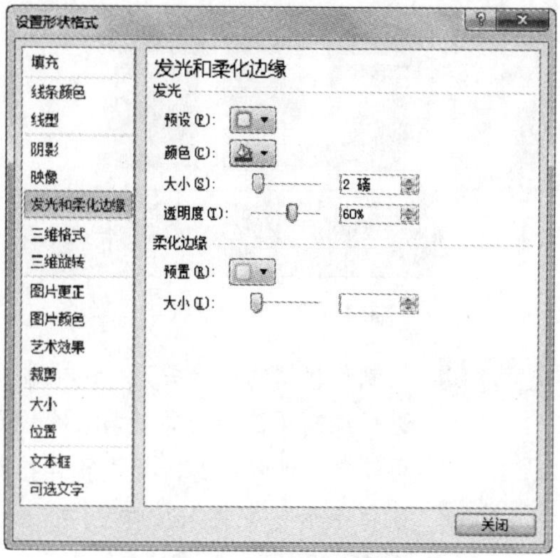

图 15-37 设置发光效果

Step 06 将绘制的形状进行组合，按住 Ctrl 键拖动并复制 4 个形状。根据需要对复制的形状位置、大小等进行调整，其效果如图 15-38 所示。

Step 07 再根据实际情况对形状的颜色进行设置，同级部门可采用相同的颜色。设置颜色后的效果如图 15-39 所示。

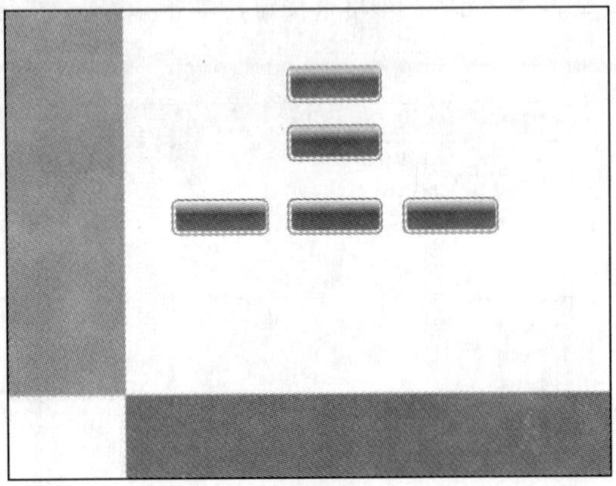

图 15-38　复制并调整形状

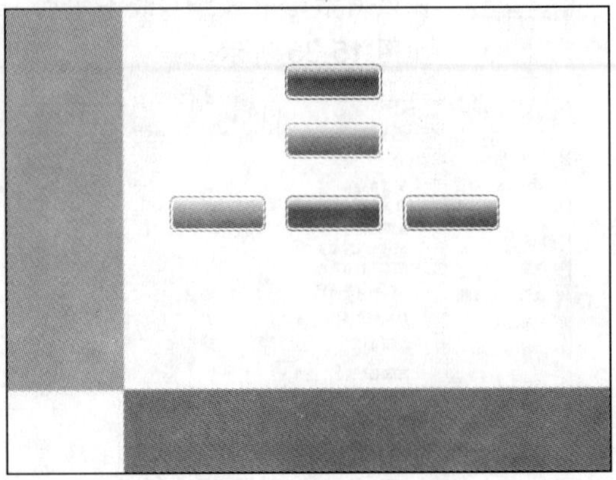

图 15-39　设置形状颜色

Step 08 制作解释性文本图形，用以说明工作职责、人员配置等，这些解释只需要提示性文字，分别在最后 3 个形状下面绘制直角矩形，其效果如图 15-40 所示。

Step 09 设置形状的颜色、样式及效果等，为增加形状的立体效果，对形状增加透视阴影效果，如图 15-41 所示。

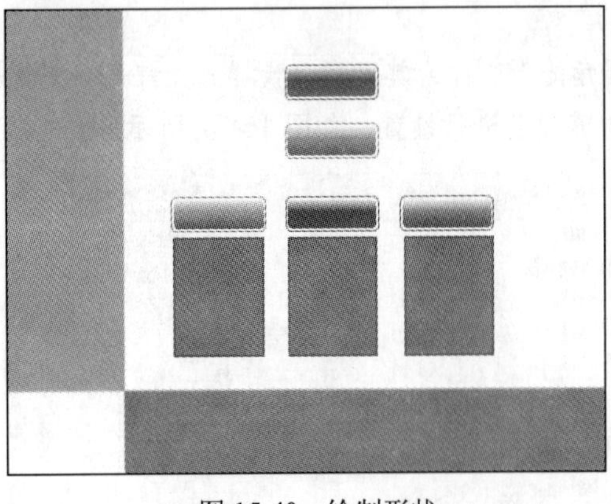

图 15-40　绘制形状

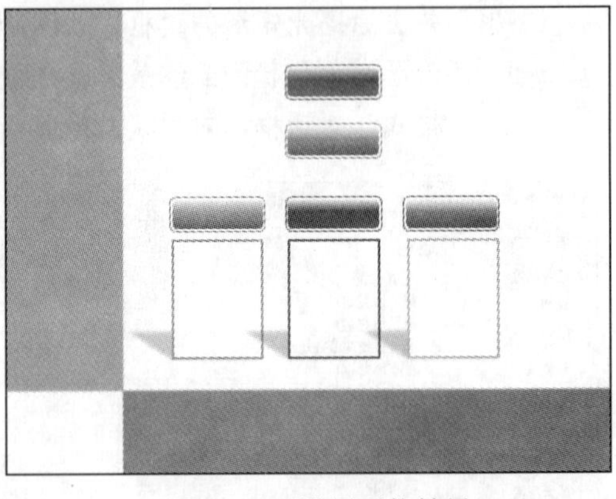

图 15-41　设置形状效果

Step 10 绘制形状间的连接关系，这样才能很清楚地看出各形状间的关系，先选择一条直线连接线进行绘制（连接线尽量与各个图形的红点连接，这样连接线会随形状位置而移动），然后再绘制其他连接符，并设置连接符的颜色和排列顺序，如图 15-42 所示。

Step 11 在每个形状中插入文本框并输入提示性文字，然后设置提示性文字的格式，其效果如图 15-43 所示（\最终效果\第 15 章\组织结构图.pptx）。

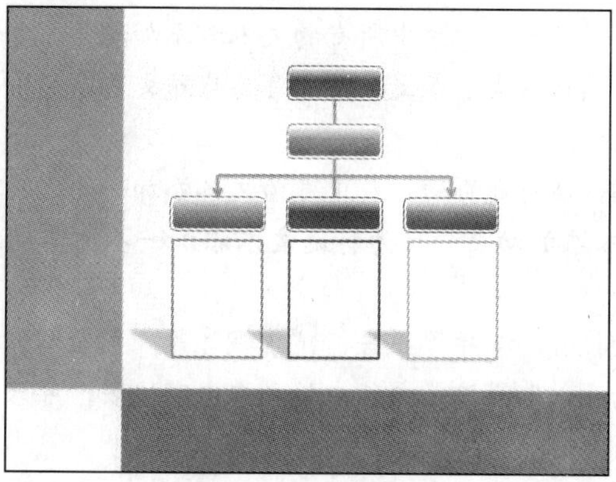

图 15-42　绘制连接符

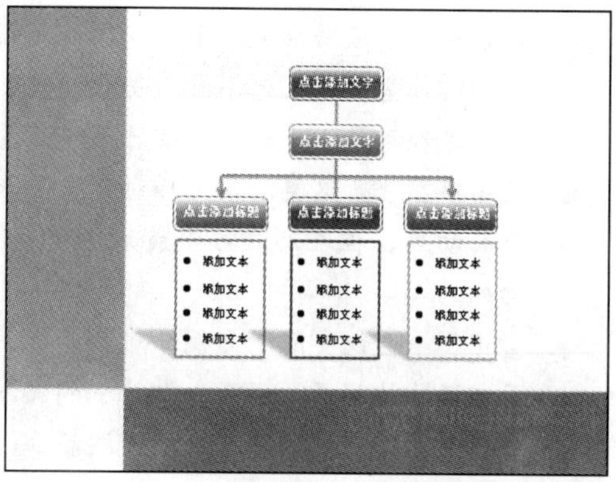

图 15-43　添加文本框

知识提示

制作组织结构图

不管制作什么图表，都要遵循一个基本的原则，那就是简洁。在制作组织结构图表时可把无关紧要的内容删除，要让线条尽可能地清晰。组织结构图表包括标题图标、解释性文本和线条 3 个部分。其中标题图标又是组织结构里的核心部分。所以，在制作组织结构图表时，标题图标颜色要鲜艳，这样才能突出核心部分。

15.3　动画效果的设计

动画是演示文稿中的重要元素之一，一个完整的演示文稿离不开动画，动画不仅能快速抓住受众的眼球，还能使演示文稿更加生动，提高演示文稿的效果。但动画并不能随意添加，需要根据演示文稿的用途来决定动画的添加。

15.3.1　文本动画设计

为幻灯片中的文本添加动画需要根据演示文稿的类型来决定，有些类型的演示文稿并不适合为文本添加动画，但不管是为哪种类型的演示文稿中的文本添加动画，都要注意添加的动画不能太花哨，需要根据实际情况和需要进行添加。为不同类型的演示文稿文本添加动画的注意事项介绍如下。

- 课件类：在为课件演示文稿中的文本添加动画时，不能随意进行添加，有些课件演示文稿不适宜添加动画，如音乐课件。有些课件演示文稿只需为幻灯片中的重点文本添加动画，如果为不是重点的文本添加了动画反而会分散学生的注意力，如数学课件。
- 推广类：这类演示文稿需要为文本添加合理的动画，使整个画面更生动，客户更满意。在为文本添加动画时，不是重要的文本可添加一些进入动画，重要的文本可添加一些强调动画，但不论是添加进入动画还是添加强调动画，都需要进行综合考虑再添加。

- 培训类：一般培训类演示文稿的文字都较多，如果为幻灯片中所有的文本都添加动画，会使整个幻灯片页面很乱，不利于受众接受信息。在制作这类演示文稿时，可为标题文本添加一些简单的进入动画，正文文本最好不要随意添加动画。
- 决策提案类：这类演示文稿对创意要求比较高，在标题页幻灯片中可为文本添加一些比较有创意的动画，但在幻灯片中最好不要为正文文本添加动画，可为标题文本添加一些简单的进入动画。
- 会议类：会议类演示文稿一般都是有关工作的报告，如年终报告、销售报告等。一般制作的演示文稿简洁明了，不为幻灯片中的文本添加动画。如果演示文稿中的文本内容较多，可只为幻灯片中的重点内容添加一些强调动画，但动画最好简单，不要太过花哨。

15.3.2 图形动画设计

在幻灯片中，图形不仅包括图片，还包括形状、表格、SmartArt 图形以及图表等对象。在演示文稿中运用这些图形，不仅可使演示文稿内容形象化、具体化，还可使演示文稿更专业、画面更美观。但在演示文稿中，为这些图形对象添加合理的动画非常重要，合理的动画可提高演示文稿的效果，反之则会降低演示文稿的效果和专业度。

图形的动画设计要求分别介绍如下。

- 图片：在为图片设置动画时，要根据演示文稿的类型对演示的对象进行设置，如产品展示类型的演示文稿，每种产品类型下的图片都比较多，若每张幻灯片中只展示一张图片，这样不仅会增加演示文稿数量，也会影响受众的心情，这时就需要通过设置动画来展示产品。如图 15-44 所示为某张幻灯片中所展示的部分产品图片动画。

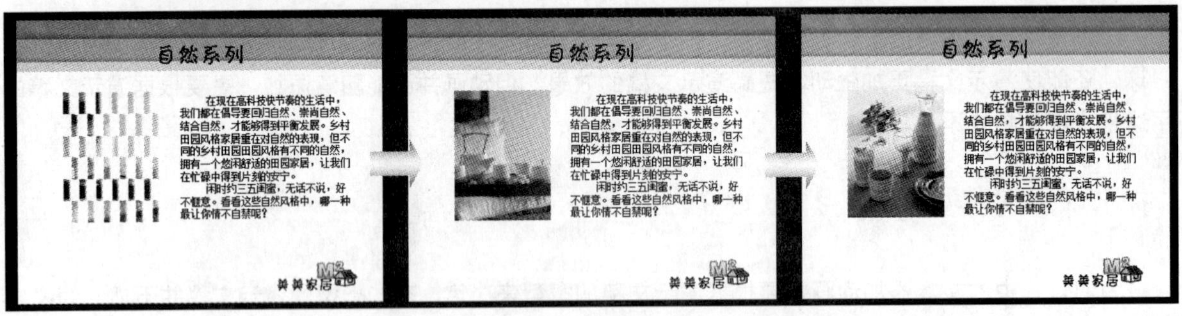

图 15-44　产品图片展示动画

- 形状：在为形状添加动画时，不能随心所欲地添加，不能为形状添加一些太炫的动画，如跷跷板、弹跳等。在添加动画时，要结合多个形状，还要考虑动画的连贯性，调整动画的播放顺序，设置动画的计时和效果选项。如图 15-45 所示为设置的形状动画效果。
- 表格：表格中包含的内容一般都较多且过于复杂，这往往让幻灯片画面显得拥挤、凌乱，这时可通过为表格添加动画来解决这一困扰。但在设置动画时，最好为表格设置简洁的动画，不要太炫、太复杂的动画；否则反而不利于观赏者接受和理解。如图 15-46 所示是为表格设置的动画效果。

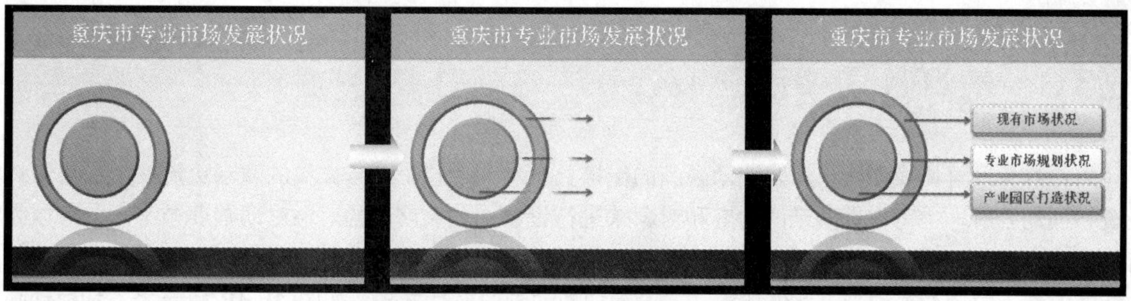

图 15-45　设置的形状动画效果

图 15-46　为表格设置的动画效果

- SmartArt 图形：为 SmartArt 图形设置动画，最好是按形状的级别来进行播放动画，这样结构才更清晰。
- 图表：图表虽然枯燥、死板，但是只要设置了合适的动画，枯燥的图表也能让人看得津津有味。如柱状图，如果设置的动画按一定的顺序播放，也一样生动形象。在幻灯片中，可为图表设置炫丽的动画，但这类动画只适合于比较轻松的演示或用于画面进入动画，不可太长，否则就会喧宾夺主。但在正规场合，图表的动画还是应该以简单、简洁为主。如图 15-47 所示是为图表设置的动画效果。

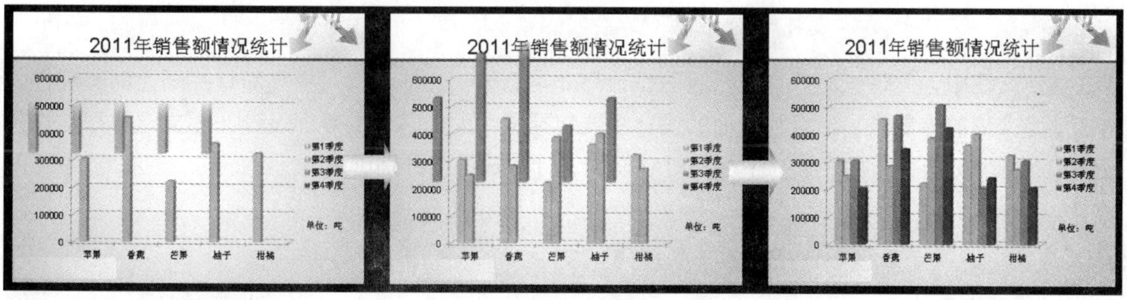

图 15-47　为图表设置的动画效果

知识提示

动画设计

不管在为什么对象设置动画时，都要注意设置动画的计时、效果选项，调整动画的播放顺序，还有最重要的一点就是动画效果的连贯性。

15.3.3 幻灯片切换动画设计

为幻灯片设置切换动画，可以使动画间的衔接更自然，让整个演示文稿的演示更流畅。在为幻灯片设置切换动画时，也可根据演示的内容和对象来进行设置。如果演示的对象对动画要求不高，可以为所有的幻灯片设置相同的切换动画，如果演示的对象对动画要求较高，就需要对演示文稿中所有幻灯片间的切换设置不同的切换动画，此外还需注意设置切换动画的换片方式。如图 **15-48** 所示为“切换动画”选项栏。

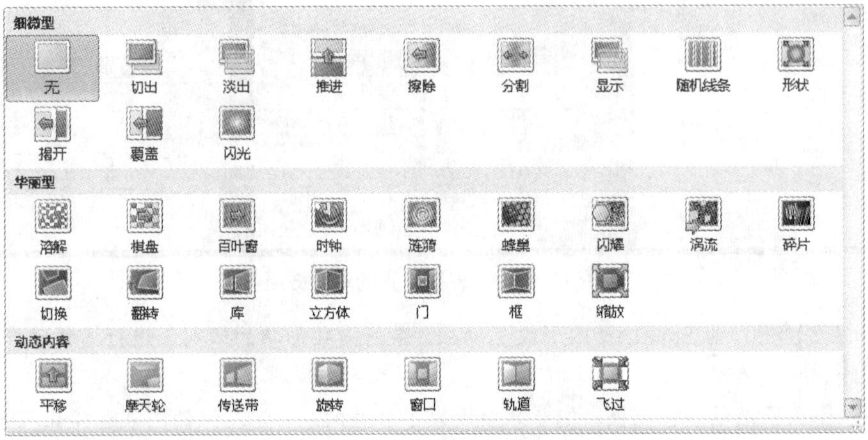

图 15-48 设置切换动画

15.4 幻灯片版面的设计

在演示文稿中，为每张幻灯片进行版面设计都非常重要，这样不仅可提高幻灯片画面的美观性，还能增加演示文稿的专业性。幻灯片版面的设计主要包括文字型幻灯片的版面设计、图文混排型幻灯片版面设计和全图型幻灯片版面设计。下面将对它们的设计方法进行分别讲解。

15.4.1 文字型幻灯片的版面设计

文字型幻灯片的版面设计包括字体格式、段落格式和排列方式等，幻灯片版面的设计主要是根据文本内容的多少来决定的。文字型幻灯片的版面设计主要包括两种，一种是通栏型，就是文字从上到下进行排列；还有一种是左右型，就是左右都有文字。需要注意的是，在对文字进行排版时，要根据文字内容的多少对文字的间距和行距进行合理的设置，如果段落文本较多，可设置相应的项目符号，使各段落之间的结构更清晰。如图 **15-49** 所示为通栏型排版。如图 **15-50** 所示为左右型排版。

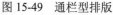

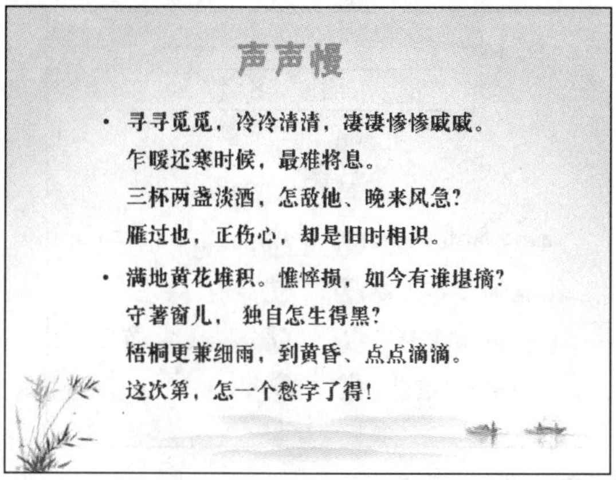
声声慢
• 寻寻觅觅，冷冷清清，凄凄惨惨戚戚。
乍暖还寒时候，最难将息。
三杯两盏淡酒，怎敌他、晚来风急？
雁过也，正伤心，却是旧时相识。
• 满地黄花堆积。憔悴损，如今有谁堪摘？
守著窗儿，独自怎生得黑？
梧桐更兼细雨，到黄昏、点点滴滴。
这次第，怎一个愁字了得！

图 15-49　通栏型排版

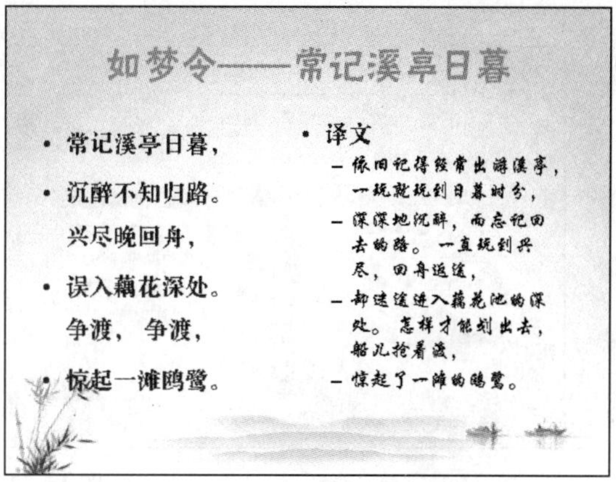
如梦令——常记溪亭日暮
• 常记溪亭日暮，
• 沉醉不知归路。
兴尽晚回舟，
• 误入藕花深处。
争渡，争渡，
• 惊起一滩鸥鹭。
• 译文
– 依旧记得经常出游溪亭，一玩就玩到日暮时分，
– 深深地沉醉，而忘记回去的路。一直玩到兴尽，回舟返途，
– 却迷途进入藕花池的深处。怎样才能划出去，船儿抢着渡，
– 惊起了一滩的鸥鹭。

图 15-50　左右型排版

15.4.2　图文混排型幻灯片版面设计

图文混排是幻灯片中最常见的一种版面设计，图文混排型版面设计中最常用的是左右型、中间型和上下型 3 种，这几种类型的设计方法介绍如下。

- 左右型：左右型排版是图文混排中最常用的一种，这类排版既符合观赏者的视线流动顺序，又能使图片和与横向排列的文字形成有力的对比。左右型一般分为两种情况，一种是左边图片，右边文字；还有一种是左边文字，右边图片。如图 15-51 所示为左右型幻灯片版面。

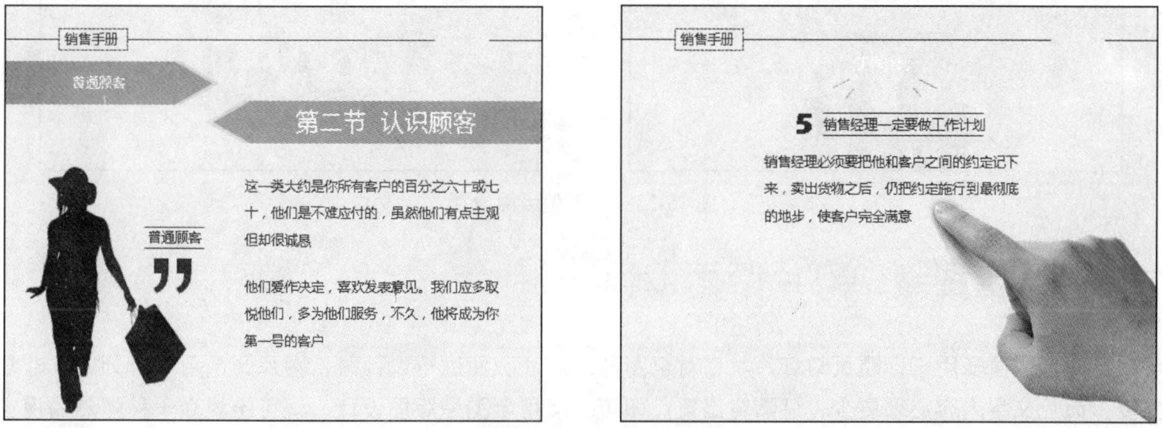
销售手册
普通顾客
第二节 认识顾客
普通顾客
这一类大约是你所有客户的百分之六十或七十，他们是不难应付的，虽然他们有点主观但却很诚恳
他们爱作决定，喜欢发表意见。我们应多取悦他们，多为他们服务，不久，他将成为你第一号的客户
销售手册
5 销售经理一定要做工作计划
销售经理必须要把他和客户之间的约定记下来，卖出货物之后，仍把约定施行到最彻底的地步，使客户完全满意

图 15-51　左右型版面设计

- 中间型：中间型的版面设计在幻灯片中应用比较少，但一般都是将图片排在幻灯片中间，文字排于图片两侧。中间型版面的设计最重要的就是图片与文字的搭配，必须选择与文本内容相符的图片，这样图片才能达到真正的效果。在对幻灯片版面设计时，针对这一类型，左右文字与图片之间的距离要保持一致，这样才能使图文的搭配更协调。如图 15-52 所示为中间型的幻灯片版面。

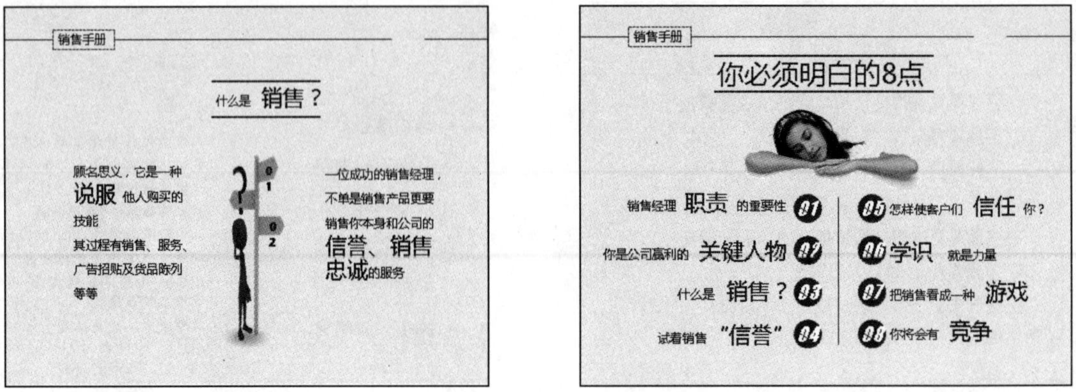
销售手册
什么是 销售？
顾名思义，它是一种
说服 他人购买的
技能
其过程有销售、服务、
广告招贴及货品陈列
等等
一位成功的销售经理，
不单是销售产品更要
销售你本身和公司的
信誉、销售
忠诚的服务
销售手册
你必须明白的8点
销售经理 职责 的重要性
你是公司赢利的 关键人物
什么是 销售？
试着销售 “信誉”
怎样使客户们 信任 你？
学识 就是力量
把销售看成一种 游戏
你将会有 竞争

图 15-52　中间型版面设计

- 上下型：上下型版面设计在幻灯片中也比较常用。在对这类版面进行设计时，要注意文字的多少和文字与图片的排列位置，这样才能使整个版面更协调。如图 15-53 所示为上下型的幻灯片版面。

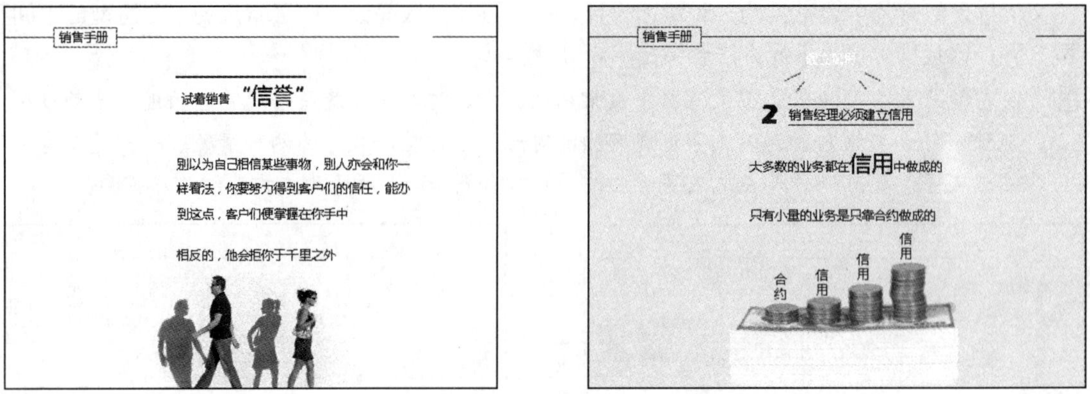
销售手册
试着销售 “信誉”
别以为自己相信某些事物，别人亦会和你一样看法，你要努力得到客户们的信任，能办到这点，客户们便掌握在你手中
相反的，他会拒你于千里之外
销售手册
2 销售经理必须建立信用
大多数的业务都在信用中做成的
只有小量的业务是只靠合约做成的
合约
信用
信用
信用

图 15-53　上下型版面设计

15.4.3　全图型幻灯片版面设计

全图型版面多用于标题页幻灯片。在对全图型幻灯片版面进行设计时，图片的选用和排列方式非常重要，而且文字内容必须要少，只需突出重点即可。使用全图型版面设计，既可给观众一种强烈的视觉冲击力，让观众快速理解、记忆所传递的内容，又可增加幻灯片画面的美观性。但在使用这种类型时，要特别注意图片和文字的搭配效果。如图 15-54 所示为全图型的幻灯片版面。

知识提示

版面设计

在幻灯片中，不管采用什么类型的版面设计，都要做到幻灯片的整个版面必须简洁，对象的排列要有序，这样才能使幻灯片的整个版面结构清晰、画面美观。

图 15-54 全图型幻灯片版面设计

15.5 幻灯片演示的设计

演示是一项难度高、复杂的工作，不仅需要演讲，还需要与很多专业知识相结合。在演示之前需要做好的准备工作，包括明确这次演讲的目的、开场和结尾的设计、在演讲过程中如何才能激发听众的兴趣以及在演讲过程中需注意的问题等。

15.5.1 明确演讲的目的

在演示幻灯片之前，还需要明确这次演讲的真正目的，为什么要举办这次演讲以及演讲的对象。因为演讲不只是照本宣科，演讲成功与否是根据听众所接受的信息多少来决定的，所以在演讲前，一定要先明确演讲的目的，再根据需要来准备演讲的内容和演讲的方式，这样才算是跨出成功的第一步。如图 15-55 所示为演讲的目的。

图 15-55 明确演讲的目的

15.5.2 开场和结尾的设计

在演讲时，开场和结尾的设计非常重要。良好的开场白是成功演讲的一半，一个精彩的开场白不仅能吸引住听众的心，还能拉近听众与演讲者之间的关系。一个好的结尾才可以让听众记忆深刻，结尾时最常用的方法是通过笑话和感谢法来结束演讲。

在设计演讲开场白时，可以通过以下几种方法来进行设计：

- 通过提问的方法来引发听众思考，引出演讲的主题内容，这样可吸引听众的注意力。
- 在演讲开始时，可以讲一个小故事或做一个小游戏来吸引观众的注意力。
- 可以通过套近乎的方法来拉近观众之间的距离，建立一个良好的氛围。

15.5.3 如何激发听众的兴趣

在演讲过程中，如果听众对演讲的内容毫无兴趣、注意力分散，或者仅以简单的单音字节应付，那么应该如何重新激发听众对演讲内容的兴趣呢？可通过以下几种方法来激发听众的兴趣：

- 演讲者在演讲过程中不要只是滔滔不绝地演讲内容，而要有意识地给听众留下发言的时间和机会。
- 当听众的注意力分散时，可通过变换话题，如穿插趣闻轶事来吸引观众的注意力，让演讲现场活跃起来，听众的注意力也会迅速地集中到演讲内容上，然后再自然地回到演讲的内容上来。
- 演讲者在需要时可向听众提出富有针对性和启发性的问题，让听众参与其中，这样不仅可调动听众的热情，还可拉近听众与演讲者之间的距离。
- 可以通过制造悬念来激发听众的兴趣。这样不仅能使演讲者再度成为听众注目的中心，而且还能够活跃现场气氛，激发听众聆听与参与的兴趣。

15.5.4 演讲需注意的问题

在演讲前要先做好各方面的准备，穿着要正式，不要穿刚买或还未穿过的衣服。在演讲过程中声音要响亮、吐字要清晰、语言要流畅、语速要适中，可利用短时间暂停引起听众的注意。还有姿态要端正、手势要自然，幅度不要太大，眼神要尽可能地与每一位听众进行交流，演讲到重点内容，可用手指向重要内容，引起听众的注意。

15.6 巩固练习

练习 1：制作循环图表

根据本章知识制作一个循环图表，并在其中输入相应的文本，然后为制作的图表添加动画，并对其动画计时和播放顺序进行设置。如图 15-56 所示为图表添加的动画效果（\最终效果\第 15 章\循环图.pptx）。

图 15-56　动画效果

提示：图形圆的颜色设置的是渐变填充，填充的两种颜色都很相近，圆外面的白色外圈不是绘制的圆，而是添加的边框线，边框线的粗细为 4.5 磅。

练习 2：制作幻灯片版面设计

根据本章所学到的知识，制作如图 15-57 所示的 SmartArt 图形（\最终效果\第 15 章\幻灯片版面设计.pptx）。

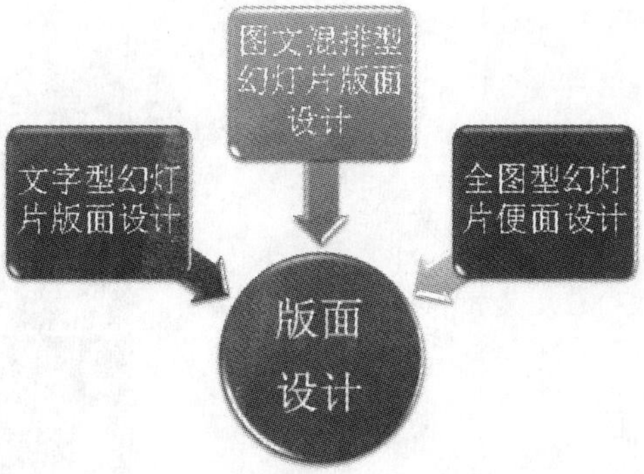

图 15-57　幻灯片版面设计

提示：根据需要为制作的 SmartArt 图形进行效果设置。

轻松一刻

一天，人事部的张主任调到别的部门去了，一位他的朋友打电话找他，结果是一位同事接的电话，“请问张主任在吗？”同事回答说：“很抱歉！他已经不在人事了！”朋友惊奇地问道：“什么！这是什么时候的事？前天我才刚刚跟他通过电话的，怎么就不在人世了？”

视频讲解

3段

第16章

制作幻灯片讲的就是时间

★本章要点★

- 快速编写文字素材
- 快速处理图片素材
- 快速应用动画
- 快速配色

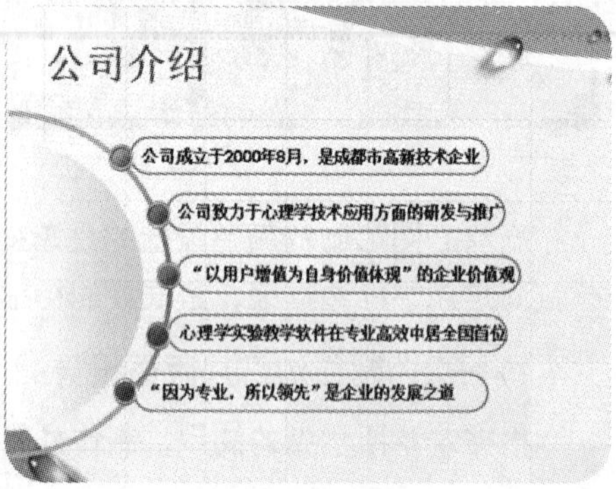

公司介绍
公司成立于2000年8月，是成都市高新技术企业
公司致力于心理学技术应用方面的研发与推广
“以用户增值为自身价值体现”的企业价值观
心理学实验教学软件在专业高效中居全国首位
“因为专业，所以领先”是企业的发展之道

整理文字素材

制作多图组合

锐得首页
PPT作品
PPT制作
PPT培训
锐得PPT >> 首页
IBM

学习专业网站配色

16.1 快速编写文字素材

不管制作什么类型的演示文稿，都需要文字。文字是演示文稿中最重要的元素之一，文字的来源一般都是从网上或其他演示文稿中获取，但不管通过什么途径获取的文字素材，在演示文稿中使用这些文字素材时，都需要先进行编辑、整理。

16.1.1 整理网上的文字

在行业办公方面，很多演示文稿的制作都需要从网上下载一些文字资料，但下载的文字资料并不能直接使用，因为不是所有的文字都适用，还需要对其进行整理和编辑。在整理过程中，可打开多个相关内容，然后进行比较、融合，将多个相关内容融合在一起，将下载的文字变成自己的语句，使文字更具魅力。如图 16-1 所示为从网上下载的文字资料。如图 16-2 所示为整理后的文字资料。

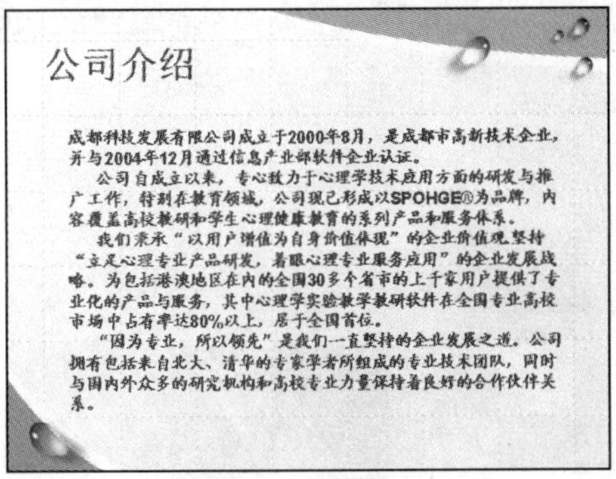
公司介绍
成都科技发展有限公司成立于2000年8月，是成都市高新技术企业，并与2004年12月通过信息产业部软件企业认证。
公司自成立以来，专心致力于心理学技术应用方面的研发与推广工作，特别在教育领域，公司现已形成以SPOHGE®为品牌，内容覆盖高校教研和学生心理健康教育的系列产品和服务体系。
我们秉承“以用户增值为自身价值体现”的企业价值观.坚持“立足心理专业产品研发，着眼心理专业服务应用”的企业发展战略。为包括港澳地区在内的全国30多个省市的上千家用户提供了专业化的产品与服务，其中心理学实验教学教研软件在全国专业高校市场中占有率达80%以上，居于全国首位。
“因为专业，所以领先”是我们一直坚持的企业发展之道。公司拥有包括来自北大、清华的专家学者所组成的专业技术团队，同时与国内外众多的研究机构和高校专业力量保持着良好的合作伙伴关系。

图 16-1 从网上下载的文字资料

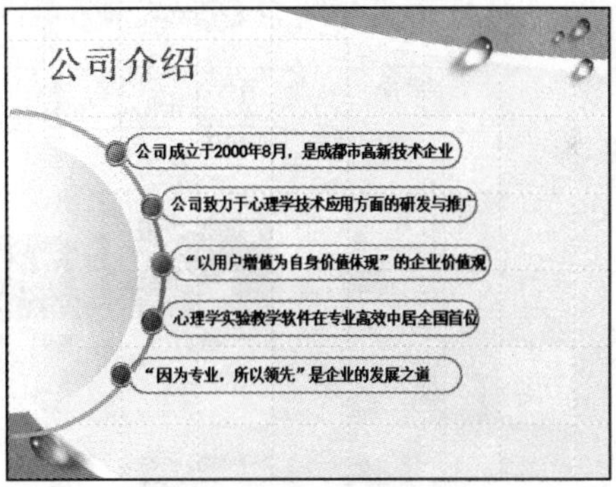
公司介绍
公司成立于2000年8月，是成都市高新技术企业
公司致力于心理学技术应用方面的研发与推广
“以用户增值为自身价值体现”的企业价值观
心理学实验教学软件在专业高效中居全国首位
“因为专业，所以领先”是企业的发展之道

图 16-2 整理后的文字资料

知识提示

整理网上的文字

在整理网上文字时，还要注意版权问题，尽量不要直接使用下载的文字资料。最好是将下载的文字资料通过理解、整理，将其变成自己的东西。

16.1.2 使用其他演示文稿中的文字

在确定好要制作什么类型的演示文稿时，可通过网上或其他途径获取一些相同类型的演示文稿，如果获取的演示文稿文字内容和自己之前制作的演示文稿文字内容相近，可直接将该演示文稿拿来修改和编辑。这样不仅可提高制作演示文稿的速度，还能提高演示文稿的质量。

16.2 快速处理图片素材

在制作推广型演示文稿时，需要运用到大量的图片素材。但准备好的或从网上下载的图片素材并不能直接使用，需要先对图片进行处理，如删除图片背景、为产品图片调色以及将多张图片组合到一张图片等。下面讲解使用光影魔术手来处理演示文稿中需用到图片的方法。

16.2.1 使用光影魔术手抠图

拍摄产品图片时，有时会因为各种原因造成图片背景与产品搭配效果不符，这时就需要对图片背景进行处理。最好的方法就是用抠图的方法将图片背景设置为白色，这样插入到演示文稿后，就算图片背景与演示文稿风格不符，也可快速将图片的背景设置为透明色，使图片与演示文稿的搭配更协调。

下面将使用光影魔术手抠图，其具体操作如下：

Step 01 打开光影魔术手软件。选择【文件】/【打开】命令，在打开的“打开”对话框中选择“手机.jpg”图片（\实例素材\第 16 章\手机.jpg），如图 16-3 所示，单击 打开(O) 按钮。

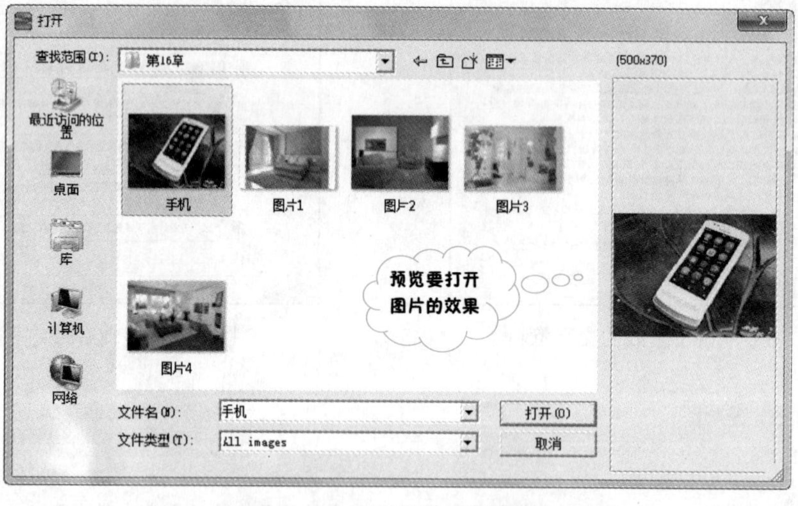

图 16-3 “打开”对话框

Step 02 在工具栏上单击“抠图”按钮，打开“容易抠图”对话框，单击 智能选中笔 按钮，在图片中画红线，标记前景区域；单击 智能排除笔 按钮，在图片中画绿线，标记背景区域，如图 16-4 所示。

Step 03 在“第二步：背景操作”栏中选择“删除背景”选项卡，在打开的窗格中拖动“边缘模糊”的滑块，调整抠出图片的边缘效果。

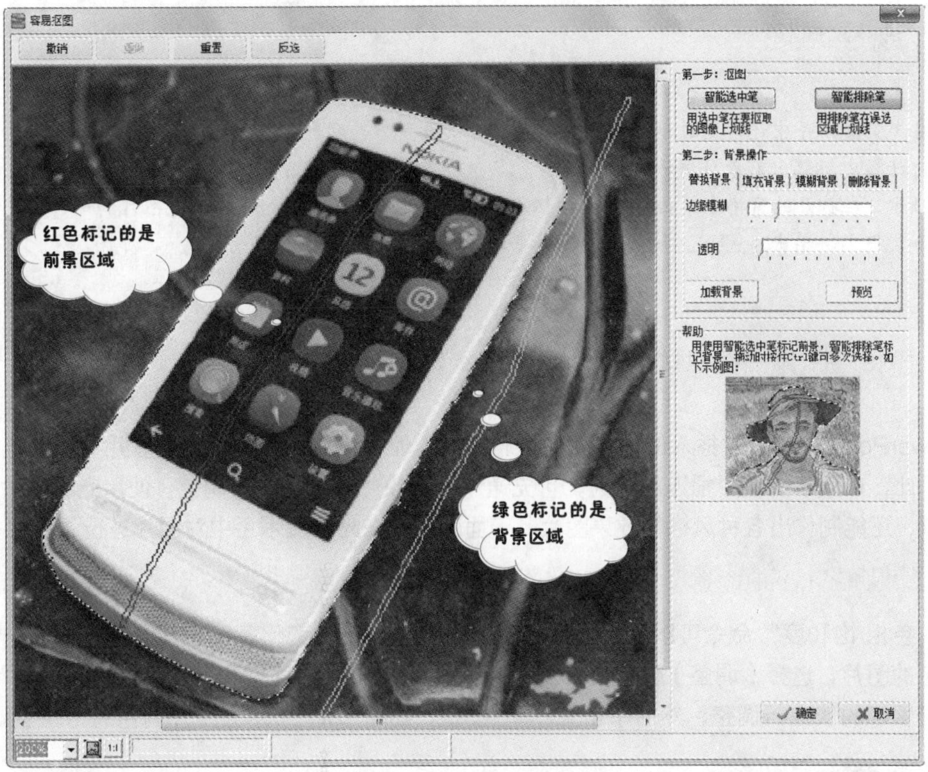

图 16-4　标记区域

Step 04　单击 确定 按钮删除标记的背景区域并返回光影魔术手工作界面，此时图片的背景变为纯白色，如图 16-5 所示。

Step 05　选择【文件】/【另存为】命令，在打开的“另存为”对话框中对该图片保存位置进行设置，单击 保存(S) 按钮，打开“保存图像文件”对话框，在其中设置图片的保存选项，单击 确定 保存该图片，如图 16-6 所示（\最终效果\第 16 章\手机.jpg）。

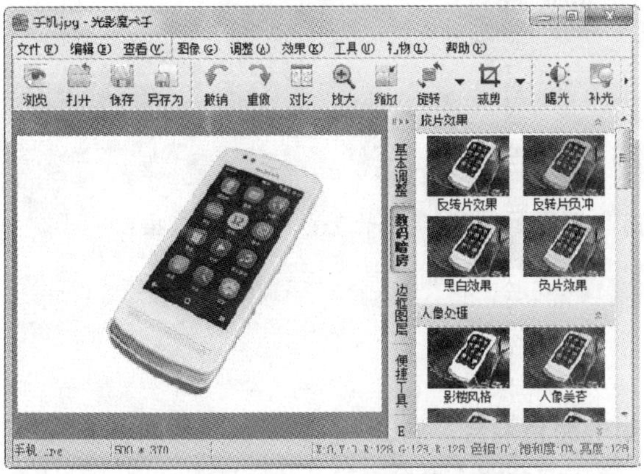

图 16-5　查看效果

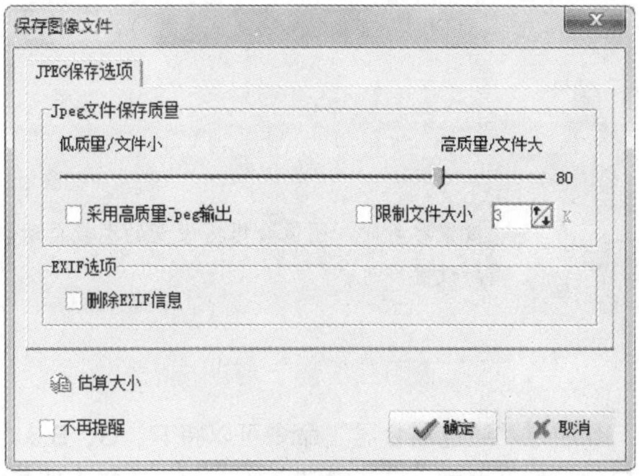

图 16-6　保存图片

技巧点拨

设置图片背景为透明色

在光影魔术手中还可通过抠图的方法将图片背景设置为透明色。其方法是：在“容易抠图”对话框中标记出前景区域和背景区域后，在“第二步：背景操作”栏中选择“删除背景”选项卡，在打开的窗格中单击 保存 按钮，在打开的“另存为”对话框中设置图片的保存位置和文件名，单击 保存(S) 按钮，此时保存的图片背景为透明色。

16.2.2 使用光影魔术手调色

在 PowerPoint 中也可对插入的图片颜色进行调整，但预设的颜色方案有限，并不能满足大多数用户的要求。因此，在演示文稿中插入图片前，可先通过其他软件对图片进行调色。使用光影魔术手调色不仅方便、简单，还能制作出各种风格的效果图片。下面就讲解在光影魔术手中对图片进行调色的多种方法。

1. 通过调整图片的色相和饱和度来调色

使用“色相/饱和度”命令可以调整图片的色彩，使图片色彩变化多端。其方法是：在光影魔术手中打开需调色的图片，选择【调整】/【色相/饱和度】命令，打开“调整饱和度”对话框，拖动滑块对色相、饱和度、亮度等的值进行调整，然后单击 确定 按钮。如图 16-7 所示为图片调色的相应步骤图片。

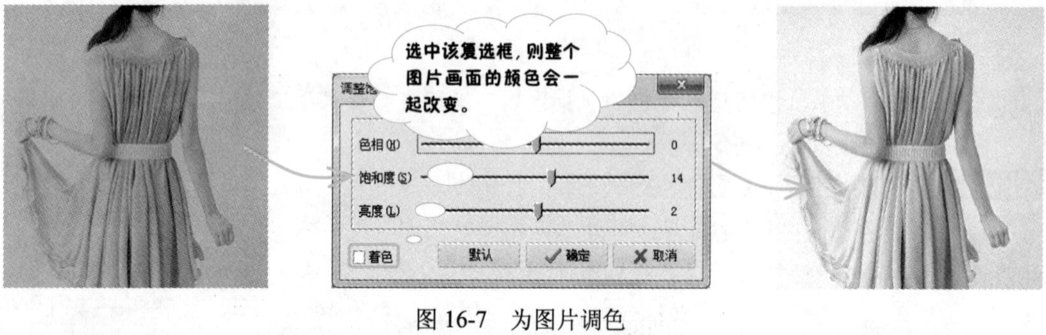

图 16-7　为图片调色

知识提示

为图片调色

在设置参数时，图像会根据设置的参数自动调整图片色彩，如果对调整的色彩不满意，直接重新设置即可。

2. 通过“通道混合器”对图片进行调色

通过“通道混合器”命令可以将 R、G、B 3 个通道的颜色混合，调出不同色彩的效果。其方法是：启动光影魔术手，打开需调色的图片，选择【调整】/【通道混合器】命令，打开“通道混合器”对话框，在“输出通道”下拉列表框中选择需调整的颜色选项，然后在“源通道”栏中拖动“红色、绿色、蓝色”

的滑块，对相应值进行设置或在其相应数值框中输入相应的值，单击 确定 按钮。如图 16-8 所示为通过“通道混合器”对图片进行调色。

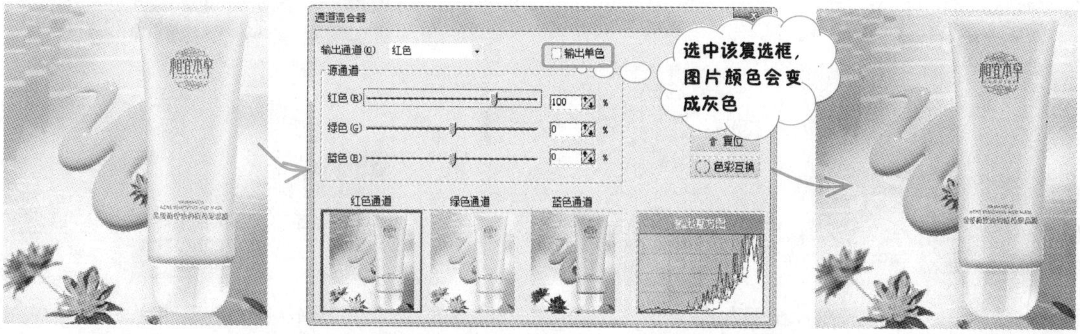

图 16-8 通过“通道混合器”对图片进行调色

知识提示

通过“通道混合器”对图片进行调色

红、绿、蓝通道的值可在-200~200 之间变换，通道的值越小，该颜色就越暗；值越大，颜色越亮。

16.2.3 使用光影魔术手制作多图组合

如果演示文稿中的某张幻灯片需插入大量的图片，这时可将多张图片组合为一张图片，这样可减少幻灯片版面的占有率。在 PowerPoint 中只能通过“组合”命令将多张图片组合在一起，而且比较麻烦，对图片的大小要求较高，但在光影魔术手中将多张图片组合在一起非常简单，而且实用。

下面将通过光影魔术手制作多图组合的效果，其具体操作如下：

Step 01 打开光影魔术手，选择【工具】/【制作多图组合】命令，打开“组合图制作”窗口。单击窗口上方的“调入 2*2 布局”按钮，设置图片的排版方式，再单击“点击载入图片”文本，如图 16-9 所示。

Step 02 打开“打开”对话框，选择插入“图 1.jpg、图 2.jpg、图 3.jpg、图 4.jpg”图片（光盘\实例素材\第 16 章\图 1.jpg、图 2.jpg、图 3.jpg、图 4.jpg），单击 打开(O) 按钮，如图 16-10 所示。

知识提示

设置图片排版方式

在“组合图制作”窗口中，可以根据需要任意单击窗口上方的按钮，对图片的排版方式进行设置。

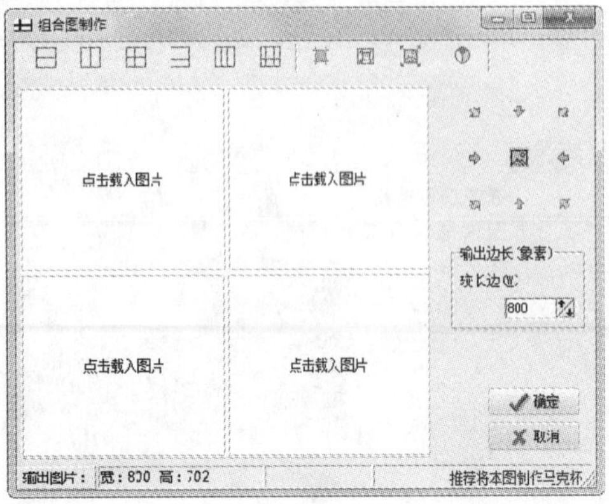

图 16-9　设置图片排版方式

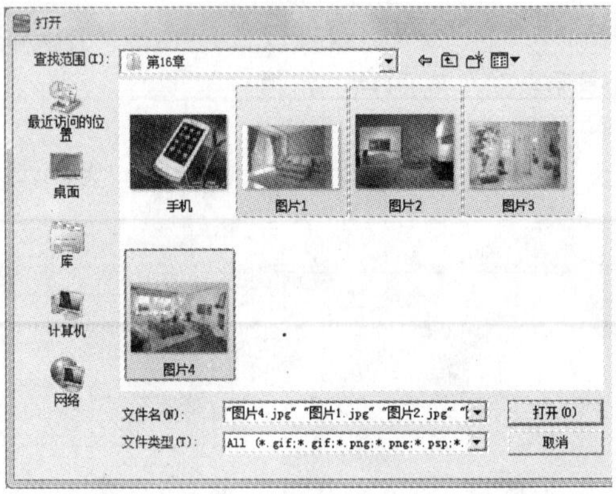

图 16-10　载入图片

Step 03　返回“组合图制作”窗口，选择的照片将自动载入该窗口的图片区域，如图 16-11 所示。在该窗口上方单击“全部照片自动裁剪到适合窗口”按钮，设置照片显示方式，然后单击 按钮。

Step 04　返回光影魔术手界面后，查看多图组合后的效果（\最终效果\第 16 章\多图组合.jpg），如图 16-12 所示。

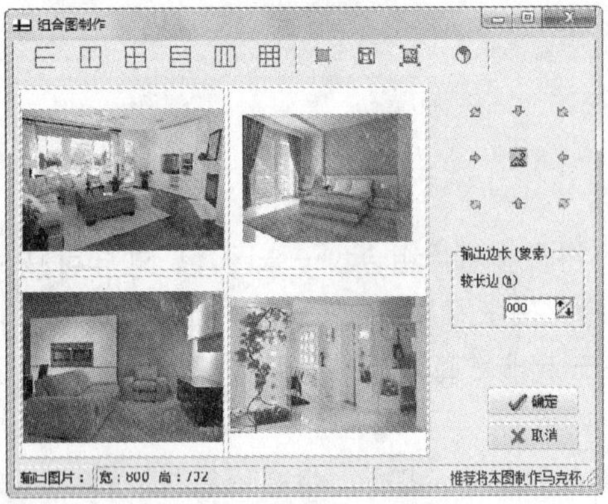

图 16-11　载入图片后的效果

图 16-12　最终效果

16.3　快速应用动画

动画常用于幻灯片中的对象，一个幻灯片中包含的对象较多，而一个演示文稿中又包含多张幻灯片，如果一个个地为幻灯片中的对象添加动画非常麻烦，也浪费时间。下面就讲解快速为对象应用动画的方法。

16.3.1　动画刷

有时需要对其他对象设置相同的动画效果，或对不同幻灯片间的多个对象设置相同的动画，此时运用 PowerPoint 2010 中新增的动画刷工具，可以像格式刷一样快速复制动画效果。其方法是：选择含有要复制的动画的对象后，选择【动画】/【高级动画】组，单击“动画刷”按钮或按 Shift+Alt+C 组合键，单击要向其中复制动画的其他对象便可为对象设置相同的动画。如图 16-13 所示图片中只有一张树叶图片添加了动画。如图 16-14 所示的图片中被选择的树叶图片已复制了相同的动画效果。

图 16-13 显示添加的动画效果

图 16-14 使用动画刷复制的动画效果

知识提示

使用动画刷复制动画

如果要为多个对象复制相同的动画效果，在“高级动画”面板中双击“动画刷”按钮，然后就可为多个对象应用相同的动画效果。

16.3.2 动画库

要想快速为幻灯片中的对象应用动画，可为常用的动画效果建立一个动画库，这样就可快速应用动画效果。但动画库并不是 PowerPoint 自带的，需要用户进行创建。下面就讲解动画库的创建和使用动画库添加动画的方法。

1. 创建动画库

通过动画库为对象应用动画非常方便，下面就对动画库的创建进行讲解，其具体操作如下：

Step 01 启动 PowerPoint 2010，新建一个空白演示文稿，并将其保存为“动画库”，然后删除幻灯片中的占位符。

Step 02 打开“动态效果.pptx”演示文稿（\实例素材\第 16 章\动态效果.pptx）。选择【动画】/【高级动画】组，单击“动画窗格”按钮，此时可看到幻灯片中的部分对象已添加了动画，如图 16-15 所示。

Step 03 选择添加了动画的对象“小鸟”，在其上单击鼠标右键，在弹出的快捷菜单中选择“复制”命令，如图 16-16 所示。

Step 04 切换到“动画库”演示文稿窗口中，在第 1 张幻灯片上单击鼠标右键，在弹出的快捷菜单的“粘贴选项”栏中单击“使用目标主题”按钮，将复制的对象和该对象所带动画粘贴到该幻灯片中，如图 16-17 所示。

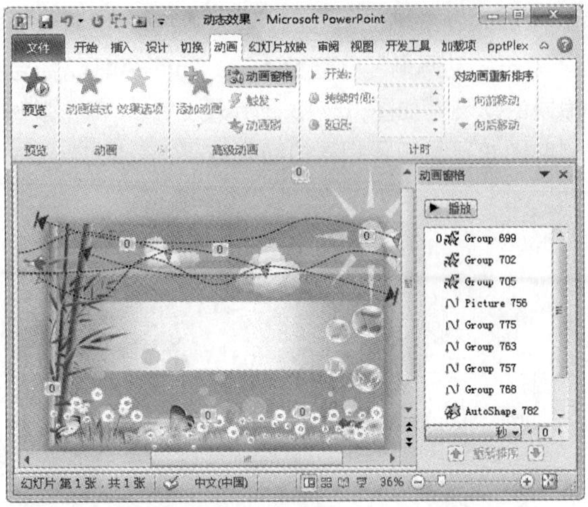

图 16-15　查看演示文稿

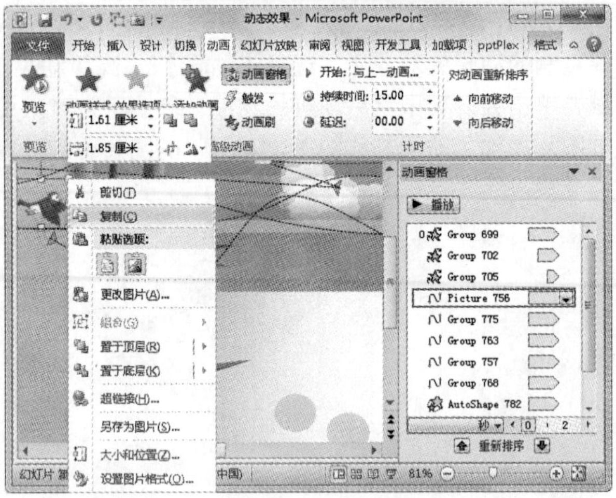

图 16-16　复制选择的对象

Step 05　选择粘贴的对象，对该对象大小和位置进行调整。切换到“动态效果”窗口中，选择对象“花”，如图 16-18 所示。

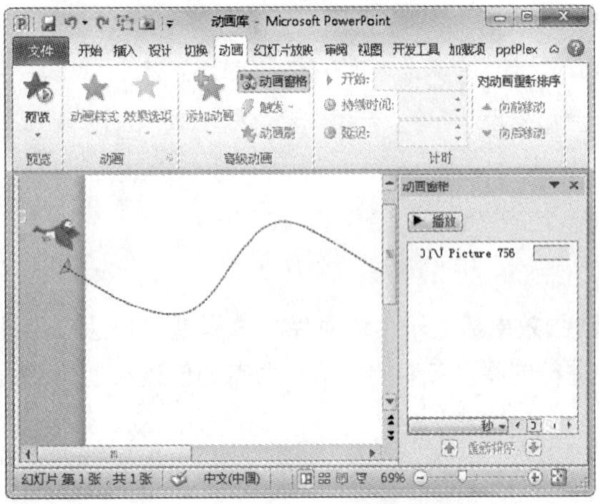

图 16-17　粘贴复制的对象　　图 16-18　选择需复制的对象

Step 06　对选择的对象进行复制，将复制的对象粘贴到“动画库”演示文稿中，并对其大小、位置以及旋转角度进行调整，其效果如图 16-19 所示。

Step 07　打开“树叶飘落.pptx”演示文稿（\实例素材\第 16 章\树叶飘落.pptx），在“幻灯片”窗格中选择设置了动画效果的幻灯片，按 Ctrl+C 组合键复制选择的幻灯片。

Step 08　切换到“动画库”演示文稿中，在“幻灯片”窗格中将鼠标定位到第 1 张幻灯片后，按 Ctrl+V 组合键粘贴复制的幻灯片，幻灯片中为对象设置的动画效果也同时被粘贴，如图 16-20 所示。

Step 09　使用前面讲解的方法将常用的动画效果保存在创建的动画库中，以便以后使用（\最终效果\第 16 章\动画库.pptx）。

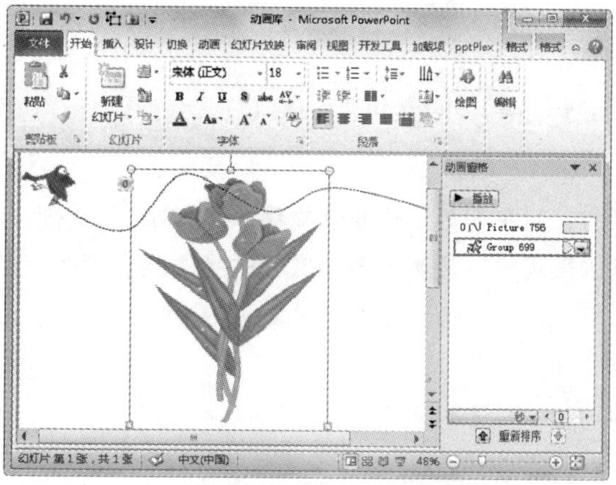

图 16-19 对复制的对象进行调整后的效果

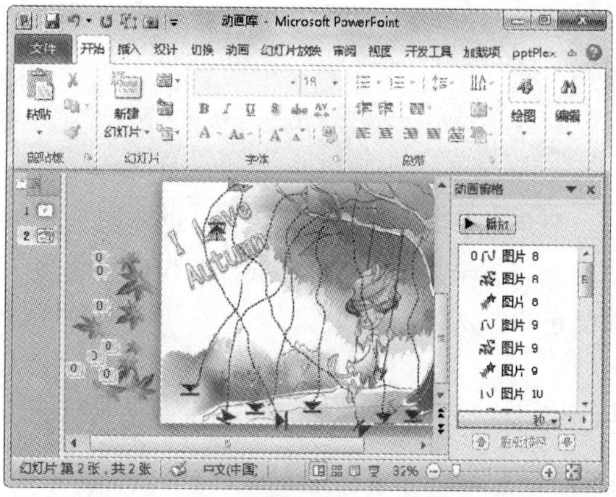

图 16-20 粘贴幻灯片

知识提示

调整动画效果

动画库中的动画效果还可以根据需要对其自定义动画的路径长短、位置和动画计时、动画方向等进行设置。

2. 使用动画库添加动画

通过动画库添加动画不仅可避免某些动画设置错误，还可提高演示文稿的制作效率。使用动画库为对象添加动画非常简单。其方法是：打开动画库和需添加动画库中动画的演示文稿，在动画库中选择需复制动画的对象，再选择【动画】/【高级动画】组，单击“动画刷”按钮，单击要向其中复制动画的其他对象便可为对象应用动画库中的动画。如图 16-21 所示为选择动画库中的动画。如图 16-22 所示为应用动画库中动画后的效果。

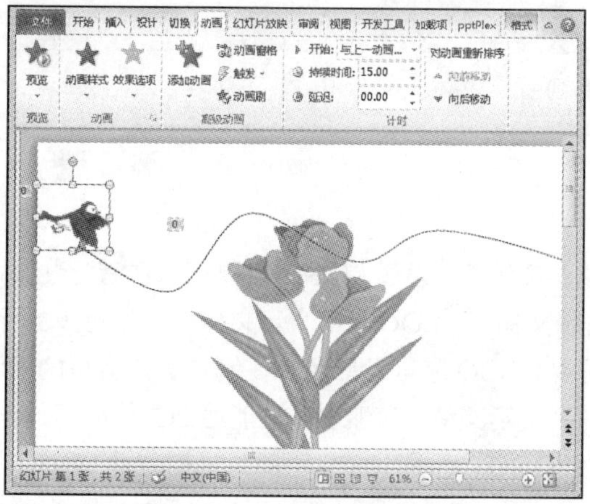

图 16-21 选择动画库中需复制的动画

图 16-22 应用动画库中的动画

16.4 快速配色

配色对于制作演示文稿来说是必不可少的一个环节，对于很多制作演示文稿的用户来说，它也是一个难题。演示文稿配色的好坏，不仅会影响演示文稿的美观性，还影响演示文稿的品质感。下面就对快速配色的方法进行讲解。

16.4.1 从优秀演示文稿里学习配色

对没有美术基础的制作者来说，配色非常困难，如果搭配不好就会影响整个演示文稿的效果。对于初学者来说，在为演示文稿配色时，最好应用系统提供的配色方案，若提供的配色方案不能满足需要时，可学习、借鉴一些优秀演示文稿中的配色方案，这样才不会因配色而导致整个演示文稿的质量降低。如图 16-23 所示为两个配色较好的演示文稿，左边是用于工作报告类演示文稿的模板，主要采用蓝色和白色这两种颜色。右边的演示文稿其主题色是红色和淡红色两种，颜色搭配比较合理。

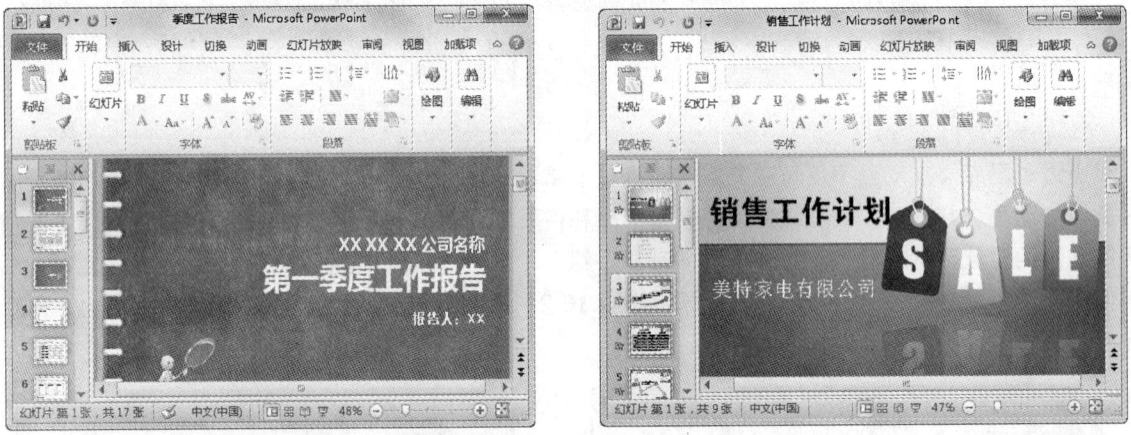

图 16-23　配色优秀的演示文稿

16.4.2 根据公司 LOGO 配色

LOGO 是一个公司的标志，代表着一个企业的形象、文化等。通过 LOGO 可以让消费者记住公司的主体和品牌文化，起到推广的作用。在制作企业宣传演示文稿时，LOGO 是演示文稿中必不可少的元素，所以，在对宣传类演示文稿进行配色时，最好根据公司的 LOGO 来进行配色。在制作其他类型的演示文稿时，也可以应用公司 LOGO 的配色方案，这样不仅提高演示文稿的美观性，还能达到宣传公司的作用，一举两得。如图 16-24 所示为成都格润科技有限公司的 LOGO。而图 16-25 所示为根据公司 LOGO 配色而制作的演示文稿。该演示文稿的背景色主要以黑色为主，而 LOGO 背景色是以白色为主，黑白搭配是最经典的颜色搭配，通过黑色的背景更能突出公司的 LOGO。

图 16-24　公司 LOGO

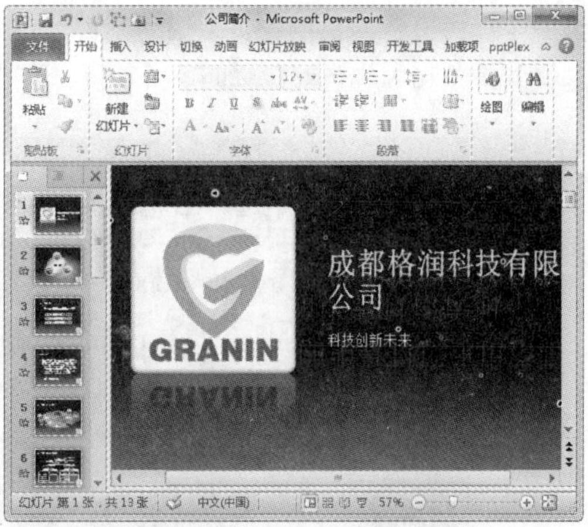

图 16-25　根据公司 LOGO 为演示文稿配色

16.4.3　学习专业 PPT 网站配色

为演示文稿配色可借鉴的方案很多，不仅可学习一些优秀演示文稿里的配色方案，还可学习专业 PPT 网站的配色，如 http//www.17ppt.com、http://sc.chinaz.com 等。因为网站都是一些专业人士设计的，因此其配色比较专业。在制作演示文稿时，如果不知道如何为演示文稿配色，可打开这一类专业的 PPT 网站，然后借鉴其配色方案。如图 16-26 所示为国内最具影响力的 PPT 专业网站，其配色主要以红色为主。如图 16-27 所示为韩国的一个 PPT 网站，其配色比较简洁。

图 16-26　国内 PPT 网站

图 16-27　国外 PPT 网站

16.4.4　从优秀设计网站里学习配色

在为演示文稿配色时，还可学习一些优秀设计网站的配色方案，如 http://www.cndesign.com、http://pm.cndesign.com 等。这样不仅可使制作的演示文稿更加美观，还可增强演示文稿的协调性和统一性。如图 16-28

所示为一个优秀设计网站的首页。该网站首页背景以红色为主，该首页的主要内容背景以黑色和灰色为主，这样背景色和内容色对比鲜明。

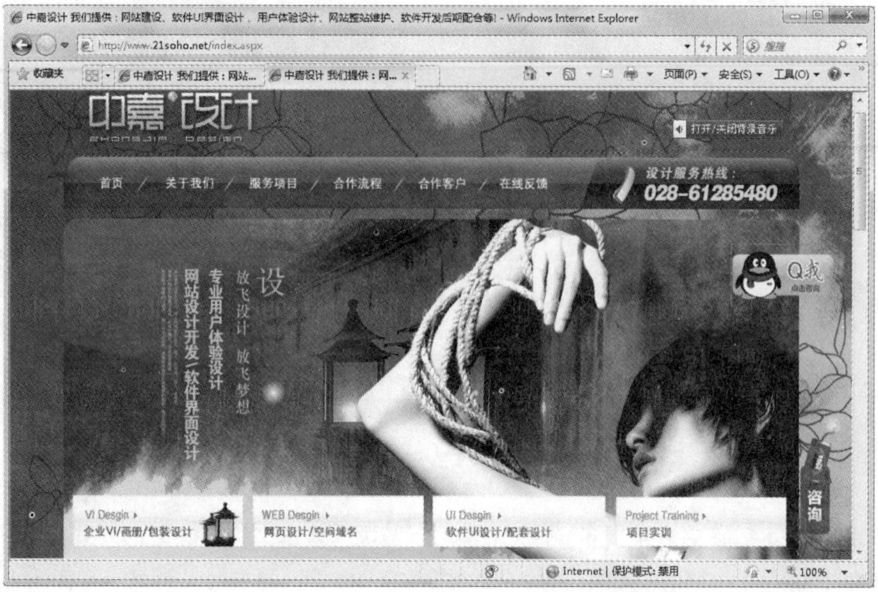

图 16-28　优秀设计网站配色

16.5 巩固练习

练习 1：为产品图片调色

打开提供的“床上用品.jpg”图片（\实例素材\第 16 章\床上用品.jpg），使用光影魔术手对图片进行调色。如图 16-29 所示为调色前的效果。如图 16-30 所示为调色后的效果（\最终效果\第 16 章\床上用品.jpg）。

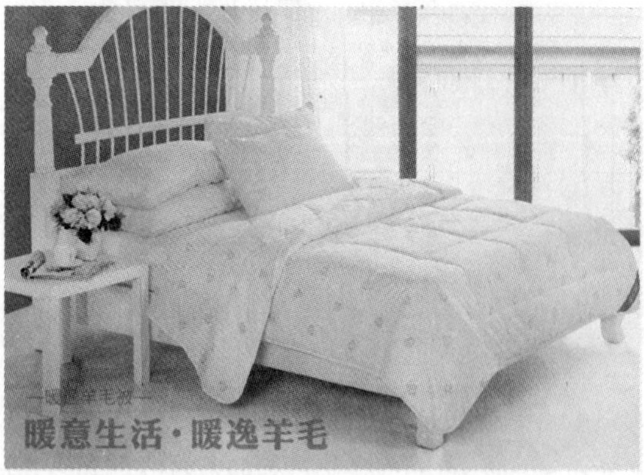

图 16-29　调色前的效果

图 16-30　调色后的效果

提示：对“床上用品.jpg”图片调色是通过“色相/饱和度”命令实现的。

练习 2：制作多图组合效果

打开提供的“商业计划书”图片文件夹（\实例素材\第 16 章\商业计划书），通过光影魔术手将其中的多张图片组合成两张图片。如图 16-31 所示为制作的多图组合图片效果（\最终效果\第 16 章\多图组合）。

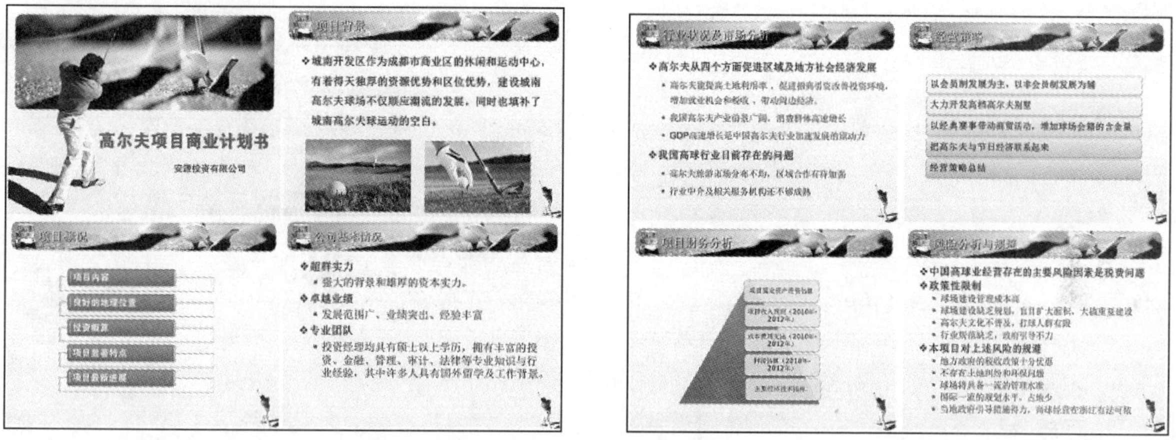
高尔夫项目商业计划书
安踱投资有限公司
城南开发区作为成都市商业区的休闲和运动中心，有着得天独厚的资源优势和区位优势，建设城南高尔夫球场不仅顺应潮流的发展，同时也填补了城南高尔夫球运动的空白。
超群实力
强大的背景和雄厚的资本实力。
卓越业绩
发展范围广、业绩突出、经验丰富
专业团队
投资经理均具有硕士以上学历，拥有丰富的投资、金融、管理、审计、法律等专业知识与行业经验，其中许多人具有国外留学及工作背景。
高尔夫从四个方面促进区域及地方社会经济发展
以会员制发展为主，以非会员制发展为辅
大力开发高档高尔夫别墅
以经典赛事带动商贸活动，增加球场会籍的含金量
把高尔夫与节日经济联系起来
经营策略总结
中国高球业经营存在的主要风险因素是税费问题
政策性限制
本项目对上述风险的规避

图 16-31　多图组合效果

提示：在“组合图制作”对话框中设置图片的排版方式为“调入 2*2”，设置图片的显示方式为“全部照片自动裁剪到合适大小”。

轻松一刻

比尔先生和盖茨小姐都是电脑迷，常在一起讨论电脑。一天，他们为电脑是什么性别争论起来。盖茨小姐认为电脑是男性，并列出理由：1. 懂的事情不少，却偏偏不解风情。2. 总是需要备份。3. 没买回家的时候，闪闪发亮，买回家后，才发现黯淡无光。4. 要想让他干活，就得让他触电。5. 如果你按对了键，叫他干啥就干啥。比尔先生则认为电脑是女性，也列出了理由：1. 用复杂的程序做简单的事。2. 能听见你说，却未必能听懂。3. 多年来一直做着同样的事，有一天突然发现是错的。4. 总是要你扔垃圾。5. 问她怎么啦，答案总是没事儿。

6 段

第 17 章

高效制作幻灯片——协同制作

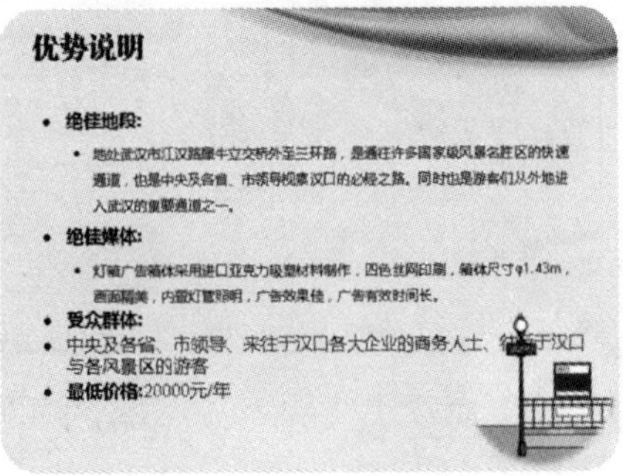

粘贴文本效果

★本章要点★

- PowerPoint 与 Office 组件的协作
- PowerPoint 与 FlashSpring 交互软件
- 把演示文稿结构化
- 为演示文稿“瘦身”
- 制作动态图表
- 将幻灯片应用为桌面背景
- 幻灯片演示的好帮手

动画播放效果

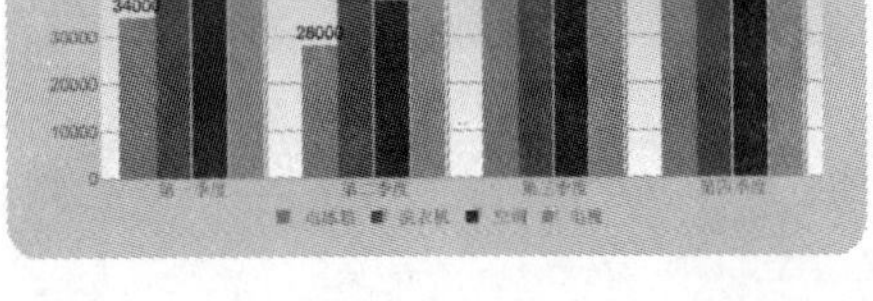

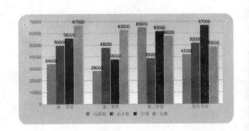

动态图表

17.1 PowerPoint 与 Office 组件的协作

Office 办公软件除了 PowerPoint 组件外，还有 Word、Excel 等专门用于处理文字、制作表格的软件，它们在行业办公方面各有所长。这些办公软件之间可以相互协作，通过办公软件之间的协作不仅可以提高工作效率，还可使用户在办公过程中更加轻松、快速地完成工作。

17.1.1 PowerPoint 与 Word 的协作

Word 是专门用于对文档进行编辑、处理的软件。通过 Word 可快速在演示文稿中插入现有的文字资料，这样既可提高制作演示文稿的效率，也可避免输入错别字。将 Word 中的文本插入到演示文稿的方法有两种，一种是通过复制粘贴，另一种是通过插入对象。下面分别对这两种方法进行讲解。

1. 复制 Word 文档中的文本

通过剪贴板可以将 Word 中的文本资料直接复制到 PowerPoint 中。下面将复制“招商说明”Word 文档中的相应内容到“广告招商说明.pptx”演示文稿中，其具体操作如下：

Step 01 打开“广告招商说明.pptx”演示文稿（\实例素材\第 17 章\广告招商说明.pptx）和“广告招商说明.docx”文档（\实例素材\第 17 章\广告招商说明.docx）。

Step 02 在 Word 文档中选择“绝佳地段”中的正文，并在其上方单击鼠标右键，在弹出的快捷菜单中选择“复制”命令，如图 17-1 所示。

Step 03 切换到“广告招商说明.pptx”演示文稿，将鼠标光标定位于第 3 张幻灯片的正文占位符中。选择【开始】/【剪贴板】组，单击“粘贴”下拉按钮，在弹出的下拉列表中选择“选择性粘贴”选项，如图 17-2 所示。

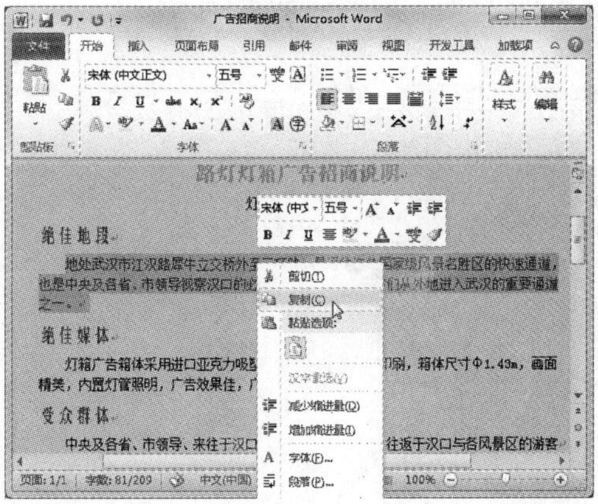

图 17-1 复制文本

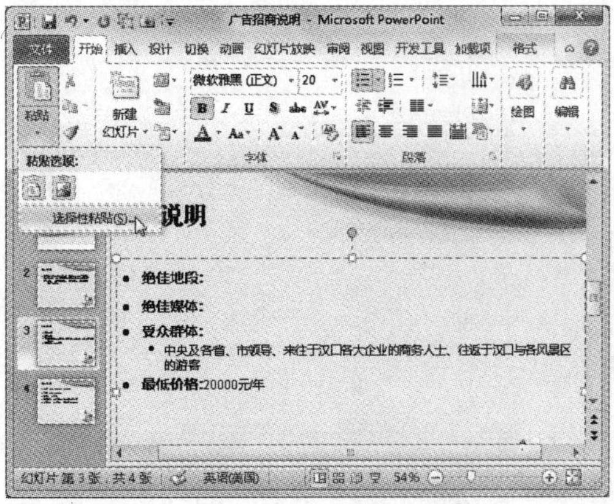

图 17-2 选择“选择性粘贴”选项

Step 04 打开“选择性粘贴”对话框，选择“无格式文本”选项，单击 确定 按钮，如图 17-3 所示。

Step 05 返回幻灯片编辑区，会发现文本已出现在幻灯片中。使用同样的方法将 Word 文档中的所有内容复制到相应的幻灯片中。根据需要设置文本的字体格式和文本级别，其效果如图 17-4 所示（\最终效果\第 17 章\广告招商说明.pptx）。

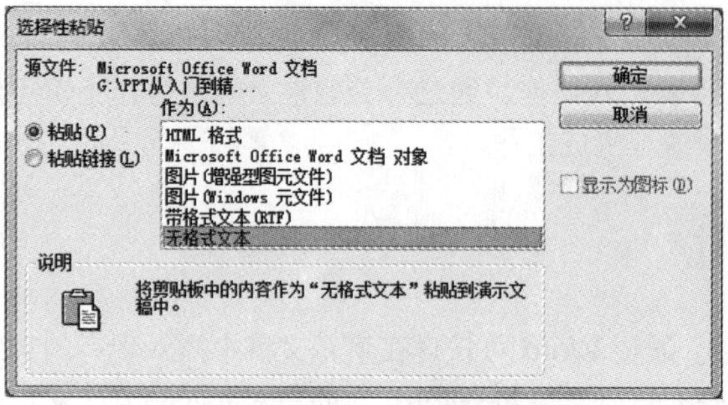

图 17-3 “选择性粘贴”对话框

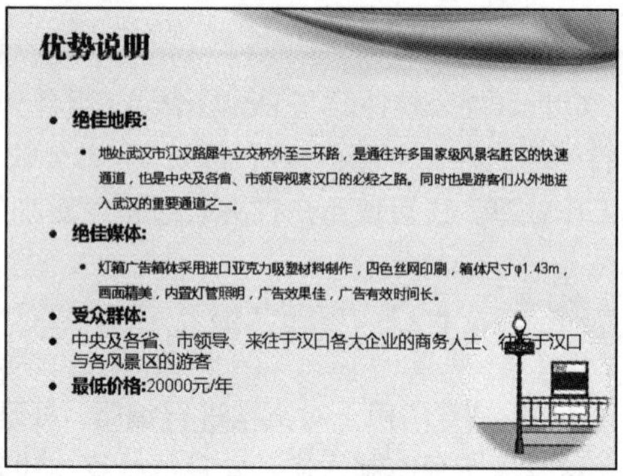

图 17-4 最终效果

2. 插入 Word 文档

在演示文稿中插入已编辑好的 Word 文档可通过“插入对象”对话框完成，但插入的文档只能对显示的部分进行编辑。

下面在“公司简介.pptx”演示文稿中插入 Word 文档，其具体操作如下：

Step 01 打开“公司简介.pptx”演示文稿（\实例素材\第 17 章\公司简介.pptx），选择第 5 张幻灯片。选择【插入】/【文本】组，单击“对象”按钮，打开“插入对象”对话框，选中 由文件创建(F) 单选按钮，单击 浏览(B)... 按钮，如图 17-5 所示。

Step 02 打开“浏览”对话框，选择“企业文化.docx”文档（\实例素材\第 17 章\企业文化.docx），依次单击 确定 按钮将其插入幻灯片中，如图 17-6 所示。

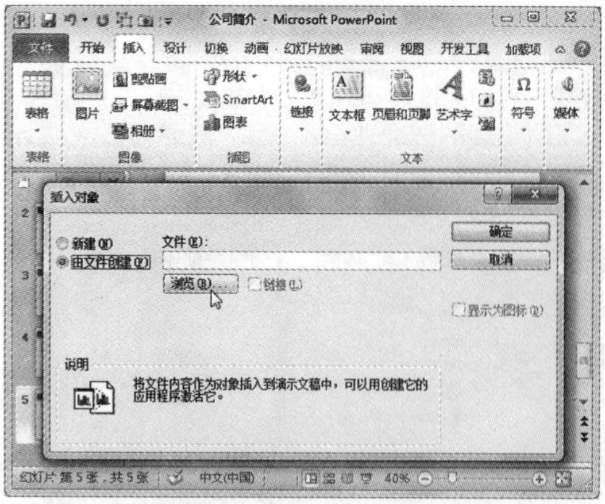

图 17-5 “插入对象”对话框

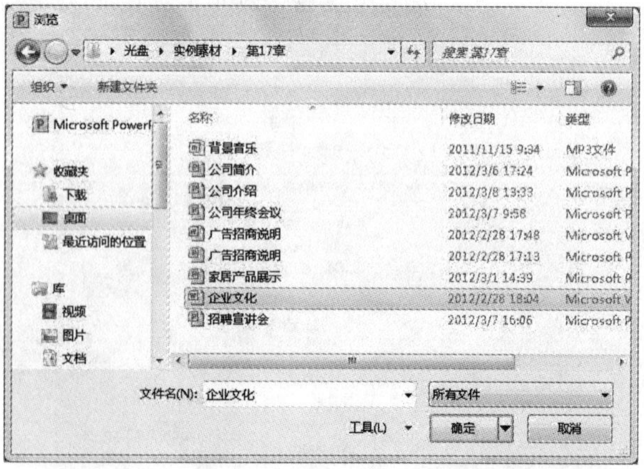

图 17-6 选择插入的文档

Step 03 双击文档区域，激活 Word 2010 的界面，将鼠标光标移至文档的右边框位置，按住鼠标左键不放向右进行拖动，再将文档的下边框向上进行拖动使其效果如图 17-7 所示。

Step 04 在 Word 文档以外的幻灯片区域中单击鼠标左键，回到 PowerPoint 2010 的工作界面，将文档向左上角移动至合适位置，其效果如图 17-8 所示（\最终效果\第 17 章\公司简介.pptx）。

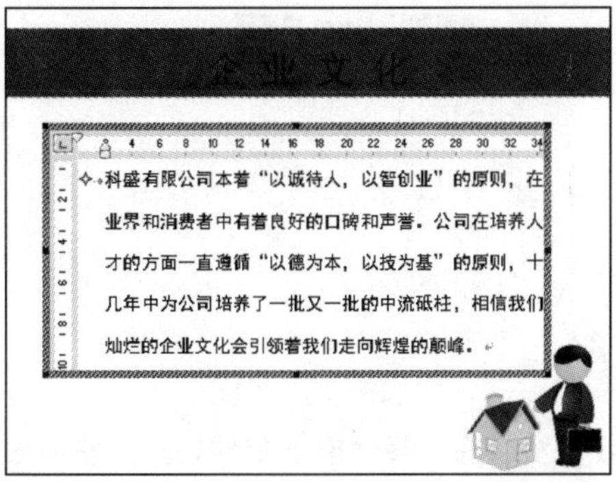

图 17-7　调整文档区域

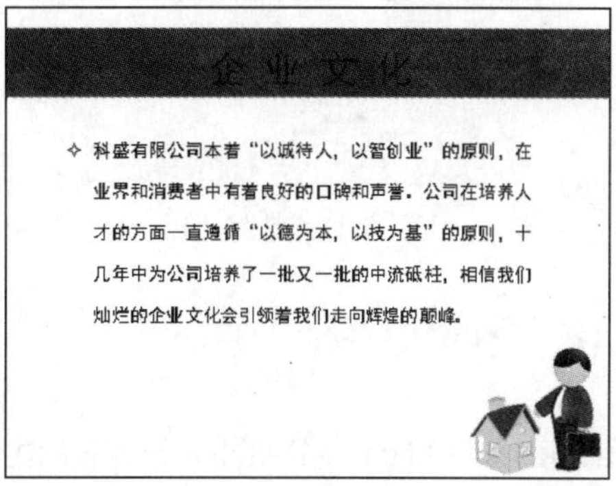

图 17-8　移动文档位置

17.1.2　PowerPoint 与 Excel 的协作

在 PowerPoint 2010 中可直接插入 Excel 软件制作好的表格。通过插入可提高制作的效率。在演示文稿中插入 Excel 表格的方法有两种，下面将分别进行介绍。

- 通过对话框插入：其方法和插入 Word 文档方法类似，打开需插入表格的演示文稿。选择【插入】/【文本】组，单击“对象”按钮，打开“插入对象”对话框，在“对象类型”列表框中选择“Microsoft Excel 工作表”选项，如图 17-9 所示。单击 确定 按钮，插入 Excel 电子表格的效果如图 17-10 所示。

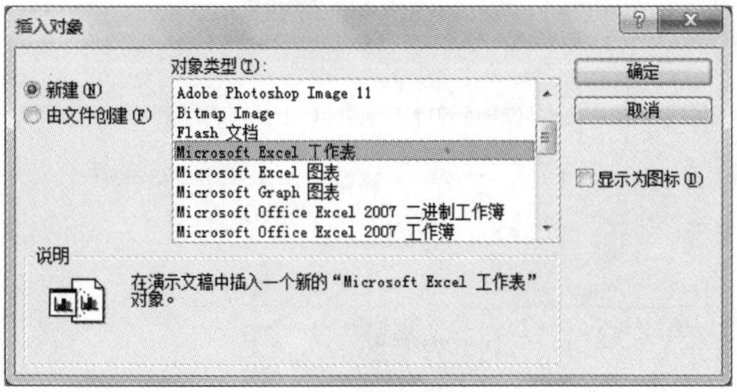

图 17-9　选择所需选项

图 17-10　插入的 Excel 电子表格

- 通过命令插入：选择【插入】/【表格】组，单击“表格”下拉按钮，在弹出的下拉列表中选择“Excel 电子表格”选项，在幻灯片编辑区插入 Excel 电子表格，如图 17-11 所示。

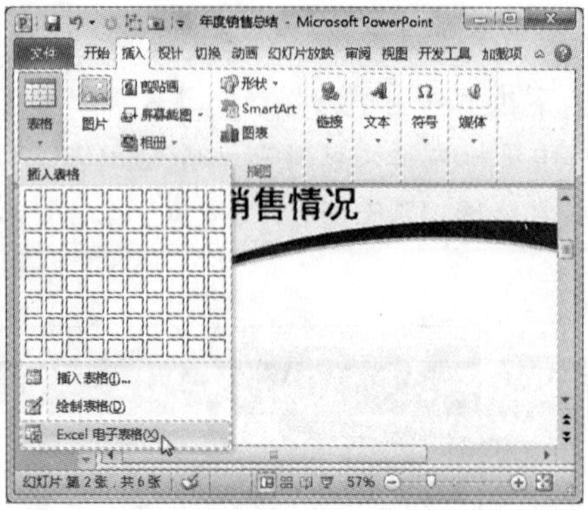

插入的 Excel 电子表格中没有数据，在其中不仅可输入数据，还可对其进行编辑和美化，其方法和在 Excel 中编辑数据的方法类似。

图 17-11　选择“Excel 电子表格”选项

17.1.3　PowerPoint 与 Outlook 的协作

Outlook 也是 Office 办公组件之一，它的主要作用是收、发、写、管理电子邮件，使用它收发电子邮件十分方便。在 PowerPoint 2010 中可将制作好的演示文稿使用电子邮件发送给收件人。

其方法是：打开制作好的演示文稿，选择【文件】/【保存并发送】命令，选择“保存并发送”栏中的“使用电子邮件发送”选项，单击“作为附件发送”按钮，如图 17-12 所示。此时将会进入 Outlook 邮件发送页面，并分别在“主题”和“附件”文本框中自动输入相应信息，这时只需填写收件人和邮件正文，完成后单击“发送”按钮即可，如图 17-13 所示。

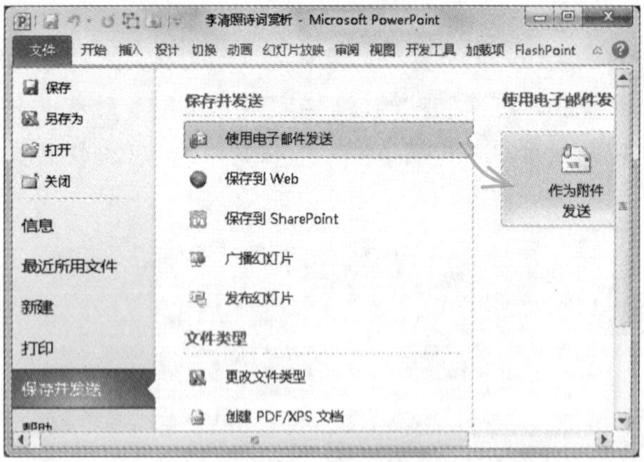

图 17-12　单击按钮

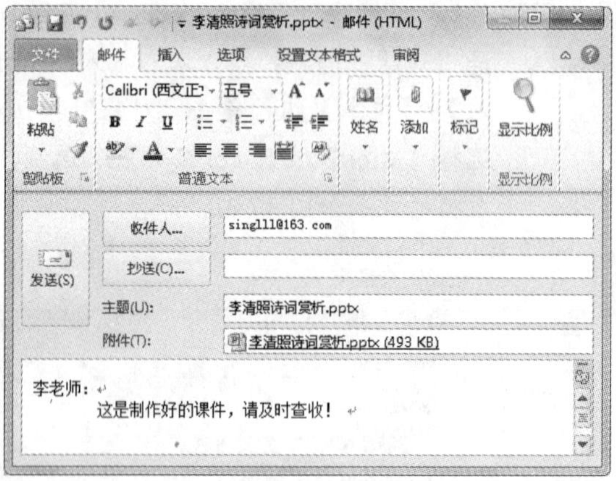

图 17-13　发送邮件

17.2　使用第三方软件助你一臂之力

使用 PowerPoint 制作的演示文稿在没有安装 PowerPoint 应用程序的电脑中放映会受到影响。这时可通过第三方软件来将制作的演示文稿转换为可执行的文件或制作具有动态效果的图表。此外，还可通过第三方软件对演示文稿进行压缩，减少磁盘的占用空间。

17.2.1 PowerPoint 与 FlashSpring 交互软件

FlashSpring 是将演示文稿发布为 Flash 文件的专业软件，通过该软件不仅可将演示文稿以 Flash 文件的格式发布到本地电脑中，还可快速插入音频文件和 Flash 动画。但在使用该软件前，需先进行安装，其安装方法和其他软件的安装方法一样。FlashSpring 的下载地址为 http://www.skycn.com/soft/5503.html。

1. 通过 FlashSpring 软件将演示文稿发布到电脑中

安装以后，FlashSpring 软件会以加载项形式加载到 PowerPoint 2010 软件的“加载项”选项卡中，启动 PowerPoint 2010 软件后即可进行发布为 Flash 文件的操作。

下面将“家居产品展示.pptx”演示文稿以 Flash 文件的格式发布到本地电脑中，其具体操作如下：

Step 01 打开“家居产品展示.pptx”演示文稿（\实例素材\第 17 章\家居产品展示.pptx），选择【加载项】/【自定义工具栏】组，单击“发布”按钮，打开“FlashSpring-发布为 Flash”对话框，在“目标目录”文本框后单击“浏览”按钮。

Step 02 在打开的“浏览文件夹”对话框中选择保存的位置，单击 确定 按钮返回“FlashSpring-发布为 Flash”对话框，如图 17-14 所示。

Step 03 单击 自定义... 按钮，在打开的“自定义播放机”对话框中对“色调、饱和、明度”等参数进行如图 17-15 所示的设置，然后单击 确定 按钮。

图 17-14 “FlashSpring-发布为 Flash”对话框

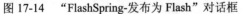

图 17-15 设置播放机颜色

Step 04 返回“FlashSpring-发布为 Flash”对话框，选择“讲演者”选项卡，选中☑添加讲演者复选框，并根据需要对演讲者信息进行填写，如图 17-16 所示。

Step 05 单击 发布 按钮，在打开的“生成 Flash 剪辑家居产品展示”对话框中显示了生成 Flash 文件的进度，如图 17-17 所示。

图 17-16　设置演讲者信息

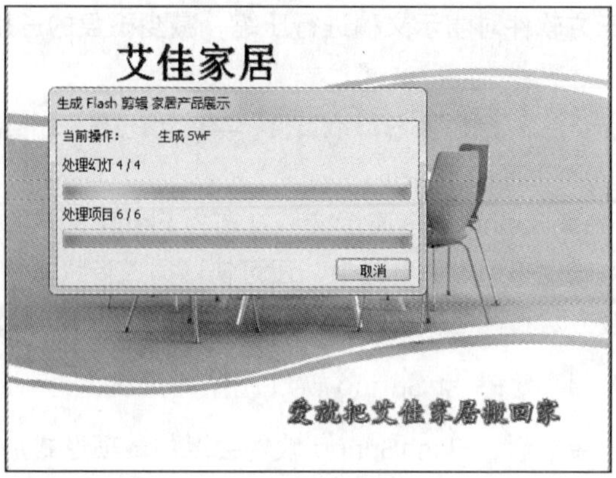

图 17-17　显示进度

Step 06　完成演示文稿的发布后，在保存位置找到生成的 Flash 文件（\最终效果\第 17 章\家居产品展示.swf），双击该文件打开预览效果，如图 17-18 所示。

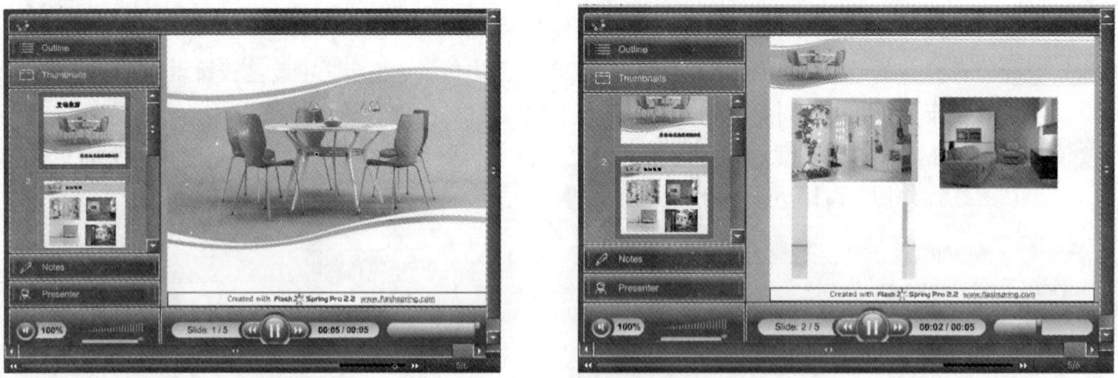

图 17-18　预览效果

技巧点拨

发布到网页和邮箱

将演示文稿生成 Flash 文件发布到网页和邮件的方法和发布到本地电脑中的方法类似。单击"发布"按钮，在打开的对话框右侧单击 Web 按钮或者单击 E-Mail 按钮，在打开的对话框中进行相应的设置。单击 发布 按钮，即可生成 Flash 文件，再将生成的文件发布到网页或邮件。

2. 快速插入 Flash 动画

使用 FlashSpring 插入动画比通过控件插入 Flash 动画的方法简单很多，用户安装 FlashSpring 软件后就能快速插入 Flash 动画。其方法是：在演示文稿中选择需插入 Flash 动画的幻灯片后，选择【加载项】/【自定义工具栏】组，单击"插入 Flash"按钮，在打开的"选择待插入的 Flash 文件"对话框中选择要插入的 Flash 动画（如图 17-19 所示），单击 打开(O) 按钮，即可将选择的 Flash 动画插入到幻灯片中，并播放插入的动画效果，如图 17-20 所示。

图 17-19　选择插入的 Flash 动画

图 17-20　动画播放效果

技巧点拨

快速插入音频文件

选择【加载项】/【自定义工具栏】组，单击“音频”按钮，在打开的“音频设定”对话框中既可为演示文稿设置背景音乐，也可设置音乐的循环播放和预览插入的音乐效果。

17.2.2　把演示文稿结构化——pptPlex

pptPlex 软件最重要的作用就是把演示文稿结构化，通过它可将演示文稿中的所有幻灯片集中在一张背景幻灯片中，这样能快速地切换到下一张幻灯片中，而且在放映状态中还可以通过鼠标来随意地调整幻灯片的大小，这对于大型的演示文稿来说非常实用。此软件也需用户自行安装，下载地址为 http://www.xdowns.com/soft/188/215/2009/soft-52158.html。软件安装后将在 PowerPoint 2010 中新增一个选项卡，如图 17-21 所示。

图 17-21　新增的 pptPlex 选项卡

下面就使用 pptPlex 软件将“公司年终会议.pptx”演示文稿结构化，其具体操作如下：

Step 01　打开“公司年终会议.pptx”演示文稿（\实例素材\第 17 章\公司年终会议.pptx），进入到幻灯片浏览视图，单击鼠标右键，在弹出的快捷菜单中选择“新增节”命令，如图 17-22 所示。

Step 02　将新增的节命名为“封面”，使用相同的方法再新增 3 个节，将其分别命名为“会议安排”、

“产品情况”和“总结”，并调整每节幻灯片的数量，其效果如图 17-23 所示。

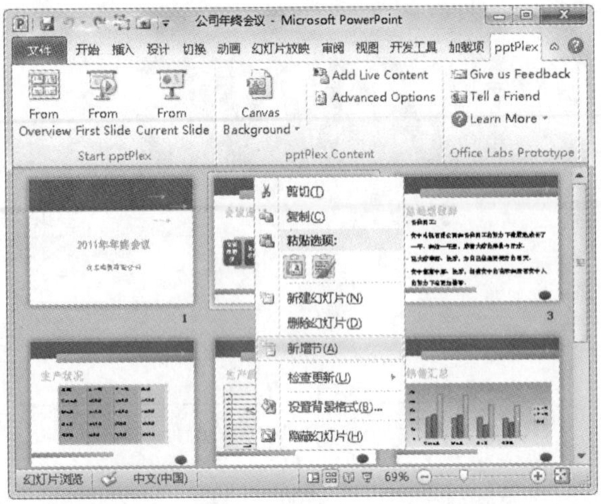

图 17-22 选择命令

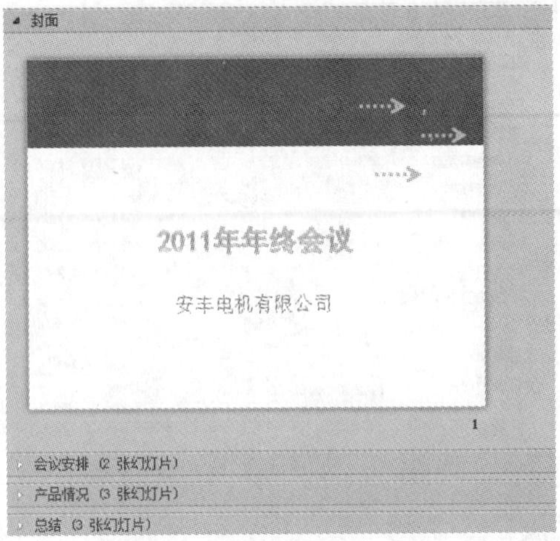

图 17-23 重命名节名称

Step 03 返回到幻灯片普通视图，选择【pptPlex】/【pptPlex.Content】组，单击 Canvas Background 按钮，在弹出的下拉列表中选择如图 17-24 所示的选项插入到演示文稿中作为演示的框架。

Step 04 在插入的背景幻灯片中将自动显示所分节的名称，将多余的文本框删除，并调整其他文本框的位置，如图 17-25 所示。

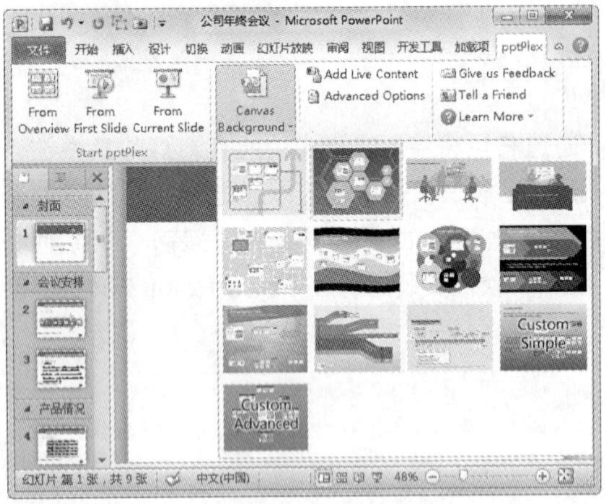

图 17-24 插入背景

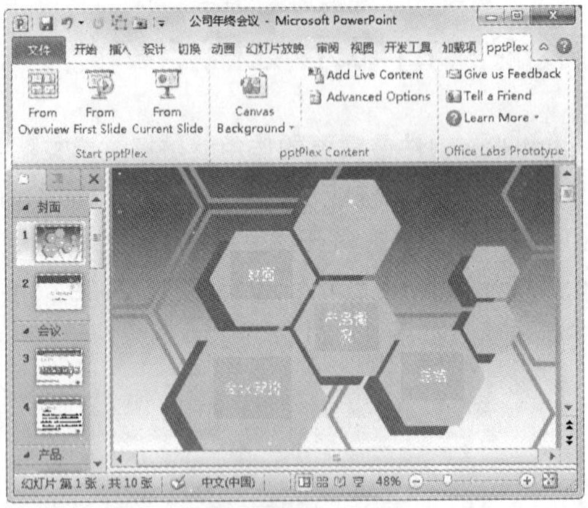

图 17-25 调整文本框

Step 05 选择【pptPlex】/【pptPlex.Content】组，单击 Advanced Options 按钮，在打开的 pptPlex presentation options 对话框中设置显示的色彩，在 Color 下拉列表框中选择如图 17-26 所示的选项。

Step 06 其他设置保持默认不变，单击 OK 按钮，返回幻灯片普通视图。

Step 07 选择【pptPlex】/【Start pptPlex】组，单击 From First Slide 按钮，开始发布幻灯片，发布完成后进入到幻灯片放映视图，如图 17-27 所示。

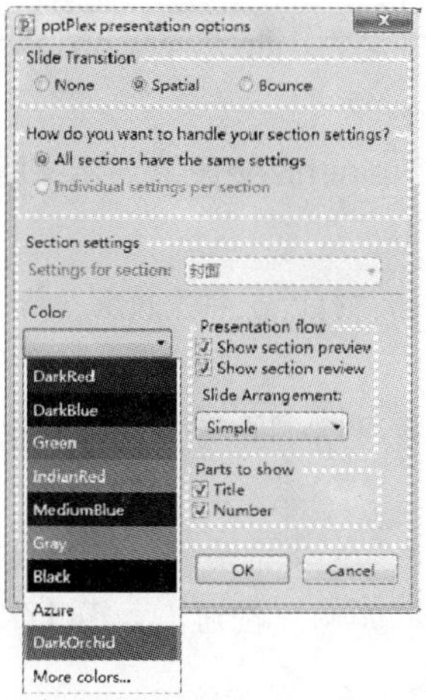

图 17-26　设置显示颜色

图 17-27　进入放映试图

Step 08　滚动鼠标来调整该幻灯片的大小，调整到合适位置时可看到该演示文稿的所有幻灯片都在该背景幻灯片中，如图 17-28 所示。

Step 09　双击任意一张幻灯片即可进入到该幻灯片的放映状态，如图 17-29 所示（\最终效果\第 17 章\公司年终会议.pptx）。

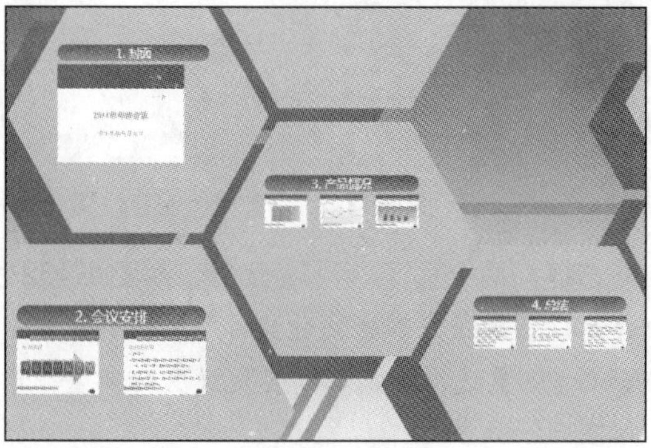

图 17-28　显示的幻灯片

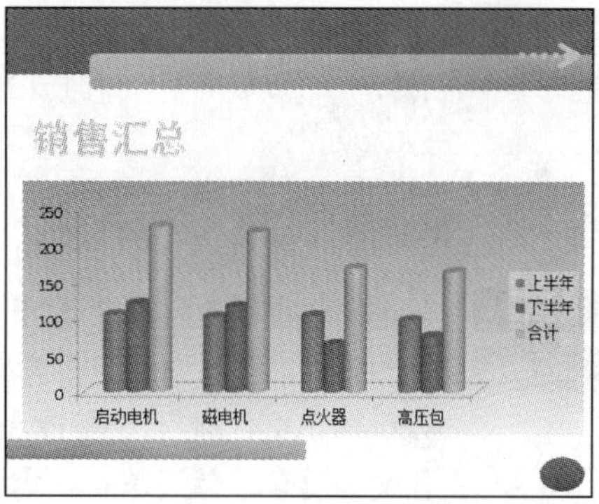

图 17-29　放映幻灯片

知识提示

pptPlex presentation options 对话框

在该对话框中可设置显示的颜色，也可根据需要设置幻灯片的过渡效果、显示的内容等。

17.2.3　为演示文稿“瘦身”——PPTminimizer

PPTminimizer 是压缩演示文稿的软件之一，它的文件压缩率较高，能减少演示文稿所占磁盘空间，是压缩演示文稿最常用的软件。PPTminimizer 同样需要用户自行安装，下载地址为 http://www.onlinedown.net/soft/74232.htm。

下面通过对“招聘宣讲会.pptx”演示文稿进行压缩来讲解使用 PPTminimizer 压缩演示文稿的方法，其具体操作如下：

Step 01 打开 PPTminimizer 软件，在“需要优化的文件”栏中单击“打开文件”按钮，打开“打开”对话框。

Step 02 选择需优化的演示文稿“招聘宣讲会.pptx”（\实例素材\第 17 章\招聘宣讲会.pptx），单击 打开(O) 按钮，如图 17-30 所示。

Step 03 单击“优化后文件”栏的“保存优化后的文件到下列目录”文本框后的 ... 按钮，在打开的“指定目标目录”对话框中选择文件的保存位置，单击 确定(O) 按钮，如图 17-31 所示。

图 17-30 选择需优化的演示文稿

图 17-31 设置文件保存位置

Step 04 在“压缩率设置”栏中选中 自定义压缩 复选框，单击 设置(S) 按钮，如图 17-32 所示。

Step 05 打开“自定义压缩设置”对话框，在“针对以下屏幕分辨率优化文件”下拉列表框中选择 1280 × 1024 选项，选中 保持原始 JPEG 压缩参数(质量) 复选框，拖动“自定义文档质量”滑块调整文档质量，然后单击 确定(O) 按钮，如图 17-33 所示。

图 17-32 单击“设置”按钮

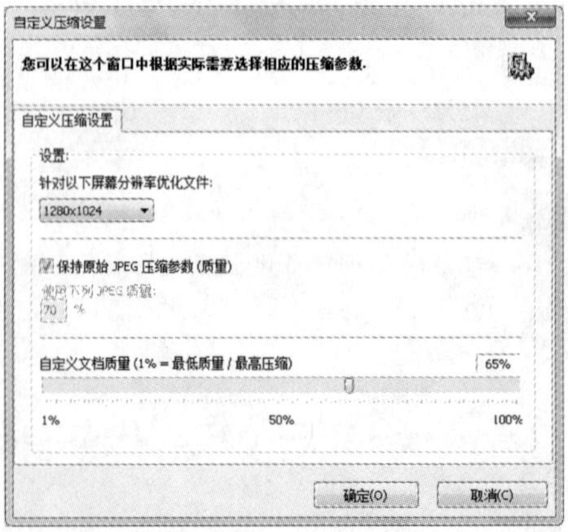

图 17-33 对文件进行压缩设置

Step 06 单击“优化文件”按钮，此时将自动开始优化设置的演示文稿，并显示优化进度，如图 17-34 所示。

Step 07 完成演示文稿的优化后，在“优化后文件”文本框中显示生成的文件名称、原始大小、目标大小以及压缩比例，如图 17-35 所示（\最终效果\第 17 章\招聘宣讲会（PPTminimizer）.pptx）。

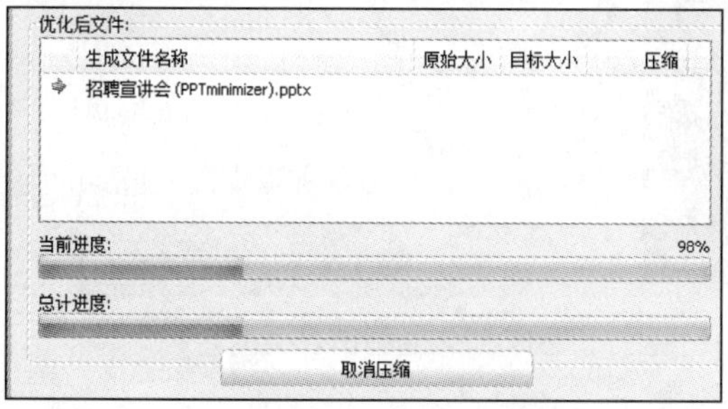

图 17-34　显示优化进度

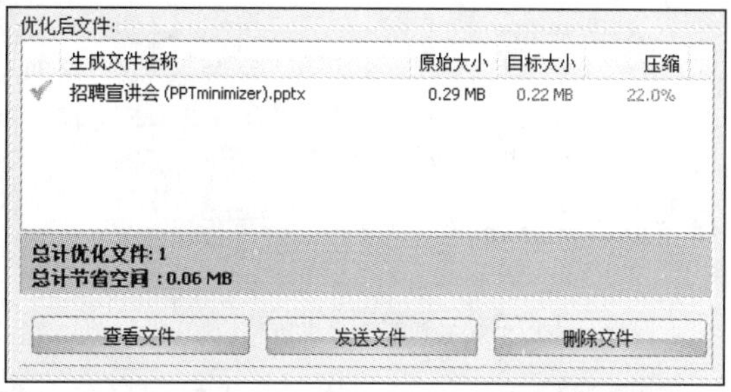

图 17-35　显示优化结果

技巧点拨

同时对多个文档进行优化

完成要优化演示文稿的添加后，若还需对其他的演示文稿进行优化，可在“需要优化的文件”栏中单击“添加”按钮，在打开的对话框中继续添加需要优化的演示文稿，这样可实现多个文档同时优化。

17.2.4　动态图表软件——Swiff Chart Pro

Swiff Chart Pro 软件不仅可把数据制成图表，还可利用参数或加入“动作事件”将图表制作成动态的，完成之后还可将图表输出为 Flash 格式的文件，播放文件很方便。Swiff Chart Pro 需自行下载，其下载地址为 http://www.onlinedown.net/soft/5619.htm。

下面使用 Swiff Chart Pro 软件制作一个动态图表，并插入演示文稿中预览效果，其具体操作如下：

Step 01 打开 Swiff Chart Pro 软件，单击“新建图表向导”按钮，如图 17-36 所示。

Step 02 打开“新建图表向导”对话框，在“图表类型”列表框中选择“柱形图”选项，在“图表子类型”栏中选择第 1 种类型，单击 下一步(N) > 按钮，如图 17-37 所示。

Step 03 打开“图表源数据”对话框，选中 手动输入数据(E) 单选按钮，则可从 Excel 工作表中复制并粘贴数据，单击 下一步(N) > 按钮。

知识提示

通过“图表数据源”对话框导入数据

在“图表数据源”对话框中选中 从文件导入数据(I) 单选按钮，可从 Excel 文件或文本文件中导入数据并创建新的图表。

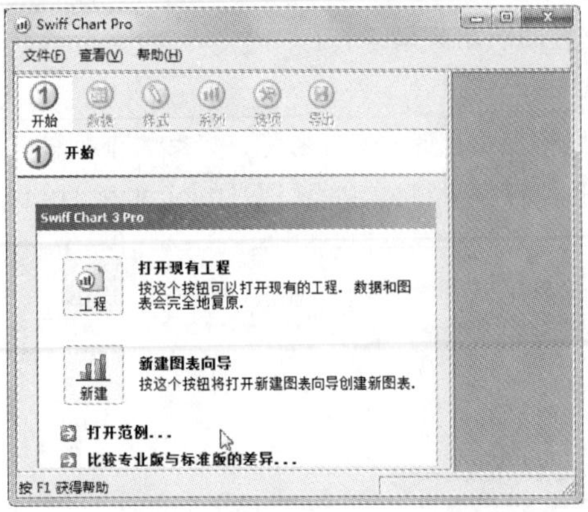

图 17-36 新建图表向导

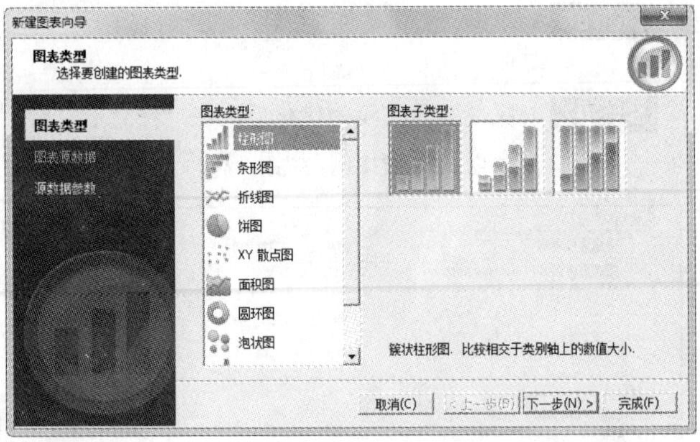

图 17-37 选择图表类型

Step 04 打开“手动输入数据”对话框，在图表中输入相应的文字和数据，单击 完成(F) 按钮，如图 17-38 所示。

Step 05 自动切换到“数据”选项卡，此时可查看图表源数据以及预览创建图表的默认效果，如图 17-39 所示。

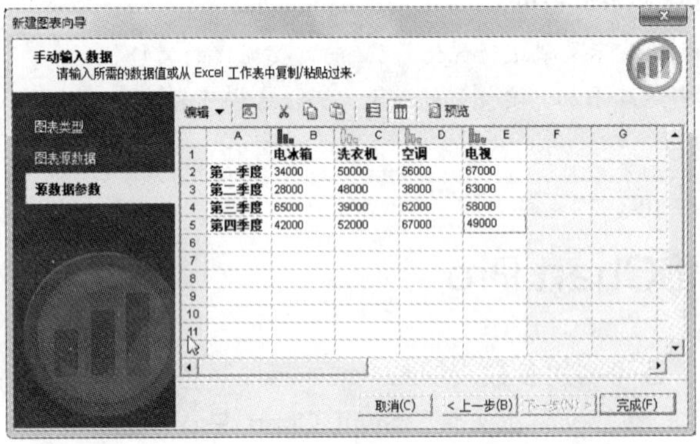

图 17-38 手动输入数据

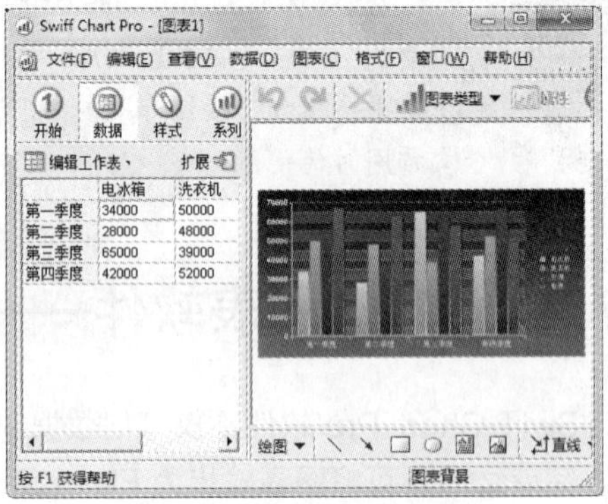

图 17-39 预览图表效果

Step 06 选择“样式”选项卡，在“图表样式”列表框中选择所需的样式，并在预览区域中显示应用图表样式后的效果，如图 17-40 所示。

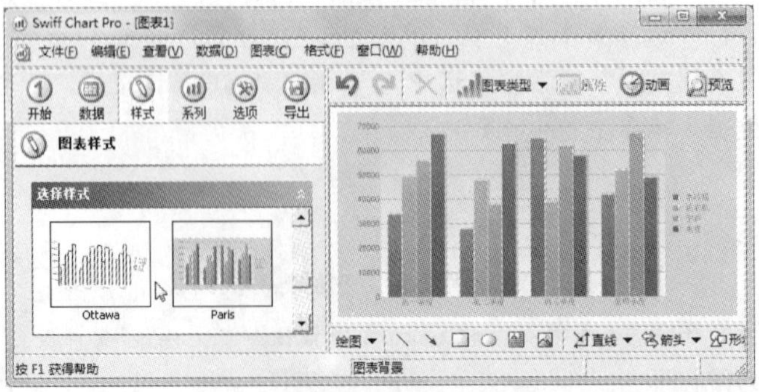

图 17-40 更改图表样式

Step 07 选择“系列”选项卡，在“数据系列选项”列表框中单击“更改颜色与效果”超链接，如图 17-41 所示。

Step 08 打开“数据系列格式：电冰箱”对话框，选择“图案”选项卡，在“颜色”下拉列表框中选择如图 17-42 所示的选项。

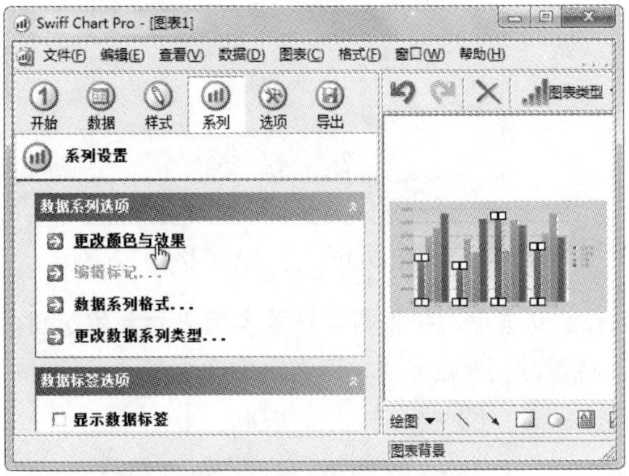

图 17-41 单击超链接

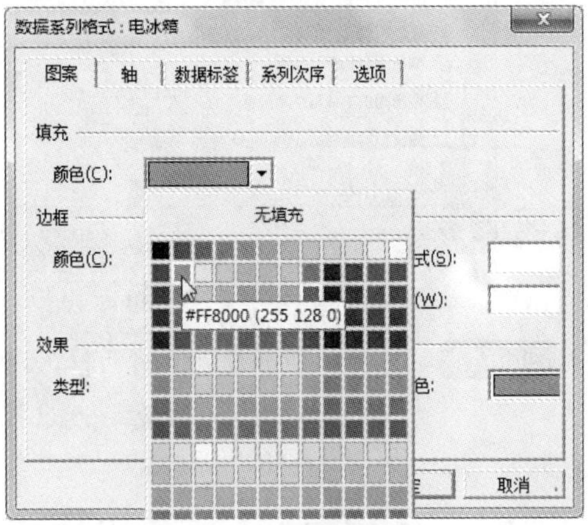

图 17-42 设置填充色

Step 09 在“边框”下拉列表框中选择“无边框”选项。选择“数据标签”选项卡，在“标签包含”栏中选中☑ 值(V)复选框，单击 确定 按钮，如图 17-43 所示。

Step 10 使用相同的方法为其他数据系列设置填充色和数据标签，其效果如图 17-44 所示。

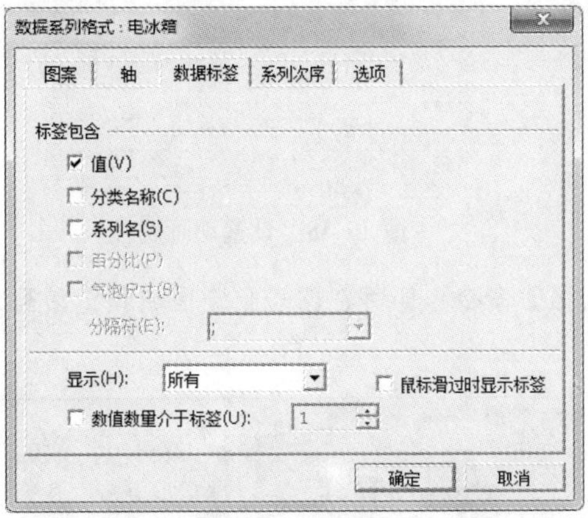

图 17-43 设置数据标签

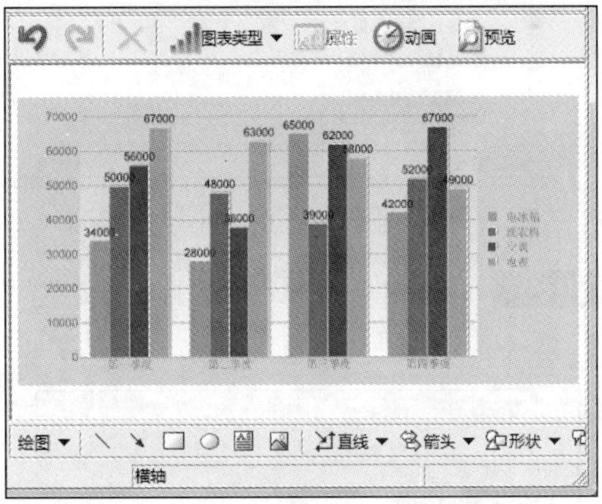

图 17-44 设置填充色后的效果

Step 11 选择“选项”选项卡，在“选项>图例”列表框中选中☑ **显示图例**复选框，单击“编辑图例布局”超链接，如图 17-45 所示。

Step 12 打开“图例格式”对话框，选择“布局”选项卡，在“位置”栏中选中 ◉ 下(B)单选按钮，单击 确定 按钮，如图 17-46 所示。

Step 13 完成图表的基本创建与格式设置后，选择【图表】/【动画】命令，如图 17-47 所示。

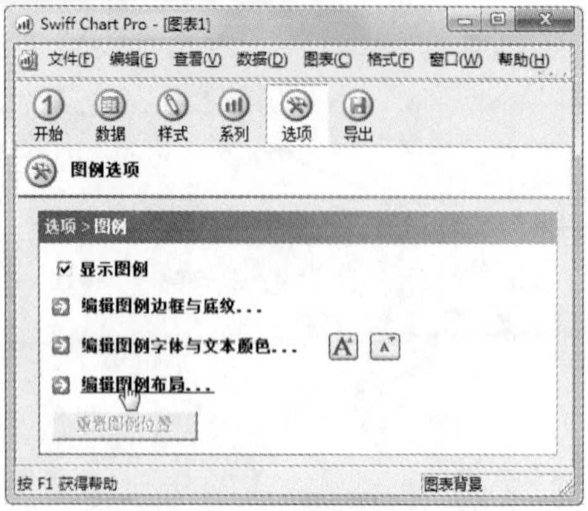

图 17-45 单击超链接

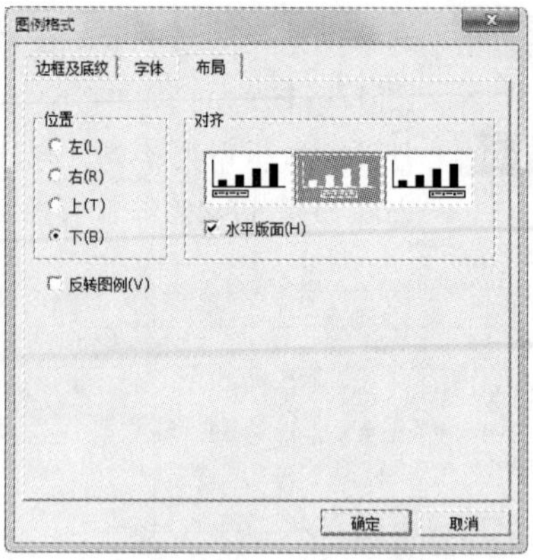

图 17-46 设置图例格式

Step 14 打开“动画设置”对话框，选中☑启用动画(E)复选框，根据需要设置各图表对象的动画，选中☑动画循环(L)复选框，并设置结束前的持续时间、帧频等，设置完成后单击 确定 按钮，如图 17-48 所示。

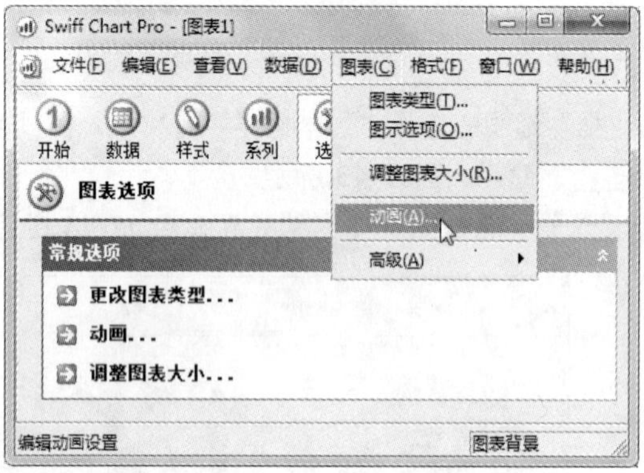

图 17-47 选择“动画”命令

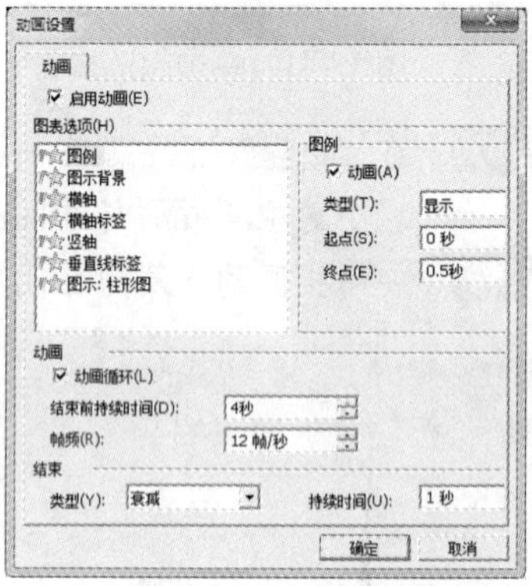

图 17-48 设置动画属性

Step 15 完成动画设置后，选择【查看】/【预览动画】命令，即可在图表预览区域预览动画效果，如图 17-49 所示。

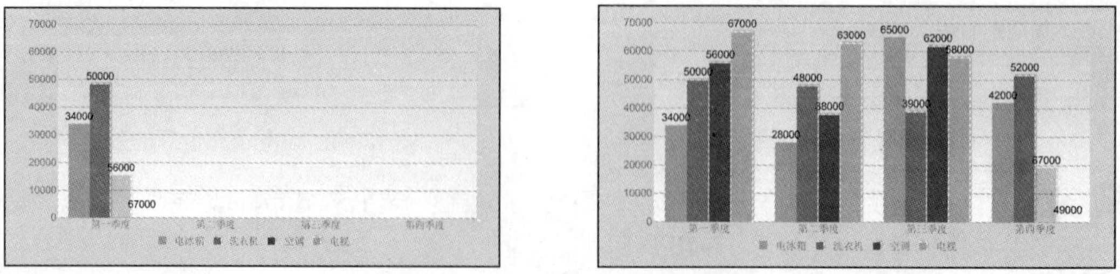

图 17-49 预览图表动画效果

Step 16 完成图表动画设置后，选择“导出”选项卡，在“导出选项”列表框中单击 Flash 按钮，如图 17-50 所示。

Step 17　打开“另存为 Flash 动画”对话框，保持对话框中的默认设置，单击 保存 按钮，如图 17-51 所示。

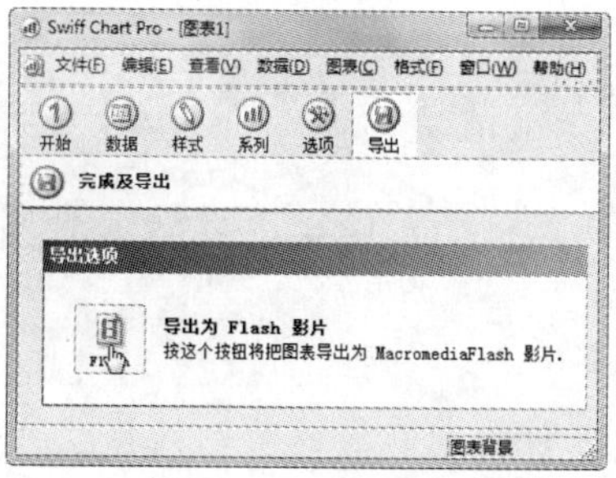

图 17-50　单击 Flash 按钮

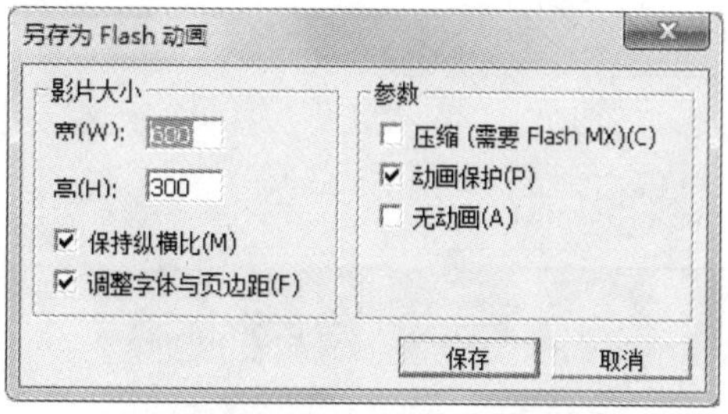

图 17-51　设置影片大小及参数

Step 18　在打开的“另存为”对话框中设置保存的位置和文件名，单击 保存 按钮完成动态图表的创建，如图 17-52 所示（\最终效果\第 17 章\动态图表.swf）。

Step 19　如果想将制作的动态图表插入到演示文稿中，使用插入 Flash 动画的方法即可将制作的动态图表插入其中，如图 17-53 所示。

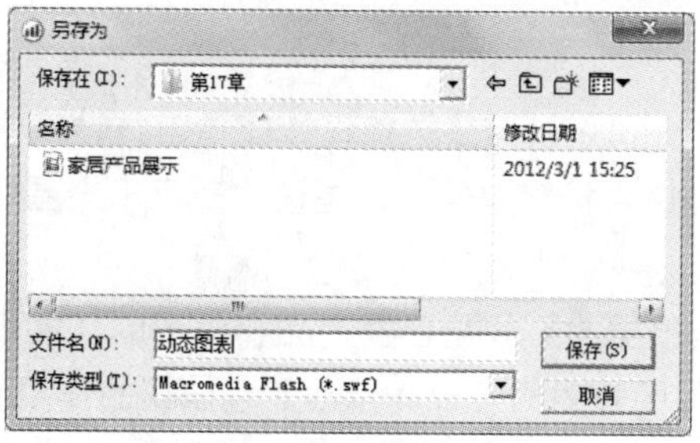

图 17-52　保存动态图表

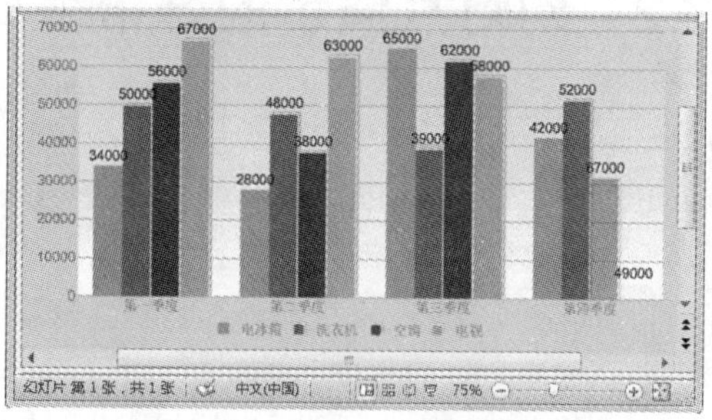

图 17-53　插入演示文稿中的效果

17.3　与 PowerPoint 一起战斗

很多人认为，演示文稿只与 PowerPoint 软件有关。其实并非如此，在制作演示文稿的过程中需要其他软件的协助，在演示过程中还需借助幻灯片演示器或鼠标来帮助演示，不仅如此，还可将幻灯片应用为屏保，美化电脑桌面。

17.3.1　将幻灯片应用为桌面背景

将演示文稿中的幻灯片应用为桌面背景，既可美化电脑桌面，又可宣传幻灯片中的内容。其方法是：先打开演示文稿，将演示文稿中的所有幻灯片输出为图片文件，在桌面上单击鼠标右键，在弹出的快捷菜单中选择“个性化”命令。打开“选择桌面背景”窗口，在“图片位置”下拉列表框后单击 浏览(B)... 按钮。在打开的对话框中选择需设置为屏保幻灯片所在的文件夹，然后在图片位置列表框中选择需设置为屏保的幻灯片图片，如图 17-54 所示。最后单击 保存修改 按钮，将选择的幻灯片应用于桌面背景，如图 17-55 所示。

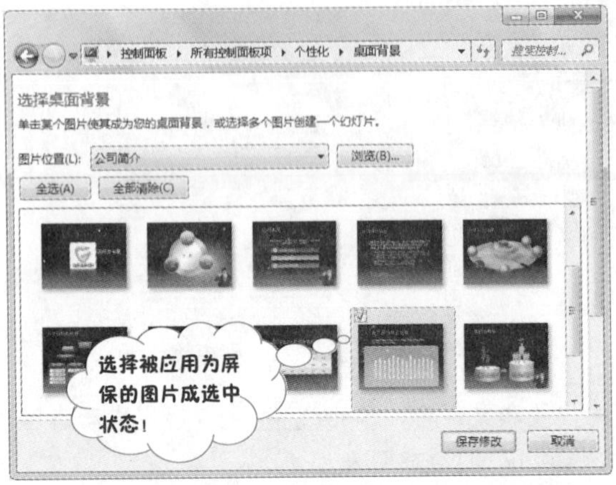

图 17-54　选择幻灯片

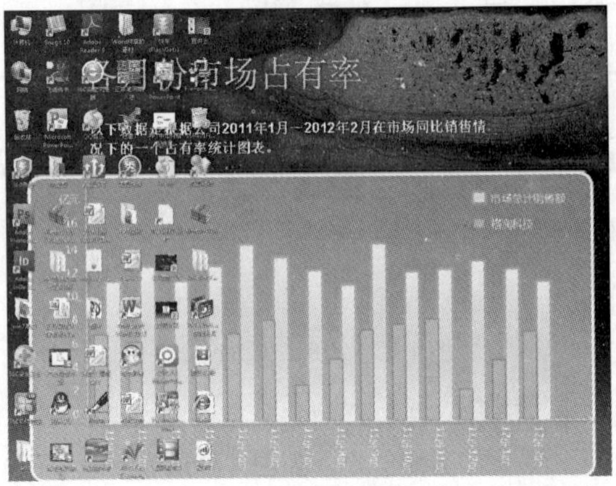

图 17-55　将幻灯片应用为桌面背景后的效果

17.3.2　幻灯片演示的好帮手

现在很多人演示幻灯片时都不喜欢通过鼠标对幻灯片进行切换，而是选择设计简单、方便携带、手感舒适的笔型幻灯片演示器。它可配合 PC 机或手提电脑、结合投影仪使用，是被广泛用于产品演示、电化教学、多媒体播放控制及学术会议等场合的理想演示工具。

幻灯片演示器可远距离控制演示过程（实际有效距离是根据幻灯片演示器产品和演示的环境来确定的），可即插即用，不需要安装任何驱动。如图 17-56 所示的图片为幻灯片演示器上各按钮的作用。

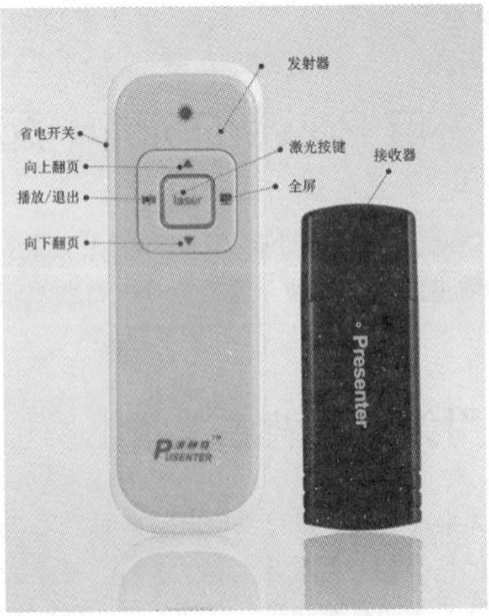

图 17-56　幻灯片演示器

17.4 巩固练习

练习 1：将演示文稿发布为 Flash 文件

打开“公司介绍.pptx”演示文稿（\实例素材\第 17 章\公司介绍.pptx），使用 FlashSpring 软件将其发布为 Flash 文件并保存在电脑中（\最终效果\第 17 章\公司介绍.pptx）。如图 17-57 所示为发布 Flash 文件后的播放效果。

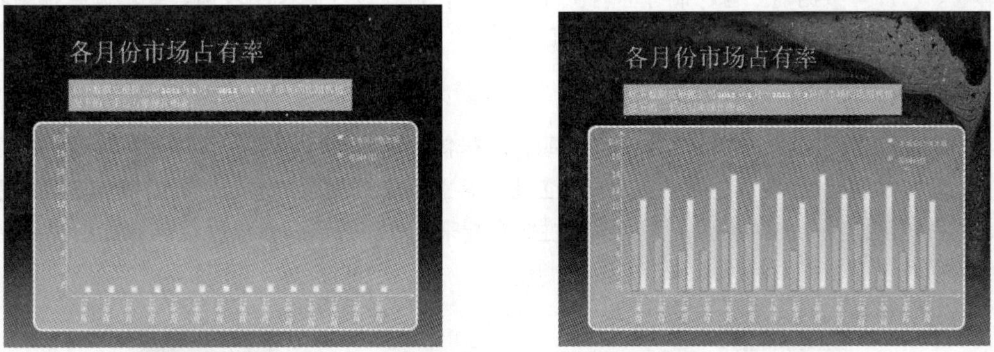

图 17-57　发布 Flash 文件后的播放效果

提示：该演示文稿的发布范围是选择的所有幻灯片，而且填写演讲者等的基本信息。

练习 2：压缩演示文稿

打开“礼仪培训.pptx”演示文稿（\实例素材\第 17 章\礼仪培训.pptx），使用 PPTminimizer 软件对该演示文稿进行压缩，并保存在电脑中（\最终效果\第 17 章\礼仪培训（PPTminimizer）.pptx）。

轻松一刻

小林在一家银行大厅里负责处理转账业务，每天要接待很多人，有一些人总把他这儿当成咨询处，弄得小林不胜其烦。于是小林做了个“非咨询处”的牌子放在桌子上，心想：这样总该好些了吧！不料第二天开门，每个前来咨询的人都先走到小林的桌前，问道：“请问，咨询处在哪儿？”

附录 A

让数据更直观，让思维可视化——常用图表介绍

在行业办公方面，制作演示文稿时会经常用到图表，但 PowerPoint 提供的图表数量、类型有限，而且比较单一。用户可根据需要自己制作各种类型的图表，但在设计制作图表前，要掌握各种图表的制作要领。下面就对常用图表的制作进行简单介绍。

1. 组织结构图表

组织结构图表最为常见，它是表现雇员、职称和群体关系的一种图表，可以形象地反映组织内各机构、岗位上下左右相互之间的关系，是政府、企业、事业单位最常用的图表之一。制作这类关系图表最大的难点就是如何把复杂的结构和画面的美观性结合起来，并且还要保持画面简洁。如图 A-1 所示为使用组织结构图表表现公司人事关系的示意图。

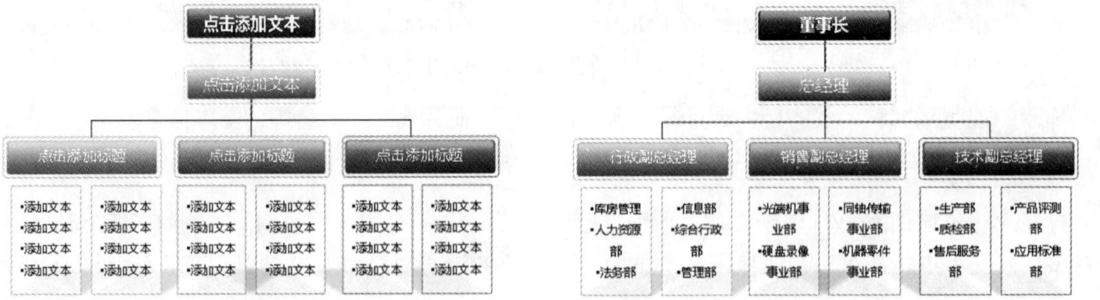

图 A-1　公司人事关系图

2. 流程图图表

流程图图表是指用一些规定的符号及一些线条连接起来表示、说明某一过程，以使这一过程形象化、清晰化。制作这类图表最基本的要求就是简洁、形象，要求把复杂的流程简洁化，把抽象的文字形象化。如图 A-2 所示为保险申请以及解除担保流程图。

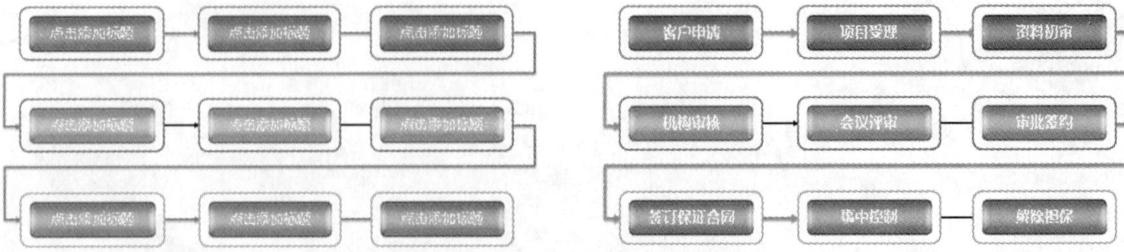

图 A-2　保险申请以及解除担保流程图

3. 并列关系图表

并列关系是指所有对象都是平等的，没有主次之分，按照一定的顺序罗列出来。并列的对象一般都是由标题和解释性文本组成的，几个对象在大小、形状、色彩等方面都要保持一致。所以，在制作这类关系图表时，只需要制作一个，然后进行复制，更改形状的颜色即可。如图 A-3 所示为 PPT 相关知识的关系图表。

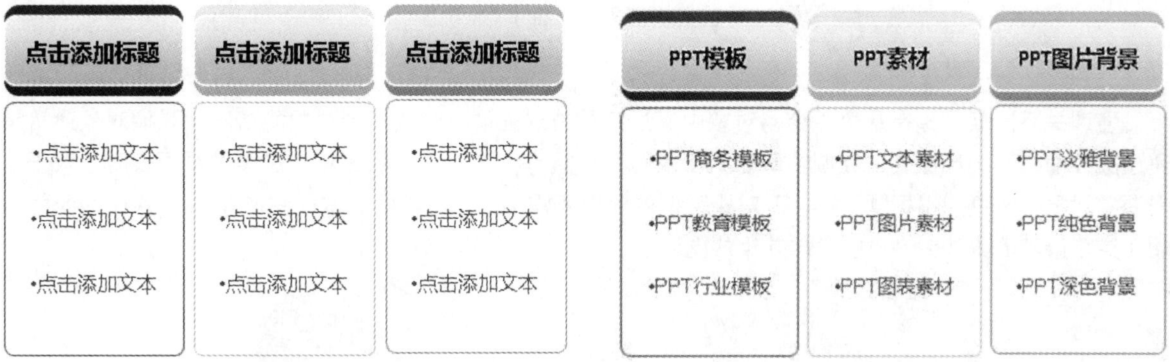

图 A-3 PPT 相关知识关系图

4. 循环关系图表

循环关系图表是指几个对象按照一定的顺序循环发展的过程，通常是用循环指向的箭头表示。循环的过程一般都较复杂。在制作这类关系图表时，应尽可能把循环的对象凸显出来，并使画面能一目了然。如图 A-4 所示为表示团队重要性的循环关系图表。

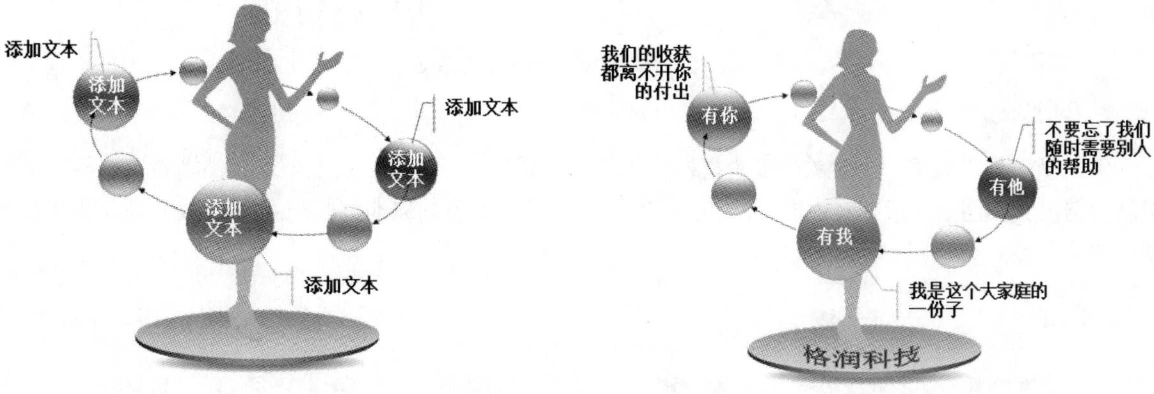

图 A-4 团队关系图

5. 包含关系图表

包含关系图表是指一个对象包含多个或一个对象的图表，对象中包含的多个对象之间可以是并列关系，也可以是其他更复杂的关系。制作这类关系图表最主要的是体现出包含关系，最常见的是将一个或多个对象用一个闭合的图形包含进去。如图 A-5 所示为食品公司产品的分类情况关系图表。

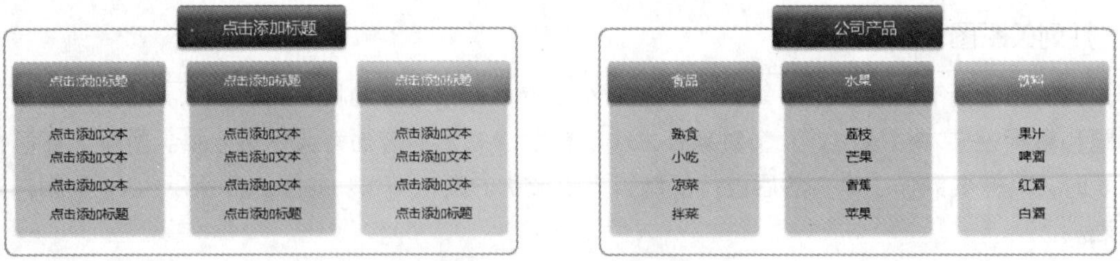

图 A-5　食品公司产品分类情况表

6. 强调关系图表

强调关系图表是指在几个并列的对象中通过某种方式强调一个或多个对象的情况，强调对象通常是通过放大面积、突出颜色、绘制特殊形状以及摆放位置等方式来实现。在制作这类关系图表时，对于非强调的对象一般只列出标题即可，而对于强调的对象还需加上解释性的文本或图形。如图 A-6 所示为强调在道德修养的方法中需重视学思并重的图表。

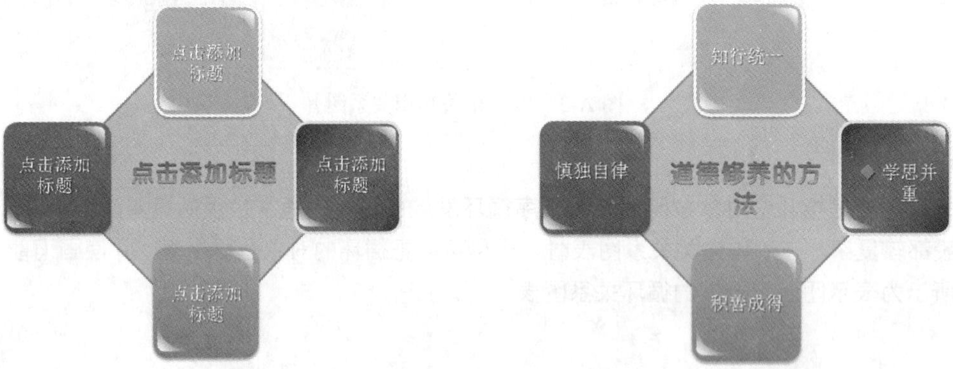

图 A-6　强调学思并重的关系图表

7. 雷达图表

雷达图表是指对同一个对象的多个指标进行描述和评价，通过雷达图能一目了然地看出指标状况和发展趋势。该类图表一般都是由同心圆和多边形组合而成，制作效果非常单一。如图 A-7 所示为企业发展的雷达图表。

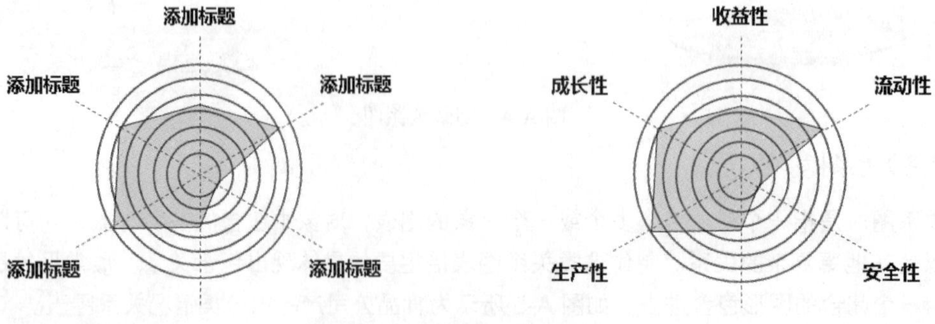

图 A-7　企业发展雷达图表

8. 递进关系图表

递进关系图表是指几个对象之间呈现层层推进的关系，主要通过时间上的先后、数量的增加、质量的变化等方式来强调先后顺序和递增趋势。制作这类关系图表的关键就是表现出图表的层次感，递进关系的几个对象的制作方法相同，只是在形状大小、高低、颜色深浅等方面有所区别。如图 A-8 所示为表现公司销售额增涨的递进关系图表。

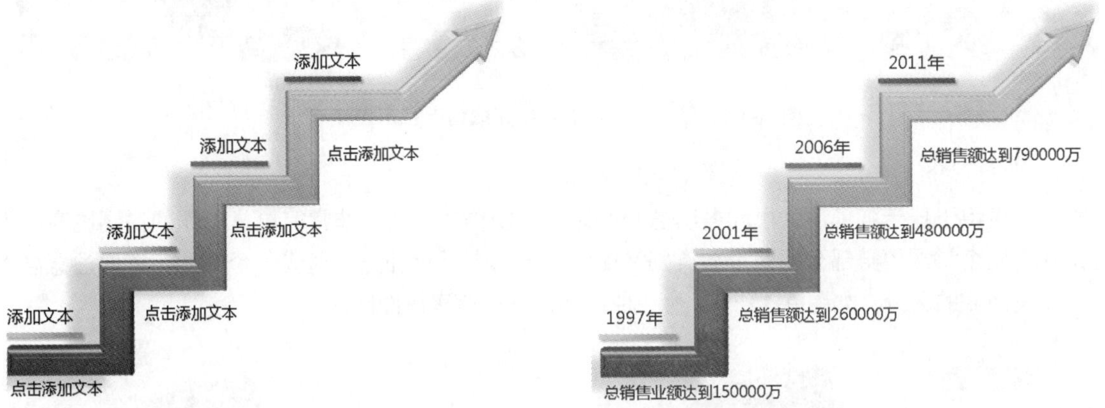

图 A-8　公司销售额增涨的递进关系图表

9. 扩散关系图表

扩散关系图表是指一个对象分解或演变为多个对象的情况，多用于解释性的幻灯片中，该类关系图表最典型的特征就是"总"到"分"。要注意中心对象的制作，中心对象必须显眼，而且分对象要与中心对象呈发散状分布。如图 A-9 所示为产品消费人群扩散关系图表。

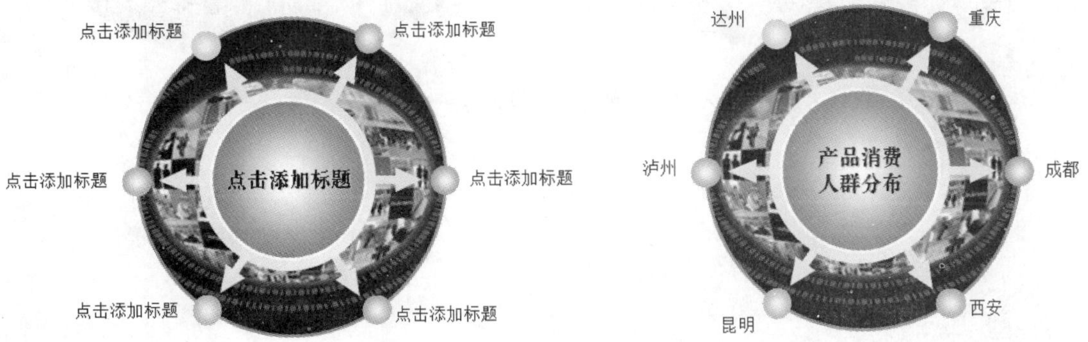

图 A-9　产品消费人群扩散关系图表

10. 柱形图图表

柱形图图表用于各种数据对比。该类图表的制作手法多种多样，只需要有横纵坐标和体现数据的柱状图形即可。若想制作的图表赋予立体效果，摆脱系统自带图表的单一和枯燥，最关键的就是柱状图形的设计。条形图和柱状图的作用和制作方法都基本类似，如图 A-10 所示为产品年度总销售额完成情况柱形图图表。

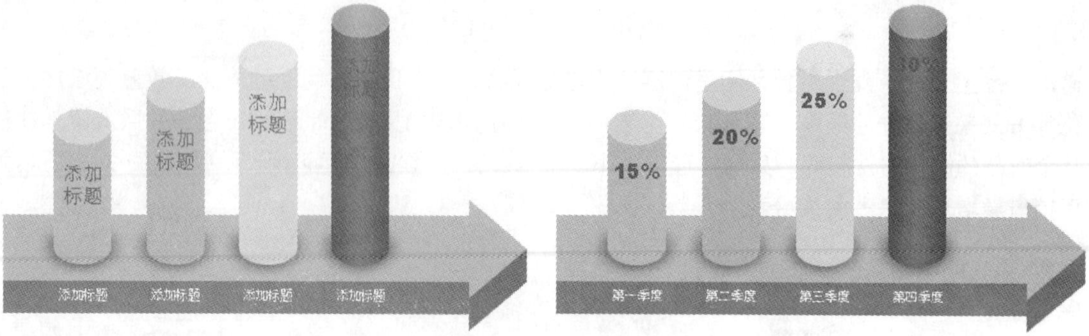

图 A-10 产品年度总销售额完成情况柱形图图表

11. 饼图图表

饼图图表用于显示各项的大小和各项总和的比例，制作饼图图表非常简单，制作的饼图图表各类别要分别代表整个饼图的一部分，而且各类别又能够在形式上互相补充，形成一个整体，还要注意各类别颜色上要有明显的区分。如图 A-11 所示为各种媒体市场占有率饼图图表。

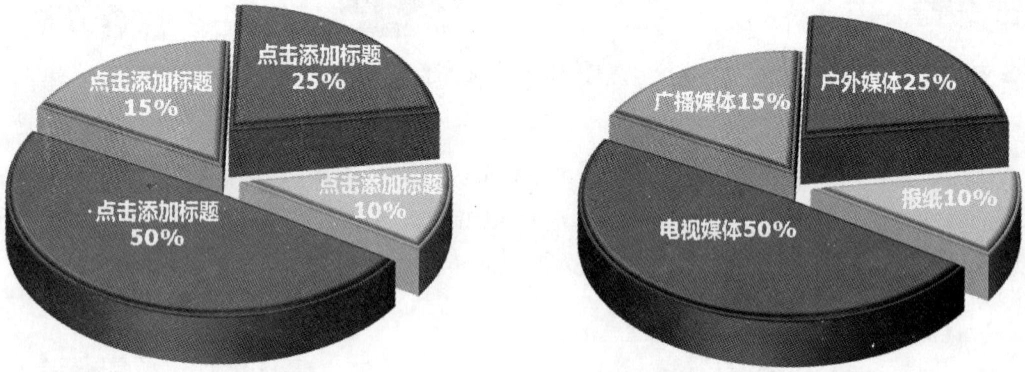

图 A-11 各种媒体市场占有率饼图图表

附录 B

让演示更清晰，让结构明朗化——演示文稿的经典结构

1. 说明型结构

说明型结构主要是针对某一产品、现象或原理等进行逐步分析，从不同的角度对其进行解释说明。该结构制作出来的演示文稿层次结构清晰、正式、严谨，多用于产品介绍、研究报告演示文稿，如图 B-1 所示。

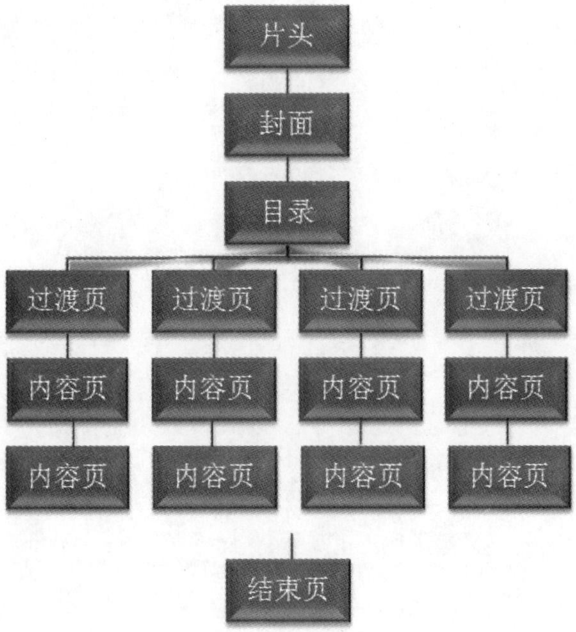

图 B-1　说明型结构

2. 展开型结构

展开型结构主要是对某一问题进行分析、讨论，层层递进引出后面的内容，该结构制作出来的演示文稿逻辑性强，多用于咨询报告、调查报告、项目策划等演示文稿，如图 B-2 所示。

3. 罗列结构

罗列结构是指将内容按一定顺序（如时间、地域、关联性等）罗列出来，其内容比较单一，常用于

工作汇报、会议报告等演示文稿，如图 B-3 所示。

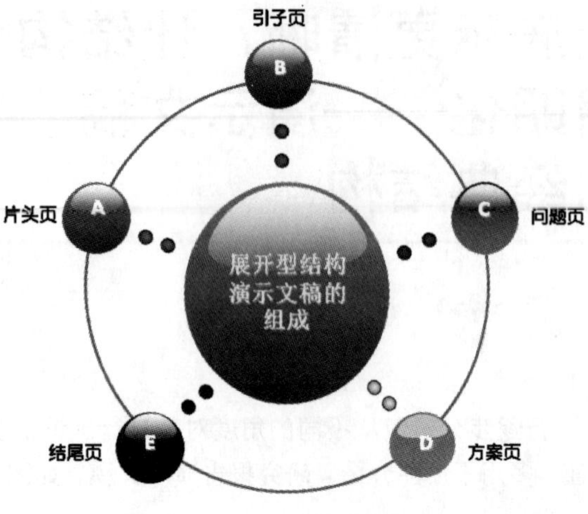

图 B-2　展开型结构

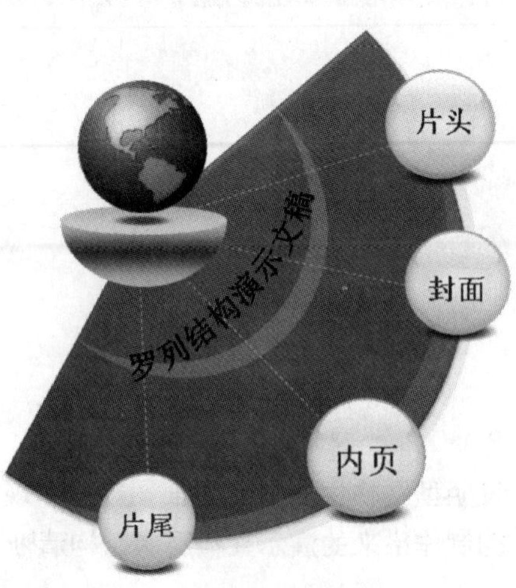

图 B-3　罗列结构

附录 C

向高手学习——PowerPoint 学习网站推荐

1. 锐普 PPT

网址：http://www.rapidppt.com

网站特色：锐普拥有中国最强的 PPT 创作团队，而且经验丰富。制作的 PPT 模板独具中国特色，比较时尚，紧随时代的潮流，网站中的原创 PPT 动画模板非常适用，受到受众的青睐。

锐普 PPT 网站免费提供 PPT 模板、PPT 图表、PPT 图片、PPT 声音等素材，免费提供原创 PPT 作品和转载 PPT 作品交流，免费提供 PowerPoint、WPS Office、Photoshop、Audition、Illustrator 等软件应用技巧教程，如图 C-1 所示。

2. 站长之家

网址：http://sc.chinaz.com

网站特色：站长之家是一家专门针对中文站点提供资讯、技术、资源、服务的网站。它拥有最专业的行业资讯频道，是国内最大的建站素材库，并且提供了多种类型的素材，如图片、动画、PPT 模板、音效等。该网站提供的 PPT 模板类型比较多且实用，更新速度也非常快，如图 C-2 所示。

图 C-1　锐普 PPT 首页

图 C-2　站长之家首页

3. 无忧 PPT

网址：http://www.51ppt.com.cn

网站特色：无忧 PPT，是中国最早的 PPT 素材网站之一，该网站提供的 PPT 素材类型广、资源多，而且速度快，内容新颖。很多内容都具有较强的参考价值，无忧网站具有较强的灵活性和扩展性，使用起来更加方便快捷。此外，它具有相当强大的软件功能，为你的查询带来了很大的方便，无忧 PPT 可与百度搜索一起使用，让搜索相关信息更加方便，如图 C-3 所示。

4. PPT 资源之家

网址：http://www.ppthome.net

网站特色：PPT 资源之家提供的 PPT 资源丰富，包含各行各业，内容涉及面相当广泛。

PPT 资源之家不仅包含了普通 PPT 的制作流程及模板的构成，更重要的是它包含了很多个行业不同部门间的 PPT 的制作模板及其构成，为我们下载提供了很大的方便。且该网站搜索的速度也比一般的网站搜索相关的 PPT 信息的速度要快，资源也很丰富，如图 C-4 所示。

图 C-3　无忧 PPT 首页

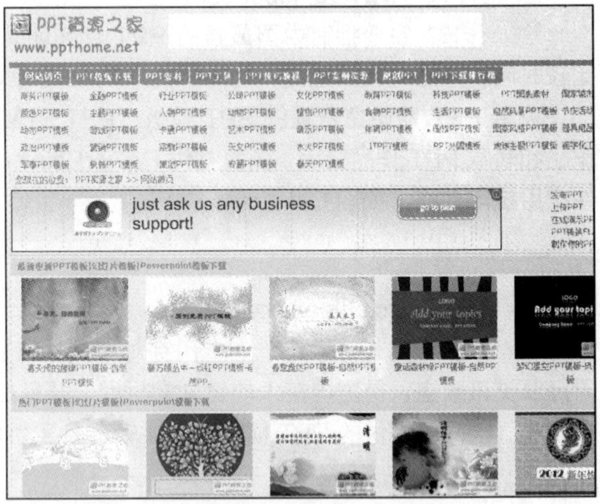

图 C-4　PPT 资源之家首页

5. 三联素材

网址：http://www.3lian.com

网站特色：三联素材网是一个以提供经典设计素材为主的资源网。素材包括矢量图、网页素材、PSD 分层素材、高清图片、Flash 源文件、PNG 图标、3D 模型、PPT 模板、酷站、壁纸、字体、教程、特效和作品欣赏等。

该网站自开站以来，已取得较好的用户口碑和市场份额。且提供的素材基本上都是免费的，而且资源丰富，更新速度快，如图 C-5 所示。

6. PPT 宝藏

网址：http://www.pptbz.com

网站特色：PPT 宝藏是以提供 PPT 模板为主的素材网站，它提供的模板素材类型广泛，包括艺术花纹、商业、行业、节日、教育、旅游、房地产业、金融等模板。

该网站还提供 PPT 背景图片、PPT 动态模板、PPT 教程等。网站中提供的模板素材广泛且实用。网站提供的动态 PPT 模板是网站的一大亮点，吸引了众多用户的关注，如图 C-6 所示。

图 C-5　三联素材首页

图 C-6　PPT 宝藏首页

7. 17PPT 模板网

网址：http://www.17ppt.com

网站特色：17PPT 模板网专注精品 PPT 模板分享服务，是最大、最专业的 PPT 模板网站。

该网站模板资源丰富、分类详细，根据类型和风格的不同，将模板分为多个板块，而且该网站中的模板实用、时尚，更新速度快。

该网站中不仅提供模板素材，还提供精美的图表和最新的 PPT 教程，图表质感好，类型多，能满足大部分用户的需求，如图 C-7 所示。

图 C-7　17PPT 模板网首页

8. Word 联盟

网址：http://www.wordlm.com

网站特色：Word 联盟是专注 Office 办公软件的网站。本站有最新的 Office 资讯，通俗易懂的教程，专业的实例方案和众多的素材资源等。让用户更容易地了解办公软件带来的作用和方便，更快速地掌握办公软件的操作，本网站得到很多办公人士和一些 Office 爱好者的青睐和喜爱。

此外，本网站还可下载 Office 办公软件，包括 Office 2003、Office 2007、Office 2010 等，如图 C-8 所示。

9. 扑奔 PPT

网址：http://www.pooban.com

网站特色：扑奔 PPT 是目前中国最活跃的 PPT 论坛，该网站提供的素材资源丰富，而且交流平台大，是很多 PPT 爱好者喜欢的交流平台，通过该网站，不仅可学到很多关于 PPT 的相关知识，还能认识很多一样喜欢 PPT 的爱好者，和他们一起互相交流。

扑奔 PPT 对中国 PPT 市场的影响和推动作用非常大，而且对 PPT 的发展有着重要作用，如图 C-9 所示。

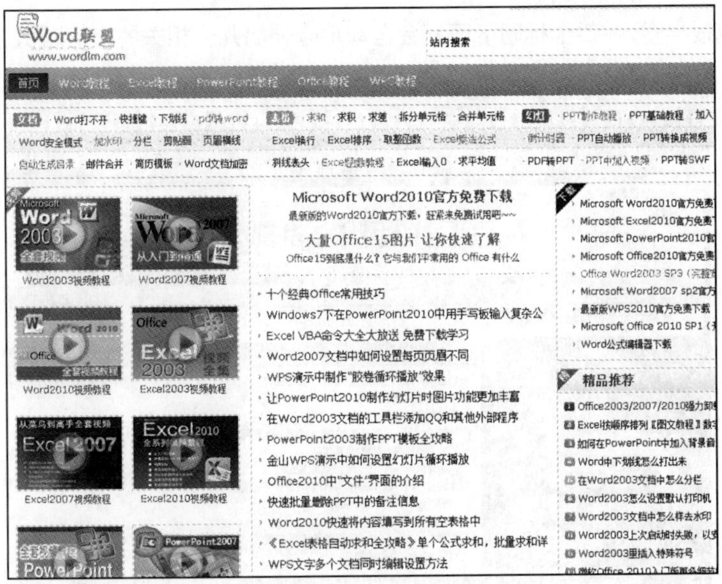

图 C-8　Word 联盟首页

图 C-9　扑奔 PPT 首页

10. PPT 学习网

网址：http://www.pptxx.com

网站特色：PPT 学习网是 PPT 爱好者的园地，该网站是以 PPT 教程和 PPT 课件为主的素材网站，但也提供部分的 PPT 模板和 PPT 的一些相关的动态。该网站分为多个板块，如 PPT 制作技巧、PPT 实例教程等，各板块下面都是与其相关的内容。

该网站的资源也很丰富，在每个标题下面都会自动地延伸出几个相关的小标题供选择，如图 C-10 所示。

图 C-10 PPT 学习网首页

附录 D

解决不同版本的使用困惑——PowerPoint 2003 和 PowerPoint 2010 命令对应

表 D-1 “文件”菜单

操　作	2003对应命令	2010对应命令
新建演示文稿	选择【文件】/【新建】命令	选择【文件】/【新建】命令
打开演示文稿	选择【文件】/【打开】命令	选择【文件】/【打开】命令
保存演示文稿	选择【文件】/【保存】命令	选择【文件】/【保存】命令
另存为演示文稿	选择【文件】/【另存为】命令	选择【文件】/【另存为】命令
关闭演示文稿	选择【文件】/【关闭】命令	选择【文件】/【关闭】命令
打印演示文稿	选择【文件】/【打印】命令	选择【文件】/【打印】命令
打包成CD	选择【文件】/【打包成CD】命令	选择【文件】/【保存并发送】命令
设置功能区选项	选择【工具】/【自定义】命令	选择【文件】/【选项】命令

表 D-2 “开始”选项卡

操　作	2003对应命令	2010对应位置
设置字体格式	选择【格式】/【字体】命令	选择【开始】/【字体】组
设置段落格式	选择【格式】/【段落】命令	选择【开始】/【段落】组
替换字体	选择【格式】/【替换字体】命令	选择【开始】/【编辑】组
设置幻灯片版式	选择【格式】/【幻灯片版式】命令	选择【开始】/【幻灯片】组
复制	选择【编辑】/【复制】命令	选择【开始】/【剪贴板】组
粘贴	选择【编辑】/【粘贴】命令	选择【开始】/【剪贴板】组
选择性粘贴	选择【编辑】/【选择性粘贴】命令	选择【开始】/【剪贴板】组
剪切	选择【编辑】/【剪切】命令	选择【开始】/【剪贴板】组
查找	选择【编辑】/【查找】命令	选择【开始】/【编辑】组
替换	选择【编辑】/【替换】命令	选择【开始】/【编辑】组
插入自选图形	选择【图片】/【自选图形】命令	选择【开始】/【绘图】组
项目符号和编号	选择【格式】/【项目符号和编号】命令	选择【开始】/【段落】组
设置对齐方式	选择【格式】/【对齐方式】命令	选择【开始】/【段落】组

表 D-3 “插入”选项卡

操 作	2003对应命令	2010对应位置
插入表格	选择【插入】/【表格】命令	选择【插入】/【表格】组
插入图片	选择【插入】/【图片】/【来自文件】命令	选择【插入】/【图像】组
插入剪贴画	选择【插入】/【图片】/【剪贴画】命令	选择【插入】/【图像】组
制作相册	选择【插入】/【图片】/【新建相册】命令	选择【插入】/【图像】组
插入形状	选择【插入】/【图片】/【自选图形】命令	选择【插入】/【插图】组
插入图表	选择【插入】/【图表】命令	选择【插入】/【插图】组
插入超链接	选择【插入】/【超链接】命令	选择【插入】/【链接】组
动作设置	选择【幻灯片放映】/【动作设置】命令	选择【插入】/【链接】组
插入文本框	选择【插入】/【文本框】命令	选择【插入】/【文本】组
插入页眉/页脚	选择【视图】/【页眉和页脚】命令	选择【插入】/【文本】组
插入艺术字	选择【插入】/【图片】/【艺术字】命令	选择【插入】/【文本】组
插入日期和时间	选择【插入】/【日期和时间】命令	选择【插入】/【文本】组
插入幻灯片编号	选择【插入】/【幻灯片编号】命令	选择【插入】/【文本】组
插入对象	选择【插入】/【对象】命令	选择【插入】/【文本】组
插入符号	选择【插入】/【符号】命令	选择【插入】/【符号】组
插入视频和音频	选择【插入】/【影片和声音】命令	选择【插入】/【媒体】组

表 D-4 “设计”选项卡

操 作	2003对应命令	2010对应位置
页面设置	选择【文件】/【页面设置】命令	选择【设计】/【页面设置】组
幻灯片设计	选择【格式】/【幻灯片设计】命令	选择【设计】/【主题】组
设置背景样式	选择【格式】/【背景】命令	选择【设计】/【背景】组

表 D-5 “切换”和“动画”选项卡

操 作	2003对应命令	2010对应位置
设置幻灯片切换	选择【幻灯片放映】/【幻灯片切换】命令	选择【切换】/【切换到此幻灯片】组
设置切换声音	在“幻灯片切换”窗格中设置	选择【切换】/【计时】组
设置换片方式	在“幻灯片切换”窗格中设置	选择【切换】/【计时】组
设置切换速度	在“幻灯片切换”窗格中设置	选择【切换】/【计时】组
添加动画	选择【幻灯片放映】/【动画方案】命令	选择【动画】/【添加动画】组

表 D-6 “幻灯片放映”选项卡

操 作	2003对应命令	2010对应位置
放映幻灯片	选择【幻灯片放映】/【观看放映】命令	选择【幻灯片放映】/【开始放映幻灯片】组
设置放映方式	选择【幻灯片放映】/【设置放映方式】命令	选择【幻灯片放映】/【设置】组
自定义放映	选择【幻灯片放映】/【自定义放映】命令	选择【幻灯片放映】/【开始放映幻灯片】组

续表

操　作	2003对应命令	2010对应位置
排练计时	选择【幻灯片放映】/【排练计时】命令	选择【幻灯片放映】/【设置】组
录制旁白	选择【幻灯片放映】/【录制旁白】命令	选择【幻灯片放映】/【设置】组
隐藏幻灯片	选择【幻灯片放映】/【隐藏幻灯片】命令	选择【幻灯片放映】/【设置】组

表 D-7 “审阅”选项卡

操　作	2003对应命令	2010对应位置
拼音检查	选择【工具】/【拼音检查】命令	选择【审阅】/【校对】组
信息检索	选择【工具】/【信息检索】命令	选择【审阅】/【校对】组
同义词库	选择【工具】/【同义词库】命令	选择【审阅】/【校对】组
比较并合并演示文稿	选择【工具】/【比较并合并演示文稿】命令	选择【审阅】/【比较】组
设置语言	选择【工具】/【语言】命令	选择【审阅】/【语言】组
设置中文繁简转换	选择【工具】/【繁简转换】命令	选择【审阅】/【中文繁简转换】组
批注	选择【插入】/【批注】命令	选择【审阅】/【批注】组

表 D-8 “开发工具”选项卡

操　作	2003对应命令	2010对应位置
宏	选择【工具】/【宏】命令	选择【开发工具】/【代码】组
加载宏	选择【工具】/【加载宏】命令	选择【开发工具】/【加载项】组

表 D-9 “视图”选项卡

操　作	2003对应命令	2010对应位置
普通视图	选择【视图】/【普通视图】命令	选择【视图】/【演示文稿视图】组
幻灯片浏览视图	选择【视图】/【幻灯片浏览视图】命令	选择【视图】/【演示文稿视图】组
幻灯片放映视图	选择【视图】/【幻灯片放映视图】命令	选择【视图】/【演示文稿视图】组
备注页	选择【视图】/【备注页】命令	选择【视图】/【演示文稿视图】组
进入幻灯片母版	选择【视图】/【母版】/【幻灯片母版】命令	选择【视图】/【母版视图】组
进入讲义母版	选择【视图】/【母版】/【讲义母版】命令	选择【视图】/【母版视图】组
进入备注母版	选择【视图】/【母版】/【备注母版】命令	选择【视图】/【母版视图】组
显示标尺	选择【视图】/【标尺】命令	选择【视图】/【显示】组
显示网格线和参考线	选择【视图】/【网格线和参考线】命令	选择【视图】/【显示】组
设置文档显示大小	选择【视图】/【显示比例】命令	选择【视图】/【显示比例】组
设置显示模式	选择【视图】/【颜色/灰度】命令	选择【视图】/【颜色/灰度】组
新建窗口	选择【窗口】/【新建窗口】命令	选择【视图】/【窗口】组
全部重排	选择【窗口】/【全部重排】命令	选择【视图】/【窗口】组
层叠	选择【窗口】/【层叠】命令	选择【视图】/【窗口】组

附录 E

提高效率的小技巧——PowerPoint 常用快捷键

表 E-1 对象编辑快捷键

操作键	含义	操作键	含义
Ctrl+A	选择全部对象或幻灯片	Ctrl+F	激活“查找”对话框
Ctrl+B	应用（解除）文本加粗	Ctrl+I	应用（解除）文本倾斜
Ctrl+C	复制	Ctrl+V	粘贴
Ctrl+D	生成对象或幻灯片的副本	Ctrl+J	段落两端对齐
Ctrl+E	段落居中对齐	Ctrl+L	使段落左对齐
Ctrl+R	使段落右对齐	Shift+F3	更改字母大小写
Ctrl+U	应用下划线	Ctrl+M	插入新幻灯片
Shift+Ctrl+加号（+）	应用上标格式	Ctrl+等号（=）	应用下标格式
Ctrl+N	生成新PPT文件	Ctrl+O	打开PPT文件
Ctrl+Q	关闭程序	Ctrl+S	保存当前文件
Ctrl+T	激活“字体”对话框	Ctrl+W	关闭当前文件
Ctrl+X	剪切	Ctrl+Y	重复最后操作
Ctrl+Z	撤销操作	Ctrl+F4	关闭程序
Shift+Ctrl+ C	复制对象格式	Shift+Ctrl+V	粘贴对象格式
Shift+Ctrl+ F	更改字体	Shift+Ctrl+P	更改字号
Shift+Ctrl+ G	组合对象	Shift+Ctrl+H	解除组合
Shift+Ctrl+ <	增大字号	Shift+Ctrl+>	减小字号
F12	执行“另存为”命令	F4	重复最后一次操作
Shift+F4	重复最后一次查找	Alt+I+P+F	插入图片
Alt+R+G	组合对象	Alt+R+U	取消组合
Alt+R+R+T	置于顶层	Alt+R+R+K	置于底层
Alt+R+R+F	上移一层	Alt+R+R+B	下移一层
Alt+R+A+L	左对齐	Alt+R+A+R	右对齐
Alt+R+A+T	顶端对齐	Alt+R+A+B	底端对齐
Alt+R+A+C	水平居中	Alt+R+A+M	垂直居中
Alt+R+A+H	横向分布	Alt+R+P+L	向左旋转
Alt+R+P+R	向右旋转	Alt+R+P+H	水平翻转
Alt+R+P+V	垂直翻转	Alt+V+Z	放大（缩小）

表 E-2 放映控制快捷键

操作键	含义	操作键	含义
F5	全屏快捷键	Esc	退出放映状态
N、PageDown、Enter、右箭头（→）、下箭头（↓）或空格键	执行下一个动画或换页到下一张幻灯片	P、Page Up、左箭头（←），上箭头（↑）或Backspace	执行上一个动画或返回到上一个幻灯片
B或句号	黑屏或从黑屏返回幻灯片放映	W或逗号	白屏或从白屏返回幻灯片放映
S或加号	停止或重新启动自动幻灯片放映	Ctrl+P	重新显示隐藏的指针或将指针改变成绘图笔
Ctrl+A	重新显示隐藏的指针和将指针改变成箭头	M	排练时使用鼠标单击切换到下一张幻灯片
Ctrl+X	插入超链接	Shift+Tab	转到幻灯片上的最后一个或上一个超链接
E	擦除屏幕上的注释	H	到下一张隐藏幻灯片
O	排练时使用原设置时间	Ctrl+H	立即隐藏指针和按钮
Ctrl+U	15秒内隐藏指针和按钮	Shift+F10	显示右键快捷菜单
输入编号后按Enter键	直接切换到该张幻灯片	Ctrl+T	查看任务栏